油田开发系统论

李　斌　刘　伟　毕永斌
张　梅　高广亮　向祖平　著

石油工业出版社

内 容 提 要

本书从哲学理论高度去看待油田开发的全过程，包括油田开发系统综论、油田开发系统本体论、油田开发系统的哲学基础和方法论、油田开发系统预测论、油田开发系统相似论、油田开发系统管理论、油田开发系统综合论、断块油田开发诊治论、油田开发系统价值论、油田开发系统发展论和展望十一部分。加深了对油田开发系统的认识并加速了对油田开发系统的研究，增加了对油田开发实践的指导性。

本书可供从事油田开发相关工作的技术人员、科研人员、管理人员以及高等院校相关专业师生参考阅读。

图书在版编目（CIP）数据

油田开发系统论／李斌等著．—北京：石油工业出版社，2023.4

ISBN 978-7-5183-5984-4

Ⅰ．①油… Ⅱ．①李… Ⅲ．①油田开发 Ⅳ．①TE34

中国国家版本馆 CIP 数据核字（2023）第 071449 号

出版发行：石油工业出版社
（北京安定门外安华里 2 区 1 号　100011）
网　址：www. petropub. com
编辑部：（010）64523541
图书营销中心：（010）64523633
经　　销：全国新华书店
印　　刷：北京中石油彩色印刷有限责任公司

2023 年 4 月第 1 版　2023 年 4 月第 1 次印刷
787×1092 毫米　开本：1/16　印张：27. 75
字数：720 千字

定价：140. 00 元
（如出现印装质量问题，我社图书营销中心负责调换）

前　　言

油田开发系统是一个复杂的大系统，至今已得到广泛认同，但在20世纪末至21世纪初我们提出油田开发系统是一个开放的、灰色的复杂巨系统不仅存在疑义，而且此后也没有其他人关于油田开发系统是复杂巨系统的完整表述。众所周知，油田开发过程是一个由开发者运用现代科学技术、采用新工艺新方法，不断深化认识深埋地下的油藏，逐步揭示其面目，并将地下油气采出为人类服务的过程。这个过程是以“人”为主体的认识世界、改造世界的过程，是一个对既不能称重又不能计量且深埋地下的油藏逐渐认识和了解的过程，是一个运用新理论、新技术、新工艺、新方法开采油气为人类服务的、不断创新的过程。该过程不仅复杂、漫长，而且始终存在大量不确定因素的动态变化。

系统、系统论、系统工程是世界著名科学家、中国科学院和中国工程院两院院士钱学森教授一直关注和研究的问题，他于1978年提出并创建系统学。他提出：在应用技术层次上是系统工程，为系统工程提供理论方法的有运筹学、控制论、信息论等；在基础理论层次上是系统学。系统学是研究系统一般规律的基础科学，即是研究系统结构与功能（系统的演化、协同与控制）一般规律的科学。并且形成了简单系统、简单巨系统、复杂巨系统和特殊复杂巨系统（又称为开放的复杂巨系统）的系统论体系。同时，钱学森提出以开放的复杂巨系统为主线系统学内容的系统学基本框架和人机结合以人为主的综合集成方法论。综合集成方法作为科学方法论，其理论基础是思维科学，方法论基础是系统科学和数学科学，技术基础是以计算机为主的现代信息技术，实践基础是系统工程的实际应用，哲学基础是马克思主义实践论和认识论。

系统、系统论、系统思维、系统工程等论述深深地影响中国石油工业的专家学者，在了解和掌握国内外该领域信息并结合油田开发的特点与特殊性基础上，提出和研究出了许多油田开发系统的工程方法。石油科技的每一步发展都是将基础科学和技术科学的新成果、特别是新思想、新方法、新工艺引进、消化、吸收、结合的结果。

笔者于20世纪90年代开始接触系统论方面的知识，阅读、学习钱学森院士及其他学者关于系统科学方面的著作和文章，又阅读了中国石油天然气总公司科技发展部编著的《油气田开发系统工程方法专辑》一、二辑，受到很大的启发。随后，补学了在大学期间未曾学习的《运筹学》《控制论》《信息学》《模糊数学》《灰色理论》等著作，虽然仅是学习一点皮毛，理解不深、掌握不透，但也受益匪浅。通过学习，知识有一定积累、认识有所提高。再加之参与《中国油气田开发若干问题的回顾与思考（D油田部分)》《当代中国石油工业（D油田部分)》《中国油气田开发志（D油田部分)》的编写，使笔者对油田开发的认知程度和综合能力都有了新的提升。同时，又学习了大庆油田成功开发的最基本经验即“有一个正确的指导思想，即将实事求是的思想路线贯彻于对油藏认识和改造的全过程。一切从实际出发，根据实际情况制定工作方针”，使笔者受益于大庆油田成功开发经验的启迪。这些均为笔者编著《油田开发系统论》打下了良好的基础。

在油田开发实践中，系统工程、系统思维等是许多油田开发从业者经常议论和提及的话题。许多石油专家和学者对油田开发系统进行了多方面的研究，但纵观他们的研究成果多是单项研究或某方面研究，缺乏系统的、整体的考虑。同时，虽然也有学者提出油藏动态系统、油藏工程系统、石油开采系统、油气开发系统、油田开发大系统等理念，但也多是从技术角度出发进行研究，而不是从哲学理论高度去看待油田开发整体的、系统的、全面的、变化的全过程。在油田开发全过程中，需要有一部带有一定指导性的油田开发系统的论著，以便于能更好地开发油藏。这就是我们编著《油田开发系统论》的初衷。

《油田开发系统论》是油田开发系统系列丛书的主论，是以笔者近些年发表和未发表的论著为基础的关于油田开发系统论的文章整理、完善、修改、补充，编著成书的。经过3年多的努力，多次讨论定稿，在笔者80岁高龄之际终于完成编著《油田开发系统论》成书这一夙愿。

本书共分为十一章。第一章由李斌完成；第二章由李斌、刘伟、毕永斌、张梅完成；第三章由李斌、刘伟、毕永斌完成；第四章由李斌、毕永斌、高广亮完成；第五章由李斌、张梅、向祖平完成；第六章由李斌、刘伟、高广亮完成；第七章由李斌、刘伟、毕永斌完成；第八章由李斌、毕永斌、张梅完成；第九章由李斌、毕永斌、高广亮完成；第十章由李斌、刘伟、毕永斌完成；第十一章由李斌、刘伟、毕永斌、张梅完成。全书由张梅校对并统稿，最后由李斌审查定稿。

本书在编著过程中，沈平平教授、陈元千教授、陈月明教授对书中有关章节提出宝贵建议，中国石油D油田公司副总经理常学军教授、总地质师董月霞教授、D油田勘探开发研究院给予了大力支持与帮助。同时，本书编著时参阅大量的文献并引用了他们部分观点，在此对这些学者表示由衷的感谢。

鉴于我们掌握的资料、信息有限，不妥之处在所难免，敬请读者阅读后提出宝贵意见。

目　　录

第一章　油田开发系统综论…………………………………………………………（1）
第一节　系统、系统论、系统科学…………………………………………………（1）
第二节　油田开发系统及其特征……………………………………………………（5）
第三节　油田开发系统方法…………………………………………………………（8）
第四节　油田开发系统与油田开发工程哲学 ……………………………………（14）
第五节　油田开发系统论与智慧油田的建设 ……………………………………（16）
第六节　油田开发系统的宏观基本规律 …………………………………………（19）
参考文献 …………………………………………………………………………（23）
第二章　油田开发系统本体论 ……………………………………………………（24）
第一节　油田开发系统的复杂性和不确定性 ……………………………………（24）
第二节　油田开发系统是开放的灰色的复杂巨系统 ……………………………（35）
第三节　再论油田开发系统是开放的灰色的复杂巨系统 ………………………（44）
参考文献 …………………………………………………………………………（50）
第三章　油田开发系统的哲学基础和方法论 ……………………………………（52）
第一节　油（气）田开发系统的哲学与油田开发实践 …………………………（52）
第二节　油田开发系统的认识论 …………………………………………………（55）
第三节　油田开发过程中的实践论 ………………………………………………（61）
第四节　油田开发过程中的矛盾论 ………………………………………………（62）
第五节　深入学习运用辩证法 ……………………………………………………（64）
第六节　油田开发系统的方法论 …………………………………………………（67）
参考文献 …………………………………………………………………………（73）
第四章　油田开发系统预测论 ……………………………………………………（75）
第一节　预测的三因子论 …………………………………………………………（75）
第二节　油田开发中预测的特殊性与不确定性 …………………………………（78）
第三节　油田开发预测的理论基础 ………………………………………………（80）
第四节　油田开发预测原理与预测步骤 …………………………………………（81）
第五节　油田开发的预测方法与评析 ……………………………………………（84）
参考文献 …………………………………………………………………………（90）
第五章　油田开发系统相似论 ……………………………………………………（91）
第一节　油田开发相似系统的特征 ………………………………………………（91）
第二节　油田开发现场试验与室内实验 …………………………………………（93）
第三节　油藏模拟的相似性 ………………………………………………………（97）
第四节　油田仿真和虚拟的相似性………………………………………………（101）

第五节　油田类比的相似性…………………………………………………………………………（104）
第六节　油田开发相似论的理论基础……………………………………………………………（105）
第七节　油田开发需善用巧用相似论……………………………………………………………（107）
第八节　定量类比法在勘探开发中的应用………………………………………………………（110）
参考文献……………………………………………………………………………………………（120）
第六章　油田开发系统管理论……………………………………………………………………（122）
第一节　管理理念与基本原理……………………………………………………………………（122）
第二节　管理应成为经济增长中独立的计算因素………………………………………………（125）
第三节　油田开发过程的控制……………………………………………………………………（131）
第四节　油田开发的鲁棒性控制…………………………………………………………………（138）
第五节　运用预测因应性原理进行油田精细开发………………………………………………（141）
第六节　油田开发的经营管理……………………………………………………………………（146）
第七节　油田开发的战略管理……………………………………………………………………（150）
第八节　系统论下的安全管理……………………………………………………………………（158）
参考文献……………………………………………………………………………………………（165）
第七章　油田开发系统综合论……………………………………………………………………（168）
第一节　油田开发系统的综合评价………………………………………………………………（168）
第二节　油田开发综合评价指标体系……………………………………………………………（171）
第三节　综合评价方法的组合……………………………………………………………………（190）
第四节　综合评价方法在优选排序中的应用……………………………………………………（203）
第五节　油田开发综合评价在揭示问题中的应用………………………………………………（210）
第六节　油田开发综合评价在项目后评价中的应用……………………………………………（223）
第七节　油田开发综合评价在识别预警中的应用………………………………………………（236）
参考文献……………………………………………………………………………………………（249）
第八章　断块油田开发诊治论……………………………………………………………………（251）
第一节　油田开发诊治技术研究综述……………………………………………………………（251）
第二节　断块油田开发的特殊性…………………………………………………………………（253）
第三节　断块油田复杂程度的判别方法…………………………………………………………（255）
第四节　用中医理论诊治油田开发问题的理论依据……………………………………………（276）
第五节　中医诊治方法对油田开发的借鉴作用…………………………………………………（279）
第六节　油藏开发中问题的诊断…………………………………………………………………（282）
第七节　待用低效井长停井诊断…………………………………………………………………（284）
第八节　储饱曲线法确定油藏剩余可采储量用于油藏诊断……………………………………（292）
第九节　断块油田稳产……………………………………………………………………………（310）
第十节　断块油田开发效果评价…………………………………………………………………（319）
参考文献……………………………………………………………………………………………（331）
第九章　油田开发系统价值论……………………………………………………………………（333）
第一节　油田开发系统中的价值…………………………………………………………………（333）
第二节　油田开发价值论中的基本问题——提高采收率………………………………………（337）

第三节　打破传统，转变观念，搞好提高原油采收率的整体设计…………………（348）
第四节　关于储量动用程度若干问题的思考……………………………………………（353）
第五节　勘探开发一体化下的商业可采储量评估………………………………………（362）
第六节　油气生产企业的利润最大化与成本最小化……………………………………（370）
第七节　影响国际油价因素的不确定性及其关联分析…………………………………（383）
第八节　油价变化规律及变周期阻尼振荡模型…………………………………………（392）
参考文献…………………………………………………………………………………（405）
第十章　油田开发系统发展论…………………………………………………………（407）
第一节　关于油田现代化…………………………………………………………………（407）
第二节　油田开发系统的大数据化………………………………………………………（411）
第三节　油田开发系统智慧化……………………………………………………………（415）
第四节　实现油田现代化暨智慧油田艰难之路…………………………………………（419）
参考文献…………………………………………………………………………………（425）
第十一章　展望…………………………………………………………………………（426）
第一节　系统科学和复杂性科学与油田开发系统………………………………………（426）
第二节　油田开发系统论应用的展望……………………………………………………（431）
参考文献…………………………………………………………………………………（433）
结语………………………………………………………………………………………（434）
后记………………………………………………………………………………………（435）

第一章　油田开发系统综论

从古至今在自然界和人类社会普遍存在着大大小小的系统，系统也是人们经常关注的话题之一。无论是社会发展的各个阶段，还是社会的各个领域，人们都不同程度地对系统进行研究，逐渐形成一套系统理论和科学。著名科学家钱学森在创建系统论方面作出了卓越的贡献。

油田开发系统的特殊性使之区别于一般工程系统。工程哲学与油田开发工程哲学、系统论与油田开发系统论之间的联系与区别，加深了人们对油田开发系统的认识和加速了人们对油田开发系统的研究，增强了对油田开发实践的指导性。

第一节　系统、系统论、系统科学

一、系统的发展简述

何谓系统？目前的共识是“系统是由相互联系、相互作用的要素（部分）组成的具有一定结构和功能的有机整体。”从此定义看出：构成系统必须具备三个条件，即系统是由多个要素组成的整体，要素与要素、要素与整体、整体与环境间存在相互联系、相互作用而形成系统的结构和秩序、系统具有不同于各个组成要素的整体功能。现代科学，客观世界的各种事物普遍以系统形式存在，无论是自然界还是人类社会都是如此。

系统思想自古就有。在殷周时期形成的《易经》体现了朴素的系统观，表现为以下三点。(1) 把世界看作一个由基本要素组成的系统整体。“有天地，然后万物生焉。盈天地之间者唯万物。”《易经》八卦不仅反映其整体性和其组织结构，而且也反映它的运动变化。(2) 把世界看成是由基本矛盾关系所规定的多层次系统整体。进一步发展了阴阳说，阴阳对立即为一对基本矛盾，阳刚阴柔为一卦的根本，卦是该体系的要素，阳卦十六、阴卦十六、阴阳卦三十二，它们之间相克相生、相反相成，形成了天地间万事万物的世界体系。(3) 把世界看成一个动态的循环演化的系统整体。

近代自然科学的兴起，更促使系统思想的发展。20 世纪现代科学技术的飞跃发展开创系统思想的新局面。马克思主义的奠基人马克思、恩格斯丰富和进一步发展了系统思想。马克思、恩格斯的辩证唯物主义认为，物质世界是由无数相互联系、相互依赖、相互制约、相互作用的事物和过程所形成的统一整体。这种物质世界普遍联系及整体性思想，也就是系统思想。贝塔兰菲等人的一般系统论受到人们的重视，直到 20 世纪 70 年代一般系统论以时髦的科学方法活跃在国际学术论坛。我国著名科学家钱学森在众多的科学领域进行了开创性工作，建立了卓越的功勋。他创建系统学，明确界定系统学是研究系统结构与功能一般规律的科学。提出了现代科学技术的体系结构，建立三个层次即工程技术层次、技术科学层次、基础科学层次的结构体系。系统结构和外部环境决定了系统功能，系统结构与外部环境的改变必然引起系统功能的变化。在认识系统的基础上去控制系统。以此为核心，形成了简单系统、简单巨系统、复杂巨系统和特殊复杂巨系统的系统学基本框架。他提出事物具有两方面即结构与属性，而事物主要属性之一是复杂性，并提出开放的复杂巨系统概念。他深谙西方科学哲学的精髓，并吸取中华民族古代哲学的营养，把还原论与整体论结合起来，运用辩证唯物主义，创立了综合集成方法论，推进了系统科学大发展。钱学森及中国科学家为创建系统科学作出了重大的贡献。

系统科学和数学均是横断科学，但系统科学是以系统为研究和应用对象，系统无时不有、无处不在，因此系统科学更为广泛。广义系统科学研究与应用包含了系统规律、系统特征、系统原理、系统方法、系统工程、系统哲学和复杂性科学等方面。从古代的系统思想发展到现代的系统科学，是随着科学技术发展而发展的。广义地说，一般系统论、信息论、控制论以及耗散理论、协同理论、模糊理论、灰色理论、突变理论、混沌理论、分形理论、超循环理论、泛系理论、运筹学、复杂性科学等均从不同方面丰富了系统科学，反映了科学层面的系统科学“是什么”“为什么”，工程层面的系统工程“做什么”“怎么做”的问题。广义的系统科学应包括狭义系统科学、系统工程、系统哲学三部分。

二、系统的分类

从不同角度系统的分类有多种，按系统规模可分为简单系统和巨系统。简单系统分为小系统和大系统；巨系统分为简单巨系统和复杂巨系统，而复杂巨系统又分为一般复杂巨系统和特殊复杂巨系统。按已知宇宙自然演化的层次关系可分为非生命系统、生命系统和社会系统。按系统与环境关系可分为开放系统、封闭系统。按系统形成原因可分为天然（或自然）系统、人工系统、天然和人工共筑系统。按系统状态可分为动态系统和静态系统。按系统中各要素的关系可分为线性系统和非线性系统。

所谓小系统是指组成系统的要素较少、结构较为单纯的系统。大系统一般是指规模大、目标多、结构复杂、影响因素众多，且带有随机性的系统。小系统、大系统均属简单系统，实际上真正的简单系统是不存在的，而是进行了一定的简化或近似。同时，大与小、简单与复杂是个模糊概念，彼此并无明显界限且也是相对而言的。

所谓巨系统是指由数量非常大的子系统组成的系统。其中，简单巨系统是指子系统种类不太多、相互关系又较简单的系统。复杂巨系统是指子系统种类多且有层次结构、彼此关系复杂的系统。

复杂巨系统应分为 4 个级别，即极复杂巨系统，如宇宙复杂系统、社会复杂系统等；复杂巨系统，如人体系统、人脑系统、生物系统、地理系统（含生态系统）等；较复杂巨系统，如某专业（电力、铁道、航天、通信、能源等）系统、企业系统、生产系统等；简单巨系统，如激光系统、热力学系统等。

一般来说，复合系统是几种类型的系统互相重合和嵌套所组成的系统，如天然系统和人工系统组成的复合系统。天然系统（这里指狭义的）亦称自然系统，它是指以天然物为要素，由自然力而非人力所形成的系统。如天体系统、气象系统、生物系统等。人工系统是以人造的东西为要素，用人工方法建立起来的系统。一般人工系统包括三种类型：一是人们从加工自然物获得的人造物质如工具、设备、机器、建筑物等系统；二是由一定制度、组织、法律、规章等所组成的社会系统与管理系统；三是人类通过对自然和社会规律所建立的概念系统，如科学理论系统、伦理道德系统、政策法规系统等。油田开发系统是开放的、灰色的复杂巨系统，也是复合系统。油田开发系统是由天然系统（油藏、油层等）和三种类型都存在的人工系统（生产系统、HSE系统、物质供应系统、人事系统、管理系统、概念系统等）所组成的复合系统。

三、系统的特征

系统的基本特征有：整体性、结构性、层次性、开放性、动态性、目的性、相似性、涨落性、关联性、自组织性等。

（1）整体性。

整体性是指由相互联系的要素或子系统组成的系统为一个有机整体，具有区别于要素性质、功能和运动规律的新性质、新功能和新运动规律。整体性是系统最本质、最基本的性质。系统的整体属性（F）由系统的组成要素（C）、系统的结构（S）、系统的环境（E）所决定，它们的函数关系为：

$$F=f(C, S, E) \tag{1-1-1}$$

（2）结构性。

结构性是指系统要素按一定方式和秩序整合为统一体。结构性是系统最本质、最普遍的属性。结构具有整体性、有序性、稳定性、层次性、多样性。结构与功能相互依存，结构是功能的基础，功能是结构的表现。结构决定功能，功能反作用于结构。结构相对稳定，功能相对活跃。结构与功能具有四种具体关系：同构异功、同功异构、同构同功、异构异功。

（3）层次性。

层次性是指组成系统的要素具有种种差异，使系统的垂直结构表现为由高到低的层次性，各级的地位与结构不同，其作用、性质、功能、规律亦不同。层次性是系统基本的、主要的特征。任何系统都具有层次，系统的层次具有普遍性、相对性、多样性。层次间相互联系、相互影响、相互制约，亦可相互转化。

（4）开放性。

开放性是指系统与外界环境进行物质、能量、信息交换的属性。表现为系统的输入与输出两个方面。开放性是系统发展的前提，也是系统稳定的条件。开放性是系统又一主要特征。开放性并不是环境给系统外加的特征，而是由系统内在结构即内部各要素相互联系相互作用的属性，是系统固有的规律性，以及生存与发展的需要。反之，系统阻止自身与环境进行物质、能量、信息交换的属性称之为封闭性。在实际系统中绝对与环境不交换的封闭系统是不存在的，都或多或少地存在一定程度的交换。只是将那些与环境交换极其微弱、可以忽略不计的系统、视为封闭系统。系统的封闭性也是系统生存与发展所必需的。系统的开放性与封闭性是辩证统一的。

（5）动态性。

动态性是指任何系统都是作为过程而存在的，都有产生、发展和衰亡的生命周期。在生命周期过程都处于不断的运动、发展、变化之中。系统状态随时间而变化，是时间的函数。

系统的结构、状态、特性、行为、功能等均随时间推移而变化，称之为系统演化。演化性是系统的普遍特性，演化都是过程，亦是系统动态性反映。

系统的运动性是绝对的，而静止是相对的，系统相对静止体现了其稳定性。正因如此，才能确知系统的存在。运用系统的动态性观察、研究系统，随时把握系统发展趋势和变化规律，就能变被动为主动，认识时机、抓住时机，促使更科学地发展。

（6）目的性。

目的性是指系统在自组织的过程中，处于内部相互作用及与环境的相互作用，使系统从无序状态追求稳定有序结构为目标的特性。这也是系统自身存在的需要。系统的目的性和系统的开放性与系统发展趋于更稳定状态相联系，系统发展具有阶段性、规律性、层次性、多样性。

系统的目的性可通过系统的活动来实现，即系统的行为保证了系统目的实现。或者为实现系统的目的而需组织系统的种种活动，这在一定意义上体现了组织者的能动性。

（7）相似性。

相似性是指系统具有系统同构性或系统同型性，体现了系统的结构、功能、存在方式和演化过程的有一定差异的共同性。系统的相似性是系统的基本特征。系统的相似性决定于世界物质的统一性。系统的系统性、整体性、层次性等均存在相似性。系统在存在方式、演化过程中都有相似性。系统的相似是相对的，相似不是相同。相似的极值是相同或相异，系统的相似性或差异由相似程度的大小表现。

相似性具有复杂性、多样性、动态性、相对性、层次性和普遍性。相似性和差异性是辩证统一的。

（8）涨落性。

涨落性是指系统处于不断运动状态和变化之中的起伏，是对平衡状态偏离的非平衡状态，是系统演化过程，从无序到有序的转变、从低级到高级的发展。涨落是系统发展的源动力，没有随机的涨落就没有系统的发展。反映系统有序和无序变化在一定条件下可互相转化。

涨落能否放大，取决于系统是否远离平衡及是否存在一定的非线性相互作用机制。系统通过涨落从无序到有序，从低级循环到高级循环的发展等，都面临着分叉或突变点，存在多种选择、多种前途，表现出不确定因素，包含了系统内部的不确定因素和环境中的不确定因素。

涨落是对系统稳定性的否定，促使系统失稳，改变后进入新的稳定性，使系统在发展中不断优化，获得更优的结构和功能。

（9）关联性。

关联性是指系统与要素、要素与要素、系统与环境都是相互联系、相互作用、相互制约的特性。关联性亦称相关性。系统之所以运动、发展、变化并具有整体性，就在于系统与要素、要素与要素、系统与环境的相互联系、相互作用。要素与要素间、要素与系统间相互联系、相互作用的内在特性，即是系统的结构性。系统与环境的相互联系、相互作用的外在特性，即是系统的开放性。系统内在结构与系统外部功能相联系，一定的结构具有一定的功能。功能又与环境相联系。结构与功能可相互作用、相互转化。

（10）自组织性。

自组织性是指系统在演化过程中，在没有外部力量施加影响、作用，仅靠系统内部的相互作用自发地实现空间的、时间的或功能的有序结构的特性。这种通过本身的发展和进化而形成具有一定时空和功能结构的系统，称之为自组织系统，亦称耗散结构。形成自组织或耗散结构需要的条件：①系统内部具有非线性相互作用；②系统是开放的，需与外界物质、能量交换；③远离平衡态；④存在涨落现象。上述条件是相互紧密联系的。系统不开放就不能远离平衡态；没有远离平衡态，系统的开放也没用，不能使系统发生质变；而非线性作用是系统内部发生质变的基础；没有涨落，其他条件再具备，系统也不会出现有序结构，没有涨落，系统的稳定状态也不能维持。系统的自组织原理对研究自然科学、工程技术、社会认识均具有积极作用和重要意义。

第二节　油田开发系统及其特征

油田开发系统包含了天然系统和人工系统，是一个天然与人工共筑系统。天然系统和人工系统又包含了若干子系统。

油田开发系统是开放的复杂巨系统。运用系统方法对油田开发系统内外各种联系及其规律性进行分析，找出满足提高采收率和经济效益最大化的最佳方案，并以此指导油田开发整个过程。

既然说到油田开发系统，就不能不涉及何谓油田开发。许多学者都给出了相应的定义，但最具权威的是《中国石油勘探开发百科全书》（开发卷）简称《百科全书》给出的定义：

“油气田开发是指从油气田被发现以后开始，经过油气藏评价、储量计算、编制油气田开发方案、产能建设、投入生产、进行监测、开发调整直到最终废弃的全过程。”

《石油百科》的定义体现了它的开发过程或油田开发步骤，具有通用性，且将“人”的作用隐匿其中。笔者认为“油田开发”完整的定义应包含精神与物质两个方面，即指导思想、人的主导性和物质的客观性，因此，定义为：

“自油气田发现始，人们在唯物辩证法及认识论的指导下，协同运用多学科多专业科学知识与技术手段，最大限度地经济有效地将油气开采出来，直至不能再采出的全过程，称之为油田开发”。

该定义体现了中国区域特色，突显了人为核心及人的主导地位。

油田开发系统不仅具备一般系统的基本特征，还具有许多独特的特性。一个油田的开发需用相当长的时间，少则几年十几年，多则几十年上百年。在这个漫长的时间内，油田开发具有客观性、不可逆性、二重性、不确定性、时变性、阶段性、复杂性、系统性、协调性、创新性、隐蔽性、人主导性等特征。

（1）客观性。

油田开发直接对象是客观存在的物质——油藏或气藏或油气藏，即在单一圈闭中具有统一的压力系统和流体界面的油气储集体。形成油藏、气藏、油气藏是个漫长的过程，具有不可再生性。在未进行开发前基本上是确定的，之所以说是“基本上确定”，是因为当遇到自然力作用如地震或地壳运动等，有可能发生形状与规模、结构与储集的改变。即便如此，它依然以天然的客体而存在。

（2）不可逆性。

不可逆性亦可称为不可重复性。一旦油田开发井网、方案、措施等实施，就是一次性的，具有不可逆性。虽然近几年提出“老油田二次开发”，但是也是在原有的基础上“重构地下认识体系，重建井网结构，重组地面工艺流程”，而不能恢复原貌，重头再来。不可逆性要求开发者对客观对象的开发要有整体观念、系统观念，需谨慎从事、科学推进。不可逆性也是复杂系统典型特征之一。

（3）二重性。

二重性或称两重性指事物本身所固有的两种属性，即一种事物同时具有两种性质。二重性是事物的普遍特性。一般的客体既具有好的特性也具有不好的特性；观察事物既要看到正面又要看到反面；成绩也有两重性，既可激励人再前进，又会使人骄傲止步不前。从哲学角度，二重性或两重性的观点是唯物辩证法的基本观点或称之为一分为二观点、两点论，哲学的两重性具有相互对立、相互转化的特性。油田开发亦具有二重性，即既有自然属性也有社会属性，但油田开发的二重性仅是不同方面的两个属性，基本不具备相互对立和相互转化的特征。

（4）不确定性。

油田开发过程充满了不确定性，表现在各个方面，如油气藏、地质建模、人的认知、油田开发中预测、储量计算、油气生产管理、油田开发环境、国家对油气生产企业方针与政策变化、油气区所在地的自然地理与经济地理环境、全球经济一体化与国际油价变化、油气开发投入与成本的变化等。油田开发中的不确定性也可在一定条件下向确定性转化。所谓一定条件是指在油田开发系统中主要是通过人为的努力不断提高、完善认识与改造油气藏的技术手段、提高人的综合素质与主观认识能力，以及强化人为控制油气水在地下运动规律的力度等。换句话说，就是以人为因素使不确定性向确定性转化，实现预先确定目标，引导运行行为。

（5）时变性。

时变性亦称动态性，还称流动性。当油层未打开即油田未投入开发时，油层、油藏处于相对静止状态。当油层一旦打开，地下流体在某一压差下开始流出，油藏系统就处于动态变化之中。随着开采时间的增加，它的孔隙结构系统、压力系统、温度系统、地下流体系统等均会发生变化。对于水驱（人工水驱与天然水驱）砂岩油藏，由于油藏的非均质性与人为的作用（如对采液强度、注水强度的调整等）可能使油藏变得更复杂化，地下流体的动态分布会发生显著变化。当处于高含水阶段时，油由原来的连续相变为分散相，由油包水（W/O）变化为水包油（O/W），促使地下的渗流状态、井筒与地面管线内的流态发生变化，其流动规律亦相应地改变。油气藏类型亦同样处于变化之中。在油田开发系统整个生命周期，各子系统、各元素从宏观到微观无一不是变化之中。系统的结构、状态、特性、行为、功能等均随时间的推移而发生变化，体现出全方位的动态演化态势。

（6）阶段性。

油田开发整个生命周期是个漫长过程，因而，开发时依油田开发规律分阶段进行。一般将油田开发阶段划分为开发前期、开发初期、开发中期、开发后期等阶段，也有划分为评价阶段、试采与方案设计阶段、方案实施阶段、方案调整阶段、二次开发阶段、油田废弃阶段。也有划分为试采期、上升期、稳产期、递减期、收尾期阶段，还有按含水划分为低含水期、中含水期、高含水期、特高含水期阶段，等等。不同的开发阶段其特征与生产特点亦不同，所采用的对策也有所区别。

（7）复杂性。

油气藏的复杂性即释放认知信息流的特性，主要体现它的构造特征与关系特征。它们又由结构参量、层次参量、特性参量、外部参量、时变参量体现。油气藏的结构参量主要是它的形态、规模（面积与厚度）、边界、位置、类型等；特性参量又分为储层特性参量和流体特性参量，储层特性参量主要是渗透性、孔隙性、润湿性、非均质性、沉积特性、岩石的力学特性、压力特性、温度特性等及它们的关系与分布特征；流体特性参量主要是黏度、密度、成分、组分、表面张力、毛细管压力、润湿性等以及它们与温度压力的关系和分布特征；外部参量主要是指环境特征，各要素与他要素、与环境的关系，以及油气藏中流体储量类型与大小（以储量丰度表示）；控制特征参量包括自然控制与人工控制，主要表现为驱动类型、能量组成与大小、渗流速度、相态变化及流体分布及变化等；而这些特性、关系、变化等发生在表面、孔隙、裂缝、孔洞、储油层、油气藏、油田等不同层次上，且相互影响因素错综复杂、关系多变，多为非线性关系，形成一个复杂的网络结构体系。

（8）综合性。

油田开发系统是由相互联系、相互作用的人、事、物三大部分组成的具有一定结构和功能的整体，是物理、事理、人理的综合统一。油田开发系统是自然与人工共筑系统，它既要遵循油藏客体变化的自然规律，又要适应不断发展的社会规律。在油田开发的活动中，需积极认识、协调这些规律，能动地改造主观、客观世界。油田开发过程是具备辩证唯物论思想和科学思维方式的人，通过科学理论、先进技术、创新工艺与正确管理等综合方法，去认识、开发、利用、改造油气藏的运动过程。它具有系统的整体性、结构性、层次性、开放性、灰色性、自组织性、动态性、目的性等基本特征。

（9）协调性。

在油田开发的生命周期，要实现高产高效，就要做到“人”与自然（油藏、油层、油井、环境等）的协调，也就是要做到决策者、管理者、操作者各层次的协调；各部门、各工种的协调；各工艺、各技术的配套与协调；钻井固井、试油试采、油藏评价、储量计算、方案编制、风险评估、安全环保、产能建设、油井投产、油田监测与控制、油藏经营管理、开发调整、二次开发、物资供应等各个步骤的统筹与协调；大与小、粗与细、深与浅、局部与整体的协调等，细节往往决定成败，任何环节失策或失控都有可能使油田开发的整体受损。但油田开发系统是开放的灰色的复杂巨系统，开发过程中充满了不确定因素，理论要求协调与实际实现协调定会困难多多，因而，要尽力做到系统思维、统筹兼顾、正确决策、全面部署、合理控制、有效实施，从整体上实现油田开发的最终目的。

（10）创新性。

纵观油田开发的发展历程，始终伴随着创新。一种新的勘探理论必然带来油气储量的增长；一种油田开发规律的发现亦会带来油气产量与采收率的提高；一种新工艺、新技术的推广应用必然会开创新的局面。油田开发是片刻都离不开创新的。“当代科技发展有两种形式：一是突破，二是融合”，“突破即研究开发新一代科技成果取代原有一代科技成果；融合是组合已有的科技成果发展成为新技术”。现代科学技术的综合化趋势，使人们意识到完成“代替性技术”的发明越来越困难了，而“综合”已有技术创造新产品、新工艺是一条发展工业的出路，因此，应让“综合就是创造”的思想在企业生根。“综合是一个创造性的复杂的思维过程，是运用各种知识和实际经验创造新概念的活动。”当代石油工业的发展尤其要重视已有科学技术、工艺方法的综合应用。现代技术综合化趋势使之向大型化、复杂化方向发展，具有一体化、标准化、组合化、集约化和信息化的特征。油田开发的难度越大，越需要创造新技术、综合多方法，向数字化、智能化、智慧化的方向发展。

（11）隐蔽性。

隐蔽性或称不可入性。它是油气开发与其他采掘业不同的显著特征之一。油气藏绝大部分是深埋地下的客体，按美国学者F·F·克雷格所说“是一个看不见、摸不着，既不能称量，又不能计量，也不能试验”的油藏体。即使将来出现微型机器人甚至纳米机器人可进入地层，也仅能进入一些溶洞、裂缝、缝隙，也不可能完全进入任意部分了解全貌。因而，从本质上不能改变它的不可入性。油藏的隐蔽性，不仅增加了对油藏认知的复杂程度，也增加了开发开采的困难程度。它的开发开采只能通过现代科学技术手段，间接获得油藏的各种信息，通过人的唯物辩证思维、综合分析判断，不断强化和深化对油藏的认识，逐步了解和掌握油藏的基本特征，从而逐渐接近油藏的真实、客观的面目。

（12）人主导性。

油田开发是由人的思维和实践作用于客体即油藏或气藏或油气藏的全过程，无人的活动则不能称为油田开发。从油气田被发现以后开始，经过油气藏评价、储量计算、编制油气田开发方案、产能建设、投入生产、进行监测、开发调整、二次开发直到最终废弃的全过程中的各个环节看出：人始终起主导作用和人的智能决定作用，没有人的思维与实践就没有油田开发可言，油田开发对人有绝对的依赖性。

油田开发系统的特征彼此间相互联系、相互影响、相互作用、相互制约，体现了油田开发系统整体性特征。

第三节　油田开发系统方法

在现代科学的整体化和高度综合化发展趋势下，人类面临许多规模巨大、关系复杂、参数众多的复杂问题，如何解决这类问题？系统方法提供了有效的思维方式。所谓系统方法就是按照事物本身的系统性，把研究对象放在系统的形式中加以考察、认识和处理的一种方法。系统方法具有整体性、综合与分析的辩证统一、最优化、定性研究与定量研究的有机结合等特点，包括了哲学层次、一般科学层次、具体科学层次三个层次的系统方法，是一种具有广泛意义的新型方法。

油田开发系统方法的基本点是整体性、综合性、层次性、动态性，换句话说油田开发系统方法要从系统的整体思维出发，运用多方面综合的组合方法，在动态变化的过程中，分层次地进行处理。

一、黑箱—灰箱—白箱方法

油田开发系统是天然与人工共筑的复合系统，由“人”对客体即油藏进行研究与开发，共同组成系统，分析其结构与功能，研究系统、要素与环境的相互关系与演化过程中的规律性。所谓黑箱是主体对客体一无所知，所谓白箱是主体对客体一概全知。实际上世上绝对的黑箱或白箱都是不存在的。当新发现一个油藏，可基本认为是个黑箱，通过地震、钻井、测井、试油、试井、化验等方式，运用同构方法和同态方法进行油藏描述，逐渐认知油藏，由黑箱逐渐演化成为灰箱，即是一个部分已知的客体。随着“人”对油藏的认识不断加深，体现在油藏外部形态、油藏内部结构、储集流体特性、储层渗流体特性四类参数上对油藏的结构与功能认识也不断加深。同时随油藏开发时间的推移，深入研究它们随时间的变化规律，逐步精准预测并掌控油藏开发行为，优化运行趋势，以实现油藏开发确定的目标。油田开发过程在发展中可能出现许多随机性的、不确定性的因素或干扰，影响油田开发指标变化趋势，故需有所了解和掌握信息的重要性。因此要根据已知的信息、资料及其变化规律，选用适应的方法，对它们的未来变化态势进行预测，这也是运用黑箱—灰箱—白箱方法。因此，黑箱—灰箱—白箱的研究方法即是“人”与箱不断耦合、协同的过程，是一个研究油田开发事物与运行的科学方法。

二、模拟、仿真和虚拟方法

（1）模拟。

模拟主要是功能模拟。在不了解系统内部结构的情况下，以功能相似为基础，充分利用模型与原型的相似性，使模型再现原型的功能，为油田开发实践服务，这就是功能模拟法。油田开发中的电模拟、数值模拟、仿真模拟以及虚拟模拟等都是不同程度的功能模拟法。人工物理模型模拟是结构模拟与功能模拟的结合。

油藏数值模拟法是油田开发中最常用的方法。油藏数值模拟是用数值的方法求解油藏中的流体渗流的偏微分方程组。它是根据所建立的数学模型与原实物模型的相似性，以数学模型代替原型，再从数学模型建立数值模型进而建立计算机模型，以解偏微分方程组来代替原型中流体渗流变化趋势与变化结果。数值模拟方法实际上是系统方法中的同构方法，即用数值表达式近似描述原型中各要素间的联系与作用所形成的结构、行为与功能。输入油藏描述和生产资料不同，选择的模型不同，表达式不同，计算结果亦不同，经多次修改输入和历史拟合，对未来的油田开发指标进行计算，预测它们的变化态势。油藏数值模拟方法具有快速、便捷、低成本、应用广等优点。它已广泛应用于油藏描述、动态预测、方案编制、方案调整、二次开发、驱油机理研究等方面，但该方法输入资料的准确程度决定输出结果的误差。建立数学—数值—计算机模型与原型的同构同功模型，因有假设条件，故具有一定的误差；拟合者带有主观性，亦可能产生误差。因此，运用数值模拟方法应尽量消除此类误差，使模拟结果更可信。

（2）仿真模型与虚拟技术。

仿真理论以相似原理、控制理论、信息技术、计算机技术及各专业理论技术为基础，运用计算机和各物理效应设备，通过系统模型实验，构建与原型相似的模型即系统仿真模型，研究、演化现有系统、设计系统、未来系统的特征和变化趋势等。

油藏仿真模型分为物理实验仿真模型、数学仿真模型和物理仿真数学仿真混合模型。物理仿真模型直观、形象，但成本高、操作难、不易重复实验，而且反映油藏真实状况的局限性大。数学仿真模型也会因为对油藏原型的认知程度不同而对反映油藏真实状况有局限性，这可能影响油藏真实系统与数学模型系统间的相似度，但数学仿真模型无需建立物理模型，这一方式是对油藏真实系统的抽象。它具有省事、省工、高效、灵活、经济的特征。数理混合仿真模型是在计算机上将对油藏真实系统认知程度较高、规律认识较清的部分建立数学模型实现的，对不清部分则采用物理仿真模型甚至开辟试验区进行实验或试验，将两种仿真模型结合，相辅相成、扬长避短，成为一个优化仿真模型。

虚拟技术即虚拟现实（Virtual Reality，简称 VR）技术，是利用电脑模拟产生一个三度空间的虚拟世界，提供使用者关于视觉、听觉、触觉等感官，一体化的模拟，是一种基于可计算信息的沉浸式交互环境和一种新的人机交互接口。虚拟现实是模拟仿真在高性能计算机系统和信息处理环境下的发展和技术的拓展。

VR 技术目前在油田开发领域尚未得到广泛的实际应用，仅用于地面工程、井下工程、员工培训、安全教育等方面，若“进入”地下油层的多孔介质里，虽非不可能但也会困难重重。由于地下油藏的不可入性、不确定性，油藏开发过程的不可逆性、阶段性、动态性，均使地下油藏的宏观、微观情景呈现极具复杂性。是否可以设想：借助必要的设备，使人“进入”油藏宏观仿真模型和微观仿真模型的虚拟环境，运用计算机技术模拟地下流体在多孔介质中的运动，生成逼真的视觉、听觉、触觉一体化的特定范围的虚拟景象，以自然的方式与虚拟环境中的景象进行交互作用、相互影响，从而产生亲临真实环境的感受和体验。

仿真与虚拟实际上是对原型的一种简化，同样需应用同构方法及同态方法构建模型，因此，它们均会与原型存在不同程度的差异，需不断对模型进行优化，提高其精确程度。

油田开发系统是天然与人工共筑的复杂巨系统，因此仿真与虚拟技术应以复杂性科学方法为依据，如复杂性科学的众多分支：普里高津（I. Prigoglne）的耗散结构理论、哈肯（H. Haken）的协同理论、艾根（M. Eigen）的超循环理论、托姆（R. Thom）的突变理论、曼德布罗特（B. Mandelbrot）的分形理论以及中国学者周美立的相似性理论等，均应从不同侧面作为仿真与虚拟的方法指导，尤其是钱学森创立的复杂系统科学，运用辩证唯物论并结合油田开发的专业科学或理论、计算机科学和技术等。

三、反馈方法

反馈方法是以原因和结果的相互作用来进行整体把握的方法，是用反馈概念分析和处理问题的方法。所谓反馈就是系统的输出结果再返回到系统中去，并和输入一起调节和控制系统的再输出的过程。如果前一行为结果加强了后来行为，称为正反馈，如果前一行为结果削弱了后来行为，称为负反馈。反馈在输入输出间建立起动态的双向联系。它成立的客观依据在于原因和结果的相互作用。不仅原因引起结果，结果也反作用于原因，因而对因果的科学把握必须把结果的反作用考虑在内。

在油田开发过程中有广泛的运用反馈方法的案例，如油田开发的地质研究中的油藏描述。油藏描述的最终目的是建立地质模型，在建立过程中采用系统结构方法、系统分析方法和反馈方法等综合研究方法。油田开发效果和效益的好坏及油田开发工作的成败的关键，是经油藏描述所建立的地质模型即对油藏的认识是否符合油藏的地下客观实际，以及所采用的油藏开发方案与措施是否得当。对油藏的认识是个不断深化的过程，不同的阶段由于“人”所掌握的资料、信息的差异，认识程度亦不同。油田开发过程是个动态变化的过程，“人”通过不同阶段所掌握、了解的资料和充分利用反馈的信息，同时运用地质理论与油田开发理论、油藏描述与评价技术，不断修正和加深对客观实际的认识，使之逐渐接近油藏真实。这个认识过程是复杂的、发展的、变化的过程，认识—反馈—再认识—再反馈而不断在实践中加深，认识符合实际程度越高越早越好，若到废弃阶段才认识清楚（也不可能完全清楚）也就失去继续进行油田开发的意义了。当然，总结经验教训指导、借鉴于其他类似油田的开发也会发挥一定的作用。

另外，在生产运行控制、开发指标控制、成本控制、科研进度控制、职工培训等方面都会运用反馈控制方法。

四、系统工程方法

系统工程方法是在系统思想指导下，将研究对象视为系统，并运用工程方法对组织管理系统进行系统开发、研究、设计、规划、制造、试验和运用等方面的科学方法。它对系统的结构、功能、要素、信息、环境等进行分析研究，运用研究方法整体化、技术应用综合化、组织管理科学化使工程开发目标各部分之间的相互联系、相互制约、相互协调、相互配合，服从整体优化要求，同时对系统的外部环境和变化规律进行分析，分析相互间的联系、影响与协同，使系统与外部环境相融合，达到总体方案最优化。

系统工程法是社会科学与工程技术相结合的方法。系统工程不仅研究物质系统，也研究非物质系统，要以系统论、控制论、信息论为理论基础并结合社会学与具体专业理论，从全局整体上处理系统的实际问题。这种处理方式说明系统工程方法不仅是工程处理方法也是思想方法，即从系统观念的高度来分析和处理现实中的各种实际问题。

油藏开发或由多个油藏组成的油田开发均是系统工程。它们均具有一定的结构、组成要素，具备相应的功能，具有内部联系和与环境的相互联系等。因此，对它们的开发须用系统观念尤其是整体性、综合性、层次性等观念并结合油田开发自身特点进行统筹考虑。

实际上在油气开发行业经常采用系统工程方法，如系统分析、综合评价、模型模拟、网络方法、最优化技术、科学决策方法等，但也有部分决策者、管理者、操作者不能以系统观念自觉地去综合运用这些方法而获得最佳的结果。

五、相似方法

不同的油藏类型是不同的相似系统，“系统相似性是系统间多个要素和特性相似的综合反映，不是个别要素及特性的相似。”因而油藏类型根据共性或相似性和差异个性分类。相似是相似系统的外部表征，相似性是相似系统的本质属性。相似的油藏不仅有外部的相似现象，而且有本质属性相似性。相似性是相似程度的度量，世界只有相似的油藏而没有相同的油藏。相似和相似性在油藏中普遍存在，故在油田开发过程的不同阶段均采用相应的相似分析和相似方法。

（1）相似推理。

所谓相似推理是指已知系统与被推理的系统具有相似性，即资料、信息的相似性、构成要素的相似性、规律的相似性、模型的相似性以及分析方法的相似性，从已知系统的特性推理出另一系统与之相似的特性。

在油田开发的地质研究中，往往根据已掌握和了解的地震、测井、钻井、试油、试采、化验、测试等资料、信息，运用地质科学知识和已掌握的油藏模型积累，通过综合研究并采用相似推理方法，建立构造模型、沉积模型、成岩模型、储层非均质模型、流体分布模型等多种地质模型。但由于油藏客体的非均质性及众多影响因素的复杂性，油藏地质参数的随机性，以及人们对油藏客体认识的滞后性和不确定性，往往采用随机建模的方法以给出多种可能的地质模型供人们选择。

（2）相似模拟。

相似模拟是根据系统相似性，对真实系统的形态、结构、功能及其演化规律特性的一种相似性再现。物理模拟、数值模拟、仿真与虚拟等均是如此。在油田开发过程有多种模拟形式，如人造岩心模拟、电模拟、数值模拟、仿真模拟、虚拟模拟等。

在油田开发前期由于勘探、详探阶段资料信息少，虽结合地震资料亦不能反映油藏的实际情况，油田开发中诸多问题如层系地层划分与组合、合理井网的选择、驱动方式的判断、油水井的数量与采出或注入强度确定等均难以解决。因此，对大油田往往开辟一个试验区，对复杂断块油田选一小断块进行先导性试油，为编制开发方案提供依据，以避免编制的开发方案不合理而造成损失。在油田开发初期进行提高油田开发效果的小区域试验、单井新工艺试验等，在油田开发中期提高采收率试验、后期的二次开发试验等模拟试验，均是基于试验系统与原系统具有相似性的考虑。

（3）相似管理。

相似管理是指各种管理系统间存在结构和功能的相似性、管理方法和管理行为的相似性。管理是以“人”为主导的管理，即使是由计算机管理或自动化管理，但“人”依然起主导作用。油田开发系统也是“人”对油藏不断深化的管理系统，由油藏技术管理转化为油藏经营管理，再发展为油藏战略管理和数字化管理、智能化管理、智慧化管理，体现了由低级管理向高级管理的发展过程。各油气生产总公司、分公司在油田开发管理上具有相似性：管理机构的设置、管理功能的设计、管理层次的分级、管理方法的确立、管理行为的实施等均不同程度地具有相似性。因此，各油气生产总公司、分公司虽然因内外部条件的差异，有各自特点与个性，但由于彼此存在相似性，它们的管理经验、管理技术等亦可以互相借鉴。

（4）相似设计。

相似设计是指事前按照一定的目的性与要求，根据相似性原理，借鉴、参考另一事的结构、功能、方法、技术等，预先制定本事物相应的方法、方案。油田开发是一个长期的过程，需根据油田的具体特点、开发阶段、具体目标与任务，编制相应的油田开发方案或油田开发规划。虽然各油田有各自特点，不同油田有各自的侧重点，但根据各油田的相似性制定相同的行业标准和《油田开发管理纲要》，进行统一要求。如中国石油天然气股份有限公司 2004 年 9 月实施的《油田开发管理纲要》对油田开发进行了全面的要求，其中在油田开发方案条款中提出“油田开发方案编制的原则是确保油田开发取得好的经济效益和较高的采收率。油田开发方案的主要内容是：总论；油藏工程方案；钻井工程方案；采油工程方案；地面工程方案；项目组织及实施要求；健康、安全、环境（HSE）要求；投资估算和经济效益评价”等内容，就是一种总体的相似设计。每一部分又分别提出下一层次或称低一级子系统的更为详细的要求。这些编制原则和主要内容的要求，就是根据油田开发的相似性而制定的，是一种相似设计方法。

（5）相似创新。

所谓相似创新是指按照相似思维，采用联想、借鉴、借用、参照、启发、启示、引进、反射、类比等方法对原有的思想、理论、方法、技术、工艺、事物进行更新、改革、改变、综合，从而获得新思想、新理论、新方法、新技术、新工艺、新事物等。创造不可能凭空而起，新的创造一般是建立在原有的事物或其转化的基础上，包含了对原有事物的继承和创新。

在油田开发企业中，存在大量全面的、综合的创新。企业全面综合创新，分为构成企业软系统的创新，包括战略、模式、流程、标准、观念、制度、企业文化等创新；企业管理的创新，包括机构、职责、权限、绩效评估、利益报酬与激励机制等的创新；管理职能的创新，包括制定目标、进行决策、计划安排、综合评估、实施保障、检测反馈、控制调整等的创新，以及决策者、管理者、操作者，或领导、管理与技术人员、工人三者相互关系和职责的创新；部门职能的创新，包括科学研究、技术工艺、设计管理、生产运行、供应物流、产品销售、人员培训、金融财务等专业业务职能的创新等。油田开发系统的创新应是从系统论的整体性出发，涵盖各个方面全面地、综合地进行创新。

油气生产企业是上游企业，主要产品是原油和天然气。它们是中间产品，是为下游企业如炼油厂、化工厂提供的一种原料产品。油气是国家的战略物资，受政治、经济、文化、军事、科技、环境、环保等多因素深层次的影响。在社会主义市场经济条件下，油气生产经营既受社会主义经济规律的制约，满足国家与社会的需要，又受市场价值规律的调节。因此，它经营的目的是以最小的投资和成本去获得最多的油气产量或者说获得最大的经济效益。为了此目的，油气生产企业的创新不仅贯穿油田开发全过程或整个生命周期，也涉及油气生产企业的各部门、各层次单位，是全面的、综合的创新。但其创新方法基本上都是相似创新。

六、WSR 系统方法

WSR 是“物理（Wuli）—事理（Shili）—人理（Renli）系统方法论”的简称，是中国著名系统科学专家顾基发教授和朱志昌博士于 1994 年在英国赫尔大学提出的。顾名思义，WSR 系统方法论就是物理、事理和人理三者如何巧妙配置、有效利用以解决问题的一种系统方法论。它既是一种方法论，又是一种解决复杂问题的工具。是钱学森提出的“综合集成系统方法论”、日本椹木义一提出的“西那雅卡那系统方法论”、王浣尘提出的“旋进原则方法论”、顾基发与朱志昌提出的“WSR 系统方法论”组成的东方系统方法论的主要部分。

在 WSR 系统方法论中，“物理”指涉及物质运动的机理，通常要用自然科学知识主要回答“物”是什么，物理需要的是真实性，研究客观实在。“事理”指做事的道理，主要解决如何去安排这些物，通常用到社会科学、管理科学方面的知识来回答“怎样去做”。“人理”指做人的道理，通常要用人文与社会科学的知识去回答“应当是否做”、“应当怎样做”和“最好怎么做”的问题。在油田开发过程中处理任何“事”和“物”都离不开人去做，并由人去判断这些事和物是否应用得当，“人理”表现为人对物理与事理的影响发挥主导作用。

运用 WSR 方法论在不同时期、不同阶段物理、事理、人理三个方面的侧重会有所不同，要善于抓主要矛盾、协调次要矛盾，重视各矛盾的相互转化，充分考虑油田开发过程的整体性、系统性。

第四节 油田开发系统与油田开发工程哲学

1978年钱学森、许志国、王寿云发表了《组织管理的技术——系统工程》，1990年钱学森、于景元、戴汝为发表了《一个科学的新领域——开放的复杂巨系统及其方法论》，这是钱老创建系统论两个重要的发展阶段，具有里程碑的意义和深远影响。在这两个阶段中，钱老又发表了许多专著和论文，发展和完善了系统论和系统科学。

工程哲学是20世纪90年代近二三十年间新兴的一门应用哲学的分支科学。李伯聪在2002年出版了《工程哲学引论——我造物故我在》，是现代哲学体系中具有开创性的崭新著作，属于马克思学说的关于改变世界的哲学。同年，徐长福出版了《理论思维与工程思维》，是现代哲学体系中具有开创性的奠基新著，具有世界和历史性意义。它们是工程哲学这个学科在中国正式开创的标志。随后，研究工程哲学的专家、学者越来越多，而且大多集中于高等学府和哲学研究单位，工程单位研究工程哲学的从业者似乎不多，需向这些单位进行有效地扩展，使广大的工程技术人员能迅速掌握工程哲学这一有力思想武器。

但系统论与工程哲学关系如何？是个值得探讨的问题。

一、油田开发工程

所谓工程，《现代汉语词典》解释为（1）土木建筑或其他生产、制造部门用比较大而复杂的设备来进行的工作，如土木工程、机械工程、化学工程、采矿工程、水利工程等。（2）泛指某项需要投入巨大人力和物力的工作：菜篮子工程（泛指解决城镇蔬菜、副食供应问题的规划和措施）。李伯聪教授则界定为“对人类改造物质自然界的完整的、全部的实践活动和过程的总称”。两种释义，后者的释义更准确，涵盖更广泛、更全面。

李伯聪教授按照对象分类，工程可分为：（1）大型物资生产活动；（2）新建新投建设项目；（3）大型科研、军事、医学或环保项目；（4）有目标的大型社会活动。但笔者认为根据相关文献关于对工程的界定，可按目的、作用或用途分类可更细一些：（1）大型物质生产活动，如土木工程、化工工程、冶金工程等；（2）新建新投建设项目，如三峡工程、高铁工程、大型新建路桥工程等；（3）天然资源采掘工程，如石油天然气开采、煤矿开采、铁矿开采等原材料采掘工程；（4）科技创新工程，如“曼哈顿工程”、“两弹一星工程”、核电工程等；（5）大型的社会工程，如安居工程、再就业工程、城市改造工程、菜篮子工程等；（6）大型育人工程，如“211工程”、“985工程”、希望工程等。

石油天然气开采工程亦称之为油（气）田开发工程。油田开发工程是人依据数学、物理学、油田化学，地下流体力学、油田地质学、油藏工程学，以及热力学、材料学、固体力学、计算机工程学和系统分析、系统综合等自然科学的理论和方法，科学地应用于油田开发部门，使自然界的油气资源通过各种技术采出方式，实施并获得高效开发、高经济效益、高最终采收率的总称。油田开发工程是系统工程，一般分为勘探、开发、储运、销售等阶段。勘探阶段找到具有一定规模、一定经济价值的油气藏是油田开发的基础和前提，油田开发阶段是油田开发工程的核心阶段，不仅开发周期长，少则几年、多则几十年甚至上百年，而且开发过程复杂多变、不确定影响因素多，但人们从长期油田开发建设实践中得出经验，总结出一套油田开发建设程序，一般为：普查、勘探、试采、策划、评估与风险分析、决策、概念设计、产能建设、部分投产、正式开发方案设计、实施、全面投产、后评估、动态分析、调整方案设计、实施调整方案、多次动态分析、二次开发、收尾报废等。这套程序反映了油田开发工程建设过程的客观规律，是建设油田开发工程项目科学决策和顺利进行的重要保证，是必须遵循但可以合理交叉的工作秩序。

二、油田开发工程哲学

油田开发工程哲学在油田开发方面的论著并不多。包括2007年金毓荪、蒋其垲等著的《油田开发工程哲学初论》，2017年李伯聪、殷瑞钰、翟光明著的《大庆油田的工程哲学：实践与理论》及2010年胡文瑞的《石油工程哲学探幽》，2014年宋毅、桑宇的《油气储层改造工程哲学》，2016年邓小文的《油藏动态开发是项哲学工程》等论文。

油田开发工程哲学的相关论著均不同程度作出了概念或定义，笔者认为油田开发工程哲学是研究油田开发过程的基本规律和矛盾运动规律，包括认识规律和运动规律、各种矛盾的产生、联系、运动与转化；研究油田开发主体“人”与油田开发客体油气藏的关系；研究主体、客体与社会和客观环境的关系等，并结合油田开发实际，运用马克思主义的世界观和方法论进行油田开发工作的哲学学说。油田开发工程哲学同样具有系统性、实践性、开放性、前瞻性、广泛性等特征。

三、系统论与油田开发系统论

系统论是研究系统概念、系统思想、系统方法和系统规律的哲学理论。系统论是用整体的观点、相互联系与作用的观点、辩证唯物论的观点认识世界，研究系统规律、特征和方法等，进而改造世界，体现了系统哲学思维。系统论是系统科学的重要组成部分，也是马克思主义哲学的组成部分。它包含了系统本体论、系统认识论、系统方法论、系统价值论等。

不同的哲学学派对本体论有不同的定义，即使是马克思主义哲学学派也分为物质本体论和实践本体论，而且两学派争论不休。对于从事油田开发工程的技术人员来说，无须参与哲学家们辩论或讨论，只需对油田开发本体论有一个基本认识并能应用于实践，指导油田开发工作和满足油田开发的需要，就能达到中、低要求了。

油田开发系统方法论是用马克思主义方法论即用辩证唯物主义世界观去指导认识世界和改造世界。具体地说是用辩证唯物主义世界观对油藏客体进行多次加深认识，使之逐步接近油藏客体实际，进而用传统方法与现代先进技术方法相结合去改造油藏客体。而认识论简言之是关于认识方法、认识因素、认识结果等的系统理论。在油田开发系统中对油藏客体不仅需通过各种途径认识油藏的形状、规模、特征、影响因素等，而且需用各种方法认识和掌握油田开发规律、变化趋势。油田开发结果反映了油田开发价值。其价值体现在效果（生产更多的油气）、效率（高速高质）、效益（经济效益与社会效益）等方面，概括之为获得最佳的油田开发效果，指标体现为获得最高经济采收率。因此，油田开发系统论是油田开发本体论、油田开发认识论、油田开发方法论、油田开发价值论的统一，是运用系统论基本观点及综合集成方法研究油田开发系统概念、特征、方法与油田开发规律。它包含了油田开发一般系统论、油田开发本体论、油田开发认识论、油田开发方法论、油田开发管理论、油田开发相似论、油田开发诊治论、油田开发综合论、油田开发预测论、油田开发价值论、油田开发发展论等。油田开发系统论是在油田开发全过程中认识和改造油藏；处理主体与客体的关系、主客体与社会和周围环境的关系；掌握和管控运行与演化规律、变化趋势，使之成为服务人类油田开发更好的利器。

四、系统论与工程哲学关系

如前所述系统论是研究系统概念、系统思想、系统方法和系统规律的哲学理论。工程哲学是以改造世界的具体工程活动为整体研究对象，是研究人主导的工程活动一般性质及发展一般规律的哲学学说。系统涵盖了科学、技术、工程、社会、文艺等方方面面，或者说科学、技术、工程、社会、文艺等方方面面体现了各类系统。各类工程皆为系统，但各类系统绝非均是工程。

李伯聪教授提出科学、技术、工程三元论，即简要地“把科学活动解释为以发现为核心的人类活动，把技术活动解释为以发明为核心的人类活动，把工程活动解释为以建造为核心的人类活动”，并强调科学、技术、工程有各自特殊本性，又指出三者之间的相互联系和相互转化。“三元论”的提出恢复了工程应有的地位，改变了某些人对工程活动在人类活动实践中重要性偏低的意识和思维。但系统论的基本特征为整体性、结构性、层次性、开放性、动态性、目的性、相似性、涨落性、自组织性等，以系统的基本特征尤其是从整体性、层次性、开放性考虑，在系统的范围内，科学是人类有目的活动的理论依据，技术是人类活动目的的实现手段，工程是人类实现目的的实践结果。这正是体现了马克思主义哲学不只是解释世界，而更重要的是改造世界的统一。因此，系统论哲学理论应包含了科学哲学理论、技术哲学理论、工程哲学理论。在系统里的任何工程尤其是大型工程都必须有科学理论依据，都必须运用先进的技术手段，才能实现人类活动的目的，完成服务于人类的广义的“造物”。在系统论里脱离科学理论依据谈工程，脱离先进技术手段谈工程，工程就是无本之木、无源之水，毫无实际意义。

油田开发系统是个不断运动、发展、变化的系统，是开放的、灰色的复杂巨系统。在演化过程中充满不确定因素，这些不确定因素带有随机性、模糊性、灰色性和突发性。油田开发工程属于复杂的巨系统工程，油田开发客体的隐蔽性或不可入性，决定了对客体的认识与改造难度极高，油田开发过程的不可逆性决定了人类的开发决策风险极高，油田开发活动的时变性和不确定性又决定了高投入、高技术、高风险的开发特征。由此要求从事油田开发的决策者、管理者、操作者等群体在进行油田开发时对客体应有明确的而不是模糊的基本认识，应有基本的理论依据和基础的应用技术手段，对开发结果有基本可信可靠的预测估计。因此，油田开发整个生命周期内任何工程活动或工程措施，都必须有科学依据，必须运用先进技术手段，也就是说任何措施必须有根有据才能实施，否则就有可能造成损失、损伤、损害。从马克思主义唯物辩证法的哲学思维出发，在油田开发系统内的科学、技术、工程是决不能截然割裂开来的统一体。

第五节　油田开发系统论与智慧油田的建设

一、油田开发系统论与智慧油田

系统论方法为现代科学研究和科学理论体系的整体化提供了新的思路。它从系统的观念上给人们提供了一种全面考虑和顺利解决问题的思想方法。它把系统各种因素作为一个整体来考虑，为人们提供了一条从全局着手计划与解决问题的途径。系统论方法是研制与协调复杂系统的有效工具。它根据实际工作需要和可能，为系统定量地确定出最优目标，并运用最新技术手段和处理方法在整体的框架下把系统逐级分成不同等级的层次结构，使之在动态中协调各子系统之间的关系，为把系统中存在的许多信息作最佳处理提供最优化的手段。系统方法的应用是把整体作为研究对象，根据总体协调的需要，运用数学、电子计算机等工具对系统的构成要素、结构、信息交换和自动控制进行分析，给科学知识数字化提供了中间过渡的形式，从而加速了数字化进程，加快了自动化的步伐。

智慧油田存在数字、智能、智慧三个发展阶段，智慧油田建设过程中需逐步解决数据、软件、投入、人才、地域发展等方面的难点，智慧化阶段要实现综合、预测、评价、协同、预警、管控、因应、决策八项基本功能，体现优化资源配置、精细管控开发进程，充分发挥人的主导作用的科学决策，促进开发效果最佳化、经济效益最大化。建设智慧油田是一项系统工程，需要将油田地质专业、工程专业、管理专业、IT 专业等多领域的专家组织起来，共同研发技术、体制与机制；并注意规范相关概念和名称，统一制定标准，在互通互联方面多下功夫。

系统的基本特征有：整体性、结构性、层次性、开放性、动态性、目的性、相似性、涨落性、自组织性等。而油田开发系统具有客观性、不可入性、不可逆性、二重性、不确定性、时变性、阶段性、复杂性、系统性、人主导性、协调性、创新性等特征。油田开发系统特征是系统特征的具体化。在建设智慧油田的过程中，必须运用系统论的思维和方法，充分运用系统和油田开发系统这些基本特征，其中突出的是运用系统论的整体性、层次性、开放性、时变性、相似性等特征。

二、运用系统论思维指导智慧油田建设

（一）运用系统论的整体性思维指导智慧油田建设

油田开发和建设智慧油田系统是三级复杂巨系统或称之为企业级复杂巨系统，具有复杂的结构、功能、行为和演化。“系统就是由许多部分所组成的整体，强调整体是由相互联系、相互制约的各个部分所组成的。”整体性是系统最基本的特征之一，是区别不同系统特质性的体现。智慧油田区别于一般油田的整体性特征表现为运用最先进的科学技术手段，实现自主或半自主的综合、预测、评价、协同、预警、管控、因应、决策等功能，并在运行过程中减少“人”的干预，能主动确定油田开发过程最佳化，具备一定的思维特征，可体现最佳优化资源配置，精细管控油田开发进程，以人为本且充分发挥人的主导作用的科学决策，使之达到开发效果最佳化、经济效益最大化、安全环保科学化的目标。因此，需充分运用整体性特征，指导智慧油田建设。

智慧油田系统由各子系统组成。智慧油田建设可分别进行各子系统建设，各子系统的结构、功能、行为、运行和演化，各子系统间的相互联系、相互制约、相互协调等，必须在系统整体性的统筹和管控之中。

（二）运用系统论的层次性思维指导智慧油田建设

所谓系统层次性是指要素按不同结构、功能、作用等组成具有一定独立性的各个级别子系统的特性。层次性是系统又一基本特性。层次具有相对性、差异性、多样性、层次的

协调性和高级与低级子系统的连续性等特征。油田开发系统包含油田地质系统、油藏工程系统、钻井工程系统、采油工程系统、输油工程系统、地面工程系统、采油成本系统、开发管理系统、人才培养系统、安全环保系统、计算机系统、物资供应系统等子系统，这些系统又包含了更低一级的子系统。纵横交错的层次构成了一个相互联系、相互作用、相互制约的网络系统。油田开发系统的不同子系统具有不同的结构、功能和作用，各有其独特的性能，亦即有其各自的个性，体现了独立性、差异性、多样性。各子系统互相协调配合，为实现智慧油田的总体目的发挥各自作用。在建设智慧油田过程中，要充分认识、了解和掌握系统与子系统的结构、关系、功能、作用、联系及特性等，运用层次性特征分别进行各子系统的建设，然后进行有机地结合，体现智慧油田整体性特征。

(三) 运用系统论的开放性思维指导智慧油田建设

所谓系统开放性是指系统与环境进行交换物质、能量和信息的属性。系统既从环境输入，亦向环境输出物质、能量和信息。这是系统又一基本特性。自然界与人类社会都具有输入和输出的能力，这是系统固有的规律。开放性是系统的结构、功能、发展的需要。任何系统都具有开放性，只是开放程度大小不同而已。所谓封闭系统是相对的，绝对封闭系统是不存在的。

油田开发系统是开放系统，不仅与勘探系统、销售系统、炼制系统有物质、能量、信息的交换，而且与非油气开采行业系统、社会系统有物质、能量、信息的交换。系统与子系统不仅有物质、能量、信息的交换，而且子系统之间也有物质、能量、信息的交换。这种交换促使系统内外相互联系、相互作用的功能加强，也促使系统的优化、发展、进步。

在建设智慧油田的过程中，需充分考虑智慧油田系统与环境的输入输出状况，组成系统的要素、子系统与环境的输入输出状况，设计出系统、子系统与环境进行物质、能量、信息的交换方式、交换质量、交换规模、交换结果的优化模型，建设能体现八项基本功能并具备主动思维特征的最优化、专业化功能模块。

(四) 运用系统论的时变性思维指导智慧油田建设

所谓系统的时变性亦称为系统动态性，是指系统处于不断运动、发展、变化过程之中，系统状态是时间的函数。系统的运动与变化受众多因素影响，毛泽东同志说："唯物辩证法认为外因是变化的条件，内因是变化的根据，外因通过内因而起作用。"系统内部各要素的相互作用是系统运动的内因，系统与环境的相互作用是系统运动的外因。系统的演化过程就是系统不断地运动、发展、变化过程，系统的运动、发展、变化是绝对的；系统的存在反映系统的静止、恒长、不变特点，系统的静止、恒长、不变是相对的。

油田开发系统是个不断运动、发展、变化的系统，是开放的、灰色的复杂巨系统。在演化过程中充满不确定因素，这些不确定因素带有随机性、模糊性、灰色性和不定期的突发性，风险时刻伴随着油田开发全过程。不仅增大了油田开发的难度，而且也增大了建设智慧油田的难度和工作量。智慧油田一个最基本的特征是对油田开发过程不确定影响因素能进行预判，并备有应急方案，对突发事件能迅速、果断、正确地处理。这种具备"人"的思维特征的处理功能，是建设智慧油田的难点，也是最大的亮点之一。

同时运用发展、变化的观点，研究、观察油田开发全过程，预测和掌握油田开发系统发展趋势和演变规律，掌控运行轨迹，把握有利时机，趋利避害，就会使油田开发团体处于主动地位，实现最佳的油田开发效果、最大经济效益和良好的社会效益。

（五）运用系统论的相似性思维指导智慧油田建设

所谓系统的相似性是指系统间的结构、功能、特性、演化的相似。相似性是系统又一基本特性。自然界与人类社会充满了相似性。相似现象在油田开发系统更是司空见惯，利用相似性原理开展油田开发活动的现象也是比比皆是。油气生产企业的管理部门、生产单位、附属单位结构的设置和功能作用亦是大同小异。油田开发客体同类油藏相似程度高，非同类油藏也存在一定的相似性。油田开发方法无论是开发方式，还是采油方式基本是相通的。油藏经营管理方式或油井的管理措施、增产措施等也异曲同工甚至同曲同工。不同的油气生产企业、不同的油藏类型、不同的油田开发开采方式，不同的演化趋势等尽管有其差异性或者说特殊性，但也存在不同程度的相似性或者说不同程度的共性。

在建设智慧油田过程中，要充分利用油田开发系统所具有的结构、状态、特性、演化等有差异的共性，借鉴其他油田开发企业、其他油田、其他部门建设经验，吸取他们的经验教训，结合本企业、本部门、本油田的具体特点，创造性地建设智慧油田。这样，不仅能高效地、快捷地建设智慧油田，而且能节约大量的时间成本、人工成本、财务成本。

第六节　油田开发系统的宏观基本规律

一、规律的概念

何谓规律？《现代汉语词典》的词条解释为“事物之间的内在的本质联系。这种联系不断重复出现，在一定条件下经常起作用，并且决定着事物必然向着某种趋势发展”。该定义突出了三点：一是内在的本质联系；二是经常起作用；三是决定事物发展的必然趋势。马克思主义哲学认为规律是事物内部普遍的、稳定的、重复出现的本质关系或本质之间的关系。规律是客观存在的，不以人们的意志为转移。任何个人、组织、集团都不能创造规律或消灭规律。规律具有普遍性，一是具有支配性，二是具有重复性。而油田开发过程中的规律则是油气生产领域的特殊规律。油田开发中有许多规律，有宏观的，也有微观的，有一般的，也有特殊的，还有机理性的规律。李斌等人提出油田开发三个宏观的基本规律，即油气资源不可再生规律、油气产量递减规律、油气生产成本上升规律。它们是油气开发领域的基本规律。之所以说它们是基本规律，是因为它们决定着、影响着油田开发进程和发展趋势；决定着油气生产的投入、产出；决定着生产经营盈利和亏损或利润的多寡。

二、油气资源不可再生规律

自然资源分为原生自然资源和次生自然资源。原生自然资源如太阳能、空气、风等，次生自然资源如土地、矿产、森林等。次生自然资源是在地球自然历史深化过程中的特殊阶段形成的不可再生的资源。原油、天然气、伴生气等就是这种次生自然资源。这似乎谈不上是油田开发的规律，仅是人们的共识。但是，油气资源的有限性和不可再生性决定了油田开发的发展趋势，是油田开发的基础。

油气资源是有限的，但油气资源量是人们评估在自然形成的聚集体中原始油气数量。已发现的原始油气数量，称之为储量。储量是一个笼统的概念，它的分类分级不是本书的内容，无须阐述，但储量的估算存在诸多不确定因素，诸如对油气储集体认识变化、估算者的素质不同、估算方法的选择优劣、估算参数的拾取是否正确合理、估算误差的大小等。这些不确定因素严重影响着对储量估算的精确程度和可靠程度。即便如此，人们对认可的估算储量仍然作为编制油田开发方案的基础和前提。储量的变化直接影响油田开发进程和发展趋势。同时，人们长期致力于研究、探索可采储量的增长或采收率提高。

三、油气产量递减规律

油气产量递减是任何油田、油藏、油井都会出现的最为普遍的现象，直接关系到油田开发发展态势和经济效益的高低。因此，减缓递减速度和强度始终是人们追求的目标之一。常用的递减规律有指数递减规律、双曲递减规律、调和递减规律。影响递减规律的因素众多，可由式（1-6-1）表示：

$$D=1-\frac{\lambda_s}{\lambda_f\lambda_{\Delta p}\lambda_w\lambda_\alpha\lambda_t\lambda_{kh\mu}\lambda_c} \tag{1-6-1}$$

井网密度变化系数 λ_f：

$$\lambda_f=f_{i-1}/f_i \tag{1-6-2}$$

式中，f 为井网密度，口/km^2；i-1 为上一年，i 为本年。

$\lambda_{\Delta p}$为生产压差变化系数：

$$\lambda_{\Delta p}=\Delta p_{i-1}/\Delta p_i,\ \Delta p=p_e-p_{wf} \tag{1-6-3}$$

式中，p_e 为平均地层压力，MPa；p_{wf}为油井流动压力，MPa。

λ_w 为含水率变化系数：

$$\lambda_w=(1-f_w)_{i-1}/(1-f_w)_i \tag{1-6-4}$$

地质综合系数变化系数 λ_α：

$$\lambda_\alpha=(B_o/\phi S_o\rho_o)_{i-1}/(B_o/\phi S_o\rho_o)_i \tag{1-6-5}$$

式中，B_o 为平均体积系数；ϕ 为平均有效孔隙度；S_o 为平均含油饱和度；ρ_o 为平均地面原油密度，t/m^3。

流动系数变化系数 $\lambda_{Kh\mu}$：

$$\lambda_{Kh\mu}=(Kh_o/\mu_o)_{i-1}/(Kh_o/\mu_o)_i \tag{1-6-6}$$

式中，K 为渗透率，D；h_o 为平均有效厚度，m；μ_o 为原油黏度，mPa・s。

相对流动系数变化系数 λ_c：

$$\lambda_c=(K_{ro}+\mu_R K_{rw})_{i-1}/(K_{ro}+\mu_R K_{rw})_i \tag{1-6-7}$$

式中，K_{ro}为油相相对渗透率；K_{rw}为水相相对渗透率，μ_R 为油水黏度比。

生产时间变化系数 λ_t：

$$\lambda_t = t_{i-1}/t_i \tag{1-6-8}$$

式中，t 为平均单井生产时间，d。

表皮系数变化系数 λ_s：

$$\lambda_s = s_{i-1}/s_i \tag{1-6-9}$$

式中，s 为表皮系数。

虽然供给半径 r_e 有变化，油井半径 r_w 变化不大，但它们均在对数内，影响较小，不予考虑。

显然，采油速度（v_o）、井网密度（f）、地质综合系数（α）、流动系数（Kh_o/μ_o）、生产时间（t）、地层压力（p_e）、井底流动压力（p_{wf}）、综合含水率（f_w）、相对流动系数（$K_{ro}+\mu_R K_{rw}$）、油水黏度比（μ_R）、供给半径（r_e）、表皮系数（s）以及动用储量等参数的变化与递减率有关。同时也说明油田开发的一些其他规律，如含水上升规律、地层压力保持与变化规律、油层物理性质与流体物理性质变化规律、油水两相渗流规律、井网密度与采收率关系规律等均可看作递减率基本的影响因素规律。另外，与采油速度有关的产油、产液变化规律，水驱曲线规律等也会影响递减率的变化。因此，称递减规律为基本规律之一是比较合适的。

四、油气生产成本变化规律

一般，油气生产企业追求的目标之一就是利润最大化。利润由油价和成本决定。但油价影响因素太多，一般油气生产企业难以控制，而控制和降低成本是企业最基本的工作和战略措施之一，成本变化规律也是企业最为关注的问题之一。

（1）油气生产经营成本的概念。

何谓成本？成本是产品价值的一部分，是企业用于生产和销售产品所支出的各种费用，是产品所消耗的物化劳动和活劳动的货币表现。对于开发油气田的企业，油气生产经营成本是指在生产经营过程中所发生的全部消耗，包括油气产品的开采成本、管理费用、销售费用和财务费用。或者说油气成本是指在一定时间内生产油气产品而发生的用于矿区取得、地质勘探、开发井及相关设施建设和油气采出、处理、集输、储存等活动的成本，包括矿区取得成本、地质勘探成本、油气开发成本、油气生产成本四部分。由此可见，产品成本是生产消耗的程度和补偿尺度，是反映劳动消耗效果的综合指标，是制定价格的经济依据，是计算利润的基础。

（2）影响成本的因素。

①地质因素。

油气藏的地质条件不同，即指油气藏构造形态、规模与断裂系统，储层物性、分布与非均质性，油气藏埋藏深度，储量大小与丰度，油气藏类型与驱动方式、温度与压力系统、井数和采油方式等的不同，油气成本会有很大不同。

②油品质量。

稀油、稠油、超稠油、高凝油、挥发油等不同油品及油品中所含的硫化物、氧化物、氢化物、少量的无机盐类夹杂物等不同，其开采方式方法不同，集输工艺亦不同，必然反映投资需求和成本的不同。

③地理因素。

油气蕴藏的自然地理和经济地理位置亦会影响油气开采成本，油气蕴藏于海洋、沙漠、高山、丘陵、平原、极地等不同自然地理环境，该地区的政治、经济、交通、文化发展等经济地理的差异，电费、水费、土地费、运输费、原材料费、税费和其他相关费用均会影响开采成本的变化。

④油气开发阶段。

油田开发在初期上产阶段、中期稳产阶段、末期递减阶段其油田开发指标尤其是油气产量、产液量、综合含水率会有较大的变化，会直接影响到开采成本。在产量低、含水高的末期，开发难度增大，成本会大幅度上升。

⑤科技因素。

科学的油田开发理论、符合油田开发实际的开发方案是指导油田开发降本增效的基本原理，先进适用的采油工艺和井下作业技术、安全环保的地面工程技术等是增储上产的最基本措施。油田合理有效开发了，可采储量和油气产量增加了，开发投资就会适量避免和减少浪费、采油成本就会降低，否则就会增高。

⑥管理因素。

管理是一个系统工程，存在于油气田开发的各个环节。它是为了实现某种预定目标，规划、组织、领导和控制油田开发者的行为表现。人员素质和管理水平的高低，往往决定了经济效益的高低。控制与管理成本的力度不同，效果亦不同。管理落后必然造成成本增加。互联网+技术的应用也可从中借鉴先进的管理技术，以利于降本增效。

（3）成本变化规律。

成本变化规律与开发阶段相联系。产量上升阶段成本相应地下降；产量稳产阶段成本亦趋于稳定；产量递减阶段成本会逐渐上升，递减程度越大成本上升越快，如图1-6-1所示。

成本与产量对应变化规律是油气田普遍存在的关系，因此，控制与降低成本除了关注影响成本的直接因素外，亦可从提高产量入手。

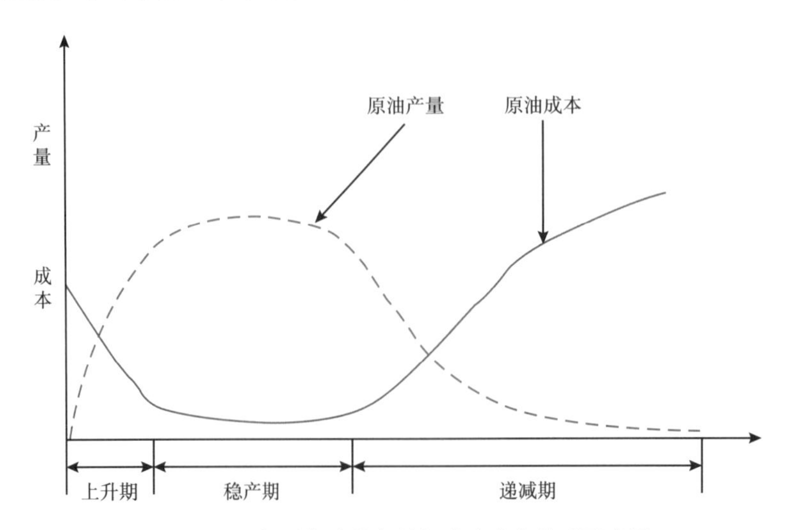

图1-6-1　各开发阶段产量与成本变化关系示意图

参考文献

［1］许国志. 系统科学大辞典［M］. 昆明：云南科技出版社，1993.

［2］许国志. 系统科学［M］. 上海：上海科技教育出版社，2000.

［3］魏宏森，曾国屏. 系统论［M］. 北京：清华大学出版社，1995.

［4］钱学森. 创建系统学［M］. 太原：山西科学技术出版社，2001.

［5］刘宝和. 中国石油勘探开发百科全书［M］. 北京：石油工业出版社，2008.

［6］F·F·克雷格（美）. 油田注水开发工程方法［M］. 北京：石油工业出版社，1981.

［7］胡文瑞. 老油田二次开发概论［M］. 北京：石油工业出版社，2011.

［8］李斌，宋占新，高经国. 论油田开发二重性［J］. 石油科技论坛，2011（2）：45-47.

［9］李斌，郑家朋，樊会兰. 打破传统 转变观念 搞好提高原油采收率的整体设计［J］. 油气地质与采收率，2010，17（6）：1-5.

［10］宋健. 现代科学技术基础知识［M］. 北京：科学技术出版社，1994.

［11］闫耀军. 社会预测学基本原理［M］. 北京：社会科学文献出版社，2005.

［12］吴清烈，蒋尚华. 预测与决策分析［M］. 南京：东南大学出版社，2004.

［13］陶清轩. 经济预测与决策［M］. 北京：中国计量出版社，2004.

［14］宁宣熙，刘思峰. 管理油藏与决策方法［M］. 北京：科学出版社，2003.

［15］李志才. 方法论全书：Ⅲ卷［M］. 南京：南京大学出版社，1995.

［16］杜玠，陈庆华. 系统工程方法论［M］. 长沙：国防科技大学出版社，1994.

［17］周美立. 相似性科学［M］. 北京：科学出版社，2004.

［18］傅家骥. 技术创新学［M］. 北京：清华大学出版社，1998.

［19］徐国志. 系统科学与工程研究［M］. 上海：上海科技教育出版社，2000.

［20］李伯聪. 工程哲学引论［M］. 郑州：大象出版社，2002.

［21］路甬祥. 工程哲学引论［M］. 郑州：大象出版社. 2002.

［22］中国社会科学院语言研究所词典编辑室. 现代汉语词典：修订版［M］. 北京：商务印书馆出版，1996.

［23］李斌，刘伟，毕永斌，等. 智慧油田建设与发展［J］. 石油科技论坛，2018（3）：47.

［24］钱学森. 论系统工程［M］. 长沙：湖南科学技术出版社，1982.

［25］徐国志. 系统科学大辞典［M］. 昆明：云南科技出版社，1994.

［26］毛泽东. 毛泽东选集：第一卷［M］. 北京：人民出版社，1991.

［27］魏宏森，曾国屏. 系统论—系统科学哲学［M］. 北京：清华大学出版社，1995.

［28］李斌，陈能学. 油田开发系统是开放的灰色的复杂巨系统［J］. 复杂油气藏，2002，11（3）：24-29.

［29］中国社会科学院语言研究所词典编辑室编. 现代汉语词典［M］. 北京：商务出版社，1996.

［30］中共中央宣传部理论局组织编写. 马克思主义哲学学习纲要［M］. 北京：中共中央党校出版社，1989.

［31］苏厚重. 马克思主义哲学学习纲要辅导［M］. 北京：中国社会出版社，1990.

［32］李斌，袁俊香. 影响产量递减率的因素与减缓递减的途径［J］. 石油学报. 1997（3）：91-94.

［33］李斌，张国旗，刘伟，等. 油气技术经济配产［M］. 北京：石油工业出版社，2002.

第二章　油田开发系统本体论

人们研究本体论就是探讨存在本身即一切现实的基本特征及相互关系。油田开发本体论就是研究油田开发系统的基本特征和相互关系，说明该系统不仅具有系统的特征，而且具有开放的、灰色的、复杂巨系统的特征，探讨油田开发系统是企业级复杂巨系统的存在。

第一节　油田开发系统的复杂性和不确定性

无论是油气藏的自然系统还是油田开发的人工系统，都具有复杂性和不确定性，而且在油气藏整个开发过程中也充满了复杂性和不确定性。油气藏是深埋地下靠不确定信息反映的客体。它不仅在其结构上，而且在其特征上均体现出它的复杂性。油气藏的复杂性并不取决于人的认识程度，而取决于它的客观存在。不同的油气藏有不同的复杂程度，但它们的共性是复杂性，它不以人们的意志为转移。复杂性不是纯主观的概念，而是客体的正确反映。

复杂性问题在 20 世纪初就引起人们的注意，至 20 世纪 40 年代逐渐形成科学的概念，目前在世界上同样受到普遍关注。但对何为复杂性又众说纷纭，没有一个统一的定义。笔者认为复杂性是客观事物能使认知信息流（Cognition information flow）释放的特性。该提法反映出：(1) 复杂性是客观事物的属性；(2) 是客观事物释放认知信息流能力的特性。所谓认知信息流是在某一科学技术水平下，客体反映其构造特征及其各要素间相互关系的多样性随时间变化的不确定量，记为 $Q_{ri}(t)$。科学技术水平就是通常所说的“人”认识世界与改造世界的能力。在这里它体现出释放认知信息流的动力，记为 $P(t)$。它由科学即反映客观事实和规律的知识体系记为 $S(t)$，并与技术即各种工艺方法、操作技能和信息手段、产品效能的总和记为 $T(t)$ 组成，即 $P(t)=S(t)\ T(t)$。客体的构造特征主要指其规模、形状、结构、层次等，记为 S_r；关系的多样性主要指要素间、要素与环境间的非线性及不确定性（随机性、模糊性、灰色性、未确知性），记为 $R_e(t)$。客体构造特征与关系特征反映释放认知信息流的阻力特征，记为 R_f，则 $R_f=S_rR_e(t)$。其中构造特征所显示的阻力 S_r，虽然亦随时间变化，但一般变化较小，近似看成是确定不变的。

认知信息流 $Q_{ri}(t)$ 与具有动力特征的科学技术水平 $P(t)$ 成正比，与具有阻力特征的客体构造与要素关系 R_f 成反比，即：

$$Q_{ri}(t)\propto\frac{P(t)}{R_f} \tag{2-1-1}$$

写成等式即：

$$Q_{ri}(t)=\frac{\alpha P(t)}{R_f} \tag{2-1-2}$$

$$Q_{ri}(t)=\frac{\alpha S(t)T(t)}{S_r R_e(t)} \tag{2-1-3}$$

$$\alpha=\frac{Q_{ri}(t)S_r R_e(t)}{P(t)} \tag{2-1-4}$$

式中，α 为比例系数。

α 的物理意义：它反映出在某一科学技术水平的认识信息流为某一特定值的前提下，客体构造特征与关系特征的复杂程度。

实际上，科学技术具有与时俱进的时变特征，关系多样性的非线性性及不确定性亦具有时变特征。但是对于某一时间（或时期、或阶段）的某一具体行业或具体客体，它们也就是相对确定的了。

复杂性体现了从物理到事理再到人理的变化；从认识自然到改造自然再到人和自然和谐发展的变化；从自组织到与他组织结合再到自组织他组织协同的变化，也体现了开放性、博弈性、非线性、动态性、多样性、不确定性等多种特性的组合与演化。复杂性是复杂系统一类的属性。进入 21 世纪信息化时代，复杂性的内涵和外延就更丰富多彩了。

一、油田开发系统的复杂性

（一）油田开发系统的复杂性是其自然属性

油田开发是油气生产的核心阶段。它不仅对油气勘探提供的油气资源即具有可供开发的商业储量进行开发开采，而且向油品炼制、加工及深加工、石化等提供具有良好质量的原材料。油田开发阶段不仅生命周期长，而且资金投入大，技术密集与风险大。油田开发系统是由多元素组成的系统，是一个“相互作用的多元素的复合体”。油田开发系统是由自然界自行组织（自然系统）与人为构筑（人工系统）相结合的共建系统，是一个复合系统。二者相辅相成、相互影响、相互联系、相互制约，缺一不可。

因此，油田开发系统是主体与客体的结合，是人理、事理、物理的结合，是开放的灰色的复杂巨系统。而这里的灰色是指广义的概念，即不确定性总体。油田开发系统的组成部分即客体（油藏、气藏、油气藏）在结构上、层次上、物理化学特性上、环境特性上以及它的时变性等，都显示出它的复杂性。开发油藏需要人来认识、研究、改造它。由于油藏深埋地下，人们大多靠间接信息认识它、了解它，在此过程中受到技术手段不健全、不完善的限制，人的认识能力与认识程度的限制，再加之客体自我表现、自我暴露也受诸多因素的限制，换句话说，也就是它受到物质、空间和时间上的限制，而引发出众多的不确定性。阶段过程不同，其表现出的不确定性也不同。不确定性是复杂性引发的主要特征之一。从这个意义上讲，复杂性的阶段表现，体现了它的相对性。

在油田开发的全过程中，人们自觉或不自觉在辩证唯物论指导下，运用还原论与整体论、局部与整体、宏观与微观、确定性与不确定性、定性与定量、分析与综合、动态与静态、事理与物理等八个结合的方法认识与改造油藏，取得成功且有效的结果。然而，在实际操作中，用简单的方法能处理复杂问题，用线性方法能处理非线性问题，并不能说明处理对象不复杂及线性化了，因为运用中往往有许多假设或简化，它们的运用是有条件的，条件就是这种简化不改变其复杂性的本质。因此，一般来说，复杂问题用复杂方法处理，非线性问题用非线性方法处理。

（二）油田开发系统是开放的灰色复杂巨系统

以系统论的观点，油田开发系统是一个具有时变特性与不确定性的主客体共筑的复杂巨系统，或者称之为开放的灰色的复杂巨系统。

客观世界是由物和事两方面组成的。物指独立于人的意识而存在的物质客体，事指人们变革自然和变革社会的各种活动，包括人对自然物的采集、加工、改造，人与人的交往、合作、竞争，对人的活动所作的组织、协调、管理、指挥等。物、事、人三方面均充满了复杂性。

油藏是深埋地下几十米至数千米，一个看不见、摸不着，既不能称量，又不能计量，靠不确定信息反映的客体。它不仅在其结构上，而且在其特征上均体现出它的复杂性。曾有人认为油气藏在未认识了解以前，它是复杂的，认识了解以后就变得简单了。这是一种错觉。油藏的复杂性并不取决于人的认识程度，而取决于它的客观存在。不同的油藏有不同的复杂程度，但它们的共性是复杂性，它不以人们的意志为转移。因此说，油藏的复杂性不是纯主观的概念，而是客体的正确反映。

在油田开发系统中，油田由多个油藏、气藏或油气藏组成。而油藏、气藏是单一圈闭中具有独立温度、压力系统和统一油气水界面的油气聚集。它是人认识与改造的对象。油气藏的复杂性即释放认知信息流的特性主要体现在它的构造特征与关系特征。它们又由结构参量、层次参量、特性参量、外部参量、时变参量体现。

油气藏的结构参量主要是它的形态、规模（面积与厚度）、边界、位置、类型等；特性参量又分为储层特性参量和流体特性参量，储层特性参量主要是渗透性、孔隙性、润湿性、非均质性、沉积特性、岩石的力学特性、压力特性、温度特性等及它们的关系与分布特征；流体特性参量主要是黏度、密度、成分、组分、表面张力、毛细管压力、润湿性等，以及它们与温度压力的关系和分布特征；外部参量主要是指环境特征，各要素与他要素、与环境的关系，以及油藏、气藏中流体储量类型与大小（以储量丰度表示）。

控制特征参量包括自然控制与人工控制，主要表现为驱动类型、能量组成与大小、渗流速度、相态变化及流体分布和变化等；而这些特性、关系、变化等发生在表面、孔隙、裂缝、孔洞、储油层、油藏、油田等不同层次上，且错综复杂、关系多变，形成一个复杂的网络结构体系。这些特征随时间变化，体现了它的动态变化性，且往往具有不可逆性，如储层一旦破坏或变化，是难以恢复原状的，油田开发具有不可逆性和不可重复性。

油田开发系统是开放的灰色的复杂巨系统，在开发全过程中，即油田整个生命周期中存在大量的不确定性，因而研究油田开发系统的复杂性及其表现，对认识和改造油田是十分必要的，从而使人们的认识更符合实际，使改造的方法更科学，使改造的结果更有效，使人类与自然更和谐，更好地为人类服务。

二、油田开发系统的不确定性

（一）不确定性是其复杂性具体表征之一

油气田开发系统的复杂性是由客体——油气藏物理复杂性和主体——人的油气田开发事理与人理复杂性构成，体现出自然与人工相结合的特点。油田开发系统的复杂性体现在它的结构、层次、特性及各子系统或元素间的关系、各系统或元素与环境间的关系上，其中不确定性是其复杂性具体表征之一。

在油田开发系统中既有确定性又有不确定性。不确定性由油气藏的不确定性、油田开发中人的事理运动的不确定性、环境不确定性及时变性组成。

关于客观事物是确定的还是不确定的，是一个长期争论的问题。按照辩证唯物论的观点，客观事物既有确定性又有不确定性，二者相互联系、相互转化，是对立统一关系，而且确定性是相对的，不确定性是绝对的。所谓确定性是反映事物的精确性、必然性、肯定性的一面，表现了事物发展确定性规律与事物间的肯定因果关系，而不确定性是指事物发展的偶然性、随机性、模糊性、灰色性、未确知性，表现了事物变化的非本质特征。因此，判断客观事物是确定的还是不确定的，其关键是客观事物的发展是否存在确定的规律性变化。

（二）油气藏的不确定性

油气藏的复杂性是它的自然属性，而它的构造特性即形态、规模、层次、类型、位置、边界、环境以及它的储层特征，在一定条件下是相对确定的。但由于油气藏与周边环境及其内部亦会进行物质、信息、能量交换，尤其是投入开发后，储层特征、流体特征、关系特征等均会随时间变化，表现出不确定性，更多地表现出其中的随机性。因此，油气藏的复杂性既有其确定性，又有其不确定性。

油气藏不确定性主要是受客体自我暴露所限制、技术手段限制、认识程度限制而引发的。油气藏形成需经数亿年深埋地下，在当今科学技术水平下，人类仍很难模拟在地质历史中“生、储、盖、运、圈、保”各个地质要素与作用有机匹配的油气藏形成过程。油气藏中流体在开发过程中的宏观与微观运动特性与规律，人类仍难以精确地把握与预测，这表现了它的随机性。

除此之外，油气藏的不确定性还主要反映在它的外部形态、内部结构、储层流体、油气储量及储层与流体的关系上。其中流体性质通过化验分析虽具有确定性特征，但它仅是点或局部流体性质的表征，若将它推至整个油气藏，则又具备空间与时间上的不确定性。因此，油藏描述的最终结果——地质模型，包括构造模型、沉积模型、储层模型、流体模型等均具有不确定性。有时在建模时认为资料控制点的插值是确定性的，采用确定性建模方法，但它仅是建模方法而不能掩盖客观的不确定性。地质模型的不确定性是影响油田开发部署与决策的决定因素。

油气藏的不确定性是显而易见的。油气藏客观不确定性与人的主观不确定性交织在一起，使之更加复杂。但是随着科学技术水平的提高，人类认识客观事物的手段与能力也随之提高，再加上客观事物随着时间的延续与过程的进展，它也会随之暴露出矛盾与问题，发生一些现象与变化，人类从中发现并思考它的特征与规律，从现象到本质，由不确定性向确定性转化。由于认识油气藏的资料主要来源于地震、岩心、测井、测试与生产过程中的各种信息，因此，理论的进步、技术的提高，使人的认识深化有质的飞跃。地震 2D、3D、4D 技术，由模拟技术、数字技术向 4D 数字技术发展；测井技术由横向测井、数字测井、数控测井向成像测井发展；由油藏常规模拟技术，向仿真、VR 技术发展；测试技术、岩心分析技术也均有较大的发展。这些技术的发展，使人能获得更多而且较准确的信息，如层序地层学理论、陆相储层理论等，使人能进一步有正确的理念与科学的方法去认识油气藏。计算机技术与信息工程的发展，促使由 3N 工程技术、3D 数字技术向 3I 集成智能技术迈进。技术更新，认识深化，方法改进都促使油气藏的不确定性向确定性转化。

（三）油田开发中人的事理运动的不确定性

油田开发中的事理涉及各个方面。人对油气藏的认识与改造，对资料的采集、加工、处理、运用，对开发现象发展态势的预测与控制，对生产运行的组织、协调、管理与指挥，油田开发的决策者、管理者、操作者的合作、交往、竞争等均是油田开发中事理的表现。事理的变化与过程构成了事理运动。事理运动与物理运动一样，有其规律性而且是可以被人认识与把握的，可认知的规律性反映了事理的确定性。但事理运动较物理运动有更多的不确定性，偶然性、随机性、模糊性、灰色性、未确知性、突变性等不确定性均会在事理运动中产生与发现。

（1）人的认识不确定性。

人的认识不确定性是由其指导思想、思维方式、工作方法、综合素质决定的。不同人认识的差异又来源于所处地位、知识结构、综合能力的差异。对于油气藏，由于结构不同、复杂程度不同、所发射的间接和直接信息也不同，即使是同一油气藏由于观测主体不同、观测方法不同、观测工具不同、发生信息反馈不同，失真程度不同，且不同人接收、处理信息能力不同，这就必然会造成人的认识程度不同，甚至会造成认识方向上的不同。这就是认识的不确定性。对这种不确定性如果没有正确的认识，尤其是决策者，将会对认识与改造自然带来严重后果。脱离实际的高指标就是这种反映，如脱离油田开发实际，一味追求油气产量指标向上就是其中一种表现形式，也是主客观不统一的表现。

认识的偏差也是认识的不确定性。认识油气藏主要采用一些间接的信息。由于各技术手段的完善程度及客体暴露条件的限制，所获资料的品质就会存在系统偏差，从而使人对油气藏的构造特征及自然属性的表征信息可能产生采集偏差。另外，由于人的综合素质差异，对同一信息可能产生多解性及认识程度高低，出现认识偏差。这些偏差体现出油气藏信息量的随机性、模糊性、灰色性、未确知性等不确定性，但是由于技术手段的改进、方法的改善、信息的不断补充与丰富、新地质和油田开发理论的发展，使认识一步步加深，不确定性渐向确定性转化，促进人的认识逐渐逼近客体真实。因而这种偏差是认识方向正确前提下的偏差。只有认识方向正确，偏差才有可能逐渐缩小，接近真实。然而实际上，由于主客观的原因，有可能发生方向错误偏离，这种方向错误偏离只能使离客体真实越来越远，缘木求鱼永远达不到目的。对 G5 油藏、LB 油藏的认识就是如此。仅从构造形态上看，初期由于地震资料品质差、认识错误，将 G5 油藏划分为 20 个小断块、LB 油藏划分为 38 个小断块，将构造岩性油藏判定为复杂断块油藏。地质认识方向的错误，带来了开发部署的不合理，影响了油田开发效果。开发过程中暴露的种种矛盾，促使人们怀疑原来认识的正确性。而重新进行 3D 地震，改进采集方法，提高解释精度，运用层序地层学新理论，采用多学科多综合研究方法，使原来的方向性错误认识回到正确的认识轨道上，接近了客体真实。新技术、新工艺、新理论带来了新的正确认识，重建了新地质模型。在此基础上，调整了注采井网与注采层系，使 G5 与 LB 两油藏采收率均提高了 10%左右，取得了良好的开发效果与经济效果。

由此可得出如下看法：对客观事物的认识可随时间逐步加深，但力求不发生方向性错误的偏离；允许人们犯可纠正的错误，不允许犯不可纠正的错误。

（2）油田开发中预测的不确定性。

预测是决策的前提，它是人的思维与操作活动。油田开发预测的好坏直接关系到部署与决策的正确与否。油田开发中有两类预测：正向预测和反向预测。

正向预测是指向未来，研究已经发生或正在发生的事情的未来状态，并对未来发展变化作出估量。在事物发展的整个生命周期都处于不断变化之中，因此预测是根据事物变化的客观规律与变化趋势推断未来。预测的不确定性主要表现在：①信息采集处理的不确定性；②预测结果的不确定性；③预测模型的不确定性；④人的思维与操作产生的不确定性；⑤未确知影响因素的不确定性等（详见第四章）。

油田开发中技术预测与经济预测是经常性的工作，正确认识预测的不确定性就会对预测结果有一个清醒的估计以便合理有效地运用。

（3）储量计算中的不确定性。

计算油田地质储量或可采储量是人又一思维与实际操作活动。油田地质储量或可采储量的规模与品质是进行油田开发部署与决策的重要依据。它的计算方法有经验法、容积法、物质平衡法、动态法（水驱曲线法、递减曲线法等）、岩心分析法、统计模拟法、数值模拟法、数学公式法等。当计算方法、计算参数确定后，计算结果自然亦是确定的。问题在于计算参数本身具有不确定性，因而计算结果则是数值的确定性而实际的不确定性。

容积法是计算地质储量（N）最常用、最主要的方法。它的数学表达式为：

$$N=100Ah\phi\ (1-S_{wi})\rho_o/B_{oi} \tag{2-1-5}$$

式中，A 为含油面积；h 为有效厚度；ϕ 为有效孔隙度；S_{wi} 为原始含水饱和度；ρ_o 为地面原油密度；B_{oi} 为地层原油体积系数。

上述参数的计算结果虽然可反映油气藏储量的客观规模，但这些计算参数值来源于地震、钻井、地质、测井、试油试采、测压、岩心分析、室内实验、化验分析、高压物性等资料。这些资料有的具有多解性，有的具有外推性，同时存在测量误差，均会带来对客观真值的不确定性，计算参数以及储量计算单元的选择均具有时空不确定性。参数取值仅是点或局部的表征，又人为认定它代表整个油气藏，而且不同人可能有不同的取值观和认知观，它们均会影响计算结果的可靠程度。人们为了达到对计算结果的认可，往往采取多方法的相互验证、多学科的综合取值、多专家的共同探讨与认知，尽可能减少各计算参数与计算单元选择的不确定性。

（四）油气生产管理中的不确定性

油气生产企业管理包含计划、生产、质量、设备、科技、物资、销售、成本、财务、劳动人事等管理。企业管理活动是通过人来实现计划、组织、指挥、协调与控制五种职能。油田开发管理是一个由多部门、多工种、多学科、多专业构成的多层次、相互关系多样的复杂大系统。该系统中的不确性随时随处可见。计划的编制是以预测为基础的，预测本身就具有不确定性。在计划运行过程中，人通过组织、指挥、协调，实现计划运行方向、速度、结果的控制，使其发展趋势尽可能在控制范围内。但是由于人对规律的认识程度差异、组织协调能力差异，以及外部环境变化的影响，均有可能使计划运行方向、速度、结果发生变化，出现偶然性、随机性，甚至突变性。一个好的管理者就应有随机应变的能力，采取必要而有效措施，控制生产运行方向，掌握运行节奏，最终实现计划目标（详见第六章）。

（五）油田开发中其他不确定性

在油田开发确定信息的过程中，可从露头、岩心和井下直接测试直接观察、描述、鉴别、分析、获取已确知的信息，或从开发开采实践中获取已证实的数据等。但在大多数时空范围里，被不确定信息所占据。采取某一措施其结果可能好亦可能坏，或对结果具有某种程度的估计，这基本属于随机性。油田开发方案或调整方案的优劣，油田开发水平的高低等，都难以给出确定性的描述，其评定标准往往是模糊概念。从物探、测井、钻井、试井等，可获得部分已知信息，根据这些已知的信息，按油田开发的基本理论，去推知或模拟油藏的地下形态、规模、特征，体现了灰色性。尽管油田开发工作者、科技工作者经过不懈的努力，但仍对油气水在高温、高压下，在多配位数的孔隙孔道中的运动状态、物理化学变化不甚了解，这种纯主观认识上的不确定信息就构成了未确知性。在油田开发过程中，多种不确定信息在不同的时空范围和不同的条件下单独呈现、交互呈现、共同呈现，而且随时间变化，这充分说明了油田开发的复杂性。

（六）油田开发环境的不确定性

环境的不确定性主要体现在国家对油气生产企业方针、政策的变化，油气区所在地的自然环境与经济地理环境的差异，全球经济一体化及国际油价的变化等方面。

（1）国家对油气生产企业方针、政策变化。

石油是工业的血液，是国家的战略物资。中华人民共和国成立后，国家历来对石油工业的发展十分重视。国家几次的战略转移以及重大决策，都给石油工业的发展产生了深远影响。国家实行对石油工业 1×10^8t 原油产量包干，超产、节约自用和降低损耗的原油，统一交外贸部代理组织出口，所得收入即作为保 1×10^8t 原油产量开支的补充；海上大陆架实行对外开放，公开招标，进行海上油气资源的共同勘探开发；国家允许石油工业采取多种方式引进国外先进技术和国内一时不能生产的先进装备，并可向国外贷款等重大政策，对增储上产起到了积极的决定性作用。另外，国家对物价和油价的调整，中国石油、中国石化的重组，稳定东部、发展西部，西气东输，利用两种资源开辟两个市场等决策都对油田开发产生了深远影响。

国家这些决策、政策的出台，都是根据国内外政治、经济形势的发展变化以及石油工业的具体实际提出的，具有随机性的特征。

（2）油气区所在地的自然地理与经济地理环境的不确定性。

油气区在海洋、沙漠、高山、平原、丘陵、高寒极地等不同的自然地理环境会影响到油田开发，但当油气区所在地为某一具体地区时，一般自然地理环境的影响也就相对确定了。但是该地区的政治、经济、交通、文化发展状况等都处于动态变化之中。这种动态变化又受到国家对该地区的政策、方针，当地决策者的综合素质与决策能力，当地自然资源和智力资源条件，科学技术水平，文化知识结构等诸多因素的影响，具有不确定性。自然与经济地理对油田开发的影响尤其是对油气综合成本的影响明显。

（3）全球经济一体化与国际油价变化的不确定性。

全球经济一体化在石油行业表现为石油生产国际化，石油资本全球化，石油经济联动化。在中国加入 WTO 以后，外资进入中国石油石化行业的步伐明显加快，国家加大改革开放力度，允许外资和私有资本进入油气开发开采行业，一些外国石油专家参与了我国陆海油气的勘探开发，新的经营理念、新的科学技术通过各种方式进入我国。我国的石油工业为了提高自身竞争力，调整结构，加强了勘探开发力度，促进储量产量的双增长。同时抓住机遇，实施走出国门战略，充分利用两种资源，迅速开辟两个市场。这种双资源、双市场战略的实施也增大了政治上、经济上的风险性，它的不确定性也随之增加，全球经济、政治变化又引起国际油价的变化。主要油气生产国与消费国的政治变革、经济兴衰、军事冲突、油气库存、油气资源量等都会冲击国际油价，时而攀升，时而疲软。世界政治经济局势瞬息变幻的随机性、不确定性增大了对油田开发的影响。面对这些不确定性要积极采取应对措施，如加快资源转换率，使资源变为可开发利用的商业储量。加快把已探明的石油地质储量转化为生产力，油价低多进口原油，油价高多生产本国原油。进口原油越多，不确定因素影响也越大。加快科学技术进步，强化管理，降低成本，加大科技储备以备不时之需。尽量减少不确定性，从而形成有油与技术在手、遇事不慌的主动局面。尤其是国有油气生产企业要高度警惕，保证国有资产不被有形或无形流失。

三、油气田开发系统中不确定性的转化

（一）不确定性的时变特征

时变特征体现在油气藏的不确定性—确定性—不确定性相互转化。在地质历史中，生、储、盖、运、圈、保各个地质要素与各自然力有机匹配形成油气藏。在成藏过程中必然会发生许多偶然性、随机性事件，具有随机性、模糊性、灰色性和未确知性的行为特征，称之为成藏不确定性。成藏后它是一个独立的油气藏封闭体，以不渗透层或断层封闭，也可以是水力学封闭，或两者兼而有之，成为一个确定的封闭的油气藏。但这种封闭是相对的，它必然与周围环境有物质、能量的交换，通常会受到地下构造运动及周围压力场、温度场、应力场的影响，而这种影响具有不确定性。若影响较小则可忽略不计，油气藏则处于确定性状态，称之相对确定性。一旦打开油层，油气藏投入开发，人工的介入，必然给油气藏带来变化，产生新的不确定性，称之为动态不确定性。任何一个油气藏，只要投入开发，都会有成藏不确定性、相对确定性、动态不确定性这种自身变化特性。

油气藏的不确定性、人的事理运动不确定性及环境不确定性均会因内在规律和外部条件的变化随时间而变。尤其是突发性变化，使油田开发中的不确定性增加，但也可能经科学技术进步与创新、测量手段的完善与方法的改进、信息的丰富与修正、人的认识能力的提高与分析能力的增强等，使油田开发中的不确定性向确定性转化。因而油田开发不确定性是随时间而变的，即具有时变特征。

（二）油气田开发系统中不确定性转化的方法

同其他事物一样，矛盾双方可在一定条件下互相转化。油气田开发中的不确定性也可在一定条件下向确定性转化。所谓一定条件是指在油田开发系统中主要是通过人为的努力不断提高、完善认识与改造油气藏的技术手段，提高人的综合素质与主观认识能力以及强化人为控制油气水在地下运动规律的力度等。换句话说即是以人为因素或称之为人的影响因素使不确定性向确定性转化。

（1）不断提高、完善认识与改造油气藏的技术手段，促进不确定性转化。

近数十年来，石油科技在勘探、开发、工程等方面的理论与工艺技术有了突破与创新，新理论、新工艺、新技术以多学科交叉产生的综合技术应用，为深入正确地认识、合理有效地改造油气藏提供了有力的科学保障。勘探开发一体化的管理模式也促使勘探与开

发科学技术的互通互补。勘探的板块构造理论、高分辨率层序地层学与含油气系统理论等石油地质理论及油藏描述技术、储层预测技术、三维地震数字技术、数控—成像高分辨率测井技术、多学科综合应用技术等都对油田开发有促进作用。同时，油田开发也发展了量化精细油藏描述及多学科多专业的将随机和确定性预测结合起来的储层综合预测与地质建模理论，陆相油气田开发地质应用基础理论与方法，复杂油气藏滚动勘探开发理论、微沉积相、微构造、微流动单元及动静结合的确定剩余油分布理论与方法，多学科工作组模式与技术经济优化的油气藏经营—战略管理理论与方法，油气层开发系统优化及水平井开发理论等。理论的发展必然带动技术的发展，而技术的发展又促进理论的升华。油田开发中的精细油藏描述技术，数值模拟技术，储层横向预测技术，随机建模技术，确定剩余油分布技术，稳油控水技术，不稳定注水技术，水平井、小井眼、大位移井、分枝井、多底井、阶梯井等钻井技术，低渗透油藏开发技术，稠油油藏开发技术，强化与近井增产增效技术，物理化学采油技术，复杂油气藏滚动勘探开发技术，三次采油技术，二次开发技术，计算机技术及相应软件等均会加快认识与改造油气藏的进程、增强人认识与改造油气藏的综合能力。尤其是油气藏信息采集方法的完善，解释精度的提高，可使主观不确定性减少，从技术角度促进人的认识逐渐接近客观真实。

（2）提高人的综合素质及综合能力，促进不确定性的转化。

在油田开发中普遍存在着不确定性问题以及大量的非线性问题。要认识、把握、转化这类问题，首先要提高个人的综合素质与综合能力。个人的综合素质反映在观念、知识、才能、职位、资历等方面，通过不断学习与实践，提高、完善、更新。综合能力主要反映在唯物辩证思维与创新能力，多知识的综合及多元文化的融合能力，运用现代技术手段获取新信息、新知识能力，把知识转化为现实生产力的实际操作能力，规划、判断、决策能力等。要具备这些能力依然要勤奋好学和积极实践，日积月累，不断努力才能实现。如此，才能对油田开发中复杂性及不确定性清醒地认识，敏捷地思维，果断地处理，认识不确定性，进而转化为确定性；其次发挥群体作用。个人的能力与经历总是有限的，面对复杂性问题要善于发挥群体作用，实行决策的民主化、科学化。在油田开发中，决策与部署是一项经常性的工作。决策对象常因种种原因具有不确定性。油田开发方案和调整方案的审定与实施、资源优化配置与产量目标安排，重大工程项目与关键措施的实施等，常需要决策主体对其中的不确定性因素进行细致分析研究，认真综合评判，进而决策与部署。决策是以预测为前提的，也是指向未来的。已发生和正发生的事不需要决策，只有未发生的事要依照预测而进行决策，部署则是决策的实施。因此，决策会受到主体与环境的不确定性影响。决策都是人作出的，也必然受到人的知识水平、计算能力、判断能力及时间的限制，而决策环境复杂化及其变化，又具有高度的不确定性，且环境变化时常具有不可控性。因而，现代决策不仅要清楚地估计决策环境的变化特征，而且要尽量减少个人的偏见与主观性，使决策主体具有群体特征。决策群体由不同专业、不同年龄的人组成，将整体智慧作为民主化的理论依据，而尊重科学是决策民主化的重要内容。决策过程中，各决策者畅所欲言、取长补短、集思广益、博采众长，发挥各自优势，从不同角度加深对决策中的不确定性认识与掌握，创造条件促使其向确定性转化，实现科学决策与正确部署。再次采用多学科多专业综合方法，促使不确定性的转化。油田开发本身就是一个多学科、多专业、多部门、多岗位相互联系的复杂系统。在认识、把握、转化不确定性的过程中有各自优势与特点，但也存在各自的局限。采用多学科的方法研究某一物质客体或某一课题，即研究对象的多学科性，以及各学科不断扩展自己的研究领域，即各学科的多对象性，是当代科学研究的一大特点。当代任何重大科学技术问题、经济问题、社会发展问题和环境问题等具有高度综合性质，不仅要求自然科学、技术科学和社会科学的主要部门进行多方面的广泛合作，综合运用多学科的知识与方法，而且要求把自然科学、技术科学、社会和人文科学知识结合成为一个创造性的综合体。这是科学发展的新趋势。在这种新趋势的影响下，随着油气生产向深度和广度发展以及科学技术自身的进步，仅靠单一学科很难解决客观实际问题，尤其是类似复杂性及不确定性这类问题，这就要求多学科、多专业、多部门、多岗位的协同配合。多学科工作团组（Multidisciplinary team，简称 MDT）及多学科的综合方法越来越在油田开发中显出重要的作用。一般由地质、地球物理、测井、油藏工程、钻井工程、采油工程、地面工程、计算机工程及经济评价人员组成的专家和技术人员，以及行政管理人员，运用综合方法和信息综合集成（即 I^2 技术），在油田开发的全过程中，使各学科、各专业、各部门优势互补、缺陷互克，有利地促进不确定性转化，实现资源优化配置、经济效益增长的目的。

（3）强化油气水地下运动规律的人为控制，促使不确定性的转化。

中国既有陆相油田，也有海相油田，但目前已发现的油田绝大多数都是陆相油田。陆相油田的构造、沉积、储层、流体等特征更显复杂多变，它的不确定性比海相油田更为严重。油田在投入开发以前，除了自然界强烈的地震活动及强烈的人工地下爆炸之外，一般地下构造轻微运动所引起的压力场、应力场、温度场、重力场、磁力场等变化较小，可以视为相对确定的。但是在投入开发尤其是人工注水、注气及注其他注入剂后，就会引起断层封闭性的变化、储层物性的变化以及地下流体物理化学特性的变化，加剧油田开发中的不确定性。在油田开发过程中，人们力图认识、把握这些不确定性，进而转化它。油田开发从本质上讲，就是人们要控制油藏使它按其规律及人类要求（体现为确定性）发展与变化，为人类服务。人们对地下流体运动规律的控制就是不确定性向确定性转化的另一方式。然而这种控制作用的重要前提和基础是首先要对油气藏的构造、沉积、储层、流体的特性及相互关系、地质规律与开发开采规律有一个较正确的认识，尽管这种认识是在技术手段不断完善、提高、改进、创新和人的综合素质和能力的提高、认识深化的条件下逐步完成的，但它的认识方向和方法必须正确，不允许犯认识方向性的错误。只有如此，才能逐渐接近客体实际，实行有效控制，促进不确定性的转化。

①正确地部署开发井网和合理地划分开发层系是实行有效控制的首要前提。

陆相油田一大特点是储层的非均质性及流体的非均质性，并随着时空变化而变化，因而结合实际的正确的开发部署（含以后的加密井部署）至关重要。油井、注入井等不仅是认识与改造油气藏的重要手段，而且也是生产油气与控制油藏的主要渠道。正确地确定已钻井的井距与井网密度可有效地控制油砂体及油气水分布，减少储量损失，调整各种矛盾，使之达到所要求的生产能力。

根据开发层系划分原则，合理划分开发层系及确定合理的投产顺序。由于各储层的岩性、结构、物性、沉积韵律、流体性质等差异，使层间矛盾、层内矛盾加大，增大了油气水流动的不确定性，影响油气水的运动规律及开发开采效果。合理划分与细分层系，确定投产顺序以及采用分注、分采、分层调整工艺技术，有利于增加储量动用程度、有利于调整油、气、水运动按其规律发展，有利于增加油气产量，提高采收率。

②积极地调整，促进不确定性转化。

随着油藏开发开采时间的推移，储层结构、物性、流体特性及其运动规律皆会随之变化，相互干扰因素的不确定性尤其是随机性会有所增加，加剧了平面、层间、层内三大矛盾，严重影响油藏开发进程。为了减少不确定性因素的影响，使油藏开发能按照客观规律与人所要求目标相结合的方向发展，对油藏开发所出现的偏离进行调整。

调整也是控制。在油田开发中的调整方式主要有：a. 单井采油方式转变，由自喷转换为机械采油及机采方式的转变；b. 单井工作制度更换及机采设备更换；c. 注采井别调整，改变驱油方向；d. 开发方式转变，由天然能量开发转为人工补充能量开发；e. 层系调整与接替，由一套层系转为细分层或变更层系；f. 井类调整，由直井到增加定向井、水平井；g. 井网调整，即布井方式及井网密度调整；h. 开发单元调整，更换或增加未动用油气储量投入开发；i. 注水结构、产液结构、注采结构调整；j. 工艺措施与管理措施调整；k. 区块或断块调整等。在实际操作中有时是多种调整方式并用。通过调整，尽可能地减少不确定性，使之逐渐按确定性规律发展。

③开展先导试验，促进不确定性转化。

一般，任何较大的科学技术应用都应开展先导试验。一个油藏的开发尤其是一些大油田的开发，应开辟具有一定规模的试验区和重点单井试验，即所谓解剖麻雀方法。虽然局部试验不能完全代表整体状况，但它毕竟可通过试验深化地质认识，了解基本开发规律、掌握相适应的开发开采技术，对大规模的开发提供技术准备与决策部署依据。在试验过程中油田开发中的不确定性可以较充分地暴露，便于人们认识、掌握它。同时先导试验也是科学地质理论，先进技术工艺，良好综合管理等多学科、多专业、多部门协同配合和多技术、多工艺、多方法综合应用的过程，是逐步减少不确定性，促使它向确定性转化的过程。

试验的成果，包括成功的经验与失败的教训，将会推广应用到其他类似区域，即所谓以点代面法。但是世界上只有相似的油田或油藏，没有完全相同的油田或油藏，即使是相似，也只能是某些方面相似，因此，这种以点代面式的推广也仅是借鉴与参考，完全照搬必然导致不良后果。因而推广是有条件的，要结合推广区的新的特点，发现、认识、掌握该区的有异于试验区的不确定性，并对试验区的成果、经验、教训作出必要的调整，而且还要注意不确定性的变化，旧的不确定性消失了，还会产生新的不确定性。总之，先导试验是迅速暴露客体的不确定性和主体不确定性的过程，也是快速认识与转化不确定性的过程，是开发开采好油藏的重要步骤。解剖麻雀法和以点代面法均应在系统论方法的指导下推进。

从上述讨论中看出，油田开发中存在方方面面的不确定性。油田开发开采的根本目的在于认识与改造油藏，以最小的投入获得最大的效益油气产量。它的前提是正确地认识油藏。这就要求能正确地把握住油藏的确定性与不确定性，以及它们的相互关系。各层次的开发人员，特别是决策与管理人员首先要承认不确定性，旧的不确定性转化了，新的不确定性又产生了，它存在于油田开发全过程的始终。其次要坚信不确定性是可以认识的、可掌握的，人类的智慧难以估量。再次要善于创造条件促使不确定性向确定性转化。只有确定性的东西，才更便于认识、利用与改造。因此，决策与管理者们一方面要最大限度地认识、掌握油田开发中的不确定性和确定性，另一方面也不要奢望完全彻底地认识和掌握油田开发中的不确定性。否则，就可能丧失机遇，不能及时地、正确的决策与部署而不利于持续发展。

总之，上述讨论较充分地论证了油田开发系统的复杂性和不确定性，以及油田开发中不确定性向确定性的转化。人们只有正确地认识其中的不确定性，才能更能动地有效地开发好油田。

第二节　油田开发系统是开放的灰色的复杂巨系统

目前，科学界把客观世界的时空范围分为五个层次，即胀观、宇观、宏观、微观、渺观。油田开发研究对象主要是宏观世界。虽然目前油田开发也在研究微构造、微沉积相、微流动单元等，直至储层的孔隙、裂缝、溶洞等，但也没有进入科学界认定的微观层次(其典型尺度为 10^{-15}cm)，只是所研究的孔隙结构、润湿性、毛细管压力、界面张力等涉及微观范畴。为了研究方便，将研究对象本身划分若干不同层次。在中国工程院院士许国志研究员主编的《系统科学》中，对复杂巨系统作如下论述："在巨系统中，如果组分种类繁多（几十、上百、上千或更多)，并有层次结构，它们之间的关联方式又很复杂（如非线性、不确定性、模糊性、动态性等)，这就是复杂巨系统。"按照这个论述，可归纳复杂巨系统有四个显著特点，即系统规模大、结构层次多、相互关系复杂、系统动态演化。

一、油田开发系统是复杂巨系统

（一）油田开发系统规模巨大

油田开发系统由油气藏系统（自然系统）和人工开发系统组成。按照粗略的不完全的统计，它们由 23 个子系统和 89 个孙子系统组成（图 2-2-1)，这 89 个孙子系统又可继续分为成百甚至上千的下一级系统。仅此可以看出油田开发系统是个规模巨大的系统。

（二）油田开发系统结构层次多

从图 2-2-1 已经可以看出油田开发系统的多层次性。层次之间存在着质的差别，不同层次表现不同的涌现性。每个层次都有自身的特征与规律，层次间互相联系，又不能相互完全包容，高层次并不完全是低层次的叠加。高层次有时从结构上会包容低层次，但从性质和规律上并不能完全包容。陈永生教授在《油田非均质对策论》中把油田非均质分为两大类，即流场非均质及流体非均质。而将流场非均质从宏观到微观分为 6 个层次：层间非均质、平面非均质、层内非均质、孔间非均质、孔道非均质、表面非均质。油气储集在几百米至数千米的地下多孔介质内。它的结构特征表现为孔洞的骨架带有形状复杂、连通或部分连通的微小孔洞，而孔洞中存在着具有在一定条件下可以流动的非均质流体。因而油气储集体系统从系统学角度，应包括孔隙结构系统、裂缝结构系统、地下流体系统以及孔隙、裂缝等与地下流体相关联的运动系统。它们有各自的特征与规律。另外油气开采系统包括了油藏系统、近井地带与相应的完井系统、油井系统、井口装置系统、地面油气集输系统与初加工系统。油气开采系统是天然系统与人工系统的组合。各层次系统都存在自己特殊的规律与表征。这些层次间质的差别，构造了各层次系统的多样性、复杂性以及层次结构的繁杂性。

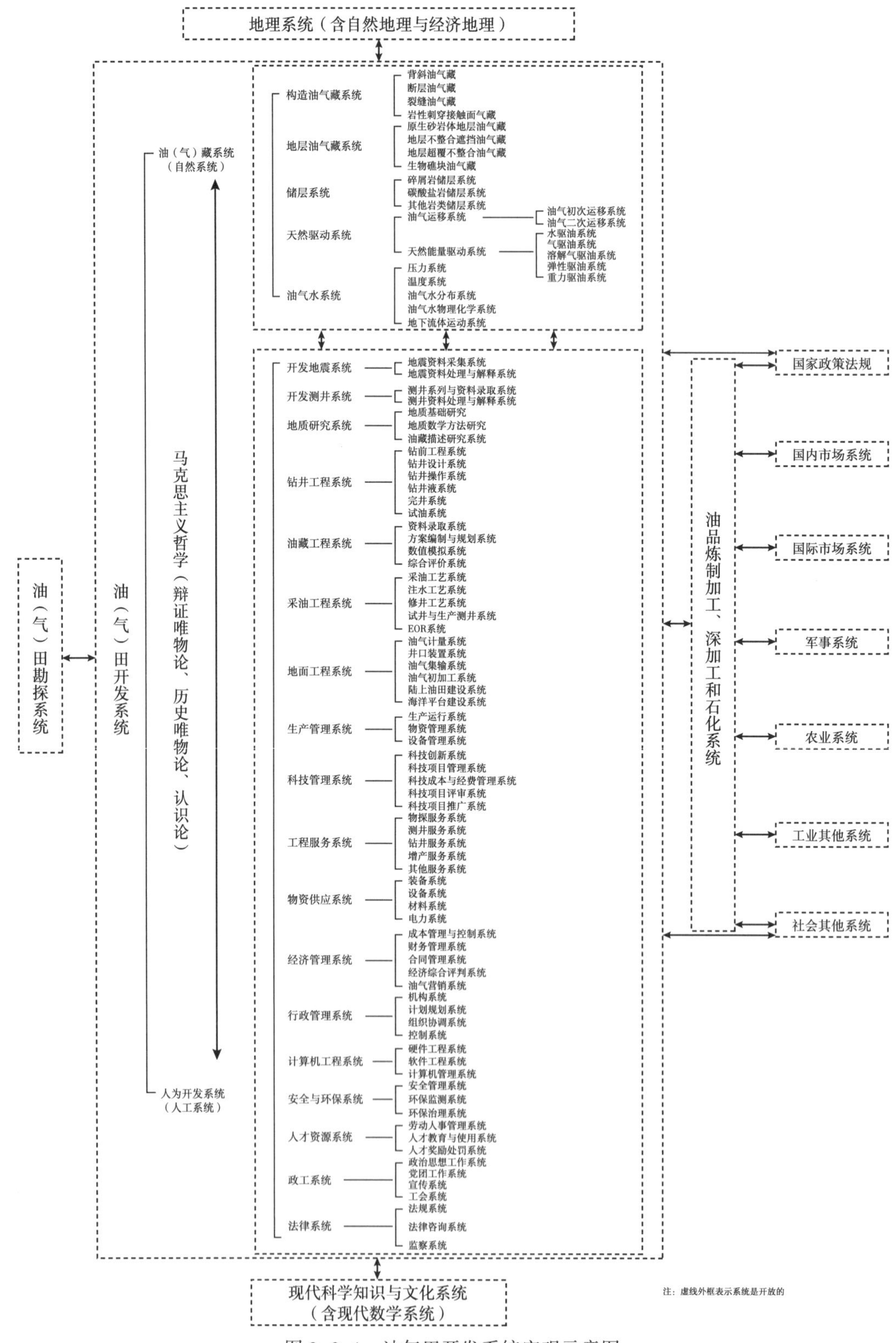

图 2-2-1　油气田开发系统宏观示意图

（三）油田开发系统相互关系复杂

在油田开发系统内，无论是横向或是纵向都存在相互联系、相互影响、相互制约的系统或元素，它们构筑成一个复杂的网络系统。它们之间联系、影响、制约的方式是多种多样且复杂多变的。

严格地讲，世界上不存在绝对的线性关系，但经合理简化，在一定范围内及在某一精度要求下可近似地表示为线性关系。油田开发中，在压力大于饱和压力并为单相流时，压力系统中的流压与产量系统中的产油量呈直线关系，某一油价下的收益与产量也呈直线关系等。但在油田开发系统中，系统间或元素间非线性关系比比皆是。而有些元素间或系统间的非线性关系经数学处理可变化为在某一条件下的线性关系，如油田水驱开发中的累计产油量与累计产液量或与累计产水量，或与水油比在对数坐标中呈线性关系，产量指数递减规律的产量与生产时间、调和递减规律的产量与累计产量，均在半对数坐标中呈线性关系等。

模糊关系在油田开发中也比比皆是，如影响采收率的因素有地质、油藏工程、钻采与地面工程、经济、管理等类别数十个因素，但每个因素对采收率影响的大与小、多与少、快与慢、强与弱等则是个模糊关系，油藏驱动方式可分为水压驱动、弹性驱动、溶解气驱动、气压驱动、重力驱动等，一般油藏多为两种以上的混合驱动，但单个驱动方式对某一油藏所占比重的大小、影响程度的高低等都是模糊关系。许多油田开发中的经验公式是将多个自变量与因变量经数理统计，建立某种数学关系，实际上它并不能反映因变量与自变量真实的、精确的关系，而反映的恰是模糊关系等。

在油田开发中动态变化关系更是司空见惯，如产量与时间的关系、含水率与时间的关系、渗透率与时间的关系、孔隙度与时间的关系等。凡是随时间变化而变化的关系或随某参数变化而变化的关系，都是动态变化关系。

油田开发中的模糊关系、随机关系、灰色性关系、未确知关系等都是不确定性关系，子系统间、元素间的相互关系多样化及复杂化是不言而喻的。

（四）油田开发系统动态演化

世界上的事物静止是相对的、有条件的，而运动、发展、变化则是绝对的、无条件的。油开发系统也不例外。当油层未打开即油田未投入开发时，油层、油藏处于相对静止状态。当油层一旦打开，地下流体在某一压差下开始流出，油藏系统就处于动态变化之中。随着开采时间的增加，它的孔隙结构系统、压力系统、温度系统、地下流体系统等均会发生变化。对于水驱（人工水驱与天然水驱）砂岩油藏，由于油藏的非均质性与人为的作用（如对采液强度、注水强度的调整等）可能使油藏变得更加复杂化，地下流体的动态分布会发生显著变化。当处于高含水阶段时，油由原来的连续相变为分散相，促使地下的渗流状态、井筒与地面管线内的流态发生变化，其流动规律亦相应地改变。油气藏驱动类型亦同样处于变化之中。在油田开发系统整个生命周期中，各子系统、各元素从宏观到微观无一不是变化之中。系统的结构、状态、特性、行为、功能等均随时间的推移而发生变化，体现出全方位的动态演化态势。

（五）油田开发系统对人的绝对依赖性

油田开发是由人的思维和实践作用于客体——油藏、气藏，无人的活动则不称其为油田开发。人根据地质理论和油气成藏理论，对直接和间接的相关信息进行综合分析、判断，确定对圈闭的初步认识，再通过2D、3D地震，钻井等实践活动，加深对圈闭含油性的认识，进一步分析、综合、判断获得信息。

当油藏一经发现工业油气流即进入油藏评价阶段，利用少数井表现出的有限信息，进行油田开发可行性研究与概念设计；被确认具有开发价值后，即可进入油田开发设计阶段；经过对开发方案的优化筛选、决策后则进入开发实施阶段；在实施的过程中，加强油藏经营管理，及时总结、分析在开发过程中出现的现象，找出问题、提出措施，运用多学科理论以及新工艺、新技术、新理论，不断提高经济采油量与经济采收率。

从以上简述的油田开发的过程看出：人起着决定的作用，没有人的思维与实践就无油田开发可言。图2-2-2是油田开发系统动态关联图，反映出主客体间的相互关系，由此也说明人起着决定的作用。而人本身无论是人脑系统，还是人体系统，都是复杂巨系统，这就更加剧了油田开发系统的复杂性。

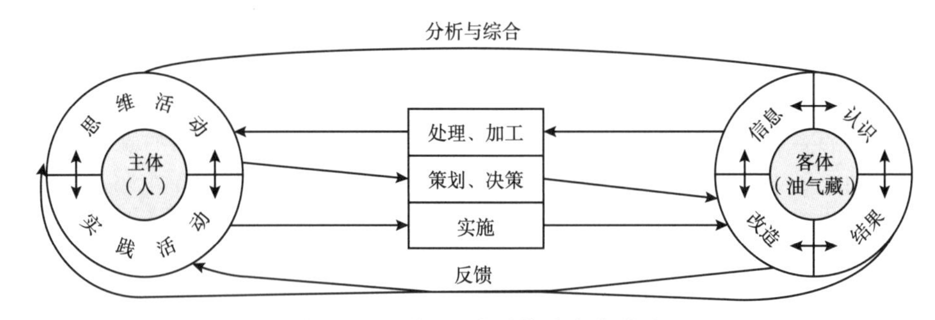

图2-2-2　油田开发系统动态关联图

二、油田开发系统是灰色系统

世界上的系统可分为白色系统、黑色系统、灰色系统。而灰色系统是指信息不完全，信息不确定，或二者兼有的系统 。

（一）油田开发系统具有灰色系统的特征

信息不完全、不确定是灰色系统的本质特征。油田开发系统信息不完全、不确定主要表现在四个方面。

（1）系统因素不完全明确。

油田开发整个生命周期都是运动、发展与变化的过程。在这个演化过程中最核心的系统行为就是生产油气。油气的多少、优劣、贵贱等均影响着环境的存续和发展。但影响油田开发系统的因素之多难以明确，其中包括地质因素、油藏工程因素、采油工程因素、地面工程因素、经济因素、管理因素等；有人为因素，也有自然因素；有已发生的因素，也有正发生或待发生的因素；有常规因素，也有突变因素；有内部因素，也有外部因素；有主要因素，也有次要因素等。不仅影响因素的数量不明确，而且各因素的影响程度、作用大小、影响后果也不完全明确。日常所进行的油气生产分析或油藏动态分析，仅是分析一些最主要、最基本的特征影响因素，即系统主行为变量。

（2）因素间关系不完全清楚。

油田开发系统中大大小小有成百上千个子系统、元素或因素。它们之间的相互关系亦不完全清楚。在众多的因素里有些因素间的关系如线性关系、非线性关系、概率关系、模糊关系等相对清楚，但亦有相当多因素间的关系不完全清楚，有的甚至完全不清楚。如中长期的产量预测、油价预测，对于一些突发性、灾变性的因素很难掌握清楚。油田非均质中的孔间、孔道和表面非均质关系尚不清楚。地下流体的物理化学性质差异的影响亦不清楚；构造的活运动，以及注水诱发的微地震对地下压力场、温度场、油气水分布的影响、对套管的影响等，很大程度上仅能从定性上说明。类似这种不完全清楚的系统间、元素或因素间关系在油田开发系统中还有很多。

（3）系统结构不完全清晰。

所谓结构，是指系统的各要素相对稳定的相互联系、相互作用的方式，亦即系统内部的组织形式、结合方式和秩序。凡是系统都有结构。没有无结构的系统，也没有离开系统的结构。油田开发系统既然是复杂巨系统，自然有其相应的系统结构。图2-2-1反映了油田开发系统的宏观结构形态，但整个系统的结构形态，由宏观到微观的空间结构、时间结构仍不完全清晰；系统结构的特性即有序性、整体性、稳定性、层次性、多样性亦不完全清晰；结构的功能、相互作用、相互影响、相互制约、相互促进的表现特征也不完全清晰等。因此，油田开发系统结构需进一步作深入的研究。

（4）系统间、元素间的作用机理不完全明了。

在油田开发系统中有些开发现象、规律，其作用机理并不完全明了，只是采用历史资料统计的办法，反映系统间、元素间、系统与元素间的相互关系或规律，或者采用简化条件的办法做出一定假设，进行物理模拟和数学模拟。物理模拟多用于机理研究，并为数学模拟提供必要的参数，验证数学模拟的结果，提出新的数学模型。而数学模拟可考虑多种复杂因素的实际问题，只要能取得符合实际的实验与现场数据，就能较迅速而准确地得出所需要的各种数据。但由于模型本身有一定的假设条件，采用参数及数据可能存在不完全、不准确的情况，因而所模拟的结果很难完全反映客观实际的机理，只能从宏观上或近似地说明相互作用的机理。

（二）油田开发系统是整体信息的源宿共体

信息从整体上说称之为整体信息，应包括确定信息和不确定信息。确定信息是指能准确地反映事物本质特性的清晰、肯定的信息。它又包括已确知信息（正确与错误）和已证实信息。不确定信息是指不能准确地反映事物本质特征的朦胧模糊、缺失亏损的信息。它又包括随机信息、模糊信息、灰色信息、未确知信息。在油田开发系统中既有确定信息又有不确定信息，它既是向外发射信息的信息源（信源），又是信息的接收体（信宿），它是整体信息的源宿共体。

油田开发系统有多种不确定信息。油藏一般深埋地下几百米甚至数千米，反映其本质特征的信息绝大部分是间接获取的。其中确定信息可从露头、岩心、井下直接测试、直接观察、描述、鉴别、分析，获取已确知的信息，或从开发开采实践中获取已证实的数据等。但在大多数时空范围里，被不确定信息所占据。正如前面所述：在油田开发过程中，采取某一措施其结果可能好亦可能坏，或对结果具有某种程度的估计，这基本属于随机信息。油田开发方案或调整方案的优劣，油田开发水平的高低等，都难以给出确定性的描述，其评定标准往往是模糊的，给人们提供的是一种模糊信息。从物探、测井、钻井、试井等资料，可获得部分已知信息，根据这些已知信息，按油田开发的基本理论去推知或模拟油藏的地下形态、规模、特性，实际上这是一些灰色信息。尽管油田开发工作者、科技工作者经过不懈的努力，但仍对油气水在高温、高压下在多配位数的孔隙孔道中的运动状态、物理化学变化不甚了解，这种纯主观上、认识上的不确定信息就构成了未确知信息。在油田开发过程中，多种信息在不同的时空范围和不同的条件下单独呈现、交互呈现或共同呈现。从总体上看，灰色信息是内涵最深、外延最广的一类不确定信息，是具有综合性的不确定信息，它涵盖了目前人类已经认识的所有不确定信息。

（三）油田开发系统的演化过程是灰色的不确定的过程

任何系统从诞生起，经生长、发展、变化、运动等总是有目的的，而演化总是有结果的。这种目的与结果（一般指好结果）统称为系统目标。它具有阶段性，不同的阶段、不同的时期，可以有不同的系统目标。而它既可定性描述，亦可定量描述。对于油田开发系统其最核心、最主要的目标就是用最少的投入与最科学的办法去获取更多的油气产量。油田开发系统中的各层次子系统的目标也都服从于或服务于这个总目标。如对储层系统的研究其目的在于建立储层的地质模型，而储层地质模型又是为了更好、更有利地开发油气藏，获取更多、更经济的油气产量。在油田开发整个演化中，系统处于不断的运动与变化中，系统的状态是时间的函数，属于动态系统。凡演化都是过程。各层次系统的演化过程，有些为人所知，有些知道不多，甚至有的根本就不知道。当油气藏打开以后，加速了它的运动与变化。油气藏的构造、储层物性、孔隙结构、地下流体的物理化学性质、驱动类型、油气水分布、压力场、温度场变化等无一不在人工开发和各种地质力综合作用下变化。这种变化有些是渐变的，有些则是突变的。油田人员获得的某些信息，诸如地层压力、井底流动压力、井口油压、套压、地层温度、井口温度、油气水产出量等，其实都是油气藏在开发开采时综合作用变化的表征现象。对于油藏开发现象，结果为什么是这样而不是那样？为什么会与预测的有差异，有时还会差异很大？这都是由于对演化过程不清楚，提供信息不完全所致。因而只能运用相关的理论、规律去推论，采用相应的技术手段去证实。若符合了，解释清楚了，达到预定目标了，则认为是正确的；否则，就要补充采集新的信息，作更深入细致的分析，作更准确的判断，采取更切实的措施，循序渐进，直至实现正确而科学的目标为止。

油田开发系统与运动不可分割。而油田开发系统运动又是油田开发者起着主导作用，但人又受对开发开采对象复杂性认识程度及改造客体手段不完善、不完备等综合认识改造能力的限制，难识“庐山真面目”。过程的灰色化更加深了油田开发系统的复杂程度。

综上所述，油田开发系统总体上是个不确定系统，是个灰色系统。

三、油田开发系统是开放系统

所谓开放系统是指系统与外界环境有物质、能量、信息交换的系统。油田开发系统是开放系统，从系统的开放性、系统内各层次子系统的开放性、发展变化的动态性等方面说明。

（一）油田开发系统与外界环境有物质、能量、信息的交换

（1）与油气勘探系统的物质、能量、信息的交换。

油田勘探是油田开发的前提。油气勘探系统要向油田开发系统提供油气可采储量，这是油田开发开采的物质基础。同时还要提供众多的勘探信息。油田开发者根据这些勘探信息编制油田开发概念设计方案和油田开发方案。同时油田开发实践反馈的信息也会影响油气勘探系统的运作（部署、决策、实施等）。实际上勘探与开发是一个不可分割的、有机的整体行为，勘探与开发只是其中两个不同的行为阶段。勘探是开发的前提，开发是勘探的目的，两者相互联系、相互依存、相互约束、相互促进，有着高度的内在统一性。勘探开发一体化管理是这种统一性的需要与体现。

（2）与油品炼制、加工、深加工和石化系统的物质、能量、信息交换。

油品炼制、加工、深加工和石化系统是油田开发系统的下游系统。油田开发系统主要向它提供油气炼制与加工的原材料——油气及其附产品，同时提供相关信息，如油气物理化学性质及初加工后的油气信息。其中包括油田出矿原油、油田集输原油、油田矿场加工原油、原油伴生气、气层气等评价内容。而油品炼制与加工又将其产品及信息延伸至油气深加工与石化系统、其他工业系统、农业系统、军事系统，乃至于全社会系统。而其中一些系统亦可直接与油田开发系统进行物质、能量、信息交换。国内外油气市场信息也会直接或间接影响油田开发。

（3）与狭义地理系统的物质、能量、信息交换。

广义的地理环境系统是指地球表层以上，同温层以下包括生物圈在内的广阔系统。这里所指的是与油田开发有关的狭义的地理环境系统。狭义地理系统包括自然地理系统与经济地理系统。油气藏储量蕴藏在海洋、沙漠、高山、平原、丘陵、高寒极地等自然地理环境；同时与蕴藏地的政治、经济、交通、文化发展情况等经济地理环境相关。地理环境影响着油田开发系统的人工系统，尤其是生产成本系统，受其干扰更大。这也关系到油田的开发水平与开发效果。

（4）与现代科学知识和文化系统的物质、能量、信息交换。

油田开发是个技术高密集的行业。没有高新技术与文化很难开发好油田。高新科学与技术的发展直接促进了石油工业（亦可称石油经济系统）的发展，理所当然也促进了油田开发的发展。当今发展很快的计算机技术、网络技术、生物工程技术、互联网+技术、物联网技术等，以及新材料、新工艺、新理论，已经或正在被石油工业引进、消化、吸收、改进、完善，用于油气的勘探开发。世界的科学技术在突飞猛进地发展，科学技术越发达就必将使石油行业发展越快，也迅速地促进油田开发技术的更新与发展。图2-2-3为油田

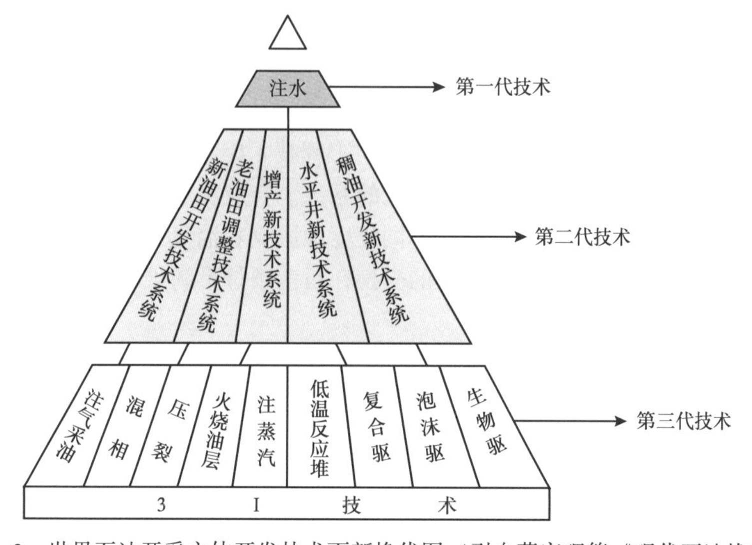

图2-2-3　世界石油开采主体开发技术更新换代图（引自葛家理等《现代石油战略学》）

的几代主体开发技术更新与发展图。该图是多年前的统计，21 世纪的科学技术发展更加突飞猛进。笔者在 20 世纪末曾经预言，21 世纪的高新技术之一即纳米科技，包括纳米技术与纳米材料将很快进入石油工业，尤其油田的开发与开采，成为第四代技术。届时可运用纳米技术研究储层结构、探查油气水分布等，运用纳米材料去改善或改变采油工艺、注水工艺等，大大提高认识油气藏、改造油气藏的能力与手段。这些现在已初步得到证实。

另外现代数学系统与油田开发系统在信息方面积极交换，尤其是数理统计、概率论、模糊数学、灰色系统理论、未确知数学等学科的新理论、新方法，将有力地改善油田开发的研究方法。

由此可看出油田开发系统与外界环境的物质、能量、信息交换是多方位、多形式、全过程的。

（二）油田开发系统内各层次子系统也是开放系统

油田开发系统由成百上千个各层次的子系统组成。它们同样是开放系统。世界上绝对的封闭系统是不存在的。现实中任何系统都与外界环境有着千丝万缕的联系。只是为了研究方便，把某些与环境联系很少的系统，外界影响可忽略时，近似地看作封闭系统。对于一个有独立油水系统的油层，它可以是不渗透层或断层封闭，也可以是水力学封闭，或两者兼而有之，使之成为一个封闭体。但这种封闭是相对的。它必然与周围环境有物质、能量、信息的交换。由于地下构造运动（不可能绝对静止）及周围压力系统的影响，会发生很少的交换。在研究时，把这种交换、联系忽略不计，因而在油层未打开时，可近似看成是一个封闭系统。然而一旦打开油层，就会与外界环境有明显的物质、能量、信息交换。如果是一个注水开发的油藏，它的采油系统与注水系统、采油系统与地面油气集输系统就会互相联系、互相约束。在人的调整中，各自发挥作用，按自己的变化规律演化。如果说把这种油水运动规律称之为宏观油水运动规律的话，那么在孔隙、孔洞、裂缝中的油水运动规律则称之为相对的微观油水运动规律，而影响微观油水运动规律的是多孔介质特性及流体流动特性以及它们之间的相互作用。孔隙结构又影响着孔隙度、渗透率、比表面、毛细管压力等参数，这些参数又影响着宏观油水运动规律。

在油田开发中，油气最终采收率尤其是经济采收率是个十分重要的油田开发指标。从系统学角度，把采收率看成一个系统即采收率系统。它也是天然系统与人工系统组合的复合系统。把影响采收率的地质因素、油藏工程因素、工程技术因素、管理因素和经济因素作为它的子系统。各子系统的要素又可构成不同层次的系统。各层次子系统既有宏观系统，也有微观系统，它们相互关系复杂，但它们都在不同程度地影响着油气采收率。这种相互影响的方式体现出物质、能量、信息的交换。而有的交换在目前条件下尚难以说清楚。

（三）油田开发系统是动态系统

油田开发系统是开放系统，不仅因为它及其各层次子系统与外界环境有物质、能量、信息的交换，而且还影响着周围环境。不仅系统间进行物质、能量、信息交换，而且自身系统也是发展变化的，其具有主动适应与进化的特征，是动态系统，是系统状态随时间变化的系统。所谓系统状态是指系统的可观察和识别的状况、态势、特征等。而描述系统状况、态势、特征的量称之为状态变量。系统存在着生命周期，即诞生、成长、壮大、衰退、死亡的全过程。描述生命周期主要行为特征量的变化可反映不同的生命期。对于油田开发系统，生命周期划分为多种主行为特征量描述，或以产量、或以综合含水率、或以采出程度，也有将产量和综合含水率或综合含水率与采出程度结合为主行为特征量描述等。这些不同主行为特征量分期描述有各自的特点，但笔者较赞同以产量为主行为特征量的分期描述法。因为产量是油田开发最核心的指标。以产量分期，可分为产量上升期、稳产期、递减期、结束期（或称经济产量低速递减期）。不同期产量表征并不是单一固定值或某期平均值，而是一个波动范围，是个产量灰量。

在油田开发系统整个生命周期，描述其状态变量有宏观变量及微观变量。油田开发系统的发展变化主要通过主宏观变量随时间变化来描述，它是时间的函数。而这些函数关系基本上是非线性的。

现仅以核心状态变量——产量随时间的变化说明其规律。我国著名学者、中国科学院院士翁文波先生，在1984年首次提出用泊松（Poisson）旋回模型，描述产量 Q 随时间 t 的变化过程。其表达式为：

$$Q_{\mathrm{t}}=A\ t^{n}\mathrm{e}^{-t} \tag{2-2-1}$$

式中，Q_{t} 为随时间变化的产量；t 为时间；A、n 为待定特殊参数。

在 Q_{t} 随时间 t 的变化过程中，正比于 t 的 n 次方函数而上升，又随着 t 的负指数函数而衰减。该方程曲线如图2-2-4所示。

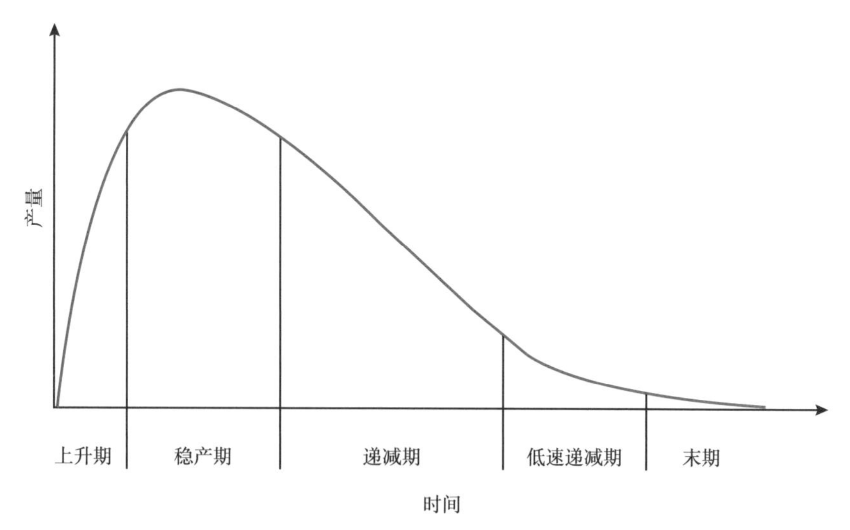

图2-2-4　各生命期产量变化示意图

从以上论述可以看出，油田开发系统的开放性不仅是系统与外界环境的物质、能量、信息的交换，而且由于系统的层次性，高层次与低层次间、不同高层次间、不同低层次间同样存在着交换。这种交换是相互的，既影响着外界环境，外界环境又影响着系统。或者说外因与内因相互作用、相互影响，引起量变到质变。系统的变化是绝对的，随时间变化而发展，不断出现新现象、新问题。因此系统的开放是时空开放，是四维开放，且不仅过去与现在开放，而且未来也开放。系统的开放只有程度大小的区别，而没有有无的差异。

从以上论证，可得出如下结论：

（1）油田开发系统是开放的、灰色的、复杂巨系统；

（2）认识、研究、分析、改造油田开发系统必须运用系统思维即整体思维、开放思维、辩证思维、综合思维、创新思维、变化思维等，要在观念上更加明确，实践上更加自觉；

（3）从事油田开发的人要自觉地、能动地运用系统的整体性、结构性、层次性、开放性、灰色性、自组织性去认识与改造油田开发系统，从而更有效地提高油田开发水平与经济效益；

（4）对油田开发也可表述为，油田开发就是“人”运用系统学的基本理论与基本规律，观察、分析、研究油田开发开采中的客观现象，并运用综合技术科学解决、处理其中的各种问题，从而获得最佳的经济效益和累计油气产量；

（5）内因是变化的依据，外因是变化的条件，油田开发系统是发展、变化、运动的，要充分估计系统内因与外界环境的相互影响、相互作用。勘探、开发、工程、管理、经济一体化思维，将会更有利促进油田开发系统的高效发展，为人类作出更大贡献。

第三节　再论油田开发系统是开放的灰色的复杂巨系统

对于油田开发系统是开放的灰色的复杂巨系统的提法，有的学者赞同，有的学者质疑。现从研究方法的角度进一步进行论证。

一、从研究方法论证油田开发系统

2001年初笔者结合油田实践，对油田开发系统是开放的灰色的复杂巨系统作过论述。文中按照著名科学家钱学森指出的：复杂巨系统有四个特征，（1）系统本身与系统周围有物质、能量、信息交换，所以是“开放的”；（2）系统所包含的子系统很多，成千上万，甚至上亿万，所以是“巨系统”；（3）子系统的种类繁多，有几十、上百甚至几百种，彼此关系复杂多变，所以是“复杂的”；（4）系统有许多层次，中间的层次又不认识，甚至连续有几个层次也不清楚。中国工程院院士许国志主编的《系统科学》中，关于“在巨系统中，如果组分种类繁多（几十、几百、上千或更多），并有层次结构，它们之间的关联方式又很复杂（如非线性、不确定性、模糊性、动态性等），这就是复杂巨系统”的论述，归纳为复杂巨系统有四个显著特点：系统规模大、结构层次多、相互关系复杂、系统动态演化。而且笔者着重论述了油田开发系统是以人为核心，对人有绝对的依赖性的观点。随后又相继发表了《油田开发系统的复杂性和不确定性》、《油田开发系统的哲学基础和方法论》，从不同方面对油田开发系统进行了说明。在此基础上本节从研究方法角度，进一步论证“油田开发系统是复杂巨系统”的观点。

钱老在20世纪80年代从研究方法上区分系统的简单性和复杂性。他指出：“凡是不能用还原论方法处理的或不宜用还原论处理的问题，而要用或宜用新的科学方法处理问题，都是复杂性问题。复杂巨系统就是这类问题。”钱老的这段话可理解为，复杂巨系统不能或不宜用常规的、现有的方法处理，而要用待发展或发现的新方法处理。

二、油田开发与还原论方法

还原论来源于古希腊文明。古希腊的还原论思想经培根、笛卡儿、伽利略等人的继承和发扬，成为西方现代方法论的基础，促进了现代科学的兴起与发展。还原论的基本信念是相信客观世界是既定的，各种现象都可被还原成独立的基本要素，即存在一个所谓“宇宙之砖”的基本层次，而这个基本要素不因外在因素改变其本质。只要把研究对象还原成这个基本层次或要素，通过对它的分析研究，搞清它的性质，就可推知所研究的整体现象的性质。还原论者不是不提整体，只是把整体分解、分离成部分，孤立地进行研究，把高层次还原到低层次，并用低层次说明高层次，用部分说明整体。这是机械的形而上学的方法。近400年来科学界遵循了这种方法，创造了科学技术的空前繁荣，取得了巨大的成功。

近代石油工业始于1859年，而开始大发展是20世纪30年代以后。这时还原论的研究方法已占科技研究的主导地位，几乎渗透到科学技术的各个领域。石油工业自然地处在这种大环境中。再者油田开发研究的对象大都是深埋地下，看不见摸不着，具有直接不可视性的特点，整体研究在当时是不可能的，即使是科学技术高度发达的今天也是困难重重。且油田开发研究的需要，存在尚能初步满足需要的还原论方法，二者一拍即合。因此，长期以来还原论方法在油田开发研究中占有重要甚至主导地位。如野外油藏露头分析，地层的岩性、物性、物理化学特征，古生物与古地理研究，地层压力、温度、应力的获取，地下流体分布及运动等，绝大多数都是通过单井资料（钻井、录井、测井、测试、岩心等）采集、处理、解释、分析。室内开发实验等手段，将自然界地层和储层的各种现象还原成点、线、面进行研究，提取信息和资料，建立地质模型、开展物理模拟或数值模拟，进行储量计算、编制开发方案，评估经济效果，并以此研究结果推知油气藏的结构、特征、状态、行为、过程、变化、效果等。但现代油田开发理论与研究方法已不单纯是点、线、面孤立的研究，而是逐步转化为综合研究方法。

三、油田开发与整体论——综合集成方法

油田开发系统是自然界自行组织与人为构筑相结合的共建系统。它的复杂性和不确定性，单纯依靠还原论方法不能完全解决油田开发中众多的复杂问题。运用岩心、单井、多井的资料和信息研究油田或油藏，存在不同程度的信息失真。而油田或油藏本身是个灰体，因而其失真度亦难以计算。油田或油藏是开放的、动态的，尤其投入开发以后人类的实践活动使它的结构、特性、功能、状态、行为等均随时间变化，其环境亦随时间变化，主体和客体始终处在协同作用之中。

对油田开发的研究对象，虽然也将点、线、面的研究作为切入点，但这种研究已是还原论与整体论结合、局部与整体结合、宏观与微观结合、定性与定量结合、不确定性与确定性结合、分析与综合结合、动态与静态结合、事理与物理结合、人与计算机结合的方法。用系统的、全面的、发展的、变化的观点，认识、处理、研究油田开发中的各种问题。研究油田开发系统中各元素间（包含客体与人之间）、元素与环境间的相互联系和相互作用，并且使人的主观能动性得以充分发挥，使主体、客体的协同达到最好效果，即以最小的投入去获取最大的油气产量和最佳的经济效益。在思想方法上自觉或较自觉地运用

辩证唯物论和历史唯物论，在工作方法上采用综合集成方法。综合集成方法的实质是把专家系统、数据和信息体系及计算机体系有机结合起来，构成一个高度智能化的人—机结合，人—网络结合的系统。该方法吸收了还原论方法及整体论方法各自的优点，弥补了各自的不足，是还原论方法与整体论方法的辩证统一。

图 2-3-1 是油田开发过程工作流程简明示意图，随着油田开发工作深度的增加、时间的延长，其内容、结构不断修正、完善、丰富，以适应油田开发发展的需要。在各个环节几乎离不开计算机系统、相关资料与信息，需要以人为主，进行人、机联作，大、中、小计算机工作站处理。物探资料处理与解释软件包、测井资料处理与解释软件包、地质综合解释与建模软件包、油藏工程与数值模拟软件包、采油工程软件包、地面工程软件包、海洋工程软件包、经济评价软件包等，已在油田开发中广泛应用，体现人工智能的各类专家系统软件也发挥了积极的作用。油田开发系统已初步形成了综合集成平台。

四、油田开发与创新

科技进步是促进石油工业发展的最积极因素，掌握科学技术的人是第一生产力。只要有代表先进生产力的新观念、新理论、新方法、新技术、新工艺的出现，就必然会带来勘探开发的新发展。油田开发的发展需要创新，这是因为油田开发中尚有许多问题无法用现有的方法解决。

（一）油气藏的认识问题

现在人们已向地下条件更复杂的地区，如：沙漠、深海、极地进行勘探开发。勘探开发的难度不仅增大了，而且也增大了勘探开发的复杂性，人对客体的认识与改造更难了，以及对它的能见度和能控度也更低了。从系统上讲，油田开发系统各层次的时空状态中的某些子系统和层次在有限的时间区间内是能观的和能控的，但这种能观性和能控性是有限的，并不能完全能观能控，更不用说整个油田开发系统了。这种不完备的能观能控性，就难以全面地、充分地识别系统的全貌和认识其内部机制。以现在的认识程度所建立地质模型包括确定性模型和随机模型，以及物理模拟和数值模拟等。虽然认识是逐步加深的，也在不断地改进认识方法和手段，但仍是“一孔之见”，即使是未来机器人及纳米技术可深入到地下油藏内部与它的周边环境，也只能使它的直接可视性增加，不能在整个时空范围内完全充分地认识、利用、改造它。因此，使用何种方法逐渐逼近油气藏的真实结构、状态，了解它的行为、演化，是石油人追求的梦想，仍需不断地深入探索。

（二）油价问题

油价、产量、成本、需求是油田开发系统中经济链最主要的四个参数，它们相互联系、相互制约。各自的影响因素具有多样性、多变性、不确定性及突发性。对它们的预测目前主要采用的是统计法，其中定性方法有特尔斐法、专家会议法、想定情景法、主观概率法、相互影响分析法、对比相似法等，定量方法有趋势法、回归分析法、弹性系数法、滤波法、机理模型法、系统动力学法、模糊预测法、灰色预测法等。在这四个参数中除了产量预测法较成熟外，其余各参数的预测方法都很不完善，误差大、精度低，而且是近、短期预测，其中国际油价的预测更是世界级难题。目前国际油价预测方法有很多，但很少有较准确的预测。油价的长期预测和远程预测（或称未来研究）更难以满足要求。因此往往采用近期、短期定性分析预测或趋势预测，甚至采用给定油价和固定变化率最简单的方

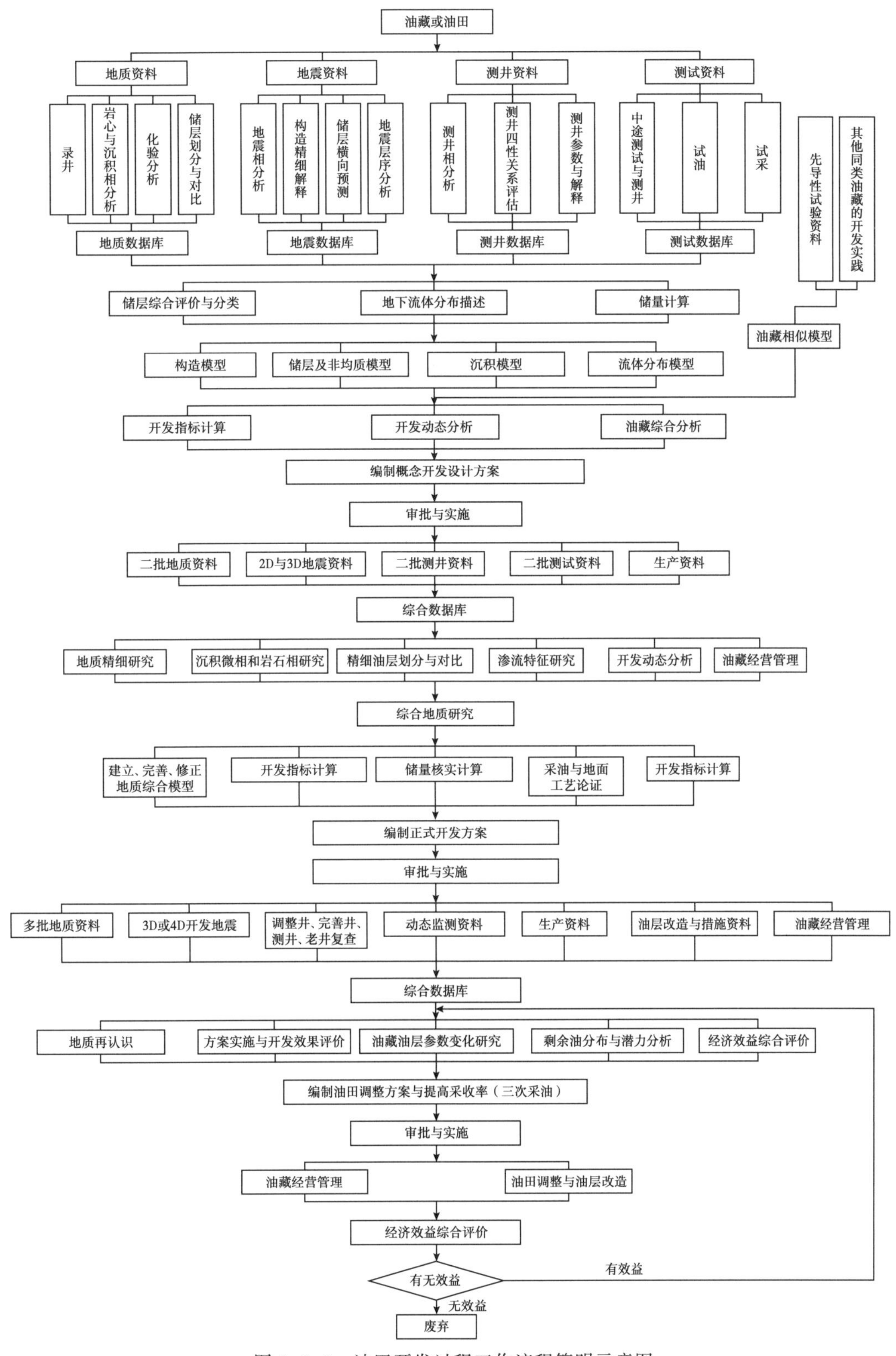

图 2-3-1　油田开发过程工作流程简明示意图

法。这种油价预测使油田开发系统全方位、全过程的整体经济效益评估变得支离破碎。因此需要用复杂性科学、现代数学、社会科学、人文科学和不断发展的计算机科学与技术，探索一种新的油价综合智能预测方法，使之满足油田开发需要。

（三）提高采收率问题

采收率是油田开发系统中重要参数，具有不确定性，其影响因素包括地质因素、油藏工程因素、采油工程因素、经济因素、管理因素等。提高采收率大致分为三个阶段。第一阶段为天然能量开采阶段，即一次采油。其驱动类型主要有水驱（强、中、弱）、气驱（强、中、弱）、弹性驱、溶解气驱、重力驱、混合驱。除了刚性驱动外，大都是混合驱。该阶段的采收率随着油气藏的自然特性差异和驱动类型差异，一般最低为3%，最高为90%。第二阶段对一些需要补充地层能量的油气藏，采用注水或注气或其他注入剂的驱替方式，即二次采油。其采收率范围为18%～80%。第三阶段进行物理化学驱，包括热驱、碱驱、表面活性剂驱、混相驱、聚合物驱、复合驱等，可能使采收率再提高5%～20%。由于储层平面非均质性和剖面非均质性、流体的平面和剖面的非均质性，使地下流体呈现非常复杂的状态，剩余油分布形态亦多姿多彩，给再提高采收率增加了不确定因素和难度。如在第二阶段，当高含水后在原含油区，由油是连续相变为水是连续相，由W/O型变为O/W型，而且储层物性、流体物性、渗流特征等参数均发生了变化，尤其是三个阶段都经过的油气藏就变得更加复杂。但其研究方法仍是室内单项分析与模拟实验，结合关键井与其他井的测井资料、井间地震资料、生产资料等信息，建立随机的三维定量分析模型。但油气藏经三阶段开采，它的演化特点及变化规律依然是不甚了解，需要新理论、新方法去解决此类问题。

目前提高采收率的问题，笔者认为无论在理论上、研究方法上，还是在实际操作上均是还原论式处理有余，整体论式处理不足。实际上油气藏从投入开发始，就存在着提高采收率的问题，它存在于油田开发的整个生命周期。因此在油气藏正式投入开发前，就要从整体论出发，有一个全面的、系统的设计及分阶段的操作步骤，实行“全面部署、分批实施、跟踪分析、及时调整、注重整体开发效果和经济效益”的集约式开发管理模式。如果能探索一种新理论新方法，将中国全国平均采收率提高一倍，也就是达到55%左右，那么可采储量就可增加67×10^{8}t。若推至整个世界含油气区，将极大促进世界经济的发展。

（四）油田开发中的综合含水率问题

油田开发中油层出水是个普遍现象，水驱油田更为突出。油田综合含水率上升，不仅使油气产量减少，而且也使成本增加，造成投入产出失衡，影响油田开发效果和经济效益。因此含水率上升问题历来引起油田开发工作者的重视，他们作了大量的研究，采取了有效的控水稳油措施，取得了积极的成果。目前对综合含水率的预测方法多采用回归统计法、岩心分析法、因素分析法、物理模型法、数值模拟法、数学模型法等。这些方法基本上属于还原论方法范畴。实际上，储层与流体的非均质性、储层与流体物性，以及人对生产压差、射开厚度、采油和采液速度、井别井网调整、采油工艺措施、油藏管理措施等的控制程度、方法等，均影响着油井、油藏、油田综合含水率的变化。这些因素影响程度随时间变化，而且在X、Y、Z方向上存在异相差异和同相差异。因此综合含水率问题是个多维问题。如果含水率在各相的变化率亦随时间变化，则综合含水率在数学上可能是多重积分的命题。而多因素的非线性关系与多重性，使含水率变化机理呈现高度复杂性和不确定性。至今也没看到在微观、宏观上研究它的报道。它的数学表现形式是不清晰的，客观存在形态也是模糊的，对它的认识总体是定性的，所采取的措施总体上也是经验性的。

综合含水率是油田开发关键参数之一。对它还需要深入地认识与研究，如何深入认识与研究，也是仁者见仁、智者见智。

油田开发中用现有方法不能科学地解决，而要研究新方法解决的问题还有很多。大到天地人对油田开发的影响，如天然地震对地下流体分布影响的定性定量描述，小到单井多层开采纵横向的压力分布及相互关系等，均未得到较精确的、令人满意的表述。

五、油田开发与人、事、物

油田开发是具备辩证唯物论思想和科学思维方式的人（人理，R），通过多种科学技术、工艺手段与管理方法（事理，S）去认识、开发、利用、改造油气藏（物理，W）的运动过程。现以三个圆来表示油田开发中 W 、S、R 之间的关系。

图 2-3-2 中分为 7 个区：RSW 区是人已掌握并运用的手段（科学、技术、工艺、方法等），认识或改造的物质客体。RS 区是人正在探索、模拟、试验的作用手段，它尚未作用于物质客体。SW 区是人尚未认知的手段，客观上已作用物质客体。WR 区是人已认识的物质客体，或者说物质客体的信息已反馈至人。r 区是人和人脑尚未被开发、动用的功能。s 区是人尚未认识并掌握，而且亦未作用于物质客体的手段。w 区是物质客体尚未被人认识或客体信息未发射或信息失真的客观存在。如果从开发程度看：RSW 区为已开发区；RS、SW、WR 区为半开发区，r、s、w 区为待开发区或未开发区，这是宏观视角。若从微观视角，即使是已开发区也有相当多的未认知部分。因此无论从何种角度，油田开发过程中均存在着尚未被认识的区域。这就需要不断探索新理论、新方法、新技术、新工艺。

若以物质客体（油气藏）为认识与改造的目标，当人不断发掘自己的潜力，充分发挥人的能动性，不断改进旧方法探索新方法，使之认识与改造物质客体的手段日趋完善（即事的效用性）时，就会带来对物质客体的认识与改造不断加深，直至接近客体真实，这就是客体的必然性。事的效用性靠人来开发，它滞后于人的能动性，以及人认识的有限性，所以对物质客体的认识与改造，不能达到完满程度。图 2-3-3 为三性演化示意过程。人能

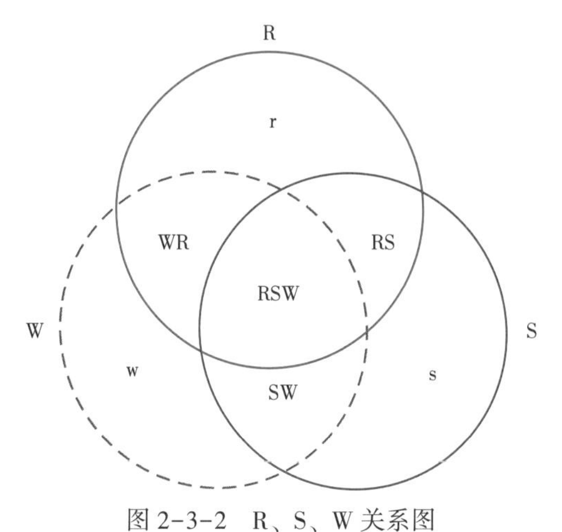

图 2-3-2　R、S、W 关系图

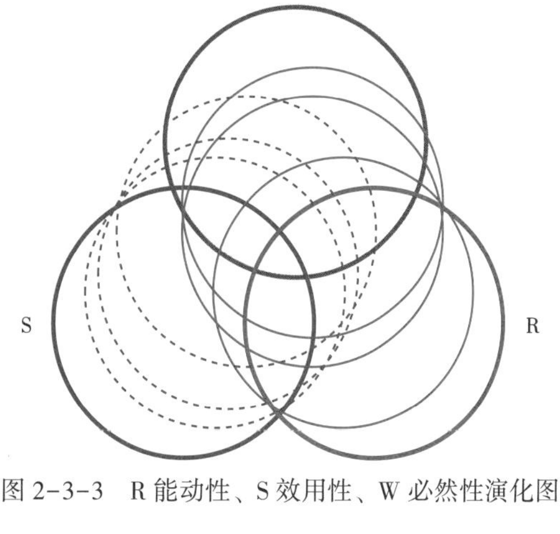

图 2-3-3　R 能动性、S 效用性、W 必然性演化图

动性的发挥，事效用性的挖掘，物的必然性和有限性的呈现，就构成了 R、S、W 的综合统一，体现了油田开发系统的运动和演化。物理、事理、人理运动有各自的不确定性，而且事理与人理运动较物理运动有更多的不确定性。另外，事理运动还会受到经济条件如投资、成本的制约，使之难以及时地作用于物质客体，影响系统运动与演化进程。而人的思维方式或意识亦影响物与事的发展。如人的“好大喜功”，若好实事求是之大，喜为国为民之功，事物的发展就会向良好的方向。如为个人或小团体的利益虚报甚至谎报成绩，则可能缘木求鱼，阻滞了事物的健康发展。

总之，在研究方法上油田开发系统还有还原论方法，但已有许多已知复杂性问题不能或不宜用还原论方法处理，需要探索新方法解决，何况还有一定量的未认知的问题和未知的方法和手段。油田开发系统的研究方法已逐步形成利用智能化的人机、人网络、专家系统结合的方式，采用综合集成方法。同时以人为核心，运用人理、事理、物理运动规律、理论和 RSW 方法，处理油田开发系统的诸多问题。油田开发系统是行业性的社会系统，而人与人脑又是复杂巨系统，人在油田开发系统中又处在主导地位，离开人、离开人的智慧，油田开发就不复存在。因此通过油田开发系统特征论述和研究方法论述，由简单系统、复杂系统以及其中多个子系统为复杂巨系统构成的油田开发系统是复杂巨系统，应是顺理成章和显而易见的。

但油田开发系统是开放的灰色的复杂巨系统，毕竟是一家之言，欢迎进一步深入探讨。

参考文献

[1] 许国志. 系统科学［M］. 上海：上海科技教育出版社，2000.

[2] 陈永生. 油田非均质对策论［M］. 北京：石油工业出版社，1993.

[3] 许国志. 系统科学大辞典［M］. 昆明：云南科技出版社，1994.

[4] 邓聚龙. 灰色系统理论教程［M］. 武汉：华中理工大学出版社，1990.

[5] 陈月明. 油藏数值模拟基础［M］. 东营：石油大学出版社，1989.

[6] 王清印，崔援民. 预测与决策的不确定性数学模型［M］. 北京：冶金工业出版社，2001.

[7] 李斌，油气技术经济配产方法［M］. 北京：石油工业出版社，2002.

[8] 葛家理，等. 现代石油战略学［M］. 北京：石油工业出版社，1998.

[9] 翁文波. 预测论基础［M］. 北京：石油工业出版社，1984.

[10] 钱学森. 创建系统学［M］. 太原：山西科学技术出版社，2001.

[11] 许国志. 系统科学［M］. 上海：上海科技教育出版社，2000.

[12] 李斌，陈能学. 油田开发系统是开放的灰色的复杂巨系统［J］. 复杂油气田，2002，11（3）：24-29.

[13] 李斌. 油田开发系统的复杂性及不确定性［J］. 石油科技论坛，2003.

[14] 李斌. 油田开发系统的哲学基础与方法论［J］. 石油科技论坛，2004（8）：41-47.

[15] 苗东升. 系统科学精要［M］. 北京：中国人民大学出版社，1998.

[16] 许国志. 系统科学与工程研究［M］. 上海：上海科技教育出版社，2000.

[17] 李斌，陈能学，冯荣辉，等. 油田开发系统的哲学基础和方法论［J］. 石油科技论坛，2004（6）：42-46.

[18] 宋健. 现代科学技术基础知识［M］. 北京：科学出版社，1994.

[19] 傅诚德. 科学技术对石油工业的作用及发展对策［M］. 北京：石油工业出版社，1999.

[20] 赵文智，何登发. 石油地质综合研究导轮［M］. 北京：石油工业出版社，1999.

[21] 李斌. 断块油田复杂程度综合评判方法 [J]. 复杂油气田，2001（1）：27-33.
[22] 葛家理，申炼. 系统协调论 [M]. 北京：石油工业出版社，1997.
[23] 裘怿楠，陈子琪. 油藏描述 [M]. 北京：石油工业出版社，1996.
[24] 王乃举，等. 中国油藏开发模式总论 [M]. 北京：石油工业出版社，1999.
[25] 李国玉，周文锦. 中国油田图集 [M]. 北京：石油工业出版社，1990.
[26] 邓聚龙. 灰色理论基础 [M]. 武昌：华中科技大学出版社，2002.

第三章　油田开发系统的哲学基础和方法论

一般情况下，凡系统均应有其哲学基础和方法论，油田开发系统是开放的灰色的复杂巨系统，也必然有其哲学基础和方法论，即马克思主义哲学和方法论。

第一节　油（气）田开发系统的哲学与油田开发实践

马克思主义哲学揭示了自然、社会和人类思维发展的一般规律，为人类认识世界和改造世界提供了最根本的科学世界观和方法论。它是人类智慧的结晶，是时代精神的精华，体现着唯物主义和辩证法的统一，自然观和历史观的统一，科学世界观与方法论的统一，具有强大的生命力。习近平同志说："掌握马克思主义哲学，是掌握马克思主义完整科学体系的重要前提，全党要深入学习和运用马克思主义哲学，掌握科学的世界观和方法论，不断增强工作的原则性、系统性、预见性、创造性，不断把对中国特色社会主义规律的认识提高到新的水平。"因此，必须学好马克思主义及其哲学，增强工作的原则性、系统性、预见性、创造性，不断认识油田开发规律，更好地开发油田这个复杂系统工程。

一、用马克思主义哲学解脱油田开发困境

油田开发是油气生产的核心阶段。它不仅对油气勘探提供的油气资源，即具有可供开发的商业储量进行开发开采，而且向油品炼制、加工及深加工、石化等提供具有良好质量的原材料。油田开发阶段不仅生命周期长，而且资金投入大，技术密集与风险大。油田开发是由多元素组成的系统，是一个"相互作用的多元素的复合体"。油田开发系统是开放的、灰色的、复杂巨系统，是由自然界自行组织（自然系统）与人为构筑（人工系统）相结合的共建系统，是一个复合系统。二者相辅相成、相互影响、相互联系、相互制约，缺一不可。

面对该系统，不管人自觉与不自觉都要应用马克思主义哲学，即辩证唯物主义和历史唯物主义。关于油田开发系统哲学，笔者认为应表述为：它是应用辩证唯物论的观点与方法，去观察、分析、研究、处理油田开发系统中的各种现象、事件、过程与结果，并研究其中的规律性的科学。它由油田开发唯物论、油田开发认识论、油田开发实践论、油田开发矛盾论、油田开发方法论组成，是世界观与方法论的统一。油田开发系统哲学把人作为实践的主体，运用系统思维即整体的、开放的、综合的思维，唯物辩证地分析、研究油田开发中的各种问题。认识来源于实践、上升为理论又指导实践，并将实践作为检验真理的唯一标准。实践是检验真理的唯一标准，这是由真理的本质性和实践的特点决定的。实践观点是马克思主义哲学的核心观点。对客观事物规律的认识，只能在实践中完成。实践决定认识，是认识的源泉和动力，也是认识的目的和归宿，根本的

还是要靠实践出真知。

近期油田开发工作出现了困境，主要有以下三点。

（1）油田开发形势复杂化。

从 1851 年开始石油工业化开采至今已 170 年，油田开发形势日趋复杂化，从常规油气向非常规油气发展，从陆上向滩海、深水、超深水发展，从浅层向深层、超深层发展，从自然环境较好向边远地区、复杂山地、沙漠、极地等恶劣环境发展，从寻找地下常见构造向寻找地下更为隐蔽构造发展；国家政策和开放的市场环境对油气生产企业提出了更高的要求；新技术新业态新能源如煤代替石油的"甲醇制烯烃"技术、干热岩技术、可燃冰技术等将会对常规油气行业产生巨大冲击。总之，油田开发难度增大，自然环境恶劣化、资源品质劣质化、油气目标复杂化、安全环保严格化和能源结构多元化是未来油气开发必须面临的发展趋势。

（2）油田开发状态复杂化。

目前，世界大部分油田已进入中高、高、特高含水期、递减期，有的已经废弃。我国的油气田也已进入中高、高、特高含水期、递减期，有的进行了二次开发。我国陆上油气田储层非均质性严重，埋藏深浅不一，厚薄差异大，平面矛盾、层内矛盾、层间矛盾突出，地下形势复杂。经过长期开发或注水或其他注入剂人工干预性开发，地下储层和流体均发生了变化，储层物性、多孔介质结构和性质、压力场、温度场、应力场等均趋于恶化，油田开发的不确定性增加，剩余油分布多样化，增大了油田开发难度。

（3）油价低、成本高、利润下滑、经营恶化。

在市场经济中，油气生产企业以经济效益为中心，以追求最大利润为目标。而影响利润的最基本因素是油价、成本、产量。三者互相影响、互相促进、互相约束，成为一个循环链，其中要以油价为最敏感因素，它是石油市场经济的核心变量。除影响产量、成本的基础因素外，成本由开采难度决定、产量由销售规模决定，油价、成本、产量均由市场决定，即由市场的价值规律决定。国际石油经济市场的千变万化，必然决定着国际油价的跌宕起伏。

油价的变化是数十种因素综合作用的结果，构成了一个以油价为核心的复杂体系，实际上更确切地说是一个多元素相互作用的石油经济复杂大系统。各因素具有相互影响、相互作用、相互促进又相互约束盘根错节的复杂关系。它们之间的关联方式复杂多变，虽然也有线性的确定性关系，但大都是非线性的，而且是随时间变化的动态关系，同时表现出随机性、模糊性、灰色性、未确知性等不确定性，甚至会出现突发性和突变性。但不同的时期各因素的影响程度不同，而某些因素将会起主导的决定性作用。因此，可以说不同时期的油价因素也具有不确定性。

成本是另一个敏感问题，影响成本的因素众多，且有很大的不确定性。成本不断增加，油气生产企业的困难继续增大。目前油气生产企业的困境是油价低迷、成本上升，油气生产企业利润下滑，有相当多的基层油气生产企业处于亏损经营之中，使油气生产经营管理复杂化。

承认困境，正视困境，只有用马克思主义哲学的立场、观点、方法去处理所存在的问题，才能走出困境，并不断向前发展。20 世纪 60 年代大庆油田的发现与开发是运用《矛盾论》、《实践论》两论起家和两分法前进即运用马克思主义哲学的典范。这是中国石油工业的传统，中国的油田开发工作者自此走向能较自觉地运用马克思主义哲学原理去解决油田开发实践中实际问题的道路。

二、学习马克思主义哲学用于油田开发实践

D 油田是复杂断块油田。断层多、断块小、油藏类型多、储层物性差、非均质性严重、油水系统复杂等地质特征均使油田开发的难度增大。面对如此复杂的断块油田，就更须用马克思主义哲学指导开发，越是复杂的问题就越能显示马克思主义哲学的强大威力。

在对油藏认识过程中，充分发挥人的主观能动性即意识能动性。物质变精神，精神变物质，强调人能动地认识自然界和社会，且能动地利用客观规律改造世界，而不是消极被动地适应自然界和社会。人作为主体对客体的能动作用首先表现为主动性，即主动作用于客体，以自己的行动来改变世界。其次表现为目的性，即人的任何活动都是有目的、有目标的。再次表现为创造性，即认识是客体在人头脑中经过创造性的改造制作的反映，而不是简单的移植。人的正确思想的产生，是一个从实践到认识、再从认识到实践的过程。正确的认识的实质是人脑对客观世界规律的正确反映。认识世界、把握规律，就是为了改造世界、满足人类的需要。油田开发的全过程就是人们的实践过程。

在油田开发实践过程中，要学会运用辩证思维、创新思维，学会全面地、整体地、系统地、联系地、发展地、变化地认识客观世界和主观世界。在处理油田开发各种问题的过程中，注重抓主要矛盾和矛盾的主要方面，时刻注意各种矛盾的发生、对抗、转化。世界充满矛盾，矛盾存在于一切事物之中、贯通于一切事物发展的始终。矛盾是事物联系的实质内容和事物发展的根本动力。问题是矛盾的表现形式，人类认识世界和改造世界的过程就是发现问题、解决问题的过程。要正视和认清这些矛盾，看透事物矛盾的本来面目，就要进行科学分析研究、找到症结所在，善于从规律上把握和处理矛盾，找出破解矛盾、解决矛盾的方法，不断破解前进道路上的问题。同时认识并运用油田开发的客观规律，使系统按人类的需要发展。当系统处于需要状态时，就力图保持系统原状态的稳定；当系统未处于需要状态时，就引导系统达到新的需要的稳定状态，直至优化。在油田开发的过程中，能否坚持辩证唯物主义世界观和方法论，决定了油田开发的成败、效果的大小、效益的高低及可持续发展的前途。

对立统一规律、质量互变规律、否定之否定规律是唯物辩证法的主要规律，现象与本质、形式与内容、原因与结果、偶然与必然、可能与现实、内因与外因、共性与个性、一般与特殊等都是唯物辩证法的基本范畴。分析和思考问题，必须坚持辩证的观点，发挥人的主观能动性，按照具体情况具体分析。油田开发中推行的“一块一策”、“一井一法”都是运用唯物辩证法、具体问题具体分析的例证。

要学习掌握唯物辩证法这个根本方法，应坚持发展地、全面地、系统地、普遍联系地观察事物、处理关系，反对形而上学静止地、片面地、零散地、孤立地观察事物、处理关系的思想方法。要善于处理局部和全局、当前和长远、重点和非重点的关系，进行风险评估，趋利避害，作出最为有利的战略抉择。要学习运用唯物辩证法，不断提高战略思维能力、辩证思维能力、创新思维能力，善于透过现象看本质，把握发展的内在规律，抓住关键、找准重点，作最坏的打算，向最好的方向努力，从而获得最佳的结果。

总之，在油田开发实践中要善于运用唯物论、辩证法、认识论、实践论、矛盾论，做到理论与实践相统一，主观与客观相统一，继承与创新相结合，将油田开发不断推向新的高度。真正体现出油田开发工作者的“岗位在地下、对象是油层、智慧入油藏、油气见光明”。

第二节　油田开发系统的认识论

油田开发过程是以人为主导的主客观相统一的过程。在油田整个生命周期要始终坚持唯物论与辩证法，只有如此，才能正确地认识油田开发全过程和有效地改造油田开发对象。

一、深入学习运用唯物论

辩证唯物主义认为物质是第一性、精神是第二性的。辩证唯物主义揭示了“世界的物质统一性”，证明包括自然界和人类社会在内的整个世界，其真正统一性在于世界的物质性。在油田开发过程中，坚持一切从客观实际出发，实事求是，就是坚持世界物质统一性原理这一辩证唯物主义最基本、最核心的观点，它是马克思主义哲学的基石。要坚持一切从客观实际出发，实事求是，正如毛泽东同志说，“没有调查就没有发言权”。在油田开发过程中的调查，就是尽可能地搜集、了解、掌握油藏的各种信息、资料，从油藏的圈闭的形成、油气的物源、生成、运移、聚集、储藏、生储盖组合等历史状况到油藏的构造、断层组合、储层物性、沉积特征、流体性质、孔缝微观结构、储量丰度等现状，把油藏的基本状况较全面系统地搞清楚，对事物的本质、内部和外部联系有一定认识，在不断开发的运动中，掌握变化形态和演化趋势，从中认识规律，发现问题并找出解决问题的办法。

二、精神反作用于物质世界的能动性

马克思指出，人的思维是否具有客观的真理性，这不是一个理论问题，而是一个实践问题。人的正确思想的产生，是一个从实践到认识、再从认识到实践的过程。正确的认识的实质是人脑对客观世界规律的正确反映。在对油藏认识过程中，充分发挥人的主观能动性即意识能动性。物质变精神，精神变物质，强调人能动地认识自然界和社会，且能动地利用客观规律改造世界，而不是消极被动地适应自然界和社会。人的正确意识是客观世界的反映，又能反作用于客观世界。在油田开发初期，人们从勘探、物探、钻井、测井、试油、试井、试采等处获得资料，即对获得的感觉资料进行“去粗取精、去伪存真、由此及彼、由表及里”的处理。所谓“去粗取精”就是进行科学的、严格的选择，去掉那些粗糙的、异常的、不重要的、非典型的、不能反映油藏客体本质的东西，留下那些有意义的、重要的、典型的、能反映油藏客体本质的东西；所谓“去伪存真”就是要对感觉资料进行鉴别，分清真假、去掉不真实的东西，保留真相、符合常识和规律的东西。但“去伪存真”要慎之又慎，因为有时“异常”会反映未被认识的新的特点、特征，甚至规律。所谓“由此及彼”就是把所获得的资料联系起来，进行综合考查，分析彼此的关系，发现客体的真实面目，而不是孤立地看问题，只见树木不见森林。所谓“由表及里”就是透过

现象看本质，把握客体的内部联系即规律性，逐渐形成概念和理论的东西。正如毛泽东同志所说："要完全地反映整个的事物，反映事物的本质，反映事物的内部规律性，就必须经过思考作用，将丰富的感觉材料加以去粗取精、去伪存真、由此及彼、由表及里的改造制作功夫，造成概念和理论的系统，就必须从感性认识跃进到理性认识。"正确地由感性到理性认识油藏，是油田开发工作者的基本功。

三、油田开发过程中的认识论

油田开发对象是深埋地下的地质体，它的结构、特性都是复杂的。由于资料信息、技术手段、认识能力等诸方面的限制，对它的认识不可能一次完成，而是一个不断深化认识的过程，体现出认识过程的层次性。"一个正确的认识，往往需要经过由物质到精神，由精神到物质，即由实践到认识，由认识到实践这样多次的反复，才能够完成。"

油田开发一般分为六个阶段：开发试采阶段（油藏评价阶段）、开发初期阶段（开发设计阶段）、开发中期阶段（实施与管理阶段）、开发后期阶段（开发调整阶段）、二次开发阶段、收尾和废弃阶段，各阶段由于认识程度的不同，其目的、任务与工作内容也是不同的。在开发试采阶段，由于已掌握的资料与信息少，认识多为宏观区域上的圈闭描述、储层描述、油气水分布等，此时主要是提供探明储量与控制储量，建立概念地质模型，编制油田开发概念设计方案及对方案进行总体经济评价。随着油田概念设计方案的实施，资料与信息日益丰富，认识程度也随之提高，便进入开发初期阶段。该阶段已建立油藏的初步地质模型，已掌握地下与生产较多的信息，在此基础上，编制油田开发正式开发方案，待方案经优选决策、实施后便进入开发中期阶段。随着基础井网开发开采，正负反馈信息不断增强，油田开发中的矛盾也日益暴露，加强油田开发管理与控制，观察与掌握油田发展变化，控制油田开发的发展方向，使之尽可能实现系统预定目标。开发中期阶段是油田开发过程中最重要的阶段。地下压力场、温度场、油气水分布、储层物性与地下流体性质等均会有很大程度的变化。人们进一步深入地研究、分析，不断加深对地下构造、储层、流体等的认识，重建精细地质模型，掌握剩余油气分布状态与潜力。同时依据油气生产参数的变化，预测变化趋势，全面地评价油田开发与经营效果。依新变化、新特点、新认识进行中后期的油田开发调整。调整内容主要有层系调整、井网调整、注采系统调整、开采方式与工艺措施调整，以及井间、层间、块间接替（含投入难采储量）等。二次开发阶段是指已生产20年以上的"双高"油田（高含水率，高采出程度），此时的油田综合含水率大于85%，标定的油田可采储量采出程度大于70%，地下油水分布更加复杂，剩余油存在形态多样，存在油井井况变差、地面流程陈旧、适应性降低等问题，这些都促使剩余可采储量极难开采。但该阶段仍有非常可观的难采储量，使得开采难以放弃，需进行二次开发，即提出并实施"重构地下认识体系，重建井网结构，重组地面工艺流程"为核心的技术路线，使老油田焕发青春再作贡献。该阶段直至油（气）田废弃或经济无效为止。即使是到了废弃阶段，认识也没有停止，也许将来科学技术发展创新有可能进一步开发残余油。

可见，油田开发过程就是认识不断深化的过程，就是主客观相统一的过程。

对于一个具体的油藏同样也遵循实践、认识、再实践、再认识这条认识路线。图3-2-1反映D油田LB油藏在构造形态、认识变化的五个阶段。LB油藏是LZ油田的一个主力油

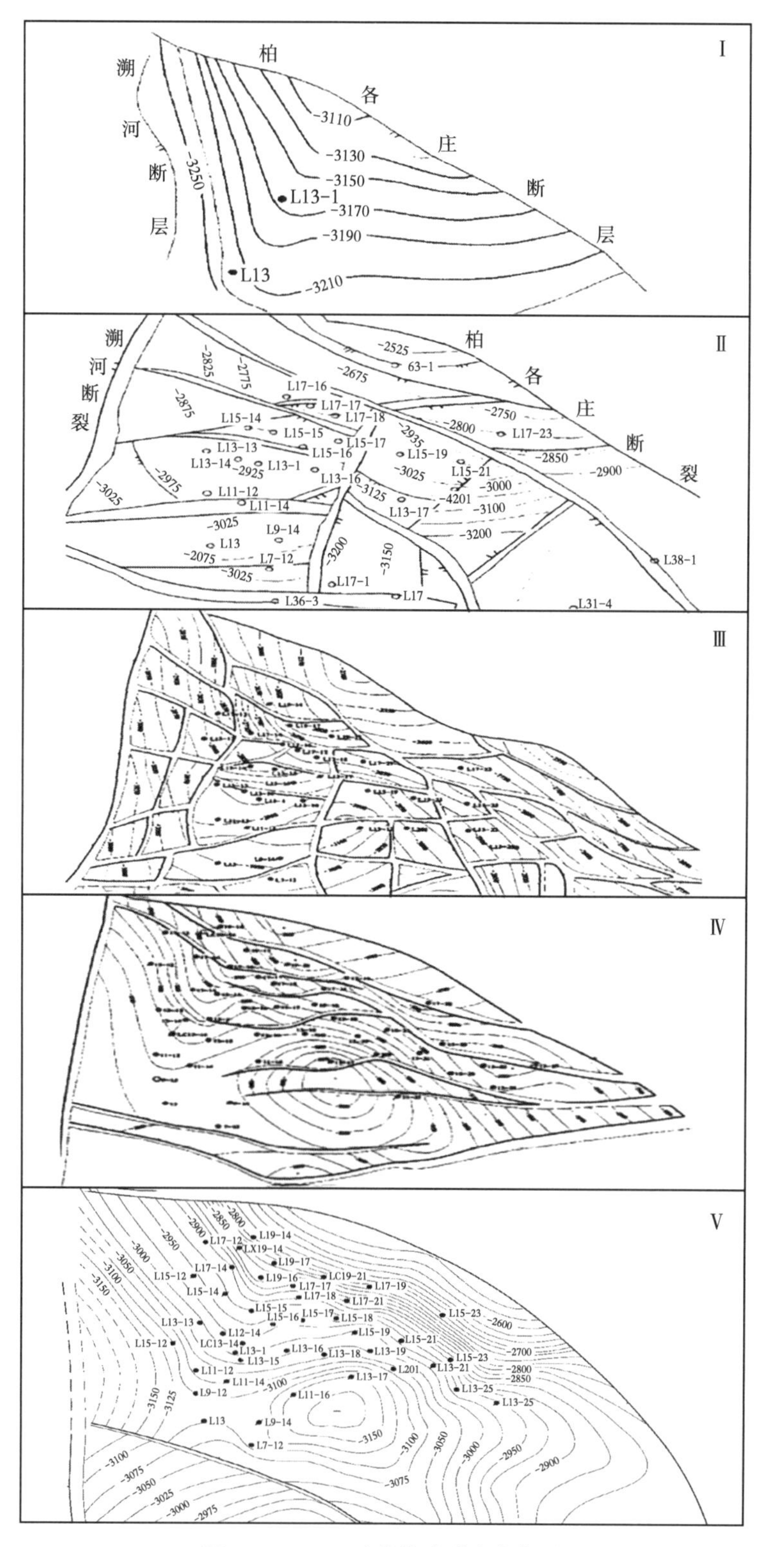

图 3-2-1 LB 油藏构造形态变化图

藏，位于LZ油田北部，是柏各庄断层下降盘的一个断鼻构造油藏。图3-2-1中Ⅰ是根据3D地震资料及LB井的试采情况，认识到该区是一个有良好储盖组合且聚集油气的圈闭构造，按经验在构造的高部位应有油气聚集。因此在腰部部署了1口预探井LB-1井，试油后获高产油气流，标志着高产油气富集区的发现。但由于3D地震资料在沙三$^{2+3}$品质较差，解释难度较大且精度低。为此又对该区地震资料进行重新处理，解释出的构造变化较大，且感到南、北、西方向含油边界和断层位置不落实，因而又部署了14口井，其中3口井重点探边。钻探结果表明，柏各庄大断层北移300m，含油面积向北扩大，且构造更为复杂，共发育大小断层17条，区块被分割成16个自然断块，如图3-2-1中Ⅱ所示。为了进一步认识该构造，根据完钻的15口井钻井资料结合地震资料向外围扩展，研究区块构造特征。研究结果表明，该区构造更加破碎，被大小断层分割成38个断块，如图3-2-1中Ⅲ所示。客观事物发展的具体过程十分复杂，往往需要反复多次才能正确地认识它。

地质认识过程亦是如此。在注水开发后，动静矛盾突出，隔断层甚至隔多条断层注水见效，注采系统不完善。这些问题促使人们怀疑断层的可靠性。油田开发者对从单井—井组—区块所获取的信息，进行去粗取精、去伪存真、由此及彼、由表及里地研究与分析，以地层细分对比为突破口，以3D地震资料精细解释为基础，地质、测井、物探、油藏等多学科协同研究，重建油藏地质模型，搞清剩余油分布，精心编制调整方案。

在研究过程中运用新理论、新方法、新技术，发现了沙三$^{2+3}$Ⅱ油组底的局部不整合，使构造格局发生重大变化，构造变得简单了，如图3-2-1中Ⅳ所示。虽然在此认识基础上，对油田开发作了调整，并取得良好的开发效果，但仍存在局部动静不符、油水解释矛盾的地方。因此应用层序地层学与传统地质学相结合的方法，采用多信息、多专业、约束建模、综合研究的思路，更深入地分析与研究，纠正了单纯用断层来处理地层减薄的片面观点与做法，使主客观相统一达到一个新的高度，如图3-2-1中Ⅴ所示。

一切从实际出发，实践是检验真理的唯一标准是马克思主义最基本的原则。油田开发方案、方针、政策正确与否，只有依靠油田开发实践检验。一般，油田开发方案经实施后，其设计目标实现了，就说明该方案是符合实际的，认识是正确的，否则就是不正确或不完全正确。1991年6月编制的《GSP油田总体开发方案》是继GSP油田规划方案、布井方案、注采方案之后的正式开发方案，是在对钻探、跟踪研究成果并进行了全油田范围的地质、油藏工程综合研究和规律性研究、三维三相数值模拟、经济分析与采油工程方案配套研究的基础上形成的，是GSP油田开发方面的系统研究成果。该方案在总结GSP油田试采与开发经验的前提下，经综合分析研究，共编制了五套方案，推荐其中第二套方案。第二套技术经济设计指标要求在“八五”期间新钻井126口，使总井数达到266口，其中油井191口，注水井75口。新建能力34×10^4t，使累计产能达50.8×10^4t。“八五”末动用地质储量3783×10^4t，年产达42.3×10^4t。该方案由于设计油价589元/t，而总投资高达11.8亿元，因此计算的净现值、投资回收期、总利润、建百万吨产能投资等经济指标均不理想，换句话说从经济上说该方案是个亏损方案。因而，推荐第二个方案主要是从地质与油藏工程角度考虑的。这个方案在今天以获得最佳利润为目标前提下，即使是高油价，它也是不可取的。在实际操作中也未严格按总体开发方案执行。实际结果见表3-2-1。

表 3-2-1　GSP 油田总体开发方案Ⅱ与实际指标对比表

类型	动用面积（km^2）	动用地质储量（10^4t）	采收率（%）	动用可采储量（10^4t）	“八五”新钻井数（10^4t）	采油井数（口）	注水井数（口）	累计井数（口）	“八五”新建产能（10^4t）	累计产能（10^4t）	年产油（10^4t）	累计产油（10^4t）	含水率（%）	年产量（10^4t）	地质储量采油速度（%）	可采储量采油速度（%）	地质储量采出程度（%）	年注水量（10^4t）
方案Ⅱ设计指标	17. 17	3783	22. 0	832. 3	126	191	75	266	34. 0	50. 8	42. 3	255. 5	63. 1	114. 6	1. 20	5. 08	6. 8	105. 2
1995 年实际指标	22. 90	3042	13. 5	411. 5	116	149	28	177（265）	25. 7	54. 1	27. 1	191. 6	56. 9	62. 9	0. 89	6. 59	6. 3	90. 6
占设计指标百分数（%）	133. 4	80. 4	61. 4	49. 4	92. 1	78	37. 3	66. 5（99. 6）	75. 6	106. 5	64. 1	75	—	54. 9	—	—	—	86. 1

注：表中括号内累计井数含方案外的高 104-5 区块井数，动用储量不含该块的 708×10^4t。

从表3-2-1中看出，绝大多数开发技术指标未达到方案Ⅱ设计要求。原因如下。(1) 对GSP油田地质复杂性及储层分布规律认识不足，对全油田范围内的储层综合研究不够。一方面由于技术条件的限制，如当时仅能根据二维地震资料，对断层的认识、油层的认识均与实际情况有较大距离。由此而建的地质模型及注采系统，很难达到预期目的。正如毛泽东同志所说的那样："不论做什么事，不懂得那件事的情形、它的性质、它和它以外的事情的关联，就不知道那件事的规律，就不知道如何去做，就不能做好那件事。"另一方面由于GSP油田客观复杂性，人们思想认识不符合客观规律性，往往运用通用的经验来解决GSP油田的特殊性而执行不通。如GSP深层主力油藏埋深3500m以下，钻一口新井需投资（600~700）万元。方案Ⅱ新钻井176口，平均井深3725m，仅钻井费用大约需11.4亿元，这对D油田这样的小油田是难以承受的。实际深层油藏在1991—1995年五年内新钻井仅有34口，难以达到方案要求。离开了客观实际，主观地决定自己的工作方针，难免会碰壁。(2) 在对地质复杂性及特殊性认识不足的前提下，对油田开发动态预测与开发效果估计脱离实际。对动用地质储量估计错误：方案Ⅱ预计动用沙三$^{2+3}$的Ⅰ类、Ⅱ类储量3325×10^4t，实际上仅能动用1667×10^4t，方案Ⅱ预计1995年动用3783×10^4t，年产油42.3×10^4t。实际上仅动用2334×10^4t，年产油量仅16×10^4t（原方案设计的开发对象仅是GSP深层，不含不在原设计方案中馆陶组油层的高104-5区块11×10^4t）。钻井工作量估计错误：方案Ⅱ在"八五"期间安排新钻井126口，实际仅有61口（不含馆陶组油层的高104-5区块55口）。注水开发效果估计错误：方案Ⅱ在"八五"预计累计产能达50.8×10^4t，注水见效后，"八五"末年产达42.3×10^4t。实际由于连通率低，为48%左右，动用程度低，为50%左右，注水总体效果差。对于注水效果好的区块，由于深层调剖、堵水、压裂、分注等工艺不过关，难以实现注水结构、产液结构有效调整，产量递减不易控制，"八五"末累计建产能43.6×10^4t（不含馆陶组油层的高104-5区块10.5×10^4t），核减了26.3×10^4t，核减了60.3%，仅剩17.3×10^4t。(3) 工作安排不紧凑。按方案要求在"八五"初应开展深层油藏加密试验、细分层试验、配套工艺攻关试验，但在"八五"末仅开展加密试验，影响了GSP油田开发效果。

通过开发实践的检验，由于客观条件和主观认识的限制，使《GSP油田总体开发方案》的设计目标在实际工作中不能实现。其根本原因是对GSP油田复杂的地质情况认识不足，对油田开发地质规律掌握不够，因此，用实践这个唯一标准检验方案，说明方案脱离了实际，没有透过现象看本质，抓住规律性的东西，因而出现了错误。

综上所述，无论是整个油田开发生命周期还是一个具体油藏，其认识过程始于经验，而理性认识依靠于感性认识，感性认识有待于发展到理性认识。实践、认识、再实践、再认识，循环往复以至无穷，而且实践与认识的每一循环内容都进入较高一级的程度。这就是辩证唯物论的认识论。在实践和认识的过程中要坚持主观和客观相统一的原则。客观性原则是辩证唯物主义的重要原则，客观实在性是物质的唯一特性，人的认识要符合客观存在，要能动地反映客观存在。GSP油田的初期方案不能反映客观存在，难以实施而出现偏差，就是主观认识与客观存在不符，主、客观不统一的结果。要正确地认识世界和改造世界，就要正确地解决主客观的关系，既要坚持实事求是，一切从实际出发，又要解放思想，敢于打破旧观念与主观偏见的束缚，并用实践去检验真理，逐步达到主客观相统一。无论是认识的阶段性还是发展的阶段性，都体现油田开发系统的层次性。认识的提高是层次的提高，是演化优化的过程。不断完善认识，进而满足有效改造客观世界，实现系统的目的。

第三节　油田开发过程中的实践论

实践观点是马克思主义哲学的核心观点。实践是人特有的存在方式，是人为了满足自己的需要而能动地改造世界的物质活动，社会生活在本质上是实践的。实践是认识的基础和目的，认识世界、把握规律，就是为了改造世界、满足人的需要，对客观事物规律的认识，只能在实践中完成。实践决定认识，是认识的源泉和动力，也是认识的目的和归宿，根本的还是要靠实践出真知。油田开发的全过程就是人们从认识到实践、再认识再实践的过程。

一、实践的概念

何谓实践？马克思主义哲学认为实践是具有思维能力、从事实践活动的人即主体借用一定的手段，有意识有目的地改造客体即进入人认识和实践范围的客观事物的物质活动。该定义反映了主体在认识过程中的能动作用，即实践的各种活动都是主体主动作用于客体的结果，体现了主动性。任何实践活动都是主体有意识有目的的活动，体现了目的性。主体在认识过程中，不断掌握、深刻理解客体规律，不仅反映物质世界，而且创造物质世界，体现了创造性。实践是主体正在进行的活动，但客体的暴露程度、客观条件的限制、技术手段的不足、主体认识能力的局限等均会制约主体认识活动。客体对主体的制约性是客观存在的，它会对主体的认识活动和实践活动产生重大影响。在实践、认识不断往复活动中，实践和认识都会不断升华，改造客观世界也改造主观世界，提升主体的认识能力和改善主观、客观的关系。正如毛泽东同志所说："认识从实践始，经过实践得到了理论的认识，还须再回到实践中去。认识的能动作用，不但表现于从感性的认识到理性的认识之能动的飞跃，更重要的还须表现于从理性的认识到革命的实践这一个飞跃。抓着了世界的规律性的认识，必须把它再回到改造世界的实践中去。"

二、建立实践理念

油田开发系统的实践和认识活动应以马克思主义实践理论为指导。油田开发工作者应具备油田开发实践的理念，油田开发实践离不开人，人起主导作用。但由于油藏具有隐蔽性或不可入性，人们要认识油藏真实、客观的面貌是十分困难的，而且需多次认识才能接近完成。这里所说"认识接近完成"而不是"完成"，正是由于深埋地下的客体即油藏的原型还不被人们真正掌握与认知，因而，接近程度的高低、大小，目前始终是一个未知数。但一切从实际出发，实事求是，做到主客观统一，是人们不断追求的目标。真实、客观地认识油藏及掌握储量、规模是油田开发的基础与前提。

人们建立油田开发实践理念，首先要有正确的理论指导，就是用马克思主义哲学、油田地质学、油藏工程学、钻采工程学、地面工程学、石油经济学、油田系统学等基础理论指导，认识、了解、掌握客体即油藏、气藏开发开采的基本特点、变化规律和演化趋势。其次人们在初步认识到较精确地认识油气藏的基础上，进行一定规模的矿场开发试验与室内的模拟实验，编制科学合理的分阶段的油田开发方案，有层次地、有系统地进行整体研究提高采收率步骤与途径，提高油田开发效果、经济效益和社会效益的强化措施。再次在实施过程中，要有意识、有目的地应用现代科学技术手段，不断创新，尽量使主客观达到统一，实现油田开发的总体价值最佳化。

实践的基本形式有生产实践、社会实践、精神实践、生活实践和科学实验。油田开发实践这五种基本形式都存在，但集中表现为生产实践、精神实践、科学实验和社会实践。生产实践是人们最广泛、最基本的油田开发实践活动。它涵盖了前期勘探、钻井、物探、测井、试井、试采、产能建设、投产、监测、调整、修井等不同门类、多种层次的活动。还包括生产运行、实施管理措施、设施建设、设备安装、油气集输、初加工处理、安全环保等实践活动。精神实践包括了油气藏评价、储量计算、编制油气田开发方案、编制年度计划、编制中长期规划、建立规章制度等人们的思维活动、文字成果。科学实验包括了科技研究、工艺开发、技术创新、现场试验、室内实验、软件开发、网络平台建设等活动。社会实践主要有企业活动、工会活动、青年活动、职工培训、文艺活动等，当然另外也存在必要的生活实践。这一系列的活动就构成了人们在油田开发方面认识世界、改造世界的实践，构成了知与行的统一，构成了人与自然的协同发展。

在油田开发过程中，人们编制的概念设计方案、油田开发正式方案、油田开发调整方案、二次开发方案、提高采收率方案，以及规划、计划、安排、规则、规章等，都是客观世界在人们头脑中的反映，特别是正确的反映。只有正确地反映并形成理论，才能指导实践。正如列宁所说："没有革命的理论，就不会有革命的运动。"离开实践的认识便是无源之水、无本之木，实践是认识的基础、来源和动力。

第四节　油田开发过程中的矛盾论

在油田开发复杂巨系统中，充满了各种矛盾。油田开发越复杂，越要运用马克思主义哲学的世界观与方法论。唯物辩证法的世界观"主张从事物的内部、从一事物对他事物的关系去研究事物的发展，即把事物的发展看作事物内部的必然的自己的运动，而每一事物的运动都和它的周围其他事物互相联系着和互相影响着。事物发展的根本原因，不是在事物的外部而是在事物的内部。任何事物内部都有这种矛盾性，因此引起了事物的运动和发展。事物内部的这种矛盾性是事物发展的根本原因。一事物和他事物的互相联系和互相影响则是事物发展的第二位原因。"油田开发全过程正是众多矛盾的斗争和转化，而系统内部的矛盾性决定了系统发展与变化，并在外界影响下达到优化。

一、油田开发过程中的主要矛盾与矛盾的主要方面

油田开发全过程中有众多的矛盾，充满了矛盾的斗争与转化，对立统一规律贯穿油田开发全过程的始终。但其主要矛盾是动力与阻力的矛盾。各种油藏类型和驱动类型的油田只要投入开发，就存在动力与阻力的矛盾，概莫能外。进行油田开发工作，就是企图施以外部影响，促进这对矛盾的斗争与转化。

地下油气在井底间压差作用下克服地层阻力流向井底。这个压差与井内流体排量、地层岩性、流体的物理化学性质及开采油气时所利用的地层能量种类有关。任何油藏都具有

原始地层能量。地层能量来源有地层水的位能、自由气及当压力降低时从油中分离出的溶解气的膨胀能，受压缩的岩石、液体的弹性能及由于原油本身重力所造成的压头位能。地层能量主要取决于地层压力的大小，地层能量就是所说的动力。地层能量在油田开发开采过程中要克服各种阻力，如流体的内摩擦力、岩石的摩擦力及毛细管力等。克服阻力的过程就是能量损耗过程。

动力与阻力这对主要矛盾的存在与发展，规定或影响着其他矛盾的存在与发展。油田开发中的众多矛盾不仅发生在油藏的产生、成长、兴盛直至衰落的全过程，即纵向上各开发阶段，而且也发生在油气流动的各流动阶段：由地层到井底的地层渗流；由井底至井口的水平管、斜管、垂直管流；由井口到计量站的水平管流，即横向上各流动阶段。这众多矛盾，诸如对地下情况不知或知之甚少与地下客观存在的矛盾；储层性质与流体渗流的矛盾；储层均质与非均质的矛盾；上产与稳产的矛盾；稳产与递减的矛盾；注水与卡堵水即水利与水害的矛盾；堵塞与疏通的矛盾；瞬时高产与高采收率的矛盾；出油与经济产量的矛盾；井底流压与举升阻力的矛盾等，不胜枚举。这些矛盾尽管在不同条件下有所表现，但纵横观察油田开发，动力与阻力仍是一对主要矛盾。

在动力与阻力这对矛盾中，矛盾的双方发展是不平衡的。一般，动力一方起主导作用，决定着事物的性质。只要油田开发或油井开采，双方的斗争就不会停止。当动力起主要作用时，即动力大于阻力时，油藏就产液或出油，就生产；当压力下降，阻力起主导作用时，油藏就不产液或不出油，就停产。如果考虑经济产量，即便是动力大于阻力，可出油，但经济不合算亦不让其生产，这是变相人为地增大阻力。

油气生产企业是技术密集、高投入、高风险的企业，在油田开发阶段同样如此，从经济角度考虑同样充满了矛盾。诸如投入与产出的矛盾、收益与成本的矛盾、成本上升与控制成本的矛盾，高投入与资金短缺的矛盾、高利润与油价低迷的矛盾等。企业的目的在于追求最大的净现值利润。决定利润大小的是收益与成本。增加收益与降低成本是企业经常性的基本工作。收益与成本构成了企业经济范畴内的一对主要矛盾，它影响着其他矛盾的存在与发展。

油气成本由矿区取得成本、地质勘探成本、油气开发成本与油气生产成本组成。收益由油气销售收益，其他产品销售收益与非产品销售收益组成。油气生产经营者、管理者在决定投资问题时是十分慎重的。在处理收益与成本这对矛盾时，要抓住成本，但该省的必须要省，该投的必须要投，有时高投入孕育了长远的节省。降低成本既要顾及目前又要考虑长远，既要宏观控制又要精细操作。精打细算，勤俭持家仍是现代油气生产企业制胜的法宝之一。但是降低成本不是无限的，因为进行油气生产总是要消耗的，总是要付出一定的成本。因而，降低成本战略的实施是有条件的，那种静止地、孤立地、片面地看待降低成本是一种形而上学的观点。

在油田管理范围内也充满了矛盾，严格管理与宽松管理的矛盾、制度化管理与人性化管理的矛盾、精确管理与模糊管理的矛盾、传统管理与现代管理的矛盾、粗放管理与集约管理的矛盾、战术管理与战略管理的矛盾、单一管理与多元管理的矛盾、正常管理与权变管理的矛盾、平面管理与立体管理的矛盾、专业管理与非专业管理的矛盾、线性管理与非线性管理的矛盾、常规管理与信息化管理的矛盾、守业与发展的矛盾、继承与创新的矛盾等。管理关系到企业的兴衰、油田开发的成败、关系到对国家的贡献与企业的可持续发展壮大、也关系到职工的切身利益与福祉。因此，科学地、合理地、妥善地处理好在管理中发生的各种矛盾，是至关重要而绝不能掉以轻心的基础工作。

二、矛盾的斗争与转化

油田的开发是个复杂的过程，它由众多的矛盾组成。这些矛盾互相排斥、互相斗争、互相对立，但在一定的条件，它们又互相联结、互相贯通、互相渗透、互相依赖。更重要的是在一定条件下向着自己相反的方向转化。这就是矛盾的同一性的两种意义。例如油田开发中的水利与水害问题。对于一些天然能量不是很充足又适合水驱的油田，用人工注水补充能量。注水的目的就是提高地层压力，增加波及体积，提高水驱油效果，多产油，以低成本的水去换取高价的原油。但好事可变成坏事。如当地质认识不清或连通情况不清，注水就有可能将地下油驱向未知方向，而且注水强度越大，可能使地下油越加分散，造成储量损失。即使是后来搞清了地下状况，也增加了调整难度。又如当注水水质不合格，就可能造成地层及近井地带的堵塞，动力转化为阻力。再如注水量控制不好或注水中后期，可能造成油井含水上升或油井暴性水淹等，都是水利在一定条件下转化为水害的例子。再分析油田开发的主要矛盾——动力与阻力的矛盾。当油田投入开发后，地层压力总是要下降的，有活跃边底水的油田可及时予以补充，地层压力下降很慢，充足气顶的气驱油藏初期也有类似情况，但其他类型的驱动，地层压力下降可能会较快，则需采用多种形式往地层注入多种注入剂，一方面提高地层压力，另一方面提高驱油效率（当注入剂中含有驱油剂时）。这是人工帮助动力方恢复活力。在油井井筒中也有类似情况，当举升液体的能量不足时，往往采取抽油泵、水力泵、电潜泵、气举或其他举升方式帮助动力方将液体举至地面。很显然，随着地下流体的采出、能量的消耗，动力逐渐会处于弱势，阻力相对转化为优势，造成减产或不出而停产。虽然可以人为地补充能量，但能量递减的趋势不可避免。人们又从另一角度影响这对矛盾的互相转化，即采取各种措施降低阻力，如压裂、酸化、解堵、重射、放大生产压差、卡堵水、物理法采油、微生物采油、清蜡（机械清蜡、热洗、化学清蜡等）、降黏、放套管气等常规作业与管理措施，而且人们还在不断研究高新技术用于生产。水平井、多底井、鱼刺井等特殊类型的井，增大泄油面积也是降低阻力的有效方式。

人们之所以能影响矛盾的转化，这是因为客观事物中矛盾诸多方面的统一性或同一性。本来不是死的、凝固的，而是生动的、有条件的、可变化的、暂时的、相对的东西，一切矛盾都依一定条件向它们的反面转化着。人们的外因，只是通过内因在起作用。油田开发中各矛盾的斗争是无条件的、绝对的，矛盾的同一性是有条件的、相对的。产量增长与稳产就是石油人运用辩证唯物论妥善处理各种矛盾的结果。

第五节　深入学习运用辩证法

辩证思维的主要特征就是用普遍联系、发展变化的观点看问题。马克思主义哲学中的辩证法，是唯物辩证法。唯物辩证法深刻揭示了自然、社会和思维普遍存在的客观辩证运动规律，为人类从物质客观运动及其规律性的角度，全面地、系统地、联系地认识客观世界和主观世界，提供了科学的方法。

一、提高采收率中的辩证法

提高采收率的目的是增加可采储量，但说到底是增加累计采油量。因此，涉及产油量的诸多矛盾也就是采收率的矛盾。一般认为提高采收率是二次采油以后的事，这是一种误解。储量母体的油气供给量与提高可采储量之间的矛盾存在于油田开发的全过程中，油田开发的发展存在着自始至终的矛盾运动。这就是矛盾的普遍性。而在二次采油后尚有足够的油气留在地下，因此提高采收率的矛盾更加突出，油气采出与采不出矛盾十分尖锐，引起油田开发者更大的关注。一次采油、二次采油、三次采油都存在提高采收率的问题，这是矛盾的普遍性。但各次采油有各自的特点，以便相互区分，这是矛盾的特殊性。一次采油主要是利用天然能量开发，二次采油主要是利用人工补充能量即注水或注气开发，三次采油指采出一次采油、二次采油残存在地下的石油除注水注气以外的各种采油方法，即强化采油方法。在研究油田开发过程中各个发展阶段上矛盾的特殊性时，不但须在其连接、在其总体上去看，且必须从各阶段中矛盾的各个方面去看。例如一次采油阶段——天然能量开采阶段，由于各油田的油藏类型不同，驱动方式不同，天然能量的大小不同，各自表现的矛盾也不同。天然水驱能量充足的油藏，主要表现提液与控水的矛盾，弹性驱和溶解气驱的油藏主要表现为产量递减快与稳产的矛盾及地层能量不足与急需及时补充能量的矛盾等。二次采油阶段——人工注水（或注气）补充能量阶段，主要表现在如何调整平面、层间、层内三大矛盾。三次采油阶段——强化开采阶段，重点要解决提高驱替速度与降低油与岩石间表面张力问题。不同质的矛盾要用不同的方法来解决。各阶段互相连接、互相渗透，以至有人提出“2+3”的提高采收率的方法。无论各阶段的个性多么鲜明，但它们的共同目标就是运用各种方法增加累计采油量与净现值利润。

在油田开发的全过程中，各种矛盾组成一个系统，它的发展变化在时间上、空间上呈连续性表现。因此，对各个采油阶段要统筹兼顾、全面安排。如一次采油阶段若能量消耗过于严重，人工补充能量后对非均质地层将会带来灾害，增加地下滞油区，降低采收率；二次采油阶段若三大矛盾解决得不好，不仅增加滞油区，而且使剩余油在地下更加分散，增加三次采油的难度与降低其效果。因此，要按各次采油是一个系统的客观存在为依据，处理系统内各要素之间的内部联系、系统之间的内在联系，认识其内在联系即规律性，处理好整体与部分的关系，使采收率能最大限度地提高。

二、具体情况具体分析

具体情况具体分析，被列宁称之为“马克思主义的最本质的东西，马克思主义的活的灵魂”。不论研究何种矛盾的特性，各个运动形式在各个发展过程中的矛盾，各个发展过程的矛盾的各个方面，各个发展过程在其各个发展阶段上的矛盾以及各个发展阶段上的矛盾的各个方面，研究所有这些矛盾的特性，都不能带主观随意性，必须对它们进行具体的分析。离开具体的分析，就不能认识任何矛盾的特性。各类油田有着各自的地质特征与开采特点，有各自的运动形式、发展过程与发展阶段，有着一般矛盾和自己特有的矛盾。因而要用辩证唯物论去分析它们的具体情况，找出不同发展阶段的主要矛盾与次要矛盾，有针对性地采取相应措施，解决矛盾。

（一）“一块一策一组人”的辩证法

“一块一策”是针对不同油田或油藏复杂情况、地质特征与开采特点有差异而制定的。在1992年2月由李斌提出并在D油田初步实施，在同年6月下旬D油田开发生产部技术座谈会得到上级领导的肯定。没有区别就没有政策，情况不同，政策就应不同。所谓“策”是指结合“块”的具体情况所提出的开发方案、调整方案、开发技术方针、政策与开发开采的主体措施。“策”是“块”开发的灵魂，“块”是“策”的基础，“策”是需要人来实现的，因此，“一块一策”1994年发展为“一块一策一组人”。“一块一策一组人”是个完整的、科学的提法，它是理论与实践的统一，主观与客观的统一，物质与精神的统一。

例如LB区块油藏是扇三角洲的中孔中渗油藏，也是一个地饱压差大、低密低黏高凝油藏，开采层系为沙三^{3}，具有初期产量高，但产量下降快、压力下降快，有限能量供给的开采特点。针对该块情况，初期的开发方针是“两套层系开发，充分利用弹性能量，适时注水”。随着地质研究的深入、开发规律的认识，油藏产量递减大，地层能量不足，及时调整该块的方针为“完善注采系统，及时注水补充地层能量，充分调整与适量提液，实现较长期稳产”。由于该方针较符合该块实际，实现了高产稳产。G104-5区块油藏是一较完整的断鼻构造，其储层为辫状河沉积砂体，砂体分布面积大，物性较好，地层原油具有“三高一低”特点，即原油密度、黏度与胶质沥青质含量高，凝固点低，属常规稠油油藏。该油藏具有较强的边底水能量，西部较弱，北部、东部较强。油层较疏松。在钻井期间，油层污染严重，试采时出砂严重。根据上述基本情况，提出“解堵、防砂、治稠、注水、管理”的十字方针，即油层解堵、防砂、井筒降黏，西部温和注水，加强油井管理。坚持十字方针，完善发展配套工艺技术，使该块年产达11×10^{4}t。但不同的发展阶段，其矛盾表现方式也不同。由于西区注水因注采系统不完善，试验井组注水造成个别层系水淹而停止注水。东区依然利用天然能量开采，降黏已有成功经验，成为次要矛盾，提液与防砂成为该块的主要矛盾，因此将该块开发方针调整为“大胆提液、综合防砂、适时调整、加强管理”，使产量得以稳定。随着区块进入中高含水开发阶段，主力层边水推进速度加快，造成产量递减。为此将该块的政策确定为“在滞油区适当补打加密井及扩边井，在高渗透带实施边水大剂量调剖，坚持适量提液”，简言之就是“加密、扩边、调剖、提液、管理”。实施后取得良好效果。其他区块都有类似的开发经历，如L102区块北块注水、南块调层提液，GSP深层油藏的“加密、细分、注水、配套、管理”等都见到了效果。

“一块一策”的基础研究是地质研究。只有建立准确的地质模型与积累丰富的试采经验，才能制定符合实际的方案、方针、政策与措施。同时又具有必要的技术手段与组织保证，才能实现预期的目的。

（二）“一井一法”的辩证法

油水井是油藏最基本的开采单元。各井依自己本身所处的构造位置、地质条件、开采方式、井筒状况等不同而有自己的特点，同一模式的开采难以对症下药从而取得好的效果。因此，必须针对各井的“症”，找准相应的“法”。这就是具体情况具体分析。

油水井本身是个管理系统，即油层—井底—井筒—井口—计量站，各段有各自的特点，有各自的矛盾。因此，要从系统出发在整体安排的统筹下实行分段管理制。分段管理制的实质是不同段的矛盾用不同的方法解决。要不断研究“发展过程中在其各个发展阶段上的矛盾以及各个发展阶段上的矛盾的各方面”，有针对性地采取对策即“法”。

井或井组组成“块”，井或井组的“法”要在块的“策”指导下，服从“一块一策”的方案、方针、政策，要处理好部分与整体的关系。“法”靠“策”指导，“策”靠“法”实现，“一块一策”与“一井一法”密不可分。

“一井一法”的管理是一种全员精细管理，它要求员工具有较高的素质，由“看井人”转变为“管井人”。从认真录取油水井第一手资料到发现油水井生产中存在的问题即矛盾，从分析油井动态变化到提出维护管理措施，都需要运用唯物辩证法。要从实践过程中学会用全面的、联系的、发展的观点看问题，学会透过现象看本质，抓住主要矛盾。抓住了主要矛盾，其他问题也就迎刃而解了。

另外，油藏、油井的 ABC 分类管理也体现了具体情况具体分析。

从上述论述与分析看出，(1) 油田开发是一个充满矛盾的过程，各矛盾不断地斗争与转化。认识客观事物也是一个不断深化的过程，从感性认识发展到理性认识。油田开发过程就是运用唯物辨证法解决各种矛盾的过程。(2) 在油田开发系统中的矛盾也具有时空层次性。在油藏系统与人为开发系统主要体现实践主体与认识和改造对象（客体）的矛盾。这对矛盾决定着其他矛盾的发展与变化，它不仅贯穿各个层次，也发生于各开发阶段。且它的激化程度是随时间和内外因的变化而变化的。(3) 油田开发系统哲学的本质特征是科学性、实践性、系统性。其科学性体现在应力求正确反映油田开发的本质与规律；其实践性体现在它强调人的主导作用，认识客体在于改造客体，并以实践作为检验真理的唯一标准；其系统性体现在它的整体性、结构性、层次性、开放性上，同时运用系统分析、系统综合和系统评价等系统方法，正确认识和处理系统中各要素间、不同层次系统间、系统与外部环境间等关系，从而实现系统整体的最佳功能和最优化目标。

第六节　油田开发系统的方法论

所谓方法论是指研究事物的途径与路线。油田开发系统方法论是用辩证唯物论为指导，认识与改造油气藏的根本方法的理论。它用唯物辩证法的根本规律即对立统一规律，观察、理解、认识、处理油田开发过程中的各种问题。坚持一切从实际出发，实事求是；坚持以联系的、发展的、全面的观点分析研究问题；坚持用系统思维建立油田开发系统中各种研究方法。

由于油田开发系统是开放的、灰色的、复杂巨系统，要研究、分析、处理、解决其中的相关问题，就要吸取各门类现代科学方法的长处，结合油田开发实际，改造、完善、创新，建立一套适应油田开发特点的综合研究方法。

一、油田开发的思想方法

油藏、气藏、油气藏各种各样，但其开发的思想方法可归纳为：以辩证唯物论为指导，充分发挥人的主导作用，运用现代科学理论与现代技术手段，一切从实际出发，实事求是，能动地反映油藏及相关事物，并按照油田开发规律改造油藏，经济有效地取得油田开发最佳效果和最大经济油气产量。

该思想方法突出了：(1) 人的主导作用；(2) 能动地反映客观世界；(3) 注重开发

效果即系统的总目标。

（一）充分发挥人的主导作用

油田开发没有人的活动就不能称为油田开发，它对人有绝对的依赖性。在开发过程中，人不是被动相随，而是主动起着决定作用。事物的性质，主要是由取得支配地位的矛盾的主要方面所规定的。人要能充分起到主导作用，主要取决于人的综合素质。其中最基本的有两条，一是善于运用唯物辩证法的立场、观点、方法去观察、分析、研究、处理客观事物，也就是能用系统的、全面的、联系的、发展的观点去看世界；二是要具备扎实的理论基础、技术手段与文化水平，不仅善于用传统的理论与方法，而且也善于运用现代科学理论、方法与技术手段，去认识与改造客观事物，与时俱进，不断创新。但是具备这个基本素质也绝非易事，需要不断学习、不断提高，善于用历史唯物主义的观点、方法总结历史经验与教训，将感性认识升华为理性认识。只有如此，才能充分发挥人的主导作用。

（二）能动地反映世界

油藏在其结构上和属性上都表现出复杂性，它与周围环境的联系、作用、影响更加剧了它的复杂化。油田开发者首先要承认开发开采对象的客观复杂性，其次认识到这种复杂性是可以被不断认识的，能够提供客观世界的正确映像。因此，所谓能动的反映，是人们自觉地、积极地认识世界和改造世界的特性。表现为在实践中能动地获得感性认识，从感性认识又能动地飞跃到理性认识，理性认识又能动地指导改造油藏的实践活动。能动地反映还应包括正确的反映并用实践来检验这种反映。油藏客观复杂性决定了对它的认识不可能一次完成。对它的映像要善于透过表象看本质，不被假象迷惑，不被错觉引导。一切从实际出发，实事求是，客观地反映油藏的本来面目。对于油田开发，只有能动地、正确地反映客观存在，才能建立符合实际的地质模型。而其正确与否，则用开发效果来衡量，实践是检验认识正确与否的唯一标准。

（三）注重油田开发效果

认识世界的目的在于改造世界。人们能动地、正确地反映地下开发开采对象，建立相应的地质模型。客观地，积极地观察、分析在开发过程中所发生的现象与出现的问题，从中发现油田开发规律，其根本目的就是要用现代技术手段去改造油藏，取得最佳的油藏开发效果和最大的经济产量。而最佳的油藏开发效果和最大的经济产量不仅与油藏本身结构、特性和周围环境相联系，而且与时间也相联系，因此，它是一个时空概念。实际上实现油田开发系统总目标也是一个复杂过程。这个复杂过程又包含了大量的不同的子过程、程序和动作。而它们又有其相应的分目标、子目标，从而形成了一个纵横交错的过程与目标的复杂网络结构。对复杂网络结构的分解与综合，以及采取有效的相关措施，则可实现分目标与总目标，实现最多的累计油气产量和最大的净现值利润。

概言之，油田开发的思想方法就是人能动地、正确地反映并且经济有效地改造油藏而获得最佳的经济效益。

二、油田开发的工作方法

用系统的、全面的、发展的、变化的观点来认识和处理油田开发系统中问题的方法，就是油田开发系统方法。这种油田开发系统方法应包含八个结合，即还原论与整体论结合、局部与整体结合、宏观与微观结合、定性与定量结合、不确定性与确定性结合、分析与综合结合、动态与静态结合、事理与物理结合。

（一）多功能、多角度、多方法的结合

油田开发至今已有近170年，在相当长的时间内也遵循还原论这套方法。把对油藏的认识通过单井与岩心的认识而重构。以全面投入开发的油藏为例，若开发井为500m规则井网，取心井油层部分连续取出9cm直径的岩心供地质直接观察和分析鉴定，这部分岩心的体积仅占该井所控制油层体积的$10^{-8}\sim10^{-7}$；若供分析鉴定的岩心柱塞（直径一般为3cm），仅占所认识油层体积的$10^{-10}\sim10^{-9}$，而人们仅依赖百亿分之一的极少油藏体积的信息，对整个油藏作出推理和预测。这种把对象从环境分离出来孤立地进行研究，进而把对象分解为部分，把高层次还原到低层次，用部分说明整体，用低层次说明高层次，虽然是一套可操作的方法并取得一定的成功，但它仍然避免不了它的片面性和局限性，甚至有可能出现误导性。

整体论主张系统各要素是相互联系的有机整体。系统整体性质、功能与运动规律，既不是各要素性质、功能和运动规律的简单叠加，也不能完全脱离于各要素，即系统整体既要具有新的性质、新的功能和新的运动规律，又要制约组成要素原有的性质、功能和运动规律，并有别于各组成要素原有的性质、功能和运动规律。在科学技术不断发展的前提下，单井和岩心提供的信息也有较大的增加，层析成像、核磁共振成像等无损伤岩样测试技术，以及井下电视成像技术，均提高了储层参数的信息量与精确度。在整体论观点指导下，把这些信息放在某构造背景、沉积环境与成因机制下，通过整合有关部分认识而获得整体认识。因此，研究油田开发系统就要使还原论与整体论有机结合。若不还原到元素层次，不了解局部的精细结构，那么对系统的认识只能是直观的、猜测性的、笼统的和缺乏科学性的；若没有整体观点，那么对系统的认识只能是零碎的，只见树木，不见森林，成为瞎子摸象似的认识，不能从整体上把握事物、解决问题。因而科学的态度是按钱学森的说法："系统论是还原论和整体论的辩证统一"。

局部描述与整体描述相结合是与整体论相联系的描述方法。整体由局部构成，局部受整体约束。局部描述要在整体的控制与支配下进行。而宏观描述和微观描述是一个具有特殊与重大意义的整体描述与局部描述。这种描述方法是从不同角度观察、认识事物，或表征现象描述，或内部结构描述；或宏观总体描述，或微观精细描述等。对于油田开发系统，这种描述具有相对性。单个油藏描述对于由多个油藏组成的油田来说，它可能就是微观描述，而油藏描述对于单个储层或单井甚至岩心来说，它可能就是宏观描述。对于断块油田亦是如此，单个断块描述对于油层、油井、岩心都可视为宏观描述，但对由多个断块组成的断块群（简称区块）以及由多个区块组成的断块油田来说，又可视为中观描述甚至微观描述。或者换句话说，这种描述的层次性特点十分突出。但是这种描述方法绝大多数情况下，是一种体征的、概念的、静态的描述，而要有本质性的、规律性的认识，就要对油田开发过程中发生的现象、产生的信息等，采用从定性到定量、从不确定性到确定性的方法，经过反复周密而慎重的思考、分析与综合，才可能有所收获。

定性与定量相结合的方法是油田开发中常用的方法。由于油田开发中存在大量的随机性、模糊性、信息不完全性即灰性、未确知性等不确定性的信息、资料、现象等，正确的定性描述显得尤为重要。定性特性决定定量特性，定量特性表现定性特性，定性是定量的前提，定量是定性的深化。只有定性认识正确，定量才有意义；定性认识不正确，定量描述多么漂亮，都没有作用，甚至会把认识引入歧途。常用的产量计算公式，它的基本假设是平面径向流；常用的油气藏物质平衡方程，它的基本假设是油气藏储层均质、各向同性及流体流动是径向对称的层状流动；而递减公式的重要假设是影响曲线形态的所有因素不变等。这些基本假设就是对描述对象定性特性的基本认识及定性思考的结果。但是，这些基本假设或前提，又与实际对象状况有差异，换句话说，描述对象的客观实际并不是或不完全是假设的那样，它存在着多种类的不确定性。因而要用确定性的、定量的描述表示这些状况，显然存在着差距。然而这些带有假设条件的确定性的定量的计算公式人们在广泛地应用，一方面是工业应用对精确度要求并不是那么高，一般精确到0.01%就可满足工业应用需要；另一方面也是目前研究者对客观世界复杂性的一种无奈。

油田开发是个复杂的系统工程，系统分析与系统综合相结合也是常用的方法。所谓系统分析从广义上讲就是对某系统内的基本问题，采用系统方法进行分析研究，即了解分析意图、确定分析目标、找出存在问题、制定解决措施、编制可行方案、建立分析模型、提出优化控制、进行正确决策；从狭义上就是复杂的问题分解为简单的组成部分，找出其本质属性及相互关系。所谓系统综合就是将系统内各要素以及它们的相互关系、要素与系统之间、系统与环境之间联系特性，在总目标的支配下寻求更能实现系统目标的优化，结构、过程最佳控制，实现最佳成果。分析与综合互为可逆、互为因果，既对立又统一。

油田开发动态分析就是分析与综合相结合的具体实例。该分析根据分析的目的不同而分为月（季）度生产动态分析、年度油藏动态分析、阶段开发分析。这些分析又可分解为产油量、产液量、综合含水率、地层压力、注水状况（注水量、注入压力、注水效果等）、措施效果、递减率、储量动用程度、剩余油分布及潜力、采出程度或采收率、成本、经济效果等单项分析。在充分分析的基础上进行开发效果、开发水平的综合评价，依油田开发技术经济指标随时间的变化趋势以及各要素间的相互关系，建立新的综合分析模型，提出不同阶段的主体措施与调整方案，使资源利用能得到最佳配置，运行能得到良好控制，从而获得最大累计采油量与最大净现值。

开发分析与综合是以对油田或油藏的地质认识为基础的，地质认识的正确与否直接关系到油田开发效果的好坏。由地质认识所建立的地质模型，通常称之为地质静态。但这种静态是个相对的概念，只是油气藏的地质特性一般随时间变化不明显。随着油田的不断开发开采，尤其是经过人工驱动后，储层结构、物理性质（诸如孔隙性、渗透性、润湿性、非均质性）、裂缝形态与方位、断层封闭性等均会有所改变，储层中的流体性质、分布也会有所改变。这些变化必然会影响到地下流体的宏观和微观的运动规律，导致油、气、水量与压力等状态表征量的变化。因此在油田开发过程，动态、静态的有机结合是必不可少的。

由于油田开发对人的绝对依赖性，在油田的开发中必须注重事理与物理的紧密结合。油田开发系统是由物和事两方面组成的。物是指独立于人的意识而存在地下的各种地质体（构造形状与规模、沉积特征、断层性质与分布、储层物性、流体性质、压力与温度特性等），对油田开发来说主要是指油气藏及其中的地下流体。物有其物理规律，即油气水在油藏中运动的规律与原理、原则与方法等。事指人们变革油气藏的各种活动，包括对油气的寻找、采集与初加工；通过油井对油气藏的改造与调整；对油气生产的管理与控制；对油层、油井、油气集输等各流程的协调等。反映事理规律性及其本质的外部表现，称之为事理现象。这些事理现象在运动中可能会出现偶然性、随机性、模糊性、灰色性、未确知性甚至可能出现突变性、灾变性。现象的变化反映隐藏其后本质特征即规律性的改变。但人们对事理本质的认知是有限的，也就是遵循处理事理问题的有限性原理。这种有限性一方面表现为客观条件的限制，诸如物质的有限性、空间的有限性、时间的有限性等；另一方面表现为主观条件的限制，诸如技术手段的限制、主观认知能力和处理能力的限制等。这种有限性使人们在认识物的客观性、改造和利用物为人类服务的能力、效果受到影响。然而，事理是由人来完成的，人是有能动性的。表现在其一是目的性。人总是抱着一定的目的去办事的。人们从事油田开发是为了获得更多的油气产量为人类服务。因而能够尽可能地结合实际制定合理指标即事理与物理结合，采用科学技术手段，达到相应的目的。高指标有时难以实现，有时可能短暂实现但具有巨大的破坏作用而造成恶果，就是主观与客观脱离，事理与物理相悖。其二是计划性。要运用正确的目的与科学的指标，要有策略、方法、步骤，并随不同的运作阶段而分阶段计划。在进行油气开采时按照不同开发阶段确定的开发目标，编制的开发方案或调整方案，安排的年度、季度、月度计划与短期、中期、长期规划等都反映出在油田开发中的广义计划性。这种计划性只有来源于事理与物理的紧密结合才能实现。在油田开发中制定的开发方针、编制开采技术政策，采取的操作措施等，都要在正确且科学地认识地质客体、了解与掌握流体的运动规律，建立能较准确反映客体的构造模型、沉积模型、储层模型、流体模型的基础上，才能达到相应的目的。

人们办事要有目的，但又希望用最少的投入和最佳的途径把事情办成办好。这就是事理的优化原理。达到某一目的可以有不同的途径，尽管这些不同的途径可能都是在客观实际的基础上建立的，但它们的运作成本可能是不同的，因而得到的经济效益和社会效益也是不同的。另外对待同一客体如同一个油气藏开发，不同的人做可能会设计不同的目标，采取不同的方式方法，主观能动性的发挥程度不同，不同的人做人的道理（人理）不同，也可能导致不同的效果。因此，事理与物理不仅要紧密结合，而且要通过人来完成优化结合。

在油田开发的全过程中，人们在辩证唯物论的指导下运用这八个结合的方法，认识与改造油藏、气藏取得成功且有效的结果。在实际操作中，人们往往作许多假设、简化，使得用简单的方法能处理复杂问题，用线性方法能处理非线性问题，但并不能说明复杂的客体不复杂了、线性化了，处理方法的设计并不改变客体的复杂性。方法的应用是有条件的。钱学森指出：“研究开放的复杂巨系统要用或宜用新的科学方法处理。”但笔者认为新的并不一定是全新的东西，旧的东西经过改造、完善、提高以新形式出现或以新的方式组合也是新的，综合就是创新。钱学森提倡的专家体系、数据与信息体系、计算机体系三者有机结合的从定性到定量综合集成方法，并不完全抛弃原有方法，而是吸取各方法长处，发挥其优势，尤其要充分发挥人的作用，使之成为更科学有效的新方法。

因此，在油田开发中，在人的作用下，要不断深化、细化、规范化八个结合，并与计算机技术结合，不断适应油田开发中的各种变化，使油田开发数字化、智能化、智慧化，更有利于提高油气产量、更有利于提高油田开发水平与开发效果、更有利于提高综合经济效益与社会效益。

（二）常用的研究方法

在方法论指导下的方法是具体的方法，一般在研究油田开发问题时，常采用定性描述法、类比法、组合法、物理模拟法、室内模拟器法、现场先导试验法、数理统计法、数学模型法、数值模拟法、动态模拟法、人机联作法、综合评价法等。在这些方法中有的方法已在第一章中叙述过，但为了本章的完整性，进行了一些简单地、必要地重复。

（1）定性描述法。

定性描述是油田开发中最常用的方法。由于在油田开发中，许多现象、特征、关系、流程等难以用数学模型表述，往往采用文字、列表、图幅等进行定性说明。如对各油藏类型的描述，某项工作流程图等。而有些现象、过程、关系等，经过假设、简化等就是一种定性描述。另外，在油田开发初期，由于各项资料少，难以形成较可信的表达式，也往往采用文字描述的方法进行说明。

（2）类比法。

类比法是在信息受到限制的条件下常采用的一种方法。类比法的科学依据是相似原理与模式识别。在油田开发中常采用自然相似中的结构相似、功能相似、信息作用相似、几何特征相似、物理化学特征相似、运动相似等办法，对一些油田开发现象、过程、关系等进行处理，如储层预测，某些油田开发参数的借用、某些室内实验的应用等。有时采用类比法会获得良好的效果。如 GSP 油田 G24 区块的发现就是参考 G104-5 区块的地质构造特征、储层预测特征、油气运移通道、生储盖组合特征等，认为有其相似性，采用类比法而发现有数百万吨地质储量的油藏。一般对于油田开发复杂系统，相似性分析或称类比法是建立在系统特征分析的基础上的。

（3）数理统计法。

油田开发系统存在着大量的不确定性因素，很难用确定性数学式表示出来。而且其中的状态变量与时间的关系、状态变量之间的关系往往是非线性的关系。对这种非线性的复杂系统，采用非线性结构的数理统计与时间序列法，将油田开发中状态变量随时间变化的关系或数据，采用分段、分解、综合、降维等技术处理，在拟合与预测、决策与控制中会起到有效的作用。如油田开发系统中主状态变量产油量的时间序列，从整体上即使在半对数坐标中也不完全是线性关系。如果对产油量时间序列采用分段、分解和综合处理，它的拟合和预测精度都会有很大的提高。

数理统计法在油田开发中应用十分广泛，涉及油田地质、油藏工程、采油工程、地面工程、经济分析等各个方面。数理统计法应用的关键在于正确地选择数据处理方法和建立合理的数学模型。

（4）模拟法。

室内模拟器法、数值模拟法、电（物理）模拟法、动态模拟法等均属模拟法，它们的依据是相似理论。按照结构相似、运动相似、动力相似、特征相似、功能相似等由人构筑的人工模拟，这些模拟遵循相似准则即三个相似基本定理。成功的模拟在于建立符合客观实际的物理与数学模型。对油田开发中最常用的是油藏数值模拟技术，它的推广与提高，对油田开发起着积极的影响。但是值得注意的是它是以确定性为前提的。实际上油田开发中不确定性是大量的，因此建立物理模型和数学模型往往需作许多假设。模型的误差，必然导致模拟结果的误差。另外在预测功能上，往往将拟合精度误解为预测精度。同一种结果有时会有多种原因，同一种原因有时会出现多种结果。拟合精度高只能说明拟合量与实际量的相似程度，但并不能说明内在规律的相似，更何况未来的预测量还受许多不确定量的干扰。虽然数值模拟法有缺点，但并不能掩盖它的光芒，尤其在计算机技术更加发达的时代，将会发挥更大的作用。

（5）现场先导试验法。

油田开发先导试验对研究油田开发规律有着重要的作用和意义。油田开发先导试验是油田开发前的技术准备；是暴露油田开发中的问题，找出解决问题、提高效果的措施；可为油田开发部署提供依据；可验证某一开发理论或开发规律；可筛选提高采收率的方法；可研究提高经济效益的途径等。因此，在有条件的油田都要开展不同目的的先导现场试验。但油田开发系统是个不能重复试验的系统，不确定性将影响油田开发的始终。因此，即使是相似的油田在先导试验油田中得到的开发规律与方法、经验与教训，只能借鉴参考，而不能照搬硬套，同时要正确处理局部与整体的关系。

（6）人机联作法。

人机联作法是以人为主充分利用计算机技术研究事物的方法，它是人脑与电脑的结合，是人的心智与计算机的“机智”的结合，它是研究油田开发复杂巨系统问题的有效手段。在油田开发系统中计算机技术的应用十分广泛，如各种地质软件、物探软件、测井软件、油藏描述软件、油藏工程软件、采油工程软件、地面工程软件、经济评价软件、各种管理软件、绘图软件以及相关的专家系统等，几乎涵盖了各个方面。但重要的是在这些软件的开发与使用时，如何能更好地发挥人的心智，成为智能系统；如何做到动画可视化；如何开发仿真技术、虚拟现实技术等，目前尚有较大差距，仍需继续努力。

21 世纪以人为主的计算机技术即智能系统的综合集成技术将会有突飞猛进的发展，尤其是仿真及 VR 技术也在不断发展中，这些必将会广泛地应用于油田开发，促进油田开发水平的提高和经济效益的增长。

（7）综合评价法。

综合评价法的基本要素应包含评价人员、评价对象、评价原则、评价目的、评价指标、评价模型、评价环境（含上级要求、政策变化、设备支持系统等），它们有机组合，构成了一个多评价方法集成的综合评价系统，形成“人—机—评价对象—评价方法”一体化评价模式，建立整体地、立体地、全面地筛选具有独立性、代表性的综合评价指标；建立综合评价方法集成与综合评价模型，即油田开发项目的综合评价方法。所采用的评价研究方法是钱学森在系统论中提出的“从定性到定量的综合集成方法”，其实质是将相关专家群、数据、相关信息与计算机技术结合、将科学理论与实践经验结合、将传统方法与现代方法结合。“三结合”的综合评价方法更能发挥系统的整体优势和综合优势。

总之，油田开发系统的哲学基础是辩证唯物论。人们从事油田开发就必须自觉地按照辩证唯物论去认识油气藏，改造油气藏。在油田开发实践中不断地发现矛盾，用创新思维、创新方法解决矛盾。辩证唯物论是开发油田的法宝，否则就会走弯路或者造成开发失败。

正确处理人理、事理、物理三者的关系，注重人理的开发、事理的协调、物理的改善。在油田开发系统中不仅要注重人理、事理、物理的不确定性，而且要注重它们的统一性。

参考文献

[1] 郝卫兵. 学好用好马克思主义哲学这个看家本领 [C]. 解放军报，2019. 01. 10.

[2] 中共中央宣传部理论部编. 马克思主义哲学学习提纲 [M]. 北京：中共中央党校出版社，1989.

[3] 毛泽东. 毛泽东选集：第一卷 [M]. 北京：人民出版社. 1991.
[4] 毛泽东. 毛泽东著作选读本：乙种本 [M]. 北京：中国青年出版社，1964.
[5] 胡文瑞. 老油田二次开发概论 [M]. 北京：石油工业出版社，2011.
[6] 李斌. 浅论断块油田的稳产问题 [J]. 复杂油气藏，2001 (2)；13-14.
[7] 穆利华，魏文懂，刘军，等. 复杂断块油田精细勘探开发技术 [M]. 北京：石油工业出版社，2002.
[8] 毛泽东. 毛泽东选集：第二版 [M]. 北京：人民出版社，1991.
[9] 裘怿楠，陈子琪. 油藏描述 [M]. 北京：石油工业出版社，1996.
[10] 钱学森. 人体科学与现代科学技术发展纵横观 [M]. 北京：人民出版社，1996.
[11] 苗东升. 系统科学精要 [M]. 北京：中国人民大学出版社，1998.
[12] 赵永胜. 油藏动态系统辨识及预测论文集 [M]. 北京：石油工业出版社，1999.
[13] 周美立. 相似工程学 [M]. 北京：机械工业出版社，1998.
[14] 金毓荪. 采油地质工程 [M]. 北京：石油工业出版社，1985.

第四章　油田开发系统预测论

预测，古今皆有之，且涉及方方面面。时代不同，其内涵与方法也不尽相同。预测方法概括地说可分为自然预测与社会预测两大类。自然预测主要对象是自然界（含“人”本身），社会预测的主要对象是人类社会产生以后人类的种种活动。闫耀军认为社会预测包含了政治预测、经济预测、科技预测、文化预测、军事预测等。翁文波将预测区分为“（1）以统计学为基础、统计量（如平均值、方差等）为对象的统计预测；（2）以信息学为基础、信号为对象的信息预测”。无论如何分类，预测都渗透到自然与社会的方方面面。

第一节　预测的三因子论

预测的重要性自不待言。古人云：“凡是预则立，不预则废”，足显预测的重要。自1859年进行现代石油工业性生产以来，预测就伴随着石油工业的成长而发展。现代预测方法在油田开发中得到了广泛的应用。但长期以来，人们多重预测方法上研究，而轻预测理论研究。本节试图对预测理论作一探讨。

一、预测的三因子论的基本公式

通常，预测是“人”主观对事物的变化进行推断或推测。事物是指客观存在的一切物体与现象，也包含一些不平常的事件。决定事物变化存在三类因子：核心因子、诱导因子、不确定因子。所谓核心因子是指决定事物变化趋势或走向的主导因素，诸如事物变化的内因、变化规律等；诱导因子是指诱导或改变事物变化趋势或走向的外部因素，或是核心因子映射的诸多表象，诸如事物变化的外因、影响规律改变的因素，事物规律性的外部表征等；不确定因子是指影响事物变化趋势或走向的随机性、模糊性、灰性、未确知性、突发性等因素。因此，对事物变化的预测亦应包含这三部分，设计为：

$$S_B(t)=H_X(t)+Y_D(t)+B_{QD}(t) \tag{4-1-1}$$

式中，$S_B(t)$ 为事物随时间变化趋势；$H_X(t)$ 为核心因子随时间变化趋势；$Y_D(t)$ 为诱导因子随时间变化趋势；$B_{QD}(t)$ 为不确定因子随时间变化趋势。

从式（4-1-1）看出，预测精度取决于人们对这三种因子了解与掌握程度。只要对 $H_X(t)$ 与 $Y_D(t)$ 有基本了解与掌握，就能获得令“人”满意的预测结果。如果对 $B_{QD}(t)$ 也能有所了解与掌握，就能获得预测的最佳效果。但是，要想同时了解与掌握三类因子的变化趋势，在实际操作中绝不是容易的事。而了解与掌握某一、二个因子随时间变化趋势是有可能的。换句话说，预测达到某一精度要求是可能的。但是否能达到所需精度，仍取决于对三类因子的掌握与了解程度。

二、预测三因子间的关系

核心因子反映了事物内部规律与变化趋势，具有主导性、本质性的属性。诱导因子反映了事情的外部因素，或为事物内部规律的外部现象，具有从属性、表象性的属性。不确定性因子是随机性的。主导性和从属性可依一定条件相互转化；表象是内部规律反映，经逻辑推理可透过现象看本质；不确定性是最难把握的，有时它的突然出现会影响事物变化趋势的演化速度，甚至改变演化方向，带来难以预料的后果。一个预测表达式可以没有诱导因子或者不确定性因子，但不能没有核心因子，否则该预测很难获得满足某一要求的可信的结果，甚至根本无法进行预测。因此，预测时要尽可能把握主导性、本质性的规律，对从属性、表象性的因素进行正确的逻辑推理，时刻观察不确定性因子可能出现的时机，只有如此，才能提高预测精度。

三、事例分析

在现实生活中，有许多事物是可以预测的，也有许多事物是难以预测的。可预测的事物是可以控制的，难以预测的事物是难以控制的。反之，可控事物是可预测的，难控事物是难以预测的。

（一）地震预测

地震预测是世界公认的科学难题，在国内外都处于探索阶段。实现地震预测的基础是认识发生地震的物理过程及在此过程中地壳岩石物理性质和力学状态的变化。地震预报是针对破坏性地震而言的，是指在破坏性地震发生前作出预报，使人们可以防备。地震预报要指出地震发生的时间、地点、震级，这就是地震预报的时间、空间、强度三要素。完整的地震预报这三个要素缺一不可。但可靠的预测是非常困难的，这主要是因为地球的不可入性。人类不能直接观测地球内部，以致对地震的发生过程和影响这一过程的种种因素缺乏观测数据，至今对地震的成因和规律认识不足，无法了解与掌握地震发生、发展的过程。也就是对预测的核心因子无法掌握，因此，也就很难做到可靠地预报。

同时，地震的发生带有随机性。在构造应力不断积累的情况下，岩石在何时、何处发生破裂，决定于局部构造中的薄弱点及其性质，而人们对这些薄弱点的分布和性质常常不能清楚了解；此外，地震还可能受一些未知因素的影响。因此，地震预测存在着不确定性。

地震是大地构造活动的结果，所以地震的发生必然和一定的构造环境有关，不是孤立发生的。如果能确认地震前所发生的事件，就可以利用它作为前兆来预测地震，即利用地震预测的诱导因子进行预测。它的前兆是指震前的宏观现象，有地声、地光、喷油、喷气、地气味、地气雾、地下水异常、井孔变形、动物行为异常、植物异常、气象异常等。如果及时地、广泛地掌握这些征象就有可能进行短期或临震预报。

从以上简单分析可看出，地震预测由于暂不掌握核心因子和不掌握不确定因子，目前暂不能做到长期或中期预测，但能掌握诱导因子，就有可能做到短期或临震预报。事实上，已发生过短期尤其是临震预报较准确的预报案例。

（二）彩票预测

彩票能否预测，两种观点争论不休。买彩票是国内外彩民热衷的事情，有的彩民将它作为一种理财方式；有的彩民将它作为一种娱乐方式；甚至有的彩民将此作为一种职业。彩民最大愿望是中奖，但中奖何其难。以体育彩票七星彩为例，单注中一等奖中奖率仅为$1/10^6$，可见中奖率之低。彩票能预测吗？回答是：不能，至少目前不能。因为就目前的科技水平人类尚未掌握彩票符号变化的客观规律，其变化具有随机性、偶然性和未确知性，摇号机有可能受微小外力变化、彩球也有可能受地球重力变化等不确定因素影响，换句话说彩票预测的核心因子、诱导因子、不确定因子目前人类均不掌握或者说大部分不掌握，因而，彩票不能进行预测！现在，市面上存在许多彩票预测书刊、彩票预测软件等，号称掌握了彩票预测"秘籍"，有不少人说能预测，其中可能有一部分人是进行研究与探讨，另一部分人不过是自欺欺人或者别有用心。如若能预测，他自己为何不去中大奖，还在那里兜售什么软件？再者，彩票预测要求精确，因为预测的目的是要中奖，预测出一个所谓"范围"给彩民，就可能差之毫厘，失之千里。因此，由不确定性的预测得出精确性的结果，是不可能的。

（三）石油油价预测

油价预测是世界预测又一难题。现在，国内外有众多的石油油价预测机构，对油价的预测也是众说纷纭。但是，油价很难预测准确。油价是个复杂系统，影响油价的因素众多。石油本身具有二重性，即自然属性与社会属性。自然属性包含了石油的物理性质、化学性质；它的载体即油气储层的特征、油藏类型、构造、规模、埋深、油藏的不可入性等；储量的规模、质量、分布等，石油的不可再生性等。社会属性体现在"人"参与油气开发的各种活动和外界的种种关系，如油气藏评价、储量计算、编制油气田开发方案、产能建设、生产运行、油田监测、开发调整、油气藏经营管理、提高采收率方法与措施等，石油的二重性决定了石油的综合成本。石油的综合成本是影响油价的主导因素之一。同时，石油与政治、军事的关系，政府或企业的政策、环境（含地理环境），所在地的经济与人文特征、世界石油和成品油的消费量与需求量、世界石油科技发展水平、世界经济发展态势、气候变化与环保要求、石油投机商的投机活动程度、外来势力的渗透能力与渗透程度、某些权威专家对油资源与产量的预测、市场心理作用、区域政治与经济变化的突发性等都影响着国际油价变化，涉及政治、军事、经济、历史、人文、地理、气候、资源、市场等诸多领域。它是商品，又是政治、经济、军事较量的筹码与手段。若用预测三因子论分析，石油的供需关系与综合成本是核心因子，它决定了油价的基本走向。其他因素构成了诱导因子与不确定因子。但是，油价预测的核心因子、诱导因子与不确定因子相互转化时机、条件，以及它们相互影响程度难以把握，致使油价波动，让人捉摸不定。

石油供给的多少取决于油田储量、产能、产量、生产国或企业的供给政策、需求方的库存等因素。储量决定产能，产能决定产量。产量取决于油田规模、开发方案与开发政策、采油井开井数与综合效率等。单井产量又取决于生产压差、综合含水率、储层物性、油层射开厚度、原油物性、供油边界等，其中综合含水率取决于采液量、采油速度、注水量等。可见，影响供给因素众多，其中有相当多的因素具有不确定性。需求与综合成本亦有类似情况。这样，它们的变化规律、内在机理，人们尚未掌握，至少目前是如此。

若以原油油价为主要标志，则构筑了人工与自然紧密相连的复合复杂系统。系统的要素全过程处在动态变化之中，它们相互联系又相互制约。各要素间的关系复杂且多变。有一般关系，亦有特殊关系，甚至突变关系；有线性关系，更多是非线性关系，充满着随机性、模糊性、灰性、未确知性和突发性。三类因子中因素或因素间的变化规律有已认知的，体现了确定性，但更多的是目前尚未被认知，体现了不确定性。影响油价核心因子（供需关系、综合成本等）变化规律不清，再加上诱导因子与不确定因子的不确定性，必然使油价变化规律出现模糊性、灰性、随机性，甚至突发性。因此，体现预测基本原则如时间、结构上的惯性（或连续性）原则和类比（或相似）原则的统计预测模型，就很难准确地预测未来油价的变化与高低，必须另辟蹊径去解决油价预测不准问题。

总之，(1) 事物、事件能否预测，关键在于是否了解或掌握事物、事件变化的内在规律、表象及不确定性因素，或者说对预测的核心因子、诱导因子、不确定因子的了解或掌握程度，其掌握程度决定了预测精度。掌握了核心因子的变化趋势就能基本对该事物、事件的预测达到一定精度，若又掌握了诱导因子的变化趋势则可促使预测精度提高，如果对不确定因子的变化趋势也有所掌握，那么，就会获得相当好的预测结果。(2) 无论是正向预测还是逆向预测都存在众多的不确定性。同时，要把握不确定性转化的条件和时机。只有遵循辩证唯物论的认识论，才能掌握事物、事件的变化规律，进行有效地预测，并不断接近事物、事件的真实。

第二节 油田开发中预测的特殊性与不确定性

一、广义预测的定义

何谓预测？有些研究者认为预测是人类对未来发展的预先判断，或者说预测是主体依据一定的经验和理论，以及对规律的把握，而对现在事件的未来后果和未来可能发生的现象、事件和过程的预见，也有研究者认为预测是对事物的演化或事件的发生预先做出推断，是从已知事件推测未知事件的过程。上述的定义均是将预测方向指向未来。但笔者认为预测是“人”运用一定的经验、理论、规律，依据已知资料与信息对未知物或事件进行推断的思维与操作活动。将其称之为广义预测。按照这个定义，预测的方向不仅指向未来，也可指向过去。指向未来的预测称之为正向预测，指向过去的预测称之为逆向预测。广义预测包含了正向预测与逆向预测，狭义预测仅指正向预测。一般的预测大多为预测未来，即正向预测。预测的本质是“人”对客观事物的认识、掌握和改造，以及对外界条件的描述、刻画和运用。正向预测与逆向预测在现实生活中都大量存在。正向预测在现实生活中比比皆是，无需举例。逆向预测在现实生活中也不少见，如按照现在所掌握的天体资料与信息，对已存在宇宙天体的产生、发展等的推断；按照现在所掌握的关于人类社会的资料、化石、文物、信息等，对人类的进化、社会发展的推断；按照现在所掌握的资料与信息，对自然矿藏规模与分布的推断；按照现在所掌握的物探、少量钻井等资料、信息，对油气构造、规模及油气分布的推断等，都是由现在去推断过去已发生的、“人”未知的事物、事件等。它们都是逆向预测。

二、油田开发中预测的特殊性

油田开发系统是开放的、灰色的、复杂巨系统，它的预测具有特殊性。

（一）油田开发的预测是双演预测

在油田开发中预测不仅要预测未来，而且要预测过去。预测的客体是油藏、气藏，预测的主体是人。一旦投入开发，油田开发就存在两类预测。一类是利用现在的油气藏的动静态信息去预测现在与过去的存在状态，称之为反向预测，或称之为反演。诸如油气藏各种地质模型，储层横向预测油气水分布模型等；另一类是利用油田开发开采中历史与现在信息去预测未来的发展态势，称之为正向预测，或称之为正演。诸如储层物性的动态变化模型，油田开发指标与技术经济指标的变化趋势预测等。油田开发中的正、反向预测是结合应用的。

（二）油田开发的预测是多领域预测

油田开发具有二重性，包含自然属性和社会属性，其过程涉及方方面面，故它的预测包含了社会、经济、生产、科学、技术等多领域、多方向。油田开发的社会预测包含了企业发展预测、人员构成趋势预测、人员思想观念变化趋势预测、企业与行业内外关系预测、外部生态和治安环境变化趋势预测等；油田开发的经济预测包含了资金动态预测、投资与成本变化趋势预测、企业经济结构变化预测、产品销售预测、油价变化预测、经济指标变化预测、国家与行业经济政策变化趋势预测等；油田开发的生产预测包含了生产运行预测、安全生产趋势预测、生产优化配置变化预测、生产设备和材料供需变化预测、质量管理变化趋势预测等；油田开发的科学预测包含了新的科学理论对勘探开发影响的预测、重点科研项目预测、科研体制与结构变化预测等；油田开发的技术预测包含了储量变化预测、产量变化预测、各开发指标变化趋势预测、新技术新工艺应用与推广前景预测等。

（三）油田开发预测结果与未来结果的相悖性

用具有假设条件的某一方法进行油田开发预测的结果是相对确定的，要求预测方向明确、预测结果可检，即预测结果的确定性，但未来尚未发生的结果是不确定的，两者存在相悖性。这是因为油田开发中的某一因素与其他因素有着多方面、多类型的联系，这些因素具有不同程度的随机性、模糊性、灰性、未知性等不确定特征，而且是多维的、变化的，也存在人为干扰。同时预测本身存在资料信息的不完整性、方法选择的不当性、模型的近似性和“人”的认知有限性等带来的不确定性，因此，这种相悖性是不可避免的，但是在运作时是可以降低和减少其相悖性的。

（四）油田开发预测的因应性

“人”是油田开发的主导因素，对实现油田开发目的具有主动性。当发现实际运行结果与预测结果相异，就会及时地进行分析、研究，判断是预测问题还是操作问题引起的相异，进而根据油田开发目标、规律和需要及时采取相应措施进行因应性调整，使之能按照更好的符合规律的变化趋势，实现油田开发进程的良性发展。

（五）油田开发预测的主客体同一性

油田开发预测主体是“人”，但预测客体不仅是油藏及其表征指标，而且包含了“人”的油田开发活动，因此，“人”既是预测的主体又是预测的客体，二者是同一的。油田开发预测不是纯自然预测，也不是纯社会预测，而是两者均有的综合预测，这种预测反应油田开发二重性的特征，也增加了不确定性。

三、油田开发中预测的不确定性

预测是决策的基础、管理的前提、监控的条件。油田开发预测的好坏直接关系到部署与决策的正确与否、管理与监控的成功或失败，换句话说关系到油田开发效果和效益，关系到企业长远的、可持续的发展。

油田开发预测的不确定性，虽然在第二章中有简单的叙述，但在这里，需进行较详细地叙述与适当地扩展。

正反向预测均存在着不确定性。正向预测是指向未来，研究已经发生或正在发生的事情的未来状态，并对未来发展变化作出估量。在事物发展的整个生命周期都处于不断变化之中，因此预测是根据事物变化的客观规律与变化趋势推断未来。预测的不确定性主要表现在以下几点。(1) 油气藏是深埋地下看不见、摸不着，是靠不确定信息反映的客体。它与周边环境及其内部亦会进行物质、信息、能量交换，尤其是投入开发后，储层特征、流体特征、关系特征等均会随时间变化，表现出不确定性，更多地表现出其中的随机性。预测对象特征、属性、变化的不确定性，如油藏储集与驱动类型、开发阶段转变、某些开发参数的变化等是随认识的加深而改变的，形成预测对象的不确定性。(2) 储量何时发现、可采储量变化和计算参数本身具有不确定性，因而计算结果则是数值的确定而实际的不确定性。计算参数以及储量计算单元的选择均具有时空不确定性。参数取值仅是点或局部的表征，有人为认定它代表整个油气藏，而且不同的人可能有不同的取值观，它们均会影响着计算结果的可靠程度，形成预测前提的不确定性。(3) 对历史与现在的资料、数据、信息尽管力求反映真实，去伪存真，科学处理，但也有可能发生资料、数据、信息的不完整、不系统、不准确，产生信息采集处理的不确定性。(4) 影响预测模型的因素很多，但人们不可能将所有影响因素都反映在预测模型中，只能择其主要影响因素而使预测模型中参数不完整，产生预测模型不确定性。(5) 预测是人的思维与操作活动。预测者受思想方法、分析判断能力、认识能力、科学技术水平以及价值取向等方面的局限，不仅影响对历史与现在认识、自然规律的把握，而且也影响到对事物未来态势估量，再者，所有预测都是有前提的，前提条件不同，预测模型可能不同，预测结果亦不同。前提是否合理，尤其是假设性前提，关系到预测结果。因而人们对预测前提的认识与预测模型选择正确合理与否是至关重要的，这是人的思维与操作产生的不确定性。(6) 油田开发预测具有预测主体与预测客体的同一性，主、客体可能存在自身的变化和周围环境变化的影响，会直接或间接反射到预测结果上，使之产生非常规的变化，这是预测趋势的不确定性。(7) 未来状态是未知的，受多种因素影响，特别是那些突发性的偶然因素，如自然灾害、政治事件、军事冲突、政策变化等，会使预测结果产生很大波动，甚至可能使预测值发生方向上或速度上的变化，造成预测结果的不确定性。(8) 任何预测都是有时间限制的，预测时间越长，难以估量的影响因素越多，不确定性也可能越多，这是不同时间影响因数的不确定性，等等。

逆向预测存在着类似的不确定性。预测的不确定性不仅会使预测结果产生非唯一性，而且使预测精度受到影响

第三节　油田开发预测的理论基础

一、预测的哲学基础

预测的哲学基础是辩证唯物论的认识论和可知论。人们对某一事物要进行预测，首先

要对该事物有一个初步了解，了解它所表现的现象、基本特征，以及它与其他事物的关系等，产生了感觉与印象，进入认识的感性阶段。继续实践，不断加深感觉与印象，逐步产生了概念，抓住事物的本质，掌握它发展变化的规律性，进入深化认识的理性阶段。此时就可以建立相应的预测模型。回到实践，用预测模型指导实践，并用实践检验模型的正确性。但由于认识的不确定性，使预测不能完全反映事物发展变化，随着时间的推移，人们的认识也要随之发展与深化，并随阶段的转移而转移，达到新的认识，修正和完善预测模型，再经实践检验，证实预测结果。“实践、认识、再实践、再认识”，这种形式，循环往复以至无穷，而实践和认识之间每一循环的内容，都比较地进入了高一级的程度。预测的发生、发展过程就是这样的认识过程。因此，对预测来说，感性认识是前提，理性认识是关键，实践检验是手段，预测正确是目的，指导实践是根本。这就是预测认识与实践的统一。

任何事物的存在和发展，都有它们的原因和原因的原因。这些原因是可以为人所认识的，世界上只有尚未被认识的事物，不存在不能认识的事物，这是唯物主义的可知论。油田开发中事物也是可认识的、可预测的，但由于人认识事物的有限性、滞后性，因此，在某段时间内有可能没有完全认识事物的本质、发展趋势和变化规律，出现预测的失真，甚至错误。

二、预测的专业基础

油田开发预测的专业基础是预测学、油田地质学、油藏工程学和油田开发系统论。油田开发地质学主要研究油田或油藏整个生命周期不同开发阶段的构造、储层、流体特征、分布及变化规律，为油藏工程提供地质基础，使油田开发预测具有可靠的地质依据；油藏工程学主要研究油田或油藏整个生命周期不同开发阶段的油藏评价、开发程序、开发方式、驱替机理、动态监测与控制、动态分析、开发指标计算、提高采收率、油藏经营与管理等，以及它们的变化规律、机理、特征，为油田开发预测提供预测对象、方法、模型等，并检验预测效果；油田开发系统论主要研究油田开发系统的结构、层次、要素间关系、功能、特征、规律、变化、方法等，并结合信息论、控制论，为油田开发预测提供科学依据。

三、预测的数学基础

油田开发预测的数学基础几乎涉及高等数学和现代数学的方方面面，如模糊数学、灰色理论、统计学、运筹学、博弈论、图论、自组织方法论（耗散结构理论、协同理论、突变理论、超循环理论、分形理论、混沌理论等非线性系统理论）等。这方面的专著很多，请读者以其需要阅读。另外，还涉及应用逻辑学和自然科学的其他方法论，这里就不赘述了。

第四节　油田开发预测原理与预测步骤

预测原理不同的行业可能有不同的表述，甚至同一行业不同专业也可能有不同表述。结合油田开发专业，主要预测原理有测不准原理、相似性原理、相关性原理、连续性原理、周期性原理、阶段性原理、系统性原理、因应性原理。

一、预测原理

油田开发的二重性与不确定性，决定了油田开发预测原理。

（一）测不准原理

测不准原理又名“不确定原理”、“不确定关系”，是量子力学的一个基本原理，由德国物理学家海森堡于1927年提出的，该原理表明：一个微观粒子的某些物理量（如位置和动量，或方位角与动量矩，还有时间和能量等），不可能同时具有确定的数值，其中一个量越确定，另一个量的不确定程度就越大。油田开发的预测同样适用测不准原理。油气藏深埋地下，从整体上是一个看不见、摸不着，既不能称量，又不能计量，也不能试验的系统，具有不可入性。它在未投入开发时是确定的，具备天然自然属性，一旦投入开发，便具有人工自然属性，同时也产生了不确定性。人们在地震、钻井、测井、试油、试采以及开发过程中所获得的各种资料、信息，很难准确地反映油气藏真实客观的面貌。而且预测过程中不确定因素的影响也是很难避免的。油田开发系统是复杂的，其中的元素或事物从认识论角度，有已确知、部分确知、未确知的，或者说是白色、灰色、黑色；从控制论角度，有可控、部分可控、不可控；从方法论角度，有定量、部分定量、定性，甚至完全无法描述的等。因此，预测也存在可预测、部分可预测、不可预测的情况，且它们是动态变化的，也存在随机性、模糊性、突发性和不确定性。确定性与这些特性依一定条件向相反方向相互转化。

（二）相似性原理

凡事物或系统具有相像的特性，称之为相似性。相似性的大小取决于相似程度的高低。世上只有相似的油田，而无相同的油田。油田开发中利用相似性原理的实例比比皆是。油藏是按照相似性进行分类；模拟是按照物理特性相似进行；开发水平是依相似指标评价；开发试验及室内实验是以相似原理安排等。油田或油藏的相似是以其不同层次的组成要素相似为基础的。因此，凡相似的油田或油藏其开发方式方法以及预测方法是可以相互借鉴的，其方法具有通用性，且通用程度随相似程度的增加而增加。

（三）相关性原理

油田开发系统是由众多的元素组成的，它们是相互联系、相互制约的。因素是由单个或多个元素组成。其中决定油田开发水平与效果的主要因素如储量、产量、压力、含水率、成本、安全等，又受到其他因素的影响，它们之间具有相关性。因素间的影响程度随相关程度增加而增加。在油田开发预测中很难囊括众多的相关因素，往往是依据相关性原理，对一个或几个主要因素与时间、或与其他因素间的关系进行预测，以便掌握主要因素总体变化方向与变化程度。

（四）连续性原理

惯性是万物变化的普遍现象，在事物不受外力或外力干扰、或者外力合力为零的情况下，都会保持原来的运动状态，即保持静止或匀速直线运动。但油田开发中很难存在不受外力或外力干扰的情况，当油藏一旦投入开发或油井一旦投入生产，它们都会受到外力的影响而不会保持原来的运动状态。如果不改变它们的初始状态、稳定或者拟稳定状态，那么就会随时间变化，并依某一规律保持连续变化状态，即称之为连续性原理。事物的连续性取决于事物发展的规律性（或称之为事物变化的内因）与外力干扰程度。若外力干扰程度不够强大时，事物变化虽有波动，但不会影响变化方向，仍可按其规律进行预测。若外力干扰足够大，促使事物变化不能保持其连续性，则不能进行原规律发展态势的预测。

（五）周期性原理

在油田开发进程中，可能会多次重复出现某些特征、规律等，其中连续两次出现所经过的时间，称之为周期。具备该发展变化的特性即为周期性。周期性的突显程度往往受时间间隔的影响，时间间隔分别以日、月、季、年计量，其周期性的表现形态是有差别的。在油田开发中周期性变化似乎并不多见，但在某些单项的预测中，由于受季节的影响而出现周期性变化。

（六）阶段性原理

在油田开发中，阶段性是很明显的。产量变化可分为上升、平稳、递减三个阶段；含水可分为低含水、中含水、高含水、特高含水四个阶段；成本可分为下降、平稳、上升三个阶段等。因此，预测应与阶段特征相适应，而预测精度则取决于适应程度。虽然亦有各阶段的综合预测，或称之为全程预测，但全程预测精度则会受到影响。

（七）系统性原理

油田开发是个复杂巨系统，具备了整体性、层次性、复杂结构性、开放性、动态演化性与复杂的相互关系等系统特征。预测要体现系统性特征，尤其是整体性与稳定结构性。只有如此，才能具备稳定有序的变化规律，并认知其变化态势，才能进行高精度的预测。

（八）因应性原理

油田开发中预测客体或对象对预测主体有意识应对行为，即趋利避害行为，该行为影响预测曲线的运行，易出现证伪或者自我否定的结果。油田开发预测主体是油田开发工作者即人，由于油田开发具有自然性与社会性二重属性，预测客体也是人本身以及由人参与或影响的油田开发中产量、含水率、成本等技术指标、所发生的现象或事件等共同构成预测客体的统一体。既然人在统一体中，人是能动的、有反应能力的，或者说人具有因应行为。那么，人对人参与其中的统一体进行预测时，就必须将预测客体的因应行为考虑在内。预测因应性原理实质是人对预测结果的能动反应。当发现预测运行曲线有不良趋势时，油田开发工作者应主动地采取相应的趋利避害措施，避免不良趋势的发生。但许多油田开发工作者往往忽略了预测的运行过程，不自觉不主动地利用预测因应性原理指导油田开发工作。实际上，油田开发本身就是过程或者说包含过程。因此，这种不重视过程、只重视结果的理念、行为，是难以搞好油田精细开发的。正确的科学的理念是重视夯实基础，优化实现过程，获得优良结果。

二、油田开发预测的步骤

油田开发预测的步骤大致如下。

（一）确定预测目的、目标和对象

根据油田开发目的如筛选、计划、规划、决策、控制、管理、预警、安全等需要，选定如产量、储量、含水率、成本等经济技术指标或油藏物化特征变化趋势、流体分布等预测对象，确定具体的预测目标与对时间、精度、采用预测方法、预测工作进程的要求，较大的项目要有预测方案。

（二）收集、整理、鉴定、审核资料与相关信息

齐全准确地收集预测对象的环境、历史与现实资料是预测的前提。对收集的原始资料、信息需要进行分析、整理、鉴定和审核，审核资料的来源可靠性、完整性、一致性、可比性等。

（三）资料、信息的预处理

对审核后的资料、信息进行预处理分为两种情况。

（1）判断异常数据。

第一步是判断是否有异常数据，可以根据经验判断，也可用滤波法判断。第二步剔除异常数据。第三步当预测数据较少时，根据散点图的变化趋势或规律，采用异常点前后值的平均值替换之。第四步采取类似方法插补残缺值。

（2）资料的一致化、标准化处理。

当某些预测方法需要时，可选用常用方法对资料进行一致化、标准化处理。

（四）选择预测方法和建立数学模型

根据预测对象的结构、功能，资料的齐全准确与可靠性，预测时限，影响因素以及对精度的要求等特征，结合预测方法的适应性、优缺点、假设条件，选择相适应的预测方法。当原始资料较少或新开发油藏需要预测时，可采用定性法或类比法；当已开发油藏或二次开发油藏历史资料较丰富时，通过资料分析可采用定量预测方法，如时间序列法、因果预测法等，这两种预测方法都需要建立能反映预测对象变化规律的数学模型。或根据实际需要及具体情况，选用复杂性科学方法或多方法组合。

（五）利用检核后数学模型进行历史拟合

预测数学模型可能是线性的，也可能是非线性的；可能是单一方程，也可能是联立方程。对备选的数学模型要分析其理论依据是否合理、预测能力的强弱，并进行历史拟合。

（六）修正、补充、完善预测模型并正式预测

根据拟合结果进行精度分析，计算相对误差和、绝对误差和、均方根误差、相关系数等。查明误差原因，有针对性地进行修正、补充、完善，尤其是要注意不确定因素的影响。模型确定后即可进行正式预测。

（七）评价预测结果

油田开发预测结果的评价一是结合预测目的、要求及评价指标的设定，预测方法的选用是否合理、适用；二是预测结果精度的高低，反映其符合程度；三是预测结果的有效性；四是预测结果的可控程度，并不完全以其证实证伪为标准，更看重其能控性。

（八）提交预测报告

最后，提交以预测条件、假设前提、选用方法依据、预测过程、预测结果、实施要求等为基本内容的预测报告。

第五节　油田开发的预测方法与评析

一、油田开发预测方法

自从石油工业化生产以来，就伴随着预测。运筹学、控制论、信息论和计算机技术的发展使预测方法不断完善与创新，至今已有数百种了。自 20 世纪 70 年代以来自然科学出现了“耗散结构论”、“突变论”、“协同学”、“超循环论”、“混沌理论”、“分形理论”、“自组织方法论”等前沿科学，这些复杂系统类的预测又大大地丰富了油田开发的预测方法。油田开发预测包含了社会预测、经济预测、生产预测、科学预测、技术预测等类型。这些预测由于类型不同，其预测方法亦会有所差异。

涉及油田开发预测的对象或指标很多，但油气产量、综合含水率（或产水量或产液量）、地层压力、生产成本、油气价格等为最基本的预测指标。当最基本预测指标已知时，与已知储量类指标结合，大部分油田开发指标就可以计算了。基本指标常用预测方法见表 4-5-1。

表 4-5-1　油田开发基本指标常用预测方法一览表

基本指标	预测方法分类	常用预测方法	备注
产油量	数值模拟法	油藏数值模拟法	注意输入条件
	产量构成法	自然产量预测法、新井产量预测法、措施产量预测法、产量叠加法、分阶段递减率预测法、产量指标预定法等	注意使用条件
	经验统计法	递减系数法、多元线性回归法、剩余储采比法、储采比控制法、采油指数法、水驱曲线预测法等	注意使用条件
	模型预测法	HCZ 模型法、威氏模型法、翁氏旋回法、Logistic 模型法、Arps 模型法等	注意预测要求与使用条件
	系统预测法	耗散结构论预测法、灰色理论预测法、人工神经网络法、非线性系统理论预测法等	注意预测要求与使用条件
	指标预测法	预定采油速度法、产液量递增法、采出程度—时间关系法等	注意预测要求与使用条件
	相似类比法	相似程度法、产油量相似准数法等	用于新投入油田
	组合预测法	多方法组合法、多指标组合法、多方法联立法等	注意方法组合的协调性
综合含水率	数值模拟法	油藏数值模拟法	注意输入条件
	经验统计法	多元线性回归法、水驱曲线预测法等	注意使用条件
	模型预测法	Logistic 模型法、Gompertz 模型法、Usher 模型法等	注意使用条件
	系统预测法	灰色理论预测法、人工神经网络法等	注意使用条件
	组合预测法	多方法组合法、多指标组合法、多方法联立法等	注意使用条件
地层压力	数值模拟法	油藏数值模拟法	注意使用条件
	经验统计法	多元线性回归法、生产资料统计法、地质统计法等	注意使用条件
	模型预测法	压实理论模型法、岩石力学模型法、均衡理论法、渗流理论预测法等	注意使用条件
	系统预测法	灰色理论预测法、人工神经网络法、模糊理论预测法等	注意使用条件
	组合预测法	多方法组合法、多指标组合法、多方法联立法等	注意使用条件
油田开发成本	数值模拟法	成本数值模拟法	注意输入条件
	经验统计法	时间序列分析法、指数平滑预测法、参数成本预测法、高低点分析法、回归分析法、概率预测法等	注意使用条件
	定性预测法	调查法、主观判断法、历史类比法等	
	模型预测法	学习曲线模型法、线性模型法、非线性模型法等	注意使用条件
	系统预测法	灰色理论预测法、人工神经网络法、成本系统预测法等	注意使用条件
	组合预测法	多方法组合法、多指标组合法、多方法联立法等	注意使用条件

续表

基本指标	预测方法分类	常用预测方法	备注
国际油价	经验统计法	时间序列分析法、回归分析法、概率预测法等	注意使用条件
	定性预测法	调查法、主观判断法、历史类比法等	
	模型预测法	模型法、线性模型法、非线性模型法等	注意使用条件
	系统预测法	系统动力学预测法、人工神经网络法、混沌理论预测法、分形理论预测法、灰色理论预测法、小波分析预测法等	注意使用条件
	组合预测法	多方法组合法、多指标组合法、多方法联立法等	注意使用条件
	数值模拟法	数据模拟法、仿真模拟法	注意输入条件

（一）油气产量的预测方法

油气产量是最经常预测的指标，它是包含了自然与人为干预即地质、油藏、技术、经济、管理等诸多影响因素的综合指标，它又包含了老井自然产量、措施产量、新井产量等。油气产量预测方法归纳为 8 类，即油藏数字模拟法、产量构成法、模型预测法、经验统计模型法、动态系统预测法、指标预测法、相似类比法和组合预测法。

复杂系统类的预测方法虽然亦可归于动态系统预测法，但为了凸显，将其单独分类为复杂系统预测法。产量预测已见众多报道，现不赘述。

（二）综合含水率的预测方法

综合含水率是另一项经常预测的指标，综合含水率不仅涉及油藏本身的地质特征、储层物性、油水分布等地质因素，而且还涉及开发方案、射孔方案、油田管理、工艺措施、开发时间等因素，综合含水率是空间与时间的函数。其预测方法有数值模拟法、模型预测法、动态系统预测法、经验统计模型法、组合预测法等。

（三）地层压力的预测方法

地层压力是油田生命之源，掌握地层压力动态是油田开发工作者的基本工作之一。地层压力同样涉及油藏本身的地质特征、储层物性、油水分布等地质因素，以及开发方案、注水方案、油田管理、工艺措施、开发时间等因素。地层压力的预测在油田开发初期，一般采用地质、钻井、地震、测井等资料运用演绎法预测，当进入开发中、后期往往采用数值模拟法、经验统计模型法、动态系统预测法、模型预测法、组合预测法等。

（四）油田开发成本的预测方法

成本预测是油田经营和油田管理不可或缺的工作。油气成本包括矿区取得成本、地质勘探成本、油气开发成本、油气生产成本四部分。油田开发成本可分为完全成本、采油成本或生产成本、操作成本等。影响油田开发成本的因素众多且具有多变性，其预测方法为定性预测法、经验统计法、数值模拟法、模型预测法、系统预测法、组合预测法等。

（五）国际油价的预测方法

国际油价是预测的难题，很难进行精确地预测。人们从 20 世纪 30 年代就探讨油价预测方法，至今已有数百种方法了。概括起来基本有经验统计法、定性预测法、模型预测法、系统预测法、组合预测法、模拟法等。

二、预测方法的评析

预测方法评析主要是预测精度计算与价值评判。油田开发指标预测是个复杂问题，具有多层次（单井、井组、单块、区块、油田、油区等）、多阶段（上升、稳产、递减、全程等）、多影响因素（开发方式、采油方式、射开程序与厚度、油层物性、原油物性、生产压差、生产井数和时间、综合含水率、修井措施、管理方法、井网密度、储量丰度等诸因素）、多方法（模拟法、模型法、经验法、统计法、图解法、系统法、组合法等）、多用途（计划、规划、管理、控制、决策、运行等）、多学科（油田地质、油藏工程、钻采工程、地面工程、修井工程、经济财务、科学技术等）预测的特点。指标的变化具有非线性、不确定性、开发规律确定性和人为控制的随机性等特点。因此，精度计算方法的选用与预测结果的评价需结合具体情况及要求而定。

预测精度有两种表现形式：预测值与实际值偏离程度，预测值与实际值的拟合程度。预测误差是描述预测值与实际值偏离程度的数值表现。偏离程度越大，误差越大，精度越低。拟合优度是描述预测值与实际值拟合程度的数值表现。拟合优度越大，精度越高。

（一）预测误差计算

在油田开发的计算中，常用的误差计算有绝对误差、相对误差、平均误差、平均绝对误差、平均相对误差、均方误差、均方根误差等。设实测值为 y，预测值为 $\hat{y}$，则：

绝对误差 e：

$$e = y - \hat{y} \tag{4-5-1}$$

相对误差 ε：

$$\varepsilon = \frac{e}{y} = \frac{y - \hat{y}}{y} \tag{4-5-2}$$

平均误差 $\bar{e}$：

$$\bar{e} = \frac{1}{n}\sum_{i=1}^{n}(y_i - \hat{y}_i),\ i = 1,\ 2,\ 3,\ \cdots,\ n \tag{4-5-3}$$

其中 $\bar{e}$ 可为正负值。

平均绝对误差 $|\bar{e}|$：

$$|\bar{e}| = \frac{1}{n}\sum_{i=1}^{n}|y - \hat{y}| \tag{4-5-4}$$

平均相对误差 $|\bar{\varepsilon}|$：

$$|\bar{\varepsilon}| = \frac{1}{n}\sum_{i=1}^{n}\left|\frac{y_i - \hat{y}_i}{y_i}\right| \tag{4-5-5}$$

均方误差 s^2：

$$s^2 = \frac{1}{n}\sum_{i=1}^{n}(y_i - \hat{y}_i)^2 \tag{4-5-6}$$

均方根误差 s：

$$s = \sqrt{\frac{1}{n}\sum_{i=1}^{n}(y_i - \hat{y}_i)^2} \tag{4-5-7}$$

（二）拟合优度计算

对于回归分析法采用相关系数或复相关系数表示，并进行显著性检验；对于灰色预测模型可采用残差检验、关联度检验、后验差检验。

1. 回归分析法检验

（1）相关系数（r）：

$$r=\frac{\sum_{i=1}^{n}(x_i-\bar{x})(y_i-\bar{y})}{\sqrt{\sum_{i=1}^{n}(x_i-\bar{x})^2\sum_{i=1}^{n}(y_i-\bar{y})^2}} \tag{4-5-8}$$

其中

$$\bar{x}=\frac{1}{n}\sum_{i=1}^{n}x_i,\ \bar{y}=\frac{1}{n}\sum_{i=1}^{n}y_i$$

（2）复相关系数（R）。

复相关系数是指一个要素或变量同时与几个要素或变量之间的相关关系。

$$R^2=1-\frac{\sum_{i=1}^{n}(y_i-\hat{y}_i)}{\sum_{i=1}^{n}(y_i-\bar{y})^2} \tag{4-5-9}$$

式中，y_i 为观测值；$\hat{y}_i$ 为预测值；$\bar{y}$ 为观测值的平均值。

2. 灰色模型检验

对于灰色预测模型的精度检验一般采用残差检验、后验差检验和关联度检验。

（1）残差检验。

残差检验又称为相对误差检验。残差是指初始系列 $X^{(0)}$ 的第 k 个分量与相应的估计值 $\hat{X}^{(0)}(k)$ 之差，记为：

$$e(k)=X^{(0)}(k)-\hat{X}^{(0)}(k),\ k=1,\ 2,\ \cdots,\ N \tag{4-5-10}$$

相对残差记为：

$$q(k)=\frac{e(k)}{X^{(0)}(k)},\ k=1,\ 2,\ \cdots,\ N \tag{4-5-11}$$

当$|q(k)|\leqslant 5\%$时，说明预测模型可满足工业控制误差，预测模型可用。

（2）后验差检验。

后验差检验主要是通过后验差比值和小误差频率的大小进行检验。后验差比值 C 记为：

$$C=\frac{S_2}{S_1} \tag{4-5-12}$$

小误差频率 P 记为：

$$P=P(|e(k)-e|)<0.6745S_1 \tag{4-5-13}$$

其中

$$S_1=\sqrt{\frac{1}{N}\sum_{k=1}^{N}[X^{(0)}(k)-\bar{X}^{(0)}]^2}$$

式中，S_2 为残差的均方差，$S_2=\sqrt{\frac{1}{N}\sum_{k=1}^{N}[e(k)-\bar{e}]^2}$；$\bar{e}$ 为残差序列的均值，$\bar{e}=\frac{1}{N}\sum_{k=1}^{N}e(k)$。

判别标准见表4-5-2。

表4-5-2 灰色预测模型判别标准表

预测精度等级	P	C
好	>0.95	<0.35
合格	>0.80	<0.50
勉强	>0.70	<0.65
不合格	≤0.70	≥0.65

从表4-5-2中看出：反映外推性的预测精度，C 值越小越好，P 值越大越好。

（3）关联度检验。

关联度检验是指运用关联度的大小来反映预测模型所得到的估计值序列曲线拟合实测值序列（初始序列）曲线的优劣，亦反映了其拟合程度。计算步骤如下。

①计算各个时刻初始数据与估计数据的绝对差，记为：

$$V(t)=|e(t)|=|X^{(0)}(t)-\hat{X}^{(0)}(t)|,\ t=1,2,\cdots,N \tag{4-5-14}$$

②在 $V(t)$ 数列中，找出最大绝对差 V_{max} 与最小绝对差 V_{min}，有时直接取 $V_{min}=0$。

③计算关联系数：

$$L(t)=\frac{V_{min}+V_{max}}{\Delta t+V_{max}},\ t=1,2,\cdots,N \tag{4-5-15}$$

当取 $V_{min}=0$ 时，则 $0.5\leq L(t)\leq 1$。

④计算关联度：

$$r=\frac{1}{N}\sum_{t=1}^{N}L(t) \tag{4-5-16}$$

关联度 r 值的大小反映了估计值序列曲线与实测值序列（初始序列）曲线的拟合程度。

三、预测结果价值评判

评价预测结果分为两个部分：事后预测评价和事前预测评价。

（一）事后预测评价

所谓事后预测是指样本期外实际已发生事件的时段内的预测。事后预测可分为历史拟合期外历史数据预测精度评价和预测样本期外已发生事件的时段内预测精度评价。前者是拟合结果评价，后者是预测期内已发生事件检验预测有效性评价。

（二）事前预测评价

所谓事前预测是指实际情况尚未发生的未来时期的预测。事前预测是难以检验的，事件未发生无法评价预测结果的正确与否，当事件发生后预测已失效，失去实际评价意义，而只有总结评价的意义。因此，事前预测评价可从预测结果是否符合该预测对象的变化规律和常识来检查其可信性。

（三）预测结果有效性评价

所谓有效性评价主要是评价其符合程度与使用程度。符合程度指预测方法的适应性和预测结果的精度。使用程度指对证实或证伪的预测结果应用状况的表述。如对具有适应性的预测方法和一定精度的预测结果在计划、规划、管理、控制、决策、运行、综合等方面进行有效地使用，则可判定该预测方法（或组合）的预测结果是有效的。

（四）预测结果可控性评价

当实际发生的情况与预测的结果相符时，称之为证实，反之称之为证伪。但证伪并非完全不好，有可能是按照因应性原理，既是预测主体又是预测客体的油田开发工作者当发现预测运行曲线有不良趋势时，会主动地采取相应的趋利避害措施，避免不良趋势的发生。这样，就必然会出现证伪现象，此时的预测应是有效的预测。但是，实施趋利避害措施的首要条件是预测的可靠性和可信性，或者预测结果具有可控特征即预测结果的误差在可控范围内，否则不可控。因此，可控与否亦是预测结果的评价之一。

总之，对预测数学模型的评价应是它的预测的可靠性、结果的可信性、操作的可行性、应用的实用性、实施的有效性。在实际活动中采纳了并指导了已发生或即将发生的事情，就是有效。有效是对预测数学模型最好的评价。

参 考 文 献

［1］闫耀军. 社会预测学基本原理［M］. 北京：社会科学文献出版社，2005.

［2］翁文波. 预测论基础［M］. 北京：石油工业出版社. 1984.

［3］孔子，等. 四书·五经［M］. 北京：华文出版社. 2009.

［4］李斌. 油价变化规律及变化周期阻尼振荡模型［J］. 国际石油经济，2004（2）.

［5］刘宝和. 中国石油勘探开发百科全书：开发卷［M］. 北京：石油工业出版社，2009.

［6］李斌，陈能学. 油田开发系统是开放的灰色的复杂巨系统［J］. 复杂油气藏，2002（3）.

［7］李斌. 油气开发系统的复杂性及不确定性［J］. 石油科技论坛，2003（5）.

［8］李斌，陈能学，冯荣辉，等. 油田开发系统的哲学基础与方法论［J］. 石油科技论坛，2004（6）：42-46.

［9］毛泽东. 毛泽东选集：第三卷［M］. 北京：人民出版社，1967.

［10］F. F. 克雷格. 油田注水开发工程方法［M］. 北京：石油工业出版社，1981.

［11］邓聚龙. 灰色系统理论教程［M］. 武汉：华中理工大学出版社，1990.

［12］吴清烈，蒋尚华. 预测与决策分析［M］. 南京：东南大学出版社，2004.

［13］李斌，等. 油气技术经济配产方法［M］. 北京：石油工业出版社，2002.

［14］毛泽东. 毛泽东选集：第一卷［M］. 北京：人民出版社，1967.

［15］常毓文，等. 油气开发战略规划理论与实践［M］. 北京：石油工业出版社，2010.

［16］施宝正. 灰色系统理论入门与应用［R］. 东营：中国石油大学数理系，1991.

第五章　油田开发系统相似论

在古今中外的人类社会和大至宏观宇宙世界小至原子结构的整个自然界都充满了相似现象，处处体现事物不同程度的相似性。相似现象是相似性的外部表征，相似性是事物内部的本质属性。相似性程度大小用相似度表示，记为 Q。其值域为 $0 \leqslant Q \leqslant 1$，$Q=1$ 示为相同，$Q=0$ 示为相异，$0<Q<1$ 示为相似。Q 既反映事物相似程度的大小，也反映事物差异程度的大小。

油田开发系统自然也不例外。世上没有相同的油田，只有相似的油田。油田开发中存在着全过程、全方位不同层次的相似性。油田开发系统的相似现象纷杂、相似理论应用广泛，同类、不同类、系统内、系统间均具有不同程度的相似特征。油藏的分类是以某些特征相似而归类，相异而区分；油田开发现场试验是探寻开发规律，利用相似特征指导同类油藏开发；室内实验是用其结果去类比油藏某些相似特征；物理模拟是根据相似理论去探知油藏开发过程；数值模拟是用具有相似的微分方程去演绎油田开发特征；油田开发所用的“地宫”的沙盘、地质构造图、井位图、油层连通图等，为“人”设想的并认为能体现出不同类型地下油藏的相似特征等。油田开发系统是相似的复杂巨系统。

第一节　油田开发相似系统的特征

相似类型的多样性、相似性的广泛性、相似性的再现性、相似性的混沌性、相似性的共适性等是油田开发相似系统基本特征。

一、油田开发系统相似类型的多样性

油田开发系统是天然与人工共筑系统，具有相似类型的多样性。

油藏间的相似性属自然相似类型；油田开发的生产系统、管理系统、财务系统、经营系统、科研系统、油气集输系统等的相似性属人工相似类型；同类型的油田或油藏等自然系统的相似性属同类相似类型；水电的相似性属异类相似类型；在整装均质油田中选取具有固定相似比例的小块区域进行开发试验属精确相似类型；室内的岩心模型实验的特征与油藏整体特征原型的相似性属模糊相似类型；油田开发系统具有灰性特征，其系统相似属灰相似类型；油田开发系统内不同层次间的相似性属自相似类型；水、电、路、桥、涵、消防等不同系统间的相似性属他相似类型；不同原油既有相似程度高的物理、化学特性，又具有相似程度低的物理、化学特性属可拓相似类型；油田作业区间的综合相似性属混合相似类型等。

二、油田开发系统相似性的广泛性

从相似类型的多样性就已说明相似性存在的广泛性了。除此之外从油田开发的基础理

论之一渗流力学也能说明其存在的广泛性。不同类型的油藏尽管地质特征、流体特性不同，压力场、温度场亦会有所差异，但流体的受力方向、运动规律、能量守恒等是基本相似的，可用相同类型的数学方程式描述。其中，达西定律在线性渗流中具有普遍的适应性，油气渗流数学基本模型（含运动方程、状态方程、质量守恒方程等）也具有普遍的适应性。油田开发系统无论是自然存在系统还是人工构筑系统都是相似系统，只是相似程度不同而已。

三、油田开发系统相似性的再现性

油田开发系统的相似现象充满了再现性。如应用大量的地质、物探、测井、试井、生产资料和室内实验资料，以及相关信息，通过计算机技术建立多种地质模型、流体模型，再现油藏的历史、现在、未来状态，利用这些再现状态可有力地指导油田开发；再如地层对比也是利用地质理论、岩石学理论和测井曲线的相似性，再现储层地质原态；成熟工艺技术的应用、新理论的实践、新技术新工艺的推广都是相似性的再现，但由于油田开发再现对象的复杂性，原技术和工艺需进行改善、完善、修改、创新后才能操作等，再现程度可能会有所差异。在油田开发全过程中再现性这类例子不胜枚举。

四、油田开发系统相似性的混沌性

油田开发系统是个混沌系统，换句话说，油田开发系统中不仅存在确定性、有序、周期或准周期的运动，更多地存在不确定的、无序、不定周期的混沌运动。最常见的例子是不同油藏类型的开发模式。一般以产量划分的开发模式分为三段式和五段式。以三段式为例，投产后产量从零开始，随时间增加产量增加即上升期，经历一个稳产阶段即稳产期后，进入产量递减阶段即下降期，直至废弃，是一个油田开发的全过程。三个开发阶段时间的长短、上升速度的变化、稳产期产量的波动、下降期递减速度的大小，受到地质、油藏工程、管理、工艺技术、地面等诸多不确定因素的影响，甚至受到个人心态的影响，如有急功近利心态的人，为了面子或好大喜功，在单井试油期放产百吨井、千吨井，致使油层压力下降过大、油层遭到破坏，过早地进入递减期，使开发过程步入无序的不确定状态等。因此，不同油藏的开发系统虽然具有相似性，但也具有混沌性的特征。

五、油田开发系统相似性的共适性

油田开发过程是主体（“人”）认识、改造、利用客体（油藏、油层、油井等）的过程。在这个过程中“人”处于主导地位。这是油田开发系统主系统与子系统、上层次与下层次系统相似性的基本特征。但处于主导地位的“人”必须适应客体的变化，作出因应性地反映，或者说体现了主客体的共适性。当客体需要开发时，首先需认识、了解、掌握客体，然后针对客体的地质特征、生产特点等具体情况，遵守油田开发的客观规律，采取相适应的措施，达到经济有效地开发油气田的目的。然而，认识和掌控油藏是个渐进过程，如果在试采期利用已有资料和信息并运用相似理论，进行系统的整体的概念设计，针对不同时期的认知程度采用逐步完善相适应的开发措施，就可能获得较高的开发效果和较好的经济效益。

第二节　油田开发现场试验与室内实验

油田开发系统是天然与人为共筑的复杂系统，具有复杂性、不可入性、不可逆性等特征，因此，很难直接进行研究。它的不可逆性又很难推倒重来，故往往需利用油田开发的相似性开展对真实系统的模拟实验或现场试验。油田开发最常见的应用相似系统案例有现场试验、室内实验、油藏模拟、油田仿真、油田类比等。

一、油田开发现场试验类型

油田开发现场试验是认识、了解、掌握、控制、改造油田开发过程中诸多问题的重要手段，是寻找改善开发效果、调整依据的有效途径，是验证油田开发新理论、新方法、新工艺的重要场所。油田开发现场试验主要有以下几种类型：

（1）为合理开发油田开展的试验；

（2）为认识油田开发问题开展的试验；

（3）为改善油田开发效果的试验；

（4）为认识油田开发全过程的试验；

（5）为开发调整或二次开发的试验；

（6）为检验和推广新工艺技术的试验；

（7）为提高油田采收率的试验；

（8）为改善油田经营效果的试验；

（9）为实现油田数字化、智能化、智慧化的试验；

（10）为验证新理论、新方法的试验。

二、油田开发现场试验

（一）为合理开发油田开展的试验

在油藏投入开发前，已获得详探与评价阶段的相关资料，具有一定的概念设计条件，但井点少而不能全面真实地反映油藏的实际情况，对于一些较大且较均质的油田，依照相似理论按比例开辟一个较小的区域进行合理开发油田试验。在试验区内以相似的地质特征和生产特点，研究天然能量和人工补充能量的变化、采油速度的变化等，选择合理的开发方式、层系组合、井网部署、工艺应用、管理优化、经营模式等，为编制正式开发方案提供依据，并为正式开发方案实施提供指导意见。

（二）为认识油田开发问题开展的试验

为了认识油田开发过程中可能发生的问题、察其原因和影响因素，开辟一个相似条件的试验区，采用适当提高采油速度使各开发阶段缩短，尽可能地暴露开发过程中的问题，并针对发生问题采取工艺技术措施，以改善油田开发效果和提高经济效益，进一步用试验结果指导类似油田开发。

（三）为改善油田开发效果的试验

为了改善油田开发效果，常常需采用一些重大工艺措施或改变开采方式，尤其是对于一些复杂油气田更是如此。D油田是复杂断块油田，具有断层发育、断块破碎、储层非均质性强、油藏类型多等地质特征，常规生产方式产生了采油速度低、含水上升快、采收率低等生产问题。为了改善复杂断块油田的开发效果，寻找一种最有效的开采方式，笔者曾于1994—1995年先后赴胜利油田、大港油田等进行水平井开采调研，之后进行了水平井优化设计，拟在南70断块进行水平井开采试验，但由于地质认识变化未实施。2002年再次调研和论证，在柳南区块进行了水平井开采试验并取得成功，进而推广D油田，体现了相似性再现。

（四）为认识油田开发全过程的试验

一个油田开发全过程往往要经历数十年甚至百年。漫长的开发过程虽可借鉴其他油田的开发经验，也可利用计算机技术进行模拟和预测，但这仅作参考。最直观、最有效的办法是选用地质特征和生产特点相似的本区进行试验。最具代表性的试验是大庆油田“小井距”注水开发全过程试验。将油田注水几十年过程缩短至1~2年完成，在较短时间内了解、认识、掌握符合本油田注水开发全过程的开采规律，进而指导本油田或类似油田的开发。

（五）为开发调整或二次开发的试验

当油田开发进入中期后开始出现递减，为了稳产就需进行调整。当进入后期则需进行二次开发。虽然各油田地质特征、生产特点、开发效果等具有差异甚至区别很大，但其操作程序是相似的。如二次开发提出“重新改建地下新的认识体系、重建井网结构、重组地面工艺流程”三重要求，各油田实施则大同小异。D油田结合实际情况，提出“重新认识油藏、重新研究革命性主体开发技术、重新构建开发系统（井网、注采系统）、重新优化简化地面集输系统和注采系统”二次开发的总体思路，并开辟了试验区，进行先导性试验，并应用相似性进行推广。

（六）为检验和推广新工艺技术的试验

对于复杂断块油田，由于其复杂性，往往具有一定的特殊性。如D油田深层油藏具有井深（大于4000m）、井斜（一般为20°~40°）、含油井段长、射开油层多、油水关系复杂等特点，一些常规油田的常用的成熟工艺技术如油井增产技术、油井分层开采技术、油井分层注水技术等很难在这类井实施，经过采取有针对性技术改进与完善措施，多次试验，使深层压裂、深层酸化、深层酸压、深层分层（4级5段）等工艺技术取得成功，并逐步推广。

（七）为提高油田采收率的试验

提高采收率应贯穿油田开发全过程，不同阶段有不同内容。三次采油是大幅度提高原油采收率的主导措施，须严格按照方法优选、室内实验、先导性矿场试验、工业性矿场试验、工业化推广步骤进行。针对具体客体进行驱油机理、优化配方、物理模拟、数值模拟等工作。同时，根据相似特征对客体进行工业化矿场试验，如D油田的CO_2驱、聚合物驱、氮气泡沫驱等。

（八）为改善油田经营效果的试验

油藏经营管理由油藏资产管理和油藏技术管理组成，而油田经营效果主要由油田合理开发效果与最大经济效益来体现。油藏经营管理是油田开发全方位开发的主要过程阶段，具有整体性、系统性、协同性、综合性的特点。油田开发成本是油藏经营管理主要方面之一，降本增效是体现油藏经营管理的重要措施。对于复杂断块油田更需通过试验去寻找有效途径。D 油田开展以井组为单位的成本核算，就是人工相似、自相似、混合相似的综合体。

油田开发开始进入战略管理阶段。油田开发战略管理是一种不同于技术管理、经营管理，但又是技术管理、经营管理的继承与发展的管理方式。它的基本特点是整体设计、系统安排、目标明确、精准管理。为此，筛选不同类型油藏进行先导性试验。

（九）为实现油田数字化、智能化、智慧化的试验

数字化、智能化、智慧化油田是油田开发发展的方向。数字化，即实现在计算机上研究和管理油田，包括信息自动采集、信息传输、网络系统、标准制定等诸多方面，智能化、智慧化则需对数据进行科学分析、预测开发信息的发展变化趋势、对多方案的综合评价和优化决策、实现自动掌控和规避风险，专业人员与 IT 人员结合、人机结合、开发客体与主体结合，使油田开发效果最佳化和经济效益最大化，本身就是一个极复杂系统。这是一个复杂的新领域，必有许多新问题、新挑战，故筛选某一油田进行试验，总结经验教训，制定适应和推广条件，运用相似理论推广之。

（十）为验证新理论、新方法的试验

一种新理论、新方法、新工艺的创新，首先需要适应本区的地质特征和生产特点，具有独创性、先进性、前瞻性、科学性的特征，同时亦应有可行性、可推广性，而可推广性是以各对象的相似性为前提的。D 油田研究的《滩海复杂断块油藏大斜度丛式井网优化方法》则具有此特征。针对滩海复杂断块油藏特点，提出了大斜度丛式井网优化原则，筛选确定了井网优化主控因素，建立了主控因素优化方法和多参数井网优化方法，为渤海湾滩海油田开发部署提供了技术支撑。在系统调研基础上，研究并创新性地建立了多层通用和压裂大斜度井渗流模型、产能数学模型和计算公式，填补了国内在此方面研究的空白。并根据滩海油田开发特点和需求，在国内首次提出了滩海油田地下地面一体化井网优化的思路和原则，开发并研制了地下井网优化—地面平台布置优化—井轨迹优化三位一体的井网优化软件，在国内属于首创，具有国内领先水平。

三、油田开发室内实验相似性

油气藏是由储集体、储集体内的流体（油、气、水及投入开发后的注入剂）、不渗透边界和水动力边界组成，具有统一的压力系统和流体界面。其中获取岩石、流体及岩石与流体共同作用的物理性参数、认识其运动特性、掌握油田开发规律等，主要依靠油田开发试验和室内实验完成。室内实验是认识油田的重要手段之一，最基本的任务是进行油气藏的岩心和流体的处理、描述、测定，实验、分析和评价等。但所获取的岩心和流体数量与油藏的规模相比简直是沧海一粟，而油藏的复杂性又使这些数量极少的样品很难具有代表油藏的普遍性，因此，尽管室内实验精细操作、精确测量、认真评价，其结果可用于油藏认识、储量计算、开发规律模拟、开发指标预测等，但与真实的客观的油藏实际情况相差几何，则是难以说清，只是大家约定俗成罢了。室内实验少量样品与油藏的相似性，或为模糊相似，或为灰性相似。

（一）模糊相似

所谓模糊相似是指两对象或两系统的相似特征，无论是几何的、物理的、化学的，还是地质的、动态的、工程的，不能用精确地识别、确定和掌控，只能使用模糊语言表述，如“基本上”、“大体上”、“似乎”、“好像”等。

油田开发系统是开放的、复杂的巨系统，很难全部用精确数学表述，其中大部分往往运用定性与定量集成的方法，对一些外延不明确、概念不清晰、边界不分明的对象用模糊数学的方法处理，使一些模糊现象达到较精确的目的。

（二）室内实验对象与油田开发客体的异同性

室内实验运用相似原理，针对天然岩心、人造岩心或建造地层模型，进行储层及其中流体的物理、化学特性测试，或运用先进的仿真模拟技术，进行不同介质、不同流体的多方面渗流特性实验，从而获取多孔介质和流体的特性、微观渗流机理、流体宏观运动规律与特征等，以便指导油田开发。因此，室内实验必须与油田开发实体具有相通性。具体表现为以下四点。(1）固体介质相似：均为多孔介质，具有储容性、渗透性、润湿性、各向异性和非均质性等。(2）多孔介质中流体相似：油、气、水和其他注入剂。(3）实验条件相似：力求实验条件符合客观实际，尤其是某项单值条件相似。(4）微观流体运动规律相似：多孔介质中油水渗流规律、油气水渗流规律、多相流体和注入剂渗流规律等。但实际客体或称之为原型是十分复杂的，其复杂程度是室内实验的模型无法比拟的，它具有以下特点。(1）不可入性：油气藏绝大部分是深埋地下的客体，是一个看不见、摸不着，既不能称量，又不能计量，也不能试验的油、气藏体。(2）不可逆性：不可逆性亦可称为不可重复性。一旦油田开发井网、方案、措施等实施，就是一次性的，具有不可逆性。(3）二重性：油田开发既有自然属性也有社会属性。它的自然属性体现在油气藏本身的客观性，油田开发的自然属性是自然界的一部分，自然界具有规律性的特征。社会属性主要是与人类社会发生联系的活动、关系等。油田开发的社会属性体现在“人”参与油田开发的各种活动和外界的种种关系，以及油田开发与政治、军事的关系，政府或企业的政策、环境（含地理环境），所在地的经济与人文特征等。在油田开发过程中，它的社会属性体现得十分明显。不仅涉及人和自然的关系，而且涉及人与人的关系。(4）系统性：油田开发系统是由相互联系、相互作用的人、事、物三大部分组成的具有一定结构和功能的整体。它具有整体性、结构性、层次性、开放性、灰色性、自组织性、动态性、目的性等基本特征。(5）流态多样性：渗流流态表现为单相、多相、层流、紊流、涡流、挥发、溶解、扩散、吸附、结合、分离、对流、互溶、蒸发、蒸馏、凝析、传热、传质、相变、乳化、氧化、催化、裂化、泡沫化、中和、分解、交换、置换等状态，且多为多相的综合反应。(6）不确定性。(7）时变性。(8）复杂性。在第一章第二节已作过表述，这里不再重复。在实验室进行模型模拟实验是很难体现这些客观特征的。

（三）室内实验与油田开发客体的相似性

室内实验的前提具有假设性，实验是有条件的。尽管实验仪器精良，技术手段先进，实验结果精确，但它仍无法包容实际客体诸多方面，具有内涵明确清晰，外延不明确不清晰的特征。因此，二者的相似是一种模糊相似。具备模糊性事物或事件需用模糊办法或模糊数学方法处理的特征。

总之，按油田开发中的相似性进行油田开发各类型的现场试验和室内实验，是油田开发全过程中各个阶段都应有的相应的试验，这样可避免盲目性，掌握油田开发主动权。

第三节　油藏模拟的相似性

模拟是指对真实系统的物理、化学、运动、行为等主要特征，运用相似理论和方法，通过另一系统再现它们的过程。

一、模拟相似理论

模拟相似理论的基础是相似分析。主要是通过分析认识相似系统的性质、类型，描述相似系统间关系、规律、特征、相似性的异同，以利于构造相似模型，为认识相似特性提供方法和技术。在油藏相似模拟试验中，首先确定模拟试验区与原客观系统（原型）的地质相似特征、规模范围比例、生产运行特点等相似性，其次预测试验区油气水运动规律和开发过程中可能出现的问题，以及需采用的工艺技术措施等，判断相似类型是精确相似、模糊相似、灰相似还是其他相似类型，最后选定模拟相似方法，建立相似模型。

二、模拟相似方法

模拟相似的基本方法有物理模拟、数学模拟和数值模拟。对于油田开发来说，由于研究的油藏是一个逐步认识、逐步了解的不可入的客体，因此，各种模拟很难全部全真地反映客体的真实面貌，只能是不同相似程度的模糊相似、灰相似或混合相似。

（一）物理模拟方法

物理模拟是利用物理模型模拟实际系统相似性，再现实际系统的结构和特性的方法。物理模拟可分为模拟模型和物理模型。

1. 模拟模型

油田开发中的电模拟就是根据水电相似原理建立的物理模拟模型。研究流体在多孔介质中流动的达西定律，与研究电流在导体中流动的欧姆定律有很高的相似程度。

欧姆定律	达西定律
$I=\frac{1}{\rho}\cdot\frac{\Delta V}{\Delta L}\cdot S$	$Q=\lambda\cdot\frac{\Delta p}{\Delta L}\cdot S$
I——电流强度；	Q——流量
ρ——电阻率；	λ——流度
$\frac{\Delta V}{\Delta L}$——电压梯度；	$\frac{\Delta p}{\Delta L}$——压力梯度
S——截面积；	S——截面积

式中，$\lambda=\frac{K}{\mu}$；K 为多孔介质渗透率；μ 为流体黏度。

虽然一种是流体在多孔介质中流动，另一种是自由电子在导体中流动，是两种不同的物质，但运动形式是相似的。在大庆油田初期曾用电模拟研究油田的开发情况。以电压作为油田压力，电流作为采油量或注入量，电阻作为油层流动系数的倒数即流体在多孔介质流动的阻力，做成物理模型。电模拟由电容、电阻、可变电阻、电流表、电压表组成电路，调整电容和电阻值，结合矿场开发资料，对比不同开发条件下模拟开发方式结果，进行优选。

电模拟有多种形式，但现已被数值模拟基本代替，很少应用了。

另外，达西定律与水平板流动的哈根—伯肃叶定律、热流动的傅里叶定律也有很高的相似程度。此类模拟也有学者归为数学模拟。

2. 物理模型

物理模型是指直接测量流体在多孔介质的性质，如岩心分析实验、细管模型、填砂模型和地层模型。岩心分析实验和地层模型还应用于开发实验室。地层模型分为均质地层模型、层状地层模型、裂缝地层模型、双孔介质模型等，根据掌握的物探、钻井、测井、试油、试井、试采、岩心分析等资料和信息，结合油田开发技术人员对油田的认识，如油田构造、形状、规模等；地层的岩性、物性、非均质性、压力场、温度场、应力场等；流体的物理和化学特性及生产特点等，按一定相似比例构造不同类型的地层模型，并在此基础上进行各种开发试验的模拟开发过程，计算和预测开发指标等，为进一步开展矿场开发试验提供依据。

（二）数学模拟

所谓数学模拟方法是指研究系统间相似特性用相似形式的数学方程式描述不同内容的相似现象，即用数学方法去解决实际问题。它无需构建物理模型，仅需写出反映系统相似的数学方程。具有省时省事、高效灵活的特征。

油田开发技术人员常用的数学方法有物质平衡法、递减曲线法、数理统计法、解析法和科学联想法等。

1. 物质平衡法

油气藏的物质平衡方程式是油藏工程师实际应用较为广泛的方法之一。主要利用油气藏开发的实际动态资料，用于测算不同驱动类型油气藏的地质储量、预测油气藏的地层压力变化及天然水侵量的大小等。尤其是对那些地质储量计算参数不清楚的复杂油气藏，测算地质储量更为方便。

所谓物质平衡方程其基本原理是质量守恒定律，是油气藏地下排驱体积平衡的数学表达式，即：

地层条件下油气原始体积量=累计采出地层条件下油气原始体积量+地层条件下剩余油气原始体积量-注入或侵入流体的地层条件下体积量

根据该基本方程式，依不同驱动类型演化为相应的物质平衡方程表达式。

但是，物质平衡分析法的可靠性取决于某一开发阶段相关数据的准确性和基本假设条件的符合程度。基本假设条件是：

（1）油气藏储层是均质的；

（2）油气藏内的流体物性和岩石物性各自相同；

（3）不考虑油气藏的重力和毛细管力；

（4）油气藏原始地层压力和目前地层压力在各点是相同的，并要求测量准确；

（5）油气藏内流体是层状流动；

（6）不考虑油气藏的几何形状和井的位置等。

2. 递减曲线法

油气产量递减规律是油田开发三个最基本的规律之一。递减曲线法是油藏工程师常用的方法。目前油藏工程师经常采用的仍是 1945 年 J. J. Arps 根据矿场资料统计研究的三种递减规律，即指数递减、双曲递减和调和递减。递减曲线方程的统一形式为：

$$D = \frac{\mathrm{d}q}{q\mathrm{d}t} = kq^n \tag{5-3-1}$$

将式（5-3-1）分离变量并积分，经数学变换得：

$$q_t = q_i(1 - Dnt)^{-\frac{1}{n}} \tag{5-3-2}$$

其中 $n=0$ 时为指数递减；$0<n<1$ 时为双曲递减；$n=1$ 时为调和递减。影响油气产量递减的因素很多，油藏投入开发后在不同开发阶段都存在相似的递减规律，只是递减程度不同而已。近年来递减分析方法的应用有所发展，但万变不离其宗，其本质仍是递减规律的运用。运用递减分析法时要注意开发操作的连续性，否则会产生较大的误差。

3. 数理统计法

数理统计法是以概率论为基础，并以有效方式收集、整理、描述、分析、解释、统计相关数据，从中找出随机变量的分布规律或数学特征，得出一定结论，进而对所研究对象、问题进行推断或预测的方法。其主要内容有参数估计、假设检验、相关分析、试验设计、非参数统计、过程统计等。

数理统计法在油气田开发中应用较为广泛，其中水驱曲线法是最常用的方法，也是众多专家、学者研究较多的方法。水驱曲线法使用最基本的开发指标为累计产油量（N_p）、累计产液量（L_p）、累计产水量（W_p），进而推演为采收率（E_R）、采出程度（R_o）、综合含水率（f_w）、开发年限（t）等指标。通过数理统计方法找出其中规律性关系，进行推断或预测。

4. 解析法

解析法是通过分析问题中的各要素之间的关系，用最简练的语言或形式化的符号来表达它们的关系，得出解决问题所需的表达式，然后设计程序求解问题的方法。解析法不仅用于精确解分析，也可用于近似解分析。

经验公式法实际上就是一种近似解的解析方法，它是通过对某些开发指标的实际资料进行分析，得出油田开发指标间的相互关系和变化规律，并运用数理统计、相关分析方法、图版法等手段，研究出计算开发指标的数学表达式，提供给相似油田应用。美国、苏联、我国童宪章等学者研究的计算采收率（E_R）公式均为类似的技术思路。

5. 科学联想法

科学联想法是将不同领域的事物联系起来思考，联想不同领域的事物相似属性和特征，由此激发一种创造性思维，从而认识本领域相关事物相似规律变化趋势的方法。

经济领域的兴起、成长、成熟、衰退各发展阶段，工程技术领域的油田开发全过程历经上升、稳产、下降、消亡四个发展阶段，均类同于生物领域的孕育、生长、强壮、衰老各阶段。因此一些经济增长模型、数理统计模型可演化为预测油田开发指标模型。

（1）逻辑斯谛（Logistic）模型：

$$y=\frac{b}{1+c\mathrm{e}^{-at}} \tag{5-3-3}$$

式中，y 为模型函数；t 为时间变量；a、b、c 为模型常数。

演变为采收率 E_R 与水油比 WOR 的模型：

$$E_R=\frac{0.608}{1+0.4\mathrm{e}^{-0.0116\mathrm{WOR}}} \tag{5-3-4}$$

和累计采油量 N_P、可采储量 N_R 与开发年限 t 的模型：

$$N_p=\frac{N_R}{1+c\mathrm{e}^{-at}} \tag{5-3-5}$$

（2）威布尔（Weibull）分布模型：

$$f(x)=\frac{\alpha}{\beta}x^{\alpha-1}\mathrm{e}^{-(x^{\alpha}/\beta)} \tag{5-3-6}$$

式中，$f(x)$ 为分布密度；x 为分布变量，分布区间为 $0\sim\infty$；α 为控制分布形态的形状参数；β 为控制分布峰位和峰值的尺度参数。

进一步演化为：

$$Q=\frac{N_R\alpha}{\beta}x^{\alpha-1}\mathrm{e}^{-(x^{\alpha}/\beta)} \tag{5-3-7}$$

式中，Q 为油气田年产量；t 为油气田的开发时间；N_R 为油气田的可采储量。

（3）对数正态分布模型：

$$f(x)=\frac{1}{\sqrt{2\pi}\beta x}\mathrm{e}^{-(\ln x-\alpha)^2/2\beta^2} \tag{5-3-8}$$

式中，$f(x)$ 为对数正态分布的分布密度；x 为分布变量，区间为 $0\sim\infty$；α 和 β 为控制分布形态的参数。

演化为年产量预测模型：

$$Q=\frac{N_R}{\sqrt{2\pi}\beta t}\mathrm{e}^{-(\ln t-\alpha)^2/2\beta^2} \tag{5-3-9}$$

式中，Q 为油气田的年产量；N_R 为油气田的可采储量。

类似的例子尚有很多，不再赘述。

（三）数值模拟方法

油藏数值模拟是以描述油藏和模型间的数学方程式的相似性为基础的，是在计算机上用数值方法求控制多孔介质内流体渗流规律数学模型的解，模拟实际油藏的状态。建立油藏的数学模型，首先，需要收集物探、钻井、测井、试油、试井、试采、岩心分析等资料和信息，以及油藏的构造特征、储层特征、沉积特征、渗流特征等。其次，对这些资料和信息进行计算、处理、校正，使之更适应实际油藏。最后，结合质量守恒定律、动量守恒定律、能量守恒定律、达西定律、状态方程，以及它们的初始条件和边界条件，推导出多孔介质内流体渗流的基本方程即数学模型。这些基本方程多为非线性微分方程，通过离散化，将连续的偏微分方程转换为离散的有限差分方程，再用多种数学方法和手段将非线性代数方程线性化，成为线性代数方程并编程在计算机上求解，对计算结果整理、分析、拟合、修正，建立油藏数值模拟模型应用于油藏的数值模拟。根据油气藏特性和油气性质不同、模拟的目的不同，选择相应的黑油模型、组分模型、裂缝模型、热采模型、注聚合物驱油模型或化学驱模型等，以及按维数分为零维、一维、二维、三维模型，可用于油藏描述、油藏不同开发阶段动态预测、开发方案优选与调整、开发效果与经济评价、油藏驱油机理研究（含层内油水运动机理、层间调整油水运动机理、化学驱中的油水运动规律等）、剩余油分布研究、储量计算与采收率预测等方面。

第四节　油田仿真和虚拟的相似性

仿真技术已广泛用于航天、航空、电力、通信、交通、化工、军工、石油、核能、经济、教育等领域。虚拟技术，即虚拟现实（Virtual Reality，简称 VR 技术），是当前全球科技圈最热门的创新技术、创新领域之一。VR 早期主要用在军事领域，近几年来随着云计算、大数据、传感器、5G 技术的发展，VR 逐渐应用在军事航天、演播室、游戏等领域，目前有逐渐走向大众化的趋势。

一、油田仿真技术

仿真理论以相似原理、控制理论、信息技术、计算机技术及各专业理论技术为基础，运用计算机和各物理效应设备，通过系统模型实验构建原型的相似模型即系统仿真模型，进行研究、演化现有系统、设计系统、未来系统的特征和变化趋势等。林永焰等学者认为“油藏仿真模型是应用地质学、地球物理学、数学地质、渗流力学、油藏工程等学科理论、方法和技术，最大限度地应用计算机和物理、数学模拟手段，模拟仿真油藏在不同勘探开发时期、不同开发方式、不同增产措施下的油藏特征及宏观和微观剩余油的形成分布和预测”。

油藏仿真模型分为物理实验仿真模型、数学仿真模型和物理仿真数学仿真混合模型。由于油藏的不可入性、不可逆性、不确定性，物理仿真模型直观、形象，但成本高、操作难、不易重复实验，而且反映油藏真实状况的局限性大。数学仿真模型也会因为对油藏原型的认知程度而反映油藏真实状况具有局限性，可能影响油藏真实系统与数学模型系统间的相似度，但数学仿真模型无需建立物理模型，是对油藏真实系统的抽象而具有省事、省工、高效、灵活、经济的特征。数理混合仿真模型是将对油藏真实系统认知程度较高、规律认识较清的部分建立数学模型在计算机上实现，对不清部分则采用物理仿真模型甚至开辟试验区进行实验或试验，将两种仿真模型结合，相辅相成、扬长避短成为一个优化仿真模型。

油藏仿真模型又可分为宏观仿真模型和微观仿真模型。

（一）油藏宏观仿真模型

宏观仿真模型包含三个基本环节，即建立油藏宏观模型、构筑油藏仿真模型、进行油藏仿真实验。

1. 建立油藏宏观模型

油藏宏观模型是根据相似原理，结合石油地质学、沉积学、地球物理学、地球化学、油藏工程学等学科的理论与地震、测井、钻井、试井、试油、试采等提供的资料、信息，并借助于计算机技术，将油藏原型拟化为油藏构造模型、沉积模型、成岩模型、储层非均质模型和流体分布模型。这些模型在整个油田开发生命周期又按照不同的开发阶段即油藏评价阶段、开发设计阶段、方案实施阶段、开发调整阶段、二次开发阶段、油藏废弃阶段所掌握的资料信息、任务要求与所达目的建立相应的油藏宏观模型，且大部分建立的为三维随机模型。

2. 构筑油藏仿真模型

在确定建立油藏仿真模型的目的和优化仿真模型参数、资料、信息的基础上，结合仿真理论与方法，结合油藏仿真计算机模型，结合操作者对原型油藏的认知程度，高度概括抽象化、概念化，建立实现仿真目的的仿真模型，运用多种方法验证和确认所建油藏仿真模型功能与原型油藏或设想的油藏模拟系统功能的符合程度，同时验证油藏仿真模型与体现仿真目的所构建的模型吻合程度，确认不同开发阶段流体运动特征及规律、运动方向等是否正确、合理。对油藏仿真模型的可信度、有效程度进行评估，针对油藏仿真模型存在的问题进行修正、优化、完善，最后建立一个认可的合理的油藏仿真模型。

3. 进行油藏仿真实验

当确立合理的油藏仿真模型后，按照油藏仿真目的进行运行。仿真模拟油藏复杂系统在不同开发阶段的特征和动态演化，研究不同阶段的开发规律，拟合油藏开发历史、研究油藏流体状态、预测不同条件下地下流体变化特点与变化趋势，提出对油藏开发现状和未来发展变化有用的管控措施，以利于油藏开发的整体效果与提高总体经济效益。

（二）油藏微观仿真模型

微观仿真模型套用宏观仿真模型，包含三个基本环节，即建立油藏微观模型、构筑油藏微观仿真模型、进行油藏微观仿真实验。

1. 建立油藏微观仿真模型

油藏微观模型是根据相似原理，以多学科理论为指导，应用多种方法综合油藏微观资料、信息和参数，借助计算机技术，将油藏微观原型拟化为油藏微观仿真模型，包括孔隙结构与网络模型、微裂缝模型、双孔介质模型、微观岩石骨架模型、微观骨架物性模型、黏土分布与胶结模型、地下流体渗流模型等，这些模型随着油藏开发时间的延长与条件的变化，油藏微观特性也会随之变化，表现不同的渗流规律和运动特征，进一步建立油藏微观动态模型。

2. 构筑油藏微观仿真模型

油藏介质构成了复杂的非均质状态，即表面非质值、孔道非质值、孔间非质值，它们与流体非均质相互影响、相互制约、相互作用，产生或演化更为复杂的状态，增大了建模的难度和不确定性。在确定建立油藏微观仿真模型的目的和优化微观仿真模型参数、资料、信息的基础上，结合仿真理论与方法，结合油藏仿真计算机模型，结合操作者对原型油藏的认知程度的“三结合”，经微观仿真模拟处理，构筑实现仿真目的的微观仿真模型或数字模型，运用多种方法验证和确认所建油藏微观仿真模型功能与原型油藏或设想的油藏模拟系统功能的符合程度，同时验证油藏仿真模型与体现仿真目的所构建的模型吻合程度，对油藏仿真模型的可信度、有效程度进行评估，针对油藏仿真模型存在的问题进行修正、优化、完善，建立一个认可的合理的油藏微观仿真模型。

3. 进行油藏微观仿真实验

在建立微观仿真模型的基础上，结合油藏原型的地质特征，优化油藏微观仿真模型与地下流体渗流模型组合，演化渗流动态特征，深入研究分析地下流体温度、压力、黏滞阻力等参数变化与控制因素，模拟仿真不同驱替阶段储层中地下流体的渗流状态、微观油气水或注入剂运动规律及其演化机理，并通过微观仿真成果的可视化显示，展示油藏微观剩余油形成机理和分布规律，同时结合宏观油气水运动特征与规律，预测油藏微观剩余油分布基本特征和富集区。

二、油田虚拟技术

虚拟技术即虚拟现实技术，是利用电脑模拟产生一个三度空间的虚拟世界，提供使用者关于视觉、听觉、触觉等感官一体化的模拟，是一种基于可计算信息的沉浸式交互环境，是一种新的人机交互接口。VR 技术涉及计算机图形学、传感器技术、动力学、光学、人工智能及社会心理学等研究领域，是多媒体和三维技术发展的新方向，虚拟现实技术具体地说，就是采用以计算机技术为核心的现代高科技生成逼真的视、听、触觉一体化的特定范围的虚拟环境（Virtual Environment，简称 VE），用户借助必要的设备（主要有头戴设备如眼镜、头盔、一体机；非头戴设备如手套），以自然的方式与虚拟环境中的对象进行交互作用、相互影响，从而产生亲临真实环境的感受和体验。虚拟现实是高度发展的计算机技术在各种领域的应用过程中的结晶和反映，不仅包括图形学、图像处理、模式识别、网络技术、并行处理技术、人工智能等高性能计算技术，而且涉及数学、物理、通信，甚至与气象、地理、美学、心理学和社会学等相关。

概括地说，虚拟现实是模拟仿真在高性能计算机系统和信息处理环境下的发展和技术拓展。

VR 技术目前在油田开发领域尚未得到广泛的实际应用，仅用于地面工程、井下工程、员工培训、安全教育等，若“进入”地下油层的多孔介质里，虽非不可能但也会困难重重。由于地下油藏的不可入性、不确定性，油藏开发过程的不可逆性、阶段性、动态性，均使地下油藏的宏观、微观情景呈现极具复杂性，因此，需运用创新思维与科学方法，多学科理论和计算机技术，以锲而不舍的精神，顽强拼搏才有可能实现地下油藏的虚拟环境。可以设想借助必要的设备，采用综合集成方法，即利用整体论与还原论结合、专家系统与信息系统结合、人工智能与计算机智能结合、人机网系统结合等，使人“进入”油藏宏观仿真模型和微观仿真模型的虚拟环境，运用计算机技术模拟地下流体在多孔介质中运动，生成逼真的视、听、触觉一体化的特定范围的虚拟景象，以自然的方式与虚拟环境中的景象进行交互作用、相互影响，从而产生亲临真实环境的感受和体验。

相似科学是虚拟现实技术的指导性理论，对客体原型与虚拟现实间的相似性、相似关系、相似规律进行本质性分析，才能实现虚拟现实技术，达到功能相似的目标。

三、模拟、仿真、虚拟的区别

人们往往对模拟、仿真、虚拟概念界定不清，它们是有一定区别的。模拟、仿真、虚拟均以客观实际原型为研究对象，按照原型提供的资料、信息，以及人对原型的认知，建立物理模型、数学模型和计算机模型，在计算机上实施操作。模拟是用模型（包括物理的和数学的，静态的和动态的，连续的和离散的各种模型）对原型系统的抽象，是原型的近似的影照，表现出选定的原型系统或抽象系统的关键特性。模拟侧重于软件，强调过程。仿真是一种通过实验来求解的技术，用仿真实验了解系统中各变量之间的关系，观察系统模型变量变化的全过程。同时必须进行多次运行，便于深入研究和结果优化，因此，良好的人机交互性是系统仿真的一个重要特性。仿真是以功能为基础的效仿，是对原型尽可能做到全方位的模拟，类同于对原型的克隆。仿真则侧重于硬件，仿真的重要工具是计算机。无论模拟还是仿真都与实验相关，整个实验叫仿真，而实验过程则叫模拟。虚拟是采用以计算机技术为核心的现代高科技生成逼真的视、听、触觉一体化的特定范围的虚拟环境，借助必要的设备以自然的方式与虚拟环境中的对象进行交互作用、相互影响，从而产生身临其境的感受和体验。虚拟基本是以虚物实化、实物虚化、高性能计算处理作为三大主要发展方向，是模拟仿真在高性能计算机系统和信息处理环境下的发展和技术拓展，是仿真技术与计算机图形学、人机接口技术、多媒体技术、传感技术、网络技术等多种技术的集合，是一门富有挑战性的交叉技术前沿学科和研究领域。

第五节　油田类比的相似性

古今中外的自然科学发展史上，类比法是在科学发现中普遍采用的方法，类比法在各种逻辑推理中，是最富有创造性的一种方法。这是因为，类比法不限于在同类事物中进行对比，可以跨越各种类进行不同种类事物的类比，可以比较本质的特征。它比归纳法更富有想象，因而具有较强的探索和预测的作用。

一、类比法

所谓类比法（Method of analogy）是指两个、两类或两系统在某些属性和特征上的类同而推论其余属性和特征也可能相似的方法，也叫“比较类推法”，其特点是“先比后推”。“比”是类比的基础，既要“比”共同点也要“比”不同点。对象之间的共同点是类比法是否能够施行的前提条件，没有共同点的对象之间是无法进行类比推理的。它既不同于演绎推理从一般推导到个别，也不同于归纳推理从个别推导到一般，而是从特定的对象或领域推导到另一特定对象或领域的推理方法。有人认为“类比法可能是技术性最不强的方法”，实际上，这是误解和偏见。类比是一种科学，它的科学依据是相似系统学原理，而“相似原理以守恒为依据”。它以事物间的同一性、相似性、客观事物相对稳定性和规律重复性为基础。

类比法在油气勘探开发中有广泛的应用。但这种应用往往是定性的、经验性的、带有主观特征的借用，受思维方式的影响，缺乏科学定量的表述。

二、油气勘探中的类比

油气资源评价是任何一个石油公司最重要的工作之一。目前，国内外油气资源评价方法多达百余种，但可归纳为成因评价法、体积统计法、统计外推法、地质类比法和特尔菲法五大类，这些方法各有优缺点。一是类比法是一种油气勘探开发中常用的行之有效的方法。该方法国外用得较普遍，我国只是在三次资评时才开始使用。无论是资源量或储量的计算参数，还是采收率的变化规律，均与其他众多的参数相联系，构成相应的系统。系统间的要素、属性、特征、变化等有同一性、差异性和相似性。系统间存在共有特性，但它们的特征值可能会有差异。该共有特性称之为相似特性。系统间的相似特性则为系统的相似性。系统属性和特征的客观性，决定了系统间相似性的客观性，相似性不依赖人们的感性认识而存在。不同油气单元的相似性研究方法是运用全面的、系统的、变化的辩证唯物论观点和方法，定性与定量结合、动态与静态结合、整体与局部结合、人与计算机结合的综合集成方法。二是类比是以事实为准绳，即以已知地质单元的地质特征、规律有较深认识且有相对准确的资源量或储量为类比依据。同时，世上无相同的地质单元但有相似的地质单元，相似的事物有相似的规律，这也是客观存在。因此，“类比是从两个体系中已经确定的互相类似的性质，预测尚未确知的类似的性质”。三是在油气藏形成和勘探过程中，各个环节都充满了不确定性，这些不确定性在相当长时间内难以消除。由于地质认识不足及相关资料少，对计算资源量或储量的某些参数，通常采取勘探程度高并已成为事实的盆地、含油气系统、区带、圈闭的相关资料、信息、规律、方法，进行类比、预测新区的相应指标、参数、规律。这样在某种程度上减少了一定的不确定性。在这种不确定性的条件下，类比法的结果似乎可信度更高些。采用类比法其中的关键是确定主类比参数及参数值的可靠性。但原来采用的主观评分往往因类比者的学识、经验、能力不同而使结果有所差异，甚至差异很大，而且这种结果往往是经验性的。有时甚至出现为了满足某种不合理要求，采用不切实际的类比数据造成误导。另外，采用刻度区法，其类比范围也过于狭小。为了减少使用类比法的主观随意性及扩大类比范围，宜采用类比法的定量模型。

三、油田开发中的类比

类比法是油气勘探开发中常用的方法。在开发新油田中，由于地质认识不足及相关资料少，对计算储量的某些参数，如采收率、采油速度、产量变化规律、含水变化规律等，通常采取成熟油田或已开发油田的相关资料、信息，进行类比、预测新油气田或待开发油气田的相应指标、参数、规律。但这种类比同样存在着因人而异的差距。

第六节 油田开发相似论的理论基础

相似现象是油田开发的普遍现象，相似方法是油田开发常用的方法，现象是规律的表象反映，方法亦有理论依据。相似论的理论基础是辩证唯物论、三个基本定理、相似论、相似性科学。

一、油田开发相似论的哲学基础

相似现象不仅存在于自然界，而且也存在于人类社会之中，事物的相似性是客观存在的。相似理论是说明人类社会、自然界和工程中各相似现象相似原理的学说，是研究人类社会的社会现象、自然界的自然现象中个性与共性，或特殊与一般的关系，以及内部矛盾与外部条件之间的关系的理论。

辩证唯物论认为事物发展是事物内部必然的自己的运动，每一事物（包括主观思维）的运动都和它周围其他事物互相联系和互相影响。换句话说，一切事物中包含的相互依赖和相互斗争，决定一切事物的生命，推动一切事物的发展。每一事物内部不但包含了矛盾的特殊性，也包含了矛盾的普遍性。存在着普遍性和特殊性，即共性和个性，客观事物中相同和相异是相对的，而相似则是绝对的，具有普遍性。普遍性存在于特殊性之中或个性之中，没有个性也就没有共性，它们之间存在同一性，这是辩证的统一。普遍性即为相似性，特殊性即为不相似性，亦即相似与不相似也是辩证统一的，相似中有不相似，不相似中也有相似，它们互相联系、互相贯通、互相渗透、互相依赖、互相转化，存在同一性。事物内部存在矛盾，有同必然有异，同与异不能单独存在，相似是客观事物中同与异的矛盾统一或对立同一。同（包含相同与相似，相似不等于相同）是继承，异在同的基础上发展、运动，只有变异，事物才能向前发展。没有相似，自然界就没有运动，就没有联系，就没有创造性。科学技术的进步，自然界的万事万物绝对是由相同、相似与相异决定的。

“相似性原理”是揭示自然界、人类社会、思维发展规律的基本原理之一。“相似理论”是人类认识主客观世界需要用到的理论，也是改造主客观世界需要用到的理论。

二、油田开发相似论的各个阶段

相似科学的发展大致可分为三个阶段：相似理论阶段、相似论阶段、相似性科学阶段，三个阶段组成一个完整的相似科学。

（一）相似理论阶段

相似理论将描述物理现象的微分方程进行相似变换，以得到无量纲数群之间的关系式，相似理论的特点是高度的抽象性与广泛的应用性相结合。1848 年法国 J. 贝特朗以力学方程式的分析为基础，首次阐明了相似现象的基本性质，提出了相似第一定理，即凡相似的现象，其相似准数的数值相等。后来俄国学者 A. 费捷尔曼和美国学者 E. 白金汉分别导出了相似第二定理，即可以用相似准数与同类量比值的函数关系来表示微分方程的积分结果。1930 年苏联科学家 M. B. 基尔皮契夫和 A. A. 古赫曼提出相似第三定理，即现象相似的充分必要条件是单值条件相似及由单值条件组成的相似准数相等。这三条定理构成了相似理论的基本内容。它是试验理论科学用以指导模型试验上确定“模型”与“原型”的相似程度、等级等。

（二）相似论阶段

20 世纪 70 年代末，我国学者张光鉴提出了“相似论”，揭示了相似规律：一切事物都是由相似的单元、层次所组成，它们的发展是一个由简单到复杂、由低级到高级的不断排列组合、优化的过程。相似的“基因”、相似的环境和条件产生相似的结果。如缺少其中某一项，就会出现结果不相似。一事物与其他事物的相似功能越多，作用就越大，应用就越广等。

学者张光鉴指出：相似的思维是人类的原始思维，也是现代普遍使用的思维形式。人们强调实践的目的，就是在大脑中积累“相似块”。科学研究普遍应用的一些方法都是以人们头脑中贮存的相似现象与过程即“相似块”为基础的。人如果能和物质基本结构中有联系的那种带有普遍相似现象的事物为出发点去进行研究，必将会与其他的有关科学自然而然发生联系，这种相似的发现就必然一环套一环出现。这就体现了相似运动、相似联系、相似创造的基本规律。规律寓于相似性之中，相似是客观运动的规律又是方法。

相似论运用了现象相似与本质相似、静态相似与动态相似、宏观相似与微观相似的相似关系、原理和规律，指出相似论就是研究相似的关系、原理和规律的科学，是本体论、认识论、方法论相统一的唯物辩证观，属思维理论科学。它既有西方科学中细致分析的特点，又有东方文化重直觉、重整体的长处，致使读者思路敏捷、视野开阔、激发其潜在创造能力，是提高、推进、完善某一具体科学的依据。

（三）相似性科学阶段

21 世纪初，我国另一学者周美立首次提出了“相似性科学”。以相似性为研究对象，从系统科学和信息科学角度阐明相似性原理的形成和演变规律，提出相似系统分析度量方法，进行基于系统相似规律的相似工程和相似创造，从而在国际上建立起以相似性为研究对象，认识、分析、应用相似性的相似科学。

相似性科学以相似系统理论和相似学为理论基础，并进行了相似工程实践，阐明了相似分析方法，揭示了相似原理和相似规律，为相似工程和相似创造提供了理论依据。相似性科学是研究系统相似规律及应用的科学，属理论与应用科学。

相似科学为人类认识自然界中的相似性，探索系统间未知的相似特性，处理诸多领域中与相似性有关的科学技术问题，推动这些相关学科的发展，提供了新的理论与方法，有着重要的科学意义和广阔的应用前景。

从方法论上讲，狭义的方法是相似科学从现象发生和发展的内部规律性（数理方程）和外部条件（定解条件）出发，以这些数理方程所固有的在量纲上的齐次性以及数理方程的正确性不受测量单位制选择的影响等为大前提，通过线性变换等数学演绎手段而得到了自己的结论。相似理论方法分为方程分析（相似转换）法和量纲分析（因次分析）法，它们的区别在于方程分析法以具体的方程组为基础，量纲分析法以普遍的方程组为基础。广义的方法是从“一般”到“特殊或个别”，或从“特殊或个别”到“一般”，或从“特殊或个别”到“特殊或个别”，或从“一般”到“一般”。

总之，相似科学以三个基本定理、相似论、相似性科学为理论基础，以方程分析法、量纲分析法为手段，进行相似理论在各个领域中的应用，包括油田开发中的应用、探索、创造、创新。相似科学给人们提供了一种相似思维的方式和相似应用的方法。

第七节 油田开发需善用巧用相似论

著名科学家高士其在为《相似论》所作的序中这样写到：“我们生活在科学的世界，我们更生活在规律的世界，每一件事都有其规律可循，科学本身就是在遵循规律，运用规律上的劳动创造。世界上的事物，虽然千姿百态，但究其内在的本质，都有其相同的哲理，当我们摸清了事物各自迥异的个性后，就需要开始去寻找它们内在的共性，这才是一个明哲、智慧的作法，也是认识事物的最好途径。只有这样才能掌握大自然的运动规律，从而站在哲学的高度，通晓自然科学和社会科学领域的真谛。”

一、科学技术发展的现状

21 世纪是科学技术加速化、整体化、综合化、多元化、全球化、产业化全面发展的时代，信息技术、生物技术、纳米技术、量子技术、新材料技术、新能源技术、海洋技术、航天技术等高新领域不断创新，进而使生产力要素、产业结构和人们的生产方式、生活方式、思想观念发生了巨大变化。科技更加以人为本，科技创新活动日益社会化、大众化、网络化，绿色、健康、智能、安全成为科技创新的重点方向。

世界科学技术的发展必然反映到石油工业，促使石油工业关键技术进一步推动，向集成化、信息化、智能化、可视化、实时化、创新化的方向发展，其中信息技术（含虚拟技术）、生物技术、纳米技术、量子技术、新材料技术、智能技术等新技术、新工艺将会在油田开发中取得广泛的应用。

二、善用巧用相似理论解决油田开发发展中的问题

在第三章第一节已叙述了油田开发当前的困境，即油田开发形势复杂化，油田开发状态复杂化，油价低、成本高、利润下滑、经营恶化。如何解除困境？用马克思主义哲学指导可摆脱困境。同时，科学技术发展与创新也是解决困境的基本方法，而善用巧用相似科学可能是另一种有效方法。

（一）用相似科学的思维方式解决油田开发中的难题

何谓相似性思维？相似性思维是指人们在继承原有的认知基础上，运用事物间存在的互相联系、互相贯通、互相渗透、互相依赖、互相转化及几何、结构、运动、功能相似特性，促使事物变异，不断产生新的认识的创新思维活动。

按相似性思维的定义，进行相似思维可分为三个步骤：（1）对相似事物的本质、规律、表象充分认知；（2）充分认知相似事物的关系和相似特性；（3）在相似的基础上运用相似方法论和相似方法对新事物进行变异和不断创新。

对开发形势复杂化、开发状态复杂化、经营管理复杂化三类困境均可采用相似思维方法解之。例如对油田开发中存在的问题，可借鉴中医诊治疾病的方法。人体系统、人脑系统是开放的复杂巨系统，其中尚有许多部分未被人类所认识，许多问题未被解决。中医从整体论、系统论出发，采用的方法是“望、闻、问、切”，仔细观察病征，诊病寻因，针对不同病症辨证施治，进而进行病症分析查出内在因素，并采用综合治疗方法，即多味中药组合、多种治疗方法组合、治疗调理养生组合、食疗医疗运动组合，循序渐进地进行治疗直至病情改善和痊愈。油田开发系统是自然和人工共筑系统，是相对程度较低（或称企业级）的开放的复杂巨系统。针对具体的开发单元或单井，从油田开发整体角度运用系统论的方法，对地质、工程、集输、生产、管理、经济等方面，排查影响因素、寻找主因，依具体情况具体分析，有针对性采取多种方法综合措施，达到治理、改善、提高、有效、经济的目的。即使是单井存在的问题也应放在整个开发系统考虑。如单井油气产量低的病症，其病征表现是突然降低还是逐渐降低，通过对生产和测试资料、信息，进行病证分析，查明影响因素是地层能量不足还是综合含水率上升；是地层堵塞还是举升装置问题；是油源供给减少还是油层物性变差；是井口问题还是集输回压问题；是油品品质恶化还是其他油井影响等。查明是单一因素、多因素还是综合因素；查明主要影响因素和主要影响

因素方面；查明是地层原因还是井筒原因；查明是现实原因还是历史原因；查明是自然原因还是人为管理原因等。经过整体化、系统化全面细致的综合分析及主要影响因素变化趋势的预测，制定针对主因兼顾次因的综合措施，精心设计、精心施工、精心管理，达到有效、经济的治理目的。

（二）运用相似性思维中的创新思维解决油田开发的难题

创新思维是相似性思维的重要组成部分，具有创新思维的油田开发管理者在克服困难方面可能会闯出一片新天地。

1. 何谓创新及为何创新

创新是现代社会用得很广泛的词，几乎各个行业都在谈创新。对创新的定义也是多种多样。创新可分为多种类型。但笔者直观地理解：创新就是创、新、用。所谓创，就是产生有别于他人的创造、发明；所谓新，就是新思想、新概念、新方法、新工艺、新技术等；所谓用，就是产生这些新东西要有效可用、可转化为生产力、可进入市场。因此，创新是虚与实的结合、理论与实践的结合。

为何要创新？不外乎是为人类、为国家、为企业、为自己。不同的人，因为三观（世界观、人生观、价值观）的不同，为人类、为国家、为企业、为自己各占比重也不同。

2. 何谓创造性思维与相似性思维中的创造性思维

创造性思维也称创新思维，是仁者见仁智者见智，如创造性思维是发散性思维；或是求异思维；或是反向思维；或是逆向思维；或是交叉思维；或是联想思维；或是多方位、多层次的立体思维；或是与前人没有相似性的思维等。虽都有一定道理，但也无所适从。笔者认为创造性思维的核心是求变，即从弱变强，从旧变新，从小变大。因此，凡能达到求变与发展的思维就是创新思维。故上述种种思维均可视为创造性思维，而发展即是在原有的基础上一为突破，一为综合，突破而创新，综合而集优。

相似性思维中的创造性思维是“综合运用正确的概念或通过想象和形象思维，在解决理论、实践、生活问题时在人们大脑活动过程中出现的一种有价值的新思想”。并“在进行创造性思维活动中，不管在显性还是潜意识部分，锻炼、应用、造就相似性的识别能力、重组能力是重要的基本方式”。相似性思维中的创造性思维是以相似理论为基础的。

归根到底，创造性思维属马列主义、毛泽东思想的唯物辩证思维。

3. 运用相似性思维中的创新思维解决油田开发的难题

油田开发过程中的诸多难题可用相似性思维中的创新思维解决。一方面是突破，大量事实说明，单纯的发现、发明、突破、创造是少量的，大部分是运用相似规律和事物间的相似性，发现、发明、突破、创造出新的事物。在油田开发过程中不同开发阶段都存在相应的难题，如油田开发初期，由于资料与信息少，对油藏科学地正确地认识缺乏足够的依据，这就需要运用几何相似性、结构相似性、运动相似性、功能相似性引发新的思维“推陈出新”，在有限的资料中尽可能多地获得综合信息，进而得到对油藏更多的认识。另一方面是综合、重组，即组合本领域的甚至扩展到不同领域的新方法、新工艺、新技术，取长补短、相互补充、协作共赢，形成一种解决油田开发过程中难题的综合性的新科技，如难采储量的开发开采。

所谓难采储量主要指在目前的技术条件和经济条件下尚不能开采的储量。主要特点有储量丰度低、储层物性差、油藏埋深大、油品品质劣、采油成本高，简称“低差深劣高储量”，属于目前低效益和无效益储量。在开采者无法控制油价的前提下，要对难采储量有效益地开采，基本途径就是综合或重组，即以系统论的观点重组新技术、新工艺、新方法和低成本管理，甚至引进其他领域的新科技，进行有针对性的组合开采。基本上综合已有科学技术和管理方法的组合，应按相似性的特征进行优选重组、实施，只有如此才能有效地实现难采储量开采。

难采储量与难动用储量，均是相对概念。只是难采储量的外延更大些，因为已动用储量中也有难采储量。

三、运用相似性思维中的管理思维解决油田开发的难题

无论是自然界还是人类社会都存在大量的相似现象，管理内容也会与相似现象相联系。因此，管理者同样应自觉运用几何相似性、结构相似性、运动相似性、功能相似性引发新的思维去探索新管理方法。在油田开发过程中存在大量的管理内容和管理方式，管理学中管理理论、原理、效应、规则均可依据相似性理论引入油田开发的管理中。例如著名的木桶理论及演化的反木桶理论、斜木桶理论、新木桶理论等。木桶理论是讲一只水桶能装多少水取决于它最短的那块木板；反木桶原理是提倡突显特色、发挥特殊优势的创新战略；斜木桶原理是把木桶放置斜面时，木桶装水的多少取决于最长板子的长度；新木桶理论是正常摆放的木桶可装多少水取决于每一块木板的长度，最短的木板决定盛水量，木板间结合是否紧密、有一个很好的桶底均影响着盛水量。实际上无论木桶理论如何演变，笔者认为其核心思想是克服短板、发挥特长、不要守旧而且重在发挥特长。这种核心思想正可运用于油田开发管理中。一个油气生产企业在管理上不要面面俱到，要找准长处、发现短板，用新办法积极发挥长处，尽量克服短处，充分掌控风险、努力创新发展。在众多的管理中，不同层次的管理者关注方向与程度不同，企业的主要管理者最为关注的基本上为增储上产、安全管理、成本管理。如增储上产除了新区增储外，就是已控储量的有效动用，不断提高储量动用程度；安全管理的内容很多，其中的短板是个别职工安全意识薄弱、疏忽大意可能会造成安全事故；成本管理中影响成本的主导因素是降本增效的关键，要力争找出找准等。这虽是常识，但可运用相似性的创新性思维“举一反三”、“闻一知十”、“触类旁通”、“推陈出新”，创造出更有效的管理方法。

总之，善用巧用相似论中规律、定理、创造性思维，就有可能简捷有效地解决油田开发过程中的疑难问题，跳出所处困境而持续地发展。

第八节　定量类比法在勘探开发中的应用

类比结论具有或然性，其推论可能正确，也可能错误。类比所根据的相似属性越多，类比的应用也就越有效。类比所根据的相似属性间越是有相关联的、具有规律性的东西而非表面的、偶然的东西，类比的应用也就越为有效，类比结论的可靠性程度就较大。因此，仅仅定性推论就难以保证结果正确程度，而需定性与定量结合，采用两个、两类或两系统相似程度的相似数学模型越精确，类比的应用也就越有成效。本节根据相似性科学和灰色理论，采用相似度定量方法与灰关联度定量方法，且重点介绍相似度方法，说明类比法应用的有效性。

一、类比法定量模型

(一) 定量类比方法

1. 相似度定量方法

把在系统间存在共有属性和特征，而在数值上存在差异的要素，定义为相似要素或相似特性。系统间存在一个相似要素或相似特征，便在系统间构成了一个相似单元，简称相似元。系统间存在相似性要素和相似特征的系统，称之为相似系统。系统间的相似类比，主要产生于相似元类比。根据周美立教授的研究，设 $\boldsymbol{A}$ 系统有 K 个要素，$\boldsymbol{B}$ 系统有 L 个要素，即：

$$\boldsymbol{A}=\{a_1,\ a_2,\ \cdots,\ a_K\}=\{a_i\},\ i=1,\ 2,\ \cdots,\ K \tag{5-8-1}$$

$$\boldsymbol{B}=\{b_1,\ b_2,\ \cdots,\ b_L\}=\{b_j\},\ j=1,\ 2,\ \cdots,\ L \tag{5-8-2}$$

若 $\boldsymbol{A}$、$\boldsymbol{B}$ 两系统中存在 N 个相似特性，构成相似元集合，即：

$$\begin{aligned}&\boldsymbol{u}_n=\{a_i,\ b_j\}\\&\boldsymbol{U}=[\boldsymbol{u}_1,\ \boldsymbol{u}_2,\ \cdots,\ \boldsymbol{u}_n]=[\boldsymbol{u}_n],\ n=1,\ 2,\ \cdots\cdots,\ n\end{aligned} \tag{5-8-3}$$

则 $\boldsymbol{A}$、$\boldsymbol{B}$ 系统相似特性数量的相似度为：

$$q_{\boldsymbol{AB}}(\boldsymbol{u}_n)_{\mathrm{s}}=\frac{n}{K+L-n} \tag{5-8-4}$$

$\boldsymbol{A}$、$\boldsymbol{B}$ 两系统的第 i 个相似元特征值为：

$$r_{\mathrm{in}}=\frac{\min(a_{\mathrm{in}},\ b_{\mathrm{in}})}{\max(a_{\mathrm{in}},\ b_{\mathrm{in}})} \tag{5-8-5}$$

若各相似特征影响不等，或主要程度不同，取特征权数为：

$$\boldsymbol{d}_n=\{d_1,\ d_2,\ \cdots,\ d_n\}=\{d_n\} \tag{5-8-6}$$

且

$$\sum_{i=1}^{n}d_i=1$$

则特征相似程度：

$$q_{\boldsymbol{AB}}(\boldsymbol{u}_n)_{\mathrm{t}}=\sum_{i=1}^{n}d_ir_i \tag{5-8-7}$$

若考虑 $\boldsymbol{A}$、$\boldsymbol{B}$ 两系统数量相似程度及特征相似程度的权数 ω，则

$$q_{\boldsymbol{AB}}(\boldsymbol{u}_n)=\omega_1q_{\boldsymbol{AB}}(\boldsymbol{u}_n)_{\mathrm{s}}+\omega_2q_{\boldsymbol{AB}}(\boldsymbol{u}_n)_{\mathrm{t}}=\omega_1\frac{n}{L+K-n}+\omega_{\mathrm{w}}\sum_{i=1}^{n}d_ir_i \tag{5-8-8}$$

其中 $0\leqslant\omega_1\leqslant1$，$0\leqslant\omega_2\leqslant1$，且 $\omega_1+\omega_2=1$。

上述特征值可用相关函数、可拓、模糊隶属函数确定，权数可采用专家评估法、层次分析法、熵值法、关联度法等方法确定。

2. 灰关联度定量法

灰关联度法是邓聚龙教授灰色理论重要组成部分。在计算关联度时，先对初始序列进行无量纲化处理后，确定一个代表系统演变态势的数据列，称为参考数据列，或称指标数据列，或母序列，记为 $\boldsymbol{X}_0$，即：

$$\boldsymbol{X}_0=\{X_0(k)\},\ k=0,\ 1,\ 2,\ \cdots,\ n \tag{5-8-9}$$

与 $\boldsymbol{X}_0$ 进行比较的数据列，称为比较序列，或条件数据列，或子序列，记为 $\boldsymbol{X}_i$，即：

$$\boldsymbol{X}_i=\{X_i(k)\},\ i=1,\ 2,\ \cdots,\ m;\ k=1,\ 2,\ \cdots,\ n \tag{5-8-10}$$

则关联系数为 $\boldsymbol{\xi}(k)$：

$$\xi_i(k)=\frac{\min\limits_i\min\limits_k|X_0(k)-X_i(k)|+\rho\max\limits_i\max\limits_k|X_0(k)-X_i(k)|}{|X_0(k)-X_i(k)|+\rho\max\limits_i\max\limits_k|X_0(k)-X_i(k)|} \tag{5-8-11}$$

式中 ρ 称为分辨系数，一般取值 0.1~0.5，通常取 0.5。

为了便于比较，运用关联系数序列的平均值，记为 γ_{0i}，即为子序列 i 与母序列 0 的关联度：

$$\gamma_{0i}=\frac{1}{n}\sum_{k=1}^{n}\xi_i(k),\ i=1,\ 2,\ \cdots,\ m \tag{5-8-12}$$

若有 m 个子序列，则有相应 m 个关联度，构成了关联度序列：

$$\boldsymbol{\gamma}=(\gamma_1,\ \gamma_2,\ \cdots,\ \gamma_m) \tag{5-8-13}$$

按 γ_{0i} 值的大小排序，称为排关联序。γ_{0i} 值的大小反映出与母序列的相似程度。γ_{0i} 值越大，则与母序列越相似。

3. 多系统的定量类比

通常选用类比系统，不仅是 $\boldsymbol{A}$、$\boldsymbol{B}$ 两元或两系统类比，而是多元或多系统类比，此时可采用矩阵定量类比法。

$$\boldsymbol{q}=\begin{bmatrix}d_1\\d_2\\\vdots\\d_n\end{bmatrix}\cdot\begin{bmatrix}a_{11}, & a_{12}, & \cdots, & a_{1n}\\a_{21}, & a_{21}, & \cdots, & a_{2n}\\\vdots & \vdots & & \vdots\\a_{n1}, & a_{n2}, & \cdots, & a_{nn}\end{bmatrix}=\begin{bmatrix}q_1\\q_1\\\vdots\\q_n\end{bmatrix} \tag{5-8-14}$$

（二）类比相似度

当两两类比时，它们的相似程度大小，以类比相似度 β_{oi} 表示。

$$\beta_{oi}=q_{\mathbf{AB}}=\gamma_{oi},\ i=1,\ 2,\ 3,\ \cdots$$

类比相似度可分为五级，即十分相似、相似、较相似、基本不相似、不相似，其量化标准见表 5-8-1。

表 5-8-1　类比相似度表

类比相似度	十分相似	相似	较相似	基本不相似	不相似
β_{oi}	$0.95<\beta_{oi}<1.00$	$0.75<\beta_{oi}\leqslant 0.95$	$0.45<\beta_{oi}\leqslant 0.75$	$0.15<\beta_{oi}\leqslant 0.45$	$0<\beta_{oi}\leqslant 0.15$

（三）类比步骤

（1）确定类比对象，时段。确定需类比的对象：同类同级的盆地、区带、圈闭、油藏、油层等。确定类比时段：油气勘探相应阶段。

（2）确定类比指标。资源量或储量计算参数，采收率，它们的变化规律或统计规律等。

（3）确定类比对象的属性、特性及其特征值。根据所确定的类比对象，分析研究它的本质属性及相应静动态特征及数量，并采用相应方法取得特征值。

（4）确定类比对象的相似性。根据类比对象的特征属性，确定其共同特性及其特征值。

（5）选择类比方法。按照具体对象的基本状况，确定相似特征，相似元、相似系统，选择类比方法：经验公式法、精细相似法、模糊相似法、灰色相似法、可拓相似法、混合相似法、定量模型法。

（6）计算类比对象相似度。按照所选方法计算相应的相似度。

（7）确定相应类比结论。根据计算的相似度，推演另一类比对象的相似特征、属性，得出新对象的类比结论。

（8）对类比结论的评估。评估类比结论的可靠性和或然率。

（9）类比结论的应用。根据类比结论及其评估，确定该结果的应用或引用程度。

二、类比法定量模型在油气勘探中的应用

类比法可用于各级地质单元，并通过实例予以说明。类比指标的确定参照了《油气资源评价方法与参数体系》。

（一）区带或圈闭类比与实例

（1）设已知区带为 A、B、C、D、E、F、G，…，未知区带为 X，其类比参数及数值列于表 5-8-2。

表 5-8-2　区带（圈闭）类比参数表

成藏条件	参数名称	区带（圈闭）								
		X	A	B	C	D	E	F	G	…
烃源条件	烃源岩厚度（m）	900	695	705	665	687	865	756		
	运移距离（km）	6	<10	<10	4	4	2	8		
	生烃强度（$10^4t/km^2$）	800	1000	1400	1000	1400	1400	600		
储集条件	储层百分比（%）	25.0	38.8	46.2	22.0	46.0	39.9	46.5		
	储层孔隙度（%）	18.3	17.8	28.7	21.0	23.0	26.5	23.3		
	储层渗透率（mD）	102.7	217.0	305.0	488.8	180.0	164.5	96.0		
	储层埋深（m）	2900	3400	3400	2800	3000	2200	2900		
圈闭条件	主要圈闭类型①	0.75	0.75	0.75	1.00	0.75	0.75	0.75		
	圈闭面积系数（%）	27.2	49.0	40.0	43.6	18.4	30.4	40.0		
	圈闭幅度（m）	300	150	55	150	300	150	150		

续表

成藏条件	参数名称	区带（圈闭）								
		X	A	B	C	D	E	F	G	…
保存条件	盖层岩性②	0.5	0.5	0.5	0.5	0.5	0.5	0.5		
	盖层厚度（m）	800	800	800	800	800	800	80		
	断裂破坏程度③	0.75	0.75	0.75	0.75	0.75	0.75	0.75		
配套条件	生储盖配置④	1.00	1.00	1.00	1.00	0.75	0.75	0.75		

注：表内量化指标①主要圈闭类型，背斜为主（1.0），断背斜、断块（0.75），地层（0.50），岩性（0.25）；②盖层岩性，膏盐岩、泥膏岩（1.0），厚层泥岩（0.75），泥岩（0.50），脆泥岩、砂质泥岩（0.25）；③断裂破坏程度，无破坏（1.0），弱破坏（0.75），较强破坏（0.50），强烈破坏（0.25）；④生储盖配置，自生自储（1.0），下生上储（0.75），上生下储（0.50），异地生出（0.25）。

（2）采用式（5-8-1）至式（5-8-14）中相应公式计算相似系数，其结果列于表5-8-3。

（3）确定最大相似系数：从表5-8-3中看出按类比相似度表，A与D在相似范围内，B、C、E、F在较相似的范围内，但A与X的相似系数最大，故推荐A为相似类比对象。

表5-8-3　相似系数计算表

名称	X/A	X/B	X/C	X/D	X/E	X/F
相似度法	0.8245	0.7375	0.7959	0.8130	0.7645	0.7732
灰关联度法	0.8019	0.7279	0.7849	0.8010	0.7493	0.7557

（4）选用A的面积丰度或体积丰度，计算X的资源量。另外，D与X的相似系数亦大，类比相似度亦为相似，也可选用A与D的面积丰度或体积丰度均值计算X的资源量。

该类比结果与实际是吻合的。

（二）盆地类比方法

盆地类比参数为烃源、储集、圈闭、保存、配套，为了便于量化，特选以下次级参数：烃源—盆地类型、有效烃源岩厚度、生烃强度、排烃强度；储集—储层百分比、储层孔隙度、储层渗透率；圈闭—主要圈闭类型；保存—区域盖层岩性、区域盆盖比（区域盖层面积与盆地面积之比）、区域破坏程度；配套—生储盖组合数等。

其他步骤同上。

（三）讨论

（1）在自然界同类事物应遵循共同的规律，这是相似—类比的客观基础。因此，以地质特征为主的类比法应该更可靠。自然界不确定因素对其他方法的影响更难以琢磨。成因法参数的确定就有许多不确定因数，而统计法预测未知也充满了不确定性。这样就很难说其他方法比类比法更优越。

（2）刻度区法虽然也称为类比，但它实际上是用一把尺子即参数取值标准去共同衡量已知和未知区。这种方法不仅在评分过程中有许多人为因素影响，而且，这种间接比较是一种无奈之举，它不如多组两两类比更直接些，结果也更可靠些。

（3）类比法定量模型用数学方法减少了人为因素影响，使类比有了共识结果，减少了多解可能性，增强了技术性。类比定量模型的理论基础是相似性科学及灰色理论，具有科学性。通过实例说明了类比定量模型的实用性。该模型计算程序化并且若有盆地、含油气系统、区带、圈闭等资料库支持，将使计算更便捷，结果更可靠。

（4）在使用过程中，凡涉及未知区参数如圈闭面积系数等尽可能不用。因为未知区此类参数难以准确确定。

（5）类比也是一种预测的方法。翁文波院士曾在1958年根据对称类比预测“在较高纬度带，如相当于加拿大落基山油区（N50°）与我国东北（N45°），沉积上也有一些相似之处，如下古生界地层变质；泥盆系、石炭系存在；二叠系三叠系发育较差，而白垩系则发育很好。在加拿大落基山油区，油层就在泥盆系、石炭系与白垩系中”。他同时还对华北地区与北美粉江盆地类比，预测华北地区奥陶系有油。后被大庆、华北油区证实。他预测的太平洋内带分布新生代石油矿藏亦被证实。这种定性类比可逐步向定量转化。

（6）目前尚无十全十美的油气资源量或储量的评估方法，尤其是对未知区资源量或储量的预测更难达到理想状态。类比法定量模型也有其局限性，仍需进一步提高与完善。

三、类比法定量模型在油田开发中的应用

（一）油田开发相似准则

在油田开发系统中，相似系统间的相似特征值的组合可成为无量纲的综合关系式，其不变量则是系统相似准则。从上述定义看出，相似准则有如下特点：（1）是多个特征的组合；（2）是无量纲的综合数；（3）是个非常量的不变量。

在油田开发中，常用的相似准则有储量相似准则（N_c），采收率相似准则（N_{ER}），采油速度相似准则（N_v），产量相似准则（N_q）等。

1. 储量相似准则（N_c）

已知：

$$N_o = 100Ah\phi\rho_o S_o / B_o \tag{5-8-15}$$

单储系数 S_{nf} 为：

$$S_{nf} = \frac{N_o}{Ah} = \frac{100\phi_o \rho_o S_o}{B_o} \tag{5-8-16}$$

现有A、B两系统为相似系统，其单储系数相似比 r_{snf} 为：

$$r_{snf} = \frac{S_{nfA}}{S_{nfB}} \tag{5-8-17}$$

将式（5-8-16）代入式（5-8-17）：

$$r_{snf} = \frac{r_\phi r_{S_o} r_{\rho_o}}{r_{B_o}} \tag{5-8-18}$$

则储量相似准则为：

$$N_c = \frac{r_\phi r_{S_o} r_{\rho_o}}{r_{snf} r_{B_o}} = 1 \tag{5-8-19}$$

2. 产量相似准则（N_q）

产量相似比 r_q：

$$r_q = \frac{q_{oA}}{q_{oB}} = \frac{r_k r_h r_p}{r_{\mu_o} r_{B_o}} \tag{5-8-20}$$

$$N_q = \frac{r_k r_h r_p}{r_q r_{\mu_o} r_{B_o}} = 1 \tag{5-8-21}$$

3. 采收率相似准则（N_{E_R}）

$$r_{E_R} = \frac{r_k r_p r_t r_f}{r_\phi r_\mu r_{S_o}} \tag{5-8-22}$$

$$N_{E_R} = \frac{r_k r_p r_t r_f}{r_\phi r_{\mu_o} r_{S_o} r_{E_R}} \tag{5-8-23}$$

上述各准则，已进行量纲检验，符合相关规定。

（二）类比步骤

（1）确定类比对象、时段。确定需类比的对象：构造、油田、油藏、油层、油井等。确定类比时段：油田或气田开发准备、初期、中期、后期、废弃各阶段。

（2）确定类比指标：储量计算参数，采收率，产量变化规律，含水率变化规律等。

（3）确定类比对象的属性、特性及其特征值。根据所确定的类比对象，分析研究它的本质属性及相应静动态特征及数量，并采用相应方法取得特征值。

（4）确定类比对象的相似性。根据类比对象的特征属性，确定其共同特性及其特征值。

（5）选择类比方法。按照具体对象的基本状况，确定相似特征，相似元、相似系统，选择类比方法：经验公式法、精细相似法、模糊相似法、灰色相似法、可拓相似法、混合相似法、定量模型法。

（6）计算类比对象相似度。按照所选方法计算相应的相似度。

（7）确定相应类比结论。根据计算的相似度，推演另一类比对象的相似特征、属性，得出新对象的类比结论。

（8）对类比结论的评估。评估类比结论的可靠性和或然率。

（9）类比结论的应用。根据类比结论及其评估，确定该结果的应用或引用程度，模拟、仿真、相似设计、相似管理、相似控制等。

（三）定量类比实例

其类比数据见表 5-8-4。表中类比参数为 16 项，主要类比指标为采收率、单位可采量、单井平均可采量。引用该例时仅类比采收率及采用定量类比法。

表 5-8-4 类比油田基本参数表

参数	油田/储层									
	新油田	类比区块								
	X	A	B	C	D	E	F	G	H	I
液体形态	油	油	油	油	油	油	油	油	油	油
基准面深度（m）	1860	1785	1855	1898	1907	1855	2420	2675	3778	2750
孔隙度（%）	15.2	15.6	16.5	14.1	15.8	12.0	18.0	18.6	22.0	24.0
含水饱和度（%）	42	45	39	42	44	44	40	39	37	36

续表

参数	油田/储层									
	新油田	类比区块								
	X	A	B	C	D	E	F	G	H	I
渗透率（mD）	75.0	150.0	65.0	82.0	85.0	65.0	145.2	379.0	401.0	401.0
原始压力（MPa）	18.0	17.5	18.2	18.6	18.9	18.2	23.7	26.2	37.1	26.9
原油密度（g/cm^3）	0.839	0.840	0.820	0.850	0.857	0.839	0.883	0.995	0.974	0.971
原油黏度（mPa·s）	5.70	5.30	2.20	4.80	6.70	5.98	10.24	15.90	2.86	3.60
原油体积系数	1.393	1.420	1.400	1.380	1.290	1.212	1.079	1.031	1.032	1.032
钻井数量（口）	66	45	125	95	88	175	22	35	5	17
井距（m）	300	700	500	300	300	500	500	500	300	700
开采机理	注水	注水	注水	注水	注水	注水	衰竭	注水	衰竭	注水
评价方法	生产/动态法	生产/动态法	生产/动态法	生产/动态法	生产/动态法	生产/动态法	生产/动态法	生产/动态法	生产/动态法	生产/动态法
面积（km^2）	8.0	6.1	11.5	9.7	15.0	31.1	8.6	3.1	1.0	0.4
厚度（m）	15.5	20.6	22.0	18.8	7.5	16.4	14.3	8.9	39.2	57.5
原始石油地质储量（10^4t）	658.4	637.8	1491.5	918.6	661.3	2372.6	1086.9	302.1	512.8	332.4
采收率（%）		22.0	32.0	28.0	35.0	29.0	15.0	14.0	24.4	15.0
总的最终可采量（10^4t）		140.3	477.3	257.2	231.5	688.1	163.0	42.3	125.1	49.9
累计产量（10^4t）	68.0	61.5	281.2	160.2	195.2	5.2	125.5	35.0	118.0	35.0
总储量（10^4t）		78.8	196.1	97.0	36.3	682.9	37.5	7.3	7.1	14.9
衰竭百分率（%）		43.8	58.9	62.3	84.3	0.8	77.0	82.7	94.3	70.1
单位可采量（t/m^3）		0.01117	0.01887	0.01410	0.02058	0.01349	0.01325	0.01530	0.03190	0.02170
单井平均可采量（10^4t）		3.1	3.8	2.7	2.6	3.9	7.4	1.2	25.0	2.9

1. 相似度法

步骤1：引该例时，将类比参数合并为地质因素、原油性质因素与油藏工程参数等相似元共11顶（表5-8-5）。

表5-8-5　新油田老油田类比数据表

参数	油田/储层									
	新油田	类比区块								
	X	A	B	C	D	E	F	G	H	I
基准面深度（m）	1860	1785	1855	1898	1907	1855	2420	2675	3778	2750
孔隙度（%）	15.2	15.6	16.5	14.1	15.8	12.0	18.0	18.6	22.0	24.0
含油饱和度（%）	58	55	61	58	56	56	60	61	63	64
渗透率（mD）	75.0	150.0	65.0	82.0	85.0	65.0	145.2	379.0	401.0	401.0
压力系数（MPa/100m）	0.9677	0.9804	0.9811	0.9800	0.9911	0.9811	0.9793	0.9794	0.9820	0.9782
原油密度（g/cm^3）	0.839	0.840	0.820	0.850	0.857	0.839	0.883	0.995	0.974	0.971
原油黏度（mPa·s）	5.70	5.30	2.20	4.80	6.70	5.98	10.24	15.90	2.86	3.60
油层体积系数（t/t）	1.393	1.420	1.400	1.380	1.290	1.212	1.079	1.031	1.032	1.032

续表

参数	油田/储层									
	新油田	类比区块								
	X	A	B	C	D	E	F	G	H	I
井网密度（口/km^2）	8.3	7.4	10.9	9.8	5.9	5.6	2.6	11.3	5.0	42.5
单储系数[10^4/(km^2·m)]	5.31	5.08	5.90	5.04	5.88	4.65	8.84	10.95	13.08	14.45
采收率（%）		22.00	32.00	28.00	35.00	29.00	15.00	14.00	24.40	15.00

步骤2：确定类比指标原油采收率 E_R。

步骤3：计算相似元特征值。现设新油田为X油田，类比油田为A、B、C、D、E、F、G、H、I。其相似元为深度相似元 r_D、孔隙度相似元 r_ϕ、含油饱和度相似 r_{S_o}、渗透率相似元 r_k、压力系数相似元 r_p、原油密度相似元 r_ρ、原油黏度相似元 r_{μ_o}、地层油体积系数相似元 r_{B_o}、井网密度相似元 r_f、单储系数相似元 r_{snf} 等特征值列于表5-8-6。

表5-8-6　相似元特征值计算表

类比油田	X/A	X/B	X/C	X/D	X/E	X/F	X/G	X/H	X/I
孔隙度	0.9744	0.9212	0.9276	0.9620	0.7895	0.8444	0.8172	0.6909	0.6333
渗透率	0.5000	0.8667	0.9146	0.8824	0.8667	0.5165	0.1979	0.1870	0.1870
压力系数	0.9871	0.9864	0.9875	0.9764	0.9864	0.9882	0.9881	0.9855	0.9893
井网密度	0.8916	0.7615	0.8469	0.7108	0.6747	0.3133	0.7345	0.6024	0.1953
含油饱和度	0.9483	0.9608	1.0000	0.9655	0.9655	0.9667	0.9508	0.9206	0.9063
单储系数	0.9567	0.9001	0.9491	0.9031	0.8757	0.6007	0.4850	0.4060	0.3675
基准面深度	0.9597	0.9973	0.9800	0.9754	0.9973	0.7686	0.6953	0.4923	0.6764
原油黏度	0.9298	0.3860	0.8421	0.8507	0.9532	0.5566	0.3585	0.5018	0.6316
原油密度	0.9988	0.9773	0.9871	0.9790	1.0000	0.9502	0.8432	0.8614	0.8641
原油体积系数	0.9810	0.9950	0.9907	0.9261	0.8701	0.7746	0.7401	0.7409	0.7409

步骤4：确定各特征权重。

$$\boldsymbol{d}_i=(d_\phi,\ d_k,\ d_p,\ d_f,\ d_{S_o},\ d_{snf},\ d_{\mu_o},\ d_\rho,\ d_{B_o})$$

$$=(0.12,\ 0.12,\ 0.12,\ 0.12,\ 0.10,\ 0.10,\ 0.08,\ 0.08,\ 0.08,\ 0.08)$$

步骤5：计算特征相似度（不考虑数量相似程度），计算结果见表5-8-7。

$$\boldsymbol{q}=(\boldsymbol{d}_i)^T(r_{xi})=(\boldsymbol{q}_i)^T,\ i=A,\ B,\ C,\ \cdots,\ I$$

表5-8-7　计算相似度值表

$\boldsymbol{q}_i$	$q_{X/A}$	$q_{X/B}$	$q_{X/C}$	$q_{X/D}$	$q_{X/E}$	$q_{X/F}$	$q_{X/G}$	$q_{X/H}$	$q_{X/I}$
$\boldsymbol{q}$	0.9031	0.8825	0.9436	0.9101	0.8957	0.7275	0.6885	0.6498	0.6160

表5-8-7中C油田相似度最大，以C油田为类比对象。

步骤6：利用采收率相似准则，检验其可靠性。$N_{E_R}=0.9792$，说明选择C油田是合适的。

步骤7：类比结果的应用。从计算结果看出，若注水则新油田与C油田相似度最大，采收率可取28%，若为衰竭式开采则与F油田相似度较大，采收率可取15%。

2. 灰关联法

步骤1：将表5-8-5数据用最大化方法进行无量纲处理，得表5-8-8。

表5-8-8 基本数据无量纲处理结果表

项目	X	A	B	C	D	E	F	G	H	I
基准面深度	0.4923	0.4725	0.4910	0.5024	0.5048	0.4910	0.6406	0.7080	1.0000	0.7279
孔隙度	0.6333	0.6500	0.6875	0.5875	0.6583	0.5000	0.7500	0.7750	0.9167	1.0000
含油饱和度	0.9063	0.8594	0.9531	0.9063	0.8750	0.8750	0.9375	0.9531	0.9844	1.0000
渗透率	0.1870	0.3741	0.1621	0.2045	0.2120	0.1621	0.3621	0.9451	1.0000	1.0000
压力系数	0.9764	0.9892	0.9899	0.9888	1.0000	0.9899	0.9881	0.9882	0.9908	0.9870
原油密度	0.8432	0.8442	0.8241	0.8543	0.8613	0.8432	0.8874	1.0000	0.9789	0.9759
原油黏度	0.3585	0.3333	0.1384	0.3019	0.4214	0.3761	0.6440	1.0000	0.1799	0.2264
原油体积系数	0.9810	1.0000	0.9859	0.9718	0.9085	0.8535	0.7599	0.7261	0.7268	0.7268
井网密度	0.1953	0.1741	0.2565	0.2306	0.1388	0.1318	0.0612	0.2659	0.1176	1.0000
单储系数	0.3675	0.3516	0.4083	0.3488	0.4069	0.3218	0.6118	0.7578	0.9052	1.0000

步骤2：设新油田X为参考序列，老油田A、B、C、D、E、F、G、H、I为比较序列。

步骤3：求绝对差序列与计算关联系数，见表5-8-9。

表5-8-9 关联系数与关联度

类比油田	X/A	X/B	X/C	X/D	X/E	X/F	X/G	X/H	X/I
孔隙度	0.9605	0.8824	0.8987	0.9420	0.7531	0.7769	0.7415	0.5892	0.5257
渗透率	0.6848	0.9423	0.9588	0.9421	0.9423	0.6989	0.3490	0.3333	0.3333
压力系数	0.9695	0.9678	0.9704	0.9451	0.9678	0.9720	0.9718	0.9657	0.9746
井网密度	0.9504	0.8691	0.9201	0.8780	0.8649	0.7519	0.8520	0.8395	0.3356
含油饱和度	0.8965	0.8967	0.9999	0.9285	0.9285	0.9287	0.8967	0.8389	0.8127
单储系数	0.9623	0.9088	0.9560	0.9116	0.8989	0.6246	0.5102	0.4305	0.3912
基准面深度	0.9535	0.9968	0.9758	0.9702	0.9968	0.7328	0.6533	0.4447	0.6331
原油黏度	0.9417	0.6487	0.8778	0.8660	0.9585	0.5874	0.3879	0.6947	0.7548
原油密度	0.9975	0.9552	0.9735	0.9574	1.0000	0.9019	0.7216	0.7497	0.7539
原油体积系数	0.9553	0.9881	0.9779	0.8486	0.7613	0.6477	0.6146	0.6152	0.6152
关联度	0.9216	0.9070	0.9497	0.9203	0.9034	0.7689	0.6806	0.6546	0.6013

3. 两种方法对比

两种方法比较，结果列于表5-8-10。

表 5-8-10　两种方法计算结果表

方法	X/A	X/B	X/C	X/D	X/E	X/F	X/G	X/H	X/I
特征相似度法 $\boldsymbol{q}_i$	0.9031	0.8825	0.9436	0.9101	0.8957	0.7275	0.6885	0.6485	0.6160
灰关联度法 $\boldsymbol{r}$	0.9216	0.9070	0.9497	0.9203	0.9034	0.7689	0.6806	0.6546	0.6013

从上述实例看出，两种方法的结果是一样的，均为 C 油田，而文献中用类比法给出的是 A、B、C、D 四个油田采收率的数值。

总之，(1) 上述方法提供了一种类比法的定量模型，使类比有了共识结果，减少了多解可能性，增强了技术性。(2) 类比定量模型的理论基础是相似性科学及灰色理论，具有科学性。通过实例说明了类比定量模型的实用性。

综上所述，可得如下结论。

(1) 自然界与人类社会充满了相似现象。三个相似基本定理、相似论、相似性科学构成了相似科学的基本理论。方程分析法、量纲分析法或从“一般”到“特殊或个别”，从“特殊或个别”到“一般”，从“特殊或个别”到“特殊或个别”，从“一般”到“一般”的广义方法应用于各个领域。同样也可应用于油田开发过程中，进行不断探索、创造、创新。

(2) 在解决油田开发过程中出现的难题或困境时，科学技术发展与创新是解决困境的基本方法，同时要善用巧用相似科学给人们提供的相似思维方式和相似性应用方法。善于发挥特长、克服短板，巧于创新发展、不要守旧；善于集优组合、掌控风险，巧于重点突破、推陈出新。既要尊重油田开发规律又要敢于不拘一格，最大限度地提高创新敏感性和执行力。

参考文献

[1] 周美立. 相似性科学［M］. 北京：科学出版社，2004.

[2] 周美立. 相似工程学［M］. 北京：机械工业出版社，1998.

[3] 邱绪光. 实用相似理论［M］. 北京：北京航空学院出版社，1988.

[4] 陈永生. 相似论并演三论［M］. 北京：石油工业出版社，2003.

[5] 陈克城. 流体力学实验技术［M］. 北京：机械工业出版社，1983.

[6] 葛家理，周德华，同登科. 复杂渗流系统的应用与实验流体力学［M］. 北京：石油工业出版社，1998.

[7] 沈平平. 油水在多孔介质中的运动理论和实践［M］. 北京：石油工业出版社，2000.

[8] F·F·克雷格. 油田注水开发工程方法［M］. 北京：石油工业出版社，1981.

[9] 郭尚平，黄延章，周娟，等. 物理化学渗流微观机理［M］. 北京：科学出版社，1990.

[10] 陈永生. 油藏流场［M］. 北京：石油工业出版社，1998.

[11] 翁文波. 预测论基础［M］. 北京：石油工业出版社，1984.

[12] 陈元千. 油气藏工程实用方法［M］. 北京：石油工业出版社，1999.

[13] Ю. П. 日尔托夫. 油田开发［M］. 北京：石油工业出版社，1992.

[14] 陈元千. 油、气藏的物质平衡方程式及其应用［M］. 北京：石油工业出版社，1979.

[15] T. 厄特金，J. H. 阿布-卡森，G. R. 金. 实用油藏模拟技术［M］. 北京：石油工业出版社，2004.

[16] 范江. 油藏数值模拟［M］. 北京：石油工业出版社，1995.

[17] 陈月明. 油藏数值模拟基础［M］. 东营：石油大学出版社，1989.

[18] 蔡尔范. 油田开发指标计算方法 [M]. 东营：石油大学出版社，1993.
[19] 林承焰，李江南，董春梅，等. 油藏仿真模型与剩余油预测 [M]. 北京：石油工业出版社，2009.
[20] 李斌，毕永斌. 油田开发项目的综合评价 [M]. 北京：石油工业出版社，2018.
[21] 金毓荪，巢华庆，赵世远，等. 采油地质工程（第二版）[M]. 北京：石油工业出版社，2007.
[22] 葛家理，宁正福，刘月田，等. 现代油藏渗流力学原理 [M]. 北京：石油工业出版社，2001.
[23] 金毓荪，隋新光，等. 陆相油藏开发论 [M]. 北京：石油工业出版社，2006.
[24] 毛泽东，毛泽东著作选读：甲种本 [M]. 北京：人民出版社，1964.
[25] 张光鉴. 相似论 [M]. 南京：江苏科学技术出版社，1992.
[26] 高士其. 相似论序言 [M]. 南京：江苏科学技术出版社. 1992.
[27] 何艳青，饶利波，杨金华. 世界石油工业关键技术发展回顾与展望 [M]. 北京：石油工业出版社，2017.
[28] 何鲜，石占中，周宗良，等. 难动用储量油藏评价方法 [M]. 北京：石油工业出版社，2005.
[29] 李斌. 管理在企业经济增长中的贡献率单独进行计算的可行性分析 [J]. 石油科技论坛，2009 (1)：60-64.
[30] 常学军. 复杂断块油田水平井开发技术文集 [M]. 北京：石油工业出版社，2008.
[31] 胡文瑞. 老油田二次开发概论 [M]. 北京：石油工业出版社，2011.
[32] 陈月明. 油藏经营管理 [M]. 北京：石油工业出版社，2007.
[33] 李斌. 油田开发系统是开放的灰色的复杂巨系统 [J]. 复杂油气藏，2002，11 (3)：24-29.
[34] 李斌. 再论油田开发系统是开放的灰色的复杂巨系统 [J]. 石油科技论坛，2005 (6)：26-30.
[35] 李斌. 油气技术经济配产方法 [M]. 北京：石油工业出版社，2002.
[36] 邓聚龙. 灰理论基础 [M]. 武昌：华中科技大学出版社，2002.
[37] 贾承造. 美国 SEC 油气储量评估方法 [M]. 北京：石油工业出版社，2004.
[38] 张厚福，张万选. 石油地质学：第二版 [M]. 北京：石油工业出版社，1989.
[39] 金之钧，张金川. 油气资源评价方法的基本原则 [J]. 石油学报，2002 (1)：19-24.

第六章　油田开发系统管理论

管理自从有了人类社会就开始出现，进入工业时代更引起人们的广泛注意和深入研究，逐渐形成了一套管理理论与管理体系。在现代企业中管理的作用越来越重要，管理科学的创新也不断涌现，这些也体现在油气生产企业中。油田开发管理系统是油田开发系统主要组成部分，油气生产企业的兴衰，油田开发的成败，都与管理好坏有直接的关联。

第一节　管理理念与基本原理

管理中的内容、方法、原理、原则等越来越引起人们的重视。百余年来流派林立、观点纷争，难以统一。这一方面说明各流派的代表人物从不同方向研究相同问题，或从相同方向研究不同问题，或从不同方向研究不同问题，也由于他们的学识深度、思维方式、时空环境等不同而使然。另一方面也说明管理本身的复杂性、多彩性、丰富性。但似乎都在围绕“何谓管理”“管理什么”“如何管理”“谁来管理”和“管理绩效”等问题展开。笔者不想参与这些争论，也无条件参与，只想对管理理念与管理原理谈谈个人粗浅看法。

一、管理的理念

管理是谁都知道，谁又都说不清楚的事情。似乎是人人都说管理，人人都在管理。管理又似乎是个大篮子，什么东西都可以往里面装，冠以管理名谓。管理似乎有它特殊的内涵，显示出它的奥妙与奇特。管理是普遍与特殊完美的统一，普通与神奇巧妙的结合。

管理在纵向上贯穿于人类发展的各个阶段，横向上又涉及各个行业与部门。尤其是在现代社会中，管理更是无孔不入，诸如生产管理、物质管理、装备管理、安全管理、财务管理、人才管理、军事管理、技术管理、信息管理、食品管理、社区管理、田间管理，……即使是一个部门，纵向上从领导层到操作层，横向上各专业各工种，都存在着管理。管理是无处不在，无时不有。但何谓管理？从字面上讲，管就是约束，理就是梳理，使之有序化。若从哲学上理解，管理是探索事物发展和变化的内在规律，并力求按其规律办事。若从方法上理解，管理是疏与堵的结合、刚与柔的结合、粗与细的结合、管与教的结合。若从思维方式上理解，管理是辩证思维与创新思维结合的产物。因此管理是一门科学和综合艺术，是以人为中心处理人、事、物关系的科学。管理不仅是理念，更重要的是实践，管理的结果是实践效果的好坏、大小，其结果有政治效果、经济效果、社会效果、技术效果等。现在常说，管理出人才，管理出效率，管理出效益，管理也是生产力等，是从好的结果说的，而且大都是定性的，很少有定量的说明。

二、管理的基本原理

管理学涉及系统学、复杂性学、社会学、经济学、事理学、人文学、心理学、信息学、运筹学、控制学、数学、各种工程学以及计算机学等，涉及十分广泛。管理也有它的基本原理。

（一）管理层次性原理

管理的层次性是显而易见的。由于管理要素、内容的差异，使其结构、功能、作用表现出等级有序特征。各级管理目标、指标体系、技术要求、操作方法、执行力度等都有所不同，甚至有质的不同。行政上的国家、省市、区县、乡村等级别管理，军事上的军、师、旅、团、营、连、排、班等级别管理，企业的总经理、副总经理、部门经理、部门主管职员、车间或作业区主任、班组长等级别管理都体现出鲜明的层次性。高层次管理统率、包含低层次管理，低层次管理服从于、负责于高层次管理。它们的关系是整体与部分、全局与局部、上级与下级的关系。

（二）管理整体性原理

管理具有层次性，但更是一个有机的整体。整体与部分、全局与局部、上级与下级相互关联、相互影响，也相互制约。牵一发而动全身。管理的整体性还体现在它的系统性。系统的整体特征，正是区别不同管理系统的标志。同时管理具有稳定性。在一定的阶段内管理的内容、方法、方式、规章、制度等均应相对稳定，不能朝令夕改、日新月异，让人无所适从。但稳定又是相对的，当时势需要管理的内容、方法、方式、规章、制度变化时，就要及时变化，“流水不腐，户枢不蠹”，动中有静，静中有动，在变化中发展管理新的功能和作用，实现新的目标。在变化中求稳定，在稳定中求发展。管理者、管理对象、时空环境、管理方式、管理手段、管理目标其中任一项有变化，其他项也随之变化，随机应变做出新的调整。

（三）管理相似性原理

管理的相似性在于物质的统一或同一性。管理是个系统，不同层次的管理具有系统的相似性。各种管理单元尽管情况不同，但其管理系统间存在结构与功能的相似性，方法与行为的相似性。如不同国家的管理系统，不同企业的管理系统，不同教育单位的管理系统，不同军事单位的管理系统，不同科研单位的管理系统等均各自具有对应性、相似性。管理的相似性不仅在于结构、功能、方式、方法等的相似性，在管理过程中也具有相似性，管理演化的相似性即管理变化轨迹的相似性。管理相似性是管理共性或普遍性的体现。

（四）管理开放性原理

管理的开放性在于管理不是孤立的、静止的、封闭的，而是与周围环境相互联系相互影响的，不断地与周围环境有物质、能量、信息（或者至少其中之一）交换。在管理过程中可不断吸收先进的思想、科学的方法等，亦可将自己的管理信息、能量交换出去，同时信息、能量的交换又伴随着物质的交换，使之共同进化。管理的发展、变化在于管理内因，但“外因是变化的条件，内因是变化的根据，外因通过内因而起作用”，内外因是相互联系、相互作用、相互影响、相互促进的。

（五）管理相对性原理

管理的相对性是普遍存在的。高级与低级，严格与宽松，变化与稳定，刚性与柔和，清晰与模糊的管理等都是相对而言的。管理的相对性不是一成不变的，它随时间的推移、情景的变化而改变。管理是动态的和与时俱进的。管理具有针对性，不同的管理对象与不同质的问题应运用不同质的方式方法解决，具体情况具体分析，一把钥匙开一把锁。管理的普遍性与管理的特殊性在一定条件下的转化、管理的阶段性等都是管理相对性的体现。

（六）管理三效性原理

管理三效性是指管理的工作效率、经济效益与社会效益的三效统一。工作效率高、经济效益好、社会效益好的三效统一管理是优秀管理。工作效率高、社会效益好或经济效益高，三者占其二的管理是良好管理。只有工作效率或经济效益高，而无社会效益甚至有损于社会效益是不可为的管理。那种只追求 GDP 增长或自己的“政绩”或只为完成任务等，而不顾破坏环境以及先污染后治理等都是不可为管理。工作效率、经济效益与社会效益三者比例也不一定是均衡的，但涉及安全、环保、健康的管理，必须放在重要的位置。政治性、经济性、社会性三性统一也是管理三效性原理的另一种表现形式。

（七）管理立体性原理

管理的立体性是指全方位、全过程的管理。全方位的管理是前后左右上下多维多向的管理。它是多因素的综合思维，多方法的整合运用，整体基础上的有序扩展，局部管理的有机结合。全过程的管理是在管理对象整个生命周期内实行管理。既有历史的传承，又有现代的发展。因此，立体性管理是三维与时间维的统一，是辩证思维、创新思维、逆向思维的结合。

（八）管理创新性原理

管理的创新性是管理的本质特征。管理若不创新，就没有生命力。创新是一个国家兴旺发达，一个企业快速发展的动力。管理创新是国家创新、企业创新的重要组成部分。时代的发展、事物的变迁，都要求管理不断创新。管理创新必须注重管理观念、管理组织、管理方法、管理手段的创新。管理的创新性是管理内部运动规律发展之必然。

（九）管理模糊性原理

管理的模糊性是相对清晰性而言。管理需要标准化、规范化、专业化、最优化、定量化、确定化，但世界上有许多界限不清晰、不确定的事物，即具有模糊性的事物。对模糊的事物只能当作模糊事物处理，而不能当作清晰事物处理，需要模糊管理。而模糊管理要求有限的规范、不十分清晰的界限以及人文和人伦（人际关系）的方法。

（十）管理人本性原理

管理的人本性是指管理对人充分的依赖性，通过人或由人组成的组织运用多种方法（其中包括激励的方法）对人、事、物进行管理。以人为本是管理的核心。人科学地管人、科学地管心是其首要，心悦诚服、和谐是其管理目标。管事管物首先是管人，尤其是管人的人。处理好人、事、物的辩证关系，“做到人与人、人与社会、人与自然的和谐相处、科学发展”。无人的管理不能称为管理，机器人管理或智能人管理也是人为操作或设计。无为管理是有条件的。管理的人本性体现了管理者与被管理者目标一致、人格平等、人性显现、关系和谐、既有统一意志又有个人自由的特点。但是，那种认为实行人本管理，就是建立没有矛盾和冲突的人际和谐是不符合实际的。因为管理者与被管理者始终会存在差异，“差异就是矛盾”。没有矛盾，事物就不能发展，“否认了事物的矛盾就否认了一切”。只是要创造条件使矛盾不要发展成对抗性的矛盾。

（十一）管理链条性原理

管理的链条性是指管理的各个环节的质保有一个最低要求，若其中有一个环节出了问题，将影响整个链条使用与生命。这是管理的木桶原理。因此，要注重管理每个细节、每个构成，任何疏忽、任何瑕疵，都可能造成重大失误，甚至失败。安全的任一隐患，都可能造成事故。工作的任一疏忽，都可能造成损失。该原理要求管理者要细心谨慎，注重管理对象发展的各个环节，细节决定成败。

（十二）管理灰科学性原理

管理的科学性体现为管理寓有科学、管理存在技术，管理是寻求事物客观的、内在的规律，并按规律管理人、事、物。但管理者与管理对象的复杂性决定了它不能像自然科学那样具有充分的客观性、精确性、实证性、逻辑性等，而是“具有不完全性和不唯一性”，即具有灰性的特征。因此，管理中既有科学的方法，又有非科学的方法；既要承认管理的科学性，又要承认管理的灰性，统称为灰科学性。尽管如此，管理科学化、科学化管理仍是不懈追求的目标。

上述十二个基本原理是相辅相成、相互联系的，是管理理念的全新诠释。理念的更新，必然会带来行动的优化。

总之，管理是实现企业目标的重要手段，它在国民经济中或企业科学发展中的作用绝不亚于科技进步的作用。在向现代化迈进的信息社会里，管理观念要及时更新。对层次性、整体性、相似性、开放性、相对性、三效性、立体性、创新性、模糊性、人本性、链条性、灰科学性管理原理要有深入的理解，并能灵活自如地运用。同时，要变线性单向思维为辩证、创新、多维多向和逆向等综合思维，结合本单位、本部门的实际，不断实践，才能有效地提升管理水平，为本单位、本企业的科学发展，为实现现代化、构建和谐社会再铸辉煌。

第二节　管理应成为经济增长中独立的计算因素

现在常说，管理出人才，管理出效率，管理出效益，管理也是生产力等，人们看到了管理的“神”和“效”，而且都是从好的方面去看的。但是“管理”也有败笔的时候，人们又常说：决策失误是最大的失误。“成”也罢，“败”也罢，这些大都是定性的，很少有定量的表述。管理最大的难题就是它难以量化。在考核和评价经济增长情况时，如何把“管理”所作的贡献从资本、劳动力、科技进步等因素中分离出来，对其单独定量评价是一个值得研究的问题，本节试图寻找一个解决这一问题的方法。

一、科技进步与管理的关系

科学技术是第一生产力的观点，具有特殊的时代意义。实际上掌握科学技术的劳动者才是第一生产力，严格讲科学技术属生产力要素中生产工具类。但随着时代的进步，科学技术显得越来越重要，成为经济增长和推动社会发展的动力之一。对它在经济增长中的作用的测量方法已有很多，多用美国经济学家索洛教授（P. M. Solow）的余值法。这本身就是对科技进步计算的无奈，而将管理又放在科技进步之内，则是无奈之无奈。将管理放在科技进步之内，经济学界还称之为广义的技术进步，真是一种奇妙的自我安慰。科学回答的是“是什么”、“为什么”，技术回答的是“做什么”、“怎么做”，而管理回答“谁来做”、“何结果”；科学提供物化的可能，技术提供物化的现实，管理提供物化的过程与结果；科学是发现，技术是发明，管理是实践；科学是创造知识的研究，技术是综合利用与需要的研究，管理是实际操作需要的研究。技术是科学的延伸，科学是技术的升华，管理是科学与技术的统筹。科学技术进步则是其时间的变化量。管理的主要职责是科学地处理以人为中心的人、事、物的辩证关系，进而对物资与人力资源优化配置，最大限度地有效利用。管理的内容为规划、计划、决策、运筹、组织、领导、控制、指挥、协调、人事、理念、方法、制度、规章、执行……它们绝非科学技术所能包含的。管理依靠科学技术支撑，科学技术需要管理统筹。因此，实际上管理与科技既有着密切的联系，又有实质的区别。既不能相互取代，也不能混为一谈。

简言之，科学、技术、管理三者是相互联系、相互促进的和谐发展，可称为科学发展。因此，科学发展包含了科学、技术、管理，它是知与行的统一、理论与实践的统一、静与动的统一，处在前进与不断变化之中。

二、管理应是经济增长计算中的独立要素及其计算方法

（一）经济增长中的要素

经济增长是指一个国家或地区在一定时期内生产总量和社会财富的增加。决定经济增长的因素很多，其历史形式主要表现为资本、劳动力、科技进步。经济增长中的要素是历代经济学家积极关注的问题，用了大量的时间、精力进行探索与研究。从资本和劳动力到资本、劳动力和科技进步，再到丰富资本、劳动力、科技进步的外延、内涵与提高其质量，研究了众多的经济增长模型。但是，这些模型未将管理作为独立因素考虑，仅是将其归于科技进步之中。这是因为对管理重要性的认知程度受到历史的局限。另外，管理之所以被人们放在科技进步之内，除了它们密切的关系之外，无法将它们定量地分离可能也是原因之一。

现在，管理在经济增长中的作用至关重要，有时甚至发展为决定企业生死存亡的地步。据有人统计，世界油气储量的增长约有3/4来源于加强管理的效果，因此，管理在客观上也具备了成为决定经济增长重要因素的独立形态之一的需求。

新经济增长要素的数学表达式为：

$$Q=f(K, L, A, M) \tag{6-2-1}$$

式中，Q为产出量，主要采用总产值、净产值、国民生产总值；K为资本量，由固定资产原值和流动资金平均余额之和的方法确定；L为劳动量，由劳动者消耗工时计算，并将工人级别及技术、管理人员的相应职称折算成工时参与计算；A为科技增产量，由采用先进的科学技术所增加的产出量确定；M为管理增产量，由采用先进的管理方法所增加的产出量确定，但它也可能由于管理重大失误为负值。

式（6-2-1）中Q、K、L是已知的，A、M是未知的或部分未知。若知两个未知因素之一与已知因素的关系，或者知两个未知因素之间的关系，那么该命题就可求解。

（二）管理与科技的定量关系

一个科技项目的生命周期可分为研发期、成长期、成熟期、推广期、衰退期。如图 6-2-1 所示。图 6-2-1 中纵坐标是三效量化指标（三效指工作效率、经济效益、社会效益）或称为总效益。横坐标是时间坐标。在研发期因仅有投入，无经济效益与社会效益，一般其总效益可能是负的。成长期若项目直接投入使用或进入市场，则立即进入成熟期，若无成长期，如图 6-2-1 中虚线所示。投入使用后则应产生一定的工作效率、经济效益、社会效益，进入成熟期。扩大使用范围则进入推广期，其三效就会更高些。当系统效能开始降低时，就进入衰退期，直至被淘汰。在项目的各个时期，都存在管理问题。加强研发期管理，可提高工作效率，缩短研发期；加强成长期管理，可缩短成长期；加强成熟期管理，可提高总效益；在推广期，存在推广范围与多项目协调问题，更需要加强管理；在衰退期，管理可使衰退速度减缓与强度降低。尤其在中后期，管理将会发挥更大的作用。优良管理可使效能增加、衰退减缓，扩大和延长项目生存时空范围。因此，管理对科技项目不仅是催生剂，而且是催化剂、稳定剂。上述定性分析可用图 6-2-2 示之。

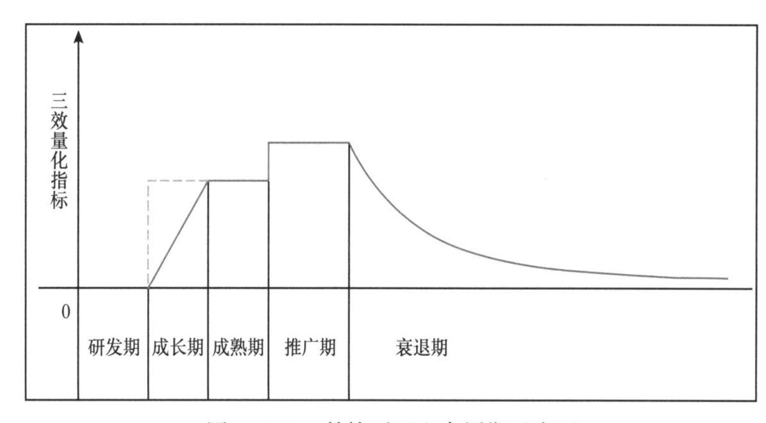

图 6-2-1　科技项目生命周期示意图

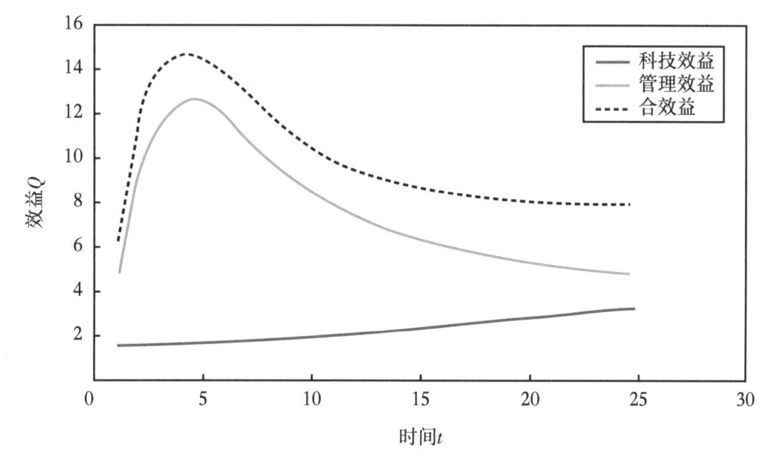

图 6-2-2　科技与管理效益示意图

对单个项目而言，科技、管理与效益的关系一般可用下式表示。

科技效益与时间的关系为：

$$Q_a = at^b e^{-ct} \tag{6-2-2}$$

………

管理效益与时间的关系为：

$$Q_m = at + b \tag{6-2-3}$$

$$Q_m = at^2 + bt + c \tag{6-2-4}$$

$$Q_m = at^b \tag{6-2-5}$$

$$Q_m = ae^{bt} \tag{6-2-6}$$

………

式中，Q_a 为科技效益；Q_m 为管理效益；t 为时间；a、b、c 为待定系数。

（三）总效益的构成

总效益 Q 应由资本形成的效益 Q_k、劳动形成的效益 Q_L、科技形成的效益 Q_a、管理形成的效益 Q_m 构成。即：

$$Q = Q_k + Q_L + Q_a + Q_m \tag{6-2-7}$$

将式（6-2-7）全微分：

$$\frac{\partial Q}{\partial t} = \frac{\partial Q}{\partial Q_k}\frac{\partial Q_R}{\partial t} + \frac{\partial Q}{\partial Q_L}\frac{\partial Q_L}{\partial t} + \frac{\partial Q}{\partial Q_a}\frac{\partial Q_a}{\partial t} + \frac{\partial Q}{\partial Q_m}\frac{\partial Q_m}{\partial t} \tag{6-2-8}$$

即

$$q = q_k + q_L + q_a + q_m \tag{6-2-9}$$

式中，q、q_k、q_L、q_a、q_m 分别为总效益、资本效益、劳动效益、科技效益、管理效益单位时间的增长率。

（四）科技与管理效益的数学关系

关于科技与管理效益的数学关系，可用式（6-2-2）至式（6-2-6）推导，但对应公式的不确定性使之推导繁琐。现通过实例亦能达到相同目的。

A 项目为一油田开发项目实例，该项目目前处于效益上升期。由于资料的限制，该项目的管理仅限于生产与措施管理，不包括降本增效、安全环保、节能降耗、物资装备等管理所提高的工作效率、经济效益与社会效益。因商业秘密，故将该项目资料进行无量纲化处理，无量纲化处理方法很多，本例采用最大化法。其科技与措施管理无量纲效益数据列于表 6-2-1。其形成的科技产值与管理产值无量纲曲线如图 6-2-3 所示。

表 6-2-1　A 项目科技与管理无量纲效益数据表

序号	1	2	3	4	5	6	7	8	9	10
管理效益（Q_{mD}）	0.1262	0.1131	0.1832	0.1378	0.2221	0.2593	0.2061	0.4077	0.3719	1.0000
科技效益（Q_{aD}）	0.0454	0.0614	0.0468	0.0648	0.0847	0.1506	0.2993	0.4400	0.9056	1.0000

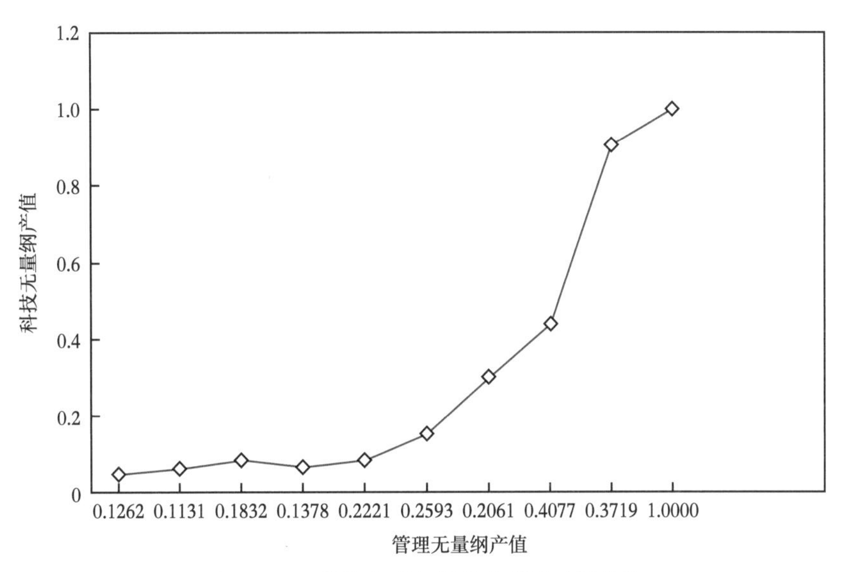

图 6-2-3　科技产值与管理产值无量纲曲线

按表 6-2-1 数据进行一元回归，其回归数学公式如下：

$$Q_a = 0.0214Q_m^2 - 0.1321Q_m + 0.2161$$
$$R^2 = 0.9809 \tag{6-2-10}$$

$$Q_a = 0.0233e^{0.3642Q_m}$$
$$R^2 = 0.9605 \tag{6-2-11}$$

$$Q_a = 0.1033Q_m - 0.2547$$
$$R^2 = 0.8688 \tag{6-2-12}$$

$$Q_a = 0.0228Q_m^{1.3382}$$
$$R^2 = 0.8544 \tag{6-2-13}$$

$$Q_a = 0.3482\ln Q_m - 0.2124$$
$$R^2 = 0.7089 \tag{6-2-14}$$

从实例看，它们的显著性水平在 $n=10$，$\alpha=0.01$ 时，其相关系数 R^2（10）$>R^2$（11）$>R^2$（12）$>R^2$（13）$>R_\alpha^2=0.765>R^2$（14），而且除式（6-2-14）外，均为十分显著的关系。

对于单个项目而言，科技效益与管理效益的数学关系，除特殊情况外一般表现为：

$$Q_a = aQ_m^2 + bQ_m + c \tag{6-2-15}$$

$$Q_a = a\ln Q_m + b \tag{6-2-16}$$

$$Q_a = at + b \tag{6-2-17}$$

$$Q_a = aQ_m^b \tag{6-2-18}$$

$$Q_a = ae^{bQ_m} \tag{6-2-19}$$

……

上述特殊情况是指管理决策巨大成功或重大失误所造成效益的显著变化。

(五)分效益的求解

在分效益中，最希望知道的是科技效益 Q_a 与管理效益 Q_m。由式（6-2-7）知：

$$Q_a + Q_m = Q - Q_L - Q_k$$

设 $Q_k = k^{\alpha}$、$Q_L = L^{\beta}$，其中 α 与 β 值，一般采用统计法、公式法，有时也采用给定法计算。

令 $A = Q - Q_L - Q_k$，Q_a 与 Q_m 有多种形式，此处采用 $Q_a = aQ_m^2 + bQ_m + c$ 形式，则：

$$Q_m = A - Q_a = A - aQ_m^2 - bQ_m - c \tag{6-2-20}$$

当 a、b、c 已知时，可求出 Q_m，进而求出 Q_a。

三、计算实例

W 油田基础数据见表 6-2-2，由于商业秘密，该数据经无量纲（最大化）处理。

表 6-2-2　W 油田无量纲基础数据表

序号（n）	0（基年）	1	2	3	4	5
总产值（Q_D）	1.0000	1.0062	1.0505	1.2045	1.6150	2.0126
人数（Q_{LD}）	0.0363	0.0366	0.0371	0.0373	0.0367	0.0371
固定资产+流动资金（Q_{kD}）	0.2617	0.2485	0.2713	0.3325	0.4422	0.5607

注：(1) 以基年不变油价计算；(2) 下角标 D 表示无量纲，下同。

计算步骤如下。

(1) 算 A_D 值。

(2) 给定 $\alpha=0.35$、$\beta=0.65$，也可用其他方法求之，本例为了简便，采用给定法。以表 6-2-2 数据计算 A_D 值，结果见表 6-2-3。

(3) 计算 Q_{mD} 值。

按式(6-2-20)求解 Q_{mD} 值，其中 $a=0.0214$、$b=-0.1321$、$c=0.2161$，结果见表 6-2-3。

(4) 计算 Q_{aD} 值。

将 Q_{mD} 值代人 $Q_{aD} = A_D - Q_{mD}$ 或式（6-2-10），结果见表 6-2-3。

表 6-2-3　计算结果表

序号	0	1	2	3	4	5
A_D 值	0.3742	0.3916	0.4168	0.5240	0.8631	1.1956
Q_{mD} 值	0.1814	0.2012	0.2299	0.3517	0.7323	1.0988
Q_{aD} 值	0.1928	0.1904	0.1869	0.1723	0.1308	0.0968

（5）将表6-2-3中 Q_{mD}、Q_{aD} 值进行回复性处理，则可求出 Q_a、Q_m 的具体数值，就可知道科技与管理分别产生的经济效益大小。

四、讨论与建议

管理在理论上的重要性已不言而喻，但实践上的重要性尚有许多人未足够认识。由美国次贷危机引发的金融风暴，除了自由资本主义缺陷这个根本性的原因外，金融高管的失误也是重要原因之一。可见管理失职其危害之深、损失之大、影响之远是难以想象的。对一个企业来说，管理的失误，亦会造成不可挽回的损失。纵观管理方面的文章与专著，多如瀚海，然而研究管理工作效率、经济效益、社会效益的文章则为沧海一粟，少之又少，研究管理三效定量计算方法的文章更是凤毛麟角。本节首次提出将管理从科学技术中分离出来，成为计算经济增长的独立因素及相应的计算方法，研究的用意是抛砖引玉，引出更多的研究者研究三效的定量计算方法。

由于管理三效方面的统计资料有限，而且存在不全不准的问题，难以有效地统计、深入地研究管理效益与科技效益的数学关系。随着资料不断的积累与研究的不断深化，科技效益与管理效益数学关系的表现形式远不止本节所提供的几种。笔者相信，当管理在实践上真正被人们所认识，管理三效定量计算方法就会越来越完善、成熟。但研究管理三效定量计算方法的难度很大，尤其是研究社会效益的定量计算方法更是难上加难，望有志者能知难而进。

在一个部门或一个企业，定量计算管理绩效方法可类同科技作用测算方法，除了生产函数法外，还可采用叠加法和综合指标评估法。可设计相应的评估指标体系，该指标体系的设计应具备同行业可比性、可操作性与动态性，体系指标内除了一般的经济指标外，还应包含安全环保、节能降耗、降本增效等方面的指标。

管理在理论上与实践上的重要性，决定了它应在经济增长主要因素中有一席之地。将管理从科技中分离出来，成为独立的计算因素之一是必然的趋势。

第三节 油田开发过程的控制

油田开发过程的控制是开发管理的重要内容。油田开发过程的监测与控制是进行油田经营管理，提高油气产量和最终采收率，实现累计产量最大化与经济效益最佳化的重要手段之一，是油田开发最基本的工作。油田监测尤其是油藏动态监测，无论是监测内容、监测方法，还是监测手段都较为丰富，基本上能了解油藏不同时期不同阶段的主要状况。但是，对油田（油藏）开发进程的控制往往是录取资料时或在进行油藏动态分析时，发现了有可能产生不良影响的问题才被动地进行控制或调整，结果是被动地控制造成控制的被动。近几十年来，国内外油田开发工作者对油田开发过程控制进行了研究，在国内，大庆油田的油田开发工作者的研究较为深入。油田开发最核心的表项是产量（产油量、产水量、产液量），压力（地层压力、井底压力、井口压力），成本（投资、财务成本、生产成本），含水率（瞬时含水率、综合含水率、经济极限含水率、技术极限含水率）。虽然含水率是由产水量、产液量演变而来，但含水率对油田开发有重要意义，因此，应单独列出。这四者有着不可分割的联系，它们的变化又受更多参数的影响。而油气生产企业甚至有相当多的油田开发工作者最关心的是增加地质储量与可采储量（提高采收率）、降低成本与增加利润，简言之就是增储增产增效和能否持续发展。但说到底最关心的是花多少产多少的问题，即产量与成本问题。然而，在产油量与生产成本压力大时，往往忽视了油田开发过程的控制，更不用说最优控制了。四大核心表项的变化与增储增产增效以及能否持续发展密切相关。但四大核心表项的变化进程能不能控制？怎样控制？由谁控制？应是油田开发工作者需要思考的问题。笔者试图对油田开发过程主动控制问题进行讨论。

一、油田开发中的能控性与能观性

在现代控制理论中能控性与能观性是两个重要概念，是最优控制与最优估计的基础。能控性是控制作用支配系统状态向量的能力；而能观性是系统的输出反映系统状态向量的能力。油气田开发系统是开放的、灰色的、复杂巨系统，是由自然界自行组织（自然系统）与人为构筑（人工系统）相结合的共建系统，是一个复合系统。二者相辅相成、相互影响、相互联系、相互制约，二者缺一就不构成油（气）田开发系统。在这个系统中存在着能观暂不能控的、暂不能观不能控的、部分能观能控的、能观能控的、能观不能控的等类型。这些状态并不是绝对的，都可依一定条件相互转化。之所以说“暂不能”，是因随着时间的推移，科学技术的发展，一些“暂不能”就可能逐步转化为“能够”。

（1）能观暂不能控类型，如深埋地下看不见摸不着的油气藏客体，油气田地下宏观静态系统，其中包括油藏或气藏构造、类型、形态、规模；断层分布、产状、密封性；储层物性、非均质性；流体物性及地层条件下的变化等，它们可以通过直接的或间接的手段获得相应的信息，但目前仍不能控制它们。

（2）暂不能观不能控类型，如油气田地下微观静态系统，其中孔、洞、缝的类型、分布、成因；黏土矿物类型、分布、成因；流体在孔、洞、缝中的微观驱动与渗流机理等。虽然有些可在实验室里获得部分信息，但与地下实际情况仍有很大差距。

（3）能观能控类型，如油田开发生产系统，产量、注水量、钻井数、开井数、修井措施与油气水井的管理措施等的安排和完成情况；HSE 系统的管理；生产成本与财务成本的管理等，都是能观能控的。但如果操作者违规或失误，也可能出现不能观能控的意外。部分能观能控的，如油田开发动态系统，可通过油藏动态监测、油藏动态分析、开发方案或调整方案实施、一块一策、一井一法管理等实现能观能控，但由于该系统具有随机性、灰性和不确定性，也可能出现不能观能控的状况。

（4）能控不能观类型，如注采系统可通过注水量或注水结构调整、产液量或产液结构调整，或其他管理措施，控制产油量、综合含水率的变化，但地下油水分布状态、油水过渡带 O/W 或 W/O 相态变化是观测不到的，至少目前观测不到。

二、油田开发过程最优化控制与科学发展观

要开发好油田，必须有一个符合实际的开发方案、制定合理的开发指标，这样在实施后才有可能具备良好的开发效果与经济效益。要达此目的，就需要在开发过程中贯彻科学发展观，进行最优化控制。

科学发展观的基本内涵概括为“坚持以人为本，树立全面、协调、可持续的发展观，促进经济社会和人的全面发展”，它的核心是“以人为本”，精神实质是实现经济社会又快

又好地发展。全面，是指发展要有全面性、整体性；协调，是指各个方面、各个环节的发展要有协调性、均衡性，相互适应、相互促进；可持续，是指发展要有持久性、连续性，目前发展与长远发展结合。而油田开发过程最优化控制坚持以人为核心，由人对油田进行开发；坚持资源的最优化配置，科学合理开发油田，使各项开发指标、安全环保协调发展，良好运行；坚持合理投入与低成本战略，使经济效益最佳化；坚持创新，不断地运用新理论、新技术、新工艺，使主体指标尤其是产油量指标预测科学合理和调控有效；坚持目前指标与长远指标相结合，全面地、整体地设计发展趋势与可持续发展，实现累计产油量最大化和整体利润最佳化，实现又快又好地进行油田开发。可见，油田开发过程最优化控制就是科学发展观运用于油田开发的最好体现。

三、油田开发的控制

（一）控制对象

油田开发过程是以人为主导的主客观相统一的过程，油田开发是物理、事理、人理的综合统一。由于该系统对人有绝对的依赖性，也就是说，它以人为核心，人起着决定性的作用，没有人的参与或操作也就不能称之为油田开发，因此，油田开发系统是主体与客体的结合，是人理、事理、物理的结合。因而，其控制对象是人、事、物。即物：油井、气井、注水井、油层、油藏、油田。事：动态变化、生产过程、安全管理、环境保护、成本变化等。人：管理者、操作者、技能状况、健康状况、人员规模等。

控制对象具有整体性、层次性、随机性，有的甚至具有突发性。

（二）控制指标与控制方法

由于控制对象是人、事、物，其控制指标则是多指标体系。该体系类型多、层次多、指标多，纵横关系复杂。为简化起见，仅列出主体指标及主要方法。

（1）井：产油量合理化、综合含水率最佳化、操作成本最低化。控制方法是根据已控资料和掌握的信息，预测月度、季度、年度产油量变化曲线、综合含水率变化曲线、操作成本运行曲线，制定相应的控制措施，实行“一井一法”，进行日观察、旬分析、月小结、季总结，观察产量、含水率、成本是否按预测曲线运行及偏离程度，分析变化原因，提出调整意见，实施新控制措施，与时俱进，不断深化。

（2）油层：产油量合理化、产油量递减最小化、综合含水率最佳化、地层压力平稳化、投资与成本最低化。控制方法是根据已控和掌握的信息、油层的静动态资料、储量的规模与质量、油层描述的结果，建立相应的地质模型，预测开发指标变化，制定“一层一策”，编制科学合理的开发方案，实行最优化控制。方案实施后，进行季度、年度油层动态分析、方案适应性评价、最优化控制评价，找出存在的问题、提出改善措施，实行新的最优控制。

（3）油藏：产油量合理化、产油量递减最小化、综合含水率最佳化、地层压力平稳化、投资与成本最低化、采收率最大化、开发效果最优化。控制方法是根据已控资料和掌握的信息、油藏的静动态资料、储量的规模与质量、油藏描述的结果，建立相应的地质模型，预测开发指标变化，制定“一块（油藏）一策一组人”方略，优化生产运行，精心安排进程，编制科学合理的开发方案，实行最优化控制。方案实施后，进行年度、阶段油藏动态分析、方案适应性评价、最优化控制评价，按照剩余油分布、剩余可采储量多少、找出存在的问题，编制开发调整方案，实行新的最优控制。

（4）油田是油藏的集合，油区是油田的汇总，因此，控制指标、控制方法与油藏类似。可以看出，准确齐全录取、采集与正确处理相关资料是前提，科学预测是基础，编制科学合理的开发政策与方案是根本。实行最优控制实际上是对油井开采、油层或油藏开发过程的控制，而且是使技术指标、经济指标、HSE 管理指标等综合控制最佳化，追求合理、有效、最优的良好协同配合，实现科学、绿色、和谐开发和总体效果好。

（三）控制主体

在油区、油田、油藏、油层开发过程中，开发指标最优化运行由相应的油田开发主管部门、作业区控制；HSE 体系的最优化运行由安全环保主管部门控制；投资与成本最低化、利润最佳化由财务与企管部门控制；油井、气井、水井按 ABC 分类后，最优化运行由采油队、班组、操作者控制。它们相互联系、相互配合，形成整体、协同、系统的最佳配置。实际上实行最优化控制，是这些部门和单位的管理者、操作者，他们是控制主体。这就要求他们具备正确的理念、科学的思维、先进的技能、良好的素质。但是，在开发过程中往往出现有规章不严格执行，有方案不严格实施，有运行不严格组织，有规律不严格遵循的现象，使最优化控制流于形式。“人”是核心中的核心，关键中的关键，只有通过“人”运用相应的科学技术手段，才能实现油田开发过程最优化控制。

四、控制流程

油田开发过程是由“人”控制“物”的，而“物”是由“事”体现的。其流程为：油田开发过程控制流程如图 6-3-1 所示、油井控制流程如图 6-3-2 所示、油藏控制流程示意图如图 6-3-3 所示。需说明的是图中所列控制措施并非全部，仅示意而已，因井、油层、油藏、区块、油田不同而异。

五、主动控制的关键

从技术与管理层面，主动控制的关键如下。

（1）运用科学合理的方法进行主体指标预测，正确地预测是控制的基础。只有正确地预测，才能确定合理的控制指标，才有可能实现最优化控制。

（2）按照预测结果编制运行曲线，排除干扰，果断运行，关键是执行者具有全局观念、长远观念，有较强调度与控制能力。

（3）对各类油井（按 A、B、C 分类）、各类油层、各类油藏、各类油田等运用现代最优化技术进行资源最优化配置，进行合理的技术经济配产。

从另一角度考虑，正确地认识地下，建立接近实际的地质模型，编制科学的开发方案与调整方案，确定合理的开发指标与最终技术经济采收率指标，并严格执行，也是油田开发过程最优控制的根本。

总之，要使油田开发技术效果、经济效益与社会效益达到最佳化，油田开发管理者、操作者必须真心实意地落实科学发展观，指导油田开发全过程，实行全过程的最优化控制，把握科学预测关键，严格掌控运行，实施资源合理或优化配置，不断地用新理论、新技术、新工艺矫正与完善运行过程。只有如此，才能实现既定目标及建成科学、和谐、绿色的现代化油田。

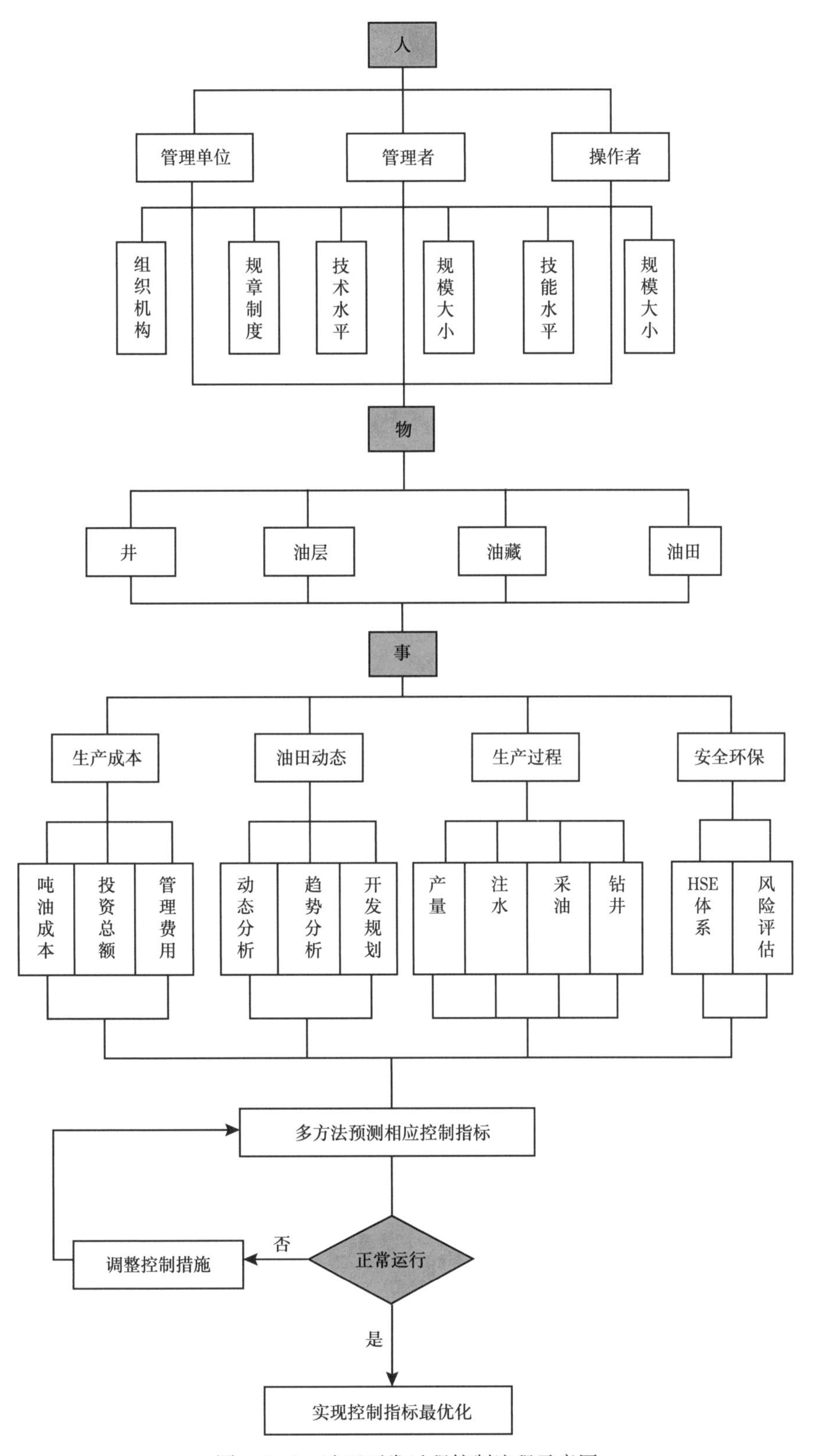

图 6-3-1　油田开发过程控制流程示意图

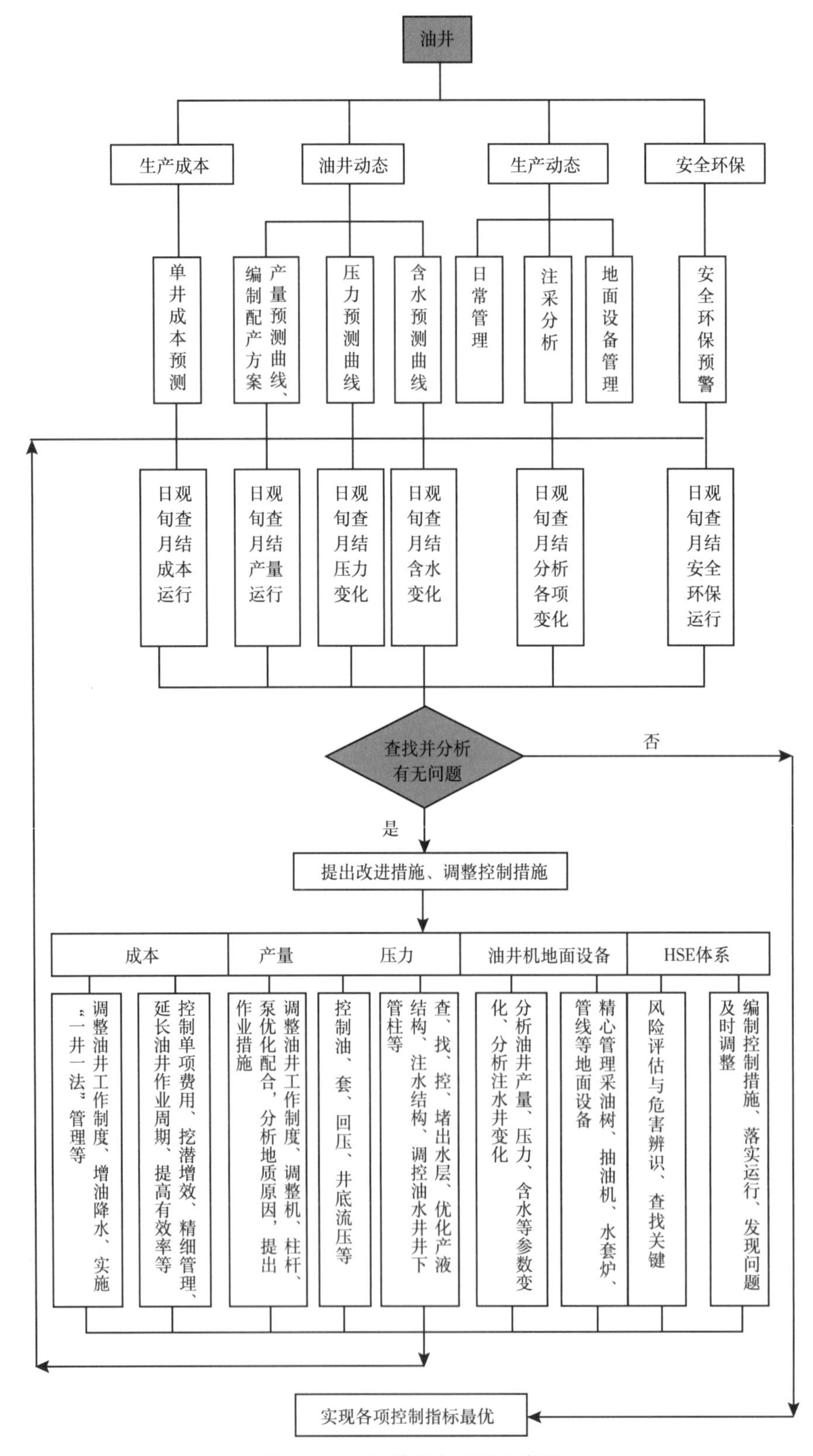

图 6-3-2　油井控制流程示意图

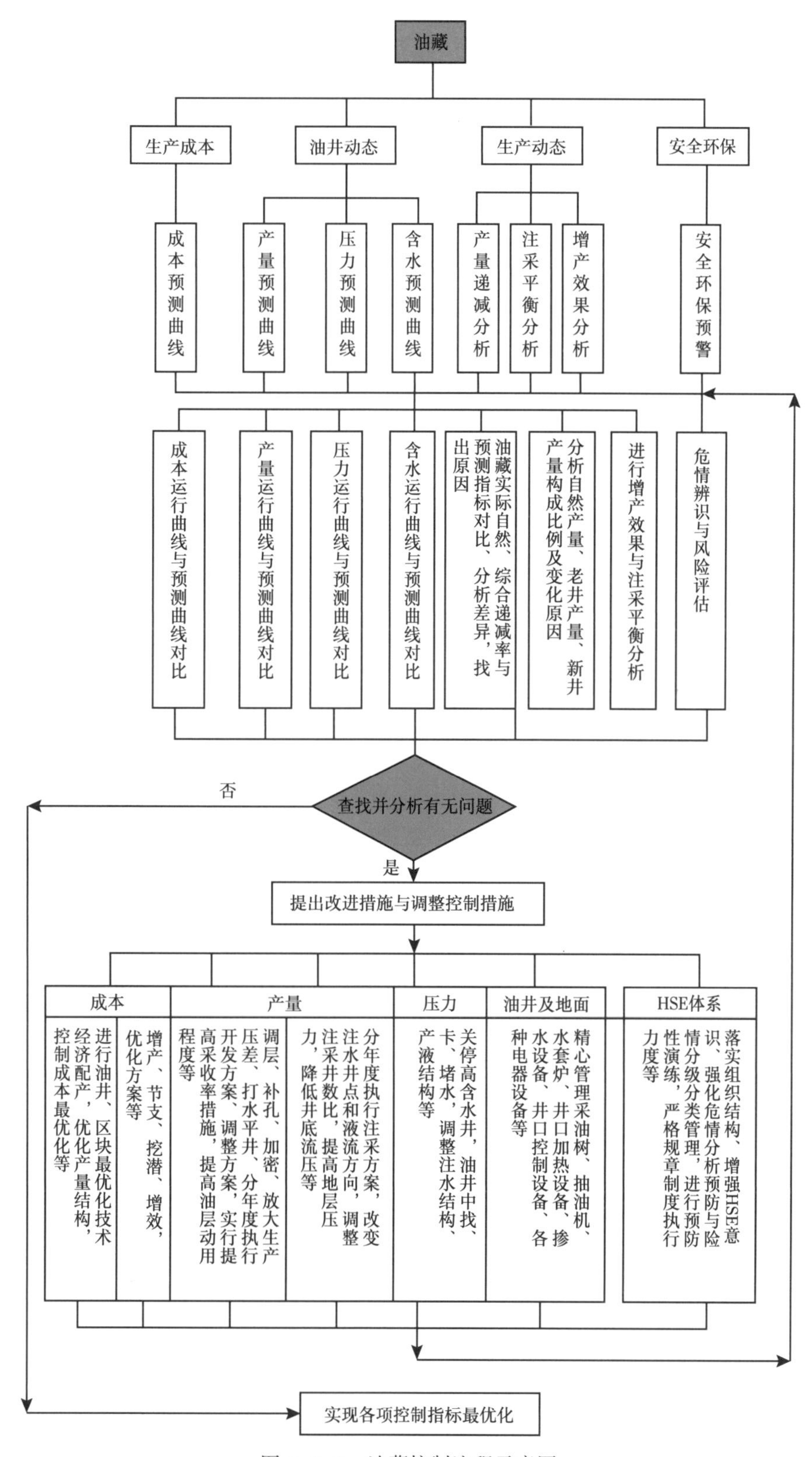

图 6-3-3　油藏控制流程示意图

第四节　油田开发的鲁棒性控制

鲁棒控制是个热门话题。鲁棒是 Robust 的音译，也就是健壮和强壮的意思，同时也是稳健性或稳定性的意思。鲁棒性（Robustness）或译为易懂的“抗变换性”，原是统计学中的一个专门术语，20 世纪 70 年代初在控制理论的研究中开始流行起来。国内外关于鲁棒性的研究论文多如瀚海，但在石油开采业关于鲁棒性的研究论文并不多见，本节仅为管窥之见，初步探讨。

一、鲁棒性及油田开发的鲁棒性的定义

（一）鲁棒性的定义

目前存在的定义很多，尚无一个统一的精确的定义。不同的行业范围有不同的含义。据文献《国际学术界对鲁棒性的研究》（2004 年）中的阐述“根据圣菲研究所的收集，目前，研究人员提出的不同定义达 17 个之多。其中（括号内注明该定义所属的类别）：（1）鲁棒性是一个系统即使面临着内部结构或外部环境的改变时，也能够维持其功能的能力（网络、生态）；（2）鲁棒性是一个系统或组件在出现不正确的或矛盾的输入时能够正确运行的程度（计算机系统）；（3）语言的鲁棒性（识别和分解等）是指人类即使在信息不完全、意思模糊或不断地变化的情况下，仍然能够实现沟通的能力（人类语言技术）；（4）鲁棒性是一个系统在遇到了设计中所没有考虑过的情况时不受到影响的程度（实用非线性控制）；（5）鲁棒性是那些具有恢复、自我修复、自控制、自组装、自我复制能力的系统所具有的特性（生物系统）；（6）如果一个模型在某种假设下是正确的，而这个假设不同于设计该模型时所用的假设，那么这个模型就具有鲁棒性（模型的不可靠性和鲁棒性）；（7）鲁棒性是软件在非正常环境下（也就是在规范外的环境下，包括新的平台，网络超载，内存故障等）做出适当反应的能力（面向对象的软件构造）等”。从这些不同表述的含义中，可看出关于鲁棒性的一个基本要点，那就是当一个系统受到不确定因素持续干扰时所能保持原来状态能力的特性。它与稳定性的区别在于稳定性是指系统受到瞬时扰动，扰动消失后系统回到原来状态能力的特性。

（二）油田开发的鲁棒性

油田开发系统是个复杂巨系统，是个天然与人工结合的复合系统，油田开发过程是个长期过程。其中在储量发现过程中、产能建设过程中、原油生产过程中或其他的环节中都充满了不确定因素的干扰，作为系统中的“人”，自然要排除或降低各种不确定性的干扰，使之能保持原来的状态，体现出油田开发中的鲁棒性。因此，油田开发的鲁棒性，其含义可表述为油田开发系统受到不确定因素的扰动时，系统有仍能保持原来状态的能力，这种能力包括自然力和人工力，而所谓原来状态是指符合客观变化规律的状态，不是指一成不变的状态，如产量由稳产状态转变为符合产量递减规律的递减状态等。即使是产量的稳定状态也绝不是线性变化状态，也是处于一定范围内的上下波动的非线性变化状态。

但是，何谓油田开发或油藏开采时的“原来状态”，这是一个令人迷惑而值得探讨的问题。不同的油藏类型，不同的自然条件和特征，会有相应的“原来状态”。即使是同一油藏，不同的油田开发工作者会有不同的理解和表述，可能是仁者见仁智者见智。无论何

种类型的油藏，发现的目的在于经济有效地开采，获得最佳的开发效果和高的最终油气采收率。然而，由于油藏的隐蔽性或不可入性、油藏暴露的滞后性、人认识油藏的局限性、开发手段和开采方法的有限性、开采利益的现实性等，都不能使油田开发“一蹴而就”，而是一个渐进过程。那么，油藏开采的“原来状态”就很难明确，呈模糊状态甚至随机状态。对此，笔者认为：符合该油藏相应开发阶段的开发规律的开采状态可认为是动态的“原来状态”。也就是说，当受到不确定因素干扰时，鲁棒控制能使其保持按照开发规律发展变化的“原来状态”。

二、油田开发的鲁棒控制

在智慧油田的设计中，鲁棒控制是其中重要的一环。所谓鲁棒控制是一个着重控制系统相对稳定性、对预测和控制不确定因素的系统抗干扰能力、增强系统可靠性研究的控制器设计方法。鲁棒控制系统的设计要由专家完成。一旦设计成功，就不需太多人工干预。对于实际油田开发系统，人们最关心的问题是当一个控制系统其模型参数发生大幅度变化或其结构发生变化时，能否仍然保持渐进稳定，进而还要求在模型扰动下系统的波动仍然保持在某个许可范围内。油田开发系统存在许多子系统，如地质研究系统、油藏工程系统、钻井工程系统、采油工程系统、注水工程系统、提高采收率工程系统、地面工程系统、开发管理系统、采油成本系统、生产运行系统、人员培训系统等。每个子系统都可能有许多不确定因素，影响系统的正常运行。这就需要设计出能保证满足各子系统的最小安全要求的鲁棒控制器。

通常，系统的分析方法和控制器的设计大多是基于数学模型而建立的，而且，各类方法已经趋于成熟和完善。然而，系统总是存在这样或那样的不确定性。在系统建模时，有时只考虑了控制目标的具体情况，人为简化了数学模型；另一方面，执行部件与控制元件存在制造容差，系统运行过程也存在老化、磨损以及环境和运行条件恶化等现象，使得大多数系统存在结构或者参数的不确定性。这样，用精确数学模型对系统的分析结果或设计出来的控制器常常不能完全满足工程要求。近些年来，人们开展了对不确定系统鲁棒控制问题的研究，并取得了一系列研究成果。但对充满不确定因素的油田开发复杂巨系统，鲁棒控制尚有很长的路要走，探索的领域很多，需有志者深入地、不懈地努力研究。

三、年度原油产量任务的鲁棒控制

在众多的油田开发指标中，各个指标均需进行鲁棒性控制。但原油产量是最为核心的指标，因此，以年度原油产量的鲁棒性控制为例，说明其运行过程。

在原油生产过程中，原油产量受众多不确定因素的影响，有地质因素、油藏工程因素、采油工程因素、钻井工程因素、地面工程因素、人工误操作因素、开发政策变化因素、成本变化因素、国际油价变化因素、开发阶段差异因素、开采难度因素、科学技术因素、安全环保因素等，达数十种之多。而且，这些影响因素具有不确定性、突发性。当产量变化大，在分析和把握影响因素的基础上，一方面依靠油藏或油井自我恢复能力，另一方面绝大多数是依靠人为干预能力的大小、强弱，使之保持在按油田开发规律的变化范围内。这就是油田开发产量运行的鲁棒性控制。

按两相平面径向流，其采油量 Q_o 为：

$$Q_o = \frac{\delta f \alpha K h_o t(p_e - p_{wf})(1 - f_w)(K_{ro} + \mu_R K_{rw})}{\mu_o(\ln \frac{r_e}{r_w} + s)} N_o \tag{6-4-1}$$

式中，Q_o 为年采油量，10^4t；δ 为参数单位换算系数；f 为井网密度，口/km^2；α 为地质综合系数，$\alpha = \frac{B_o}{\phi S_o \rho_o}$，其中 B_o 为平均原油体积系数，ϕ 为平均有效孔隙度，S_o 为平均油层含油饱和度，ρ_o 为平均地面原油密度，t/m^3；K 为渗透率，D；h_o 为平均有效厚度，m；t 为平均单井生产时间，d；p_e 为平均地层压力，MPa；p_{wf} 为油井流动压力，MPa；f_w 为综合含水率；μ_R 为油水黏度比；μ_o 为原油黏度，mPa·s；K_{ro}、K_{rw} 分别为油、水相对渗透率；r_e 为供给半径，m；r_w 为油井半径，m；s 为表皮系数；N_o 为动用地质储量，10^4t。

公式（6-4-1）并不包含反映影响原油产量的各种因素，但也可看出，公式中任何一个因素变化都会影响产油量的变化。不同参数其变化概率、频率、强度、周期亦不同。要使产油量能平稳运行，或按规律变化，就要对这些可能变化的不确定因素进行鲁棒性控制。

年度产油量是油气生产企业的中心任务，是企业全体员工经艰苦奋斗必须共同完成的基本工作。年度产油量由老井产油量、措施产油量、新井产油量组成。其中部分不确定影响因素如图6-4-1 中所示。对这些不确定的影响因素或在年度产油量运行过程中存在的问题、弱点、不足，根据油田开发规律、油田开发数理统计数据及油田开发经验，按照概率论方法进行风险概率评估，建立年度产油量在存在一个或多个不确定影响因素复杂环境下运行的仿真模型，寻找能在不同条件下基本满足年度产油量平稳运行、减少或消除不确定影响因素的非最优策略。这个过程即为鲁棒决策。鲁棒决策是一个基于人机结合、交互、反复分析的处理过程。在分析过程中，要充分设定一个、多个不确定影响因素单独或综合作用结果，设想它们的影响频率、强度、周期，充分考虑未来产油量运行期间可能出现的各种情况，在尽可能的条件下尽量保证其构成的想定空间能代表、反映各种可能出现的情况，使其具有完备性特征。油田由油藏组成，油藏的产油量又由多个单井产油量组成。因此，需建立单井的不确定因素的变化特征与趋势，设计出单井控制器和多井综合控制器的计算机管理软件。由于产油量的不确定影响因素具有动态性，在设计管控措施时应具备自适应性的特征，能进行系统辨识、随机控制，保证年度产油量的平稳运行，力促年度产油量任务的完成。

在油田开发复杂巨系统中，年度产油量控制系统仅是其中一个子系统。其他子系统尚有广泛的研究空间。油田开发鲁棒性研究是将研究重点放在油田开发过程中的不确定因素、存在的缺点、弱点、不足，而不是像油田开发传统地研究其规律、特征等有益的方面。知其弱点、不足、风险、不确定因素等，才能防患于未然，才能更有序、更有效地管控油田开发过程。油田开发传统研究与鲁棒性研究是一个问题的两个方面，只有两方面均重视，才会不断提高油田开发效果和效益，才有希望达到油田开发高采收率、高水平、高效益的目标。

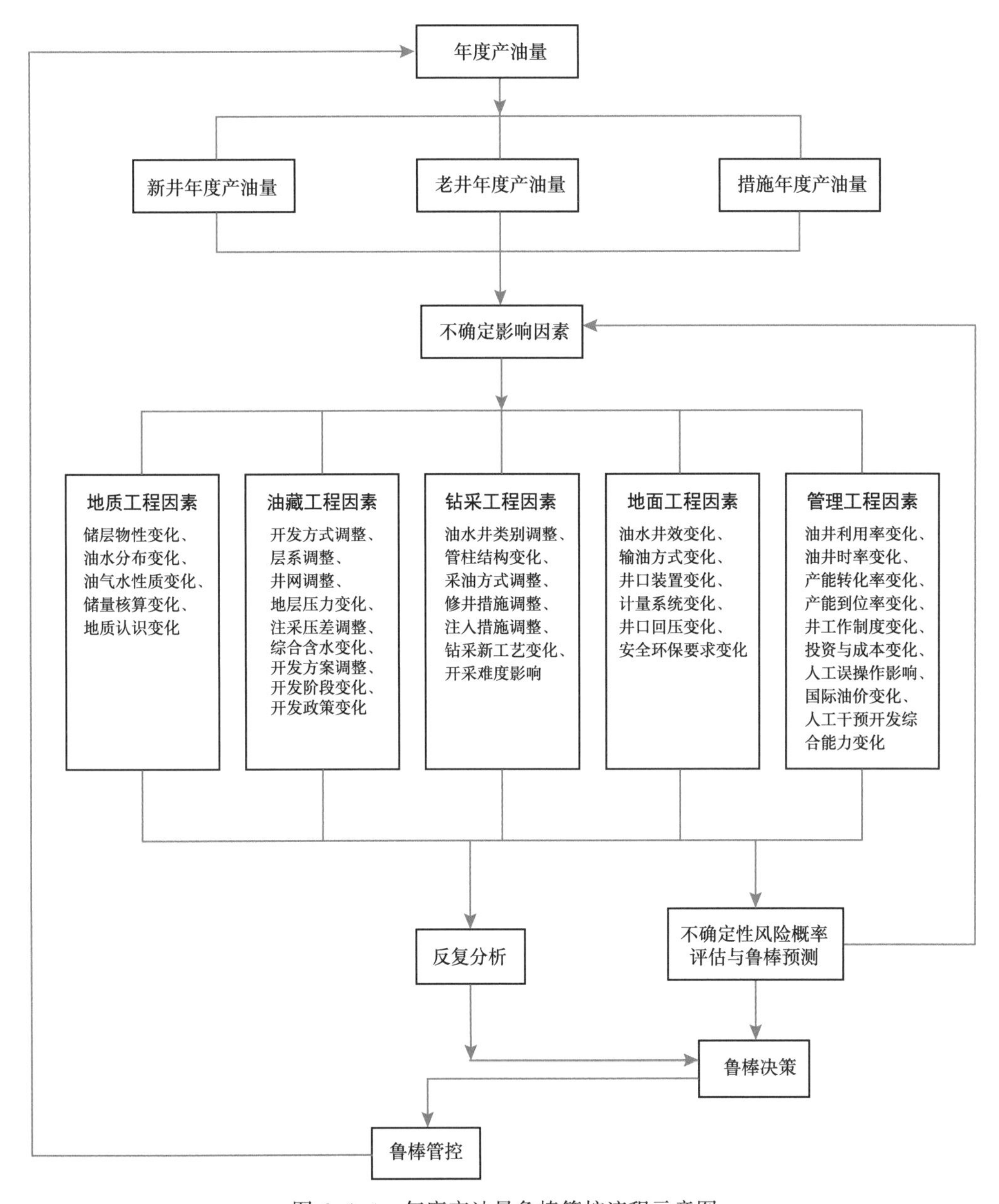

图 6-4-1　年度产油量鲁棒管控流程示意图

第五节　运用预测因应性原理进行油田精细开发

油田开发是个复杂系统工程，具有自然性与社会性二重属性，人的主动参与是它的本质特征之一。在油田开发进程中会受到多种因素的影响，尤其是对油田客观性有正确认识的前提下，编制的油田开发方案是油田开发的基础。即便有一个好的方案，在执行中也会遇到种种干扰，使其不能顺利实施。

现在大力提倡油田精细管理、老油田二次开发。精细管理具备“精细、量化、创新”

的特点，二次开发的核心内容是“三重”即重构地下认识体系、重建井网结构、重组地面工艺流程。无论是精细管理，还是二次开发，都需要有执行过程中的预测，但往往缺乏对预测实践的督查。这就有可能出现偏差而不觉或出现了不良后果而被动地紧急采取补救措施，从而影响油田经济有效地开发和提高油田最终采收率。

因此，要想进行油田的精细开发，就要善于运用预测的因应性原理良性地控制油田开发进程。

一、预测因应性原理

在第四章“油田开发系统预测论”中提出油田开发预测的测不准原理、相似性原理、相关性原理、连续性原理（含惯性原理）、周期性原理、阶段性原理、系统性原理、因应性原理等。其中因应性原理表述为：油田开发中预测客体或对象对预测主体有意识应对行为，即趋利避害行为，该行为影响预测曲线的运行，易出现证伪或者自我否定的结果。油田开发预测主体是油田开发工作者即人或机构、部门，由于油田开发具有自然性与社会性二重属性，预测客体也是人本身以及由人参与或影响的油田开发中产量、含水率、成本等技术指标、所发生的现象或事件等共同构成预测客体的统一体。既然人在统一体中，人是能动的、有反应能力的或者说人具有因应行为，那么，人对人参与其中的统一体进行预测时，就必须将预测客体的因应行为考虑在内。预测因应性原理实质是人对预测结果的能动反应。当发现预测运行曲线有不良趋势时，油田开发工作者应主动地采取相应的趋利避害措施，避免不良趋势的发生。但许多油田开发工作者往往忽略了预测趋势的运行过程，不自觉不主动地利用预测因应性原理指导油田开发工作。实际上，油田开发本身就是过程或者说包含过程。因此，这种不重视过程，只重视结果的理念、行为，是难以搞好油田精细开发的。正确的科学的理念是重视夯实基础，实行优化过程，获得优良结果。

二、运用实例

（一）G5 断块二次开发

G5 断块位于高深北区高北断层的上升盘，为两条断层所夹持的反向屋脊断块，断块内部无断层，构造相对整装，主力含油层系为古近系沙三$^{2+3}$亚段，属于未饱和层状断块油藏，具有埋藏深、含油井段长、油层层数多、厚度大、油水关系复杂的特点。

经过二十多年的开发，油田面临一系列问题：油藏合注合采、层间矛盾突出；井网不完善、水驱储量控制程度和动用程度较低（分别为 55.4%、33.1%），含水上升快，标定采收率低（24%）。根据 2009 年的生产数据建立的数学模型，并依此预测且绘制成预测曲线（图 6-5-1，其中含水率预测略），按预测计算产量综合递减率可达 38%，含水上升率可达 9.47%。从预测曲线看出，2010 年（图 6-5-1 中横坐标从第 13 点开始）将出现大幅度产量递减，从图 6-5-1 中看出综合含水率亦会急剧上升。为避免这种情况发生，根据因应性原理必须采取相应的应对措施。因此，为改善 GSP 油田深层的开发效果，综合分析开发状况，评价开发潜力，整体部署，实施了二次开发。若方案全部实施后，预计总体水驱控制程度可达 78%，采收率可提高 6 个百分点，达到 30%，增加可采储量 25.4×10^4t，新建产能 4.75×10^4t。2009 年实施后，统计 20 口投产油井和排液水井，初期日产油 10.1t，达到产能设计目标（9t），截至 2011 年 4 月底，井口累计产油 3.65×10^4t。水驱储量控制程度达到 83.3%，动用程度达到 42.4%，产油量年综合递减率降至-0.19%，含水上升率-32.47%。采收率由实际的 15.69%提高到 22.5%，增加可采储量 22.8×10⁴t。实际结果超过了预期，取得了良好的二次开发效果（图 6-5-2 和图 6-5-3）。

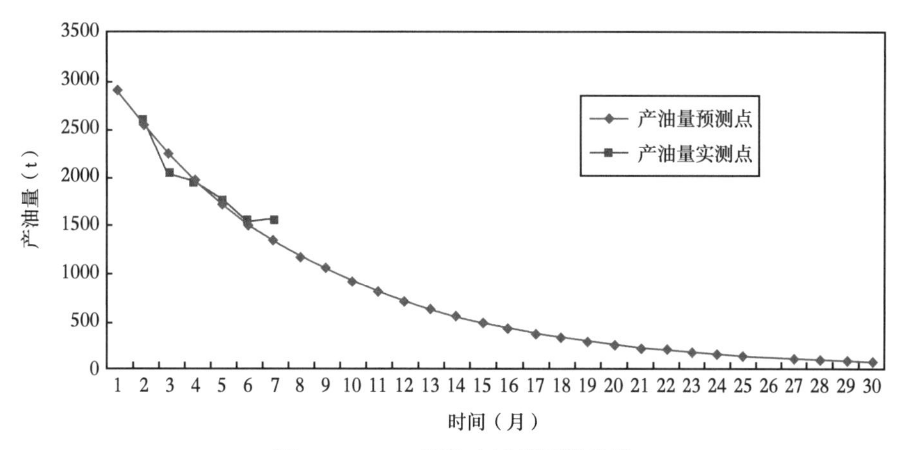

图 6-5-1　G5 断块产油量预测曲线

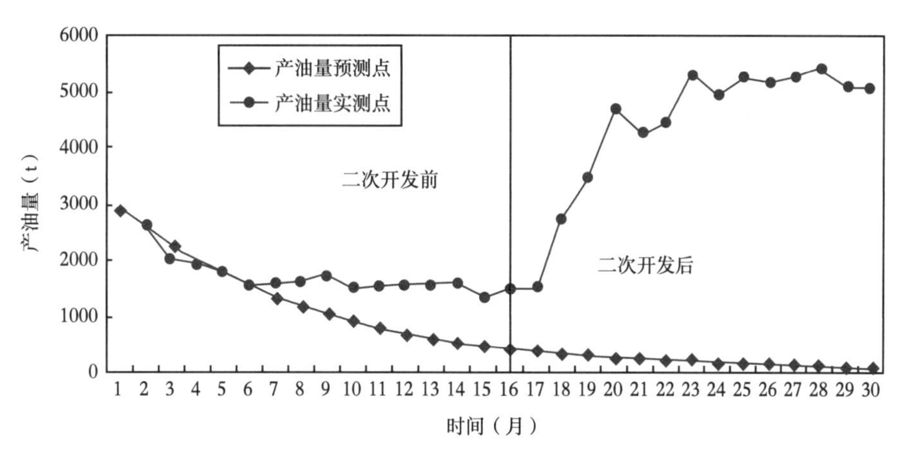

图 6-5-2　G5 断块产油量曲线

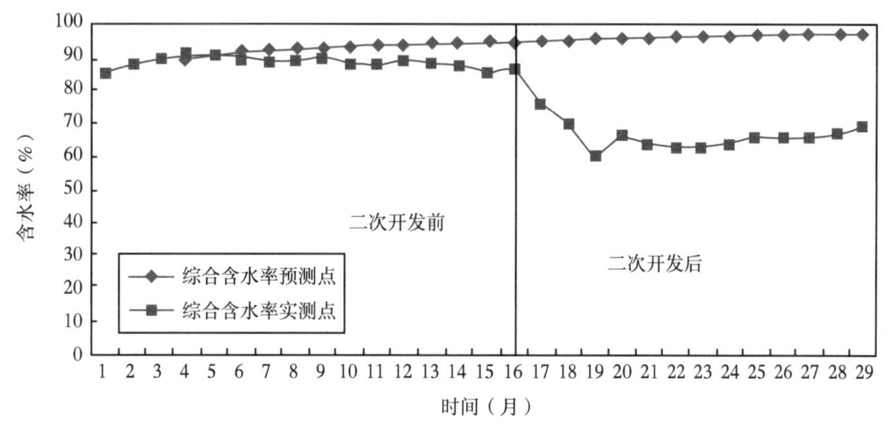

图 6-5-3　G5 断块综合含水率曲线

（二）LB 区块二次开发

LB Es_3^3 油藏位于柳赞油田北部，其构造是柏各庄断层下降盘断鼻构造带的一部分。1991 年 10 月柳 13 井发现高产油流，1993 年正式投入开发。由于对地质认识出现反复，开发方案经多次调整，开发效果始终不是很好。出现了产量递减、含水上升的状况。根据 2007 年 10 月至 2008 年 10 月共 13 个月的生产数据建立了数学模型，并依此预测且绘制成产油量预测曲线（图 6-5-4）和综合含水率预测曲线（图 6-5-5）。2008 年老井综合递减率达 33.95%，含水上升率可能达到 5.48%。为改善开发效果，避免开发状况变差，根据因应性原理采取了相应对策。为此，按照“重构地下认识体系、重建井网结构”的二次开发理念，采用地质、地震、测井、油藏等多学科联合攻关，开展油层对比，进一步落实了 LB 地区各小层顶面构造形态和砂体展布特征，建立了精细的地质模型，结合油藏工程分析和油藏数值模拟技术，基本搞清了油藏剩余油分布，落实了二次开发潜力。二次开发部署以Ⅱ类、Ⅲ类油层为主，兼顾Ⅰ类、Ⅳ类油层，完善井网和注采关系。采用 150~180m 井距，垂直柏各庄断层的行列式三角形井网，分两套层系总体部署新钻井 45 口（油井 28 口，水井 17 口），老井转注 5 口。2009 年提前实施 10 口井，初期产油量明显上升，但由于注采不完善，递减很快，2009 年老井综合递减率达 40.22%。2010 年实施投产剩余的 28 口油井，投注水井 17 口，老井转注 5 口。实施完后，注采井网和层系比较完善，油井地层能量得到补充，产量与含水都得到改善。新井投产初期叠合产量达到 362.7t，平均单井产能 11t/d，达到方案设计产能（8t/d），截至 2011 年 1 月底，累计产油 8.288×10^4t。水驱控制程度由二次开发前的 65.9%增加到 79.1%，水驱动用程度由 50.4%增加到 52.9%。通过精细注采调控，区块产量明显上升，综合含水率有所下降，含水上升速度明显减缓，水驱状况得到有效改善，产量递减得到有效遏制，采收率提高了 7.01 个百分点，可采储量增加了 102.31×10^4t，开发形势逐步向好的方向转化（图 6-5-6 和图 6-5-7）。

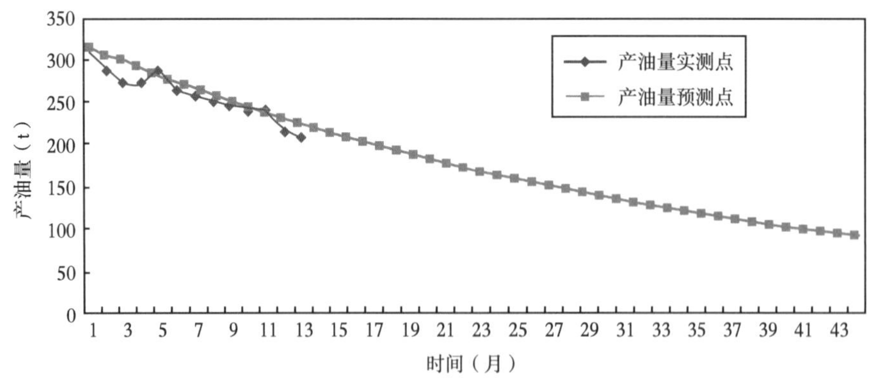

图 6-5-4　LB 产油量预测曲线

（三）L90 南断块开发

L90 南断块属柳中构造，柳中构造具有东西分带、南北分块的特点。东西向可分为东部洼槽带、中央构造带和西部斜坡带，中央构造带为断背斜构造，是柳中主要含油构造，L90 南断块是背斜构造。

L90 南断块按其开发特点可分为四个开发阶段：试采、滚动开发、点状面积注水开

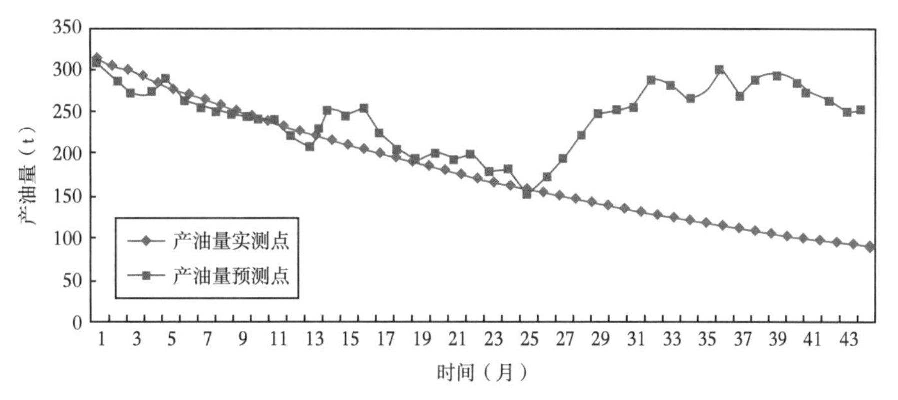

图 6-5-5　LB 产油量实际运行曲线

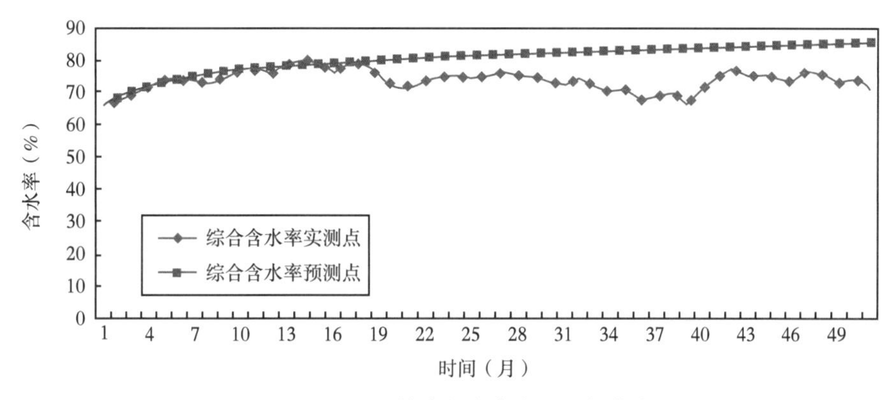

图 6-5-6　LB 综合含水率实际运行曲线

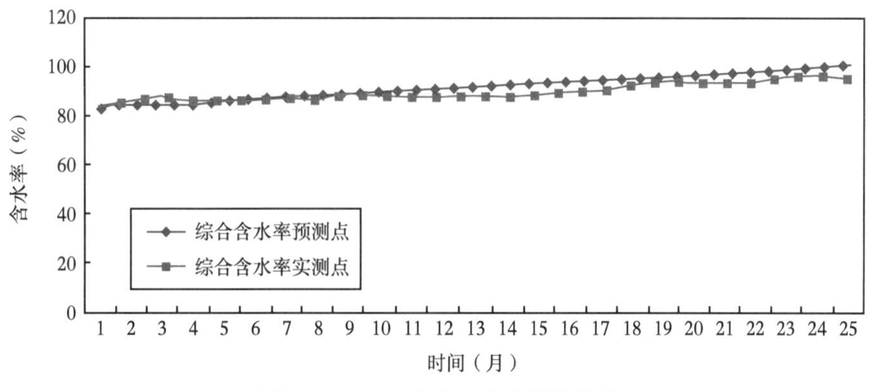

图 6-5-7　LB 综合含水率预测曲线

发、完善注采井网开发。经过近二十年的开发，注采井网较完善，总体注水开发效果较好、油藏采出程度较高（20.77%），油藏总体高含水（90.2%），水井调剖可以有效改善层间矛盾，取得较好效果，但经过多轮次调整后，开发效果逐年变差。目前区块面临的主要问题是油藏平面矛盾突出，水驱效果变差。迫切需要开展整体调驱，改善层内及平面矛盾，改善油藏开发效果，进一步提高采收率。但是，由于没有按预测因应性原理，积极采取相应的措施，调驱方案部署实施滞后，调驱剂的选型和段塞注入设计对前期多轮次调剖考虑不够，调驱方案实施后没有达到预期效果，使油田开发效果变差。2009 年综合递减率达 36.13%，2010 年上升到 47.63%，递减率始终在预测曲线上下波动（图 6-5-8），综合含水率基本上在预测线附近（图 6-5-9）。

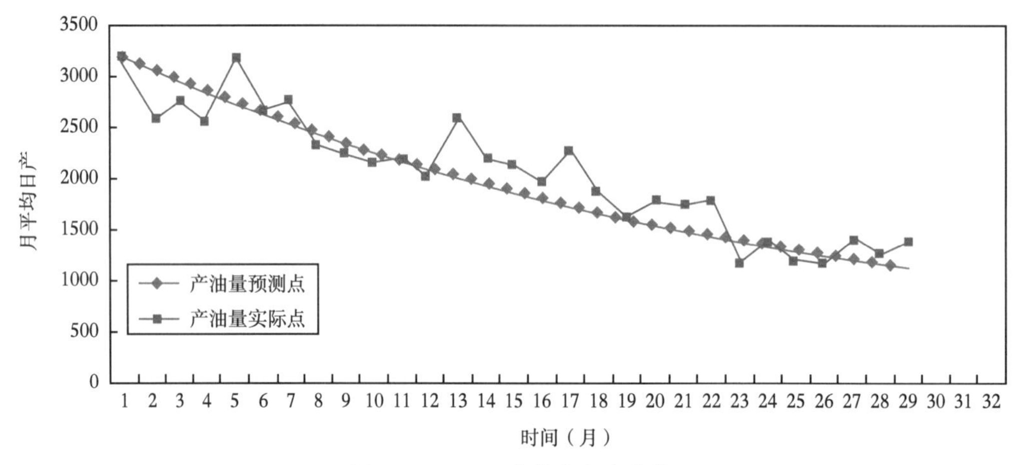

图 6-5-8　L90 南综合含水曲线

总之，在油田开发中应自觉主动地运用预测因应性原理，从系统论的整体性观点出发，按照预测结果，对可能发生的问题，防患于未然。这样，才能有充分的余地进行油田精细开发，才能取得经济有效地开发和提高油田最终采收率的良好结果。要充分重视油田开发的过程和过程中的细节，局部的、某一环节的失误，可能会带来整体的不良后果，甚至是难以补救的后果。文中正反的实例说明了运用因应性原理，采取有针对性的正确措施的重要性。另外，文中反复强调是主导性和主动性，也就是说不要等到开发效果变差以后才采取对策，而是当进行油田动态分析时，提前对开发指标进行预测，根据预测结果能动地采取趋利避害措施，防止不良倾向发生或降低受害程度。

第六节　油田开发的经营管理

油藏经营管理是 20 世纪 80 年代发展起来的新概念新模式，包含了油藏资产管理与油藏技术管理。我国 20 世纪 90 年代以前主要是油藏管理即偏重于油藏技术管理，之后逐渐开展油藏经营管理，将技术管理与经营管理结合起来。21 世纪初我国三大石油公司（中国石油、中国石化、中国海油）竞相推出油藏经营管理模式，追求经济效益最大化、油藏开发合理化，力争达到油田开发全过程的最优化。

一、油藏经营管理的概念

所谓油藏经营管理是指用先进的科学技术和管理理念对所开发的油藏系统进行量化研究，使油气可采储量价值化、对油田开发水平和经济效益进行综合评价，并用有效的组织形式和战略决策，使资产增值、提高科学合理开发油田效果，达到经济效益最大化。

陈月明教授将油藏经营管理划分为 4 部分，即：（1）油藏勘探过程的经营管理，即在油藏发现和油气储量探明的过程中，经油藏评价、油气储量成本估算、价值评估即管理，实现勘探开发一体化、油气储量价值化和储量内部市场化管理，提高油气储量价值的转化率，降低勘探成本，提高勘探经济效益；（2）开发建设阶段的经营管理，即在扩大油气再生产的过程中，经开发方案的研究、编制、评估和优化，通过项目管理，实现投资决策优化和经济效益最大化；（3）开发生产过程的经营管理，即在油气生产、处理、加工和集输的过程中，在合理划分油藏经营管理单元的基础上，优化投资项目、细化成本管理、深化体制改革、完善运行机制，实现油气生产投入产出的清晰化，产量、投资、成本、效益、可持续发展的“五统一”，达到有效控制成本和经济效益最大化；（4）资本退出阶段的经营管理，即在对低效和无效油藏经营管理单元进行政策调整、租赁和买卖的过程中，主要进行开发状况、经营状况、经济效益评价，在国际油价条件下，调整、改造潜力较小的边际油藏经营管理单元，进行租赁和社会买卖。

二、油藏经营管理是复杂系统

油藏经营管理贯穿于油田开发的全过程，是一个复杂系统。它不仅涉及油田地质、油藏工程、钻井工程、试油过程、试井工程、采油工程、注水工程、物探工程、测井工程、地面工程、集输工程、信息工程、计算机工程等技术层面的学科，而且还涉及财务、安全、环保、人员、组织等经济与管理部门，同时也涉及科学研究及其他外协等研究机构。企业的管理体制和运行机制也影响着油藏经营管理。各层次部门、机构、单位互相联系、互相影响、互相制约、互相促进。它们之间相互关系有简单关系也有复杂关系、有线性关系也有非线性关系，构成一个复杂的综合体。

油藏经营管理无论是资产管理还是技术管理，均有众多的影响因素，且存在大量的不确定因素。经营油气生产企业追求油田采油量最大化或最终采收率最大化、成本与投资最低化等，对企业来说归根到底是利润最大化。计算可采储量参数的不确定性，影响可采储量规模的确定；国际油价的不确定性，影响油气可采储量的价值化。因此，所追求的利润最大化也是不确定的。油田开发过程中的某些参数的不确定性，也使油藏经营管理面临众多的不确定性。

三、我国油藏经营管理的演化

国内先后开发了陕西延长油田、新疆独山子油田、甘肃玉门老君庙油田、四川石油沟气田和圣灯山气田等。由于外有列强侵略掠夺、内有旧政府的腐败无能，至 1949 年油气年产量不足 7×10^4t，基本上谈不上油气田管理。中华人民共和国成立后，国家高度重视石油工业的发展，从中国现代石油工业的摇篮——玉门焕发青春，到克拉玛依、大庆、胜利等油田的陆续开发，1981 年年产油量超过了 1×10^8t。集近 30 年的实践，积累了油田开发方面丰富经验，提高了油田开发管理水平。为了加强油田开发的科学管理，有效地利用油气资源，不断提高油田开发水平，石油工业部于 1979 年拟定了《油田开发条例（草案）》，并以石油工业部文件（79 油开字第 613 号）的形式于 1979 年 7 月下发各石油企业执行。该条例为十二章共 100 条。其中总则 5 条。

第一条　石油是一种重要的能源，对我国实现四个现代化有重大意义。根据社会主义国民经济有计划按比例发展的原则，我国油田开发的方针是：必须在一个较长的时期内实现稳产高产。

第二条　油田开发的目标是尽可能地延长高产稳产期，达到高的最终采收率和好的经济效果。

第三条　要科学地高水平地开发油田，必须以马列主义、毛泽东思想为指导，努力按照辩证唯物论认识油田和改造油田。

第四条　由于我国绝大多数油田不具备充足的天然能量补给条件，因此，一般情况下都要采用人工保持能量的开发方式。

第五条　要尽量采用新工艺、新技术，向机械化、自动化发展，不断提高油田开发水平。

这 5 条是总结全国油田尤其是大庆油田的开发经验而提出的。并对详探和油藏研究、储量计算和核算、油田开发方案、早期注水保持压力、开发中后期调整、断块油田开发、采油工艺技术、油田地面建设、油田管理、油田开发队伍、科学研究等方面给予具体规定。

该条例的颁布与实施促使了油田规范化管理，提高了油田开发水平。但纵观百条条例，基本上是油藏的技术管理。

随着油田开发水平的提高和油田开发新形势的需要，在总结《油田开发条例（草案）》实施 10 年效果的基础上，石油工业部于 1988 年制定了《油田开发管理纲要（试行）》，同时制定了《油藏工程管理规定（试行）》、《采油工程管理规定（试行）》、《油田地面生产系统管理规定（试行）》、《油田开发系统奖励办法（试行）》，以下统称“88 纲要”，再次以石油工业部文件（88 油开字第 141 号）的形式于 1988 年 3 月下发各石油企业执行。《油田开发管理纲要（试行）》共有九章 64 条，其中总则 6 条。

第一条　石油是一种战略物资，对国民经济发展有特殊意义。为充分利用和合理保护油、气资源，加强对油田开发工作的宏观控制，依据中华人民共和国《矿产资源法》和有关政策，特制订本管理纲要。

第二条　油田开发必须贯彻执行持续稳定发展的方针，坚持少投入、多产出、提高经济效益的原则，严格按照先探明储量、再建设产能、然后安排原油生产的科学程序进行工作部署。油田生产达到设计指标后，必须保持一定的高产稳产期，并争取达到较高的经济极限采收率。

第三条　油田开发系统各部分，包括油藏工程、钻井工程、采油工程、地面建设工程等，都要从油藏地质特点和地区经济条件出发，精心设计，选择先进实用的配套工艺技术，保证油田在经济有效的技术方案指导下开发。

第四条　油田开发过程中，要把油藏研究贯穿于始终，及时准确地掌握油藏动态，依据油藏所处开发阶段的特点，制订合理的调整控制措施，保持油田开发系统的有效性。

第五条　积极开发新油田，保持原油产量的稳定增长，同时积极改善老油田的稳产状况，使全国和油区的储采比例稳定并有所增长，实现油田开发生产的良性循环。

第六条　依靠科学技术进步，努力提高油田开发技术和装备的现代化程度。加强科学研究和新技术开发准备工作，逐步提高生产效益和资源利用程度，提高油田开发水平。

从“88 纲要”总则 6 条看出：经济效益和可持续发展战略逐渐引起重视，进一步强调高产稳产，由“尽可能”到“必须保持”，并高度重视科技进步和油田现代化程度。但遗憾地回避了“必须以马列主义、毛泽东思想为指导，努力按照辩证唯物论认识油田和改造油田”这个大庆油田极重要的油田开发成功经验。实际上，任何油田的开发，不管承认与否都是在自觉不自觉运用辩证唯物论认识油田和改造油田。

经过16年的改革开放，石油工业部几经改制最后分为三大石油公司。中国石油天然气股份有限公司总结了多年的开发经验及国外石油公司的管理经验，于2004年8月颁发了石油勘字［2004］201号文件，以下简称“04纲要”，总共十一章108条并于同年9月1日施行。2005年12月为了进一步贯彻“04纲要”，完善油田开发管理规章制度体系，推进油田开发科学化管理，不断提高油田开发水平，又颁布了《油藏工程管理规定》十章76条、《钻井工程管理规定》九章107条、《采油工程管理规定》八章67条和《油田地面建设管理规定》八章132条。“04纲要”及其油藏、钻井、采油和地面建设工程管理规定施行，大大提高了油田开发的科学化管理水平。

“04纲要”第一章总则10条对油田开发进行提纲挈领地重点描述。

第一条　为充分利用和保护资源，合理开发油田，加强对油田开发工作的宏观控制，规范油田开发各项工作，特制定本《纲要》。

第二条　油田开发工作必须遵守国家法律、法规和股份公司规章制度，贯彻执行股份公司的发展战略。

第三条　油田开发必须贯彻全面、协调、可持续发展的方针。坚持以经济效益为中心，强化油藏评价，加快新油田开发上产，搞好老油田调整和综合治理，不断提高油田采收率，实现原油生产稳定增长和石油资源的良性循环。

第四条　油田开发主要包括以油田开发地质为基础的油藏工程、钻井工程、地面工程、经济评价等多种专业。油田开发工作必须进行多学科综合研究，发挥各专业协同的系统优势，实现油田科学、有效地开发。

第五条　油田开发要把油藏地质研究贯彻始终，及时掌握油藏动态，根据油藏特点及所处的开发阶段，制定合理的调控措施，改善开发效果，使油田达到较高的经济采收率。

第六条　坚持科技是第一生产力，积极推进科技创新和成果共享，加大油田开发中重大核心技术的攻关和成熟技术的集成与推广应用。注重引进先进技术和装备，搞好信息化建设。

第七条　依靠科学管理，合理配置各种资源，优化投资结构，实行精细管理，控制生产成本，提高经济效益，实现油田开发效益最大化。

第八条　油田开发部门要高度重视队伍建设，注重人才培养，加强岗位培训，努力造就一批高素质的专业队伍与管理队伍，为全面完成开发任务提供保障。

第九条　牢固树立以人为本的理念，坚持“安全第一、预防为主”的方针，强化安全生产工作。油田开发建设和生产过程中的各种活动，都要有安全生产和环境保护措施，符合健康、安全、环境（HSE）体系的有关规定，积极创造能源与自然的和谐。

第十条　本《纲要》适用于股份公司及所属油（气）田分公司、全资子公司（以下简称油田公司）的陆上油田开发活动。控股、参股公司和国内合作的陆上油田开发活动参照执行。

第二章至第十一章分别为油藏评价、开发方案、产能建设、开发过程管理、开发调整与提高采收率、储量与矿权管理、技术创新与应用、健康安全环保、考核与奖励、附则。

“04纲要”及其规定的施行，说明了油田开发管理理念的转变，由一般管理向综合管理、由低效管理向高效管理、由粗放型管理向集约型精细管理、由油藏技术型管理向油藏经营型管理转变的历史发展必然。但“04纲要”同样回避了“必须以马列主义、毛泽东思想为指导，努力按照辩证唯物论认识油田和改造油田”这个极重要的油田开发成功经验。

第七节　油田开发的战略管理

战略管理一般是指对一个企业或组织在一定时期的全局的、长远的发展方向、目标、任务和政策，以及资源调配做出的决策和管理艺术。而油田开发是指“人”对开采对象即油田或油藏进行开发的全过程。那么，油田开发过程是否也有战略管理的问题呢？也许有人会说油藏无需战略管理，仅有技术经营管理就行了。但随着管理模式的发展，油田开发不仅需要有战略管理，而且需要的是一个重要的新管理模式。

一、何谓油田开发的战略管理

所谓战略是指根据内外部的发展变化形势而制定的指导全局的、长远的行动方针和斗争方式。因此，讲战略就是要讲究斗争方式、注意方式方法。战略伴随着全局的长远的发展方向、战略目标、具体任务，是实现目标的方式、方法和达到目的的方案、途径。无目标的战略和无战略的目标，都是不可取的。而管理则是约束和梳理，使之有序化。战略管理是为实现战略目标、完成战略任务，在分析判断内外形势和不确定因素的基础上，设计制定方略、谋略、措施、方式、方法，进而决策并付诸实施，以及在实施过程中进行控制的动态管理过程。战略管理具有全局性、长远性、系统性、科学性、阶段稳定性等特征。

油田开发的战略管理除了上述特征以外，还有其特殊性。表现为以下四点。

（1）战略管理的复杂性。管理对象是具体的油田或油藏，油藏具有不可入性、开发不可逆性、影响因素的不确定性、油藏类型的多样性、油藏的非均质性、油藏开发的开放性等，体现了油藏的复杂性。油藏的复杂性是制定油田开发战略管理的前提。

（2）战略管理的动态稳定性。开发时间长，短则几年、长则几十年。长时间的开发会出现许多的不确定因素（包含油藏开发变化产生的不确定性、周围环境变化的不确定性及对未来预测不确定性等），会影响开发进程。进程的时变性，促使油田开发策略适应性变化与调整，但也不能随意改变，依照形势变化所反馈的新特点调整后应有一个相对稳定期。因此，制定油田开发管理战略必须有适应变化的阶段动态稳定性。

（3）开发目标具体化。对一个具体的油田或油藏，既有定性目标“经济高效开发油藏”这样的模糊表述，也有定量目标即“实现经济最终采收率最佳期望值”，形成既有总目标又有分阶段目标的战略目标体系。依定性和定量目标体系制定油田开发管理战略。

（4）“人”是油田开发主体。油田开发的战略管理是从高层到基层、多层次的全员管理。因此，油田开发的战略管理首先是对“人”的战略管理。从长远的、发展的观点培养和提高“人”的综合素质和管控能力。

故油田开发的战略管理是指为实现某油藏经济高效开发及最终经济采收率的总体目标，设定分阶段的油田开发战略，即试采阶段的上产策略；正式开发阶段的稳产策略；调整阶段的合规策略；递减阶段的减缓递减策略；废弃阶段的二次开发策略以及各阶段实施的主体措施、实施效果的评价指标与方法、依照实际形势变化调整战略的途径、对人财物资源优良配置等实施全程控制的动态管理过程。

二、油田开发战略管理的基本内容

（一）实施油田开发战略管理的基础

油田开发系统是天然与人工共筑系统，战略管理基础既有客观基础也有主观因素。客观基础表现为：当油藏被发现后，对油藏的认识是个不断深化的渐进过程，油藏的储量规模、丰度、分布，地质特征和生产特点逐渐被“人”所了解、掌握，形成了制定油田开发战略管理的客观物质基础和认知基础。主观因素主要表现为“人”的知识结构、技术水平、执行能力、管控能力、道德修养等综合素质，以及对开发对象的认知程度等，这些均决定了对油田开发战略管理措施、方略的实施力度和实现战略管理途径的管控力度，“人”是决定的因素。

（二）油田开发战略管理的具体内容

战略管理是由战略分析、战略设计与决策、战略实施、战略评价与调整等四个不同阶段组成的动态过程。

战略分析即通过资料的收集和整理，分析油藏的地质特征、生产特点、目前开采状况及资源配置等情况；同类油藏的开发经验、周边环境特点、上级领导对该油藏开发目标的期望、政府法律及开发政策的要求与变化、投资与成本情况、国际油价和结算油价情况等内外环境状况；了解和确定该油田开发的优势和劣势，预测和估计未来可能出现的不确定因素和变化趋势，以及可能带来的影响和风险程度；油田地质研究与开发开采技术储备及引用高新技术的可能性；人员组成及其管控能力与执行能力等。

战略设计与决策即设计和制定该油藏开发的总目标和分阶段目标的战略目标体系，目标可设计高、中、低三个档次目标，在战略分析的基础上进行战略设计，依据一般为：（1）对设计对象的认知程度；（2）法律依据、政策规定、开发标准和上级要求；（3）其他油藏尤其是同类油藏的开发开采经验；（4）外部环境的变化；（5）开发开采该类油藏的技术储备与新技术、新方法、新理论的发展趋势；（6）人力资源状况、员工的综合素质、管控能力和组织机构；（7）可投入的资本状况等，设计多套备选方案和实施措施等。经专家、高管、管控人员评审、选优，由主管领导决策并报上级审批。

战略实施是将确定的战略管理方案转化为具体的、可执行的行动。油藏的战略管理是通过“人”来执行的，因此，首先需建立管理团队，即平常所说的“一块一策一组人”，一组人应由管理人员、技术人员、操作人员以“三结合”的方式组成。其次，对该油藏指标体系进行分阶段分解，甚至做到分年度分解，落实具体的执行措施即所谓的“策”。再次，在核实该油藏的基本情况和物质基础的前提下，组合内外部资源优化配置，充分发挥资源优势。最后，对实现目标途径进行有力、有效的控制。在控制过程中，要注重不确定因素影响程度，尤其是要注重其突发性，要有应对方案和应急措施。“因此说战略控制是监督战略实施进程、及时纠正偏差，确保战略有效实施，使战略实施结果基本上符合预期计划的必要手段，或者说是根据战略决策目标标准对战略实施过程进行的控制”。

战略评价与调整是指在油藏开发各个开发阶段，由于对油藏认知程度的不断加深，油藏的地质特征、生产特点的变化和开发矛盾变化；外部环境影响因素的变化如成本的变化、油价的变化、开发开采技术的变化、出现开发新理念新理论新方法等，均需进行分阶段地评价。依照评价结果分阶段调整措施甚至调整目标。同时由于油藏开发周期长，总评价一般在递减末期，若评价结果尚有潜力，可进行二次开发可行性论证，有效益则进行二次开发，无效益则暂停开发或等待时机有利时再行开发；若评价结果无潜力则直接废弃，停止开发，油田开发生命周期终止。

战略分析、战略设计与决策、战略实施、战略评价与调整等四个阶段构成一个完整油田或油藏战略管理系统，各阶段相辅相成，融为一体。战略分析是战略设计的前提，“战略设计是战略实施的基础，战略实施又是战略评估的依据，而战略评估反过来又为战略设计和实施提供经验和教训”。四个阶段的系统设计和衔接，可以保证取得整体效益和最佳结果。

三、油田开发战略管理的思维方式

在油田开发战略管理整个过程中，管控人员必须坚持唯物辩证法，树立战略思想，其思维方式为辩证思维、创新思维。

在油田开发的过程中，要经历多个开发阶段，每个阶段对油藏认识程度不同、暴露的矛盾也不同，但必须运用系统思维即用整体的、全面的、开放的、综合的观点，进行唯物辩证地分析、研究油田开发中的各种问题。油田或油藏的战略管理是一种整体的、全面的、系统的管理，即使存在着分阶段管理即属战术管理，也必须将其置于整体的战略管理之下，服从于总战略、总目标。

辩证思维即用系统的、整体的、变化的观点去看待开发过程中出现的各种矛盾，处理矛盾向有利于实现目标的方向转化；妥善地对待出现的不确定因素，科学地分析其利弊，客观地判断战略实施过程的成绩和不足，并从发展的角度，与时俱进地运用最新理论和新科技处理、解决变化中的问题，以适应新需要、满足新要求。

创新思维是指用非常规思维，并以新颖独创的方法解决问题的思维过程。它的本质是改变和创造新东西。在油田开发整个生命周期会出现多种类型的不确定性问题，这些问题有的可用现有的成熟的方法、工艺、技术解决或处理，有的问题用传统方法、工艺、技术不能解决，这就需要针对具体情况进行创新、突破、更新，只能研究、开发新的方法、工艺、技术。不断创新在油田战略管理的过程中是必不可少的。

四、油田开发战略管理实施步骤

无论是油田开发总体的战略管理，还是油田开发分阶段的战术管理，都遵循以下实施步骤。

（1）提出油田开发战略管理需求和树立战略思想。

长期以来，油田开发不提战略管理，缺乏战略思想。一般是当发现油田或油藏提交控制储量或有重大发现后，进行初步的油藏评价，编制油藏评价部署方案和经济评价。常因对油田或油藏认知有限而不做对油藏整个生命周期如何开发的整体战略考虑。虽然在油藏部署时提出“整体部署、分批实施、及时调整”的原则，但仅是在通常情况下多指井位部署而已，是一种战术指导原则。因此，树立战略思想，提出对油藏进行战略管理需求，应是放在第一位的。

（2）收集、整理、分析资料和信息。

收集、整理资料和信息主要包括：地震、评价井、取心、录井、测井、试油、试采、试井、室内实验、矿场先导试验、投资规模、同类油藏开发开采经验和教训、开发技术准备情况尤其是新技术新方法新工艺的情况、管控人员情况、上级领导要求与相关规定、周边环境及政治经济地理情况等。对这些资料信息进行去伪存真、由表及里地分析，确认开发该油藏的优势与劣势、好处与弊端，提出该油藏实现战略管理的总体目标和分阶段目标的可行性报告。

（3）对油藏实行战略管理进行决策。

组织专家、管控、技术等相关人员对该油藏战略管理的可行性报告进行科学、合理、准确地评价，尤其是对未来不确定因素发生概率、频率、强度，应急应对措施是否得当等进行评估，防患于未然。将综合评价结果上报相关领导，进行决策。

（4）落实组织机构。

决策后就需落实组织结构及相应职权范围和责任、对管控人员的要求，明确其他管理部门和研究单位的义务，形成全局一盘棋的格局。避免对该油藏的战略管理仅是该管控人员的任务和责任。同时要制定明确的油藏战略管控的奖罚制度、规定和可操作的执行细则。

（5）深化战略方案。

组织落实后，该油藏的管控人员需细化油藏战略管理的具体措施。预测从投产开始到废弃为止的各个开发阶段的全方位的变化趋势，尤其需重点关注产油量和采收率的变化趋势，预估引起变化的内外部因素和可能出现的不确定因素，预先制定基本应对方案和需采取的措施。

（6）组织实施战略管理。

当深化战略方案确定后，全体管控人员要铭记于心，尤其是需向一线管控人员、直接操作者交底，并要求他们严格执行战略方针和管控措施，及时反馈在管控过程中各部分运行趋势、变化、异常。严格管控是实现战略目标的关键。在全程管控过程中，要特别把握各阶段的转化时机，注意各阶段特点的变化。

（7）进行阶段评价。

当某开发阶段实施一段时间后，需对该实施阶段进行评价。评价内容主要为：实施是否按照战略管理要求运行；油藏开发开采是否符合开发规律；管控措施尤其是主体措施的执行状况是否良好；分析影响运行的因素和风险；总结目前运行方式的优劣和利弊；评价该阶段的开发效果、成本控制与经济效益；预估主要油田开发指标的变化趋势等。

（8）调整战略管控系统。

根据阶段评价结果，对战略管控系统进行调整。调整的主要内容为：调整管控措施；调整组织结构和部分人员；调整投资与成本控制等。调整的幅度与强度依实际油藏战略管控情况而定，一般无特殊情况需保持相对稳定。另外，按油藏战略管控奖罚制度兑现，给予阶段荣誉和物质奖励。

（9）进行全程战略管理评价。

结合全程战略管理的结果，进行总体评价。评价内容主要有：总目标的实现程度，完成的累计产油量和最终采收率是否创新高；油田开发水平提高幅度，是否高效开发；投资、成本控制和利润等经济指标完成情况；总结油藏战略全程管控的经验教训；整体开发效果、经济效益和社会效益的综合评价等。同时，按奖罚制度实现总兑现。对油藏战略管控资料整理后归档。

五、油田开发战略管理与传统管理的异同

油田开发传统管理是按照《油田开发管理纲要》的要求进行管理，同时进行常规性日常管控，油田基本上按其规律及趋势发展。《油田开发管理纲要》是中国石油天然气股份有限公司总结数十年油田开发经验，结合现代油藏管理的实际情况，经专家充分讨论制定的油田开发管理指导性文件，对实施油藏经营管理起到了积极作用。由于各油田具体情况不同，执行中难免出现偏差，也存在执行不到位的情况。油田战略管理除了按照《油田开发管理纲要》的要求进行管理外，更多的是按照设定的战略总目标，进行系统地、长远地、全面地管控。传统管理与战略管理部分区别列于表6-7-1中。

表6-7-1 油田开发传统管理与战略管理的区别一览表

项目	传统管理	战略管理
管理目标	定性与定量结合，以定性为主	定性与定量结合，以定量为主
管理路径	按方案要求基本确定的管理动态过程	按总设想的宏观战略目标不确定的管理动态过程
管理特点	分阶段管理，缺乏长远性、系统性	全程与分阶段管理，具备长远性、系统性、综合性
管理基础	以常规管理为主的确定性管理	以具备内外环境不确定性、未来不可预测性、系统复杂性为特征的鲁棒性管理
管理方式	研究、设计、管理、操作等单位松散配合	研究、设计、管理、操作等单位组成一体的紧密配合
管理方法	日观察、旬分析、月小结、季总结的动态分析方法	SWOT态势分析和鲁棒分析法相结合的分析方法
管理机构	无固定的管理机构与人员	有固定的管理机构与“三结合”的管理团队
管理实施	按《油田开发管理纲要》及相关规定进行，进行日常管理	按分阶段目标，有针对性地制定措施，有效地管控全程动态过程
管理结果	按发展趋势实现一定目标	实现既定目标

（1）管理目标。

传统管理一般无定量目标，多以定性的“提高开发效果、经济效益”等为目标，而战略管理则有明确的定量目标体系，如总目标和分阶段目标达到某一具体值。

（2）管理路径。

传统管理基本无长远的、系统的全程管理计划，战略管理则以围绕实现总目标制定管理措施，进行全程和分阶段管理，具备长远性、系统性、综合性。

（3）管理特点。

传统管理按开发阶段进行分段管理，基本上按照《油田开发管理纲要》操作，无全程管理安排。战略管理既要按开发阶段进行分段管理，按照《油田开发管理纲要》操作，又要有全程即油田开发整个生命周期的管理设想与安排，因此，具有系统性、长远性、连续性、综合性。

（4）管理基础。

传统管理以常规的生产管理为基础。战略管理需及时分析判断油藏内外环境因素的变化，尤其是对那些不确定因素出现概率、频率、强度的认知与把握，对其可预知部分的应对措施及不可预知部分的多套应急方案、措施，以鲁棒性管理为基础。

（5）管理方式。

传统管理方式基本以研究、设计、管理、操作等单位松散配合，一般情况下研究和设计单位不直接参与管理，主要由管理部门和操作者进行管理。战略管理则不同，研究、设计、管理、操作等单位的人员组成一个战略管理团队进行全程管理，随时对出现的不确定因素进行研究、分析、判断，及时提出应对方案、措施，并立即贯彻执行，表现出强的执行力和高效率。

（6）管理方法。

传统管理是以日观察、旬分析、月小结、季总结和年度、阶段的动态分析为经常性的开发过程管理方法，针对油田开发指标和经济指标变化，分析原因、找出问题、制定措施、编制方案，搞好油田注采调整和综合治理，实现油藏调控指标，安全环保运行。战略管理是以 SWOT 态势分析法和鲁棒分析法相结合为基本分析方法。所谓 SWOT 分析，即基于内外部变化条件下的态势分析，就是将与油藏密切相关的各种主要内部优势 S（Strengths）、劣势 W（Weaknesses）、外部的机会 O（Opportunities）和风险 T（Threats）等，通过调查列举出来，并依照矩阵形式排列，然后用系统分析的思想，把各种因素相互匹配加以分析，从中得出一系列相应的结论。运用这种方法，可以对油藏所处的状况进行全面、系统、准确地分析研究，从而根据研究结果制定相应的发展战略、调整计划以及应对措施等。鲁棒分析是对油藏开发过程中不确定影响因素、油田开发系统中某些风险、弱点、不足、缺点等为重点进行分析研究，提出改进、更新、完善、创新的办法，规避风险、减少损失。只有防患于未然，才能更有序、更有效地管控油田开发过程，实现油田开发的战略目标。

（7）管理机构。

传统管理无固定的管理机构与人员，战略管理有固定的管理机构与“三结合”的管理团队。只有管理机构和管理人员落实，才能进行有效地管理。有一个优秀管控团队是实现油藏战略管控、良好运行的前提。

（8）管理实施。

实施就是将实现目标变成行动，行动中应时刻管控开发过程的变化趋势。传统管理实施基本上是按《油田开发管理纲要》和经常性的措施运行，并根据运行发展态势进行调整，似乎是“跟着感觉走”，依照开发规律顺其发展。战略管理实施则是除了按《油田开发管理纲要》外，更多的是关注在实现目标的过程中不确定因素的变化、优劣势的转化，如何按发展态势创新出长远有效的管理措施等，十分注意对实现目标不良影响程度，把握实施路径按既定轨道运行，最终实现总目标。

（9）管控结果。

传统管理的结果是按开发规律发展“自然”得出的结果。战略管理结果是按既定目标必须实现的定量结果。

从以上可以看出：战略管理与传统管理最基本的区别是战略管理具有长远的既定目

标，系统的管理措施，全程的统筹安排，分阶段的实施办法。充分体现“人”的主导性、主动性。

六、实行油田开发战略管理的可能性与现实意义

（一）实现油藏的战略管理难度与可能性

从程序上看，实现油藏战略管理有很大难度，主要表现为以下四点。

（1）对油藏准确地认识和对储量精确地计算是油田开发的物质基础。由于油藏的隐蔽性或不可入性等特点，初期不可能对油藏完全认识和掌握。因此，实现油藏的战略管理缺乏必要的物质基础。

（2）油田开发传统管理是传统思维的产物。物质决定精神，传统思维认为既然对油藏的认识是渐进的过程，其开发也只能“走一步看一步”，不可能进行整体地、长远地考虑，缺乏油藏战略管理理念。

（3）油田开发过程呈动态性，使油藏始终处于变化之中。现有的开发理论、技术工艺尚不能适应全程的开发管理，缺乏战略指导理论和管理手段。

（4）石油储量的有限性、石油商品的战略性与国家的急需性，促使油藏急迫开发生产，难以实现油藏开发全程的战略管理。

基础、理念、手段的不足和油藏开发急迫性，似乎使得难以实行油藏战略管理。但是，时代在进步，科技在发展，进入21世纪科技进步将会对石油工业形成更大的推动作用，使之进一步向集成化、信息化、智能化、可视化、实时化、绿色化方向发展。尤其是我国在进入21世纪20年代以后更是进入科技大发展的新时代。

石油工业科学技术的发展也将日新月异。勘探领域更加广泛；物探技术从装备到3D/4D全波采集，地震数据处理解释新理论新技术的突破，一体化、可视化、油藏地球物理技术日趋成熟，均为发现与落实油气目标提供技术保障；成像测井技术、核磁测井技术、地层流体采样与压力测井技术、套管井地层评价技术、随钻测井技术、地面系统和传输技术、测井解释评价技术及软件等新发展，进一步促进对油藏的深化认识；钻井新工艺、新方法、新技术和水平井、鱼刺井、羽毛井、多底井、智能井、仿生井的应用更是如虎添翼；油藏描述技术、多孔介质微纳米CT成像技术、油藏数值模拟技术、可视化与VR技术、试油试采技术、生产测井技术、油层物性与油气水化验技术等开发开采技术，使对油藏认识向精细、精确、精准的方向发展，对油藏的认识与掌握更接近实际，这些均强化了油藏战略管理的物质基础，同时也强化了油藏战略管理手段。

马克思主义哲学的辩证思维、系统思维、创新思维和唯物辩证法日益被油田开发管控人员所掌握，管理理念将向全面的、整体的、系统的、动态的、辩证的战略管理转变。

这些强化与转变使油藏的战略管理成为可能，同时伴随着大数据、工业互联网、油田物联网时代到来，借助大数据、云计算、互联网、物联网强大力量，可以从中获取同类油藏和其他油藏的开发管理经验尤其是管理失败的教训，更增强了实现油藏战略管理的有利条件和客观环境，油田数字化、智能化、智慧化建设逐渐实现一定规模且日趋深入人心，油藏战略管理逐渐会被油田开发人员所接受，得以实施。

（二）实行油田开发战略管理的现实意义

实现油田开发的战略管理有积极的现实意义。主要表现为以下四个方面。

（1）促使实现油田开发的高水平和高效益。

由于是为实现战略目标而进行的战略管理，因此必须有具体的、量化的总战略目标和分阶段的战术目标。目标始终围绕增加经济有效的油气产量和提高石油经济采收率。战略管理需经常分析不确定因素出现的概率、强度、周期和存在的优点与缺点，查找问题与不足等，进行风险分析和发展态势分析的综合评价，在此基础上对未发生、即将发生或发生初期就采取创新性的有针对性的防患于未然的措施，因而可以最大限度地规避风险、减少损失。同时，在运行过程中，全面、系统地掌控油田开发技术经济指标的发展变化趋势，可使油田开发者时刻处于油田开发开采的主动地位，促使油田开发水平与效果、经济效益、社会效益整体提高。

（2）促使油藏管理向精准管理转变，提高管理水平。

油藏管理在2000年以前基本上是以单学科、双学科、多学科发展历程的技术管理为主的技术管理模式，自2000年以后油藏管理进入油藏经营管理模式，即以达到经济效益最大化的资产管理与使油藏开发合理化、科学化的技术管理相结合的全程优化模式。中国石油天然气股份有限公司2004年8月颁布的《油田开发管理纲要》就是进入该模式的标志。但《油田开发管理纲要》偏重各开发阶段的管理，对油藏战略管理表达不足。油藏的复杂性与开发难度增加，要求油藏长远目标与近期目标结合、战略评价与不断创新结合，建立战略管理调控系统。油藏开发必须进行系统化、整体化、集约化、精细化地精准管理。油藏战略管理就是对油藏的精准管理，是油藏经营管理新的发展阶段。精准管理必然会推动油藏管理水平和管理效果的提高。

（3）油藏战略管理促使资源优化配置。

油藏战略管理是动态的、弹性的管理过程。在运行过程中可依内外条件的变化，对地下—井筒—地面各个层面的不确定因素及时掌控，预防风险与隐患，最大限度地对人、财、物、智等资源进行优化配置，提高各类资源利用率，充分发挥资源的优势作用。尤其是较大或大油藏，可根据油藏断层分布、地质构造状况、储层物性特征、非均质性变化、油气储量和油气水分布、油品性质的差异、地面地势地形等，采用有针对性的不规则井网部署和井别、井类的优化选择，使有限资源合理配置，实现高采收率、高经济效益、高累计采油量的高效开发。对某些老油田亦可按“三重”（重构地下认识体系、重建井网结构、重组地面工艺流程）的技术路线及战略管理的实施步骤进行后期油藏战略管理部署，挖掘剩余油潜力，重整资源配置，促使油藏可持续发展和最终采收率的再提高。

（4）油藏战略管理借助工业互联网技术将会提升管理深度与广度。

随着大数据、云计算、物联网和人工智能的蓬勃发展和油田数字化、智能化、智慧化的积极推进，人脑与电脑结合，多专业、多信息、多系统的统筹协同，多技术、多工艺、多方法的有效配合，形成多种软件组合的综合平台。在工业互联网尤其是油田物联网的大环境下，为油藏战略管理创造了方便条件，使油藏战略管理智能化、自动化、高效化，形成从宏观到微观深度管理和地质、油藏、工艺、地面、经济等多学科广泛组合的综合的广度管理，可促使节省人力、降低成本、提高效率、增加效益，有力实现油藏管理的战略目标。

第八节　系统论下的安全管理

安全管理是管理科学的分支，也是企业管理的重要组成部分。安全管理的对象是生产中一切人、物、事、环境的状态管理与控制，安全管理是一种系统的、动态的管理。安全管理主要是组织实施企业安全管理规划、规则、规定，指导正常生产活动，检查生产活动中的安全隐患，采取趋利避害措施和进行生产安全科学决策，同时，又是保证生产处于最佳安全状态的根本环节。

所谓安全管理是指以安全为目的，进行有关安全工作的方针、决策、计划、组织、指挥、协调、控制等职能，合理有效地使用人力、财力、物力、时间和信息，为达到预定的安全防范而进行的各种活动的总和。

一、油气企业的安全管理

安全是一个企业关注的首要问题。它不仅影响油气生产任务和各项技术经济指标的完成，同时也关系到企业利润的高低和可持续发展，甚至影响着企业员工的生命安危和健康状况。油气生产是一个高危、事故多发的企业，油气生产企业可能发生的事故有爆炸、火灾、井喷、污染、触电、倒塌、中毒、中暑、灼伤、淹溺、刺伤、冒罐、储罐泄漏、管线穿孔、高物坠落、低处砸伤、井下落物、机具伤害、装备损害、交通事故、人身伤害等，其中职工安全是根本。各企业积极贯彻“安全第一、预防为主”的方针，建立并实施HSE全员管理体系和强化健康、安全与环境管理，以实现可持续发展的战略目标。

系统论下的安全管理是全过程、全方位、全天候、全人员、多部门、多层次的“四全两多”安全管理，包括传统安全管理和风险掌控管理。

所谓全过程是指从油藏发现到废弃整个生命周期，包含各个开发阶段；所谓全方位是指上下左右各个相联系的部分；所谓全天候是指一年四季365天，白天晚上24小时；所谓全人员是指从决策者、管理者、操作者、研究者到各类辅助人员等；所谓多部门是指技术部门、经济部门、管理部门、辅助部门等；所谓多层次是指油气生产企业从总公司、分公司、作业区、专业队、生产班组到组员。换句话说也就是人人、时时、事事、处处均需重视安全管理，不能有任何松懈，安全管理是一个既强调第一安全责任人和安全结构的作用，又不能存在任何死角的全员管理。

油气生产企业的安全管理包括油气生产运行安全管理、设备装置安全管理、现场施工安全管理、安全环保技术管理、人员行为安全与健康管理、安全组织与安全教育管理、安全预测与控制管理、网络安全管理、金融安全管控、物资供应安全管理、油气集输安全管理、交通运输安全管理、安全生产档案管理、工业卫生管理等，建立油气生产安全体系。

二、以人为本，实施全员安全管理

安全意识就是人们在生产活动中各种各样有可能对自己或他人造成伤害的外在环境条件的一种戒备和警觉的心理状态，是人们头脑中建立起来的生产必须安全的观念。其中包括“安全第一”意识、“预防为主”的意识、零事故安全意识、遵守法律法规意识、自我保护意识和群体相互保护意识等。

在影响安全的人、事、物和环境等诸多因素中，“人”是第一要素。“人”要做到“安全人”需具备如下基本条件。

（1）具备安全意识。“人”在做工作时尤其是不太熟悉的工作时，时时、处处要考虑安全，即安全第一意识。只有安全，才能顺利完成工作任务。遇事需谨慎，但不是谨小慎微、胆小怕事；动作要果敢，但不要冲动蛮干、冒险作业。要时刻警惕安全过得去的思想，防止稀里糊涂工作和“死生有命、富贵在天”的想法作祟。

（2）具备遵守安全规章制度的自觉性。各行各业均有各自的安全规章制度，石油行业具有严格的安全规章制度。员工要自觉地、严格地遵守安全规章制度，养成遵纪守法、按章作业的良好习惯。不能思想麻痹、工作马虎、心存侥幸心理、安全观念淡薄、纪律松弛、违章蛮干、对事故隐患无动于衷等。

（3）具备熟知自己工作领域的业务知识和工作流程。员工在工作中善于运用自己工作领域的专业知识和工作流程，不断总结经验教训，同时要善于学习他人的成功经验，吸取他人失败教训。只有不断积累自己工作范围的知识以及相关领域的知识，才能变被动为主动。

（4）具备工作程序风险的预知性。在熟知自己工作领域业务知识和工作流程的基础上，要善于预测工作中的风险，洞察工作中的安全隐患，防患于未然。员工预知安全风险和洞察安全隐患的程度，反映了其观察力、执行力的高低。亦反映办事能力的可靠程度及完成工作任务的可信程度。

（5）具备突发性风险和事故的应变能力。任何工作都不同程度地存在不确定性，有可能发生突发性事件。突发性事件具有突发性、不确定性、紧急性、严重性、社会性、扩散性等特点。当遇到突发性事件时要冷静地判断突发性事件类型、级别，若有预案按预案执行；若无预案，需果断采取有效措施，避害减灾、降低损失，同时及时上报。

做“安全人”是十分不易的，需不断努力、不断积累。对于油气生产企业始终要坚持和突出“以人为本”，教育全体人员牢固树立安全理念和自觉养成安全行为及习惯，变“要我安全”为“我要安全”，使全体员工学法、懂法、知法、守法、执法，成为自觉的主动的遵纪守法人。

在安全管理中，安全与危险并存，是对立的统一。它们相互联系、相互制约，在一定条件下相互转化，始终处于动态变化之中，运动的事物都不会存在绝对的安全，往往存在于各式各样的危险之中，如明显的、隐蔽的、时隐时现的、有危险征兆的、无危险征兆的、可预知的、不可预知的等。尤其是在某些特殊情况下，如急上产、抢进度、降成本等状况，“人”有时忽略安全、麻痹大意，易出现不安全事故，此时需特别警惕与谨慎，时刻绷紧安全之绳。

三、油田开发中的风险识别

人类在求生存、谋发展的进程中，常伴随着风险。自 20 世纪中叶美国逐渐形成专业化、科学化对风险的管理，随后扩展到法、英、德、日等国。国内发展较晚，直至 21 世纪初才正式推出风险管理体系。之后，石油行业对一些项目尤其是海外投资项目进行了风险分析与管理，相关企业与院校亦进行了较深入的研究。

（一）风险识别的现状

人们常说石油行业是高投入、高技术、高风险的行业，但风险在何时何处？风险如何应对与控制？并不是人人都清楚的。

石油工业总体上包含油气地质普查、油气勘探、油气开发、油气运输、油气加工、油气销售与市场运作等诸多阶段，各个阶段都存在风险。近些年发表的涉及油田开发风险分析的部分文章有：《低渗透油田开发决策风险性评价研究》（韩德金等，1998）；《油气田勘探开发风险评价方法及应用研究》（杨丽萍等，2001）；《海洋石油勘探开发项目风险分析》（秦文刚等，2006）；《油气储量产量联合风险分析评价方法与应用》（张宝生等，2006）；《油田开发项目的风险分析方法综述》（苟三权，2007）；《基于油田开发项目的风险分析》（艾婷婷，2014）以及部分硕士论文。这些论文有的是综述，有的是某一方面评价，总体上并未进行油田开发全程全方位的风险分析与评估。

虽然近些年也进行了 HSE 管理，安全观念、风险意识有所增强，但全程、全方位地应对风险仍显不足，尤其是对油田开发方案（试采方案、概念设计方案、正式开发方案、开发调整方案、二次开发方案、开发规划方案）等项目实施中的风险认知差，不仅在方案中较少提及（充其量进行敏感性分析），而且有相当多的研究者从思想上、理念上对此并不重视，对开发规划或开发方案实施中风险亦缺乏足够的了解与认识，缺少应有的风险评估与管理，甚至出现“风险无所谓”、“风险不可免”、“应对走过场”状况。一般情况下，油田开发者基本围绕提高采收率、降低递减率、降本增效等方向强化工作，很少运用逆向思维考虑油田开发中风险问题，这种不重视、少思考油田开发中不确定性，就会缺乏对风险的防护、规避、转移，有可能增大了出现风险的概率，造成油田开发效果和经济效益的损失。

现有的部分文献资料仅对部分生产岗位和后勤服务岗位的风险进行识别，实行 HSE 管理，起到了一定的安全生产保障作用，但它并未涉及油田开发的核心内容，如油田地质、油藏工程、钻井工程、采油工程、注水工程、地球物理工程、测井工程、地面工程等方面的风险识别。因此，对风险识别需进行全方位的深入研究。

（二）油田开发中的风险内容

1. 油田开发中风险的概念

“风险”是众所周知的词汇，但何谓“风险”，却是见仁见智。风险虽然存在于各种事件中，可更多的是存在于不确定事件中。导致风险的三要素为风险因素、风险事故、风险损失。因此，笔者认为：“风险”的概念可定义为“人”对事件未来发展进程中变化的掌控与客体变化不一致性所造成的不利或损失。该定义体现了“风险”的特征，即以下十点。

（1）客观性，任何事情都存在风险，它是客观存在的，只是大小、强弱不同。

（2）不确定性，油田开发过程中充满了不确定性，风险何时何地发生有时很难预料，某一个细小的疏忽，或某一个不确定因素的出现，都可能诱发风险的发生。

（3）动态性，动态性亦称可变性。风险的影响因素随时间因主客体的变化而变化，风险的后果亦会随之变化。

（4）“人”的主导性，风险可因“人”（指个人、多人、部门或机构等）对风险因素的认知与掌控的深浅、规避措施的好坏等，使损失程度有所差异。但“人”不可能对所有风险具有主导性。

(5) 可控性，当“人”对事件运行的本质特征、变化规律认知程度加深，可预知程度亦加深，对风险的可控程度随之加深，但风险不可能全部可控，仅是部分可控。

(6) 突发性，由于“人”对事件运行的本质特征、变化规律的认知程度有限，有可能在不知“情”的状况下，突发风险事故，造成风险损失。

(7) 未来性，风险是未来发生的可能性事件，具有未来预测性。预测未来时间越长，不确定因素越多，风险越大。风险是事前的评估而不是事后的定论，事后定论是风险确定量和不确定量损失程度。

(8) 损害性，从风险三要素角度，事件运作结果无损失或获利均构成不了风险，无需“冒险而作”。只有可能造成不利或损失，才可称之为风险。

(9) 复杂性，不同的风险因素、风险源，可能造成不同类型、性质、损失程度的风险。且诱发因素间相互联系、相互作用、相互制约，并随时空变化而变化，体现了复杂性。

(10) 系统性，收集、识别、分析、评估、监控、应对等构成一个风险系统，具有系统性的特征。

可以看出，该定义既突出了风险的客观存在，更突出了“人”的主导作用，是主客观统一的理念。

2. 风险分类

从不同角度有多种风险分类方法。(1) 按损失对象分类：人身风险、财产风险、责任风险。(2) 按性质分类：纯粹风险、投机风险。(3) 按风险源分类：基本风险、特定风险。(4) 按状态分类：静态风险、动态风险。(5) 按损失产生的原因分类：自然风险、社会风险（或称行为风险）、经济风险（含金融风险）、政治风险、技术风险。(6) 按控制程度分类：可控风险、不可控风险。(7) 按管理与否分类：可管理风险、不可管理风险。(8) 按存在方式分类：个体风险、总体风险。

结合油田开发全过程或整个生命周期，笔者认为可按不确定性存在方式（含确定性事件中的不确定因素）进行风险分类，即：油气藏客体风险；油田开发技术风险；油田开发经济风险；油田开发计算储量风险；油田开发预测方法风险；油田开发生产管理风险；油田开发政治风险；油田二次开发风险；油田开发环保风险；油田开发其他风险。

(三) 开发过程中风险识别

油田开发过程充满了不确定性，也就伴随着各种类型的风险。

所谓风险识别是指在风险事故发生之前，“人”运用各种方法寻源查因（即寻风险源、查风险因素），系统地、连续地认识各种风险以及分析风险事故发生的潜在原因。认识风险是基础，分析风险是关键。只有正确识别，才能有效处理。

风险识别的方法有多种，结合本书列出油田开发的不确定性，采用专家列举法识别风险。

1. 油气藏本身存在的风险

油气藏深埋地下几十米至数千米，是一个看不见、摸不着，靠不确定信息反映的客体。油气藏复杂性是它的自然属性，而它的构造特性即形态、规模、层次、类型、位置、边界、环境以及它的储层特征，在一定条件下是相对确定的。但由于油气藏与周边环境及其内部亦会进行物质、信息、能量交换，尤其是投入开发后，储层特征、流体特征、关系特征等均会随时间变化，表现出不确定性，更多地表现出其中的随机性，因此，油气藏的风险主要表现在构造形态与断层状态、储层特性与非均质性展布、油气水分布与储层关系、储量的多少及类别等的客观存在与“人”的认知程度产生的不一致性或称差异，差异越大，风险越大。

在某一开发区域内，纵向上有可能发生异常地质变化，如存在疏松或破碎层、断层发育层、地应力集中层、高倾角层、裂缝、溶洞、气层、高油气比层、含硫化氢层、异常水层，高、低压力异常层等状况，钻井过程中可能出现气侵、井漏、井涌、井塌、井下落物、卡钻、储层污染与伤害等风险事故，甚至发生中毒、井喷、着火等大风险。

2. 油田开发的技术风险

油田开发的基础技术包括八大类：钻井技术、采油技术、注水技术、修井技术、测试技术、开发地震技术、开发测井技术、地面工程和集输技术。各类技术中又可分为更多层次的技术，如采油技术可分为自喷采油技术、机械采油技术等，而机械采油技术又可分为抽油机采油、电泵采油、水力活塞泵采油等技术。

在这些不同类型不同层次的技术中，设备风险体现在完好性上，设备不完好如基础不牢、腐蚀、裂缝、断裂等；结构设计不合理、不完整齐全等；润滑不好，存在严重跑冒滴漏等；仪表与安全防护装置不齐全可靠以及设备运行不正常等，均会产生风险。

由于设备问题、人为操作问题或人的观念和认识问题等，都可能存在隐患，甚至发生事故，造成损失。如修井就可能发生人身伤害、设备损坏、火灾事故、环境污染、财产损失等。因此，八类油田开发基础技术不同程度都存在着风险。

油田开发方案风险主要表现在对地质模型的认知程度、层系划分的准确程度、油气水分布的清晰程度、储量计算的可靠程度、布井方案的合理程度等方面。

采收率是动态变化的，具有不确定性。提高采收率贯穿于油田开发整个生命周期。提高采收率技术无论是一次采油、二次采油，还是强化采油都需要不断完善、发展现有技术、创新新技术，如开发地震技术、水平井技术、纳米采油技术、精细注水技术、EOR 组合技术等，在研发、试验、应用中都可能存在风险。

地面工程的风险主要表现在水、电、讯、路、桥、涵、消防等的设计错误和操作失误以及管理不当，对气候、地貌、地形、自然灾害（含地震、洪涝、冰冻、海冰、台风、海啸、火山喷发、泥石流、滑坡等）风险的认知和预防程度不足等诸多方面。

3. 油田开发的经济风险

全球经济、政治变化等引起国际油价升降，主要因素是油气生产国与消费国的政治变革、经济兴衰、军事冲突大小、油气库存的高低、油气资源量的增减等，它们都会冲击国际油价，使其时而攀升，时而疲软。世界政治经济局势瞬息变幻的随机性、不确定性增大了对油田开发的影响。

原材料物价上涨、人工成本增加、水电讯价格上扬、井下作业费用提高、财务费用溢出等均会使综合成本上升。

油价与成本的变化，必然带来利润的变化。当低于盈亏平衡点时就会出现风险。低得越多风险越大。

4. 储量计算中的风险

计算油田地质储量或可采储量是人又一思维与操作活动。油田地质储量或可采储量的规模与品质是进行油田开发部署与决策的重要依据。它的计算方法有经验法、类比法、容积法、物质平衡法、动态法（水驱曲线法、递减曲线法等）、岩心分析法、统计模拟法、数值模拟法、数学公式法等。计算方法选择是否合理、科学，是否适合该油藏，均存在风险。当计算方法、计算参数确定后，计算结果自然亦是确定的。问题在于计算参数本身具有不确定性，因而计算结果则是数值的确定而实际的不确定性。计算参数以及储量计算单元的选择均具有时空不确定性。参数取值仅是点或局部的表征，又人为认定它代表整个油气藏，而且不同人可能有不同的取值观，它们均会影响着计算结果的可靠程度，存在着风险。

5. 油田开发预测的风险

油田开发中的正向预测和反向预测两类预测均存在着不确定性。

这种预测的不确定性主要体现在：产生信息采集处理的不确定性；预测模型不确定性；人的思维与操作产生的不确定性；预测期的不确定性；预测结果的不确定性等。存在不确定性就可能存在风险。无论何种预测方法都不可能完全与事件未来发展状况吻合，客观上就会存在风险，甚至是不可控的风险。油田开发中预测类型、项目、阶段、层次繁多，且动态变化大，风险的概率由此增大。

除此之外，如果油田开发过程存在非同构性或非连续性，则传统的预测方法将失去存在的基础，预测的结果将会带来更大的风险。

6. 油气生产管理中的风险

油气生产企业管理包含计划、生产、质量、设备、科技、物资、销售、成本、财务、劳动人事等管理。企业管理活动是通过人来实现计划、组织、指挥、协调与控制五种职能。油田开发管理是一个由多部门、多工种、多学科、多专业构成的多层次、相互关系多样的复杂系统。该系统中的不确性随时随处可见。计划的编制是以预测为基础的，预测本身就具有不确定性。

在计划运行过程中，人通过组织、指挥、协调实现计划运行方向、速度、结果的控制，使其发展趋势尽可能在控制范围内。但是由于“人”对规律认识程度差异、组织协调能力高低，以及外部环境变化影响大小，均有可能使计划运行方向、速度、结果发生变化，出现偶然性、随机性，甚至突变性。这种特性与差异均有可能带来风险。

7. 油田开发的政治风险

政治风险主要体现政治经济环境的不确定性，一般表现在国家对油气生产企业方针、政策的变化、油气区所在地的自然环境与经济地理环境的差异、全球经济一体化及国际油价的变化等方面。

石油是工业的血液，是国家的战略物资。国家几次的战略转移以及重大决策，都给石油工业的发展产生了深远影响。国家这些决策、政策的出台，都是根据国内外政治、经济形势的发展变化以及石油工业的具体实际提出的，具有随机性的特征。油气区在海洋、沙漠、高山、平原、丘陵、高寒极地等不同的自然地理环境会影响到油田开发，但当油气区所在地为某一具体地区时，一般自然地理环境的影响也就相对确定了。但是该地区的政治、经济、交通、文化发展状况等都处于动态变化之中。这种动态变化又受到国家对该地区的政策、方针，当地决策者的综合素质与决策能力，当地自然资源和智力资源条件，科学技术水平，文化知识结构等诸多因素的影响，具有不确定性。

全球经济一体化在石油行业表现为石油生产国际化，石油资本全球化，石油经济联动化。在中国加入 WTO 以后，外资进入中国石油石化行业的步伐明显加快。近期国家又将油气的勘探开发向外资和私企开放，使风险可能性增加。同时中国石油业实施走出国门战略，充分利用两种资源，迅速开辟两个市场。这种双资源、双市场战略的实施也增大了政治上、经济上的风险性。

国际上，被世界某些财团掌控的私企往往具备贪婪性、投机性、垄断性，他们的决策具有随机性、突发性和不确定性，甚至为了攫取石油不惜巧立名目发动战争，带来更大的政治风险。

另外，还存在一定的社会风险，如企业与当地居民的纠纷、社会治安问题等。

8. 油田二次开发风险

二次开发的对象是“按照传统方式基本达到极限状态或已接近弃置”的老油田，由于多年开发，地下、地面情况更为复杂。若对地下油水分布状况、井况、地面集输装置缺乏清晰的认识，对二次开发潜力缺乏清醒的分析，不确定因素掌握不足，加之“人”认识的局限性，就有可能造成判断错误，带来技术风险。

老油田改造有些属于老、旧、残、破，有可能使投入增加，成本加大，若油价低迷，必然使利润降低，带来经济风险。

9. 油田开发环保风险

在油田开发进程中，人们对环保越来越重视，制定了相关的规章制度，并在实践中严格执行。但油田开发周期长，少则几年、十几年，多则几十年，长期地用水、用地，废水、废气、废油及固体废弃物等都会对土壤、植被、人和动物造成不良的影响，钻井井喷、井下作业、管线泄漏、火灾事故等，都可能干扰甚至破坏大自然的生态平衡，有时会造成巨大损失，带来经济风险、人身风险和社会风险。尤其是在海滩、近海、深海、极地、沙漠等处进行油气勘探开发，风险更为突出。

10. 油田开发中其他风险

在油田开发中地质认识的缺失、生产运行的不足、措施效果估计的错误、方案设计的疏忽等，以及油田开发中出现的随机性、模糊性、灰色性、未确知性均可能造成不同程度的风险。

上述这些风险不可能同时发生，但不同的时空环境和条件，有可能会造成某种风险，带来损失。同时，因风险具有可变性，因而风险识别亦要系统地、持续地进行，高度警觉、随时随地发现新的风险，防患于未然。

四、信息安全管理

现已进入信息化时代，互联网已得到广泛地应用，云计算、物联网也在不断丰富发展之中，网络安全也引起了人们高度关注，当前提高员工的维护网络安全的警惕性和自觉性是刻不容缓的任务。

（一）增强企业的信息完善安全和防火墙设计

防火墙技术是一项专门保护计算机的软硬件的技术。防火墙可以设置互联网的访问权限，对外来侵入行为进行监测，时刻保护企业的信息安全。由于企业的员工在日常的工作之中一定要使用到互联网，而且互联网之中存在着很多不易让人察觉的木马病毒，所以加强企业在信息安全防火墙上的设计显得尤为必要。改进措施是增强企业的计算机系统的安全防火墙的作用，提升企业的信息安全防护等级。建立安全的网络平台，在平台中安装专业的杀毒软件，定期清理计算机系统环境、整顿计算机系统。

要想增强企业的管理，就需要做到对企业信息管理的保障。只有加强了对企业信息的管理保障，才能够为企业的安全管理增加保证。企业的每个计算机都有可能在正常的工作之中中木马病毒，有可能导致企业的全体工作人员的计算机受到影响。为保证企业的员工在日常的使用之中减少被病毒入侵的概率，首先要增强操作者对计算机的安全防范意识，改变计算机安全仅是 IT 部门的事与自身没有关系的错误思想，树立计算机安全与网络安全人人有责的理念；其次要增强企业在信息安全管理系统上的更新速度，增强企业的计算机安全防火墙性能，提升企业的信息安全；再次建立信息安全管理制度与信息安全反馈机制，加快危险源识别，及时决策，遇险果断采取紧急应对措施，最大限度地避免信息安全事故的发生。

（二）增大企业在基础设施安全上的资金投入

企业的信息安全是对企业的正常运转和可持续发展的重要保证。为保证企业的信息安全，就必须有计划地增强企业在基础设施安全上的资金投入。增大对安全管理设备的引进和更新，室内安装监控装置，野外增添无人机监控，使传递技术、存储技术、处理技术以及显示技术构成一个完整体系。同时加强对企业员工在企业安全信息意识和能力方面的培训力度，提高操作水平，避免操作不当，造成企业的计算机感染病毒。

（三）增强创新思维和开放思维，采用先进的信息科学技术

进入信息时代以后，先进的信息科学技术发明创造层出不穷，量子通信、量子计算机、纳米芯片、5G 技术、人工智能技术、物联网技术、激光技术、3D 打印技术、纳米技术、VR 技术等都有很大的发展。油气生产企业不仅要时刻关注这些新技术的研发和应用，而且要善于引进、消化、吸收、完善、提高先进的科学新技术，这也是油气生产企业的一大特征，并结合自己的特点有所创新、有所发展，使它们能尽快地转化为实际生产力，应用于油田开发实践。在建设数字油田、智能油田、智慧油田的过程中将会发挥更大的作用，不断提高油田自动化、现代化水平。同时，强化企业和职工风险意识、保密观念，降低风险、杜绝泄密，也是企业正常发展的必要保证。

参 考 文 献

[1] 中国社会科学院语言研究所词典编辑室. 现代汉语词典（修订本）[M]. 北京：商务印书馆，1998.
[2] 许国志. 系统科学 [M]. 上海：上海科技出版社，2000.
[3] 毛泽东. 毛泽东选集：第一卷 [M]. 北京：人民出版社，1967.
[4] 李斌，张国旗，刘伟，等. 油气技术经济配产方法 [M]. 北京：石油工业出版社，2002.
[5] 耿中津. 模糊管理 [M]. 北京：石油大学出版社，1999.
[6] 李斌. 关于建设现代化油田之我见 [J]. 石油科技论坛，2007，26（4）：24-27.
[7] 邓聚龙. 灰色系统理论教程 [M]. 武汉：华中理工大学出版社，1990.
[8] 宋健. 现代科学技术基础知识 [M]. 北京：中共中央党校出版社. 1994.
[9] 陈月明. 油藏经营管理 [M]. 东营：中国石油大学出版社，2007.
[10] 姜均露. 经济增长中科技进步作用测算 [M]. 北京：中国计划出版社，1998.
[11] 赵永胜. 油藏动态系统辨识及预测论文集 [M]. 北京：石油工业出版社. 1999.

[12] 刘豹. 现代控制理论 [M]. 北京：机械工业出版社，1983.
[13] 李国玉，周文锦. 中国油田图集 [M]. 北京：石油工业出版社，1990.
[14] 李斌. 影响产量递减率的因素与减缓递减率的途径 [J]. 石油学报，1997（3）：89-97.
[15] 陈效正，陈毅正. 石油工业经济学 [M]. 东营：石油大学出版社，1992.
[16] 金毓荪. 采油地质工程 [M]. 北京：石油工业出版社，1985.
[17] 李国玉. 世界油田图集：下册 [M]. 北京：石油工业出版社，2000.
[18] 刘宝和. 中国石油勘探开发百科全书：开发卷 [M]. 北京：石油工业出版社，2008.
[19] 中国石油学会，石油大学. 石油技术辞典 [M]. 北京：石油工业出版社，1996.
[20] 袁庆峰，叶庆全. 油气田开发常用名词解释 [M]. 北京：石油工业出版社，1996.
[21] 胡罡，刘维霞. 利用储量动用质量评价储量动用状况的新方法 [J]. 石油天然气学报，2011，33（9）：60-63.
[22] 耿娜，缪飞飞，刘小鸿，等. 水驱储量动用程度计算方法研究 [J]. 断块油气田，2014，21（4）：472-475.
[23] 梁爽，刘义坤，曾博，等. 一种计算砂体储量动用程度的新方法 [J]. 数学的实践与认识，2016，46（4）.
[24] 杨通佑. 石油及天然气储量计算方法 [M]. 北京：石油工业出版社，1990.
[25] 李斌，郑家鹏，张波，等. 论提高原油采收率通用措施的理论依据 [J]. 石油科技论坛，2010，29（3）：29-34.
[26] 熊敏. 一种提高低渗透非均质多层油层水驱储量动用程度的有效方法 [J]. 西安石油大学学报（自然科学版），2013，28（3）：38-41.
[27] 蔡尔范. 油田开发指标计算方法 [M]. 东营：石油大学出版社，1993.
[28] L. W. 莱克. 提高石油采收率的科学基础 [M]. 李宗田，侯高文，赵百万译. 北京：石油工业出版社，1992.
[29] 李斌. 油田开发系统是开放的灰色的复杂巨系统 [J]. 复杂油气田，2002，11（3）：24-29.
[30] 李斌. 宋占新，高经国. 论油田开发的二重性 [J]. 石油科技论坛，2011（2）：45-47.
[31] 胡文瑞. 论老油田实施二次开发工程的必要性与可行性 [J]. 石油勘探与开发，2008（1）：1-5.
[32] 中国油气田开发若干问题的回顾与思考编写组. 中国油气田开发若干问题的回顾与思考：上卷 [M]. 北京：石油工业出版社，2003.
[33] 沈平平. 提高采收率技术进展 [M]. 北京：石油工业出版社，2006.
[34] 李斌. D 油田开发实践 [M]. 北京：石油工业出版社，2003.
[35] 苗东升. 系统科学精要 [M]. 北京：中国人民大学出版社，1998.
[36] 张国旗，朱秉怡. 岗位风险评估知识手册 [M]. 北京：石油工业出版社，2001.
[37] 张国旗，焦向民，崔焕秀，等. 危害辨识与预防指南 [M]. 北京：石油工业出版社，2002.
[38] 苟三权. 油田开发项目的风险分析方法综述 [J]. 石油钻探技术，2007，35（2）：87.
[39] 艾婷婷. 基于油田开发项目的风险分析 [J]. 工业改革与管理，2014（2）：133.
[40] 韩德金，魏兴华，时均莲. 低渗透油田开发决策风险性评价研究 [J]. 大庆石油地质与开发，1998，17（4）：17.
[41] 秦文刚，宋艺，张作起. 海洋石油勘探开发项目风险分析 [J]. 中国造船，2006，47（15）.
[42] 杨丽萍，牛卓，唐黎明. 油气田勘探开发风险评价方法及应用研究 [J]. 甘肃科学学报，2001，13（2）：77.
[43] 张宝生，于龙珍. 油气储量产量联合风险分析评价方法与应用 [J]. 天然气工业，2006，26（9）：154-156.
[44] 初京义. 石油天然气勘探开发项目风险分析及风险应对策略 [D]. 天津：天津大学管理学院工商管

理系，2005.
[45] 秦力青. 典型石油开采区生态风险评估与预警管理系统研究与构建［D］. 青岛：山东科技大学，2011.
[46] 谢玲珠. 油田地面工程项目风险评价及防范研究［D］. 大庆：大庆石油学院，2010.
[47] 车卓吾. 复杂断块油田勘探开发中新技术的应用［M］. 北京：石油工业出版社，l994.
[48] 王平. 复杂断块油田详探与开发［M］. 北京：石油工业出版社，1994.
[49] 傅诚德. 世界石油科技发展趋势与展望［M］. 北京：石油工业出版社，1997.
[50] 李斌. 再论油田开发系统是开放的灰色的复杂巨系统［J］. 石油科技论坛，2005（6）：26-30.
[51] 何艳青，饶利波，杨金华. 世界石油工业关键技术发展回顾与展望［M］. 北京：石油工业出版社，2017.

第七章　油田开发系统综合论

综合是油田开发系统的一个重要方面。它既是一种思维活动和创新理念，又是一种工作方法，综合是在分析的基础上进行的。综合是指将有关研究对象的各部分、各方面、各因素、各层次、各属性的认识连接起来，研究它们相互关系，形成从结构、功能统一的整体新认识和综合判断。为了体现本书的完整性、系统性，特从《油田开发项目综合评价》一书中节选部分章节，经完善、补充、编辑形成本章，但主要内容仍是叙述油田开发中综合评价的基本部分。

第一节　油田开发系统的综合评价

现代社会的各个领域内容丰富、方法多样，充满了复杂性与不确定性，要对某一领域进行管理、或对某一问题进行决策，其首要任务亦是评价，而且是系统地、全面地进行综合评价。评价是管理的前提，更是决策的基础。没有科学的评价，谈不上先进的管理；没有科学的评价，何以有正确的决策。即使是日常生活中也充满了大大小小的分析、判断、选择、决策。因此，评价是经常发生的事情。

油田开发是石油生产企业的核心环节，是一个涉及人理、事理、物理等诸多方面、人和自然共筑的动态复杂巨系统。长期以来对石油业内的评价基本上是单一的，或是从技术角度，或是从经济角度，更有甚者有人提出“评价没有应用价值”的说法。故笔者从理论上、方法上、应用上着力，深入研究，运用系统论的基本理论，结合油田地质、油藏工程、钻采工程、计算机工程及数学等多学科相关理论与技术，采用定量与定性结合、以定量为主；地下与地面结合，以地下为主；传统方法与现代方法相结合，以现代方法为主的辩证思维方式。从油田地质、油藏工程、钻采工程、开发管理、开发经济等方面，整体地、立体地、全面地筛选优化具有相对独立性和代表性的综合评价指标体系，建立综合评价方法集成与综合评价模型，实现综合评价对象集、评价目标集、评价人员集、评价方法及与其他先进技术于一体，形成“人—机—评价对象—评价方法”一体化评价模式。

一、综合评价概念

虽然评价自古以来就有，但科学评价是美国从 20 世纪初开始，随后，日、德、英、法、加、俄等国相继发展，我国起步较晚。目前科学评价已向主体多元化、类型多样化、方法综合化、标准专业化、制度规范化、技术科学化、计算程序化的趋势推进。综合评价是日常生活中经常遇到的问题，它已渗透到政治、经济、军事、文化、体育、医学等各个领域、各个层次，涉及统计学、经济学、数学、工程学、信息学、计算机学等诸多学科，逐步形成一个多学科交叉的新领域。评价方法也不断发展，越来越丰富。由单指标向多指标、由定性向定量、由传统方法向多元统计、运筹学、模糊数学、信息论、灰色理论等系统化、综合化方面发展。

所谓综合评价亦称系统综合评价（Comprehensive evaluation，CE），简单地说就是运用科学的方法从不同侧面对评价对象进行整体性评价，或者说是指通过一定数学模型或算法，将多个评价指标“合成”为一个整体性的综合评价数值。CE 的通式表示为：

$$
\begin{gathered}
E_{\mathrm{zhk}}=w_j^{\mathrm{T}}\left(w_i x_{ij}\right)_{n\times m} \\
i=1,\ 2,\ 3,\ \cdots,\ n \\
j=1,\ 2,\ 3,\ \cdots,\ m
\end{gathered}
\tag{7-1-1}
$$

式中，E_{zhk}为 k 个对象评价组合结果；w_j 为第 j 种评价方法权重；w_i 为第 i 个评价指标权重；x_{ij}为第 j 种评价方法第 i 个评价指标。

式（7-1-1）表示为第 k 个评价对象、第 i 个评价指标与权重、第 j 种评价方法组合与权重的综合评价结果。

二、综合评价分类与综合评价系统

综合评价方法大致分为十类：定性评价法、技术经济分析法、多属性决策法、运筹学法、统计分析法、系统工程法、模糊数学法、对话式评价法、信息论评价法、智能化评价法等。但这些方法仍存在着多方法评价结论的非一致性、评价方法的适应性限制、理论研究与实际应用脱节等问题。综合评价体系的基本要素应包含评价人员、评价对象、评价原则、评价目的、评价指标、评价模型、评价环境（含上级要求、政策变化、设备支持系统等），它们有机组合，构成了一个综合评价系统。然而，这种有机组合当前仍有一定难度，因此，今后综合评价的研究方向应是多评价方法集成，并综合评价对象集、评价目标集、评价人员集、评价方法及与其他先进技术于一体，形成“人—机—评价对象—评价方法”一体化评价模式。

三、油田开发综合评价研究方法

正因为油田开发系统是开放的、灰色的、复杂巨系统，也是由自然界自行组织与人为构筑相结合的共建系统，故采用的评价研究方法是钱学森在系统论中提出的“从定性到定量的综合集成方法”，其实质是将相关专家群、数据、相关信息与计算机技术结合，将科学理论与实践经验结合，将传统方法与现代方法结合，“三结合”更能发挥系统的整体优势和综合优势。

各种评价在石油工业的勘探、开发、运输、炼制等亦有应用。然而，这些“评价”并未体现系统的整体性和综合性。由于油田开发工程的发展，需要改变过去对油田开发效果单一评价的方式，而要进行综合评价。

四、综合评价的功能

有人认为“综合评价无实践应用价值”，这是一种不了解综合评价功能的错误观点。

没有科学评价何来科学管理，又何有科学决策？

一般情况下，综合评价仅有排序和揭示功能，笔者经研究与总结，将综合评价的功能扩展为以下几个方面。

优选排序。这是综合评价的基本功能，如方案的优选、效果的排序等，为科学决策提供依据。

揭示问题。这是综合评价的又一基本功能。在综合评价过程中可洞悉其中的优劣，揭示强项或薄弱环节，有利于控制油田开发进程，采取相应有效措施，为强化管理指明方向，提高油田开发效果和经济效益。

事后评估。这是综合评价的延伸功能。项目实施后对其进行事后综合评价，给出实施效果与成功度，指导下步工作。

识别预警。这是综合评价的特殊功能。通过综合评价可识别风险，寻找不安全因素，提出预警，采取相应的防护措施，排险避祸，减少损失，提高效益。

在实际应用中，由于评价对象、评价目的不同，体现的功能作用亦不同，设定的评价指标、选用的评价方法亦会有所差异。

五、存在问题与发展方向

（一）存在问题

至今，关于油田开发效果的综合评价的文章仍不多见，综合评价体系亦不健全、不完善。各种评价在石油工业虽有广泛应用，但这种“评价”并未体现系统的整体性和综合性。油田开发效果是需要评价或评估的，但以往的评价往往是单项的，或侧重于油藏工程、或侧重于钻采工程、或侧重于经济评价、或侧重于油藏管理等，而且这些评价或寓于开发方案编制中，或寓于油藏动态分析中，或寓于规划计划中，很少从整体性、系统性出发进行油田开发项目的综合评价。有些研究虽然提到“综合评价”，但从文中评价指标看仍是纯技术性指标。

科学地选择评价方法是综合评价的关键，是正确地获得评价结果的重要手段。综合评价方法有数十种之多。但从当前国内外的文献看，多数学者在评价方法的研究上都遵循一种思路，即针对某个问题构造一种新方法，然后用一个例子来说明其方法的有效性，仅此而已，理论研究与实际应用距离甚远。这是普遍存在的弊端。各种方法均有各自的优缺点以及适用范围，而且分别使用几种评价方法对同一对象进行评价，可能得到不同的评价结果，增加了应用评价结果的难度和非认同性。

除了上述存在的一般问题外，结合油田开发实践还存在以下几个问题。

（1）评价指标不够全面和系统，多为技术层面或经济层面。

（2）评价方法单一，最多为两两结合，甚至方法选用不当。

（3）评价指标的设立与评价目的不适应。

（4）对综合评价的功能认识不足。

（二）发展方向

单一的评价方法至今已有百余种，这些方法都有各自的优势与特点，也不同程度地存在着缺点，同时也很难证明哪一种方法更优。尤其是对一个复杂的评价对象，不同评价者对评价指标的设定、权重的确定及评价方法的选择都会有所不同，可能影响评价结果，即使是多方法的评价，也难以做到评价结果的一致性。这种非一致性结果是综合评价领域需要解决的问题，因此，多方法有机组合就成为今后研究的方向之一。多对象多指标多方法的集成组合要解决多方法与评价对象的基本特征、动态变化特点的适应性，评价者与评价对象的协调性，处理好物理、事理、人理相互关系，尤其要注意“人”对评价结果的影响。

综合评价另一研究方向是运用新理论、新方法、新技术，以系统论和辩证思维建立评价对象集、评价目标集、评价指标集、评价方法集、评价者集等集成式、智能化的“人机”一体化模式，并达到方法可靠、使用便捷、结果可信的目的。

综合评价在石油工业的勘探、开发、运输、炼制等有广泛应用。遵循上述研究方向，结合油田开发复合系统的实际，按照综合就是创新理念进行现有评价方法的组合，同时扩展综合评价在油田开发中的具体应用。

第二节　油田开发综合评价指标体系

具体情况具体分析是马克思主义活的灵魂。不同综合评价对象依评价目的的不同，其评价指标亦不同。

一、油田开发综合评价体系

油田开发效果综合评价有其复杂性，具有多层次、多评价对象、多方案、多开发阶段的特点。因此，对油田开发效果的综合评价，尚未形成评价者、评价目标、评价对象、评价指标、权重系数、评价模型、评价结果分析、评价结果应用等一套综合评价体系。为此进行深入探索与研究。

（一）油田开发开发效果评价步骤

油田开发项目综合评价程序是由评价者对油田及其系统（评价对象）的综合效果（评价目标）进行评价。其步骤为：（1）确立评价对象与评价目的；（2）确定评价指标体系；（3）确定各指标的权重系数；（4）选择或设计评价方法；（5）选择与建立评价模型；（6）分析评价结果；（7）修正与完善评价方法或评价模型；（8）应用与推广。其中确立指标体系、确定各指标权重、建立评价数学模型是综合评价的关键环节。

（二）确立评价对象

综合评价的评价对象通常是自然、社会、经济等领域中的同类事物（横向）或同一事物在不同时期的表现（纵向）。一般表现为第一类问题是按事物相同或相近属性分类；第二类是分类后按优劣排序；第三类是按某一标准或参考系对事物进行整体评价。

油田开发效果评价对象如下。

（1）油藏多方案的开发效果综合评价。

①老油田调整或同油藏二次开发多方案综合评价；

②新油藏待投入开发多方案综合评价。

（2）油藏已投入开发的开发效果综合评价。

（3）油藏不同开发阶段开发效果综合评价。

（4）同类型或相近或相似油藏类型的同期开发效果的综合评价。

①均为新投产油藏；

②均为已投产五年以上油田；

③同油田（油藏）不同区块混合投入开发。

（5）同类型或相近或相似油藏类型的不同开发阶段开发效果的综合评价。

（6）同油田（或油藏）不同年度开发效果的综合评价。

（7）同油田（或油藏）全生命周期开发效果的综合评价。

（8）不同油藏类型开发效果的综合评价。

（9）油田开发规划的综合评价。

（10）优选开发区块的综合评价。

（11）提高采收率的综合评价。

①不同阶段采收率的动态分析；

②提高采收率方法筛选；

③提高采收率方法效果综合评价。

（12）油田开发动态分析与经济指标的动态分析。

（13）油田开发各类方案的风险识别、评估、分析和预警。

（14）各油田开发效果综合评价并排序。

（15）作业区、油区开发效果综合评价。

（16）其他油田开发项目的综合评价。

（三）综合评价目的

评价目的主要是从油田经营管理角度，油田开发的开发效果即油田开发开采的有效性（含提高采收率）和经济性，或者说将油藏经营偏重的资产管理与油藏管理偏重的技术管理有机结合，即既要达到一定的经济效益，又要合理地开发油田。具体地说是多方案选优，或多油藏开发效果排序，或油田动态分年度、阶段开发效果的综合评价，或查出油田开发效果变化的主因，或风险评估和预警，或项目前评估、期间评估、后评估等。

二、评价指标筛选与优化

从系统论的整体性和油田开发的二重性出发，可影响开发效果的生产技术指标与经济指标达数十个之多，粗略统计大约有开发地质、油藏工程、钻采工程、开发管理、开发经济、安全环保等类，其中部分因素如图 7-2-1 所示。

在设计评价系统时，应从整体性、综合性、系统性考虑，进行油田开发效果的综合评价。综合评价具有多层次、多评价对象、多方案、多开发阶段的特点。在综合评价时，其中有一个必不可少的步骤是评价指标的筛选、优化。

（一）评价指标筛选

影响油田开发效果的因素有地质因素、油藏工程因素、钻采工程因素、油藏管理因素、经济因素和安全环保因素。这些影响因素可分为下一层次因素。该层次又可继续划分为更多低层次的因素，充分体现了油田开发系统的层次性、动态性、系统性、开放性。同时各因素间具有相互联系、相互约束的特性。

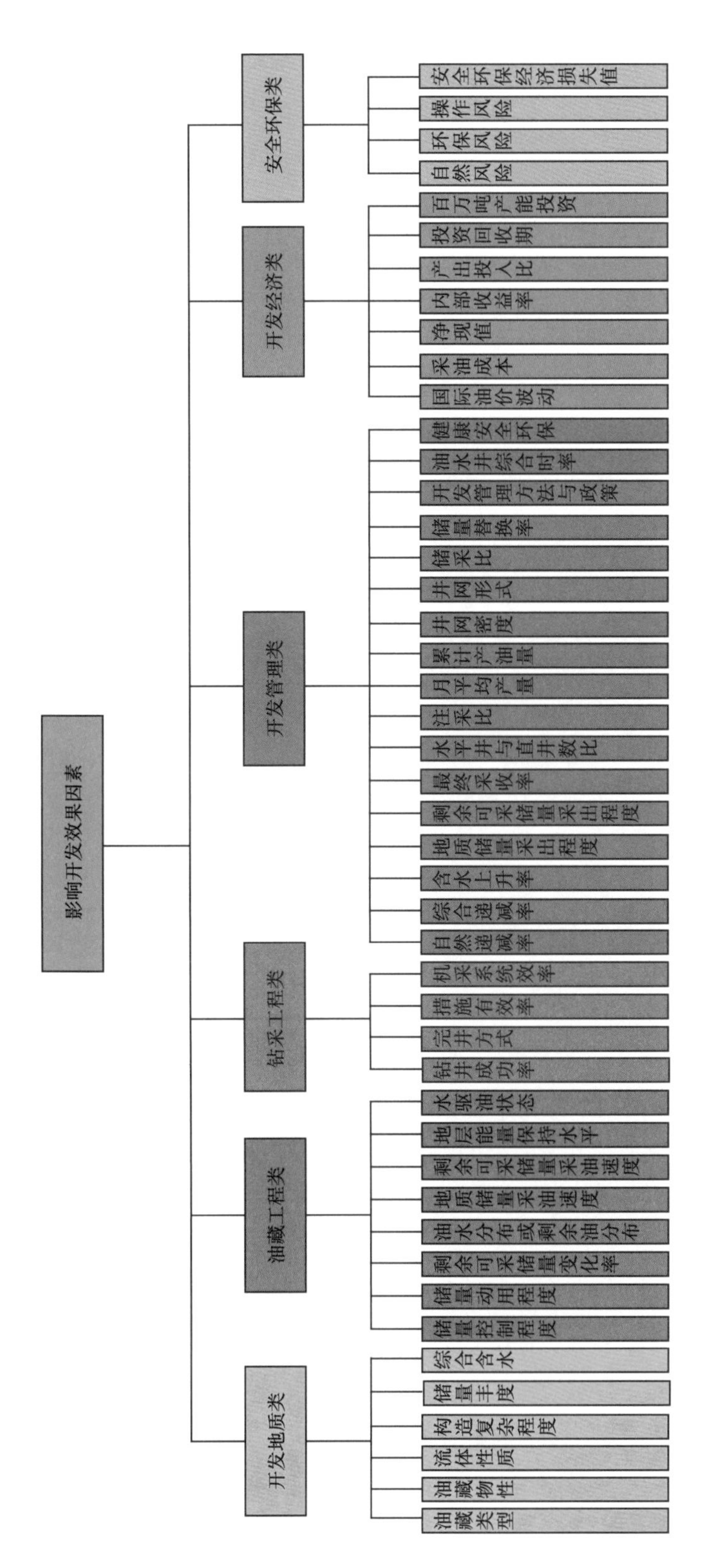

图 7-2-1　影响油田开发效果主要因素图

（二）评价指标筛选方法

图7-2-1的影响因素有的具有相关性，有的具有相似性，它们不可能都是反映油田开发效果的指标，因此不可能也没必要全选为评价指标，筛选应遵循少而精、科学性、可行性（其中可行性主要体现为可操作性、可比性、指标可量化性与普适性等技术性指标）经济性等原则，并从系统论的整体性出发，优化筛选出具有代表性、独立性或具有相对代表性、独立性的能反映油田及水平井开发效果的指标。

筛选方法很多，其中常用的有专家评选法、最小均方差法、极大极小离差法、相关系数法、回归分析法、主成分分析法、因子分析法、对应分析法、聚类分析法、灰关联法、熵值法等。由于这些被筛选指标具有不同特性与要求，不仅有量纲、单位的不同，而且有时数值的数量级也相差很大，因而，在运用上述方法筛选评价指标前必需进行评价指标一致化、无量纲化的处理。只有进行了科学的技术处理以后使用，才能使综合评价的结果不被歪曲或失真。但是，一是这些被筛选指标的不确定性和动态变化特征，使评价指标一致化、无量纲化的处理难度增加了；二是初选指标往往很多，处理工作量很大；三是这些筛选方法本身也存在不足与局限性，而且大部分方法又相对复杂，限制了方法的使用。如专家评选法、专家调研法、专家打分法、德尔菲法等其实质上是一样的，基本上都是向专家发函或开会征求意见的调研方法。评价者可根据评价目的的要求、评价对象的特征，在设计的调查表中列出若干评价指标，分别征询专家的意见，将征询结果进行数理统计处理，并反馈给专家，经多次征询，若意见比较集中则将这些指标再次反馈给专家，最后确定评价指标。这些方法实际上是一种定性方法，除了主观性较强、评价结论难收敛外，还存在需多次反复、实际操作难度大的问题，若采用专家打分法又仅能用于静态评价。上述所列的最小均方差法、极大极小离差法、相关系数法、聚类分析法等其他方法多属于统计分析方法，需要统计大量的数据，限制了它的适用性。为此，为了扬长避短、方便快捷、适用有效，本研究采取多方法的组合，并加以改进，形成一种新的综合评价方法。

三、筛选方法组合

筛选方法组合主要采用定性与定量相结合，技术、经济、管理等多方面指标相结合的方法，将图7-2-1影响油田开发效果的因素设计为调查表，进行初选。此时，筛选对象众多，存在处理难度大、工作量大、单方法局限性等问题，为了在筛选指标时避免这些问题，采用专家一次打分法，专家仅对具体指标进行打分，不涉及具体指标的量纲、单位、数值等，也不需要反复多次 。为了便于油田开发专家一次打分，将上述因素划分为五类，即开发地质、油藏工程、钻采工程、开发管理、开发经济。在此基础上，再采用比重法与聚类分析法进行筛选计算。故本节的方法是简化的专家打分法、比重法与聚类分析法的优化组合。

首先，将影响油田开发效果的因素分为五类——开发地质、油藏工程、钻采工程、开发管理（分为2组）、开发经济列出，构成调查表，由专家从中初选出能反映水平井开发效果的评价指标（表7-2-1）。

表 7-2-1 影响油藏开发效果因素表

<table>
<tr><td>类别</td><td colspan="8">开发地质类</td><td colspan="2">油藏工程类</td></tr>
<tr><td>指标</td><td>油藏类型</td><td>油藏物性</td><td>流体性质</td><td>构造复杂程度</td><td>储量丰度</td><td>综合含水率</td><td></td><td></td><td>储量控制程度</td><td>储量动用程度</td></tr>
<tr><td>分值</td><td></td><td></td><td></td><td></td><td></td><td></td><td></td><td></td><td></td><td></td></tr>
<tr><td>类别</td><td colspan="7">油藏工程类</td><td colspan="3">钻采工程类</td></tr>
<tr><td>指标</td><td>剩余可采储量变化率</td><td>地质储量采油速度</td><td>剩余可采储量采油速度</td><td>地层能量保持水平</td><td>水驱油状况</td><td></td><td></td><td>钻井成功率</td><td>措施有效率</td><td>机采系统效率</td></tr>
<tr><td>分值</td><td></td><td></td><td></td><td></td><td></td><td></td><td></td><td></td><td></td><td></td></tr>
<tr><td rowspan="2">类别</td><td colspan="2" rowspan="2">钻采工程类</td><td colspan="8">开发管理类</td></tr>
<tr><td colspan="8">1 组</td></tr>
<tr><td>指标</td><td></td><td></td><td>自然递减率</td><td>综合递减率</td><td>含水上升率</td><td>最终采收率</td><td>地质储量采出程度</td><td>剩余可采储量采出程度</td><td>季平均产量</td><td>年累计产油量</td></tr>
<tr><td>分值</td><td></td><td></td><td></td><td></td><td></td><td></td><td></td><td></td><td></td><td></td></tr>
<tr><td rowspan="2">类别</td><td colspan="10">开发管理类</td></tr>
<tr><td colspan="10">2 组</td></tr>
<tr><td>指标</td><td>注采比</td><td>储采比</td><td>储量替换率</td><td>水平井与直井井数比</td><td>井网密度</td><td>井网形式</td><td>开发管理方法与政策</td><td>油水井综合时率</td><td>健康安全环保</td><td></td></tr>
<tr><td>分值</td><td></td><td></td><td></td><td></td><td></td><td></td><td></td><td></td><td></td><td></td></tr>
<tr><td>类别</td><td colspan="2">开发管理类</td><td colspan="8">开发经济类</td></tr>
<tr><td>指标</td><td></td><td></td><td>采油成本</td><td>净现值</td><td>内部收益率</td><td>产出投入比</td><td>投资回收期</td><td>百万吨产能投资</td><td></td><td></td></tr>
<tr><td>分值</td><td></td><td></td><td></td><td></td><td></td><td></td><td></td><td></td><td></td><td></td></tr>
</table>

注：兼作反映开发效果指标调查表。

（1）设 n 个油田开发专家，p 个评价指标，构成矩阵 $\boldsymbol{X}_{n\times p}$。

$$\boldsymbol{X}=\{x_{ij}\}=\begin{bmatrix} x_{11} & x_{12} & \cdots & x_{1p} \\ x_{21} & x_{22} & \cdots & x_{2p} \\ \vdots & \vdots & \vdots & \vdots \\ x_{n1} & x_{n2} & \cdots & x_{np} \end{bmatrix}$$

$$i=1,\ 2,\ 3,\ \cdots,\ n,\ j=1,\ 2,\ 3,\ \cdots,\ p \tag{7-2-1}$$

（2）确定专家加权系数。

由于油田开发专家的综合能力的差异，则赋予相应的加权系数。所谓综合能力，指观察能力、实践能力、思维能力、整合能力和交流（包括文字、语言、网络）能力，是对人们的德、智、体各方面的素质进行的评估和检测，但这种综合能力难以量化。在科技计算中应仅从技术角度考虑，综合能力可以是工作经验、技术职称、最终学历、科学技术水平四方面体现，其中工作经验以工作年限 N 表示，科学技术水平以获各级别奖为准，虽然不能完全体现其能力，但便于量化且一目了然。其标准见表 7-2-2。

表 7-2-2　专家综合能力评估指标表

指标	工作经验			技术职称			最终学历			科学技术水平		
	$N>$30 年	20 年$\leqslant N<$30 年	10 年$\leqslant N<$20 年	教授	高级工程师	工程师	博士	硕士	学士	获国家级奖	获省部级奖	获局级奖
标准 a_k	3	2	1	3	2	1	3	2	1	3	2	1

计算加权系数 w_i：

$$w_i = \frac{\sum_{k=1}^{k} a_k}{\sum_{i=1}^{n}\sum_{k=1}^{k} a_{ik}} \tag{7-2-2}$$

（3）构建权矩阵 $\boldsymbol{A}$。

$$\boldsymbol{A} = \boldsymbol{Xw} = \begin{bmatrix} x_{11} & x_{12} & \cdots & x_{1p} \\ x_{21} & x_{22} & \cdots & x_{2p} \\ \vdots & \vdots & & \vdots \\ x_{n1} & x_{n2} & \cdots & x_{np} \end{bmatrix} \cdot (w_1,\ w_2,\ \cdots,\ w_n) \tag{7-2-3}$$

分别计算列和 $\sum_{i=1}^{n}(xw)_{ij}$ 与总和 $\sum_{i=1}^{n}\sum_{j=1}^{p} x_{ij}$。

（4）计算比重。

$$\alpha_j = \frac{\sum_{i=1}^{n}(xw)_{ij}}{\sum_{i=1}^{n}\sum_{j=1}^{p} x_{ij}} \tag{7-2-4}$$

（5）进行给定置信水平（λ）的聚类分析。

在油田开发各指标中，有相当多的指标间关系是模糊关系，因此，可利用模糊分类法对 α_j 进行分类。将式（7-2-4）的计算结果按大小排序，给定置信水平（λ）后，使：

$$\alpha_j \geqslant \lambda \tag{7-2-5}$$

进行聚类分析。此处简化了建立各指标间模糊关系与经多次合成运算求对应的模糊等价关系等步骤。

（6）若分类计算筛选评价指标，则采用：

$$x_j = \max_{\alpha_j \geqslant \lambda} \{ \alpha_j \} \tag{7-2-6}$$

四、组合方法应用

（一）整体计算

（1）设油藏类型（x_1）、油藏物性（x_2）、流体性质（x_3）、构造复杂程度（x_4）、储量丰度（x_5）、综合含水率（x_6）、单井控制地质储量（x_7）、储量动用程度（x_8）、剩余可采储量变化率（x_9）、油水分布或剩余油分布（x_{10}）、地质储量采油速度（x_{11}）、剩余可采储量采油速度（x_{12}）、地层能量保持水平（x_{13}）、水驱油状况（x_{14}）、钻井成功率（x_{15}）、措施有效率（x_{16}）、机采系统效率（x_{17}）、完井方式（x_{18}）、自然递减率（x_{19}）、综合递减率（x_{20}）、含水上升率（x_{21}）、最终采收率（x_{22}）、地质储量采出程度（x_{23}）、剩余可采储量采出程度（x_{24}）、季平均产量（x_{25}）、累计产油量（x_{26}）、注采比（x_{27}）、储采比（x_{28}）、储量替换率（x_{29}）、水平井与直井井数比（x_{30}）、井网密度（x_{31}）、井网形式（x_{32}）、开发管理方法与政策（x_{33}）、油水井综合时率（x_{34}）、健康安全环保（x_{35}）、采油成本（x_{36}）、净现值（x_{37}）、内部收益率（x_{38}）、产出投入比（x_{39}）、投资回收期（x_{40}）、百万吨产能投资（x_{41}）。

本次特请6位油田开发专家给初选指标打分，打分结果见表7-2-3。

（2）计算专家加权值。

$$\boldsymbol{a}_{ik} = \begin{pmatrix} 2 & 3 & 3 & 2 \\ 2 & 3 & 2 & 2 \\ 2 & 3 & 3 & 2 \\ 1 & 2 & 2 & 2 \\ 1 & 2 & 2 & 2 \\ 3 & 3 & 1 & 2 \end{pmatrix}$$

按式（7-2-2）计算，得：

$$\boldsymbol{w} = (0.1923,\ 0.1731,\ 0.1923,\ 0.1346,\ 0.1346,\ 0.1723)^{\mathrm{T}}$$

表7-2-3　专家一次打分表

类别	开发地质类							油藏工程类							钻采工程类						
指标	x_1	x_2	x_3	x_4	x_5	x_6	x_7	x_8	x_9	x_{10}	x_{11}	x_{12}	x_{13}	x_{14}	x_{15}	x_{16}	x_{17}	x_{18}	x_{19}	x_{20}	x_{21}
专家1	8	6	6	8	8	8	10	10	0	10	10	10	8	8	10	6	8	0	10	6	8
专家2	4	6	3	5	0	0	8	8	0	0	8	0	0	0	10	4	0	6	8	5	8
专家3	8	6	8.5	9.5	8	9.5	8.5	8.5	6	9	8.8	8.8	6	8.5	9	5	6	0	8.5	6	9
专家4	8	5	0	9	5	7	7	7	0	5	8	8	7	7	8	0	0	0	8	7	8
专家5	5	5	3	3	10	10	10	10	3	5	2	2	1	5	8	2	2	0	5	3	10
专家6	8	6	4	8	8	8	10	10	6	5	9	9	5	5	8	7	3	0	5	9	10

续表

类别	开发管理类														开发经济类						
指标	x_{22}	x_{23}	x_{24}	x_{25}	x_{26}	x_{27}	x_{28}	x_{29}	x_{30}	x_{31}	x_{32}	x_{33}	x_{34}	x_{35}	x_{36}	x_{37}	x_{38}	x_{39}	x_{40}	x_{41}	
专家1	10	0	0	0	0	8	10	0	8	8	10	8	10	5	8	8	10	0	10	10	
专家2	7	7	6	0	8	0	0	0	0	0	5	7	0	0	6	0	8	7	7	0	
专家3	9.5	8.5	8.5	5	5	5	6	6	6.5	7	7	7.5	6.5	6	6	6	6	8	6.5	7	
专家4	8	7	0	0	9	0	0	0	0	7	0	0	0	0	0	8	8	7	7	0	
专家5	8	8	10	3	2	6	5	2	1	6	2	8	1	1	5	3	8	5	4	10	
专家6	9	8	8	0	8	0	0	8	0	8	7	8	9	5	7	9	9	9	8	9	

（3）计算列和、总和与比重，计算结果见表7-2-4。

表7-2-4　各指标比重值（α_j）按大小排序表

指标	x_{15}	x_8	x_{21}	x_{22}	x_{38}	x_{11}	x_{19}	x_{40}	x_4	x_{33}	x_1
数值	0.0464	0.0449	0.0432	0.0425	0.0406	0.0392	0.0373	0.0348	0.0332	0.0311	0.0310
指标	x_6	x_{20}	x_{23}	x_5	x_{12}	x_2	x_{39}	x_{36}	x_7	x_{31}	x_{32}
数值	0.0297	0.0273	0.0272	0.0267	0.0263	0.0256	0.0254	0.0250	0.0242	0.0242	0.0242
指标	x_{24}	x_{41}	x_{37}	x_{14}	x_{10}	x_{26}	x_3	x_{16}	x_{13}	x_9	x_{29}
数值	0.0236	0.0229	0.0226	0.0222	0.0213	0.0206	0.0180	0.0175	0.0167	0.0155	0.0151
指标	x_{34}	x_{35}	x_{17}	x_{28}	x_{27}	x_{30}	x_{25}	x_{18}			
数值	0.0121	0.0116	0.0105	0.0099	0.0096	0.0075	0.0074	0.0056			

（4）聚类分析。

在［0，0.5］区间内，设λ分别等于0.4，0.3，0.2。当$\alpha_j \geqslant 0.4$时，可将x_{15}、x_8、x_{21}、x_{22}、x_{38}即钻井成功率、储量动用程度、含水上升率、最终采收率、内部收益率分为一类；当$0.4>\alpha_j \geqslant 0.3$时，可将$x_{11}$、$x_{19}$、$x_{40}$、$x_4$、$x_{33}$、$x_1$即地质储量采油速度、自然递减率、投资回收期、构造复杂程度、开发管理方法与政策、油藏类型分为一类；当$>0.3\alpha_j \geqslant 0.2$时，可将$x_6$、$x_{20}$、$x_{23}$、$x_5$、$x_{12}$、$x_2$、$x_{39}$、$x_{36}$、$x_7$、$x_{31}$、$x_{32}$、$x_{24}$、$x_{41}$、$x_{37}$、$x_{14}$、$x_{10}$、$x_{26}$即综合含水率、综合递减率、地质储量采出程度、储量丰度、剩余可采储量采油速度、油藏物性、产出投入比、采油成本、单井控制地质储量、井网密度、井网形式、剩余可采储量采出程度、百万吨产能投资、净现值、水驱油状况、油水分布或剩余油分布、累计产油量分为一类；余者分为一类（图7-2-2）。

（二）分类计算

（1）开发地质类。

①设油藏类型（x_1）、油藏物性（x_2）、流体性质（x_3）、构造复杂程度（x_4）、储量丰度（x_5）、综合含水率（x_6）、单井控制地质储量（x_7），专家打分组成下列矩阵。

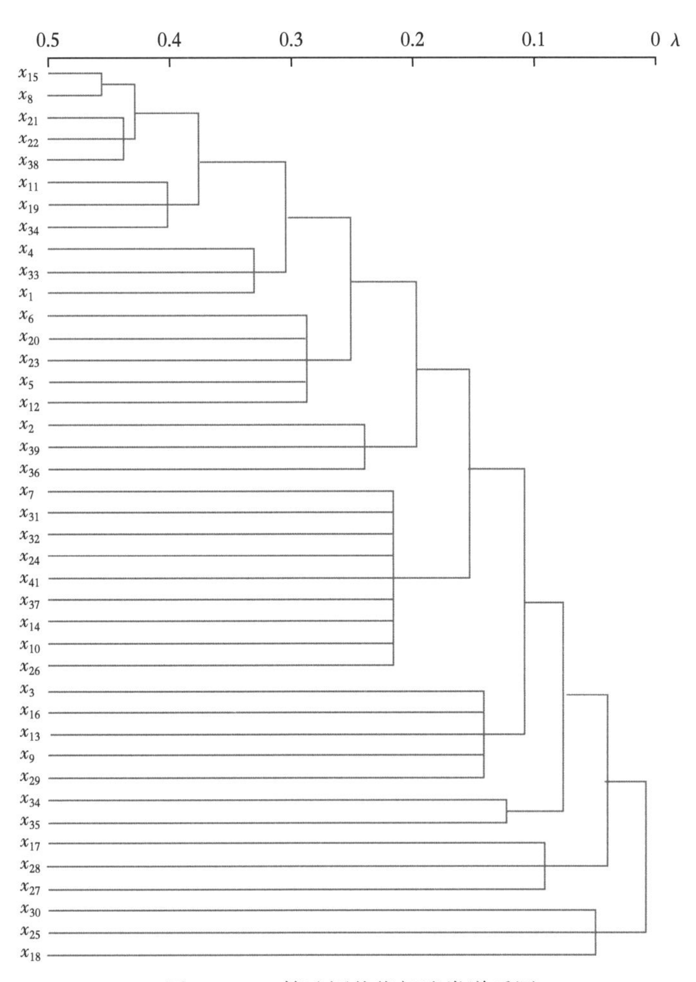

图 7-2-2　筛选评价指标聚类谱系图

$$
\boldsymbol{X}=\begin{pmatrix}
x_{11} & x_{12} & x_{13} & x_{14} & x_{15} & x_{16} & x_{17}\\
x_{21} & x_{22} & x_{23} & x_{24} & x_{25} & x_{26} & x_{27}\\
x_{31} & x_{32} & x_{33} & x_{34} & x_{35} & x_{36} & x_{37}\\
x_{41} & x_{42} & x_{43} & x_{44} & x_{45} & x_{46} & x_{47}\\
x_{51} & x_{52} & x_{53} & x_{54} & x_{55} & x_{56} & x_{57}\\
x_{61} & x_{62} & x_{63} & x_{64} & x_{65} & x_{66} & x_{67}
\end{pmatrix}
=\begin{pmatrix}
8 & 6 & 6 & 8 & 8 & 8 & 10\\
4 & 6 & 3 & 5 & 0 & 0 & 0\\
8 & 6 & 8.5 & 9.5 & 8 & 9.4 & 9\\
8 & 5 & 0 & 9 & 5 & 7 & 9\\
5 & 5 & 3 & 3 & 10 & 10 & 5\\
8 & 6 & 4 & 8 & 8 & 8 & 5
\end{pmatrix}
$$

②计算专家加权值，同上。

③计算列和与总和：

$$\sum_{i=1}(xw)_{ij} = \{5.7382, 4.7367, 3.3299, 6.1583, 4.9422, 5.4999, 4.4806\}$$

$$\sum_{i=1}^{6}\sum_{j=1}^{7} x_{ij} = 34.8858$$

④计算比重。

按式（7-2-3）计算：

$$\alpha_j = \{0.1654, 0.1358, 0.0955, 0.1765, 0.417, 0.1577, 0.1284\}$$

⑤取最大值，若取 $\lambda=0.16$，则：

$$x_j = \max_{\alpha_j \geqslant 0.16} \{\alpha_j\} = \{0.1654, 0.1765\}$$

即开发地质类筛选的评价指标为油藏类型（x_1）、构造复杂程度（x_4）。

（2）油藏工程类。

①设储量动用程度（x_8）、剩余可采储量变化率（x_9）、油水分布或剩余油分布（x_{10}）、地质储量采油速度（x_{11}）、剩余可采储量采油速度（x_{12}）、地层能量保持水平（x_{13}）、水驱油状况（x_{14}），专家打分组成下列矩阵。

$$\boldsymbol{X} = \begin{pmatrix} 10 & 0 & 10 & 10 & 10 & 8 & 8 \\ 8 & 0 & 0 & 8 & 0 & 0 & 0 \\ 8.5 & 6 & 9 & 8.8 & 8.8 & 6 & 8.5 \\ 7 & 0 & 5 & 8 & 9 & 7 & 7 \\ 10 & 5 & 5 & 2 & 3 & 1 & 5 \end{pmatrix}$$

②计算专家加权值，同上。

③计算列和与总和：

$$\sum_{i=1}^{6}(xw)_{ij} = \{8.3167, 2.8654, 3.9422, 7.2593, 4.8653, 3.0961, 4.1153\}$$

$$\sum_{i=1}^{6}\sum_{j=8}^{14} = 34.4608$$

④$\alpha_j = \{0.2413, 0.0831, 0.1144, 0.2107, 0.1412, 0.0898, 0.1194\}$。

⑤取最大值，若取 2 项，则：

$$x_j = \max_{\lambda \geqslant 0.2} \{\alpha_j\} = \{0.2413, 0.2107\}$$

即油藏工程类筛选的评价指标为储量动用程度（x_8）、地质储量采油速度（x_{11}）。

（3）钻采工程类。

①设钻井成功率（x_{15}）、措施有效率（x_{16}）、机采系统效率（x_{17}）、完井方式（x_{18}），专家打分组成下列矩阵。

$$\boldsymbol{X} = \begin{pmatrix} 10 & 6 & 8 & 0 \\ 10 & 4 & 0 & 6 \\ 9 & 5 & 6 & 0 \\ 8 & 0 & 0 & 0 \\ 8 & 2 & 2 & 0 \\ 8 & 7 & 3 & 0 \end{pmatrix}$$

②计算专家加权值，同上。

③ $\sum_{i=1}(xw)_{ij}=\{8.5978,3.2413,1.9423,1.0386\}$。

$\sum_{i=1}^{6}\sum_{j=15}^{18}x_{ij}=14.82$。

④$\alpha_j=\{0.5801,0.2187,0.1311,0.0701\}$。

⑤ $x_j=\max_{\lambda\geqslant 0.2}\{\alpha_j\}=\{0.5801,0.2187\}$。

取最大值，若取2项，则钻采工程类为钻井成功率（x_{15}）、措施有效率（x_{16}）。

（4）开发管理类。

①设自然递减率（x_{19}）、综合递减率（x_{20}）、含水上升率（x_{21}）、最终采收率（x_{22}）、地质储量采出程度（x_{23}）、剩余可采储量采出程度（x_{24}）、季平均产量（x_{25}）、累计产油量（x_{26}）、注采比（x_{27}）、储采比（x_{28}）、储量替换率（x_{29}）、水平井与直井井数比（x_{30}）、井网密度（x_{31}）、井网形式（x_{32}）、开发管理方法与政策（x_{33}）、油水井综合时率（x_{34}）、健康安全环保（x_{35}），专家打分组成下列矩阵。

$$\boldsymbol{X}=\begin{pmatrix}10&6&8&10&0&0&0&0&8&10&0&8&8&10&8&10&5\\8&5&8&7&7&6&0&8&0&0&0&0&0&5&7&0&0\\8.5&6&9&9.5&8.5&8.5&5&5&5&6&6&6&6.5&7&7&7.5&6.5\\8&7&8&8&8&7&0&0&9&0&0&0&0&7&0&0&0\\5&3&10&8&8&10&3&2&6&5&2&1&6&2&8&1&1\\5&9&10&9&8&8&0&8&0&0&8&0&8&7&8&9&5\end{pmatrix}$$

②计算专家加权值，同上。

③ $\sum_{i=1}(xw)_{ij}=\{6.9128,5.0563,8.0419,7.8684,5.0384,4.3654,1.3653,3.8269,1.7691,1.8268,2.8078,1.3846,4.4807,4.4914,5.7679,2.2501,2.1539\}$。

$\sum_{i=1}^{6}\sum_{j=19}^{35}x_{ij}=69.4077$。

④ $\alpha_j=\{0.0996,0.0728,0.1159,0.1134,0.0726,0.0629,0.0197,0.0551,0.0255,0.0263,0.0405,0.0199,0.0646,0.0647,0.0831,0.0324,0.0310\}$。

⑤ $x_j=\max_{\lambda\geqslant 0.7}\{\alpha_j\}=\{0.1159,0.1134,0.0996,0.0831,0.0728,0.0726\}$。

取6项，即含水上升率、最终采收率、自然递减率、开发管理方法与政策、综合递减率、地质储量采出程度。

（5）开发经济类。

①设采油成本（x_{36}），净现值（x_{37}），内部收益率（x_{38}），产出投入比（x_{39}），投资回收期（x_{40}），百万吨产能投资（x_{41}），专家打分组成下列矩阵。

②计算专家加权值，同上。

③ $\sum_{i=1}(xw)_{ij}=\{4.6363,4.1923,7.5283,4.7115,6.4454,4.2500\}$。

$\sum_{i=1}^{6}\sum_{j=36}^{41}=31.7638$。

④$\alpha_j=\{0.1460,0.1320,0.2370,0.1483,0.2029,0.1338\}$。

⑤ $x_j = \max\limits_{\lambda \geqslant 0.2}(\alpha_j) = \{0.2370,\ 0.2079\}$。

取 2 项，即内部收益率、投资回收期。

（三）两种分类方法比较

两种筛选结果见表 7-2-5。

表 7-2-5　两种分类方法比较表

分类方法	相同													相异
整体筛选（$\alpha_j \leqslant 0.27$）	油藏类型	构造复杂程度	储量动用程度	地质储量采油速度	钻井成功率	含水上升率	最终采收率	自然递减率	综合递减率	开发管理方法与政策	地质储量采出程度	内部收益率	投资回收期	综合含水率
分类筛选	油藏类型	构造复杂程度	储量动用程度	地质储量采油速度	钻井成功率	含水上升率	最终采收率	自然递减率	综合递减率	开发管理方法与政策	地质储量采出程度	内部收益率	投资回收期	措施有效率

从表 7-2-5 看出，两种方法均筛选 14 个评价指标，其中有 13 个相同，说明两种筛选方法均可用。

评价指标是综合评价的基础。确定评价指标必须与评价目的、评价对象相一致，评价目的不同，所需的评价指标也不一样。评价指标不宜太多，太多不仅增大工作量，而且也可能增加指标间的相互影响；评价指标也不宜太少，太少有可能使指标的代表性降低。因此，在上述所筛选的指标中，删除影响油田开发效果的指标，如油藏类型、构造复杂程度、钻井成功率、开发管理方法与政策等，保留反映油田开发效果的指标，如储量动用程度、地质储量采油速度、含水上升率、最终采收率、自然递减率、综合递减率、地质储量采出程度、内部收益率、投资回收期等，并结合某一评价对象评价目的需要，依据具体情况在其余指标中有所取舍。

在这些指标中有的具有相关性，如采油速度、递减率、最终采收率三个指标就具有相关性，都含有产量因素，然而其本质是有明显区别的，一个是年产油量，一个是标定产量，一个是最终累计采油量。它们可体现不同阶段的开发特点，或反映同一开发阶段不同侧面，它们不具独立性，但具有代表性。其他部分指标亦有类似现象。

进行综合评价，确定评价指标体系是基础，而筛选评价指标又是进行综合评价的前提。指标筛选的正确与否，关系到评价结果的可靠与可信。本研究采用简化了的专家一次打分法、比重法和聚类分析法的组合，避免了评价指标因量纲、单位、数值量级的不同而造成的筛选前需进行一致化、无量纲化处理，降低了计算量，提高了工作效率，简单便捷。从筛选评价指标两种方法的结果看，应该说是可行的，所筛选指标亦符合油田开发的基本规律和油田开发工作者的基本观念。

五、评价指标其他筛选方法

最小均方差法：设评价对象由 p 个指标 n 个观测值 x_{ij}（$i=1,\ 2,\ 3,\ \cdots,\ n$；$j=1,\ 2,\ 3,\ \cdots,\ p$）来表示。它们构成一个数据矩阵 $\boldsymbol{X}$，即：

$$X=\begin{bmatrix} x_{11} & x_{12} & \cdots & x_{1p} \\ x_{21} & x_{22} & \cdots & x_{2p} \\ \vdots & \vdots & \cdots & \vdots \\ x_{n1} & x_{n2} & \cdots & x_{np} \end{bmatrix} \tag{7-2-7}$$

每一行代表一个样本的观测值，$\boldsymbol{X}$ 是 $n\times p$ 的矩阵，以此计算出变量 x_j 的均值［式（7-2-8）］、方差［式（7-2-9）］，相应的表达式为：

$$\bar{x}_j=\frac{1}{n}\sum_{i=1}^{n}x_{ij},\ j=1,\ 2,\ \cdots,\ p \tag{7-2-8}$$

$$S_j=\left[\frac{1}{n}\sum_{i=1}^{n}(x_{ij}-\bar{x}_j)^2\right]^{0.5},\ j=1,\ 2,\ \cdots,\ p \tag{7-2-9}$$

若存在 C_0（$1\geqslant C_0\geqslant p$），使得：

$$S_{C_0}=\min_{p\leqslant C_0\leqslant 1}(S_j) \tag{7-2-10}$$

C_0 为自己所选的临界值，可认为小于 C_0 的指标可删去，大于 C_0 的指标不宜删除。当给定 C_0 之后，逐个检查各指标。对留下的指标，重复上述过程，直至没有可删除指标为止，这样，就可选得既有代表性又不重复的指标集。

其他方法还有极大极小离差法、对应分析法、相关分析法、聚类分析法等。

六、综合评价指标处理

当筛选出评价指标后，当应用时会涉及具体指标，仍有量纲、单位、量级的问题，因此，需要对指标进行一致化和无量纲化处理，但这时的处理量相对于指标初选时要少得多。

（一）定性指标定量化处理

对于油藏类型、构造复杂程度、地层能量保持水平、水驱油状况、健康安全环保等定性类的指标，可采用赋值法或者替代法使其转化为定量指标。其中油藏类型按差异赋值法赋值；构造复杂程度按简单、较复杂、复杂、特复杂、极复杂等级别分别赋值；地层能量保持水平可用地层压力与饱和压力的关系替代；水驱油状况可用综合含水率与采出程度的关系判断；健康安全环保可用人员伤亡事故率、环境污染责任事故率、节能降耗率等指标替代。

（二）评价指标不同类型的一致化处理

不同指标有着不同的要求。有的指标如储量控制程度、储量动用程度、地质储量采出程度、剩余可采储量采出程度、季平均产量、年累计产油量、最终采收率、净现值等，期望它们的取值越大越好，称之为极大型指标或称效益型指标；有的指标如自然递减率、综合递减率、综合含水率、含水上升率、采油成本、投资回收期等，期望它们的取值越小越好，称之为极小型指标或称成本型指标；有的指标如地质储量采油速度、剩余可采储量采油速度、地层能量保持水平、注采比、井网密度、储采比等，既不期望其值越大，也不期望其值越小，而是期望它们的取值能在某一范围内，称之为区间型指标或称适度型指标。

若评价指标中既有极大型指标，又有极小型指标，还有区间型指标，那么就必须在综合评价前对它们进行指标一致化处理，否则就无法进行综合评价。

以各指标均转换为极大型为例。

对极小型指标 x_i 转换为极大型指标 x_i^* 的方法有上限法和倒数法，此处采用倒数法，即：

$$x_i^* = \frac{1}{x_i} \tag{7-2-11}$$

或

$$x_i^* = \frac{1}{k + \max\limits_{1 \leqslant i \leqslant n} |x_i| + x_i} \tag{7-2-12}$$

其中，x_i 可以是负值，k 是选定的常数，且 $k>0$。

区间型指标 x_i 变换为极大型指标 x_i^* 的方法：

$$x_i^* = \begin{cases} 1-\dfrac{a-x_i}{\max(a-m, M-b)}, & x_i<a \\ 1, & x_i \in [a, b] \\ 1-\dfrac{x_i-b}{\max(a-m, M-b)}, & x_i>b \end{cases} \tag{7-2-13}$$

式中，M，m 分别为 x_i 的允许上限、下限，$[a, b]$ 为 x_i 的最佳稳定区间。

或

$$x_j^* = 1/|x_j - \bar{x}_j| \tag{7-2-14}$$

式中，$\bar{x}_j$ 为原始数据或称观测值的均值。

若将各指标均转换为极小型，其方法类似。

（三）评价指标无量纲化处理

评价指标无量纲化处理亦称标准化处理、规范化处理。一般各项评价指标所代表的意义不同，其量纲与量级亦不同，存在着不可公度性，这就对进行综合评价带来不便，有时甚至会出现评价结果的不合理性。因此，为了避免此类情况的发生，需要对评价指标进行无量纲化处理。

处理方法一般有：标准化处理法、比重法、阈值法等类。

所谓“可公度性”（Commensurability）是自然界的一种秩序，它是指所获得的资料、信息，具有同一单位度量性质的特性，即可比性和通约性，或具有某一客观规律的函数表达的可预测性，不可公度性即不具备这些特性。

1. 标准化处理法

标准化公式为：

$$y_i = \frac{x_i - \bar{x}_i}{S} \tag{7-2-15}$$

式中，y_i 为第 i 项评价指标值；x_i 为第 i 项指标观测值；$\bar{x}_i$ 为第 i 项指标观测值的平均值，即：

$$\bar{x} = \frac{1}{n}\sum_{i=1}^{n} x_i \tag{7-2-16}$$

S 为第 i 项指标观测值的标准差，即：

$$S = \sqrt{\frac{1}{n-1}\sum_{i=1}^{n}(x_i - \bar{x})^2} \tag{7-2-17}$$

2. 比重法

比重法是指指标实际值在指标值总和中所占的比重。常用方法有归一化处理法、向量规范法等。

当指标值均为正数且满足

$$\sum_{i=1}^{n} y_i = 1 \tag{7-2-18}$$

时，采用归一化法：

$$y_i = \frac{x_i}{\sum_{i=1}^{n} x_i} \tag{7-2-19}$$

当指标值中有负数且满足

$$\sum_{i=1}^{n} y_i^2 = 1 \tag{7-2-20}$$

时，采用向量规范法：

$$y_i = \frac{x_i}{\sqrt{\sum_{i=1}^{n} x_i^2}} \tag{7-2-21}$$

3. 阈值法

阈值也称临界值，是衡量事物变化的某些特殊值，如极大值、极小值、允许值、不允许值、满意值等。阈值法是用指标实际值与阈值相比而得到的指标评价值的无量纲化方法。

初值化法：

$$y_i = \frac{x_i}{x_1} \tag{7-2-22}$$

均值化法：

$$y_i = \frac{x_i}{\frac{1}{n}\sum_{i=1}^{n} x_i} = \frac{x_i}{\bar{x}} \tag{7-2-23}$$

七、确定评价指标体系

评价指标是综合评价的基础，确定评价指标体系是综合评价最基本的工作。评价体系必须与评价目的、评价对象相联系、相统一。表7-2-5中的指标有的要舍弃，如若为同油藏，则油藏类型、油藏复杂程度等就要舍弃，而要增加其他指标。

不同油藏类型的开发效果没有可比性，通俗地讲，就是它们不在同一起跑线。为了能进行横向比较，则引入油藏差异系数或者称之为油藏级差地租系数。所谓油藏差异系数就是由于油藏类型的差异引起开发效果差异的附加值。如设定砂岩整装油田开发难度为1.00，其他油藏类型可依开发难度分别赋予相应值，油气藏开发地质分类可参考《中国石油勘探开发百科全书（开发卷）》，见表7-2-6。

表7-2-6　不同油气藏油藏差异系数（a_{YC}）表

油藏类型	砂岩油藏			砾岩油藏	碳酸盐岩油藏			断块油藏			稠油油藏				高凝油油藏	凝析油气藏	挥发油气藏	特殊岩类油藏					
	中高渗透	低渗透（K<50mD）	特低渗透（K<10mD）		孔隙型	裂缝型	双孔介质型	一般断块	复杂断块	极复杂断块	常规	特稠	超稠	沥青				泥岩	火山碎屑岩	火山岩	岩浆岩	其他岩浆岩	变质岩
a_{YC}	1.0	1.2	1.4	1.1	1.1	1.2	1.25	1.1	1.15	1.25	1.1	1.3	1.5	1.6	1.2	1.3	1.3	1.4	1.4	1.4	1.4	1.4	1.4

注：（1）表中油藏类型参照《中国石油勘探开发百科全书（开发卷）》；

（2）表中预测差异系数值仅供参考。

引入油藏差异系数后，不同类型油藏可进行横向比较，但仅是相对概念，没有太多的实际意义，一般情况下尽量不用。

上述指标由于评价对象与评价目的的不同而有所取舍，各油藏类型的评价对象与评价目的的不同，其指标值也不同，同时并对它们进行无量纲化处理。

八、确定各指标的权重系数

（一）权重系数

在进行多指标的综合评价时，各指标对评价对象的作用是不同的。为了体现各指标对评价体系的重要程度，应对各指标赋予相对应的权重系数。权重系数越大的指标，其作用程度越强，反之则越弱。设各指标的权重系数为 w_i，则 $w_i \geqslant 0$（$i=1, 2, 3, \cdots, n$），且：

$$\sum_{i=1}^{n} w_i = 1 \tag{7-2-24}$$

（二）确定权重的方法

确定权重系数的方法很多，常分为三类，即主观赋权法、客观赋权法与主客观组合赋权法。

主观赋权法是以行业专家的历史经验、知识积累等综合能力对事物的主观判断。但事物是处在时空动态变化之中，很难仅靠惯性思维进行准确地判断，且不同专家又会赋予不同的权重。因此，主观赋权法带有较强的主观随意性。主观赋权法的方法很多，如专家打分法、专家调查法、最小平方法、环比评分法、二项系数法等，但最常用的是层次分析法（AHP法）与德尔菲法（Delohi法）。客观赋权法主要是以客观数据为依据建立相应的数学模型，通过求解而得到。因此，它能较好地反映评价对象的客观信息。但它受数据量或所选模型的影响较大；有时可能出现某评价指标权重系数很大但实际上并不那么重要的情况，且存在不能反映决策者的主观偏好等缺点，存在一定的不稳定性。客观赋权法的方法也很多，如熵值法、主成分分析法、最大离差法、统计平均法、变异系数法、相关分析法、灰色关联法等。组合赋权法是将行业专家主观判断、决策者的主观偏好、评价对象的客观信息按照一定的准则有机地组合，形成主客观统一、集优补缺的组合权重。

本节采取由层次分析法、统计平均法、灰色关联分析法、熵值法等组成的组合赋权法确定权重系数。

1. 层次分析法

层次分析法又称 AHP 构权法（Analytic Hierarchy Process，简写为 AHP），是定性与定量相结合的方法，基本上属于主观赋权法范畴。它是将复杂的评价对象排列为一个有序的递阶层次结构的整体，然后在各个评价项目之间进行两两比较、判断，计算各个评价项目的相对重要性系数，即权重。

以不同油藏类型水平井开发效果的综合评价为例，评价指标为：综合递减率（D_R）、综合含水上升率（I_W）、储量动用程度（R_{CD}）、地质储量采油速度（V_o）、储采比（RRP）、最终采收率（ERU）、地质储量采出程度（R_D）、采油成本（C_o）、视产投比（FSCT）、吨油利润（M_t）。

对油藏类型指标以油藏变异系数考虑。对上述十个评价项指标进行两两比较、判断，计算各个评价项目的相对重要性系数，即权重。具体步骤如下。

（1）指标量化。

对各个评价指标（或者项目）重要性等级差异的量化称为标度。确定指标重要性的量化标准用比例标度法。比例标度法是以对事物质的差别的评判标准为基础，一般以 3 种或 5 种判别等级表示事物质的差别，本节采用 5 种判别等级（即同等重要、较为重要、更为重要、强烈重要、极端重要），分别赋值为 1、2、3、4、5。

（2）评价指标处理并确定初始权数。

①建立指标判断矩阵。

对 D_R 等 10 项指标赋值构成指标判断矩阵 A，见表 7-2-7。

表 7-2-7 指标判断矩阵 A

指标	D_R	I_W	R_{CD}	V_o	RRP	ERU	R_D	C_o	FSCT	M_t
D_R	1.0	1.0	2/1	3/1	3/1	2/3	1.0	1.0	2/1	2/1
I_W	1.0	1.0	2/1	3/1	3/1	2/3	1.0	1.0	2/1	2/1
R_{CD}	1/2	1/2	1.0	2/1	1.0	4/5	2/3	2/3	1.0	1.0
V_o	1/3	1/3	1/2	1.0	2/1	1/3	1/3	1/3	1/2	1.0
RRP	1/3	1/3	1.0	1/2	1.0	1/3	1/3	1/3	1/2	1.0
ERU	3/2	3/2	5/4	3/1	3/1	1.0	3/2	3/2	3/1	2/1
R_D	1.0	1.0	3/2	3/1	3/1	2/3	1.0	1.0	2/1	2/1
C_o	1.0	1.0	3/2	3/1	3/1	2/3	1.0	1.0	2/1	2/1
FSCT	1/2	1/2	1.0	2/1	2/1	1/3	1/2	1/2	1.0	1.0
M_t	1/2	1/2	1.0	1.0	1.0	1/2	1/2	1/2	1.0	1.0

②计算各行指标平均数，见表7-2-8。

计算公式为：

$$\overline{w}_j = \left(\prod_{j=1}^{n} w_j\right)^{1/n} \tag{7-2-25}$$

或

$$\overline{w}_j = \frac{1}{n}\sum_{j=1}^{n} w_j \tag{7-2-26}$$

表7-2-8 指标平均数

指标	D_R	I_W	R_{CD}	V_o	RRP	ERU	R_D	C_o	FSCT	M_t
$\overline{w}_j$	1.4727	1.4727	0.8414	0.5387	0.5026	1.7921	1.4310	1.4310	0.7800	0.7071

③平均数求和。

计算公式为：

$$w_i = \sum_{j=1}^{n} \overline{w}_j \tag{7-2-27}$$

计算结果为10.9693。

④计算权重系数。

计算公式为：

$$x = \frac{\overline{w}_j}{w_i} \tag{7-2-28}$$

计算结果见表7-2-9。

表7-2-9 指标权重系数

指标	D_R	I_W	R_{CD}	V_o	RRP	ERU	R_D	C_o	FSCT	M_t
x	0.1343	0.1343	0.0767	0.0491	0.0458	0.1632	0.1305	0.1305	0.0711	0.0645

2. 灰色关联分析法

灰色关联分析法是由邓聚龙教授于1982年提出的，现已形成了较完整的理论体系。用它确定权重是属于客观赋权法范畴。实际生产数据见表7-2-10。

表7-2-10 评价对象实际数据（2011年）

评价对象	D_R（%）	I_W（%）	R_{CD}（%）	V_o（%）	RRP	ERU（%）	R_D（%）	C_o（元/t）	FSCT	M_t（元/t）
高浅北区	15.78	−0.10	100	0.87	2.6	21.1	19.75	3122	1.34	583.97
柳南区块	15.94	0.55	100	0.55	2.5	24.9	24.09	3039	1.01	666.97
老爷庙浅层	14.23	−30.16	100	0.17	8.5	22.2	5.60	4970	0.36	−1264.23
虚拟区块	14.23	−30.16	100	0.87	8.5	24.9	24.09	3039	1.34	666.97

其步骤如下。

①确立参考数列与原始数列。

参考数列亦称指标数列或母序列：

$$\boldsymbol{x}_0 = [x_0(k)],\ k = 1,\ 2,\ \cdots,\ n \tag{7-2-29}$$

参考数列的各项元素是综合评价指标数列中选出的最佳值组成的，或依据相关规定和技术要求确定，如表7-2-10中的虚拟区块数列。

原始数列亦称比较序列、条件数列或子序列，如表7-2-10中高浅北区、柳南区块、老爷庙浅层实际生产数据数列。

$$\boldsymbol{x}_i = [x_i(k)],\ i = 1,\ 2,\ \cdots,\ m;\ k = 1,\ 2,\ \cdots,\ n \tag{7-2-30}$$

②对相应数列进行一致化、无量纲化（本例采用最大值化法）处理，见表7-2-11。

表7-2-11　处理后相关数据

评价对象	D_R	I_W	R_{CD}	V_o	RRP	ERU	R_D	C_o	FSCT	M_t
高浅北区	0.9983	0.7683	1.0000	1.0000	-0.3478	0.8474	0.8198	0.9920	1.0000	0.8756
柳南区块	0.9871	0.7651	1.0000	0.8289	-0.3846	1.0000	1.0000	1.0000	0.7537	1.0000
老爷庙浅层	1.0000	1.0000	1.0000	0.6257	1.0000	0.8916	0.2325	0.8080	0.2687	-1.8955
虚拟区块	1.0000	1.0000	1.0000	1.0000	1.0000	1.0000	1.0000	1.0000	1.0000	1.0000

③计算关联系数。

表征子序列与母序列之间关系密切程度大小的量或变化态势相似程度的量称为关联度。为了计算关联度，需先计算各子序列与母序列在各点（或各时刻）处的相对差值，称之为关联系数，记为 x_i（k）：

$$x_i(k) = \frac{\min\limits_i \min\limits_k |x_0(k) - x_i(k)| + r \max\limits_i \max\limits_k |x_0(k) - x_i(k)|}{|x_0(k) - x_i(k)| + r \max\limits_i \max\limits_k |x_0(k) - x_i(k)|} \tag{7-2-31}$$

此相对差值为 x_i 与 x_0 在时刻 k 处的关联系数。若经无量纲化处理，x_0 乘 y_0，x_i，y_i 则：

$$x_i(k) = \frac{\min\limits_i \min\limits_k |y_0(k) - y_i(k)| + r \max\limits_i \max\limits_k |y_0(k) - y_i(k)|}{|y_0(k) - y_i(k)| + r \max\limits_i \max\limits_k |y_0(k) - y_i(k)|} \tag{7-2-32}$$

式中，r 称为分辨系数，一般取值为0.1~0.5，通常取0.5。

计算结果见表7-2-12。

表7-2-12　求关联系数

评价对象	D_R	I_W	R_{CD}	V_o	RRP	ERU	R_D	C_o	FSCT	M_t
高浅北区	0.9988	0.8620	1.0000	1.0000	0.5179	0.9046	0.8893	0.9945	1.0000	0.9209
柳南区块	0.9912	0.8604	1.0000	0.8943	0.5112	1.0000	1.0000	1.0000	0.8546	1.0000
老爷庙浅层	1.0000	1.0000	1.0000	0.7946	1.0000	0.9303	0.6535	0.8829	0.6644	0.3333
列和	2.9900	2.7224	3.0000	2.6889	2.0291	2.8349	2.5428	2.8774	2.5190	2.2542

求权重：

$$w_i = \frac{\sum_{j=1}^{n} \xi(k)_j}{\sum_{j=1}^{m} \sum_{i=1}^{p} \xi(k)_{ij}} \tag{7-2-33}$$

结果见表 7-2-13。

表 7-2-13 评价指标权重

评价指标	D_R	I_W	R_{CD}	V_o	RRP	ERU	R_D	C_o	FSCT	M_t
w_i	0.1130	0.1029	0.1134	0.1016	0.0767	0.1071	0.0961	0.1088	0.0952	0.0852

（三）两种求权重方法比较

从表 7-2-14 列出的结果看出两者有一定的差别。层次分析法是一种定性与定量相结合的方法，带有一定的主观性。灰色关联分析法是依实际生产数据为根据进行计算的，但实际生产数据又受某一开发阶段的特殊情况影响，使个别指标可能具有非客观性，如老爷庙浅层油藏 2011 年的含水上升率为-30.16%，并不具有普遍的代表意义。为了发挥两种方法的特长，减少其不足，采用了平均值方法确定各评价指标的权重。也可对两种方法赋予不同权重，再计算综合权重。

表 7-2-14 两种权重方法比较

评价指标	D_R	I_W	R_{CD}	V_o	RRP	ERU	R_D	C_o	FSCT	M_t
层次分析法	0.1343	0.1343	0.0767	0.0491	0.0458	0.1632	0.1305	0.1305	0.0711	0.0645
灰色关联分析法	0.1130	0.1029	0.1134	0.1016	0.0767	0.1071	0.0961	0.1088	0.0952	0.0852
平均	0.1237	0.1186	0.0951	0.0754	0.0613	0.1347	0.1133	0.1197	0.0832	0.0749

总之，本节表述了综合评价三个重点；指标的设立、指标的处理、指标的权重。针对不同评价对象正确且科学地设置相应指标，是获得有效综合评价结果的前提；只有选择合理且恰当方法进行一致化、标准化处理，才能便于评价且获得正确的结果；只有准确或较准确地赋予各评价指标权重，才能使综合评价结果更符合客观实际，增强评价结果的可靠性、可信性。因此，对于任何综合评价项目，正确地设立评价指标、恰当地进行指标处理、准确地赋予指标权重都是必不可少的环节，只有这样才能保障获得有效的综合评价结果。

第三节 综合评价方法的组合

科学地选择评价方法是综合评价的关键，是正确地获得评价结果的重要手段。各种方法均有各自的优缺点、特性以及适用范围，而且分别使用几种评价方法对同一对象进行评价，可能得到不同的评价结果，增加了应用评价结果的难度。近年来多属性综合评价方法发展迅速，方法多于瀚海，何者更优？莫衷一是众说纷纭，为了使方法间的优势互补，劣势相克，需要有种确定可协调可兼容的组合方法。此处所说的“组合”应包含权重组合、方法组合和结果组合。本节主要研究方法组合与结果组合。

一、确定组合方法的原则与步骤

（一）确定组合方法的原则

当面临评价方法有各自优点和局限，又无法断定何者更优的窘境时，引用了众多学者确定选择方法的标准，概括为理论的正确性、方法的灵活性、不同方法评价结果的一致性、方法的易用性、评价结果的鲁棒性、方法自身特性等。但他们似乎忽略了或者没有突出一个重要问题，即所选方法首先要适应评价对象和评价目的。因此，笔者认为选择评价方法的原则应是与评价目的、评价对象的适应性；基本原理的正确性；方法的易操作性；与其他方法的相宜性；评价结果的有效性。根据此原则取长补短进行多个单一方法的有机组合，应是一种有效的途径。

（二）确定组合方法的步骤

（1）根据确定组合方法原则、评价对象的特性与评价目的，初选适应性强的基准评价方法；

（2）通过实例运用计算程序，对多方法进行模拟计算；

（3）将模拟计算结果与基本评价方法计算结果进行一致性与等级相关系数检验；

（4）对不同的方法组合计算相关性，确定最优方法组合；

（5）对最优组合方法的计算结果进行有效性检验并排序，确定最佳综合评价组合。

二、基准方法的确定

确定基准方法大致为图表法、相似法、相关系数法、聚类法、灰关联法等，本节仅介绍前两种方法。

（一）图表法

图表法就是将单一方法的基本原理、方法的优缺点及方法的适应性用图表列出，根据评价对象、评价目的从图表中选择相适应的方法。该方法主观性较强（表 7-3-1）。

表 7-3-1　各评价方法特点与适应性一览表

<table>
<tr><th>方法名称</th><th>基本原理</th><th>方法优点</th><th>方法缺点</th><th>适应性</th></tr>
<tr><td>专家会议法</td><td>组织专家面对面交流，通过讨论形成评价结果</td><td rowspan="2">操作简单，可以利用专家的知识，结论易于使用</td><td rowspan="3">主观性比较强，多人评价时结论难收敛，只能用于静态评价</td><td rowspan="3">战略层次的决策分析对象，不能或难以量化的大系统，简单的小系统</td></tr>
<tr><td>Delphi 法</td><td>征询专家，用信件背靠背评价、汇总、收敛</td></tr>
<tr><td>评分法</td><td>对评价对象划分等级、打分，再进行处理</td><td>方法简单，容易操作</td></tr>
<tr><td>技术评价法</td><td>通过可行性分析、可靠性评价等</td><td>方法的含义明确，可比性强</td><td>建立模型较困难，只适用评价因素少的对象</td><td>大中型投资、建设项目、设备更新与新产品开发效益等评价</td></tr>
<tr><td>模糊层次分析法</td><td>构造层次结构，两两比较，确定因素相对重要性</td><td>可靠性比较高，误差小</td><td>评价对象的因素不能太多（一般不多于 9 个）</td><td>成本效益决策、资源分配次序、冲突分析等</td></tr>
</table>

续表

方法名称	基本原理	方法优点	方法缺点	适应性
聚类分析法	计算评价对象间距离或相似系数，进行系统分类	可利用多信息对评价对象进行分类，结果直观、全面、合理	需大量分离度好的统计数据，评价结果没有反映客观水平，仅反映相对水平	适应多评价对象优劣分类
主成分分析	相关的经济变量间存在起着支配作用的共同因素，可以对原始变量相关矩阵内部结构研究，找出影响某个经济过程的几个不相关的综合指标来线性表示原来变量	全面性，可比性，客观合理性	因子负荷符号交替使得甬敦意义不明确，需要大量的统计数据，没有反映客观发展水平	对评价对象进行分类
因子分析	根据因素相关性大小把变量分组，使同一组内的变量相关性最大			反映各类评价对象的依赖关系，并应用于分类
前后对比法	主要思路是将设计方案的技术经济指标与实施后的实际数据进行综合对比	方法简单，容易操作，客观合理性	只表明评价单元的相对发展指标	适应多评价对象优劣分类
模糊综合评判法	确定综合评价指标集、评价集、权重与隶属函数，建立模糊评判矩阵，经模糊运算得模糊评价综合结果	可克服传统数学方法中“唯一解”的弊端，根据不同可能性得出多个层次的问题解，具备可扩展性	不能解决评价指标间相关造成的信息重复问题，隶属函数、模糊相关矩阵等的确定方法有待进一步研究	适应多评价对象评判与排序
灰色综合评判法	确定标准序列并与比较序列组成关联系统矩阵，计算关联度，按关联度大小排序	方法简单，容易操作	ρ 的确定带有主观性	适应单对象、多对象优劣评判
数据包络分析法	以多指标输入输出相对效率为基础，以凸分析和线性规划为工具，对同类型单位进行评价	可以评价多输入多输出的大系统，并可用“窗口”技术找出单元薄弱环节加以改进	只表明评价单元的相对发展指标，无法表示出实际发展水平	适应多单元、多指标评价
人工神经网络法	模拟人脑神经网络功能，提供训练模式，训练网络至满足学习要求，按 BP 模型，经多次迭代，当训练偏差低于某一值即可	该方法具自适应能力、可容错性，动态性好，能处理非线性、非局域性的大型复杂系统	需大量训练样本，精度不高，应用范围有限	适应单方案、多方案综合水平比较
熵值法	根据计算熵值的大小，判断某指标的离散程度，指标离散程度越大，对综合评价的影响越大	可充分利用原始资料提供的信息，在实际应用中简单可行	因计算中需用对数函数，要求各项数据大于零，使实际应用受到一定限制	适应多方案综合评价

续表

方法名称	基本原理	方法优点	方法缺点	适应性
TOPSIS 法	基本思想是经一致化、无量纲化处理后的原始数据矩阵，确定理想中最优方案和最差方案，然后分别计算评价对象与最优、最差方案的距离，获得评价对象与最优方案的接近程度，并以此作为评价优劣的依据	可两两比较，方法简单	结果间接，数据处理用向量规范法	适应多方案综合评价
简化 ELECTRE 法	具有简单推理和对决策矩阵信息的有效利用	方便排序，结果清晰	数据处理用向量规范法	适应多方案综合评价
目标差异程度法	设立最佳目标，计算评价对象与最佳目标的差异程度，以最小差异程度为优	方法简单，容易操作，客观合理性，更适应原始数据	设立最佳目标可能会因设立者而异，有一定的不确定性，但不影响计算结果	适应多方案综合评价
完成度法	设立最佳方案，计算评价对象与最佳方案的完成程度，以最大完成程度为优	方法简单，容易操作，客观合理性，更适应原始数据	设立最佳方案可能会因设立者而异，有一定的不确定性，但不影响计算结果	适应多方案综合评价
双重加权法	按照各方法特征进行一次加权，在选定组合方法后进行二次加权，再根据各评价对象以某方法排序计算组合评价值	考虑因素全面，方法简单，容易操作，结果客观合理	一次加权易带主观性	适应多方法组合
类比法	根据相似理论与灰色系统理论，以功能性或适应性相似的原理，进行相似程度计算	需要数据量少	不能获得直接结果	仅用于新区或资料缺少的项目

（二）相似法

相似法是根据功能性或适应性相似的原理，选择能满足评价对象和评价目的的组合方法。选择的主要方法为相似度定量方法和相似系数法。

设 A 方法有 K 个要素，B 方法有 L 个要素，即：

$$\boldsymbol{A}=\{a_1,\ a_2,\ \cdots,\ a_k\}=\{a_i\},\ i=1,\ 2,\ \cdots,\ K \tag{7-3-1}$$

$$\boldsymbol{B}=\{b_1,\ b_2,\ \cdots,\ b_k\}=\{b_j\},\ j=1,\ 2,\ \cdots,\ L \tag{7-3-2}$$

若 A、B 两方法中存在 N 个相似特性，构成相似元集合，即：

$$u=\{a_i,\ b_j\}$$

$$\boldsymbol{U}=[u_1,\ u_2,\ \cdots,\ u_N]=[u_n],\ n=1,\ 2,\ \cdots,\ N \tag{7-3-3}$$

则 A、B 方法相似特性数量的相似度为：

$$q_{\mathrm{AB}}(u_n)_{\mathrm{s}}=\frac{N}{K+L-N} \tag{7-3-4}$$

B 两方法的第 i 个相似元特征值为：

$$r_{in}=\frac{\min(a_{in},\ b_{in})}{\max(a_{in},\ b_{in})} \tag{7-3-5}$$

若各相似特征影响不等，或主要程度不同，取特征权数为：

$$\boldsymbol{d}_n=\{d_1,\ d_2,\ \cdots,\ d_N\}=\{d_n\} \tag{7-3-6}$$

且

$$\sum_{n=1}^{N}d_n=1$$

则特征相似程度：

$$q_{\mathrm{AB}}(u_n)_{\mathrm{t}}=\sum_{i=1}^{n}d_ir_i \tag{7-3-7}$$

若考虑 A、B 两方法数量相似程度及特征相似程度的权数 ω，则：

$$q_{\mathrm{AB}}(u_n)=\omega_1q_{\mathrm{AB}}(u_n)_{\mathrm{s}}+\omega_2q_{\mathrm{AB}}(u_n)_{\mathrm{t}}=\omega_1\frac{N}{L+K-N}+\omega_2\sum_{i=1}^{n}d_ir_i \tag{7-3-8}$$

其中

$$0\leqslant\omega_1\leqslant1,\ 0\leqslant\omega_2\leqslant1,\ 且\ \omega_1+\omega_2=1 \tag{7-3-9}$$

上述特征值可用相关函数、可拓、模糊隶属函数确定，权数可采用专家评估法、层次分析法、关联度法等方法确定。

通常选用相似系统不仅是 A、B 两元或两方法类比，而是多元或多系统类比，此时可采用矩阵定量类比法。

三、多方法的模拟计算

（一）备选方案的基本状况

某油田有 6 个备选开发方案，现需对它们进行综合评价，筛选优化，以利于有关人员决策。经筛选确定评价指标为年产油量、累计产油量、储量控制程度、年综合含水率、含水上升率、地质储量采油速度、综合递减率、储采比、最终采收率、吨油成本、吨油利润、投入产出比等指标，原始数据见表 7-3-2，采用层次分析法与熵值组合确定各指标权重（表 7-3-3）。

在对表 7-3-2 数据进行一致化、无量纲化处理后，运用目标差异程度法、模糊综合评判法、层次分析法、熵值法、均值法、相关系数法、TOPSIS 法、ELECTRE 法、灰色综合评判法与成功度法共 10 种方法对 6 个方案进行综合评价。

表 7-3-2 综合评价指标数据

指标	年油气产量(10^4t)	累计产油量(10^4t)	储量控制程度(%)	年综合含水率(%)	含水上升率(%)	地质储量采油速度(%)	综合递减率(%)	储采比	最终采收率(%)	吨油成本(元/t)	吨油利润(元/t)	投入产出比
最佳目标	6.87	71.63	83.3	69.88	-21.13	1.25	3.00	14.00	42.50	1194	1978	3.05
方案 1	4.57	58.57	78.0	70.20	-17.98	1.06	-44.38	31.92	26.58	1410	943	1.96
方案 2	6.87	65.44	78.0	74.00	2.38	1.60	-44.44	20.57	42.50	1194	1245	2.40
方案 3	6.19	71.63	78.0	80.20	4.31	1.44	12.60	21.72	47.26	1240	1978	3.05
方案 4	3.34	57.34	82.0	72.36	-21.13	0.80	24.26	53.82	24.25	1631	723	1.69
方案 5	4.52	61.86	83.3	69.88	-2.25	1.10	-24.25	39.03	53.80	1318	1121	2.17
方案 6	4.36	66.22	66.8	74.60	4.45	1.06	5.75	39.42	54.38	1335	1883	2.82

表 7-3-3 各指标权重系数表

指标	年油气产量	累计产油量	储量控制程度	年综合含水率	含水上升率	地质储量采油速度	综合递减率	储采比	最终采收率	吨油成本	吨油利润	投入产出比
w_{zh}	0.0611	0.0514	0.0559	0.0493	0.0843	0.0685	0.0691	0.0389	0.1591	0.0809	0.1850	0.0965

(二)部分初选综合评价方法简介和说明

1. 目标差异程度法简介

近些年来，综合评价已广泛应用于各个领域，逐步形成较成熟完善的评价体系，其方法不仅涉及统计分析、系统工程、技术经济、模糊数学、灰色理论、运筹学、计算机学、人工智能等学科，而且各类方法多如繁星。这些方法有各自的理论依据、特征和优缺点。为了取长补短，将单一方法从多角度、多方位进行组合，形成一种综合评价系统。这种综合评价系统的关键是评价指标的设定、权重系数的确定与评价方法的选择。在方法选择过程中，往往注重各方法间的一致性、组合方法结果与原始方法结果的相关性，却忽略了各备选方法与评价对象的一致性或适应性，且这些方法有一个共同的特点就是计算繁杂，增大了计算成本与时间成本，甚至有的方法理论依据有些晦涩难懂，在以前缺乏计算软件的条件下，一般的科技人员不易掌握和较难运用，限制了它们更广泛地推广。为了解决此问题，提出一种简便、易行、有效的综合评价新方法，即目标差异程度法。

(1)基本思想。

基本思想是设立最佳目标，计算评价对象与最佳目标的差异程度，以最小差异程度为优。

(2)计算公式。

$$E_{cyi} = \sum_{j=1}^{m} (z_{\max ij} - z_{ij}),\ i = 1,\ 2,\ \cdots,\ n;\ j = 1,\ 2,\ \cdots,\ m \qquad (7-3-10)$$

式中，E_{cyi}为计算评价对象与最佳目标的差异程度；$z_{\max ij}$为第 i 个评价对象第 j 个评价指标的最佳值(不一定是最大值)；z_{ij}为第 i 个评价对象第 j 个评价指标的实际数值。

(3)计算步骤。

①根据原始数据或国标、行标、企标的要求，设立最佳目标：

$$z_{zj} = \max(z_{ij}) \tag{7-3-11}$$

②进行一致化、归一化处理。

③计算评价指标权重 w_{zh}。

④计算单项评价指标与单项最佳目标的差异程度：

$$e_{cyj} = w_{zhj}(z_{\max j} - z_j) \tag{7-3-12}$$

⑤计算各评价对象与最佳目标的综合差异程度：

$$E_{cyi} = \sum_{j=1}^{m} w_{zhj} e_{cyj} = \sum_{j=1}^{m} w_{zhj}(z_{\max ij} - z_{ij}) \tag{7-3-13}$$

⑥根据总差异程度值的大小进行由小到大的排序，小者为优：

$$E_y = \min(E_{cyi}),\ i = 1,\ 2,\ \cdots,\ n \tag{7-3-14}$$

⑦检验评价结果的有效性及分析实际意义。

该方法的优点是简单、便捷、客观、有效，可作为基准方法采用。

2. *模糊综合评判法*

模糊综合评判法已经成为常用的方法，但该方法最大的问题是各评价指标隶属函数的确定。确定隶属函数又往往与确定者的综合素质有关，尤其是模糊数学知识和判断能力，带有较强的主观性，它会直接影响综合评价结果。

3. *层次分析法*

层次分析法是一种定性定量结合以定性为主的主观评价方法。由专家按5级两两比较。

（1）建立判断矩阵 $\boldsymbol{c}$。

$$\boldsymbol{c} = (c_{ij})_{k\times m} = \begin{bmatrix} c_{11} & c_{12} & \cdots & c_{1m} \\ c_{21} & c_{22} & \cdots & c_{2m} \\ \vdots & \vdots & \vdots & \vdots \\ c_{k1} & c_{k2} & \cdots & c_{km} \end{bmatrix},\ i = 1,\ 2,\ \cdots,\ k;\ j = 1,\ 2,\ \cdots,\ m \tag{7-3-15}$$

（2）求和。

$$r_i = \sum_{j=1}^{m} c_{ij} \tag{7-3-16}$$

（3）变换。

$$r_{ij} = \frac{r_i - r_j}{2m} + 0.3 \tag{7-3-17}$$

（4）建立评价矩阵。

$$\boldsymbol{R} = (w_{zhj} r_{ij})_{k\times m} \tag{7-3-18}$$

（5）求平均值。

$$\overline{R}_i = \frac{1}{m}\sum_{j=1}^{m} w_{zhj} r_{ij} \tag{7-3-19}$$

（6）按大小排序，得出综合评价结果。

4. 成功度法

成功度法是项目后评价经常采用的一种方法。主要是指专家组根据项目各项指标的实际结果，凭经验对项目的成功程度进行的一种定性判断，即专家打分法主观性判断完成程度等级（如A、B、C、D等）。其中某些指标具有模糊性和难以量化的特点，其结果亦片面的、静止的。它是主观评价方法。对这种方法进行脱胎换骨地改造，使之转变为客观综合评价方法。

（1）根据原始数据或国标、行标、企标的要求，筛选最佳指标构成最佳方案：

$$z_{\mathrm{zj}}=\max(z_{ij}) \tag{7-3-20}$$

（2）建立判断矩阵，将最佳方案与各备选方案构成综合判断矩阵：

$$z=\begin{bmatrix} z_{\mathrm{M}11} & z_{\mathrm{M}12} & \cdots & z_{\mathrm{M}1m} \\ z_{21} & z_{22} & \cdots & z_{2m} \\ z_{31} & z_{32} & \cdots & z_{3m} \\ \vdots & \vdots & \vdots & \vdots \\ z_{k1} & z_{k2} & \cdots & z_{km} \end{bmatrix} \tag{7-3-21}$$

式中，$z_{\mathrm{M}ij}$为最佳评价指标；k为评价对象数；m为评价指标数。

（3）对最佳方案和备选方案进行一致化、归一化处理。

（4）计算评价指标权重w_{zh}。

（5）计算行和C_i：

$$C_i=\sum_{j=1}^{m} w_{\mathrm{zh}j} z_{ij} \tag{7-3-22}$$

（6）计算最佳方案行和C_{M}：

$$C_{\mathrm{M}}=\sum_{j=1}^{m} w_{\mathrm{zh}j} z_{\mathrm{M}j} \tag{7-3-23}$$

（7）计算完成度$C_{\mathrm{z}i}$：

$$C_{\mathrm{z}i}=\frac{\sum_{j=1}^{m} w_{\mathrm{zh}j} z_{ij}}{\sum_{j=1}^{m} w_{\mathrm{zh}j} z_{\mathrm{M}j}}\times 100\% \tag{7-3-24}$$

（8）根据完成度的大小排序。

从计算步骤看，目标差异程度法与完成度法的本质是相同的，是忠实于以原始数据为依据的客观评价方法，仅是计算方法有所区别，一为加减，一为乘除。

四、各方法结果

评价结果见表7-3-4。

表 7-3-4　多种方法综合评价结果

评价方法	目标差异程度法（方法 1）	模糊综合评判法（方法 2）	层次分析法（方法 3）	熵值法（方法 4）	均值法（方法 5）	相关系数法（方法 6）	TOPSIS 法（方法 7）	ELECTRE 法（方法 8）	灰色综合评判法（方法 9）	成功度法（方法 10）
方案 1	5	2	5	5	5	4	5	5	5	5
方案 2	3	1	4	3	2	3	4	4	2	3
方案 3	1	3	1	1	1	1	1	1	1	1
方案 4	6	5	6	6	6	6	6	6	6	6
方案 5	4	4	3	4	4	5	3	3	4	4
方案 6	2	6	2	2	3	2	2	2	3	2

从表 7-3-4 看出，各种方法评价结果存在着一定的差异，因此，需要对上述方法进行有效地组合。

五、综合评价方法的组合

（一）确定基准评价方法

一般，确定基准方法是选用可直接采用原实测数据进行评判的方法，故确定目标差异程度法为基准评价方法。

（二）优选组合评价方法

组合评价方法常分为两类：客观评价法、主观评价法。在上述 10 种方法中，目标差异程度法、熵值法、均值法、相关系数法、成功度法属客观评价法，此类方法按可靠性程度分为两级：目标差异程度法、熵值法、成功度法属 1 级，均值法、相关系数法属 2 级。模糊综合评判法、层次分析法、TOPSIS 法、ELECTRE 法、灰色综合评判法属主观评价法。主观评价法又按主观性强弱分为两级：较弱的层次分析法、TOPSIS 法、ELECTRE 法、灰色综合评判法为 1 级；较强的模糊综合评判法为 2 级。

1. 计算各方法的等级相关系数

斯皮尔曼（Spearman）系数已广泛应用于诸多领域，它是反映两两间相互关系密切程度的指标，其表达式为：

$$r_s = 1 - \frac{6\sum D^2}{n(n^2-1)} \tag{7-3-25}$$

式中，r_s 为斯皮尔曼系数；D 为两变量的等级数之差，即：

$$D = z_x - z_y \tag{7-3-26}$$

式中，z_x 为变量 x 的等级；z_y 为变量 y 的等级；n 为样本数。

表 7-3-5 反映了其他方法与基准评价方法即目标差异程度法等级相关关系，表 7-3-6 反映了各方法间的等级相关关系。可以看出除了模糊综合评判法，其他评判方法间的等级相关系数均大于 0.95，是十分密切的关系，而模糊综合评判法之所以与其他方法等级相关系数较低，主要原因是隶属函数的构建带有较强的主观因素，影响了综合评判结果。因此，综合评价方法的组合一般可选等级相互关系密切的评价方法。

表 7-3-5 各方法的等级计算

方法			方案						合计	备注
			1	2	3	4	5	6		
客观评价法	1	目标差异程度法（x）	5	3	1	6	4	2	21	可为基准方法
		熵值法（y_1）	5	3	1	6	4	2	21	
		成功度法（y_4）	5	3	1	6	4	2	21	可为基准方法
	2	均值法（y_2）	5	2	1	6	4	3	21	
		相关系数法（y_3）	4	3	1	6	5	2	21	
主观评价法	1	层次分析法（y_5）	5	4	1	6	3	2	21	
		TOPSIS 法（y_6）	5	4	1	6	3	2	21	
		ELECTRE 法（y_7）	5	4	1	6	3	2	21	
		灰色综合评判法（y_8）	5	2	1	6	4	3	21	
	2	模糊综合评判法（y_9）	2	1	3	5	4	6	21	
合计			46	27	12	59	36	26	210	
目标差异程度法—熵值法 $D^2=(x-y_1)^2$			0	0	0	0	0	0	0	
目标差异程度法—均值法 $D^2=(x-y_2)^2$			0	1	0	0	0	0	1	
目标差异程度法—相关法 $D^2=(x-y_3)^2$			0	0	0	0	1	1	2	
目标差异程度法—成功法 $D^2=(x-y_4)^2$			0	0	0	0	0	0	0	
目标差异程度法—层次法 $D^2=(x-y_5)^2$			0	1	0	0	1	0	2	
目标差异程度法—TOP 法 $D^2=(x-y_6)^2$			0	1	0	0	1	0	2	
目标差异程度法—ELE 法 $D^2=(x-y_7)^2$			0	1	0	0	1	0	2	
目标差异程度法—灰色法 $D^2=(x-y_8)^2$			0	1	0	0	0	1	2	
目标差异程度法—模糊法 $D^2=(x-y_9)^2$			9	4	4	1	0	16	34	

表 7-3-6 各方法之间的等级相关系数

指标	目标差异程度法	熵值法	均值法	相关系数法	成功度法	层次分析法	TOPSIS 法	ELECTRE 法	灰色综合评判法	模糊综合评判法
目标差异程度法	1.0000	1.0000	0.9879	0.9879	1.0000	0.9879	0.9879	0.9879	0.9879	0.7939
熵值法	1.0000	1.0000	0.9879	0.9879	1.0000	0.9879	0.9879	0.9879	0.9879	0.7939
均值法	0.9879	0.9879	1.0000	0.9758	0.9879	0.9636	0.9636	0.9636	1.0000	0.8545
相关系数法	0.9879	0.9879	0.9758	1.0000	0.9879	0.9636	0.9636	0.9636	0.9758	0.8182
成功度法	1.0000	1.0000	0.9879	0.9879	1.0000	0.9879	0.9879	0.9879	0.9879	0.7939
层次分析法	0.9879	0.9879	0.9636	0.9636	0.9879	1.0000	1.0000	1.0000	0.9636	0.7576
TOPSIS 法	0.9879	0.9879	0.9636	0.9636	0.9879	1.0000	1.0000	1.0000	0.9636	0.7576
ELECTRE 法	0.9879	0.9879	0.9636	0.9636	0.9879	1.0000	1.0000	1.0000	0.9636	0.7576
灰色综合评判法	0.9879	0.9879	1.0000	0.9758	0.9879	0.9636	0.9636	0.9636	1.0000	0.8545
模糊综合评判法	0.7939	0.7939	0.8545	0.8182	0.7939	0.7576	0.7576	0.7576	0.9545	1.0000

2. 综合评价结果的组合

主观评价法评价结果极易受主观因素影响，客观评价法有时不能反映评价指标的重要程度，亦会影响评价结果的可靠性。为了提高可靠性，应采取能互补缺陷的两类评价方法组合。

按照确定组合方法的原则，在5种客观评价法中选2种或3种，在5种主观评价法中选3种或2种，这样可形成数百种组合形式。现取如下4种组合进行综合评价值计算，即①目标差异程度法、熵值法、相关系数法、TOPSIS法、ELECTRE法；②成功度法、熵值法、TOPSIS法、ELECTRE法、灰色综合评判法；③目标差异程度法、均值法、TOPSIS法、层次分析法、灰色综合评判法；④目标差异程度法、相关系数法、层次分析法、灰色综合评判法、模糊综合评判法。

六、组合评价方法结果的检验

（一）计算组合评价值

计算组合评价值的方法较多，有的文献推荐了平均值法、Borda法、Copeland法及模糊Borda法；有的文献还提出加权法、总和法、众数法等。上述方法均以排序进行组合，模糊Borda法还考虑了得分差异因素，但它们均未考虑各方法本身的特征，为此，提出了既考虑各方法排序因素、得分差异因素，又考虑各方法本身特征因素的计算组合评价值的新方法——双重加权法。

基本思想：按照各方法特征进行一次加权，在选定组合方法后进行二次加权，再根据各评价对象以某方法排序计算组合评价值。

现以①目标差异程度法、熵值法、相关系数法、TOPSIS法、ELECTRE法组合为例，说明其计算步骤。

（1）确定评价方法本身特征的权重（w_F）。

按专家打分法确定评价方法特征的权重，见表7-3-7。

表7-3-7 评价方法的特征权重系数

方法特征	客观评价法		主观评价法	
级数	1	2	1	2
权重系数 w_F	0.30	0.25	0.25	0.20

亦可采取层次分析法、熵值法等确定此权重。

（2）根据所选方法计算二次权重。

目标差异程度法、熵值法属客观评价法1级，$w_F=0.30$；相关系数法属客观评价法2级，$w_F=0.25$；TOPSIS法、ELECTRE法属主观评价法1级，$w_F=0.25$；模糊综合评判法属主观评价法2级，$w_F=0.20$。

$$w_{xsk}=\frac{w_{Fk}}{\sum_{k=1}^{p} w_k} \tag{7-3-27}$$

式中，w_{xsk}为第k种所选方法的权重。

第①组 w_{xsk} 的计算结果见表 7-3-8。

表 7-3-8 所选评价方法的权重系数

所选方法	目标差异程度法	熵值法	相关系数法	TOPSIS 法	ELECTRE 法
w_{xsk}	0.2222	0.2222	0.1852	0.1852	0.1852

（3）建立各评价对象的判断矩阵，见表 7-3-9。

$$y_{ik} = (f_{ik} w_{xsi})_{i \times k} \tag{7-3-28}$$

表 7-3-9 各评价方法的判断矩阵

方案	目标差异程度法（方法 1）	熵值法（方法 4）	相关系数法（方法 6）	TOPSIS 法（方法 7）	ELECTRE 法（方法 8）
1	0.5455	0.5455	0.6428	0.5901	0.5901
2	0.6667	0.6667	0.7058	0.6428	0.6428
3	0.8571	0.8571	0.8780	0.8780	0.8780
4	0.5000	0.5000	0.5454	0.5454	0.5454
5	0.6000	0.6000	0.5901	0.7058	0.7058
6	0.7500	0.7500	0.7826	0.7826	0.7826

（4）计算各评价对象的组合评价值，即求列和：

$$r_{hi} = \sum_{k=1}^{p} \frac{\max y_{ik}}{y_{ik} + \max y_{ik}} \tag{7-3-29}$$

（5）排序，以组合评价值大小排序，以小者为优。第①组排序结果见表 7-3-10。

表 7-3-10 ①组评价对象组合评价值与排序

方案	1	2	3	4	5	6
r_{hi}	2.9140	3.3248	4.3484	2.6362	3.2018	3.8477
排序	5	3	1	6	4	2

同理，计算②、③、④组组合评价值，计算结果见表 7-3-11、表 7-3-12、表 7-3-13。

表 7-3-11 ②组评价对象组合评价值与排序

方案	1	2	3	4	5	6
r_{hi}	2.8613	3.4015	4.3481	2.6362	3.2545	3.7710
排序	5	3	1	6	4	2

表 7-3-12　③组评价对象组合评价值与排序

方案	1	2	3	4	5	6
r_{hi}	2.9063	3.5172	4.3694	2.6820	3.2976	3.7271
排序	5	3	1	6	4	2

表 7-3-13　④组评价对象组合评价值与排序

方案	1	2	3	4	5	6
r_{hi}	3.1868	3.6980	4.2413	2.7792	3.2312	3.6211
排序	5	2	1	6	4	3

（二）各组评价值有效性检验

检验各组评价值的方法很多，本例采用变异系数法。

（1）计算变异系数 V，表达式为：

$$V=\frac{S}{\bar{r}_{hi}} \tag{7-3-30}$$

式中，S 为标准差；$\bar{r}_{hi}$ 为平均值。

（2）计算结果见表 7-3-14。

表 7-3-14　各组变异系数值

组别	①	②	③	④
V	0.6264	0.6211	0.6047	0.5067

（3）将计算结果进行归一化处理，处理结果见表 7-3-15。

表 7-3-15　归一化处理结果表

组别	①	②	③	④
归一化值	1.0000	0.9915	0.9654	0.8089
排序	1	2	3	4

若取临界值为 0.95，则①、②、③组均大于临界值，均可采用。但①组最好，故选用①组 5 种方法即目标差异程度法、熵值法、相关系数法、TOPSIS 法、ELECTRE 法组合为本例综合评价方法。

总之优选综合评价方法是项目综合评价三个关键步骤之一，因此，筛选优化过程应具有可行性、可信性、科学性。针对筛选优化过程中存在的问题，提出了目标差异程度法。它是迄今为止最为简单方便的综合评价方法，可应用于各个领域。该法设立最佳目标与灰色关联法设立的参考数列，计算方法与 TOPSIS 法的理想逼近目标有异曲同工之妙，但计算过程之简捷是灰色关联法、TOPSIS 法难以比拟的。且它是一种与评价对象实际状态最接近的方法，高度体现了与评价对象的一致性和适应性，因此，它可作为其他多方法综合评价一致性、相关性的评价基准。针对计算组合评价值方法的不足，提出了既考虑各方法排序因素、得分差异因素，又考虑各方法本身特征因素的计算组合评价值的新方法——双重加权法。该方法强化了组合结果的合理性与可靠性。成功度法原是以专家打分为基础确定完成程度等级的一种定性分析，现改造为以原始数据为基础按一定的数学方法计算的综合评价方法，更具有客观性，其评价结果也更为可靠。

确定项目综合评价的组合方法是一个较繁琐且细致的过程，具有较高的计算成本与时间成本。因此，必须建立计算机软件平台，才能做到简捷、方便、适用、科学。

第四节 综合评价方法在优选排序中的应用

综合评价方法可在油田开发多方面应用，其基本原理与方法是相通的，关键在于选定适应各种综合评价对象、目的的综合评价指标及与之相适应的综合评价方法。综合评价方法的应用大致包含油田开发效果、新编制油田开发方案、待开发油田的优选（事前评价）、油田开发项目后评价（事后评价）、注水开发油田效果、油田复杂程度判断、油田动态分析、五年规划编制、提高采收率、风险识别与评估、水平井开发效果综合评价及其他类型的综合评价。

油田开发项目综合评价的应用是多方面的，但主要应用体现于优选排序、揭示问题、事后评估、识别预警等功能上。

一、油田开发综合评价在优选排序中的应用

同油藏多方案类型开发效果综合评价的主要目的是方案选优或排序，确定最佳方案。此类综合评价多用于新油田开发方案、油田开发调整方案、油田二次开发方案等筛选中。在综合评价过程中最主要的步骤是确定综合评价指标、确定权重系数和选用综合评价方法。现在通过对 D 油田 GSP 油田高 5 断块 Es_{2+3}^{3} 油藏二次开发方案的综合评价，阐述相应的方法过程。高 5 断块是高深北部的主力含油断块，位于高北断层上升盘，是两条断层夹持的反向屋脊断块。断块内无断层，构造相对整装。该油田层间矛盾突出，含水上升快，井网不完善，开发效果差，造成水驱控制程度低（55.4%）、动用程度低（33.7%）、标定采收率低（24%）。为了改善开发效果、提高采收率，调整开发部署进行油藏二次开发。按照二次开发的“三重”理念（重构地下认识体系、重建井网结构、重组地面工艺流程），于 2010 年 1 月编制了《GSP 油田高 5 断块 $Es_3{}^{2+3}$ 油藏二次开发方案》（油藏工程部分），并提出了 4 个开发方案（表 7-4-1）。为了客观且定量地得出评价结论，就需进行多层次、多指标的综合评价。

表 7-4-1 四方案基本状况表

项目 方案	设计方案	井数				设计产能 （10^4t）
		总井数 （口）	采油井数 （口）	注水井数 （口）	新钻井数 （口）	
1	中部主体区采用密井网，东西部稀疏加密，先主力层后非主力层细分上返开采	45	27	18	19	4.75
2	中部主体区采用密井网，东西部稀疏加密，合采生产	45	27	18	19	4.75
3	两套井网、分层开采、同时开发	68	41	27	40	4.32
4	保持现开发方式不变，采用技术措施，完善局部注采井网，协调平面注采关系	31	17	14	0	0

（一）计算开发指标

采用数值模拟方法预测 4 个方案的相关开发指标（表 7-4-2）。

表 7-4-2　开发指标预测表

方案	年度	日产油（t）	油井数（口）	水井数（口）	平均单井产油（t）	年产液（10^4m^3）	年产油（10^4t）	年产气（10^4m^3）	累计产油（10^4t）	采油速度（%）	采出程度（%）	含水率（%）	年注水（10^4m^3）
1	2010	133.33	27	18	4.57	14.77	4.50	132.0	54.93	1.06	12.99	70.20	20.89
	2011	225.67	27	18	6.87	26.04	6.77	203.0	61.70	1.60	14.59	74.00	36.12
	2012	219.33	27	18	6.19	30.81	6.10	180.0	67.80	1.44	16.03	80.20	41.43
	2013	212.40	27	18	5.60	30.84	5.52	147.0	73.32	1.31	17.34	82.10	40.91
	2014	194.97	27	18	6.04	30.05	5.95	195.0	79.27	1.41	18.74	78.20	39.49
	2015	173.67	27	18	4.96	28.10	4.89	161.0	84.16	1.16	19.90	80.60	33.11
	2016	147.33	27	18	4.22	27.37	4.16	135.0	88.32	0.98	20.88	82.80	31.15
	2017	125.33	27	18	3.66	24.64	3.61	117.0	91.93	0.85	21.74	84.35	27.86
	2018	107.00	27	18	3.76	26.94	3.71	127.0	95.64	0.88	22.61	86.23	32.72
	2019	95.67	27	18	3.48	32.36	3.43	113.0	99.07	0.81	23.43	89.40	48.42
	2020	86.00	27	18	3.02	34.27	2.98	88.0	102.05	0.70	24.13	91.30	49.51
2	2010	136.99	27	18	5.07	17.25	5.00	157.0	55.43	1.18	13.11	70.00	24.43
	2011	180.65	27	18	6.69	24.74	6.59	207.0	62.02	1.56	14.67	73.35	34.44
	2012	159.22	27	18	5.90	27.06	5.81	174.0	67.84	1.37	16.04	78.52	36.65
	2013	132.88	27	18	4.92	28.36	4.85	144.0	72.69	1.15	17.19	82.90	37.99
	2014	112.15	27	18	4.15	30.94	4.09	121.0	76.78	0.97	18.15	86.77	39.59
	2015	96.81	27	18	3.59	31.33	3.53	106.0	80.31	0.84	18.99	88.72	36.79
	2016	85.08	27	18	3.15	31.12	3.11	93.0	83.42	0.73	19.72	90.02	36.28
	2017	75.00	27	18	2.78	30.69	2.74	82.0	86.16	0.65	20.37	91.08	35.57
	2018	67.10	27	18	2.49	29.33	2.45	73.0	88.60	0.58	20.95	91.65	33.88
	2019	60.55	27	18	2.24	27.59	2.21	67.0	90.81	0.52	21.47	91.99	31.81
	2020	55.62	27	18	2.06	26.89	2.03	60.0	92.84	0.48	21.95	92.45	30.92
3	2010	118.20	40	27	2.70	15.10	3.90	108.9	54.30	0.90	13.70	74.00	18.20
	2011	150.40	40	27	3.40	22.50	5.00	155.5	59.30	1.20	14.90	77.80	27.00
	2012	138.40	40	27	3.10	26.00	4.60	143.1	63.90	1.10	16.00	82.40	31.10
	2013	127.30	40	27	2.90	29.60	4.20	131.6	68.10	1.00	17.00	85.70	35.20
	2014	117.10	40	27	2.70	35.00	3.90	121.1	72.00	0.90	17.90	88.90	41.40
	2015	162.40	40	27	3.70	20.50	5.40	155.5	77.40	1.30	19.20	73.70	24.70
	2016	148.50	40	27	3.40	22.60	4.90	143.1	82.30	1.20	20.30	78.20	27.10
	2017	135.80	40	27	3.10	25.50	4.50	131.6	86.80	1.10	21.40	82.30	30.40
	2018	124.90	40	27	2.80	30.10	4.10	121.1	90.90	1.00	22.40	86.20	35.70
	2019	114.90	40	27	2.60	37.70	3.80	111.4	94.70	0.90	23.30	89.90	44.50
	2020	105.70	40	27	2.40	47.50	3.50	102.5	98.20	0.80	24.10	92.60	55.90

续表

方案	年度	日产油(t)	油井数(口)	水井数(口)	平均单井产油(t)	年产液(10^4m^3)	年产油(10^4t)	年产气(10^4m^3)	累计产油(10^4t)	采油速度(%)	采出程度(%)	含水率(%)	年注水(10^4m^3)
4	2010	60.82	17	11	3.58	15.62	2.22	67.0	52.65	0.53	12.45	85.79	18.65
	2011	55.43	17	11	3.26	18.46	2.02	61.0	54.67	0.48	12.93	89.04	21.64
	2012	51.47	17	11	3.03	20.49	1.88	56.0	56.55	0.44	13.37	90.83	23.77
	2013	49.38	17	11	2.9	22.79	1.80	54.0	58.35	0.43	13.80	92.09	26.26
	2014	48.34	17	11	2.84	25.13	1.76	53.0	60.12	0.42	14.22	92.98	28.81
	2015	43.13	17	11	2.54	24.99	1.57	47.0	61.69	0.37	14.59	93.70	28.53
	2016	41.26	17	11	2.43	26.33	1.51	45.0	63.20	0.36	14.95	94.28	29.95
	2017	38.55	17	11	2.27	26.65	1.41	42.0	64.61	0.33	15.28	94.72	30.24
	2018	35.63	17	11	2.10	26.54	1.30	39.0	65.91	0.31	15.59	95.10	30.05
	2019	33.16	17	11	1.95	28.08	1.21	36.0	67.12	0.29	15.87	95.69	31.68
	2020	30.75	17	11	1.81	28.78	1.12	34.0	68.24	0.27	16.14	96.10	32.39

（二）确定综合评价指标

编制二次开发方案的目的在于在原基础上提高油气产量、提高采收率和提高油田开发的经济效益，因此，综合评价指标的设置应重点考虑油藏工程、油藏管理、经济效益等方面的指标并参照本章第二节，确定油藏工程指标为水驱储量控制程度、单井控制地质储量、地质储量采出程度、最终采收率、评价期内增油量；油藏管理指标为综合含水率、含水上升率、综合递减率、地质储量采油速度；经济效益指标为内部收益率、产出投入比、吨油利润等12项指标。各指标在评价期内的数据见表7-4-3。

表7-4-3　综合评价指标数据

方案	水驱储量控制程度(%)	平均含水上升率(%)	综合含水率(%)	最终采收率(%)	综合递减率(%)	单井控制地质储量(10^4t/口)	地质储量采出程度(%)	地质储量采油速度(%)	内部收益率(%)	产出投入比	吨油利润(万元/t)	评价期内增油(10^4t)
1	78.0	1.89	91.3	30	8.7	9.4	24.1	1.37	15.84	1.63	1106	36.62
2	78.0	2.54	92.5	30	12.5	9.4	22.0	1.37	12.32	1.49	1092	27.41
3	66.9	1.79	92.6	30	8.3	6.3	24.1	1.07	-7.36	1.08	1091	32.80
4	55.4	2.79	96.1	24	16.4	15.1	16.1	0.48	—	2.57	1091	2.80

（三）确定评价指标权重

采用层次分析法确定评价指标权重，以5种判别等级（即同等重要、较为重要、更为重要、强烈重要、极端重要）表示事物质的差别，分别赋值为1、2、3、4、5。

运用 $\overline{w_j} = (\prod_{j=1}^{n} w_j)^{1/n}$ 或 $\overline{w_j} = \frac{1}{n}\sum_{j=1}^{n} w_j$、$w_i = \sum_{j=1}^{n} \overline{w_j}$、$w = \frac{\overline{w_j}}{w_i}$ 确定各指标权重，列于

表 7-4-4。

表 7-4-4　评价指标权重

指标	水驱储量控制程度	地质储量采油速度	平均含水上升率	单井控制地质储量	综合递减率	综合含水率	地质储量采出程度	最终采收率	产出投入比	内部收益率	吨油利润	评价期内增油
权重 w_k	0.0638	0.0851	0.1064	0.0638	0.0638	0.0638	0.0851	0.1064	0.0851	0.1064	0.1064	0.0638

（四）评价指标预处理

上述 12 项指标中水驱储量控制程度、单井控制地质储量、地质储量采出程度、最终采收率、产出投入比、内部收益率、吨油利润、评价期内增油量属极大型指标，综合递减率、含水上升率、综合含水率属极小型指标，地质储量采油速度属中间型指标，分别采用相关公式及阈值法等对它们进行一致化、无量纲化处理。处理结果见表 7-4-5。

表 7-4-5　评价指标一致化、无量纲处理结果表

方案	水驱储量控制程度	平均含水上升率	综合含水率	最终采收率	综合递减率	单井控制地质储量	地质储量采出程度	地质储量采油速度	内部收益率	产出投入比	吨油利润	评价期内增油
1	1.0000	0.9471	1.0000	1.0000	0.9535	0.6225	1.0000	1.0000	1.0000	0.6342	1.0000	1.0000
2	1.0000	0.7047	0.9870	1.0000	0.6639	0.6225	0.9129	1.0000	0.8500	0.5798	0.9873	0.7485
3	0.8577	1.0000	0.9859	1.0000	1.0000	0.4172	1.0000	0.8734	0	0.4202	0.9864	0.8957
4	0.7103	0.6416	0.9501	0.8000	0.5062	1.0000	0.6680	0.6425	—	1.0000	0.9864	0.0765

（五）综合评价

1. 常规综合评价法

常规综合评价法很多，最简单的方法是比重法。其表达式为：

$$y_k = \frac{\sum_{i=1}^{n} w_i x_{ki}}{\sum_{k=1}^{n} \sum_{i=1}^{n} w_i x_{ki}} \tag{7-4-1}$$

式中，y_k 为 k 方案综合评价值；w_i 为各评价指标权重；x_{ki} 为处理后各评价指标值。

经计算，综合评价值为：方案 1 = 0.3049 > 方案 2 = 0.2576 > 方案 3 = 0.2371 > 方案 4 = 0.2004。显然，方案 1 为最佳方案。

2. 模糊综合评判法

在模糊综合评判法的步骤中，选择和确定各评价指标的隶属函数是其中最主要步骤，也是较难的一步，若选择不当，就会远离实际情况，影响综合评价结果。各评价指标有自己的变化规律和特点，因此有各自的隶属函数。那种几个评价指标通用一种隶属函数表示的方式，显然是不妥的，其评价结果也是值得怀疑的。

确定隶属函数应遵循如下原则：

（1）阈值性，即隶属函数应保持在［0，1］的阈值内；

（2）有效性，即不同的参数应有不同的隶属函数；

（3）适应性，即某参数的隶属函数要与该参数的变化规律、特点相适应；

（4）相对性，即两极 0 与 1 具有确定性，中间值具有相对性；

（5）相容性，即各参数间的隶属函数不能相互矛盾，也不能与传统理念、客观规律相矛盾；

（6）集成性，即单一方法各有优缺点，应采用多方法集成，相辅相成，同时应尽可能减少主观因素影响。

确定隶属函数的方法较多，常用方法有模糊统计法、二元对比排序法、专家打分法、调查法、逻辑推断法、模糊分布法等。这些方法有些是定性的方法或为定性量化法，带有一定的主观片面性，为了取长补短获得更符合客观实际的结果，应采用相辅相成的多方法集成。根据确定隶属函数原则，以及所选评价指标的规律和特点，本节采用逻辑推断与模糊分布相结合的方法。

（1）确定水驱储量控制程度的隶属函数。

由于井数的增加，一般水驱储量控制程度逐渐加大至相对稳定的状态（因井数不可能无限增加）。因此，模糊分布较接近“升半哥西分布”，表达式为：

$$\mu\left(R_{\mathrm{SkZ}}\right)=\begin{cases}0 & \left(0\leqslant R_{\mathrm{SkZ}}\leqslant a\right)\\ \dfrac{k\left(R_{\mathrm{SkZ}}-a\right)^{2}}{1+k\left(R_{\mathrm{SkZ}}-a\right)^{2}} & \left(a<R_{\mathrm{SkZ}}<\infty\right)\end{cases},\quad k>0 \tag{7-4-2}$$

（2）选定单井控制地质储量的隶属函数。

由于井数的增加，单井控制地质储量会逐步减少，又因井数不可能无限增加，可达到某一合理极限值，因而单井控制地质储量亦会趋向某一稳定值。因此，随着单井控制地质储量的增加，其隶属函数亦应增加，模糊分布较接近“升半正态分布”，表达式为：

$$\mu\left(R_{\mathrm{dkZ}}\right)=1-\mathrm{e}^{-kR_{\mathrm{dkZ}}^{2}},\quad k>0 \tag{7-4-3}$$

（3）选定综合含水率的隶属函数。

综合含水率 f_{w} 的变化特点，除暴性水淹外，一般在低含水期 f_{w} 上升较慢，中含水期 f_{w} 上升较快，高含水期 f_{w} 会上升较快甚至急剧上升，特高含水期 f_{w} 上升缓慢。根据该特点，模糊分布可选用“升半正态分布”，其表达式为：

$$\mu\left(f_{\mathrm{w}}\right)=\begin{cases}1-\mathrm{e}^{-k\left(f_{\mathrm{w}}-a\right)^{2}} & \left(a<f_{\mathrm{w}},\ k>0\right)\\ 0 & \left(0\leqslant f_{\mathrm{w}}\leqslant a\right)\end{cases} \tag{7-4-4}$$

（4）选定含水上升率的隶属函数。

含水上升率（I_{W}）的变化，不仅受综合含水率的影响，而且还受采油速度的影响。一般情况下，初期产量增加慢，综合含水率上升亦慢，近似同步，I_{W} 的变化亦慢；中期综合含水率上升较快，产量上升快且进入稳产期，此时 I_{W} 可能会下降；中、后期综合含水率上升快，产量下降，I_{W} 上升可能很快。I_{W} 变化规律接近“倒正态分布”，但经一致化、无量纲化处理后其模糊分布变化则采用“升半正态分布”，表达式为：

$$\mu(I_W)=\begin{cases}1-e^{-k(I_W-a)^2} & (a<I_W,\ k>0)\\ 0 & (0\leqslant I_W\leqslant a)\end{cases} \tag{7-4-5}$$

（5）综合递减率（D_R）的隶属函数。

综合递减率（D_R）的变化，若是全程则为递增—平稳—递减。若在递减期，则要遵循其递减规律。此处隶属函数采用“降半哥西分布”，但经一致化、无量纲化处理后其模糊分布变化则采用“升半哥西分布”，其表达式为：

$$\mu(D_R)=\begin{cases}0 & (0\leqslant D_R\leqslant a)\\ \dfrac{k(D_R-a)^2}{1+k(D_R-a)^2} & (a<D_R<\infty,\ k>0)\end{cases} \tag{7-4-6}$$

（6）最终采收率（ERU）、地质储量采油速度（V_o）、地质储量采出程度（R_D）、吨油利润（M_t）、评价期内累计增油（N_{pp}）的隶属函数。

这些评价指标有一个共同特征，即它们均与产油量有直接关系。因此，它们的变化规律应基本和产量相一致，若是全程则为递增—平稳—递减。此处选用后两个阶段，尤其是在递减阶段随产量增加的幅度越来越小，上述各指标的增幅也越来越小，它们的隶属函数采用“升半岭形分布”，其表达式为：

$$\mu(x)=\begin{cases}0 & (0\leqslant x\leqslant a)\\ \dfrac{1}{2}+\dfrac{1}{2}\sin\dfrac{\pi}{b-a}\left(x-\dfrac{a+b}{2}\right) & (a<x\leqslant b)\\ 1 & (b<x)\end{cases} \tag{7-4-7}$$

（7）内部收益率（IRR）、视产投比（FSCT）的隶属函数。

因为内部收益率（IRR）、视产投比（FSCT）在评价期内的概率分布基本上是相等的，因此它们的隶属函数采用“均匀分布”，其表达式为：

$$\mu(x)=\begin{cases}0 & (x<a)\\ \dfrac{x-a}{b-a} & (a\leqslant x\leqslant b)\\ 1 & (x>b)\end{cases} \tag{7-4-8}$$

上述公式中各参数取值见表7-4-6。

表7-4-6　各参数取值表

参数	水驱储量控制程度	地质储量采油速度	平均含水上升率	单井控制地质储量	综合递减率	综合含水率	地质储量采出程度	最终采收率	产出投入比	内部收益率	吨油利润	评价期内增油
k	0.5	—	0.5	0.6	0.5	0.5	—	—	—	—	—	—
a	0	1.0	0.1	—	0.2	0.1	0.5	0.5	0	0	0.5	0.5
b	—	2.0	—	—	—	—	1.5	1.5	1.0	1.0	1.5	1.5

按照公式（7-4-2）至公式（7-4-9）分别计算各评价指标的隶属函数，计算结果见表7-4-7。

表 7-4-7　评价指标隶属函数表

方案	数学代号	水驱储量控制程度 μ (R_{SkZ})	平均含水上升率 μ (I_W)	综合含水率 μ (f_w)	最终采收率 μ (ERV)	综合递减率 μ (D_R)	单井控制地质储量 μ (R_{dkZ})	地质储量采出程度 μ (R_D)	地质储量采油速度 μ (V_o)	内部收益率 μ (IRR)	产出投入比 μ (FSCT)	吨油利润 μ (M_t)	评价期内增油 μ (N_{pp})
1	U_1	0.3333	0.3015	0.3330	0.5000	0.2211	0.2075	0.5000	0.5000	1.0000	0.6342	0.5000	0.5000
2	U_2	0.3333	0.1671	0.3252	0.5000	0.0971	0.2075	0.4979	0.5000	0.8500	0.5798	0.4997	0.4938
3	U_3	0.3144	0.3330	0.3246	0.5000	0.2424	0.0992	0.5000	0.4969	0.0000	0.4202	0.4997	0.4974
4	U_4	0.2014	0.1364	0.3033	0.4951	0.0448	0.4512	0.4918	0.4912	0.0000	1.0000	0.4997	0.4772

设定评价矩阵：

$$\underset{\sim}{\boldsymbol{R}}(x)_{11\times 4}=\begin{Bmatrix} 0.3333 & 0.3333 & 0.3144 & 0.2014 \\ 0.3015 & 0.1637 & 0.3330 & 0.1364 \\ \vdots & \vdots & \vdots & \vdots \\ 0.5000 & 0.4938 & 0.4974 & 0.4772 \end{Bmatrix}_{11\times 4}$$

各评价指标权重：

$\boldsymbol{w}=$［0.0638，0.1064，0.0638，0.1064，0.0638，0.0638，0.0851，0.0851，0.1064，0.0851，0.1064，0.0638］

计算综合评判值 $\underset{\sim}{\boldsymbol{B}}$：

$$\underset{\sim}{\boldsymbol{B}}=\underset{\sim}{\boldsymbol{R}}\cdot\boldsymbol{w}=\{0.4857\quad 0.4418\quad 0.3567\quad 0.3837\}$$

按照最大隶属度原则计算综合评价结果：

$$\mu_{\boldsymbol{B}}(U_i)=\max\underset{\sim}{\boldsymbol{B}}_i,\ i=1,\ 2,\ 3,\ 4 \tag{7-4-9}$$

综合评价结果：

$$\mu_{\underset{\sim}{\boldsymbol{B}}}(U_i)=\max\ (0.4857,\ 0.4418,\ 0.3567,\ 0.3837)=0.4857$$

即方案 1 为最好。

3. 综合评价

应用比重法和模糊综合评判法，其结果是一致的，但对于方案 3，两种方法结果不一致。比重法基本上是客观评价方法，模糊综合评判法属主客观相结合的方法。此时可将两种方法经归一化处理，即比重法为：方案 1＝1.0000，方案 2＝0.8449，方案 3＝0.7776，方案4＝0.6573。模糊综合评判法为：方案 1＝1.0000，方案 2＝0.9096，方案 3＝0.7344，方案 4＝0.7900。然后采用算术平均、几何平均或加权平均等方法计算平均值，本例采用算术平均，即方案 1 为 1.0000，方案 2 为 0.8773，方案 3 为 0.7560，方案 4 为 0.7037，故它们的综合排序为：方案 1、方案 2、方案 3、方案 4，方案 1 最好。

该结论与《GSP 油田高 5 断块 ES^{2+3}油藏二次开发方案》（油藏工程部分）①中推荐的

意见是一致的。但运用多层次多指标综合评价方法使结果更可靠、更科学、更令人信服。

总之，(1) 同油藏多方案优选或排序，首要问题是确定能反映方案目的的评价指标，尤其要注意反映油田开发效果、开发水平和经济效益的指标。否则综合评价结果将不能反映油田真实的开发状况。(2) 当选用模糊综合评价方法时，要遵循阈值性、有效性、适应性、相对性、相容性、集成性原则，确定评价指标各自的隶属函数，切忌随意性和主观性。(3) 综合评价方法应采用多方法集成，取长补短，相辅相成。方法的组合要注意互补性，好的组合就是一种创新。(4) 当不同方法的结果出现差异时，要分析产生原因，并将各种评价结果采用适当方法再综合，获得最后结论。(5) 运用多层次多指标综合评价方法比仅运用主观逻辑推断方法，使结果更可靠、更科学、更令人信服。

二、不同区块开发效果的综合评价

D 油田高浅北区、柳南区块、老爷庙浅层油藏分别为常规稠油、断块稀油、复杂断块稀油的高孔高渗砂岩油藏，现对它们的开发效果进行综合评价。

(一) 指标的设立

选定评价指标为：综合递减率 (D_R)、综合含水上升率 (I_W)、储量动用程度 (R_{CD})、地质储量采油速度 (V_o)、储采比 (RRP)、最终采收率 (ERU)、地质储量采出程度 (R_D)、采油成本 (C_o)、视产投比 (FSCT)、吨油利润 (M_t)。三个区块基本数据采用 2011 年实际生产数据，三个区块基本数据见表 7-4-8。

表 7-4-8　综合评价指标数据表

评价对象	D_R (%)	I_W (%)	R_{CD} (%)	V_o (%)	RRP	ERU (%)	R_D (%)	C_o (元/t)	FSCT	M_t (元/t)
高浅北区	15.78	-0.10	100	0.87	1.53	21.1	19.75	3122	1.34	583.97
柳南区块	15.94	0.55	100	0.55	1.48	24.9	24.09	3039	1.01	666.97
老爷庙浅层	14.23	-30.16	100	0.17	19.49	22.2	5.60	4970	0.36	-1264.23
虚拟区块	3.00	5.00	85	2.00	10.00	43.0	30.00	1200	1.50	800.00

(二) 指标的处理与综合评价

采用熵值法、灰色综合评价方法进行评价，对不同油藏类型开发效果进行比较。为了便于比较，将上述两方法评价结果乘以油藏差异系数，其结果如下。

熵值法：柳南区块 3.8282>高浅北区 3.8214>老爷庙浅层 3.2573。

灰色综合评价方法：柳南区块 0.9958>高浅北区 0.9907>老爷庙浅层 0.9799。

该结果同样符合三类油藏的实际开发效果。

第五节　油田开发综合评价在揭示问题中的应用

油田动态分析是油田开发一项经常性的工作，主要目的在于及时掌握开发过程中各参数动态变化特点与控制变化趋势，为编制计划和规划提供依据，达到增储增产、降本增效、上水平的目的。同时，也为生产合理运行和有效控制提供有针对性的技术措施与管理措施。动态分析可分为生产动态分析和油藏动态分析，涉及油田开发的方方面面。从时间上包含了阶段、年度、半年度、季度、月度、旬度的动态分析，从开发单元上包含了油区、油田、油藏、区块、断块、单井的动态分析，从内容上包含了开发地质、油藏工程、工艺措施、开发成本等动态分析。进行油田开发动态分析不仅要求资料齐全准确，而且要求对油田地质、生产状况进行深入研究。工作量大且要求分析者具有丰富的专业知识和足够的经验。另外，由于主、客观的原因，很难使所需的资料满足动态分析的要求，这就给油田动态分析增加了难度和不确定性。因而，采用定向综合评价，找出主要影响因素或主要矛盾，揭示存在的主要问题，进而有针对性地采取措施，达到分析目的，则是一种简单快捷的动态分析方法。

一、阶段动态分析

现以 L102 区块不同开发阶段开发效果综合评价说明。

（一）基本情况

D 油田 L102 区块位于柳赞油田南部，构造上位于南堡凹陷高柳构造带高柳断层下降盘，是在高柳断层发育过程中形成的低幅度逆牵引背斜构造油气藏。含油层系是明化镇组和馆陶组，油藏埋深 1450~2300m，储层是河流相砂体，原油性质好，边底水活跃，天然能量充足，为高孔、高渗、高丰度、高产能油藏。区块动用含油面积 1.1km^2，标定采收率 29.5%，建成原油年生产能力 10 余万吨，实际原油年生产能力大于 20×10^4t，是 D 油田主力开发区块之一。

该区块 1992 年 6 月投入开发，2002 年实施调整方案，在执行合理的开发技术政策即合理的接替程序、上返时机、提液时机、油层合理射开程度、采液速度、采油速度、采液强度等，通过层系细分、水平井技术的应用以及油井提液等配套措施，区块产量初期规模提升了 31.5 倍，采油速度达到 4.1%（主力油藏采油速度达到 6%以上），实施一年区块采收率就整体提高了 3.6%，油藏最终采收率能够达到 48%以上；百万吨产能建设投资小于 10 亿元，投资回收期小于 1.5 年；油气操作成本 2.7 美元/bbl，开发水平分级保持为Ⅰ类，实现了高速、高效、高水平开发。L102 区块第一口水平井 L102-P1 井于 2002 年底完钻，2003 年初正式投产。随后陆续钻了 8 口水平井，水平井开采是该区块的主体措施。

（二）综合评价

现将 L102 区块分为两个开发阶段，即Ⅰ阶段——无水平井开发阶段（1992—2001 年），主要以常规措施为主进行开发；Ⅱ阶段——水平井开发阶段（2002—2011 年），以水平井开采与油井提液为主进行开发。现分别对两个开发阶段进行综合评价。

1. 确定评价指标

（1）设定评价指标。

设综合评价指标为储量动用程度、地质储量采油速度、剩余可采储量采油速度、综合递减率、含水上升率、地质储量采出程度、最终采收率、产出投入比、采油成本、经济增加值、累计产油量等 11 项指标，实际生产数据见表 7-5-1。

表 7-5-1 L102 区块评价指标数据

评价指标	储量动用程度（%）	地质储量采油速度（%）	剩余可采储量采油速度（%）	综合递减率（%）	含水上升率（%）	地质储量采出程度（%）	最终采收率*（%）	产出投入比	采油成本（元/t）	经济增加值*（万元）	累计产油量*（10^4t）
设计指标	85	2.5	10.0	5.0	3.00	17.54	43.00	5.13	207	111520	99.1
阶段Ⅰ	100	1.8	15.8	24.5	2.09	9.65	10.88	5.13	207	55440	54.5
阶段Ⅱ	100	0.6	13.8	20.0	24.07	17.54	17.15	2.22	1126	111520	99.1

注：（1）表中部分指标按阶段数据计算；（2）表中部分指标分别为阶段末即 2001 年、2011 年数据；（3）标“*”者为阶段期间数据；（4）设计指标为两阶段指标择优选取或按高渗透油田Ⅰ类指标选取。

（2）评价指标预处理。

上述 11 项指标中储量动用程度、地质储量采出程度、最终采收率、产出投入比、经济增加值、累计产油量属极大型指标，综合递减率、含水上升率、采油成本属极小型指标，地质储量采油速度、剩余可采储量采油速度属中间型指标。分别对它们进行一致化、无量纲化处理，处理结果见表 7-5-2。

表 7-5-2 L102 区块评价指标处理后数据

评价指标	储量动用程度	地质储量采油速度	剩余可采储量采油速度	综合递减率	含水上升率	地质储量采出程度	最终采收率	产出投入比	采油成本	经济增加值	累计产油量
设计指标	0.8500	0.6250	1.0000	1.0000	0.9586	1.0000	1.0000	1.0000	1.0000	1.0000	1.0000
阶段Ⅰ	1.0000	0.4500	0.0333	0	1.0000	0.5502	0.2530	1.0000	1.0000	0.4971	0.5499
阶段Ⅱ	1.0000	0.1500	0.3667	0.2308	0	1.0000	0.3988	0.4327	0.1854	1.0000	1.0000

（3）确定评价指标权重。

运用层次分析法确定权重，以 5 种判别等级（即同等重要、较为重要、更为重要、强烈重要、极端重要）表示事物质的差别，分别赋值为 1、2、3、4、5。

确定各指标权重结果见表 7-5-3。

表 7-5-3 各评价指标权重系数 $w(k)$

指标	储量动用程度	地质储量采油速度	剩余可采储量采油速度	综合递减率	含水上升率	地质储量采出程度	最终采收率	产出投入比	采油成本	经济增加值	累计产油量
权重	0.0852	0.0437	0.0243	0.1199	0.1199	0.1161	0.1648	0.0796	0.1317	0.0652	0.0496

2. 确定综合评价方法

采用灰色综合评价方法、模糊层次分析法进行评价，评价结果见表 7-5-4 所示。

表 7-5-4 评价结果

评价方法	计算结果		评价结果
	阶段Ⅰ	阶段Ⅱ	
灰色关联法	0.6545	0.5775	阶段Ⅰ>阶段Ⅱ
模糊层次分析法	0.7537	0.6703	阶段Ⅰ>阶段Ⅱ

3. 简单分析

第Ⅱ阶段开发效果较差，主要原因是2003年、2004年虽然各项开发指标都有显著提高，年采油速度分别达到3.61%和3.14%，年采液速度分别达到20.57%和30.97%，年采油速度虽然在方案提出的合理采油速度3.5%左右，但采液速度却大大超过了合理采液速度低于11%的要求。而主要水平井的采液强度高达5.8m^3/(d·m)。综合含水率、含水上升率急剧上升，不到5年时间就达到了经济极限含水率（94.8%），到了废弃的边缘，此时地质储量采出程度约为23.5%，可采储量采出程度约为71%。到2009年就达到了技术含水极限（98%），地质储量采出程度为26.1%，可采储量采出程度约为79%，加速了产量递减。造成产能损失了68×10^4t、最终采收率损失了17.35%，而且增加了生产成本、扩大了投资。

提液是油田开发常用的措施之一，尤其是在中、高含水期往往是提高采油量主要的有效手段。但不适当地过高提液和不注重含水上升率的变化，将可能造成油田开发效果和经济效益整体性变差，甚至造成难以挽回的损失。这个原则是每个油田开发工作者都十分熟知的，但由于种种主客观的原因，在实际操作中又往往违背这个原则。

由此得到如下几点启示。

(1) 水平井开采技术是油田开发十分有效的措施，尤其是对复杂断块油藏等难采储量的动用的情况下，但在开发过程中尤其要注意有一个合理的采液速度和合理的采液强度，不能图一时之快用高液量换取高油量，必须系统地、整体地、全过程地考虑总体开发效果。

(2) 在油田开发过程中，尤其是采用水平井开采技术时，必须注意含水上升率的变化。含水上升率变化幅度过大，是油田开发效果变差的前兆。要注重单井和关键井的变化，站在全局的高度，处理整体与局部的关系。要及时采取调整措施，防患于未然。

(3) 在采用水平井开采技术阶段，初期必然会带来高采油速度、高采出程度、高最终采收率（预测）可喜的“三高”开发效果，但必须观察它们的细微变化，尤其是用实际生产数据随时预测最终采收率的变化和递减率的变化，做到“事先预测、主动控制、以防为主”。否则，将可能使有效开发过程缩短，影响最终累计采油量。

(4) 在油田开发过程中，要从系统论的整体性出发，搞清主要措施最佳的执行时机、合理的措施强度以及措施间相互作用等，特别要注重措施间的协调配合，使之联合作用，达到最大化、最优化。过分强调某一措施的作用，盲目地提高其强度，就有可能造成损失，甚至是难以挽回的损失。

二、月度油田动态分析

在月度、季度、年度的动态分析中，尤其是月度动态分析，一般情况下是以产油量为中心进行定向动态分析，换句话说就是分析影响产油量变化的因素，找出主因并针对主因采取相应的措施，提高产油量。

（一）影响产油量的因素

1. 产油量的计算

从系统论出发，影响一个开发单元产油量的因素有地质因素、油藏工程因素、油藏管理因素等，产油量公式为：

$$Q_o = \frac{af\alpha Kh_o t(p_e - p_{wf})(1 - f_w)(K_{ro} + \mu_R K_{rw})}{\mu_o(\ln\frac{r_e}{r_w} + s)} N_o \tag{7-5-1}$$

式中，Q_o 为年产油量，10^4t；a 为单位换算系数；f 为井网密度，口/km^2；α 为地质综合系数，m^3/t；$\alpha = \frac{B_o}{\phi S_o \rho_o}$；$B_o$ 为平均原油体积系数；ϕ 为平均有效孔隙度；S_o 为平均油层含油饱和度；ρ_o 为平均原油密度，t/m^3；h_o 为平均有效厚度，m；t 为生产时间，a；p_e 为供给边界压力，MPa；p_{wf}为生产井底压力，MPa；f_w 为平均综合含水率；K_{ro}、K_{rw}分别为油、水相对渗透率；μ_R 为油水黏度比；μ_o 为平均原油黏度，mPa·s；r_e 为供给半径，m；r_w 为油井半径，m；s 为表皮系数；N_o 为某油田或油藏的原始地质储量，10^4t。

在油田开发的全过程中，某开发单元平均有效厚度（h_o）、平均油相渗透率（K_o）、平均水相渗透率（K_w）、平均地质综合系数（α）、平均生产压差（Δp）或平均目前地层压力（p_e）与井底流动压力（p_{wf}）、平均综合含水率（f_w）、井网密度（f）、油水黏度比（μ_R）与地层油黏度（μ_o）、供给半径（r_e）、剩余可采储量（N_{or}）等均可能随时间 t 变化，尤其是综合含水率（f_w）更是如此。它们的变化均影响着产油量。

2. 稳产的影响因素

油田、区块稳产影响因素有 8 个因素，即储采比、剩余可采储量采油速度、储量平衡系数、产能平衡系数、产能增长系数、产能消耗系数、产量增长系数、产量消耗系数，并认为储采比（R_p）、产能平衡系数（R_{QQ}）、产量增长系数（R_{CZ}）是最基本、最核心的参数。储采比的大小反映可采储量的多少，尤其是可供开发、且有商业开采价值的储量。它决定了能否稳产与持续稳产。产能平衡系数反映了油田实际的生产能力能否完成年产油气任务的把握程度。产量增长系数则反映了当年能否稳产与增产的把握程度。这三项参数是衡量储量、产能、产量状态的主要指标。只要这三项参数指标处于良好状态，稳产可能性就大大地增加了。同时提出稳产条件是油层的主要矛盾——动力与阻力相互作用（斗争）的结果。当动力大于阻力，油井就产液。生产压差（Δp）表现为动力，采油指数（J_o）表现为阻力的倒数，阻力越小，产量越大。但动力（即压力）与阻力是其外因。唯物辩证法认为“外因是变化的条件，内因是变化的根据，外因通过内因而起作用”。油田稳产的内因在于可采储量的真正可动性即储量真实动用程度，否则储采比再高，外因条件再好即地层压力高（含人工补充能量）、阻力小（含人工降低阻力），仍难以稳产。因此油田稳产一是地下有足够的可动油，或者说剩余可采储量具有足够高的质量。二是有提高动力、降低阻力所必须的配套开采工艺。其实这也是油井出油的条件，只是稳产要求该条件更充分些。

（二）月度动态分析

现以 NP1-5 区块为例。该区块位于 D 油田 1 号构造东南翼，是一个被断层复杂化的潜山披覆背斜构造，主要含油目的层是 NgⅣ、Ed_1 段。平面上以断块为单元，共划分 10 个断块。储层具有中、偏强—强的水敏性，弱、中酸敏性，弱速敏性。原油属于常规轻质原油，表现为低密度、低黏度、低含硫、中高含蜡、中高胶质+沥青质原油特点。属中孔中渗中深的注水开发断块油藏。该块 2009 年正式投入开发，目前地质储量采出程度为

4.67%，综合含水率为25.13%，采油方式以气举法为主。

该块生产数据见表7-5-5。

表7-5-5 NP1-5区块生产数据表

月度	月产油 (10^4t)	月产液 (10^4t)	综合含水率	综合递减率	自然递减率	采油时率	剩余可采储量采油速度	措施有效率
1	2.1332	2.4722	0.1371	(0.0725)	(0.0713)	0.8470	0.0462	0.6670
2	1.8098	2.0995	0.1380	0.0052	0.0133	0.8536	0.0434	0.3750
3	1.8809	2.3063	0.1845	0.0374	0.0510	0.8368	0.0408	0.4000
4	1.7421	2.2167	0.2141	0.0736	0.0946	0.8404	0.0390	0.6150
5	1.7313	2.1704	0.2023	0.1165	0.1447	0.8195	0.0375	0.6880
6	1.9725	2.4486	0.1944	0.1293	0.1660	0.8594	0.0442	0.7270
7	2.1618	2.7474	0.2131	0.1314	0.1787	0.8848	0.0469	0.7500
8	2.2446	3.0042	0.2528	0.1270	0.1818	0.8675	0.0487	0.7310
9	2.2184	2.9722	0.2536	0.1206	0.1841	0.8778	0.0497	0.7040
10	2.3275	3.1103	0.2517	0.1117	0.1850	0.8517	0.0504	0.6250
11	2.2675	3.0486	0.2562	0.1012	0.1828	0.8686	0.0508	0.6944
12	2.2945	3.0646	0.2513	0.0918	0.1791	0.8634	0.0497	0.7222

图7-5-1为NP1-5区块指标变化趋势图，图中除了月产液量、月措施有效率能看出对月产油量变化的影响趋势外，其余指标只能看出大致的变化趋势，很难看出它们对月产油量的影响程度，亦难进行以产油量为中心的生产动态分析。

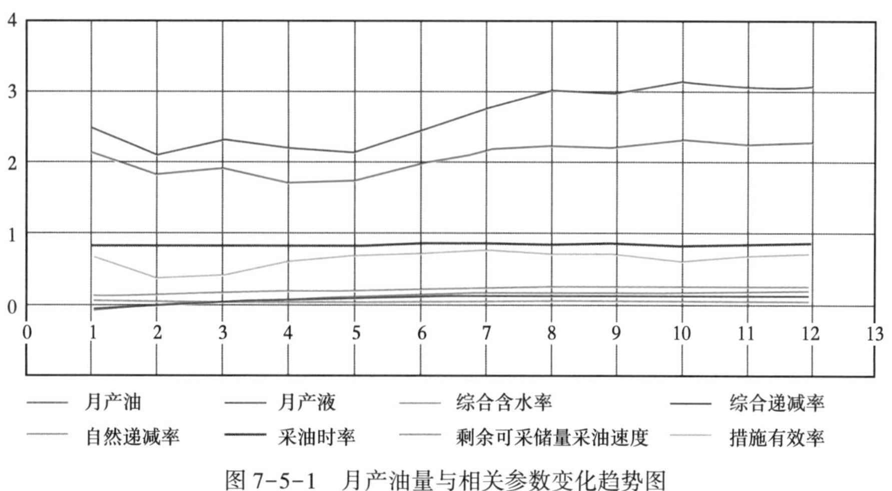

图7-5-1 月产油量与相关参数变化趋势图

1. 综合评价指标

（1）综合评价指标的确定。

动态分析分为阶段、年度、季度、月度生产动态分析，类别不同所选的评价指标亦不同，但最终目的是产油量或增，或稳，或减缓递减，而且最基本的分析是月度分析。根据上述影响因素与综合评价目的的需要，设定月度动态分析，以月产油量为中心的综合评价指标应考虑平均生产压差、平均综合含水、含水上升率、自然递减率、综合递减率、可采储量采油速度、采油时率、储采比、注采比、吨油成本等。又由于评价指标资料有无、获取的难易程度，如月度平均生产压差、月度吨油成本等。故确定以月产油量为中心的综合评价指标为含水上升率、综合递减月增长速度、自然递减月增长速度、剩余可采储量采油速度、采油时率、措施有效率等。

（2）综合评价指标的处理。

对综合评价指标的生产数据运用功效系数法公式（7-5-2）和公式（7-5-3）进行无量纲化处理。

$$y_{ij}=\frac{x_{ij}-x_{j\min}}{x_{j\max}-x_{j\min}}\times\alpha+(1-\alpha) \tag{7-5-2}$$

$$x_i^*=\begin{cases}1-\dfrac{a-x_i}{\max(a-m,M-b)},x_i<a\\ 1,x_i\in[a,b]\\ 1-\dfrac{x_i-b}{\max(a-m,M-b)},x_i>b\end{cases} \tag{7-5-3}$$

式中，M，m 分别为 x_i 的允许上限、下限，$[a,\ b]$ 为 x_i 的最佳稳定区间。剩余可采储量采油速度 $M=12$，$m=3$，$a=10$，$b=6$。

处理结果见表 7-5-6。

表 7-5-6　处理后综合评价指标数据

月度	月产油	月产液	含水上升率	综合递减月增长率	自然递减月增长率	采油时率	剩余可采储量采油速度	措施有效率
1	1.0000	1.0000	1.0000	1.0000	1.0000	1.0000	1.0000	1.0000
2	0.8484	0.8492	1.0013	0.8701	0.8666	1.0079	0.8271	0.5622
3	0.8817	0.9329	0.9948	0.9056	0.9028	0.9880	0.6632	0.5997
4	0.8167	0.8967	0.9970	0.9024	0.8981	0.9923	0.5554	0.9220
5	0.8116	0.8779	1.0033	0.8970	0.8930	0.9675	0.4635	1.0315
6	0.9247	0.9905	1.0025	0.9218	0.9162	1.0147	0.8732	1.0900
7	1.0134	1.1113	0.9991	0.9310	0.9234	1.0446	1.0382	1.1244
8	1.0522	1.2152	0.9967	0.9366	0.9315	1.0243	1.1487	1.0960

续表

月度	月产油	月产液	含水上升率	综合递减月增长率	自然递减月增长率	采油时率	剩余可采储量采油速度	措施有效率
9	1.0399	1.2022	1.0014	0.9383	0.9323	1.0364	1.2125	1.0555
10	1.0911	1.2581	1.0017	0.9406	0.9335	1.0057	1.2594	0.9370
11	1.0630	1.2332	1.0009	0.9419	0.9361	1.0256	1.2802	1.0411
12	1.0756	1.2396	1.0020	0.9410	0.9374	1.0194	1.2153	1.0828

（3）确定综合评价指标权重。

运用层次分析法和熵值法计算综合评价指标权重系数，并将熵值法计算的权重（w_{js}）乘以0.3和层次分析法计算的权重（w_{jc}）乘以0.7叠加为组合权重（w_z），结果见表7-5-7。

表7-5-7 各综合评价指标权重

权重	月产油	月产液	含水上升率	综合递减月增长率	自然递减月增长率	采油时率	剩余可采储量采油速度	措施有效率
w_{js}	0.1422	0.1959	0.1352	0.0801	0.0768	0.1138	0.1367	0.1195
w_{jc}	0.1589	0.1290	0.1290	0.1290	0.1290	0.0993	0.1290	0.0968
w_z	0.1539	0.1491	0.1308	0.1143	0.1133	0.1036	0.1313	0.1036

2. 多方法综合评价

采用以产油量为中心的定向综合评价。根据综合评价的目的和月度动态分析的特点，选用目标距离法、比重法、熵值法、灰关联法4种方法组合，并将其计算结果取平均值，结果见表7-5-8。

表7-5-8 多方法综合评价结果

月度	月产油	月产液	含水上升率	综合递减月增长率	自然递减月增长率	采油时率	剩余可采储量采油速度	措施有效率
1	0.1539	0.1491	0.1309	0.1143	0.1133	0.1064	0.1313	0.1036
2	0.1306	0.1266	0.1311	0.0994	0.0982	0.1072	0.1086	0.0582
3	0.1357	0.1391	0.1302	0.1035	0.1023	0.1051	0.0871	0.0621
4	0.1257	0.1337	0.1305	0.1031	0.1018	0.1056	0.0729	0.0955
5	0.1249	0.1309	0.1313	0.1025	0.1012	0.1029	0.0609	0.1069
6	0.1423	0.1477	0.1312	0.1054	0.1038	0.1080	0.1147	0.1129
7	0.1560	0.1657	0.1308	0.1064	0.1046	0.1111	0.1363	0.1165
8	0.1619	0.1812	0.1305	0.1070	0.1055	0.1090	0.1508	0.1135
9	0.1600	0.1793	0.1311	0.1072	0.1056	0.1103	0.1592	0.1093
10	0.1679	0.1876	0.1311	0.1075	0.1058	0.1070	0.1654	0.0971
11	0.1636	0.1839	0.1310	0.1077	0.1061	0.1091	0.1681	0.1079
12	0.1655	0.1848	0.1312	0.1076	0.1062	0.1085	0.1596	0.1122

根据表 7-5-8 绘制图 7-5-2。

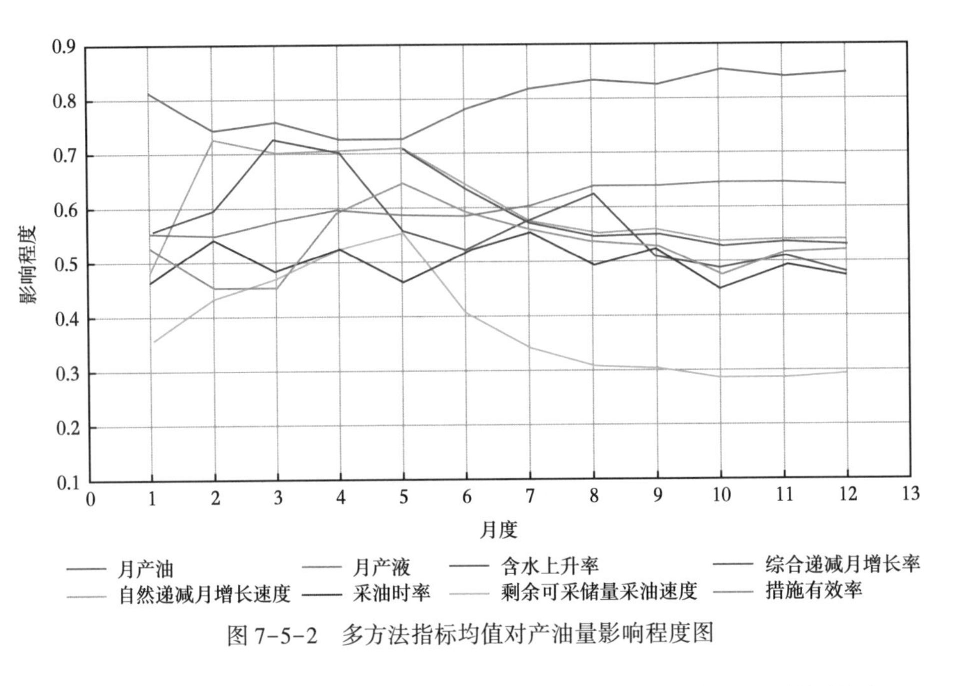

图 7-5-2　多方法指标均值对产油量影响程度图

为了使图 7-5-2 看起来更直观，将表 7-5-8 数据进行归一化处理后绘制图 7-5-3。

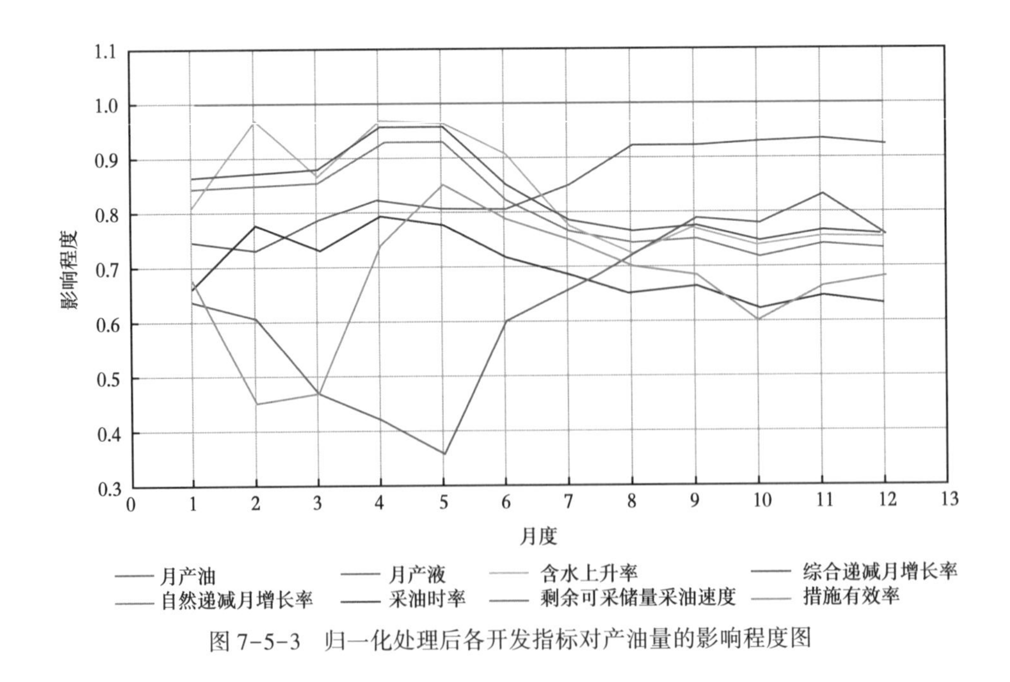

图 7-5-3　归一化处理后各开发指标对产油量的影响程度图

3. 月度动态分析

从图 7-5-2 看出：产油量的变化趋势是 2 月下降，3 月上升，4 月、5 月略降，6 月、7 月、8 月上升，9 月略降，10 月、11 月、12 月稳中有升。与这种变化形态类似的是产液量的变化趋势，这说明一个简单道理，产液量与产油量密切相关。同时，从 5 月开始含水上升率、综合递减增长率、自然递减增长率的减少趋势，也反映了产油量的上升趋势。而剩余可采储量采油速度不是独立性指标，它是产油量另一种表现形式。其变化仅能反映它偏低，不在6%~8%的合理区间内，说明有较大的潜力可挖。

图7-5-3是产油量与其相关指标经归一化处理后的情况。其他指标与产油量的垂直距离反映了单项指标对产油量的影响程度，距离越小，影响程度越大。

在月度动态分析中真正影响产油量变化的因素是产液量、含水上升率、采油时率和措施有效率等4个因素，而综合递减增长速度、自然递减增长速度与剩余可采储量采油速度仅是产油量变化的一种反映。1月主要影响因素是产液量和含水上升率；2月影响程度最大的是含水上升率和采油时率；3月是含水上升率与产液量；4月亦是含水上升率和产液量；5月是含水上升率和措施有效率；6~12月均是含水上升率和产液量。全年主要影响因素是产液量和含水上升率（表7-5-9）。

表7-5-9 年度影响因素排序

指标	月产油	月产液	含水上升率	综合递减月增长率	自然递减月增长率	采油时率	剩余可采储量采油速度	措施有效率
计算值	1.0000	0.8504	0.8355	0.8339	0.8088	0.6996	0.6358	0.6720
排序	—	1	2	3	4	5	7	6

在新的一年里，关键措施在于提液控水，即将措施投入低含水高产油的断块或油井、油层，提高地质储量动用程度。同时对高产液、高含水井要有治水控水措施。这样，总体上才有可能达到较好的开发效果。需说明的是稳油控水不一定非在高含水或特高含水期才进行，不同的含水期应有相对应的应对措施，使综合含水率能控制在与采出程度相匹配的合理范围内。

三、操作成本的年度动态分析

降本增效是油气生产企业一种战略性措施，管理者十分关注成本问题。影响油气成本的因素众多，有地质因素、油品质量因素、地理因素、油田开发阶段因素、科技因素和管理因素。对于作业区的管理者和操作者来说，最关心的是操作成本及其影响因素。因而，分析操作成本变化趋势、寻找其主要影响因素，以利于采取相应措施，降低该因素影响程度和掌控变化趋势，实现降本增效是一项经常性的工作。

需要指出的是中长期的成本分析对控制成本或降低成本的实际意义不大，充其量起到总结性的作用。而能进行控制或降低成本的主要分析是月度、季度、半年度、年度的成本分析，分析时段短有利于采取控制或降低成本的有针对性措施而达到目的。年度的成本动态分析是以月度或季度数据为基础的，但实际上月度或季度数据库基本上没有建立，因此，“借用”年度数据（即将年度数据当作月度数据）来说明短时段成本分析的过程、评价与分析方法。

现以GSP油田“十一五”操作成本为例，进行影响因素综合分析。表7-5-10为该油田操作成本基本数据。

表 7-5-10　操作成本基本数据　　单位：万元

月份	操作成本	材料费	燃料费	动力费	人员费	注入费	作业费	测试费	维护费	油气处理费	轻烃回收费	运输费	其他直接费	厂矿管理费
1	350.6	21.6	0.7	28.3	19.9	16.0	96.1	10.5	60.7	17.6	7.1	14.0	16.0	42.2
2	389.0	57.9	0.3	36.3	29.3	4.1	90.9	4.0	88.7	26.9	5.8	7.6	14.8	22.4
3	480.9	125.1	0.2	56.8	53.0	9.1	154.0	6.9	29.8	22.4	4.2	10.2	4.2	5.0
4	641.9	107.3	0.3	76.6	81.8	16.6	113.2	7.9	52.5	35.5	8.3	11.5	79.7	51.0
5	667.8	104.5	0.4	124.1	115.8	14.4	103.4	6.0	66.6	67.6	6.3	15.5	15.0	27.3
6	1023.4	41.7	2.1	101.1	202.4	26.7	338.8	15.3	173.8	60.0	3.5	13.0	20.2	24.8

因该数据均是成本型，无需进行单项初始化，仅需采用整体初始化进行无量纲化处理即可。本例用 1 月份（实为 2005 年）操作成本值进行初始化处理，处理结果见表 7-5-11 与图 7-5-4。

表 7-5-11　处理后数据

月份	操作成本	材料费	燃料费	动力费	人员费	注入费	作业费	测试费	维护费	油气处理费	轻烃回收费	运输费	其他直接费	厂矿管理费
1	1.0000	0.0616	0.0020	0.0807	0.0568	0.0456	0.2741	0.0299	0.1731	0.0502	0.0203	0.0399	0.0456	0.1204
2	1.1095	0.1651	0.0009	0.1035	0.0836	0.0117	0.2593	0.0114	0.2530	0.0767	0.0165	0.0217	0.0422	0.0639
3	1.3716	0.3568	0.0006	0.1620	0.1512	0.0260	0.4392	0.0197	0.0850	0.0639	0.0120	0.0291	0.0120	0.0143
4	1.8309	0.3060	0.0009	0.2185	0.2333	0.0473	0.3229	0.0225	0.1497	0.1013	0.0237	0.0328	0.2273	0.1455
5	1.9047	0.2981	0.0011	0.3540	0.3303	0.0411	0.2949	0.0171	0.1900	0.1928	0.0180	0.0442	0.0428	0.0779
6	2.9190	0.1189	0.0060	0.2884	0.5773	0.0762	0.9663	0.0436	0.4957	0.1711	0.0100	0.0371	0.0576	0.0707

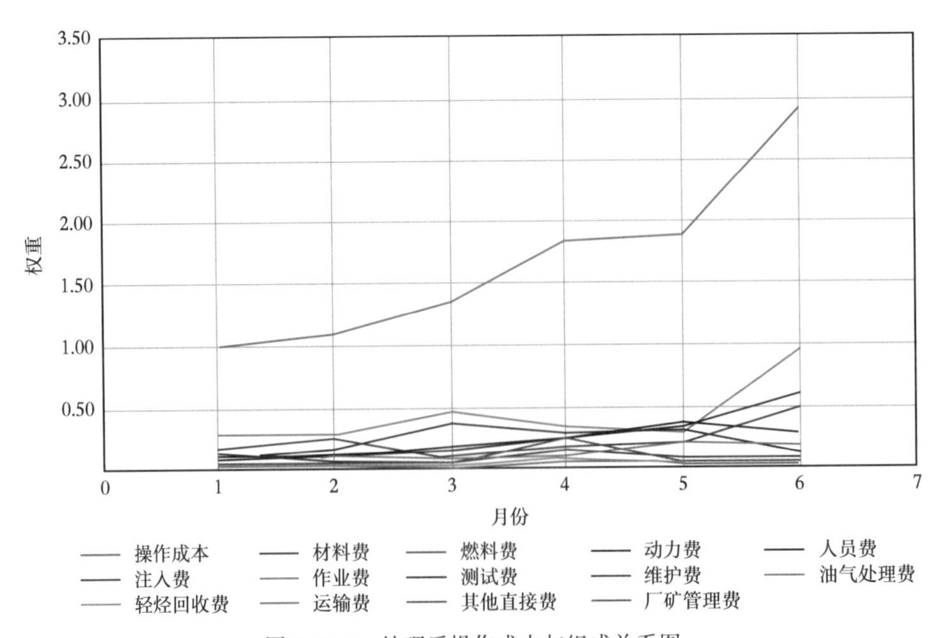

图 7-5-4　处理后操作成本与组成关系图

图 7-5-4 虽然反映了操作成本及组成因素的变化趋势，但难以反映各因素对操作成本的影响程度，故需进行综合评价。

（一）操作成本的综合评价

1. 确定指标权重

运用层次分析法和熵值法确定各指标权重，见表 7-5-12。

表 7-5-12　各指标权重

权重	操作成本	材料费	燃料费	动力费	人员费	注入费	作业费	测试费	维护费	油气处理费	轻烃回收费	运输费	其他直接费	厂矿管理费
层次分析法 w_{cc}	0.1085	0.0870	0.0435	0.0870	0.0870	0.0652	0.0870	0.0435	0.0870	0.0652	0.0435	0.0652	0.0652	0.0652
熵值法 w_{sz}	0.1003	0.0655	0.0742	0.0659	0.0661	0.0713	0.0658	0.0723	0.0663	0.0680	0.0728	0.0716	0.0701	0.0697
综合法 w_{zh}	0.1069	0.0827	0.0496	0.0828	0.0828	0.0664	0.0828	0.0493	0.0829	0.0658	0.0494	0.0665	0.0662	0.0661

2. 操作成本影响因素的综合评价

利用比重法可表明各成本组成占操作成本的份额特性、灰关联法的关联性和相关系数法的相关性优势互补组合进行综合评价，评价结果见表 7-5-13 和图 7-5-5。

表 7-5-13　多方法组合综合评价结果

月份	操作成本	材料费	燃料费	动力费	人员费	注入费	作业费	测试费	维护费	油气处理费	轻烃回收费	运输费	其他直接费	厂矿管理费
1	0.8789	0.1580	0.0527	0.1533	0.1316	0.0792	0.1926	0.0937	0.1389	0.1330	0.1019	0.1111	0.0877	0.1492
2	0.8603	0.1254	0.0726	0.1299	0.1168	0.1228	0.1680	0.1094	0.1431	0.1008	0.0518	0.1361	0.0793	0.0879
3	0.8288	0.1701	0.0562	0.0916	0.0911	0.0647	0.1603	0.0536	0.0887	0.0769	0.0677	0.0631	0.0627	0.0848
4	0.8180	0.0989	0.0350	0.0735	0.0747	0.0410	0.0975	0.0343	0.0646	0.0498	0.0510	0.0366	0.0999	0.0752
5	0.8216	0.0976	0.0347	0.1238	0.0997	0.0350	0.0930	0.0427	0.0679	0.0923	0.0354	0.0608	0.0425	0.0436
6	1.0177	0.1290	0.2491	0.1477	0.2910	0.2127	0.3671	0.2224	0.2974	0.1600	0.1721	0.0653	0.0453	0.0552
均值	0.8709	0.1298	0.0834	0.1200	0.1341	0.0926	0.1798	0.0927	0.1334	0.1021	0.0800	0.0788	0.0696	0.0826
归一化	1.0000	0.1491	0.0957	0.1378	0.1540	0.1063	0.2064	0.1064	0.1532	0.1173	0.0918	0.0905	0.0799	0.0949
排序	0	4	9	5	2	8	1	7	3	6	11	12	13	10

图 7-5-5 虽然采用了对数纵坐标，但仍难看清各成本组成曲线形态，故对各单个成本采用纵坐标非等值变换，变换后曲线如图 7-5-6 所示。

采用比重法、灰色关联法、相关系数法优势组合进行综合评价，并根据众数理论进行排序，见表 7-5-14。

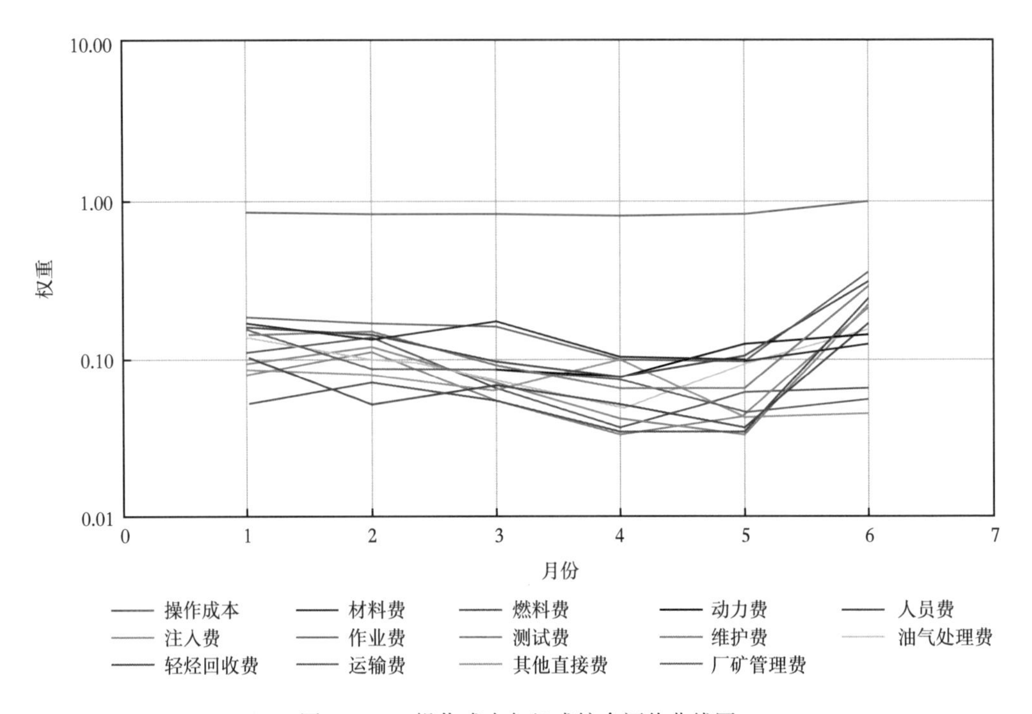

图 7-5-5　操作成本与组成综合评价曲线图

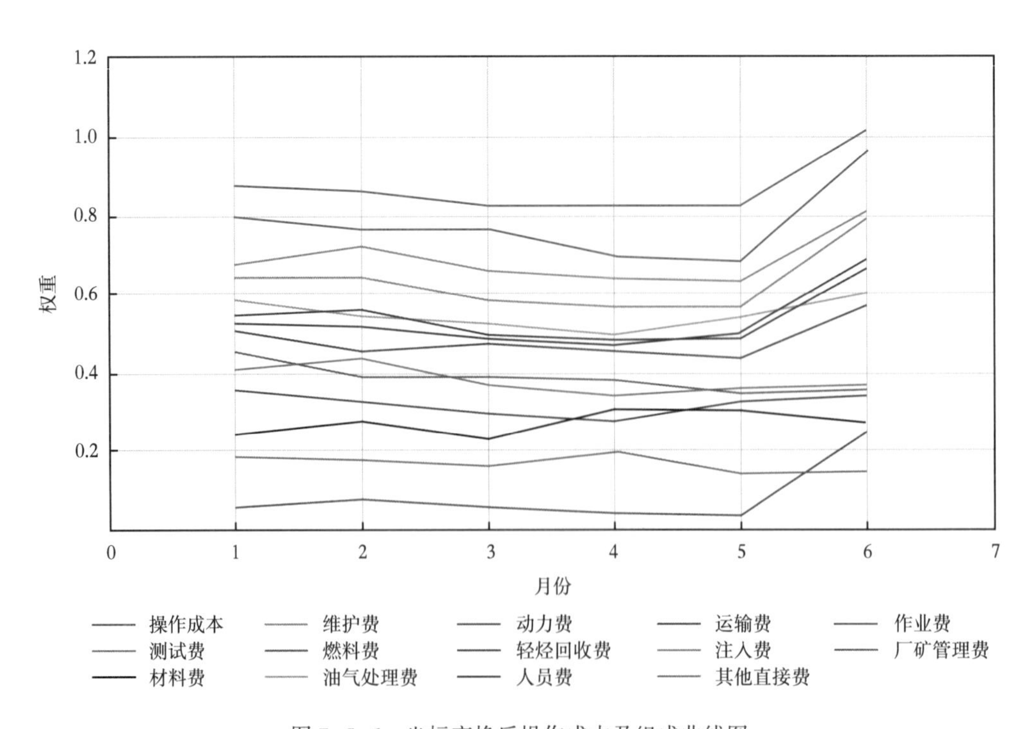

图 7-5-6　坐标变换后操作成本及组成曲线图

表 7-5-14 方法影响程度排序与半年度原始排序

项目	操作成本	材料费	燃料费	动力费	人员费	注入费	作业费	测试费	维护费	油气处理费	轻烃回收费	运输费	其他直接费	厂矿管理费
相关系数法	0	8	5	9	1	4	3	2	6	7	10	11	13	12
灰关联法	0	2	13	4	5	9	1	11	3	7	12	10	8	6
比重法	0	2	13	5	4	9	1	11	3	6	12	10	8	7
众数	0	12	31	18	10	22	5	24	12	20	34	31	29	25
均值排序	0	4	9	5	2	8	1	7	3	6	11	12	13	10
众数排序	0	3	12	5	2	7	1	8	4	6	13	11	10	9
原始排序	0	3	13	5	2	9	1	11	4	6	12	10	7	8
总排序	0	3	12	5	2	7	1	8	4	6	13	11	10	9

（二）简要成本分析

图 7-5-5、图 7-5-6 和表 7-5-14 反映了综合评价结果。从成本的原始数据看出，作业费、人员费、材料费、维护费、动力费和油气处理费是主要影响因素。且经三个方法组合综合评价后作业费、人员费、材料费、维护费、动力费和油气处理费仍是主要影响因素。这似乎说明综合评价作用不大，但原始数据表明各组成占操作成本的比重，综合评价表明各组成对操作成本的影响程度。应对这些主要影响因素在下半年有针对性地采取控制或降低成本的措施，同时也表明注入费、测试费、厂矿管理费、其他直接费虽然占的比重不大，但从综合评价结果看，它们将影响操作成本的变化走势，需引起重视，否则有可能上升为主要矛盾。

总之，（1）综合评价应用于油田动态分析比传统动态分析更科学，依据更充分。（2）不同类型的动态分析采用不同的方法组合，关键是确定相对应的综合评价指标。（3）中长期的动态分析一般为总结性的结果，而月度、季度、年度动态分析则可得出指导性意见，因而更实用。（4）综合评价结果要符合油田开发规律，及时掌控开发过程中各参数动态变化特点与趋势，为编制计划和规划提供依据，可促使采取的技术和管理措施更具针对性和实用性，有利于指导下一步油田开发工作，达到增储增产、降本增效、上水平的目的。

第六节 油田开发综合评价在项目后评价中的应用

后评价是项目生命周期最后和不可缺少的环节。项目后评价是指在项目已经完成并运行一段时间后，对项目生命周期全程进行系统地、客观地分析和总结。它于 19 世纪 30 年代在美国产生，直到 20 世纪 60—70 年代，才广泛地被用于其他国家和组织中，并逐渐建立了一套较完善的后评价体系。中国到了 20 世纪 80 年代开始运用。中国石油工业到了 21 世纪初开始进行项目后评价，之后逐渐引起重视，中国石油天然气股份有限公司对油气田开发建设项目后评价也有专门规定与要求。这些规定与要求虽然简化了，但仍有数十项内容，需多部门多单位填写和计算，不仅计算量大，而且也过于繁杂，不易操作，故而执行起来有一定困难。为此，若既要达到后评价的目的又要能简化步骤、减少计算工作量，那么，就需另辟蹊径设计另一种综合评价方法。

油田综合评价方法是对油田开发效果与效益进行整体的、系统的、全面的评价。该方法已形成一套综合评价体系，它可广泛地应用于油田开发诸多方面，其基本原理与方法是相通的，关键在于选定适应于评价对象、目的的综合评价指标及与之相适应的综合评价方法。油田开发项目后评价亦是其重要应用之一。

油田开发方案实施后开发效果的综合评价或称为油田开发项目的后评价，基本分为三类：产能建设项目（含新区、老区）、老区调整项目、老区二次开发项目。后评价内容包含项目过程、项目效益、项目影响、项目持续性的后评价。

现以“GSP 油田 G5 断块沙三$^{2+3}$油藏二次开发方案”项目实施后的后评价为例，说明其综合评价过程与方法。

一、基本情况

以 GSP 油田 G5 断块沙三$^{2+3}$油藏二次开发方案实施结果为例，方案于 2010 年 4 月开始实施，已实施 3 年有余了，实施结果见表 7-6-1。

表 7-6-1　方案实施前后生产数据表

年份	实施情况	油井数（口）	水井数（口）	核实年产油量（10^4t）	核实年产水量（10^4t）	核实年产液量（10^4t）	年均含水率（%）	核实累计产油量（10^4t）
2009	实施前	27	11	1.69	14.03	15.72	89.26	54.00
2010	实施后	45	13	3.34	8.73	12.07	72.36	57.33
2011		44	16	4.52	10.50	15.02	69.88	61.86
2012		47	37	4.36	11.23	15.59	74.60	66.22

二、后评价指标的设置

油田开发系统是开放的、灰色的复杂巨系统，它与外界有着广泛的联系。故综合评价指标的设立应多方面综合考虑，将项目过程、项目效益、项目影响、项目持续性的后评价内容分解并归纳为地质、工程、管理、经济及社会影响分析、风险分析、可持续性分析等指标。二次开发项目后评价的目的应该是用实施后的生产数据对比设计方案，从中总结经验教训，以完善与修正原方案并实施项目监控，不断提高投资决策水平、管理水平和油田开发水平。因此，后评价指标的设置应能反映设计方案“一增三提高”的目的。

体现“一增三提高”的指标很多，根据油田开发综合评价，确定评价指标的原则即评价指标要适应不同的评价对象，对二次开发项目后评价评价指标的设置主要反映在增加油气产量、提高油田开发管理水平、提高最终采收率、提高油田开发经济效益 4 类二级指标及 15 项三级指标（图 7-6-1）。最后确定为除储量动用程度、井网密度、经济增加值外的 12 项指标，同时进行可持续性分析。方案设计数据与实施后数据见表 7-6-2。

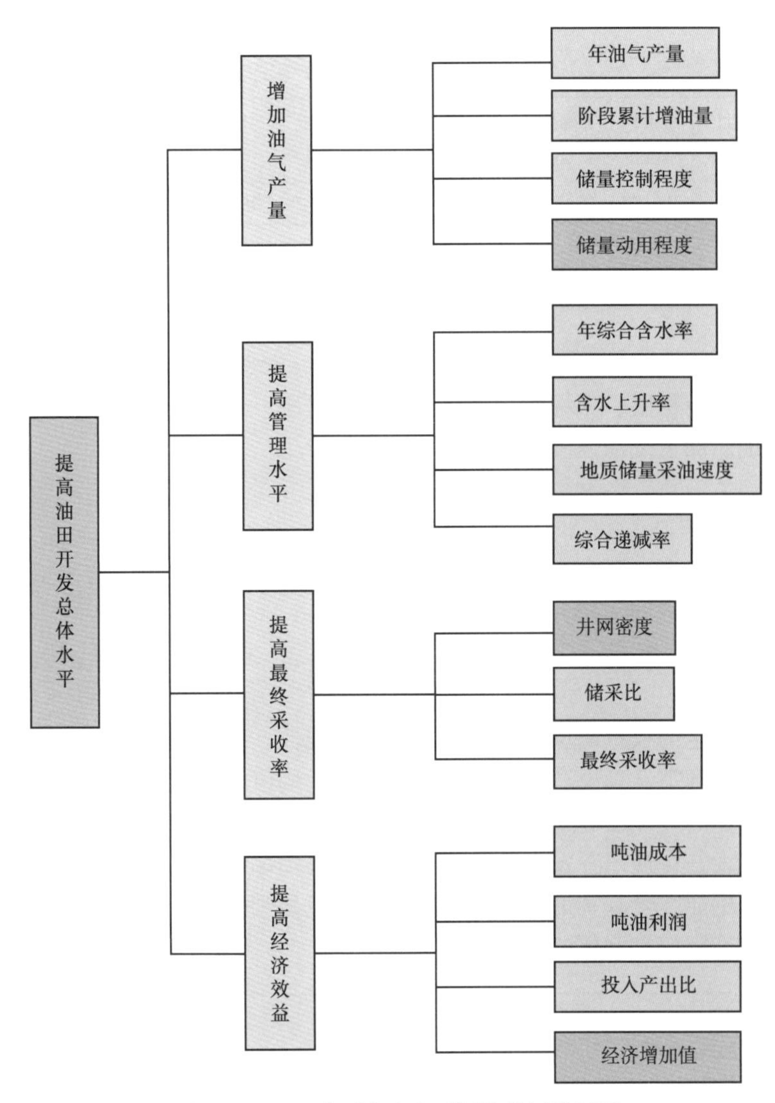

图 7-6-1　二次开发方案后评价指标设置图

表 7-6-2　方案设计与实施对比数据表

指标	年度	年油气产量（10^4t）	累计产油量（10^4t）	储量控制程度（%）	年综合含水率（%）	含水上升率（%）	地质储量采油速度（%）	综合递减率（%）	储采比	最终采收率（%）	吨油成本（元/t）	吨油利润（元/t）	投入产出比
方案设计数据	2010	4.57	58.57	78.0	70.20	-17.98	1.06	-44.38	31.92	26.58	1410	943	1.96
	2011	6.87	65.44	78.0	74.00	2.38	1.60	-44.44	20.57	42.50	1194	1245	2.40
	2012	6.19	71.63	78.0	80.20	4.31	1.44	12.60	21.72	47.26	1240	1978	3.05
方案实施数据	2010	3.34	57.34	82.0	72.36	-21.13	0.80	24.26	53.82	24.25	1631	723	1.69
	2011	4.52	61.86	83.3	69.88	-2.25	1.10	-24.25	39.03	53.80	1318	1121	2.17
	2012	4.36	66.22	66.8	74.60	4.45	1.06	5.75	39.42	54.38	1335	1883	2.82

对照设计方案各年份指标完成情况见表 7-6-3。

表 7-6-3　各指标的完成情况表　　单位：%

年度	年油气产量	累计产油量	储量控制程度	年综合含水率	含水上升率	地质储量采油速度	综合递减率	储采比	最终采收率	吨油成本	吨油利润	投入产出比
2010	73.09	97.90	100.00	99.12	100.0	75.47	59.28	100.00	91.23	86.44	76.76	86.22
2011	65.79	94.53	100.00	100.00	100.0	68.75	83.20	100.00	100.00	90.59	90.04	90.42
2012	70.44	92.45	85.64	100.00	99.89	73.61	100.00	100.00	100.00	95.88	95.20	92.46

若按 $y_i \geq 95\%$ 为优，$85\% \leq y_i < 95\%$ 为良，$70\% \leq y_i < 85\%$ 为一般，$y_i > 70\%$ 为差，则累计产油量、储量控制程度、年综合含水率、含水上升率、吨油成本基本上属于优秀，除了年油气产量、地质储量采油速度外，其余均在一般以上。

三、权重的确定

确定权重有三类方法即主观赋权法、客观赋权法和组合赋权法。选用主观赋权法的层次分析法，客观赋权法的熵权计算法组成组合赋权法。

设有 i（$i=1, 2, 3, \cdots, n$）个方案，j（$j=1, 2, 3, \cdots, m$）项指标，确定组合权重系数。

层次分析法确定的权重属主观赋权法，带有主观性。若由一定数量的综合素质好且经验丰富的专家共同确定，集思广益，可减少主观性。熵值法虽属客观赋权法，能较好地反映出指标信息熵值的效用价值，但其指标的权数受样本变化程度影响，样本变化程度越大，其权重亦越大。在油田开发中某些指标客观上并不那么重要，但因变化程度大其权重亦会很大，因此不能完全真实地、客观地反映指标的重要程度。表 7-6-4 与图 7-6-2 就反映了两种方法确定权重系数的差异。

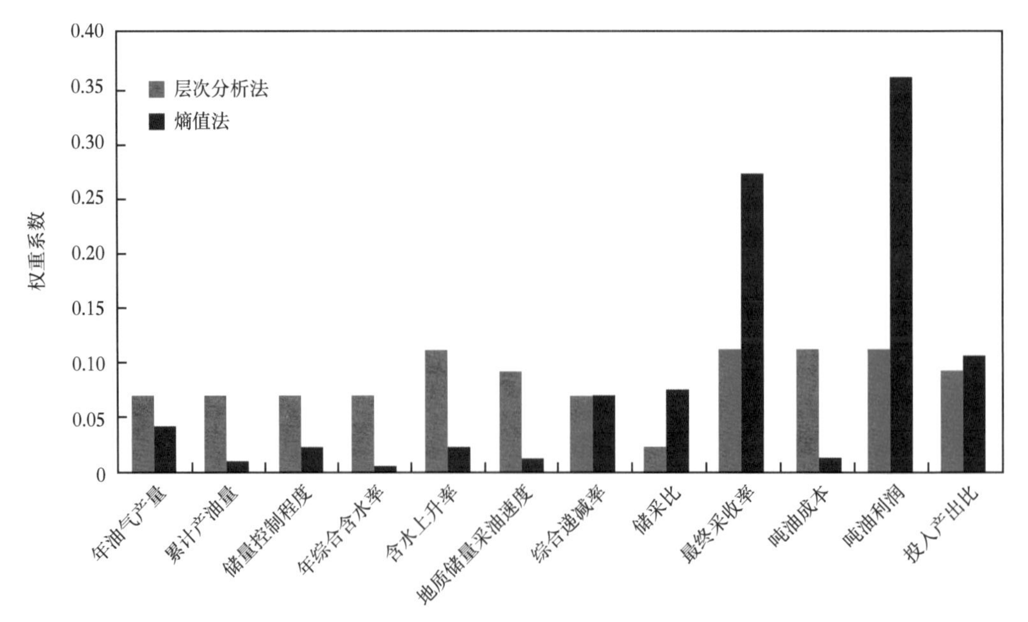

图 7-6-2　权重系数比较图

为了减少权重的差异，采用多种方法组合。组合的方法很多，如线性加权法、乘法加权法、优化组合法等。本例中采用简单线性加权法，即层次分析法赋予权重 0.7，熵值法赋予权重 0.3，组合结果见表 7-6-4。

表 7-6-4　两种方法权重系数比较

权重	年油气产量	累计产油量	储量控制程度	年综合含水率	含水上升率	地质储量采油速度	综合递减率	储采比	最终采收率	吨油成本	吨油利润	投入产出比
层次分析法 w_{cck}	0.0698	0.0698	0.0698	0.0698	0.1104	0.0930	0.0698	0.0234	0.1104	0.1104	0.1104	0.0930
熵值法 w_{szj}	0.0409	0.0085	0.0234	0.0016	0.0234	0.0112	0.0675	0.0749	0.2726	0.0122	0.3591	0.1047
综合法 w_{zh}	0.0611	0.0514	0.0559	0.0493	0.0843	0.0685	0.0691	0.0389	0.1591	0.0809	0.1850	0.0965

四、综合评价方法

项目的后评价是用方案实施后的生产数据对确定方案的决策正确程度、主要技术、经济、管理指标的实现程度进行对比评价，分析实施后的效果、效益，提出实施方案的可持续发展与前景，以及需采用的带有前瞻性的技术与管理措施。按照这种要求，选择评价方法应具备对比和评价优劣的特性。此类方法约有百余种之多，单一方法均有各自的优缺点以及适用范围，而且分别使用几种评价方法对同一对象进行评价，可能得到不同的评价结果，增加了应用评价结果的难度，为了改善此情况，选择多种方法集成。

根据油田开发二次开发后评价的目的和特点，选用前后对比法、理想解逼近法（TOSIS 法）、ELECTRE 法、灰色决策评价法。评价分为阶段综合评价和年度综合评价。

（一）阶段综合评价

本例中所谓“阶段综合评价”是指将 2010 年、2011 年、2012 年的设计与实施原始数据进行统一处理的综合评价。

三年原始数据采用一致化、无量纲化处理，权重采用表 7-6-4 的组合权重 w_{zh}。综合评价方法采用前后对比法、理想解逼近法（TOSIS 法）、ELECTRE 法、灰色综合评价法。

最优排序：对各种评价方法的不同结果，可采用众数理论、总和理论或加权理论找出最优排序。本例采用总和排序法，由小到大排序得出最优排序（表 7-6-5）。

表 7-6-5　最优排序结果表

年度	2010	2011	2012
前后综合对比法	3	1	2
TOSIS 法	3	2	1
ELECTRE 法	3	2	1
灰色综合评价法	1	2	3
最优排序	3	2	1

从表 7-6-5 看出：2012 年的开发效果最好，其次为 2011 年，再次为 2010 年。

（二）分年度综合评价

1. 分年度数据

分年度设计和实施数据见表 7-6-6。

表 7-6-6 分年度设计与实施数据对比表

年度	方案	年油气产量（10^4t）	累计产油量（10^4t）	储量控制程度（%）	年综合含水率（%）	含水上升率（%）	地质储量采油速度（%）	综合递减率（%）	储采比	最终采收率（%）	吨油成本（元/t）	吨油利润（元/t）	投入产出比
2010	设计	4.57	58.57	78.0	70.20	-17.98	1.06	-44.38	31.92	26.58	1410	943	1.96
	实施	3.34	57.34	82.0	72.36	-21.13	0.80	24.26	53.82	24.25	1631	723	1.69
2011	设计	6.87	65.44	78.0	74.00	2.38	1.60	-44.44	20.57	42.50	1194	1245	2.40
	实施	4.52	61.86	83.3	69.88	-2.25	1.10	-24.25	39.03	53.80	1318	1121	2.17
2012	设计	6.19	71.63	78.0	80.20	4.31	1.44	12.60	21.72	47.26	1240	1978	3.05
	实施	4.36	66.22	66.8	74.60	4.45	1.06	5.75	39.42	54.38	1335	1883	2.82

2. 指标完成状况

对照设计方案，各年份指标完成情况见表 7-6-7。

表 7-6-7 各指标的完成情况表　　单位：%

年度	年油气产量	累计产油量	储量控制程度	年综合含水率	含水上升率	地质储量采油速度	综合递减率	储采比	最终采收率	吨油成本	吨油利润	投入产出比
2010	73.09	97.90	100.00	99.12	100.00	75.47	59.28	100.00	91.23	86.44	76.76	86.22
2011	65.79	94.53	100.00	100.00	100.00	68.75	83.20	100.00	100.00	90.59	90.04	90.42
2012	70.44	92.45	85.64	100.00	99.89	73.61	100.00	100.00	100.00	95.88	95.20	92.46

若按 $y_i \geqslant 95\%$ 为优，$85\% \leqslant y_i < 95\%$ 为良，$70\% \leqslant y_i < 85\%$ 为一般，$y_i > 70\%$ 为差，则累计产油量、储量控制程度、年综合含水率、含水上升率、吨油成本基本上属于优秀，除了年油气产量、地质储量采油速度外，其余均在一般以上。

3. 最优排序

对各种评价方法的不同结果，采用总和理论找出最优排序，由小到大排序得出最优排序（表 7-6-8）。

表 7-6-8 最优排序结果表

年度	2010	2011	2012
前后综合对比法	3	2	1
TOPSIS 法	3	1	2
ELECTRE 法	1	3	2
灰色综合评价法	2	3	1
最优排序	3	2	1

从表 7-6-8 看出：2012 年的开发效果最好，其次为 2011 年，再次为 2010 年。

（三）总排序

总排序情况见表 7-6-9。

表 7-6-9　总排序表

年度		2010	2011	2012
分年度综合评价	前后综合对比法	3	2	1
	TOPSIS 法	3	2	1
	ELECTRE 法	1	3	2
	灰色综合评价法	2	3	1
	最优排序	2	3	1
阶段综合评价	前后综合对比法	3	1	2
	TOSIS 法	3	1	2
	ELECTRE 法	3	2	1
	灰色综合评价法	1	2	3
	最优排序	3	1	2
总排序		3	2	1

（四）对组合评价方法的事后检验

上述 4 种方法所用的原始数据、评价指标体系是相同的，预处理方法基本相同。因此，各方法评价结果差异主要取决于评价方法本身。

1. 阶段综合评价方法

阶段各方法的评定等级见表 7-6-10。

表 7-6-10　阶段各方法的评定等级

年度	2010	2011	2012	合计
前后综合对比法（Q）	3	1	2	6
TOSIS 法（T）	3	1	2	6
ELECTRE 法（E）	3	2	1	6
灰色综合评价法（H）	1	2	3	6
合计	10	6	8	24
d_{QT}^2	0	0	0	0
d_{QE}^2	0	1	1	2
d_{QH}^2	4	1	1	6
d_{TE}^2	0	1	1	2
d_{TH}^2	4	1	1	6
d_{EH}^2	4	0	4	8

采用斯皮尔曼等级相关公式，计算方法间的相关程度：

$$r_s = 1 - \frac{6\sum d^2}{n(n^2 - 1)} \tag{7-6-1}$$

按式（7-6-1）计算等级相关系数矩阵，见表7-6-11。

表7-6-11　阶段评价结果等级相关系数矩阵

评价方法	前后综合对比法	TOSIS法	ELECTRE法	灰色综合评价法
前后综合对比法	1.0	1.0	0.5	-0.5
TOSIS法	1.0	1.0	0.5	-0.5
ELECTRE法	0.5	0.5	1.0	-1.0
灰色综合评价法	-0.5	-0.5	-1.0	1.0

按模糊聚类分析，给出聚类水平 $\lambda=0.50$，则表7-6-11变为表7-6-12。

表7-6-12　各方法聚类矩阵

评价方法	前后综合对比法	TOSIS法	ELECTRE法	灰色综合评价法
前后综合对比法	1	1	1	0
TOSIS法	1	1	1	0
ELECTRE法	1	1	1	0
灰色综合评价法	0	0	0	1

据此将前后综合对比法、TOSIS法、ELECTRE法归为一类，换句话说，此三种方法构成综合评价的组合方法。这样，排序结果见表7-6-13。

表7-6-13　阶段评价结果表

年度	2010	2011	2012
前后综合对比法	3	1	2
TOSIS法	3	1	2
ELECTRE法	3	2	1
最优排序	3	1	2

2. *分年度综合评价方法*

分年度各方法的评定等级见表7-6-14。

表7-6-14　分年度各方法的评定等级

年度	2010	2011	2012	合 计
前后综合对比法（Q）	3	2	1	6
TOPSIS法（T）	3	1	2	6
ELECTRE法（E）	1	3	2	6
灰色综合评价法（H）	2	3	1	6
合计	9	9	6	24
d_{QT}^2	0	1	1	2
d_{QE}^2	4	1	1	6
d_{QH}^2	1	1	0	2
d_{TE}^2	4	4	0	8
d_{TH}^2	1	4	1	6
d_{EH}^2	1	0	1	2

采用斯皮尔曼等级相关公式如式（7-6-1），计算方法间的相关程度，计算结果见表7-6-15。

表7-6-15　分年度评价结果等级相关系数矩阵

评价方法	前后综合对比法	TOSIS法	ELECTRE法	灰色综合评价法
前后综合对比法	1.0	0.5	-0.5	0.5
TOSIS法	0.5	1.0	-1.0	-0.5
ELECTRE法	-0.5	-1.0	1.0	0.5
灰色综合评价法	0.5	-0.5	0.5	1.0

按模糊聚类分析，给出聚类水平 $\lambda=0.50$，则表7-6-15变为表7-6-16。

表7-6-16　各方法聚类矩阵

评价方法	前后综合对比法	TOSIS法	ELECTRE法	灰色综合评价法
前后综合对比法	1	1	0	1
TOSIS法	1	1	0	0
ELECTRE法	0	0	1	1
灰色综合评价法	1	0	1	1

据此将前后综合对比法、ELECTRE法、灰色综合评价法构成综合评价的组合方法。这样，排序结果见表7-6-17。

表7-6-17　分年度综合评价结果

年度	2010	2011	2012
前后综合对比法	3	2	1
TOPSIS法	3	1	2
ELECTRE法	1	3	2
灰色综合评价法	2	3	1
最优排序	3	2	1

（五）原因分析

从表7-6-17看出，2012年的开发效果最好，其次为2011年，再次为2010年。

三种方法计算结果的差异分析：TOPSIS法与前后综合评价方法结果在分年度与阶段均完全一样，但灰色综合评价法分年度与阶段的评价结果则有所差异。实例所采用的三种方法其原始数据、评价指标体系、权重系数以及各指标预处理方法是相同的，结果差异究其原因是综合评价方法演示过程存在着差异。在灰色综合评价法中分辨率取0.5主观性强，可能是产生差异的基本原因。因此，前后综合对比法的评价结果可能更符合实际，原始数据对比中亦证明了前后综合对比法结果是正确的。而总排序结果则是按照序号总和理论得出的。

五、成功度综合评价

（一）前后对比法、TOPSIS法、灰色综合评价法指标完成情况

对照设计方案，各分指标的三种方法完成情况见表7-6-18。

设 x_i≥95%为完全成功 A 级；80%≤x_i<95%为基本成功 B 级；60%≤x_i<80%为部分成功 C 级；40%≤x_i<60%为不成功 D 级；0≤x_i<40%为失败 E 级。按此规定，再按序号总和理论与众数理论得出综合评价结论。

设 A、B、C、D、E 级分别为 5 分、4 分、3 分、2 分、1 分；42~45 分为完全成功、36~41 分为基本成功、28~35 分为部分成功、低于 27 分为不成功。评价结果见表 7-6-19。

表 7-6-18　分指标的完成情况表　　单位：%

方法	年度	年油气产量	累计产油量	储量控制程度	年综合含水率	含水上升率	地质储量采油速度	综合递减率	储采比	最终采收率	吨油成本	吨油利润	投入产出比
前后对比法	2010	73.09	97.90	105.13	99.12	103.15	75.47	59.28	168.61	91.23	99.52	61.72	86.22
	2011	65.79	94.53	106.79	101.66	103.89	68.75	83.20	189.75	126.58	89.75	58.07	90.42
	2012	70.44	92.45	85.64	102.22	99.89	73.61	104.56	105.80	115.06	98.03	56.67	92.46
TOPSIS 法	2010	73.09	97.49	105.14	99.10	103.15	75.47	59.31	168.61	91.24	99.84	61.72	96.23
	2011	65.79	94.52	106.79	98.35	103.23	68.75	83.21	189.77	126.58	96.70	58.07	90.42
	2012	70.44	92.44	85.65	102.22	100.97	73.61	105.79	181.48	115.06	99.38	56.58	92.47
灰色关联法	2010	83.65	98.76	96.90	99.54	97.01	83.74	74.66	83.17	85.12	99.54	61.36	86.13
	2011	80.06	96.90	96.05	99.10	96.37	80.20	87.68	81.02	70.45	91.05	59.17	89.93
	2012	82.32	95.73	91.44	98.76	99.89	82.78	96.47	81.78	79.26	98.10	58.38	91.91

表 7-6-19　三分法综合评价等级及排序

方法	年度	年油气产量	累计产油量	储量控制程度	年综合含水率	含水上升率	地质储量采油速度	综合递减率	储采比	最终采收率	吨油成本	吨油利润	投入产出比
前后对比法	2010	C	A	A	A	A	C	D	A	B	A	C	B
	2011	C	B	A	A	A	C	B	A	A	B	D	B
	2012	C	B	B	A	A	C	A	A	A	A	D	B
TOPSIS 法	2010	C	A	A	A	A	C	D	A	B	A	C	A
	2011	C	B	A	A	A	C	B	A	A	A	D	B
	2012	C	B	B	A	A	C	A	A	A	A	D	B
灰色关联法	2010	B	A	A	A	A	B	C	B	B	A	C	B
	2011	B	A	A	A	A	B	B	B	C	B	D	B
	2012	B	A	B	A	A	B	A	B	C	A	D	B
分指标累加分值		30	41	42	45	45	30	34	42	38	43	21	37
综合评价结论		部分成功	基本成功	完全成功	完全成功	完全成功	部分成功	部分成功	完全成功	基本成功	完全成功	不成功	基本成功

从表 7-6-18 与表 7-6-19 看出，储量控制程度、年综合含水率、含水上升率、储采比、吨油成本等指标完成得好，超过了设计要求；累计产油量、最终采收率、投入产出比完成得较好，基本达到设计要求；年产油量、采油速度、递减率等指标稍差；吨油利润不

成功，完全没达到设计要求。究其原因，主要是设计方案年产油量预测偏高，以致影响其他指标的完成程度。

（二）总成功度与成功度分析

1. 计算总成功度

根据表 7-6-19 的数据，按公式（7-6-2）计算总成功度（C_z）：

$$C_z = \frac{\sum_{i=1}^{m} w_{zhi} F_{fzi}}{\sum_{i=1}^{m} w_{zhi} F_{fzig}} \times 100\% \tag{7-6-2}$$

式中，C_z 为总成功度,%；F_{fzi} 为第 i 项分指标累加分值；F_{fzig} 为第 i 项分指标最高分值；w_{zhi} 为第 i 项分指标权重。

计算总成功度为 79.57%，对第一设计方案实施结果属基本成功（60%～80%），见表 7-6-20。

表 7-6-20　分指标权重分值表

指标	年油气产量	累计产油量	储量控制程度	年综合含水率	含水上升率	采油速度	综合递减率	储采比	最终采收率	吨油成本	吨油利润	投入产出比
分指标累加分值(F_{fz})	39	54	56	60	60	39	45	57	52	55	33	49
$F_z w_{zh}$	2. 3829	2. 7756	3. 01304	2. 9580	5. 0580	2. 6718	3. 1095	2. 2173	8. 2732	4. 4495	6. 1050	4. 7285
$F_{fzig} w_{zhi}$	3. 6660	3. 0840	3. 3540	2. 9580	5. 0580	4. 1100	4. 1460	2. 3340	9. 5460	4. 8540	11. 1000	5. 7900
各指标完成度	0. 6500	0. 9000	0. 9333	1. 0000	1. 0000	0. 6500	0. 7500	0. 9500	0. 8667	0. 9167	0. 5500	0. 8167
C_z	0. 7957											

2. 总成功度分析

实施结果基本成功，总体上是好的，但亦有一定差距，存在年产油量设计偏高的问题。年产油量、年采油速度均完成 66. 67%，吨油利润仅完成 46. 67%。年产油量方案设计偏高，一是影响到采油速度的完成；二是影响吨油利润指标的完成，虽然吨油成本比 2009 年基本持平，且油价三年平均上涨 30%左右，但吨油利润三年平均却下降了 134 元左右。究其原因仍然是设计方案年产油量偏高造成的。

六、可持续性后评价

可持续性是指能否实现项目的最后目标和最佳经济效益，即最终经济采收率和最大累计利润。为此设计年产油量、累计产油量、年产水量或综合含水率，吨油成本、吨油油价等预测指标。

（一）预测年产油量

由于 2010 年、2011 年、2012 年的年产油量是已知的，因此可按翁氏模型预测计算其他年份年产油量。其公式组合为：

$$Q_o = a_w t^{b_w} e^{-(t/c_w)} \tag{7-6-3}$$

$$b_w = 3.4761 \ln \frac{Q_2^2}{Q_1 Q_3} \tag{7-6-4}$$

$$c_w = (3.8188\ \ln Q_2 - 1.4094\ \ln Q_1 - 2.4094\ \ln Q_3)^{-1} \tag{7-6-5}$$

$$a_w = e^{(3.8188\ \ln Q_2 - 0.4094\ \ln Q_1 - 2.4094\ \ln Q_3)} \tag{7-6-6}$$

$$N_R = N_p = a_w c_w^{b_w+1} b_w! \tag{7-6-7}$$

其中

$$b_w! \approx \sqrt{2\pi} b_w^{b_w+\frac{1}{2}} e^{(-b_w+\frac{1}{12b_w})} \tag{7-6-8}$$

将 $Q_1=3.34\times10^4$t、$Q_2=4.52\times10^4$t、$Q_3=4.36\times10^4$t 代入式（7-6-3）至式（7-6-8），得出：$a_w=5.5846$，$b_w=1.1769$，$c_w=1.9484$，并求出该阶段的 $N_R=46.00\times10^4$t。

将 a_w、b_w、c_w 值代入式（7-6-3），得出年产油量的预测公式：

$$Q_o = 5.5846t^{1.1769} e^{-(t/1.9484)} \tag{7-6-9}$$

预测结果与设计方案数据对比见表 7-6-21。

表 7-6-21　预测结果与设计方案数据对比表　　单位：10^4t

年度	2010	2011	2012	2013	2014	2015	2016	2017	2018	2019	2020
设计年产油量	4.50	6.77	6.10	5.52	5.95	4.89	4.16	3.61	3.71	3.43	2.98
预测年产油量	3.34	4.52	4.36	3.66	2.85	2.12	1.52	1.06	0.73	0.50	0.33
设计累计产油量	58.50	66.27	71.37	76.89	82.84	87.73	91.89	95.50	99.21	102.64	105.62
预测累计产油量	57.34	61.87	66.23	69.89	72.75	74.86	76.38	77.44	78.17	78.67	79.00

从表 7-6-21 看出：根据 2010 年、2011 年、2012 年的实际数据，按翁氏模型预测结果，远远低于原设计方案数据。也可用 Webull 方程进行预测。

（二）预测年产水量

1. 预测年综合含水率

对综合含水率的历史数据进行拟合得：

$$f_w = 1/(6.3611+331.11e^{-t}) \tag{7-6-10}$$

综合含水率实测和预测结果如图 7-6-3 所示。

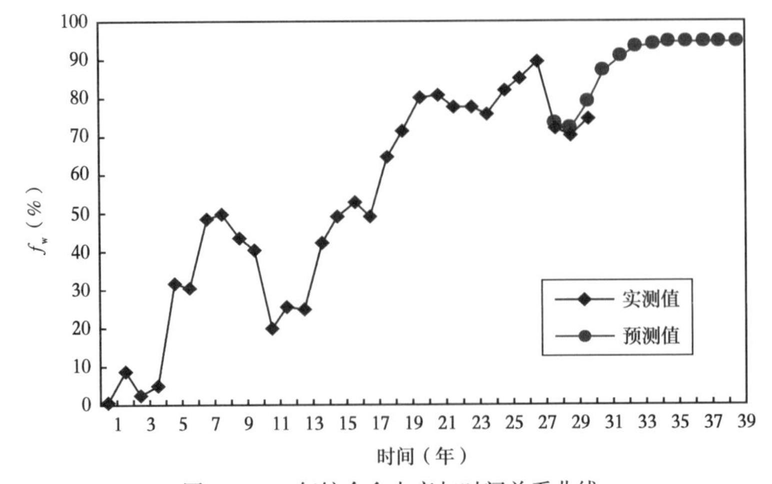

图 7-6-3　年综合含水率与时间关系曲线

2. 预测年产水量

按照预测年产油量与预测综合含水率计算年产水量、年产液量，见表 7-6-22。

表 7-6-22 主要生产指标预测数据表

时间（年）		28	29	30	31	32	33	34	35	36	37	38	39
年度		2010	2011	2012	2013	2014	2015	2016	2017	2018	2019	2020	2021
f_w（%）	实测	72. 36	69. 88	74. 60									
	预测	73. 14	71. 83	78. 98	87. 03	90. 62	92. 90	93. 99	94. 43	94. 60	94. 66	94. 69	94. 70
Q_o（10^4t）		3. 3427	4. 5235	4. 3634	3. 6641	2. 8518	2. 1155	1. 5181	1. 0633	0. 7311	0. 4953	0. 3317	0. 2199
Q_w（10^4m^3）		9. 1022	11. 5344	16. 3949	24. 5865	27. 5512	27. 6803	23. 7415	18. 0265	12. 8078	8. 7800	5. 9150	3. 9292
Q_L（10^4m^3）		12. 4449	16. 0579	207583	28. 2506	30. 4030	29. 7958	25. 2596	19. 0898	13. 5389	9. 2753	6. 2467	4. 1491

（三）预测最终采收率

可采储量是持续发展的物质基础。按威氏模型和水驱甲型曲线预测，平均可采储量为 127×10^4t，截至 2012 年底已累计产油 66.24×10^4t，可采储量采出程度为 52.16%，具有可持续发展的基本条件。但按翁氏模型预测，2013 年年产油量约为 3.66×10^4t，而且到 2018 年降到 1×10^4t 以下，平均年总递减率约为 12%，且最终采收率不足 20%。因此，至少从 2014 年开始要积极采取降低递减率措施，以尽可能地多采出剩余可采储量。

（四）预测吨油成本

根据 G5 区块 1999—2012 年的实际数据，按照趋势预测法获得式（7-6-11），并按式（7-6-11）预测 2013—2028 年的数据，作图 7-6-4。

$$C_o = 644.1e^{0.0591t} \tag{7-6-11}$$

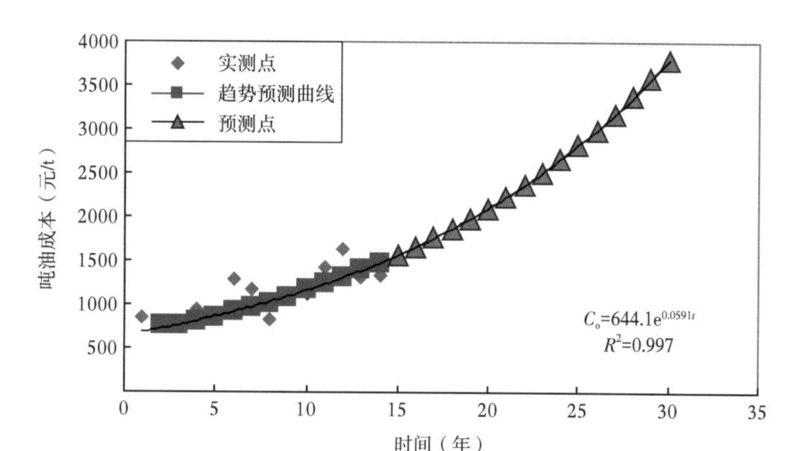

图 7-6-4 吨油成本与时间关系曲线

（五）预测油价

油价预测是一个国际难题。尽管有众多学者和机构进行预测，但由于影响因素多，尤其是不确定因素的影响，使之预测结果很难令人满意，有时甚至相差甚远。假设国际油价在 80~100 美元/bbl 波动，折合人民币为 3720~4650 元/t。若假设税率不变，大约在 2025

年基本上没有利润，失去开采价值。

（六）持续性评价结论

通过对年产油量、累计产油量、年产水量或综合含水率、吨油成本、吨油油价等指标的预测，如果能在 2014 年开始采取必要的措施，使年产油量在 5×10^4t 左右稳产 4~5 年，则可达到方案 1 的设计要求，最终采收率亦可为 30%左右。但若按 2010—2012 年年产油量的变化趋势，即 2011 年达到最高年产油量，2012 年开始递减，那么，二次开发的效果变差，最终采收率仅为 19%，持续性发展将受到严重影响。

七、项目后评价结论

通过对 2010—2012 年实施后 12 项指标的综合后评价，储量控制程度、年综合含水率、含水上升率、储采比、吨油成本等指标完成得好，超过了设计要求；累计产油量、最终采收率、投入产出比完成得较好，基本达到设计要求；年产油量、采油速度、递减率等指标稍差；吨油利润不成功，完全没达到设计要求。总体上完成度为 79. 25%，属基本完成。说明方案 1 设计基本合理，决策基本正确。存在的问题主要是年产油量设计偏高，实际结果难以完成。如果从 2014 年采取必要的措施，使年产油量在 5×10^4t 稳产 4~5 年，则可完全达到期望值，持续性将会得到良好发展，否则，二次开发的效果和效益将会受到严重影响。

总之，(1) 通过对 G5 区块二次开发项目的评价实践，说明利用综合评价方法进行项目后评价是可行的，正确选定评价指标、合理确定权重系数、有效组合评价方法是该方法的关键，同时要适应评价对象的特点、评价目的与要求。

(2) 根据项目的级别、类型、目的与相关要求，提出相应的后评价范围与重点。本例因是油藏工程方案项目，因此，评价的重点是方案是否合理、决策是否正确、实施效果的大小、管理结果的优劣、经济效益高低与持续性发展状况等。不同项目应有所差异。

(3) 油田开发综合评价方法应用于项目实施后评价不仅拓展了应用范围，而且运用电脑程序计算极大地减少了计算工作量和提高了计算精度。

第七节　油田开发综合评价在识别预警中的应用

油田开发全过程中充满了风险，人们对过程中的风险尤其是对方案类、计算类、管理类、金融类、经济类中的风险往往估计不足、认识不够、识别不清、避险不力。运用综合评价对油田开发过程中的风险进行识别和预警，促使油田开发水平和经济效益的提高。

一、油田开发方案风险评估

从已发表的众多论文和论著看，规划编制的理念、理论、方法已逐步形成一套标准体系。无论是中华人民共和国石油天然气行业标准 SY/T 5594—93《水驱油砂岩油田开发规划编制方法》还是 SY/T 5594—2013《油田开发规划编制内容及技术方法》，其规划重点基本是储量、产能、产量，而经济评价与 2013 年版增加的风险分析等仅是在确定规划产量的基础上进行辅助性的论证。但在这两个标准中对规划方案的地质风险、技术风险、预测方法风险、经济风险、财务风险估计不足，对其不确定性估计不足；对规划方案的评价与优选亦略显薄弱，尤其是对本期规划的评价，因其指标的预测性、部署的不确定性，使评价更加困难；目前油田开发规划方案评价方法涉及数理统计方法、最优化方法、模糊数学理论、灰色理论等诸多方面，其评价指标的设立尚待商榷、评价方法较为单一、评价步骤较为繁琐等，因此，对规划方案的评价尤其是风险评估仍有较大的改善和提高空间。

所谓油田开发风险评估是指对油田开发过程中固有的或潜在的危险因素、危险源进行定性和定量分析，掌控过程中发生危险的可能性及评价其危害程度。

（一）油田开发风险评估原则

（1）客观性：风险是客观存在的，不以某人或某集团的利益而回避。

（2）公正性：实事求是地评估风险的危害程度。

（3）科学性：科学地设立指标、正确地运用方法、合理地提出应对。

（4）全面性：从整体性角度全面地分析风险，不要漏掉任何细节，往往细节决定成败。

（5）重点性：既要全面又要重点突出，抓主要矛盾。

（6）政策性：按国家、部委、行业、企业颁布的相关标准、法规、规程、规范等进行风险评估。

（7）针对性：结合事件具体情况，提出切实可行、可操作的规避或控制风险措施。

（8）可信性：对风险的分析与评估，要符合技术或经济规律。

（二）风险评估流程

在方案或规划基本完成油田地质研究、油藏工程、钻井工程、采油工程、经济评价以后，根据它们的内容与要求，就要进行风险评估。其流程如下：熟知方案或规划及其附件的内容与要求→按内容与要求进行风险识别（找风险源、查风险因素）→优选风险评估指标→搜集、整理评估指标相关资料→计算评估指标值→进行评估指标预处理→确定指标权重→优选与组合风险评估方法→风险评估计算→分析风险评估结果→进行风险预警评估→通报风险识别、评估结果和预警提示给相关单位→相关单位细化风险因素、风险源→提出监控、防护、规避风险措施→督促实施→总结实施效果。

二、风险评估指标设定与计算

正确确定风险评估指标关系到评估结果的可靠与否。应能体现风险的不利或损失程度和反映风险的基本特性。

（一）风险评估指标的设定

设定一级指标——油田开发风险程度；二级指标——油田地质风险、油藏工程风险、钻采工程风险、地面工程风险、油田管理风险、油田经济风险、人员安全风险、环保与社会分析共 8 项；三级指标共 40 项，如图 7-7-1 所示（图中仅包含 35 项风险评估指标）。

三级指标还可以进一步划分若干四级指标。在这些指标中，有些属于预测性指标，有些属于实际发生的生产数据，其中人员伤亡指标应赋予高权重，如果一个新项目在未进行前就预测有人员伤亡且作业危险度特别高，那么，就要强化规避措施，防止发生。否则，该项目就应该无条件停止，禁止进行，实行“一票否决制”。35 项风险评估指标可因方案不同有所取舍，如：若为概念设计方案，综合递减率、含水上升率等指标就可舍去。

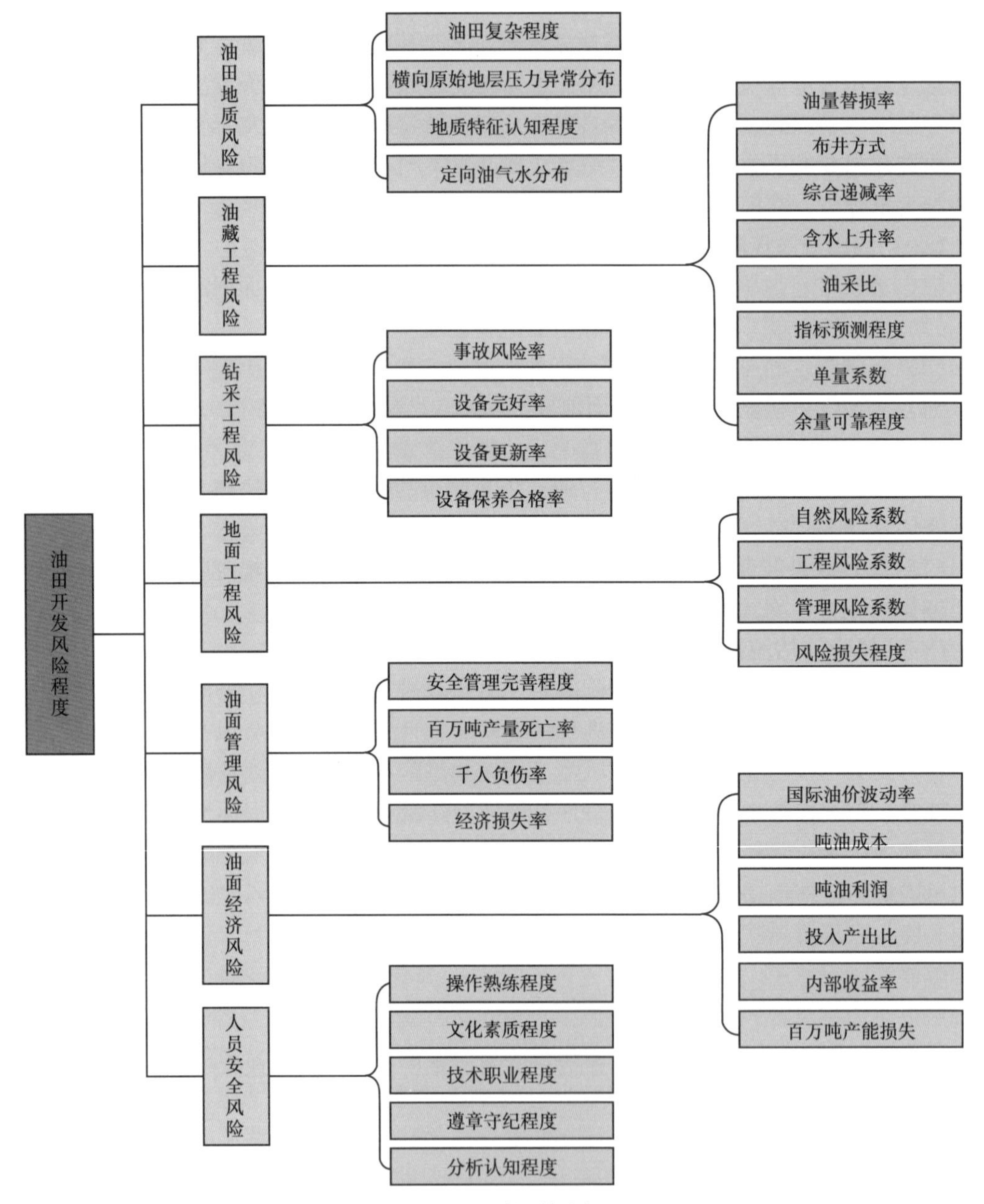

图 7-7-1　风险评估指标图

（二）风险评估指标计算

1. 油藏复杂程度（R_{fz}）计算

在第八章第三节中，影响油藏复杂程度的众多参数中，大致分为四类，即油藏外部形态、油藏内部结构、油藏储集流体、油藏储层与流体的关系。在此四类中根据油藏复杂程度判别参数选择原则，经筛选比较、优化，确定了油藏面积、油层厚度、油藏储量丰度、油藏埋藏深度、油藏流度、储层变异系数、油田砂体连通综合系数、油藏油水系统共 8 个参数作为油藏复杂程度的综合评判参数。按照模糊综合评判方法确定油藏复杂程度。并将复杂程度分为简单、一般、复杂、极复杂断块4级，其标准评判值分别为0.875、0.625、0.375、0.125，数值越小复杂程度越大，风险越高。

2. 纵向地质异常风险率（D_{fx}）

在某一开发区域内，纵向上有可能发生异常地质变化，如存在疏松或破碎层、断层发育层、地应力集中层、高倾角层、裂缝、溶洞、气层、高油气比层、含硫化氢层、异常水层，高、低压力异常层等状况，钻井过程中可能出现气侵、井漏、井涌、井塌、井下落物、卡钻、储层伤害等风险事故，甚至发生中毒、井喷、着火等重大风险。

定义：限制深度地质异常厚度与限制深度的比值，称之为纵向地质异常风险率。表达式为：

$$D_{fx} = \frac{\sum_{i=1}^{n} w_i D_{yci}}{n\overline{D}_{xs}} \tag{7-7-1}$$

式中，D_{fx}为纵向地质异常风险率；D_{yci}为第i项异常层厚度，m；$\overline{D}_{xs}$为平均限制深度，即平均表层套管底至设计井深，m；w_i为第i项异常层权重，主要采取层次分析法和依具体项目情况采用熵值法或灰关联法等组合法而定。

3. 地质特征认知程度（R_z）

油藏本身存在着复杂性和不可入性，即使是纳米机器人进入地下也不可能完全认知油藏。油藏复杂性有众多的不确定因素，在生产管理中也存在众多的不确定性，人们由于种种原因对它们的认知程度存在差异，何况人们认知是一个相当长的过程。这种认知若存在方向上、时间上的差异，将会出现较大的风险。

对某一事物的认知程度，一般取决于两个方面，即一是事物随时间的暴露程度；二是“人”认知的综合水平。对于油田来说，事物随时间的暴露程度以油田开发年限表征；“人”认知的综合水平以技术职称、工作经验年限和文化水平表征。当然在实际生活中，确实存在事物暴露不充分，职称高、年限长，水平不高的现象，但这不是普遍现象。

定义：

（1）事物暴露程度（R_{sw}）为目前油田开发年限与最高油田开发年限之比，该值不大于1。其中最高油田开发年限指可充分认知油田所需的年限，一般确定为20年。

（2）技术职称程度（R_{zc}）指“人”平均技术职称与最高技术职称之比，该值不大于1。技术职称序列为技术员、助理工程师、工程师、高级工程师、教授级高级工程师，分别赋值1、2、3、4、5。

（3）工作经验水平（R_{jy}）指“人”平均工作年限与该专业最高工作年限之比，最高工作年限一般确定为20年，该值不大于1。

（4）学历程度（R_{xL}）指“人”平均学历与最高学历之比，该值不大于1。学历序列为初中、高中、学士、硕士、博士，分别赋值1、2、3、4、5。

地质特征认知程度（R_Z）的表达式为：

$$R_Z = (R_{sw} + R_{zc} + R_{jy} + R_{xL})/4 \tag{7-7-2}$$

其中，大于20年者，以20年计。

或将地质特征认知程度的组成赋予权重，即例如分别赋予0.25、0.25、0.30、0.20。学历的权重较低，是因为不要过分看重学历，而应看重能力。权重亦可依具体情况进行调整。

地质特征认知程度越低，开发风险越大。

4. 综合递减率（D_R）

油气产量递减是油田开发过程中的基本规律之一，换句话说，就是递减不可避免。因此，在油田开发过程中，采取各种措施使递减期尽可能地晚出现或降低递减率。当综合递减率过大，势必影响开发效果和经济效益。

在油田开发中递减率有三个基本概念：自然递减率、综合递减率、总递减率。其中，综合递减率表述为：油藏或油田范围老井单位时间内油气产量的变化率或下降率。它反映油气田老井及其各种增产措施情况下的实际产量综合递减的状况。它的增减可体现油田开发效果。

表达式为：

$$D_R = \frac{Q_{ol} - (Q_o - Q_{oc})}{Q_{ol}} \times 100\% \tag{7-7-3}$$

式中，D_R 为综合递减率，%；Q_{ol}为上年核实年产油量，或标定日产油量乘以 365，10^4t；Q_o为当年核实年产油量，10^4t；Q_{oc}为当年措施年产油量，10^4t。

当 Q_{oc}越趋于 Q_o时，D_R越大。Q_{oc}的增大则意味着作业次数和费用的增加，风险亦随之增加。

5. 指标预测精度（R_{yc}）

预测精度因具体项目和预测方法不同而不同，对某指标未来的预测，有众多的不确定影响因素，使之难以达到较理想的预测精度，有的参数如国际油价预测甚至是世界级难题。预测精度越差，风险越大。因此，指标预测精度同样需结合具体油田进行定性地判断和进行量化处理。预测精度可对本油田历来预测数据、实际发生数据经生成处理后，采用灰关联方法、相似度法、相对误差等方法求出。

6. 储量可靠程度（R_N）

储量分级分类贯穿整个勘探开发过程，各个阶段都有相应级别的储量，随着地质认识程度的增加，储量的可靠程度也随之增加。但要达到完全可靠，不仅是一个漫长的过程，甚至是不可能精准实现。当投入开发时，往往是采用勘探阶段提供的探明地质储量，其允许误差为±20%，不同复杂程度的油田储量可能出现更大的差异。因此，储量可靠程度需结合具体油田进行定性地判断和进行量化处理。

7. 工程综合风险系数（G_{GC}）

石油工程主要包括建井（钻井、完井）工程、测试（测井、试井、试油、试采）工程、采油（气）工程和油气田地面（水、电、讯、路、桥、涵、防等）工程。而工程综合风险系数指在建井工程、测试工程和采油工程中发生风险的概率与造成损失的乘积。表达式为：

$$G_{GC} = \frac{M}{N} \times \frac{C_{ss}}{C_{QY}} \tag{7-7-4}$$

式中，M 为石油工程（除地面工程外）年均可能发生风险数；N 为石油工程（除地面工程外）风险因素数；C_{ss}为可能发生风险损失值；C_{QY}为企业年产值。

8. 设备综合风险系数（S_{sb}）

设备综合风险系数指存在风险的设备台数与设备总台数之比，其表达式为：

$$S_{sb} = 1 - \frac{N_{wh}}{N_z} \tag{7-7-5}$$

式中，N_{wh}为完好设备台数，其中包含更新、保养合格设备；N_z为生产设备总台数，应包括企业在用的、备用的、停用的以及正在检修的全部生产设备，但不包括尚未安装、使用以及由基建部门或物资部门代管的设备。

考核设备时必须按完好标准逐台衡量，不能采取抽查推算的办法。设备完好率一般考核主要生产设备。S_{sb}越大，则风险越大。

9. 地面工程综合风险系数（G_{dm}）

油田开发地面工程包含了自然环境、水电讯路桥涵防、设备与装置、管网、施工、操作、集输、管理和总体设计等诸多方面，是个大系统，系统内充满了风险。地面工程风险为自然风险、工程风险、管理风险、设计风险、经济风险的集合。地面工程项多面广，故采用综合风险系数。其计算方法一般为多方法组合。

10. 安全风险系数（G_{AQ}）

安全管理完善程度（G_{WS}）指安全管理规章制度完善程度（G_{GZ}）与执行度（G_{ZX}）的乘积。其风险体现为规章制度的不完善度与违规违章程度，称之为安全风险系数（G_{AQ}），表达式为：

$$G_{AQ} = 1 - G_{WS} = 1 - G_{GZ} \times G_{ZX} \tag{7-7-6}$$

11. 百万吨产量死亡率（W_{WD}）

百万吨产量死亡率指生产百万吨产量的死亡人数。

12. 千人负伤率（W_{QR}）

千人负伤率指千人职工的年均负伤人数。

13. 百万吨产量经济损失率（S_{jj}）

百万吨产量经济损失率指事故总经济损失值与生产百万吨油气当量产值之比。表达式为：

$$S_{jj} = \frac{\bar{S}_{jja}}{C_{zja}} \tag{7-7-7}$$

式中，$\bar{S}_{jja}$为年均事故总经济损失，万元；C_{zja}为全年总产值，万元。

年均事故总经济损失是个难估算的量，如在钻井过程中发生井喷和着火，不仅整套钻井装置损毁，而且井喷使油藏能量严重损失，甚至喷垮地层，造成难以估量的损失。

14. 吨油综合利润（W_z）

计算公式为：

$$W_z = P_o - C_z \tag{7-7-8}$$

式中，P_o为吨油油价，元/t；C_z为吨油综合成本，元/t，它由固定成本、可变成本、税金及附加构成。

式（7-7-8）表明，其中油价是最不确定的因素。油价变化涉及政治、军事、经济、历史、人文、地理、气候、资源等诸多领域的众多因素。某些影响油价的因素变化规律不清，必然使油价变化规律出现模糊性和灰性。因此，体现预测中基本原则如时间上、结构上的惯性（或连续性）原则、类比（或相似）原则的统计预测模型，就很难准确地预测未来油价的变化与高低。最简单的预测往往采用选定某时间的油价作为基础油价，结合上涨率而确定未来油价。油价的不确定性使投资某项目的风险性增加。有时也采用国际油价波动率表示。当 $P_o \leqslant C_z$，即 $W_t \leqslant 0$（$W_t=0$ 时为盈亏平衡点）时，就出现了经济风险。

15. 百万吨产能建设投资（C_{TZ}）

百万吨产能建设投资是指运用现代开采工艺技术获得的拟稳态下多油井百万吨产油量的综合投资。综合投资包括钻井投资、地面工程投资及其他相关费用。表达式为：

$$C_{TZ} = \frac{I_{ZT} + C_{qt}}{N_{XT}} \tag{7-7-9}$$

式中，I_{ZT}为油气开发综合投资，万元，油气开发综合投资包括新、老区产能建设的钻井工程和地面工程投资之和；C_{qt}为其他费用，万元，其他费用包括转化为货币形式的无形资产、建设期借款利息、流动资金、相关税费等；N_{XZ}为新、老区新增可采储量之和，10^6t。

C_{TZ}过大必然使投资回收期延长，不仅影响油田开发效果和经济效益，而且可能增加不确定性，使风险增加。

16. 内部收益率（IRR）

内部收益率是资金流入现值总额与资金流出现值总额相等、净现值等于零时的折现率。表达式为：

$$\sum_{t=1}^{n}(\mathrm{CI}-\mathrm{CO})_t(1+\mathrm{IRR})^{-t}=0 \tag{7-7-10}$$

式中，CI 为现金流入量；CO 为现金流出量；（CI−CO）为第 t 年的净现金流量；n 为计算期。

当内部收益率小于给定值，则增大了风险，内部收益率越小，风险越大。

17. 环境污染程度

依实际情况按有关规定评估。

18. 社会综合风险程度

依实际情况按有关规定评估。

三、风险评估方法

风险评估发展至今已形成许多方法，并结合行业特点形成一套风险评估体系，但油田开发系统尚处于摸索阶段。本节拟采用多目标多方法的综合风险评估模型。为了计算方便将上述 18 项指标分为地质、工程、经济三类，进行分层次综合评估。

（一）评估指标预处理

1. 指标一致化处理

在 18 项指标中，地质特征认知程度（R_Z）、指标预测精度（R_{yc}）、储量可靠程度（R_N）、安全管理完善程度（G_{WS}）、吨油综合利润（W_z）、内部收益率（IRR）6 项指标属效益型指标，越大越好。其余属成本型指标，越小越好。对成本型指标 x_i 转换为效益型指标 x_i^* 的方法有上限法和倒数法，此处采用倒数法。

2. 无量纲化处理

无量纲化处理亦称标准化处理、规范化处理。一般各项评价指标所代表的意义不同，其量纲与量级亦不同，存在着不可公度性，这就对进行综合评价带来不便性，有时甚至会出现评价结果的不合理性。因此，为了避免此类情况的发生，需要对评价指标进行无量纲化处理。

处理方法较多，有直线型、折线型、曲线型、动态型等，其中直线型包含了标准化处理法、比重法、阈值法等。

（二）评估指标权重的确定

常用层次分析法、熵值法或灰关联法的组合分层确定权重，见表 7-7-1。

表 7-7-1　风险评估指标权重表

总指标	某方案风险评估值															
分类指标	地质类风险评估指标						工程类风险评估指标						经济类风险评估指标			
分类权重	w_1						w_2						w_3			
评估指标	油藏复杂程度	纵向地质风险率	地质特征认知程度	综合递减率	指标预测精度	储量可靠程度	工程综合风险系数	设备综合风险系数	地面工程综合风险系数	安全管理完善程度	百万吨死亡率	千人负伤率	百万吨经济损失率	百万吨产能建设投资	吨油综合利润	内部收益率
指标权重	w_{11}	w_{12}	w_{13}	w_{14}	w_{15}	w_{16}	w_{21}	w_{22}	w_{23}	w_{24}	w_{25}	w_{26}	w_{31}	w_{32}	w_{33}	w_{34}

（三）确定风险评估方法组合

风险评估常用方法有事故树法、指数法、因果法、概率法、危险源法等，亦可采用定性定量结合的多方法组合。这些方法包含了头脑风暴法、德尔菲法、专家会议法、层次分析法、模糊评判法、灰色评判法、蒙特卡洛法、熵值法、最小二乘法、目标差异程度法、神经网络法等数十种。各种方法均有各自的优缺点，可依评估对象、重点、内容之不同进行有差异组合，取长补短、优势互补以达到客观、合理的风险评估结果。

四、风险预警、应对与控制

（一）风险的预警

所谓预警，简言之就是预测风险、事先警告。预警级别的制定要遵循适应性、科学性、先进性、预防性、以人为主等原则，结合企业的特点，参照国家、中国石油天然气总公司相关规定，按性质、严重程度、可控性和影响范围等因素将风险级别分为 5 级，见表 7-7-2。

表 7-7-2　预警级别分级表

级别	内容	信号	特征值	备注
Ⅰ	特别重大	红色	$0.90<F_{yj}\leq 1.00$	F_{yj} 为风险综合评价值
Ⅱ	重大	橙色	$0.75<F_{yj}\leq 0.90$	
Ⅲ	较大	黄色	$0.55<F_{yj}\leq 0.75$	

续表

级别	内容	信号	特征值	备注
Ⅳ	一般	蓝色	$0.30<F_{yj}\leqslant 0.55$	F_{yj}为风险综合评价值
Ⅴ	正常	绿色	$0<F_{yj}\leqslant 0.30$	

(二) 风险的应对与控制

结合风险评估结果，提出相应的措施和控制办法。

五、应用实例

油田开发规划是纲领性文件，它关系到油田开发效果与水平，亦关系到油田的可持续性发展。油田开发规划一般分为年度、中长期和长远 3 类，而中长期规划指 5 年或 10 年规划，常指 5 年规划。

现以 J 油田的“十二五”规划为例，进行风险评估。

(一) J 油田风险识别

风险识别是评估的前提，也是规避与防护的基础。根据文献逆向思维的思路，结合“十二五”规划具体内容。进行风险识别。

1. 地质风险

J 油田是复杂断块油田，具有断层多、断块小、层位多、含油井段长、油水关系复杂的特点。存在平面、层间、层内、流体等严重非均质性，影响油田开发，可能造成低产、超低产甚至空井风险；在新建产能区块、调整区块或二次开发区块中存在异常压力油层、气层、疏松储层、含 H_2S 油气层等，钻井过程中可能出现气侵、井漏、井涌、井塌、井下落物、卡钻、储层污染与伤害等风险事故，甚至发生井喷、着火、中毒等重大风险。

2. 技术风险

在编制规划中采用数理统计法、水驱曲线法、递减法、数学模型法、增长曲线法等预测开发指标，由于未来影响因素的不确定性，可能存在指标预测误差大，导致开发部署不当，影响开发效果和经济效益的风险；在提高采收率的现场试验中，可能存在方法选择失误、施工操作不当的风险；测试中存在放射性风险；运用新采油装备经验不足出现效能低的风险；地面工程中存在设计、施工等风险等。

3. 经济风险

“十二五”期间可能出现国际油价大幅波动，尤其是油价下降、成本上升导致利润降低的风险；可能出现安全事故造成经济损失和赔偿风险。

4. 环境与社会风险

开发期间可能出现对水（地面水、地表水、地下水、海水）、海滩、空气、土壤等污染的环保风险；企业与当地居民纠纷、社会治安事件等可能造成经济风险。

5. 自然风险

本区属地震Ⅶ度烈度区，为地震多发区域，每百年发生 3 级以上地震约为 150 次。该区亦可能发生热带风暴、风暴潮和海冰等。

（二）J 油田风险评估

1. 风险指标计算

（1）油田复杂程度。

根据“十二五”期间新建区块、调整区块和二次开发区块，总体上属复杂断块油田，按照第二章提供的计算方法，油田复杂程度为 0.375。

（2）纵向地质风险率。

分别按新区产能区块、老区产能区块、调整区块、二次开发区块统计风险层厚度和限制深度，并计算权重。再按式（7-7-1）计算。按新区纵向剖面出现气层、高油气比层、高压异常层、疏松层、含 H_2S 层等部分井资料统计，计算结果为 0.4949。

（3）地质特征认知程度。

统计规划编制团队资料，按式（7-7-2）计算，结果为 0.7696。

（4）综合递减率。

按“十二五”期间预测产量计算，最大综合递减率为 30%，高综合递减率不仅需投入新的动用储量，而且会增大工作量，亦会带来风险。

（5）指标预测精度。

“十二五”期间的开发指标采用了不同方法预测，其中最重要的指标之一产油量主要采用递减类方法预测。用相对误差法和相似度法检查“七五”至“十一五”5 个五年规划的预测精度，“九五”预测最好，“七五”最差。“七五”、“十五”之所以预测精度低，主要是决策脱离实际的结果。若科学预测，估计误差在 10% 左右，预测精度在 90% 左右（表 7-7-3）。

表 7-7-3　历次规划预测误差表

规划	“七五”	“八五”	“九五”	“十五”	“十一五”
相对误差法	0.7253	0.1954	0.0058	-0.4263	0.1433
1-相似度值	0.6235	0.1990	0.0670	0.2482	0.1802
排序	5	3	1	4	2

注：表中排序按绝对值计。

（6）储量可靠程度。

一般探明储量允许误差为±20%，故储量可靠程度定为 0.8。

（7）工程综合风险系数。

在油田开发过程中，常使用新技术、新工艺，或因技术不成熟、或因操作不熟练等可能造成风险，统计约为 5%。

（8）设备综合风险系数。

该系数为设备完好率、更新率、保养率等之综合，其风险系数为 5%左右。

（9）地面工程综合风险系数。

油田地面工程构成一复杂系统。按规定给出了综合评价方法。按该方法估算 J 油田风险等级为中等，其值为 0.35。

（10）安全风险系数。

按 J 油田资料统计，该指标为 0.05。

（11）百万吨产量死亡率。

按1988—2010年的数据统计，百万吨产量死亡率平均为1.5人次/百万吨。

（12）千人负伤率。

据不完全统计，千人负伤率约为1.0人次/千人。

（13）百万吨经济损失率。

由于缺乏相关数据和类比资料，权且估算为10%。

（14）百万吨产能建设投资。

预计“十二五”期间百万吨产能建设投资为40.9亿元。

（15）综合吨油利润。

借鉴J油田2010年成本费用2901元/t，销售税金及附加68元/t，资源税24元/t，特别收益金658元/t，油价3774元/t；综合吨油利润=3774-2901-68-24-658=123元/t。

影响综合吨油利润主要是国际油价、成本费用、汇率的波动，尤其是国际油价的波动，将使综合吨油利润处于风险之中。

（16）内部收益率。

按油价65美元/bbl时，内部收益率为13.78%。

2. 风险指标预处理与权重的确定

（1）风险指标预处理。

针对风险而言，油藏复杂程度、地质特征认知程度、指标预测精度、储量可靠程度、吨油利润、内部收益率6项指标值越小、风险越大，其余指标值越大、风险越大。

处理前应结合油田的具体情况与历史数据，给出评价指标最风险值理论界限，并对6项越小值指标采用一致化处理，运用最大化方法进行无量纲化处理，结果见表7-7-4。

（2）权重的确定。

确定权重的方法很多，本例分类指标采用层次分析法确定权重，评估指标采用熵值法和层次分析法确定权重，结果见表7-7-5。

（3）乘以权重处理后采用值。

经一致化、无量纲化处理并乘以权重后采用值，见表7-7-6。

（三）风险评估模型

结合本例的特点，采用比重法、理想距离法、灰关联法、TOPSIS法等多方法组合。各方法评估结果见表7-7-7。

“十二五”风险评估结果：各方法组合的均值为0.6803，划分为Ⅲ级较大风险，橙色预警。

（四）J油田风险的应对与重点提示

从表7-7-7中看出：纵向地质异常风险率、千人负伤率、内部收益率等均大于0.95，属Ⅰ级风险，红色预警，在规划的实施中尤其是要注重防护、规避风险。

在钻井过程中，注意地质提示，如GSB区Es_3^{2+3}、PG1 Es_1等油藏存在异常高压，GSN区部分断块Es_3^{2+3}、PG2 Es_1、潜山等油藏硫化氢含量较高，需要加强防范，防止井涌、井喷及其他事故发生；在各项施工中，加强对职工的安全教育、提高安全意识、严格执行操作规程，防止职工负伤；同时，注意降本增效，降低投资，提高内部收益率。

表 7-7-4 评估指标预处理后数值

评估指标		油藏复杂程度	纵向地质异常风险率	地质特征认知程度	综合递减率	指标预测精度	储量可靠程度	工程综合风险系数	设备综合风险系数	地面工程综合风险系数	安全风险系数	百万吨死亡率	千人负伤率	百万吨经济损失率	百万吨产能建设投资	吨油综合利润	内部收益率
数值	危险值	0.1250	0.5000	0.3000	0.5000	0.5000	0.5000	0.2000	0.2000	70.0000	0.2000	2.0000	10.0000	0.1000	60.0000	0	0.1200
	指标值	0.3750	0.4950	0.7696	0.3000	0.9000	0.8000	0.0500	0.0500	35.0000	0.0500	1.1500	10.1000	0.1000	40.9000	123.0000	0.1380
一致化处理	危险值	0.6667	0.5000	0.4831	0.5000	0.4167	0.7692	0.2000	0.2000	1.0000	0.2000	1.0000	1.0000	0.1000	1.0000	0.0081	0.7949
	指标值	0.5714	0.4950	0.3937	0.3000	0.3571	0.3846	0.0500	0.0500	0.5000	0.0500	0.5750	1.0100	0.1000	0.6817	0.0040	0.7837
最大化处理	危险值	0.6601	0.4950	0.4783	0.4950	0.4125	0.7616	0.1980	0.1980	0.9901	0.1980	0.9901	0.9901	0.0990	0.9901	0.0080	0.7870
	指标值	0.5658	0.4901	0.3898	0.2970	0.3536	0.3808	0.0495	0.0495	0.4950	0.0495	0.5693	1.0000	0.0990	0.6749	0.0040	0.7759

表 7-7-5 评估指标权重

评估指标	油藏复杂程度	纵向地质异常风险率	地质特征认知程度	综合递减率	指标预测精度	储量可靠程度	工程综合风险系数	设备综合风险系数	地面工程综合风险系数	安全风险系数	百万吨死亡率	千人负伤率	百万吨经济损失率	百万吨产能建设投资	吨油综合利润	内部收益率
w_j	0.0582	0.0595	0.0614	0.0635	0.0622	0.0616	0.0711	0.0711	0.0594	0.0711	0.0582	0.0526	0.0691	0.0525	0.0734	0.0552
权重值	0.1071	0.0857	0.0642	0.0428	0.0642	0.0642	0.0545	0.0408	0.0545	0.0272	0.0681	0.0408	0.0572	0.0572	0.0858	0.0858
组合值	0.0924	0.0778	0.0634	0.0490	0.0636	0.0634	0.0595	0.0499	0.0560	0.0404	0.0651	0.0444	0.0608	0.0558	0.0821	0.0766

表 7-7-6　评估指标处理后新值

评估指标		油藏复杂程度	纵向地质异常风险率	地质特征认知程度	综合递减率	指标预测精度	储量可靠程度	工程综合风险系数	设备综合风险系数	地面工程综合风险系数	安全风险系数	百万吨死亡率	千人负伤率	百万吨经济损失率	百万吨产能建设投资	吨油综合利润	内部收益率
数值	危险值	0.0603	0.0381	0.0299	0.0240	0.0259	0.0477	0.0116	0.0098	0.0547	0.0079	0.0637	0.0434	0.0059	0.0546	0.0006	0.0596
	指标值	0.0517	0.0377	0.0244	0.0144	0.0222	0.0239	0.0029	0.0024	0.0274	0.0020	0.0366	0.0438	0.0059	0.0558	0.0003	0.0587

表 7-7-7　多方法评估结果表

评估指标	油藏复杂程度	纵向地质异常风险率	地质特征认知程度	综合递减率	指标预测精度	储量可靠程度	工程综合风险系数	设备综合风险系数	地面工程综合风险系数	安全风险系数	百万吨死亡率	千人负伤率	百万吨经济损失率	百万吨产能建设投资	吨油综合利润	内部收益率	各方法均值
比重法	0.8571	0.9900	0.8150	0.6000	0.8571	0.5000	0.2500	0.2500	0.5000	0.2500	0.5750	1.0100	1.0000	0.6817	0.5020	0.9859	0.6640
理想距离法	0.8571	0.9900	0.8150	0.6000	0.8571	0.5000	0.2500	0.2500	0.5000	0.2500	0.5750	0.9900	1.0000	0.6817	0.5020	0.9859	0.6627
灰关联法	0.7944	0.9974	0.8597	0.7758	0.9042	0.5770	0.7923	0.8208	0.5428	0.8512	0.5455	0.9958	1.0000	0.6488	0.9992	0.9834	0.8180
TOPSIS法	0.8588	0.9289	0.6796	0.4306	0.4533	0.4393	0.0657	0.0082	0.4211	0.0087	0.8536	1.0000	0.1358	1.0000	0.9400	1.0000	0.5765
指标均值	0.8419	0.9766	0.7923	0.6016	0.7679	0.5041	0.3395	0.3322	0.4910	0.3400	0.6373	0.9989	0.7839	0.7530	0.7358	0.9888	0.6803

注：表中理想距离法均值为 1-原均值；TOPSIS 法中凡指标评估值大于 1 者，均取为 1。

另外，油藏复杂程度、地质特征认知程度、指标预测精度、百万吨经济损失率、百万吨产能建设投资属Ⅱ级风险，为橙色预警，也要引起足够注意。一是J油田属于典型的复杂断块油藏，油水关系复杂，砂体规模小，储层变化大，钻井风险高；对新区要强化地质认识，尽可能搞清断层与油气水分布；对老区要深化精细油藏描述，重点刻画储层韵律特征、大孔道发育规律以及油水分布状况，明确剩余油潜力，防止低能井、空井出现。二是产能建设对象逐步向中深层、深层低渗透油藏转移，开发成本逐步上升，控制百万吨产能建设规模、提高产建效益面临一定的风险；应加大深层低渗透油藏优快钻井、低渗透储层压裂开发技术、复杂断块油藏经济注水开发配套技术等关键技术攻关力度，为经济有效动用低渗透难采储量、中深层注水油藏提高控制与动用程度、降低投资风险提供技术保障。三是吨油综合利润虽为Ⅲ级风险，但也不能掉以轻心，油田固定资产规模大，资产结构不合理，油气生产规模与资产规模的结构性矛盾非常突出，尤其是对国际油价的波动要高度重视，避免带来重大经济损失。

参考文献

[1] 李斌，刘伟，毕永斌，等. 油田开项目综合评价［M］. 北京：石油工业出版社，2019.
[2] 陈衍泰，陈国宏，李美娟. 综合评价方法分类及研究进展［J］. 管理科学学报，2004，7（2）：69-79.
[3] 王宗军. 综合评价的方法、问题及其研究趋势［J］. 管理科学学报，1998（1）：75-81.
[4] 李斌，陈能学. 油田开发系统是开放的灰色的复杂巨系统［J］. 复杂油气藏，2002，11（3）：24-29.
[5] 许国志. 系统科学与工程预警［M］. 上海：上海科技教育出版社，2000.
[6] 刘秀婷，杨军，杨戬，等. 用新模型综合评价油田开发效果的探讨［J］. 断块油气田，2006（3）：30-33.
[7] 孟昭正. 层次分析法及其在油田开发方案综合评价中的应用［J］. 石油勘探与开发，1989（5）：50-56.
[8] 刘秀婷，程仲平，杨纯东，等. 油田开发效果综合评价方法新探［J］. 中外能源，2006（5）：37-41.
[9] 杜栋，庞庆华，吴炎. 现代综合评价方法与案例精选［M］. 北京：清华大学出版社，2008.
[10] 胡永宏，贺思辉. 综合评价方法［M］. 北京：科学出版社，2000.
[11] 陈月明. 油藏经营管理［M］. 东营：中国石油大学出版社，2007.
[12] 李斌，宋占新，高经国. 论油田开发二重性［J］. 石油科技论坛，2011（2）：45-41.
[13] 郭亚军. 综合评价理论、方法及应用［M］. 北京：科学出版社，2008.
[14] 易平涛，张丹宁，郭亚军，等. 动态综合评价中的无量纲化方法［J］. 东北大学学报（自然科学版），2009（6）889-892.
[15] 李斌，张国旗，刘伟，等. 油气技术经济配产方法［M］. 北京：石油工业出版社，2002.
[16] 刘宝和. 中国石油勘探开发百科全书：开发卷［M］. 北京：石油工业出版社，2008.
[17] 符蓉，谢晓霞，干胜道. 净现值与经济增加值之异同及其关系研究［J］. 现代财经，2006（3）：30-32，59.
[18] 陈国宏，陈衍泰，李美娟. 组合评价系统综合研究［J］. 复旦学报（自然科学版），2003（5）：667-672.
[19] 曾宪报. 关于组合评价法的事前事后检验［J］. 统计研究，1997（6）：56-58.
[20] 周伟. 几种绩效评价方法的实证比较［J］. 评价与管理，2007，5（1）：25-28.
[21] 张吉军. 模糊层次分析法（FAHP）［J］. 模糊系统于数学，2000，14（2）：80-88.
[22] 何晓群. 现代统计分析方法与应用［M］. 北京：中国人民大学出版社，1998.
[23] 邓聚龙. 灰理论基础［M］. 武昌：华中科技大学出版社，2002.

[24] 王清印，刘开第. 灰色系统理论的数学方法及其应用［M］. 成都：西南交通大学出版社，1990.
[25] 邓聚龙. 灰色系统基本方法［M］. 武昌：华中科技大学出版社，1987.
[26] 李美娟，陈国宏. 数据包络分析法（DEA）的研究与应用［J］. 中国工程科学，2003，5（6）：88-94.
[27] 周丽晖. 一种新的综合评价方法—人工神经网络方法［J］. 北京统计，2004（11）：51-50.
[28] 贾承造. 美国 SEC 油气储量评估方法［M］. 北京：石油工业出版社，2004.
[29] 中国石油天然气股份公司. 油田开发建设项目后评价［M］. 北京：石油工业出版社，2005.
[30] 雷中英，胡望水. 油田开发项目综合评价指标体系构建研究［J］. 江汉石油学院学报，2010（5）：391-393，413.
[31] 李斌，毕永斌，潘欢，等. 油田开发效果综合评价指标筛选的组合方法［J］. 石油科技论坛，2012，31（3）：38-41，50.
[32] 岳超源. 决策理论与方法［M］. 北京：科学出版社，2003.
[33] 李斌，张欣赏. Weng 模型在油气田开发规划中的应用［J］. 石油科技论坛，2005（2）：25-26.
[34] 李斌，袁俊香. 影响产量递减率的因素与减缓递减率的途径［J］. 石油学报，1997（3）：91-99.
[35] 李斌，刘伟，张梅. 浅论断块油田的稳产问题［J］. 复杂油气田，2001（6）：13-14.
[36] 毛泽东. 毛泽东选集：第一卷［M］. 北京：人民出版社，1991.
[37] 苟三权. 油田开发项目的风险分析方法综述［J］. 石油钻探技术，2007，35（2）：87-90.
[38] 艾婷婷. 基于油田开发项目的风险分析［J］. 工业改革与管理，2014（4）：133.
[39] 韩德金，魏兴华，时均莲. 低渗透油田开发决策风险性评价研究［J］. 大庆石油地质与开发，1998（4）：20-22，56.
[40] 秦文刚，宋艺，张作起. 海洋石油勘探开发项目风险分析［J］. 中国造船，2006（11）：14-20.
[41] 郝丽萍，牛卓，唐黎明. 油气田勘探开发风险评价方法及应用研究［J］. 甘肃科学学报，2001，13（2）：77-82.
[42] 张宝生，于龙珍. 油气储量产量联合风险分析评价方法与应用［J］. 天然气工业，2006，26（9）：154-156.
[43] 初京义. 石油天然气勘探开发项目风险分析及风险应对策略［D］. 天津：天津大学管理学院，2005.
[44] 秦力青. 典型石油开采区生态风险评估与预警管理系统研究与构建［D］. 青岛：山东科技大学，2011.
[45] 谢玲珠. 油田地面工程项目风险评价及防范研究［D］. 大庆：大庆石油学院，2010.
[46] 张国旗，朱秉怡. 岗位风险评估知识手册［M］. 北京：石油工业出版社，2001.
[47] 张国旗，焦向民，崔焕秀. 等. 危害辨识与预防指南［M］. 北京：石油工业出版社，2002.
[48] 胡宣达，沈厚才. 风险管理学基础—数理方法［M］. 南京：东南大学出版社，2001.
[49] 朱明哲. 风险管理［M］. 台北：中华企业管理发展中心，1984.
[50] A. H. Mowbray，R. H. Blanchard，C. A. Williams Jr. Insurance［M］. New York：McGraw-Hill，1995.
[51] 李斌，陈能学，张梅，等. 论油田开发系统的复杂性及不确定性［J］. 石油科技论坛，2003：21-27.
[52] 胡文瑞. 老油田二次开发概论［M］. 北京：石油工业出版社，2011.

第八章　断块油田开发诊治论

油田开发的基本任务或者说基本目的是优化配置和合理地开采油气资源，达到最大油气产量和提高最终采收率，从而获得最佳经济效益。为了达到该目的，就要运用“油田开发系统论”的理论、方法，对油田开发过程中出现的各种现象、问题、事件与不确定因素等进行分析、综合、判断，提出有针对性的措施并实施有效的治理。这个过程就是油田开发系统的诊治过程。可以发现该过程与中医给人看病有极为相似之处。因此，可以运用“油田开发系统论”的基本观点、方法与中医的基本理论、基本诊断手法，并结合西医的诊断特点去对油藏、油井的“疑难杂症”进行“辨证施治”。

第一节　油田开发诊治技术研究综述

大量的石油天然气是从油井、气井生产出来的。因此、油井、气井是开采油气的通道，是提供油藏产状和各种信息资料的窗口，是治理、调整油藏状况、改造油层的渠道。国内外油田开发工作者通过研究油井、井组，进而研究油层、油藏、油田动态的成果颇多，这些成果有力地指导了油田开发开采。

一、油田开发诊治技术发展简述

石油工业化开采160年以来，油田开发工作者逐渐加深对油藏及开采油气的通道——油井的认识。在20世纪30年代就开始研究地层天然能量问题，同时研究了油、气、水在油藏和井中的物理状态。20世纪40年代对储层物性的测定有了新的发展，在理论上推导了物质平衡方程式和计算采收率及其他油田开发指标的方法，并研究油藏开发开采的基本规律。通过专家、学者一系列辛勤的努力，使人们对油藏的构造、形态、规模、特征、储量、类型、驱油机理、开采特点、开发规律、管理方法等有了深入或较深入的了解，这就为油藏诊治提供了坚实的基础。

中国发现石油早，对石油开采技术作出了显著的贡献。陆续开发了陕西延长油田、新疆独山子油田、甘肃玉门老君庙油田、四川石油沟气田和圣灯山气田。中华人民共和国成立后开发了第一个大油田——克拉玛依油田。1959年发现大庆油田后，我国真正走上了独立自主的、系统的、全面的、创新的开发大油田科学模式之路，尤其是用马克思主义和毛泽东思想的哲学指导油田开发，为后续发现的中国油田树立了油田开发光辉的榜样。

二、大庆油田的基本经验为油藏诊治提供了借鉴

大庆油田的发现与开发，不仅具有伟大的政治意义，也为开发现代化油田积累了丰富的经验，概括起来有以下四点。

（1）自觉运用马克思主义和毛泽东思想哲学统领油田开发，“两论起家”、“两分法前

进”。善用辩证唯物主义的立场、观点和方法去分析解决油田开发中的各种问题，体现了用正确的思想路线、思想方法和工作方法指导油田开发实践。

（2）以人为本，充分发挥人的主观能动性，强调领导、技术人员、工人三结合，同甘共苦，将高度的革命精神与严格的科学态度结合起来，全面加强抓基层、打基础、苦练基本功的“三基”工作，大力弘扬具有时代特征“爱国、创业、求实、奉献”的大庆精神和铁人精神，培育具有“三老四严”（即对待革命事业，要当老实人、说老实话，办老实事；对待工作，要有严格的要求、严密的组织、严肃的态度、严明的纪律）、“四个一样”（即对待革命工作要做到：黑天和白天一个样，坏天气和好天气一个样，领导不在场和领导在场一个样，没人检查和有人检查一个样）等高尚品格的新一代石油人，不断开创油田开发新局面。

（3）坚持一切从实际出发，根据实际情况制定工作方针。坚持实践是检验真理的唯一标准。在油田开发全过程实事求是地认识油藏与改造油藏，取全取准第一性资料，在认真搞清油田资源情况的基础上，一切经过试验并吸取国内外油田开发的经验教训，科学制定油田开发方案，合理高效地开发油田。

（4）解放思想，与时俱进，自主科技创新；夯实基础，持续改革，创建百年油田。强化现代油田开发系统管理，坚持立足当前，规划长远，积极谋求企业的可持续发展，创建绿色环保型大油田，努力实现总体油田开发效益最大化。

上述四条虽不能全面反映大庆油田开发的经验，但这种唯物辩证、以人为本、实事求是、改革创新的基本精神，也是油田开发诊治值得借鉴的。

三、油藏诊治技术研究现状

国内外油田开发专家学者对油藏、油井诊治问题进行了长期研究。国外学者［美］K. E. 布朗博士《采油工艺技术》丛书（1977 年）、［苏］M. M. Nванова《油藏的采油动态》（1977 年）、［苏］T. M. Алиев A. A. TEP-Хачатуров《抽油井自动控制和诊断》（1988 年）、［加］T. E. W. 尼德《油气藏和油气井动态》（1989 年）、M. Golan 和 C. H. Whitson《油气井动态分析》（1991 年）、［美］Steven . W. Poston 和 Bobby D. Poe Jr《产量递减曲线分析》（2015 年）等，国内学者童宪章《油井产状和油藏动态分析》（1981 年）、李斌《自喷井诊断技术—模糊数学在油井生产中的应用》（1991 年）、袁庆峰《油藏工程方法研究》（1991 年）、王九松《抽油井诊断图形分析》（1994 年）、励学思和杨世刚等《油井生产动态分析》（1996 年）、黄炳光和刘蜀知《实用油藏工程与动态分析方法》（1998 年）、孙玉凯和高文君《常用油藏工程方法改进与应用》（2006 年）、金海英《油气井生产动态分析》（2010 年）、车太杰《采油生产常见故障诊断与处理》（2010 年）、于宝新和于健勋《油田高含水期采油动态分析方法》（2016 年）等著作和论文，以及著名学者陈元千、俞启泰等多年发表的关于油田开发方面的许多著作、论文，大庆油田及其他油田多位学者的研究论文，等等，极大地丰富了油藏、油井的动态分析方法和诊断手段。

笔者研究的“油田开发诊治学”在基本内容上与上述著作、论文大同小异外，主要区别在于用“油田开发系统论”和中医理论的基本观点、思维方法、诊治手段，以及复杂性科学的理念，整体地、全面地、系统地分析油藏、油井涌现的现象、出现的问题、发生的事件及不确定因素等，进行多方面的综合分析、多方法多工艺多技术的组合应用，提出“防患于未然”的治理措施，规避风险，提高效益。

第二节　断块油田开发的特殊性

1962年9月23日首先在山东东营凹陷营2井获日产555t的高产油流，发现我国东部油区第一个复杂断块油田——东辛油田。1964年底在天津南黄骅凹陷北大港构造带的港5井获得日产19.74t、天然气34000m^{3}的工业油气流，从而发现大港油田。随后在胜利油田、辽河油田、冀东油田等渤海湾地区及在中原油田、河南油田、江汉油田、江苏油田、二连油田、冀中油田等地区发现了分布众多断裂构造带的复杂的复式构造油藏。随着勘探规模不断扩大，我国从南到北、从东到西均不同程度地发现了同类油藏。断块油田在我国有广泛的分布，其地质储量和年采油量在我国均占有相当大的比重，其中仅2015年度中国石油复杂断块油田动用储量占中国石油动用储量的10.3%，年采油量占9.1%。

一、复杂断块油田开发研究简述

自20世纪60年代发现东辛油田始，我国的油田开发工作者和科技人员就进行了断块油田的研究。随着研究的深入，首次将此类油藏类型命名为复杂断块油田，我国也是首先探索其特殊勘探开发方法和特殊规律的国家。

何谓断块油田和复杂断块油田？油田内断层较发育、断层遮挡或受断层作用形成的油藏称为断块油藏，并在一个断裂带形成多个断块油藏组合且以多个断块油藏为主的油田称为断块油田。复杂断块油田实际上没有一个明确的定义，而是根据该断块油田的复杂程度进行分类。通常将断层多、断块小、油水关系复杂、常规勘探开发方法效果差、效益低，且不宜掌握油藏全貌而需特殊勘探开发方法的断块油田称之为复杂断块油田。

发现东辛油田后就开始研究此类油田勘探开发方法、开辟现场试验，总结经验教训，提出“整体设想、分批实施、及时调整、逐步完善”的开发原则；20世纪70年代提出“先肥后廋”即先抓主力断块，采用“因地制宜、区别对待、不同断块用相应的开发方式和注采井网”的做法和形成滚动勘探开发初期模式等。20世纪80年代总结出渤海湾地区复式油气聚集带理论。运用三维地震技术，加深对发现断块油田的认识，滚动勘探开发持续发展。运用数值模拟技术编制复杂断块油田的开发方案逐步成熟，老区进行开发调整工作，细分层系、加密井网、完善注采系统，进行滚动勘探、运用新技术新工艺提高储量动用程度和采油速度。同时，深入研究复杂断块油田的成因和特殊规律等。20世纪90年代复杂断块油田的勘探开发技术又有了新的发展，高分辨率地震勘探和地质资料的精细解释、储层横向预测、人机联作工作站、低阻油层识别和测井新技术的应用、试油与测试新技术的应用、定向井、丛式井、水平井的应用以及采油工艺新技术的应用均对复杂断块油田勘探开发起到了积极的推进作用。进入21世纪初期的20年内，复杂断块油田的勘探开发技术有了新的突破、新的发展。加强基础理论、应用基础和前沿技术研究，注重交叉学科和高新技术领域的融合创新。勘探开发一体化进一步发展、高精度三维地震技术的应用对复杂断块油田的构造解释和成藏规律有了新认识、已开发区精细研究和层序地层学理论和方法渐成完整的科学体系、含油气系统已发展为成熟的理论、油气系统分析与模拟技术、可视定量实时化的油藏描述技术、精细油藏数值模拟技术和新一代数值模拟器、大斜度井大位移井水平井和多分枝井广泛应用、智能井和MRC技术进一步发展、水平井分段压裂技术及提高采收率技术、实时油藏经营管理技术、数字油田智能油田智慧油田建设积极推进、大数据互联网物联网快速发展等，均增加了地质储量、可采储量、油气产量，使其开发效果和经济效益均有大的提高，复杂断块油田开发水平达到了一个新的高度。复杂断块油田勘探开发技术逐渐形成一套系统的理论、完整的程序和成熟的技术。

二、复杂断块油田的一般特性与特殊性

通常，众多的著作、论文及相关研究者将断层多、断块小、含油层系多、贫富差异大、油藏类型多、油水关系复杂等特点作为复杂断块油田与一般油田的区别，这也是断块油田的一般特性。

（一）断层多、断块小

断层多、断块小是复杂断块油田地质构造最突出的特点。如东辛油田在构造面积 240km^2 内有 260 条断层，四级断层将 25 个断块区分割成 195 个断块，已投入开发的 128 个含油断块中，含油面积小于 1km^2 的断块就有 104 个，占油田断块数的 81.2%；文明寨油田构造十分破碎，叠合最大含油面积 6.84km^2 就有 192 个含油小断块，平均每平方千米有 28 个断块，其中明 6 断块区每平方千米有 33.2 个断块。由于断层发育，主力小层因断层切割一般都有 20 个左右的含油小块，最小含油面积为 0.001km^2，最大含油面积为 0.418km^2，小于 0.1km^2 的含油小块占总数的 77.4%；高尚堡油田 45km^2 构造面积内 338 口钻井资料统计，共钻遇断点 959 个，组成 50 条断层 147 个断块，其中面积大于 1km^2 的断块有 9 个，0.1~0.5km^2 的断块有 93 个，其余断块小于 0.1km^2。

（二）含油井段长、含油层系多、贫富差异大

复杂断块油田大多数都有多套含油层系。东辛油田沙河街组沙三下亚段、沙三中亚段、沙三上亚段、沙二下亚段、沙二上亚段、沙一段、东营组东三段、东二段、东一段、馆陶组都是含油层系；高尚堡油田沙河街组沙三^4 亚段、沙三^3 亚段、沙三$^{2+3}$亚段、沙三^1 亚段、沙二段、沙一段、东营组东二段、东一段、馆陶组馆Ⅴ段、馆Ⅳ段、馆Ⅲ段、馆Ⅱ段、馆Ⅰ段、明化镇组明上段、明下段均是含油层系；其他复杂断块油田如永安、文明寨、临盘、北大港等均是如此。含油井段在 1000~4500m 的范围内。虽然含油层系多，含油井段长，但主力层和非主力层贫富差异大。如东辛油田沙二下亚段和沙二上亚段其地质储量占全油田的 61.7%。不仅含油层位上贫富不均，而且各断块间也贫富不均，如文明寨油田平均储量丰度为 326.7×10^{4}t/km^2，其中明 14 断块区为 122.5×10^{4}t/km^2，明 16 断块区为 134.2×10^{4}t/km^2，明 6 断块区为 218.9×10^{4}t/km^2，明 1 东断块区为 251.4×10^{4}t/km^2，卫 7 断块区为 295.7×10^{4}t/km^2，明 1 西断块区为 343.2×10^{4}t/km^2。东辛油田也有类似情况，各断块的储量丰度：营 14 为 46.4×10^{4}t/km^2，营 8 为 125.6×10^{4}t/km^2，辛 50 为 194.1×10^{4}t/km^2，营 17 为 214.6×10^{4}t/km^2，辛 23 为 229.1×10^{4}t/km^2，辛 11 为 268.1×10^{4}t/km^2，辛 11-21 为 385.3×10^{4}t/km^2，辛 11-9 为 446.6×10^{4}t/km^2。现河油田、临盘油田、高尚堡油田等复杂断块油田均是如此。

（三）油藏类型多，油水关系复杂

断块油田的油藏类型极其丰富多彩，从构造角度，根据地层产状和断层产状即组成圈闭特点，分为断块油气藏和混合型断块油气藏。断块油田分为三类：（1）开启型断块油气藏中包含反向屋脊断块油气藏、正向断块油气藏、扇形开启断块油气藏；（2）半开启型断块油气藏；（3）封闭型断块油气藏。混合型断块油气藏，常见的有：（1）断鼻油气藏；

(2) 构造岩性断块油气藏；(3) 断层遮挡岩性油气藏。此外还有断块逆牵引背斜油气藏和断块背斜油气藏等。断块油气藏还可以从储层、流体性质、驱动类型、埋藏深度等其他角度进行分类。

由于断层的分割把整个构造切割成许多水动力互不连通的独立的小断块油藏，加上纵向上存在分割性较强的薄夹层，使油层上下形成多个独立的油水系统，有各自的油水界面。这些断块油藏之间天然能量不同，有天然能量充足的边水油藏，有一定天然能量的半开启型中高渗透油藏，还有天然能量很弱的断块岩性油藏、低渗透油藏、普通稠油油藏、高凝油藏、高黏油藏等。

(四) 断块油藏的相对性

一般，断块区是依靠二级、三级断层划分的。断块的判定主要是根据断点的组合和地震资料进行判定，但断块的划分存在不确定性，很难将断点组合和断块划分准确，后又结合层序地层学理论，断块划分的准确度有所提升，但依然难说就是客观真实了。断层延伸一定距离后会尖灭消失，因此，从断层头看是两个断块，到断层尾就成为一个断块了，故断块的数目很难说清，这是断块数目的相对性；不同层位的断块面积不同，哪个层的面积最大或最小也难以说清，这是断块面积的相对性；断块有大有小，大断块可能储层非均质性非常严重，小断块其均质性就可能有所变化，越小的断块内可能均质性越高，这是断块非均质性的相对性；断点的组合与地震剖面上断层的解释也会因个人的学识与经验有关，这是断层解释的相对性。依靠科技的提高、经验的积累、认识手段的完善和认识水平的增长，逐渐将相对性向一定程度的确定性转化，使断块的各种参数准确性有相应的提高。

断块油藏的相对性是区别于断块油田一般特性的特殊性。断块油藏的特殊性还有很多，但以上所述是最基本的。这些基本特点将会对断块油田所发生的问题或出现的现象的诊治大有益处。

三、复杂断块油田的开发特征简述

由于断块油田的复杂性，因此其开发亦具有特殊性，即常规勘探与滚动勘探相结合；一般开发与特殊开发相结合；减缓递减与相对稳产相结合；局部调整与整体调整相结合；深化地质认识与优化技术手段相结合；多形式补充能量与多方法采油相结合；灵活且有针对性实行“一块一策”与“一井一法”相结合。

断块油田的开发特征与复杂性，需要对断块油田深化地质认识，基本掌握其面貌（如断层分布、多少、类型等；储层特征、油气水分布、性质等；储量规模与质量；可供开发的经济有效性等)，进而采取有针对性的开发方案。而四维开发地震、经济适当加密油水井、水平井类型开采油层、改善油井增产增注工艺是认识与开发复杂断块油田的最有效途径，或称之为最有效的断块油田四大开发开采法宝。再配合断块油田的管理艺术，就会使断块油田开发水平、效果、效益有相应的提高。

第三节 断块油田复杂程度的判别方法[①]

油气资源日趋紧张，勘探开发逐步向深海、极地、沙漠、丘陵等难度大的地区发展，

① 本节提供的断块油田复杂程度评价方法也适用于其他类型油田。

同时也转向类型复杂、储层物性差的油藏。油田复杂程度将直接影响储层质量和开发难度，关系到油田所能达到的开发水平，以及所能获得的开发效果与经济效益，也影响着油田开发决策以及所采取的对策。不同阶段对油田复杂程度评判参数要求不同。因而在勘探详探阶段或开发阶段，究竟哪些参数参与复杂程度评判，才能更准确地反映断块油藏的复杂程度，是值得深入研究的问题。

一、油田复杂程度研究状况与意义

（一）国内外研究现状

油田开发已经历了160余年，国内外学者对油藏分类进行了研究，如从勘探角度，基本以油藏形态和成因进行分类，或者说按油藏圈闭分类。从开发角度，美国的麦斯盖特、苏联的克雷洛夫从油藏驱动类型分类；中国的闵豫在1981年提出按开发特点分类；随后林志芳按储层物性、流体性质和驱动类型分为七类；裘亦楠按沉积相、储层物性、流体性质分为七大类二十亚类；唐曾熊按油藏形态、储集和渗流特征、流体性质三大因素分为十三类；王乃举按开发地质特征、基本石油地质规律和基本开发方针分为十类等。但这些油藏分类均没有涉及油藏的复杂程度。

对油藏复杂程度的研究，国内外尚未见报道，国内仅对断块油田的复杂程度进行了研究，该研究始于20世纪80年代中后期，至90年代有较大的发展。中国石油勘探开发研究院专家王平等人在20世纪80年代末90年代初先后提出《高度统计法》与《断块幅度法》，1993年中原油田勘探开发研究院廖洋贤、廖颖提出《断块区复杂程度分类模式》，随后在石油天然气行业标准中，主要依断块面积、断块地质储量来判别断块的复杂程度，中国石油勘探开发研究院专家武若霞等人在2000年提出《油砂体分布常数法》等。上述各种方法见表8-3-1。

上述分类方法，除《断块区复杂程度分类模式》中提到初期采油井网与注采对应程度涉及油藏工程问题外，基本上是从断块油田地质角度来进行断块油田复杂程度分类的，而各油区又按各自情况及所需进行分类。

表8-3-1　断块油田复杂程度评判方法

名称	判别要素	判别标准	提出人	发表时间（年）	备注
高度统计法	钻遇断点距离（断块高度分级）（m）	0~50；50~100；100~150；150~200；200~250；250~300；300~350；350~400；400~450；450~500；>500。以断块平均高度，小于300m井点占统计井点比例判断复杂程度	王　平	1991	一般断块高度小于200m，断块高度小于300m井点比例占60%以上者为极复杂断块油田
构造幅度法	a=断层落差（m）/构造幅度（m）	a<0.5为一般断块油田；1.0≤a≤2.0为较简单的复杂断块油田；2.0<a≤4.0为复杂断块油田；a>4.0为特别复杂断块油田	王　平	1991	

续表

<table>
<tr><th>名称</th><th>判别要素</th><th colspan="3">判别标准</th><th>提出人</th><th>发表时间（年）</th><th>备注</th></tr>
<tr><td rowspan="9">复杂程度分类模式</td><td>复杂程度</td><td>极复杂断块区</td><td>复杂断块区</td><td>简单断块区</td><td rowspan="9">廖洋贤
廖　颖</td><td rowspan="9">1993</td><td rowspan="9"></td></tr>
<tr><td>断层密度（条/km^2）</td><td>>10</td><td>3～10</td><td><3</td></tr>
<tr><td>断块密度（条/km^2）</td><td>>10</td><td>3～10</td><td><3</td></tr>
<tr><td>小断块平均含油面积（km^2）</td><td><0.1</td><td>0.1～10</td><td>>10</td></tr>
<tr><td>断块内油水系统</td><td>多油水系统</td><td>多油水系统</td><td>单一油水系统或多油水系统</td></tr>
<tr><td>初期采油井网</td><td>基本不对应</td><td>部分对应</td><td>基本对应</td></tr>
<tr><td>注采对应程度</td><td>水驱控制程度<10%</td><td>水驱控制程度<30%</td><td>水驱控制程度>30%</td></tr>
<tr><td>主断块面积比例</td><td>无主断块，都是破碎块</td><td>30%～40%</td><td>>50%</td></tr>
<tr><td>主断块储量比例</td><td>无主断块，都是破碎小块</td><td>30%～40%</td><td>>60%</td></tr>
<tr><td rowspan="3">石油天然气行业标准</td><td>含油面积（km^2）</td><td rowspan="3">≤0.1</td><td><1</td><td>>1</td><td rowspan="3">程世明
吴　蕾
崔耀南
岳登台</td><td rowspan="3">1995
1996</td><td rowspan="3">在标准中简单断块称之为一般断块；在文献中按面积 S 大小又分为五级：大，$S>1$；较大，$0.4 < S \leq 1$；中，$0.2 < S \leq 0.4$；小，$0.1 < S \leq 0.2$；碎，$S \leq 0.1$</td></tr>
<tr><td>地质储量占总储量比例（%）</td><td>>50</td><td>>50</td></tr>
<tr><td>岩性油藏在300m井距下的连通程度</td><td><60</td><td></td></tr>
<tr><td>油砂体分布常数法</td><td>$C=F^{-1}\ln k$</td><td colspan="3">C 值为0.05左右属于一般断块油田，C 值越大越复杂，C 值为5.0左右属极复杂断块</td><td>武若霞</td><td>2000</td><td>k：一定井网下油砂体控制程度。F：油砂体面积，km^2。C：油砂体分布常数</td></tr>
</table>

油田的复杂程度与油田的开发难度是两个概念，前者为油藏自然属性，后者是人为因素，是对开发者而言的。但是二者又是紧密相联的，油田的复杂程度决定着它的开发难度。然而，影响油田复杂程度的因素众多，不仅有地质因素，而且有油藏工程因素。地质因素如油田的构造、形态、面积、厚度、储量的规模、丰度、非均质性（变异系数、突进系数、渗透率级差、均质系数等）、油层的埋藏深度、多层性与砂层层数、油藏类型等。油藏工程因素如油藏的流度、油水关系系统、压力系统、驱动类型、油层连通程度、储量控制程度、储层渗流特征、流体性质与润湿性等，基本上属于油田的自然属性。而采油工

程与地面工程问题有时会增加油田开发开采的复杂性与难度，如海洋、极地、丘陵、地面水域等，只能采取丛式井、定向井等，显然会给采油、输油、油气初加工等增加难度。

在调研的基础上，确定了该研究的技术路线，即运用油田地质、油藏工程、钻采工程、计算机工程等多学科的相关理论与技术，筛选评判油田的复杂程度的参数，运用综合评价方法，进行综合评判，指导油田的开发与调整。

其技术关键有：(1) 确定满足油田复杂程度评判参数和确定评价油田复杂程度的新指标体系；(2) 选用综合评价方法组合。

(二) 研究油田复杂程度意义

在勘探末期、详探期或开发初期，评判参数的录取有一定困难，此时已知油藏面积、储量、高度等参数，就可初步判断油田的复杂程度，从而进行油田开发部署与开发方案的编制。当油田投入开发以后，就要对其开发效果进行评价。而油田的开发效果和开发的难易程度又是与油田的复杂程度密切相关的，此时油田的复杂程度绝不仅仅是油田面积、油田储量等参数确定的，必将要有更多的参数如储层的非均质性、连通性、流度、油水关系等油田的自然属性参与油田复杂程度的评判。因此，那种仅依断块面积大小与相应储量所占比例来判断断块油田的复杂程度是不够的，不仅不能充分反映断块油田开发的难易程度，而且不能反映多种油藏类型的油田复杂程度。

研究油藏复杂程度的现实意义在于以下六点。

(1) 有利于提高油田开发水平。

了解油田的复杂程度更能客观地、准确地反映油田的开发现状，促进有针对性地编制正式开发方案、调整方案或二次开发方案，提出油藏工程与采油工程措施，有利于提高油田开发水平。

(2) 有利于提高采收率方法的适用性。

深入地研究油田复杂程度，将有利于提高采收率方法的适用性，优选和配置与油藏适应的 EOR 方法，增强实施 EOR 方法的有效性。要不断试验，探索提高采收率的新方法，尤其是要采用与油藏复杂程度相适应的提高采收率多方法组合型的综合技术。

(3) 有利于正确评价油藏状况。

掌握油田的复杂程度更有利于正确评价其地质储量是可供开发的储量，还是难采储量以及开采难易程度，以便决策。

(4) 有利于提高油田开发管理水平。

要对油田复杂程度进行判别，就要收集、整理油田开发方面的相关数据与信息，去伪存真。只有真实的、客观的资料，经过科学而合理地处理与新方法的运用，才能得出正确的结论。由于新方法要求资料项目少，因此更应精益求精，促使由过去定性或半定量向定量化的转变，管理上由粗到细的转变，即管理上向集约化方向的转变，有利于提高油田开发管理水平。

(5) 有利于提高油田开发的经济效益。

开发不同复杂程度的油田其投入与产出是不同的，这就促使油田开发人员更加注重油田开发的经济效益，以适应社会主义市场经济的需要，并促使由不自觉向自觉的方向转化，有利于提高经济效益。

(6) 有利于提高油田开发技术水平。

开发不同复杂程度的油田需要不同的技术措施支撑。若要获得某个复杂程度的油藏较好的开发效果，就要不断提高开发开采技术水平，采用新工艺、新技术。

二、油田复杂程度综合评判方法

随着勘探工作的不断深入，已投入开发油田的不断老化，由于可供开发的优质后备储量的不足，勘探工作逐渐向地理与地质条件差的区块扩展。复杂油田的勘探与开发也越来越重要了。因此，为了提高油田的开发水平与经济效益，就要深入研究油田的复杂性。而复杂程度就是复杂性的量化表述。由于油藏复杂性又是受多因素影响，其复杂程度判别参数和评判方法就要进行筛选与优化。

（一）油田复杂程度判别参数的选择

油田复杂程度评判是一个复杂的问题。影响油田复杂程度因素多而杂。因此，必须对这些因素进行优选。

1. 选择原则

（1）科学性原则。

所选择的判别参数要有科学性、合理性，也就说它要正确地反映油田的复杂程度，符合地质规律与油田开发的基本规律，能够准确或较准确地反映油田的实际情况。在选择时主要优选油田的自然属性参数，同时也要考虑人为参数。而准确地反映油田的实际情况不是一次可以完成的，因为人们的认识程度、认识手段的发展等都是一个渐进的过程，因此要在目前的条件下尽可能正确地反映客观情况。换句话说，选择判别参数需体现油田开发的二重性。

（2）少而精原则。

由于影响因素众多，不可能也没有必要将全部影响因素均选为判别参数，因而要依据少而精原则进行优选。所谓少就是参数数量要少；所谓精，就是这些少量的参数要能够基本上反映油田的复杂程度，同时这些参数要具有非派生性和主导性，或者说这些参数要能够体现油田的自然属性，具有较强的代表性，并且对油田开发有较大的影响力。

（3）可操作性原则。

所选参数的可操作性应是一个基本出发点，因而要求所选参数要便于录取，能够做到齐全准；同时也要便于运用相应的数学表达式计算。对于某些不能直接用数学式表达的参数，也要能够间接量化或变通量化。只有如此，该参数才具有实用性，才能有效地发挥其使用价值。

2. 判别参数的选择

在影响油田复杂程度的众多参数中，大致分为四类，即油藏外部形态、油藏内部结构、储集流体特性、储层渗流特性。在此四类中根据油田复杂程度判别参数选择原则，优选具有代表性的参数。

（1）油藏形态参数。

反映构造形态的参数主要有断裂系统、地层产状、地层倾角、构造长度与宽度、闭合高度、高点深度、断层密封性和边界条件等；反映面积的参数主要有断层组合、闭合面积等；厚度主要是垂向断点距离。通过上述诸参数的描述，反映出油田的三维几何形态。另外再通过油田深度，就会较正确反映油田在地下的空间形态。而油田的大小主要是用面积与厚度来反映的。因此选择油田面积、厚度、埋深就能基本上反映油田大小和空间位置。

（2）油藏结构参数。

油田的内部结构包含微观结构与宏观结构。主要有储层的岩性与物性、岩石结构、孔隙结构、泥质含量与黏土矿物类型、裂缝系统、储层非均质性、多层性、砂体的长宽比、砂体的连通性、沉积结构以及油藏类型等。而储层非均质性又包含层内非均质性（渗透率变异系数、渗透率级差、非均质系数即突进系数、垂直渗透率与水平渗透率的比值等）；平面非均质性（砂体长宽比、宽厚比、钻遇率、砂体的连通程度、渗透率的方向性、井点渗透率的变异系数、渗透率分布频率等）；层间非均质性（沉积旋回性、分层系数、砂岩密度、渗透率分布、层间渗透率变异系数、渗透率级差、单层突进系数、层间隔层等）。

在这众多的表征断块内部结构的参数中，选择油藏类型、反映纵向的渗透率变异系数和反映平面的砂体连通性。砂体连通性将以砂体连通综合系数表示。

（3）油藏储集流体参数。

反映油田储集体内流体的参数有油气水关系、油水黏度比、储集流体性质、压力系统、驱动类型等。选择既能反映油气水分布又能反映压力系统的油气水系统。油气水系统的分布与产状直接关系到储量计算和开发部署的决策，因此，油气水系统的复杂性也是直接反映断块油田复杂性的一个重要方面。

（4）油藏储层与流体渗流关系。

地下流体储存在储层内，当具备条件时便会产生渗流。体现储层与流体关系的参数有流度、流动系数、岩石的润湿性、储量规模、储量丰度、储层控制程度等。选择流度与储量丰度。流度是反映流体在储层中流动的难易程度，储量丰度反映了单位含油面积的储量密集程度，它便于各油田比较。

在上述四类参数中，经筛选比较、优化，确定了油田破碎程度、厚度、储量丰度、油藏埋藏深度、油藏流度、储层变异系数、油田砂体连通综合系数、纵向地质异常程度、油藏油水系统、油藏类型共 10 个参数作为油田复杂程度的综合评判参数。

（二）油田复杂程度分类模式

油田复杂程度一般分为简单、复杂与极复杂。这种分类基本上是从地质因素考虑的，而不能充分反映油田开发的难易程度。通常油田的复杂程度是指油田的自然属性。但是油田的复杂程度应该与油田的开发效果与经济效益相联系。因此油田的开发效果优劣与经济效益高低则取决于油田的复杂程度、开发的难易程度和油田开发科技综合能力。油田的差异会带来不同的开发效果与经济效益。根据油田的地质特征和开发特点，将复杂程度分类模式分为五类，即简单、较简单、复杂、特复杂、极复杂。

三、评判油田复杂程度的理论基础

油田开发系统是一个开放的、灰色的、自然与人工共筑的复杂巨系统，其中油藏为开放的、灰色的、天然的复杂系统，是尚不能完全认识的物理原型的本征性灰系统。因此，判别油田风险程度的理论基础是系统理论和灰色理论。由于客观事物具有不确定性，因此其主要方法除了模糊综合评判法外，还有灰色聚类评估、投影寻踪法等方法。它们反映了将非线性问题经数学处理如确定隶属函数或白化函数后，用较简单方法计算。它的本质特征仍是复杂问题用复杂方法、非线性问题用非线性方法解决，而不是将复杂问题简单化。

方法的简单并不能说明其反映问题的简单。

在第二章第一节中对油藏的复杂程度进行了理论的表述：

$$\alpha = \frac{Q_{ri}(t) S_r R_e(t)}{P(t)}$$

式中，α 为反映油藏构造特征与关系特征的复杂程度；$Q_{ri}(t)$ 为反映构造特征及其各要素间相互关系的多样性随时间变化的不确定量；S_r 为反映客体的构造特征，主要指其规模、形状、结构、层次等相对确定量；$R_e(t)$ 为反映多种复杂关系；$P(t)$ 为反映“人”用科学技术手段对油藏认知能力。

这些确定量、不确定量和其相互关系可通过油藏外部形态、油藏内部结构、储集流体特性、储层渗流特性四类参数和相互关系表示出来。

根据系统理论对油藏风险程度的判别要从整体性出发进行综合研究，分析要素间的内在联系，运用定性研究与定量研究相结合的方法，优选判别参数的最佳配置和综合评判方法的合理组合。

描述油田的复杂程度，本身就是一个多参数的复杂问题。研究的对象越复杂，越难以作精确地描述。油田的复杂性意味着对其影响的因素众多。用众多的因素去描述其复杂程度不仅难以做到，而且也不必要不经济，因而用优选出上述 10 个具有代表性的重要参数来描述油田的复杂程度，使问题处理得以简化，但也增大了它的模糊性。同时将油田复杂程度分类模式分为简单油田、较简单油田、复杂油田、特复杂油田、极复杂油田五类。而简单、较简单、复杂、特复杂、极复杂等都是模糊概念。因此应用模糊数学方法去处理油田复杂程度，显然是合理的。模糊数学是油田复杂程度聚类与评判的理论基础。模糊数学理论内容丰富，与油田复杂程度分类有关的内容主要有隶属函数、模糊聚类分析、模糊模式识别和模糊综合评判。

（一）隶属函数的确定

隶属函数是模糊集合理论最基本的概念之一，也是模糊集合理论应用于实际问题的基础。

（1）定义。

1965 年美国加利福尼亚大学教授查德（L. A. Zadeh）给出隶属函数定义。设给定论域 U，U 到［0，1］闭区间的任一映射 μ_A：

$$\mu_A: U \rightarrow [0, 1]$$

$u \rightarrow \mu_A(u)$ 都确定 U 的模糊子集 $\underset{\sim}{A}$，μ_A 叫 $\underset{\sim}{A}$ 的隶属函数，$\mu_A(u)$ 叫作 u 对 $\underset{\sim}{A}$ 的隶属度。

（2）确定隶属函数的方法。

隶属函数确定的正确与否是解决实际问题的关键。往往要根据实际经验和数学方法相结合，并逐步完善，确定较合理的隶属函数。常见的方法有模糊分布函数法、模糊统计经验法、二元对比排序法、定性排序与定量转化法、函数分段法、模糊集合运算法、专家评分法等。

（二）模糊聚类分析和模糊模式识别

模糊聚类分析与模糊模式识别有着紧密的联系。模糊聚类分析是无模式的聚类，模糊模式识别是有模式的聚类。应用模糊集合的概念以及相应的运算方法进行分类，使问题的模糊性得以体现、分类结果更符合实际。这种分类思路和方法称之为模糊聚类分析。模糊聚类分析常应用两大类方法：系统聚类法与逐步分类法。

（1）系统聚类法步骤。

第一步，首先要把各代表点的统计指标的数据标准化，以便分析和比较，这一步也称为正规化。

正规化或称标准化，可以这样进行：

$$x = \frac{x' - \bar{x}'}{c} \tag{8-3-1}$$

式中，x'为原始数据；$\bar{x}'$为原始数据的平均值；c 为原始数据的标准差。

若把标准化数据压缩到［0，1］闭区间，可用极值标准化公式：

$$x = \frac{x' - x'_{\min}}{x'_{\max} - x'_{\min}} \tag{8-3-2}$$

当 $x' = x_{max}$时，则 $x = 1$。

当 $x' = x_{min}$时，则 $x = 0$。

第二步标定，即算出衡量被分类对象间相似程度的统计量 r_{ij}($i = 1, 2, \cdots, n$；$j = 1, 2, \cdots, n$，n 为被分类对象的个数)，从而确定论域 U 上的相似关系 $\underset{\sim}{\boldsymbol{R}}$：

$$\underset{\sim}{\boldsymbol{R}} = \begin{bmatrix} r_{11} & r_{12} & \cdots & r_{1n} \\ r_{21} & r_{22} & \cdots & r_{2n} \\ \vdots & \vdots & \vdots & \vdots \\ r_{n1} & r_{n2} & \cdots & r_{nn} \end{bmatrix} \tag{8-3-3}$$

计算统计量 r_{ij}的方法很多，可按常用的方法选择。

第三步聚类。将模糊关系 $\underset{\sim}{\boldsymbol{R}}$ 进行模糊等价变化后聚类。

聚类方法常用的有模糊等价矩阵法，最大树法，编网法等。

（2）逐步分类法步骤。

逐步分类法亦称动态聚类法，可克服系统分类法计算量过大的缺点，先将样本进行粗略分类，然后再按照某种最优的原则进行反复修改，直至分类尽可能合理为止。其步骤如下。

第一步选定“聚类中心”。某一类的聚类中心是该类所有样本的核心，是一种人为的假想的理想样本，它的指标反映了该类的特征。

第二步将样品向最近的聚类中心聚类，从而将样品分类。

第三步根据分类结果找出各类的新聚类中心，它的各项指标即为该类中所有样本的相应指标的平均值。计算这前后两组聚类中心的差异，如差异大于某个阈值，即认为分类不合理。

第四步修改分类，即以新的聚类中心代替旧的，反复进行分类，直至前一次聚类中心与后一类聚类中心的差异小于某个阈值，即认为分类合理，结束分类过程，得到最终分类。

（三）模糊模式识别

（1）贴近度。

$$(\underset{\sim}{A}, \underset{\sim}{B}) = \frac{1}{2}\underset{\sim}{A} \cdot \underset{\sim}{B} + (1 - \underset{\sim}{A} \odot \underset{\sim}{B}) \tag{8-3-4}$$

则（$\underset{\sim}{A}$，$\underset{\sim}{B}$）称之为 $\underset{\sim}{A}$ 和 $\underset{\sim}{B}$ 的贴近度。

其中 $\underset{\sim}{A}$、$\underset{\sim}{B}$ 为论域 U 上的两个模糊子集。

$\underset{\sim}{A} \cdot \underset{\sim}{B}$ 为 $\underset{\sim}{A}$ 与 $\underset{\sim}{B}$ 的内积：

$$\underset{\sim}{A} \cdot \underset{\sim}{B} = \bigvee_{XIU} [m_{\underset{\sim}{A}}(x) \wedge m_{\underset{\sim}{B}}(x)] \tag{8-3-5}$$

即小中求大法。

$\underset{\sim}{A} \odot \underset{\sim}{B}$ 为 $\underset{\sim}{A}$ 与 $\underset{\sim}{B}$ 的外积：

$$\underset{\sim}{A} \odot \underset{\sim}{B} = \bigwedge_{XIU} m_{\underset{\sim}{A}}(x) \vee m_{\underset{\sim}{B}}(x) \tag{8-3-6}$$

即大中求小法。

$m_{\underset{\sim}{A}}(x) m_{\underset{\sim}{B}}(x)$ 分别为 $\underset{\sim}{A}$ 与 $\underset{\sim}{B}$ 的隶属函数。

（2）模糊识别原则。

①最大隶属度原则。

设 A_1，A_2，…，A_n 是论域 U 上的几个模糊子集，U_0 是 U 的固定元素，若：

$$m_{\underset{\sim}{A}_i}(U_0) = \max\{m_{\underset{\sim}{A}_1}(U_0), mm_{\underset{\sim}{A}_2}(U_0), \cdots m_{\underset{\sim}{A}_n}(U_0)\} \tag{8-3-7}$$

则认为 U_0 相对隶属于模糊子集 $\underset{\sim}{A}_i$。

②择近原则。

设 $\underset{\sim}{A}_1$，$\underset{\sim}{A}_2$，$\underset{\sim}{A}_3$，…，$\underset{\sim}{A}_n$ 是论域 U 上的 n 个模糊子集，$\underset{\sim}{B}$ 也是 U 的模糊子集，为待识别对象。若：

$$(\underset{\sim}{B}, \underset{\sim}{A}_i) = \max_{1 \leq i \leq n}(\underset{\sim}{B}, \underset{\sim}{A}_i) \tag{8-3-8}$$

$\underset{\sim}{B}$ 最贴近 $\underset{\sim}{A}_i$，则认为 $\underset{\sim}{B}$ 相对属于 $\underset{\sim}{A}_i$。其中（$\underset{\sim}{B}$，$\underset{\sim}{A}_i$）表示 $\underset{\sim}{B}$ 和 $\underset{\sim}{A}_i$ 两个模糊集的贴近度。

若结果不唯一，可另取一贴近度，作进一步择近选择，力求达唯一答案。

（3）模糊模式识别。

运用最大隶属度原则或择近原则，对论域 U 内任一元素，判别属论域 U 内某一类模式。

（四）模糊综合评判

模糊综合评判可分为单级模糊综合评判与多级模糊综合评判。

单级模糊综合评判的步骤如下。

（1）确定评判对象。

（2）确定评语集 $\boldsymbol{V}=\{v_1, v_2, \cdots, v_m\}$。

（3）确定因素集 $\boldsymbol{U}=\{u_1, u_2, \cdots, u_n\}$。

（4）依据各因素确定 r_i，进而构成：

$$\underset{\sim}{\boldsymbol{R}}=\{r_{ij}\}_{n\times m}$$

（5）确定权重集 $\underset{\sim}{\boldsymbol{A}}=\{a_1, a_2, \cdots, a_n\}$。

$$\sum_{i=1}^{n} a_i = 1 \tag{8-3-9}$$

a_i 越大，表明第 i 个因素越重要。常用的确定权重的方法有统计法、专家打分法、层次分析法、熵值法、模糊关系方程求解法等。

（6）选取合适的计算模型，作模糊变换 $\underset{\sim}{\boldsymbol{B}}=\underset{\sim}{\boldsymbol{A}}\cdot\underset{\sim}{\boldsymbol{B}}$，求得 $\boldsymbol{B}$。

（7）用一定方式将 $\underset{\sim}{\boldsymbol{B}}$ 转换成所需形式的结论。

四、评判要素隶属函数的定义

运用多种方法确定断块破碎程度、断块厚度、断块储量丰度、断块油藏埋藏深度、断块油藏流度、断块储层变异系数、断块油田砂体连通综合系数、纵向地质异常程度、断块油藏油水系统、油藏类型等 10 个要素的定义。

（一）区块破碎程度

区块破碎程度指每 1km^2 油田面积的断块数量，以(σ_{DK})表示，表达式为：

$$\sigma_{\mathrm{DK}}=\frac{n}{A_{\mathrm{yt}}} \tag{8-3-10}$$

式中，n 为断块数量；A_{yt}为油田面积，km^2。

（二）平均油藏厚度

平均油藏厚度指某开发层系油顶与油底（或油水界面）的垂直距离与层数的比值，以 $\bar{h}(m)$表示，其中 m 为层数。若为断块油田，其厚度指断块某层系内诸井井深穿过的断点间垂直高度的统计均值，其厚度越小则断块越碎。它是断块大小在垂向上的反映。

参照文献给出区块高度统计法，其表达式为：

$$\bar{h}=\frac{\sum_{i=1}^{n}\sum_{j=1}^{m} h_{ij}}{\sum_{i=1}^{n} m_i} \tag{8-3-11}$$

$$\sigma_{hj}=\frac{nh_j}{\sum_{i=1}^{n}\sum_{j=1}^{m} h_{ij}} \tag{8-3-12}$$

式中，$\bar{h}$ 为此区块平均厚度（高度），m/段；h_{ij}为第 i 口井第 j 段厚度，m；m_i 为第 i 井段数，段；n 为统计井数，口；h_j 为某井第 j 段厚度，m；σ_{hj}为第 j 段厚度分布频率。

也可采用简单方法，即单井平均厚度计算。

（三）储量丰度

储量丰度指该油藏总储量与总含油面积之比。它表明单位面积储量的多少，具有可比性。它的大小决定了该油藏的开采价值与经济效益，也是决定布井方式与数量的参数之一。储量可比性的另一表示方法是单储系数，又称储集度，它是指油藏总储量与总含油体积之比。它与油层有效孔隙度 ϕ（%）、原始含油饱和度 S_o（%）、原油密度 ρ_o（t/m^3）或原油相对密度 r_o、原油体积系数 B_o 有关。单储系数 $=\phi S_o r_o/(100B_o)$，$10^4t/(km^2 \cdot m)$。在一定的条件下对某一单层，单储系数可看作常数。

（四）油层埋藏深度

油层埋藏深度影响油田（藏）开发开采的难易程度。埋藏越深开采难度越大，而且在相同产量条件下原油开采成本及开发投资也越大。油层埋藏深会给采油工艺、注水工艺、修井工艺带来许多困难，有的从技术和经济角度考虑，甚至目前不能开发。因此，从开发开采角度，选油藏埋深为影响油藏复杂程度的参数之一。

（五）区块平均流度

流度是表示流体在地层中流动的难易程度，也可以是单位油层厚度的流动系数，它是油层有效渗透率与流体黏度的比值，即 K_o/μ_o。流度越低所需的油层启动压力越大，流动越困难，开发开采的难度越大。当流度低至某一值时，地下渗流就成为非牛顿流动状态，严重影响着油井产油，因而流度是反映油井产能的基本参数之一。

$$\bar{\lambda} = \frac{\sum_{i=1}^{n} \lambda_i A_i}{\sum_{i=1}^{n} A_i} \tag{8-3-13}$$

式中，$\bar{\lambda}$ 为油藏平均流度；λ_i 为第 i 块流度；A_i 为第 i 块面积；n 为块数。

（六）区块变异系数

储层宏观非均性是储层描述的重要内容。油气储层在漫长的地质历史中经沉积、成岩及后期构造作用的综合影响，使储层的空间分布及内部属性都存在不均匀的变化。这种变化就是储层的非均质性。它不仅影响着开发难度而且影响着开发效果。对油田如果储层非均质性严重，就加大了油藏的复杂程度。储层的宏观非均质性包括层内非均质性、平面非均质性、层间非均质性。选用层内非均质性表征较适宜，层内非均质性是指一个单砂层规模内垂向上储层性质变化，包括垂向上渗透率的差异程度、最高渗透率段位置、层内粒度韵律、渗透率韵律、渗透率非均质程度及层内不连续泥质薄夹层分布等。而渗透率非均质程度能较好地反映储层的复杂性。常用的定量参数有渗透率变异系数(v_k)、渗透率突进系数(T_k)、渗透率级差(J_k)、渗透率均质系数(K_p)。这里用渗透率变异系数(v_k)来量化油藏的复杂程度。变异系数是一个数理统计的概念，用式（8-3-14）表示：

$$v_k = \frac{\sqrt{\sum_{i=1}^{n} (K_i - \bar{K})^2 / n}}{\bar{K}} \tag{8-3-14}$$

式中，v_k 为渗透率变异系数；K_i 为层内或层间第 i 样品的渗透率值；$\bar{K}$ 为层内或层间所有样品渗透率平均值；n 为样品个数。

为了考虑非均质性，可编制变异系数平均等值线图。

$$\overline{v_{k}}=\frac{\sum_{i=1}^{n}\left(\frac{v_{ki}+v_{ki+1}}{2}\right)A_{i}}{\sum_{i=1}^{n}A_{i}},\quad i=1,2,3,\cdots,n \tag{8-3-15}$$

式中，$\overline{v_k}$ 为评价区块的变异系数平均值；v_{ki} 为第 i 条变异系数等值线；A_i 为相邻两条变异系数等值线间第 i 块面积；n 为等值线间隔数。

对某些不易画等值图，可采取：

$$\overline{v_{k}}=\frac{\sum_{j=1}^{m}v_{kj}A_{j}}{\sum_{j=1}^{m}A_{j}} \tag{8-3-16}$$

式中，$\overline{v_k}$ 为评价区块的变异系数平均值；v_{kj} 为第 j 块变异系数值；A_j 为第 j 块面积；m 为评价块个数。

一般当 $v_k \leqslant 0.5$ 时为均匀型，表示非均质程度弱；当 $0.5<v_k<0.7$ 时为较均匀型，表示非均质程度中等；当 $v_k \geqslant 0.7$ 时为不均匀型，表示非均质程度强。为了更准确地反映油藏的非均质状况，将变异系数分为 4 级：$0 \leqslant v_k \leqslant 0.5$，表示弱非均质程度；$0.5<v_k<0.7$，表示中等非均质程度；$0.7 \leqslant v_k<0.95$，表示强非均质程度；$v_k \geqslant 0.95$，表示极强非均质程度。

某些油藏在垂向上或平面上非均质程度都较严重，岩性变化较大，这就会增加油田开发开采难度。但对于小断块来说，有可能在其范围内非均质程度弱些，表现为相对均匀型。对这类小断块，只要开发政策及措施得当往往会有较好的开发效果。

（七）砂体连通综合系数

为了能反映储层平面非均质性、油藏的连通性以及在水压驱动时能反映水驱连通程度，在此引入砂体连通综合系数 S_z。它是砂体连通程度与连通系数的乘积。所谓砂体连通程度指连通砂体面积占砂体总面积的百分数。所谓砂体连通系数指连通砂体层数或厚度占砂体总层数或总厚度的百分比。为了计算方便，往往用小数表示。

$$S_{A}=\frac{\sum_{i=1}^{n}A_{Li}}{\sum_{i=1}^{n}A_{i}} \tag{8-3-17}$$

$$S_{h}=\frac{\sum_{i=1}^{n}h_{Li}}{\sum_{i=1}^{n}h_{i}},\quad i=1,2,3,\cdots,n \tag{8-3-18}$$

$$S_z = S_A \cdot S_h \tag{8-3-19}$$

式中，S_A 为砂体连通程度；A_{Li} 为第 i 块砂体连通面积；A_i 为第 i 块砂体面积；m 为连通砂体个数；n 为砂体总个数；S_h 为厚度连通系数；h_{Li} 为第 i 块砂体连通厚度；h_i 为第 i 块砂体厚度；S_z 为砂体连通综合系数。

将式（8-3-17）与式（8-3-18）代入式（8-3-19），得：

$$S_z = \frac{\sum_{i=1}^{n} h_{Li}}{\sum_{i=1}^{n} A_i} \cdot \frac{\sum_{i=1}^{n} h_{Li}}{\sum_{i=1}^{n} h_i} = \frac{\sum_{i=1}^{n} (A_L h_L)_i}{\sum_{i=1}^{n} (Ah)_i} = \frac{\sum_{i=1}^{n} V_{Li}}{\sum_{i=1}^{n} V_i} \tag{8-3-20}$$

由式（8-3-20）看出砂体连通综合系数就是砂体连通体积占砂体总体积的百分数。若以小数表示，它的值在［0，1］闭区间内。一般认为砂岩油田砂体连通系数为 80%以上就是很好的事，小于 40%则不理想。

（八）纵向地质异常程度

在某一开发区域内，纵向上有可能发生异常地质变化，如存在疏松或破碎层、断层发育层、地应力集中层、高倾角层、裂缝、溶洞、气层、高油气比层、含硫化氢层、异常水层，高、低压力异常层等状况，钻井过程中可能出现气侵、井漏、井涌、井塌、井下落物、卡钻、储层伤害等风险事故，甚至发生中毒、井喷、着火等大风险。异常层越多，复杂程度越大。

限制深度内地质异常厚度与限制深度的比值，称之为纵向地质异常风险率。表达式为：

$$D_{fx} = \frac{\sum_{i=1}^{n} w_i D_{yci}}{n\overline{D}_{xs}} \tag{8-3-21}$$

式中，D_{fx} 为纵向地质异常程度；D_{yci} 为第 i 项异常层厚度，m；$\overline{D}_{xs}$ 为平均限制深度，即平均表层套管底至设计井深，m；w_i 为第 i 项异常层权重，主要采取层次分析法和依具体项目情况采用熵值法或灰关联法等组合法而定。

严格讲该定义并不完全科学，因地质异常情况十分复杂，有时异常厚度不大也可能出现危险状况，因而，该定义仅能进行粗略计算。

（九）区块油水系统

复杂的油水关系系统（含压力系统）增加了油田开发开采的难度，尤其是对断块油田更是如此。将油水系统分为 5 级，即 1，2，3，4，5 级。

（十）油藏类型的量化

参照相关文献，将油藏类型分为 11 大类：砂岩油藏；气顶砂岩油藏；低渗透砂岩油藏；复杂断块砂岩油藏；砾岩油藏；碳酸盐岩油藏；稠油油藏；高凝油油藏；凝析油油藏；挥发油油藏和特殊岩类油藏。同时将各类共划分 32 个亚类。

此类指标属于名义型指标，难以量化，因此将其变更为顺序指标即按其开发难度赋予相应的数值，见表 8-3-2。

表 8-3-2 油藏类型赋值

大类	砂岩油藏				气顶砂岩油藏			砾岩油藏		碳酸盐岩油藏			低渗透砂岩油藏			凝析油油藏
赋值	1.00~1.15				1.10~1.20			1.10~1.15		1.10~1.20			1.20~1.40			1.20
亚类	层状高渗透油藏	层状中渗透油藏	块状油藏	透镜体油藏	块状砂岩气顶油藏	层状砂岩气顶油藏	复杂型砂岩气顶油藏	砾岩油藏	带裂缝砾岩油藏	孔隙型碳酸盐岩油藏	裂缝型碳酸盐岩油藏	双孔介质型碳酸盐岩油藏	低渗透油藏	特低渗透油藏	致密型油藏	凝析油藏
赋值	1.00	1.05	1.05	1.15	1.10	1.15	1.20	1.10	1.15	1.10	1.15	1.20	1.20	1.30	1.40	1.20
大类	复杂断块砂岩油藏			稠油油藏				高凝油油藏		特殊岩类油藏						挥发油油藏
赋值	1.05~1.35			1.10~1.40				1.10~1.25		1.25−1.30						1.20
亚类	简单断块油藏	复杂断块油藏	极复杂断块油藏	普通稠油油藏	特稠油油藏	超稠油油藏	沥青油藏	多层砂岩高凝油油藏	潜山高凝油油藏	易受冷伤害油藏	泥岩油藏	火山碎屑岩油藏	火山岩油藏	岩浆岩油藏	变质岩油藏	挥发油油藏
赋值	1.05	1.25	1.35	1.10	1.25	1.35	1.40	1.10	1.20	1.25	1.30	1.25	1.30	1.30	1.30	1.20

五、隶属函数值的计算方法

白化函数是灰色集合理论的最基本概念之一，而隶属函数也是模糊集合理论最基本的概念之一，它们是灰色集合理论与模糊集合理论应用于实际问题的基础。

白化函数与隶属函数确定的正确与否是解决实际问题的关键。往往要根据实际经验和数学方法相结合，并逐步完善，确定较合理的白化函数与隶属函数。白化函数一般有 3 种形式，即上灰类、中灰类、下灰类白化函数，常见的确定方法有经验法、平均法、白化权函数法等。隶属函数常见的确定方法有模糊分布函数法、模糊统计经验法、二元对比排序法、定性排序与定量转化法、函数分段法、模糊集合运算法、专家评分法等。但白化隶属函数与模糊隶属函数求取过程是一致的，故采用相似方法获得隶属函数。根据油藏地质特征、开发规律和业内相关标准与规定，结合模糊分布函数法、模糊统计经验法和专家评分法确定 10 个判别参数的隶属函数值。

（一）区块破碎程度

区块破碎程度的隶属函数为：

$$\mu(\sigma_{DK})=\begin{cases}1.1052e^{-\frac{1}{\sigma_{DK}}} & 0<\sigma_{DK}<10\\ 1 & \sigma_{DK}\geqslant 10\end{cases} \tag{8-3-22}$$

（二）平均油藏厚度

为了便于建立区块厚度隶属函数，将厚度分为 3 级，并采取不均匀步长，即 0~10m、

10~300m、>300m。断块厚度的隶属函数为：

$$\mu(\bar{h})=\begin{cases}0 & 0<\bar{h}\leqslant 10\\ \dfrac{\bar{h}-10}{300} & 10<\bar{h}<300\\ 1 & \bar{h}\geqslant 300\end{cases} \tag{8-3-23}$$

（三）储量丰度

DZ/T 0217—2005《石油天然气储量计算规范》中储量丰度等级是按可采储量划分的，油田储量丰度（$10^4 t/km^2$）：高为≥80；中为25~80；低为8~25；特低为<8。但可采储量是变化的，因而，建议采用《石油储量规范》GBn 269—88版，即按地质储量划分的油田储量丰度（$10^4 t/km^2$）：高为>300；中为100~300；低为50~100；特低为<50。它的隶属函数为：

$$\mu(I_o)=\begin{cases}0 & 0<I_o<50\\ \dfrac{I_o-50}{250} & 50\leqslant I_o<300\\ 1 & I_o\geqslant 300\end{cases} \tag{8-3-24}$$

（四）油层埋藏深度

按《石油天然气储量计算规范》将油层埋藏深度(D_o)分为五级，即 D_o<500m；500≤D_o<2000m；2000≤D_o<3500m；3500≤D_o<4500m；D_o≥4500m。它的隶属函数为：

$$\mu(D_o)=\begin{cases}1 & 0<D_o\leqslant 500\\ \dfrac{4500-D_o}{4000} & 500<D_o<4500\\ 0 & D_o\geqslant 4500\end{cases} \tag{8-3-25}$$

（五）区块平均流度

按《油（气）田（藏）储量技术经济评价规定》，流度分为五级：特高为>120；高为80~120；中为30~80；低为10~30；特低为<10。流度单位为mD（mPa·s）。流度的隶属函数为：

$$\mu(\bar{\lambda})=\begin{cases}1 & \bar{\lambda}\geqslant 120\\ \dfrac{1}{1+\left[\dfrac{1}{15}(\bar{\lambda}-10)\right]^{-2}} & 10<\bar{\lambda}<120\\ 0 & \bar{\lambda}\leqslant 10\end{cases} \tag{8-3-26}$$

（六）区块变异系数

变异系数的隶属函数为：

$$
\mu(\overline{v_k})=\begin{cases}1 & 0\leqslant\bar{v}_k\leqslant 0.5\\ \dfrac{1}{2}[1-\sin 5(\bar{v}_k-0.6)\pi] & 0.5<\bar{v}_k<0.7\\ \dfrac{1}{2}[1-\sin 7(\bar{v}_k-0.6)\pi] & 0.7\leqslant\bar{v}_k<0.95\\ 0 & \bar{v}_k\geqslant 0.95\end{cases} \tag{8-3-27}
$$

（七）砂体连通综合系数

砂体连通综合系数的隶属函数为：

$$
\mu(S_z)=\begin{cases}1 & S_z\geqslant 0.8\\ \dfrac{1}{2}+\dfrac{1}{2}\sin 2.5(S_z-0.6)\pi & 0.4<S_z<0.8\\ 0 & 0\leqslant S_z\leqslant 0.4\end{cases} \tag{8-3-28}
$$

（八）纵向地质异常程度

其隶属函数为：

$$
\mu(D_{fx})=\begin{cases}0 & 0\leqslant D_{fx}\leqslant 0.01\\ \dfrac{0.5(D_{fx}-0.01)^2}{1+0.5(D_{fx}-0.01)^2} & 0.01<D_{fx}<1\end{cases} \tag{8-3-29}
$$

（九）油藏油水系统

油水系统的隶属函数为：

$$
\mu(y_w)=\begin{cases}0 & y_w\geqslant 5\\ \dfrac{1}{4}(5-y_w) & 1\leqslant y_w<5\end{cases} \tag{8-3-30}
$$

（十）油藏类型

油藏类型的隶属函数：

$$
\mu(L_{yc})=\begin{cases}0 & 0<L_{yc}\leqslant 1.0\\ \dfrac{L_{yc}-1.0}{0.4} & 1.0\leqslant L_{yc}<1.35\\ 1 & 1.35\leqslant L_{yc}\end{cases} \tag{8-3-31}
$$

六、评判参数的处理与权重

（一）评判参数的处理

在10项评判参数中，油藏类型、油藏破碎程度、纵向地质异常程度为越大越复杂。采用式（8-3-32）将越大越复杂型参数转换为越小越复杂型参数，并进行最大化处理。

$$
x_i^* = \frac{1}{k+\max\limits_{1\leqslant i\leqslant n}|x_i|+x_i} \tag{8-3-32}
$$

（二）计算评判参数权重

对各评判参数采用层次分析法与熵值法加权组合确定综合权重，见表 8-3-3。

表 8-3-3　各评判参数综合权重

评判参数	油藏类型	区块破碎程度	油田平均厚度	储量丰度	平均埋深	平均流度	储层变异系数	砂体连通综合系数	纵向地质异常程度	油水系统
综合权重 w_z	0.1035	0.1336	0.1035	0.1196	0.1015	0.1039	0.1226	0.0611	0.0897	0.0611

七、油田复杂程度评判方法

（一）模糊的评判方法

模糊综合评判可分为单级模糊综合评判与多级模糊综合评判。

单级模糊综合评判的步骤如下。

（1）确定评判对象。

（2）确定评语集 $\boldsymbol{V}=\{$简单、较复杂、复杂、特复杂、极复杂$\}$。

（3）确定评判因素集：

$$\boldsymbol{U}=\{\mu(\sigma_{\mathrm{DK}})、\mu(\bar{h})、\mu(I_{\mathrm{o}})、\mu(D_{\mathrm{o}})、\mu(\bar{\lambda})、\mu(\overline{v_{\mathrm{k}}})、\mu(S_{\mathrm{z}})、\mu(D_{\mathrm{fx}})、\mu(y_{\mathrm{w}})、\mu(L_{\mathrm{yc}})\}$$

（4）依据各评判因素确定 r_i，进而构成：

$$\underset{\sim}{\boldsymbol{R}}=\{r_{ij}\}_{n\times m} \tag{8-3-33}$$

（5）确定权重集：

$$\underset{\sim}{A}=\boldsymbol{w}_{\mathrm{z}}=\{0.1035,0.1336,0.1035,0.1196,0.1015,0.1039,0.1226,0.0611,0.0897,0.0611\}$$

（6）选取合适的计算模型，作模糊变换求得$\underset{\sim}{\boldsymbol{B}}$：

$$\underset{\sim}{\boldsymbol{B}}=\underset{\sim}{\boldsymbol{A}}\cdot\underset{\sim}{\boldsymbol{R}} \tag{8-3-34}$$

（7）将评语集量化。

设简单、较复杂、复杂、特复杂、极复杂程度 5 类标准评判值分别设为 0.80~1.00，0.60~0.80，0.40~0.60，0.20~0.40，0~0.20，其类别又分为Ⅰ、Ⅱ、Ⅲ、Ⅳ、Ⅴ 5 级，见表 8-3-4。

表 8-3-4　评判标准

类别	简　单				
类值范围	[0.80—1.00)				
级别	Ⅰ	Ⅱ	Ⅲ	Ⅳ	Ⅴ
级值范围	[0.96—1.00)	[0.92—0.96)	[0.88—0.92)	[0.84—0.88)	[0.80—0.84)
类别	较复杂				
类值范围	[0.60—0.80)				
级别	Ⅰ	Ⅱ	Ⅲ	Ⅳ	Ⅴ
级值范围	[0.76—0.80)	[0.72—0.76)	[0.68—0.72)	[0.64—0.68)	[0.60—0.64)

续表

类别	复杂			
类值范围	[0.40—0.60)			
级别	Ⅰ	Ⅱ	Ⅲ	Ⅳ	Ⅴ
级值范围	[0.56—0.60)	[0.52—0.56)	[0.48—0.52)	[0.44—0.48)	[0.40—0.44)
类别	特复杂				
类值范围	[0.20—0.40)				
级别	Ⅰ	Ⅱ	Ⅲ	Ⅳ	Ⅴ
级值范围	[0.36—0.40)	[0.32—0.36)	[0.28—0.32)	[0.24—0.28)	[0.20—0.24)
类别	极复杂				
类值范围	[0—0.20)				
级别	Ⅰ	Ⅱ	Ⅲ	Ⅳ	Ⅴ
级值范围	[0.16—0.20)	[0.14—0.16)	[0.08—0.14)	[0.04—0.08)	[0—0.04)

其中心值集，即：

$$\underset{\sim}{\boldsymbol{B}}_{p25}=(0.98,\ 0.94,\ 0.90,\ \cdots\cdots,\ 0.10,\ 0.06,\ 0.02)$$

（8）评判结果。

采用海明贴近度计算评判结果：

$$\rho(\underset{\sim}{\boldsymbol{B}}_{p},\ \underset{\sim}{\boldsymbol{B}}_{i})=1-\frac{1}{n}\sum_{k=1}^{n}\left|\underset{\sim}{\boldsymbol{B}}_{p}(u_{k})-\underset{\sim}{\boldsymbol{B}}_{i}\right| \tag{8-3-35}$$

$$Z_{pg}=\max\rho(\underset{\sim}{\boldsymbol{B}}_{p},\ \underset{\sim}{\boldsymbol{B}}_{i}) \tag{8-3-36}$$

（二）灰色综合评判方法

（1）灰色综合评判数学模型。

灰色聚类是以灰色的白化函数生成为基础的方法。它将聚类对象对于不同聚类指标所拥有的白化数，按 n 个灰类进行归纳，从而判断聚类对象所属的灰类。

记 1，2，…，n 为聚类对象，1°，2°，…，n°为聚类指标，Ⅰ，Ⅱ，…，N 为灰类，d_{ij}为第 j 个聚类对象对于第 i 个聚类指标所拥有的白化数（i=1，2，…，n，j=1°，2°，…，n°），f_{jk}为第 j 个聚类对象对于第 k 个灰类的白化函数（k=Ⅰ，Ⅱ，…，N）。

结合油田复杂程度分级分类，j=1，2，…，10；k=Ⅰ，Ⅱ，Ⅲ，Ⅳ，Ⅴ，即简单、较复杂、复杂、特复杂、极复杂 5 类 25 级。

（2）灰色聚类步骤。

步骤一：收集油藏破碎程度等资料。

步骤二：对所收集资料进行归一化数学处理。

步骤三：运用经数学处理后的数据，构造样本矩阵 $\boldsymbol{D}$。

根据给定的 d_{ij} 构造样本矩阵 $\boldsymbol{D}$：

$$\boldsymbol{D}=\begin{bmatrix} d_{11^\circ} & d_{12^\circ} & \cdots & d_{1n^\circ} \\ d_{21^\circ} & d_{22^\circ} & \cdots & d_{2n^\circ} \\ \vdots & \vdots & & \vdots \\ d_{n1^\circ} & d_{n2^\circ} & \cdots & d_{nn^\circ} \end{bmatrix} \tag{8-3-37}$$

步骤四：用灰色统计方法，确定灰色白化函数 f_{jk}，其形式采用白化隶属函数。

令 F 为映射，$f_{jk}(d_{ij})$ 为样本 d_{ij} 用 j 个指标的 k 灰类量所作的运算，$f_{jk}(d_{ij})$ 为第 j 个指标的 k 灰类白化函数：

$$F:\quad f_{jk}(d_{ij})\rightarrow\sigma_{ik}\in[0,\ 1]$$

$$\sigma_i=(\sigma_{i\mathrm{I}},\ \sigma_{i\mathrm{II}},\ \cdots,\ \sigma_{iN}) \tag{8-3-38}$$

$$i=1,\ 2\cdots,\ n;\ k=\mathrm{I},\ \mathrm{II},\ \cdots,\ N$$

σ_{ik} 为样本对于第 i 个聚类对象的灰色聚类系数。

步骤五：求灰类权重：

$$\eta_{jk}=\lambda_{jk}\Big/\sum_{i=1}^{n}\lambda_{jk} \tag{8-3-39}$$

式中，η_{jk} 为第 j 个指标对于第 k 个灰类对应的权；λ_{jk} 为 f_{jk} 的阈值；f_{jk} 由灰色统计给定。$\boldsymbol{\sigma}_i$ 为 σ_{ik} 的向量：

$$\boldsymbol{\sigma}_i=(\sigma_{i\mathrm{I}},\ \sigma_{i\mathrm{II}},\ \cdots,\ \sigma_{iN})$$

$$\sigma_{ik}=\sum_{j=1}^{n}f_{jk}(d_{ij})\eta_{jk} \tag{8-3-40}$$

若有 σ_{jk}^{*} 满足：

$$\sigma_{jk}^{*}=\max(\sigma_{i\mathrm{I}},\ \sigma_{i\mathrm{II}},\ \cdots,\ \sigma_{iN}) \tag{8-3-41}$$

则称聚类对象 i 属于灰类 k^{*}。

（三）灰色聚类法

（1）设聚类对象为 1 高南浅、2 高浅北、……、27 南 4-3 中深共 27 个区块。

（2）聚类指标为 1°油藏破碎程度、2°油藏厚度、3°储量丰度、4°油藏埋藏深度、5°油藏流度、6°储层变异系数、7°油田砂体连通综合系数、8 纵向地质异常程度、9°油藏油水系统、10°油藏类型。

（3）灰类白化函数采用模糊隶属函数值，构造聚类白化函数矩阵 $\boldsymbol{D}$。

（4）设聚类灰类。将油藏复杂程度分为简单、较复杂、复杂、特复杂、极复杂 5 类或Ⅰ、Ⅱ、Ⅲ、Ⅳ、Ⅴ类。

（5）对矩阵 $\boldsymbol{D}$ 的评判参数值进行无量纲化处理。

（6）求权重：灰色聚类权重见表 8-3-5。

表 8-3-5　评判指标权重

评判指标	油藏类型	区块破碎程度	油田平均厚度	储量丰度	平均埋深	平均流度	储层变异系数	砂体连通综合系数	纵向地质异常程度	油水系统
η_j	0.0500	0.1452	0.1452	0.1452	0.1036	0.1036	0.1036	0.0500	0.1036	0.0500

（7）求灰色聚类系数 σ_{ik}。

（8）给出分类范围集：设简单、较复杂、复杂、特复杂、极复杂程度 5 类 25 级灰数评判值，同表 8-3-4。

（9）进行综合评判：采用贴近度方法确定结果。

（四）两种方法组合

采用模糊聚类值与灰聚类值的平均值确定最后结果，即均值法，或者按照偏好设定两方法权重确定最后结果，即权值法，然后按表 8-3-4 标准采用贴近度方法求出。表 8-3-6 是 D 油田 27 个区块两种方法组合综合评判复杂程度结果，本例采用均值法。

表 8-3-6　D 油田 27 个区块两种方法组合综合评判复杂程度结果

油田名称	评判结果			油田名称	评判结果		
	模糊法	灰色法	组合		模糊法	灰色法	组合
高浅南	复杂Ⅰ级	复杂Ⅰ级	复杂Ⅰ级	南 1-3 浅	复杂Ⅰ级	复杂Ⅱ级	复杂Ⅰ级
高浅北	较复杂Ⅴ级	较复杂Ⅳ级	较复杂Ⅳ级	南 1-3 中深	复杂Ⅴ级	复杂Ⅴ级	复杂Ⅴ级
高中深南	复杂Ⅱ级	复杂Ⅰ级	复杂Ⅱ级	南 1-5 中深	复杂Ⅱ级	复杂Ⅰ级	复杂Ⅱ级
高中深北	复杂Ⅱ级	复杂Ⅰ级	复杂Ⅱ级	南 2-1	复杂Ⅲ级	复杂Ⅲ级	复杂Ⅲ级
高深南	复杂Ⅳ级	复杂Ⅳ级	复杂Ⅳ级	南 2-3 浅	复杂Ⅱ级	复杂Ⅰ级	复杂Ⅱ级
高深北	特复杂Ⅰ级	复杂Ⅴ级	复杂Ⅴ级	南 2-3 中深	复杂Ⅳ级	复杂Ⅳ级	复杂Ⅳ级
柳赞南	较复杂Ⅴ级	较复杂Ⅴ级	较复杂Ⅴ级	南 2 潜山	复杂Ⅲ级	复杂Ⅱ级	复杂Ⅲ级
柳赞中	复杂Ⅴ级	复杂Ⅳ级	复杂Ⅴ级	南 3-2 浅	复杂Ⅱ级	较复杂Ⅴ级	复杂Ⅰ级
柳赞北	复杂Ⅰ级	复杂Ⅰ级	复杂Ⅰ级	南 3-2 中深	复杂Ⅲ级	复杂Ⅱ级	复杂Ⅲ级
庙浅层	复杂Ⅲ级	复杂Ⅰ级	复杂Ⅱ级	堡古 2 区块	复杂Ⅱ级	较复杂Ⅴ级	复杂Ⅰ级
庙中深层	复杂Ⅳ级	复杂Ⅳ级	复杂Ⅳ级	南 4-1 中深	复杂Ⅴ级	复杂Ⅳ级	复杂Ⅳ级
唐海	复杂Ⅲ级	复杂Ⅰ级	复杂Ⅱ级	南 4-2 浅	较复杂Ⅴ级	复杂Ⅱ级	复杂Ⅰ级
南 1-1 浅	复杂Ⅱ级	复杂Ⅰ级	复杂Ⅰ级	南 4-3 中深	复杂Ⅴ级	特复杂Ⅰ级	复杂Ⅴ级
南 1-1 中深	复杂Ⅱ级	复杂Ⅱ级	复杂Ⅱ级				

（五）油藏的复杂程度与油藏的开发难度

油藏的复杂性是油藏的自然属性，复杂程度是油藏复杂性的定量表征。一般地说越复杂的油藏，其开发难度也越大。但也有油藏很复杂，开发难度不一定大；或开发难度大，油藏却较简单。油藏的复杂程度与油藏的开发难度不是等量关系，也不是一一对应关系，然而却是密切关系。如油藏埋藏很深，或油藏位于海洋、极地、沙漠，不仅开发难度大，而且投资也会增大。这种条件下的油藏可能简单或较简单，但由于开发难度大，附加了油藏的复杂性，可称之为“视复杂”。在当前，仍可将油藏埋深作为综合评判指标之一，当科学技术发展到一定程度时，开发此类油藏不再难时，则可取消该指标或优选其他参数作为综合评判指标。还有一种情况需要提及的，就是由于认知的改变引起的复杂程度的改变。如D油田LB油藏，在开发初期对地震、钻井资料认识的偏差，认为该油藏破碎、构造复杂，由数十条断层将油藏分割为数十个小断块，油水关系也不清楚等，综合评判结果为极复杂断块。但由于运用层序地层学理论，结合新3D地震资料与钻井资料，重新认识地下，新的认识认为该油藏为较整装的砂岩油藏，按新认识计算复杂程度更正为较复杂断块油藏。认识改变不是因为LB油藏复杂性的属性变了，而是由错误的认知回归到它的真实状态。

（六）油藏复杂程度的应用

目前，油气藏可采储量经济评估、开发水平分类标准及开发经济效益评估等，并不是根据油气藏的复杂程度给出相应的评价标准、相关政策及下达相应的技术经济指标，这显然不完全合理。油气藏经营管理要向集约化、精细化、现代化管理转化，逐步进入战略管理的精确管理阶段，以获得最大累计产油量和最大净现值，这就要有有利于转化的措施，其中就包括油气藏的评价方法与标准。而油气藏复杂程度评估是制定油气藏分类标准的主要前提。

（1）复杂程度综合评估在油气藏开发水平分类中的应用。

当前，油气田开发采用的油田开发水平分级标准为中国石油天然气总公司1996年12月15日批准，1997年6月30日实施的中华人民共和国石油天然气行业标准。该标准涵盖了中高渗透层状砂岩油藏、低渗透砂岩油藏、裂缝型碳酸盐岩油藏、砾岩油藏、复杂断块油藏、热采稠油油藏和天然能量开发油藏。制定了水驱储量控制程度、水驱储量动用程度、能量保持水平与能量利用程度、剩余可采储量采油速度、年产油量综合递减率、水驱状况、含水上升率、采收率、老井措施有效率、注水井分注率、注水井配注合格率、油水井综合生产时率、注水水质达标状况、动态监测计划完成率、油水井免修期、操作费控制状况共计16项及结合不同油藏类型的量化、半量化标准体系。该标准体系的实施在提高油田开发水平方面虽然起到了积极作用，但它仅依据油气藏类型分类，而且指标过多，有的不宜量化，以及经济指标少。因此，该指标体系有修改的必要。

新开发水平分类指标的制定，不仅应考虑油气藏类型而且应多方面综合考虑。这种综合性就体现在油气藏复杂程度的确定上。应按油气藏不同复杂程度分类，并建立相应的量化指标体系。

（2）复杂程度在油气藏开发经济效益评估中的应用。

油气藏经济效益评估包括前评估、期间评估和后评估。评估期不同，评估方法与评估参数的选择亦有所差异，但这种评估应以油气藏复杂程度为前提。前评估期由于资料相对较少，有的参数可采用类比法借用。不同复杂程度的油气藏应有不同经济效益要求，上级下达技术经济指标应有所区别，这就是级差地租原理在油田开发中的应用。如复杂油气藏，一般投入可能较大，年产油量相对较低，其经济效益可能较差或处于边际状态。若将已投入及无论生产与否均要投入部分作为沉没成本处理，再计算其经济效益就可能有较大的开采价值。因此，按照油气藏复杂程度制定相应的经济评价标准，确定其开发可行性，对盘活低效资产甚至无效资产有现实意义。

第四节　用中医理论诊治油田开发问题的理论依据

在油田开发的过程中，油田、油藏、油层、油井常常会出现许多不确定因素，产生这样或那样有碍于油田开发正常运行的问题。这些不确定因素或问题充满了复杂性、突发性。针对该类问题，中医理论、方法、思路能否应用于油田开发？需进行必要地说明。

一、中医哲学基础的基本点

（一）中医学发展简述

中国医学的瑰宝——中医博大精深，体现了天人合一、天人相应、返璞归真的理念和特色。中医学发源于先秦，其理论体系形成于战国到秦汉时期。在中国古代哲学思想的指导下和中华民族传统文化的基础上，通过长期的医疗保健经验积累和理论总结而形成了中医学。中医学理论体系形成的标志是《黄帝内经》的问世。《黄帝内经》吸收了秦汉以前的天文、历法、气象、数学、生物、地理等多种学科的重要成果，在气一元论、阴阳五行学说指导下，总结了春秋战国以前的医疗成就和治疗经验，确定了中医学的理论原则，系统地阐述了生理、病理、经络、解剖、诊断、治疗、预防等问题，建立了独特的理论体系，成为中医学发展的基础和理论源泉，《黄帝内径》与张仲景的《伤寒杂病论》分别是中医学基本理论和辨证论治的奠基之作。二者与《神农本草经》、《难经》一起，以及《本草纲目》，被历代医家奉为经典，由此而确立了中医学独特的理论体系，对后世医学的发展产生了深远的影响。

在中医学理论的研究方法上，传统方法与现代方法相结合，利用多学科知识和运用多方法研究中医学理论。中医基础理论蕴含着现代自然科学中某些前沿理论的始基，为哲学、天文学、气象学、数学、物理学、系统科学、生命科学等，提供了一些思维原点或理论模式。泛系理论与辨证论治、天文学与五运六气、太极阴阳理论、运气与气象、控制论与治法理论、气与场、气与量子力学等研究成果，使中医学理论研究与当代前沿科学相沟通，具有强烈的时代特点和创新意识。进入 21 世纪，中医将会得到更大的发展，成为世界医学的璀璨明珠。

（二）中医的哲学基础

中医具有完整的理论体系，它以中国古代哲学思想——精气、阴阳、五行学说为哲学基础，以整体观念、恒动观念、辩证观念为指导思想，（1）认为人是自然界的一个组成部分，由最基本的物质（命名为“气”）以及其运动（包括两种不同趋势的基本运动——阴和阳）构成。阴阳二气相互对立而又相互依存，并时刻都在运动与变化之中。（2）认为人与自然界是一个统一的整体，强调天人合一、万物一体，人—自然—社会是一个有机整体，整个世界处于一种高度和谐和协调之中，即所谓“天人合一”、“天人相应”。人的生命活动规律以及疾病的发生等都与自然界的各种变化（如季节气候、地区方域、昼夜晨昏等）息息相关，人们所处的自然环境不同及人对自然环境的适应程度不同，其体质特征和发病规律亦有所区别。强调人体内外环境的整体和谐、协调和统一。（3）认为人体是一个有机整体，既强调人体内部环境的统一性，又注重人与外界环境的统一性。特别强调“整体观”。（4）认为气具有运动的属性，气不是僵死不变的，而是充满活泼生机的，因此，由气所形成的整个自然界在不停地运动、变化着。自然界一切事物的变化，都根源于天地之气的升降作用：气是构成人体和维持人体生命活动的最基本物质，所以人体也是一个具有能动作用的机体。人类的生命具有恒动的特性。恒动就是不停顿地运动、变化和发展：中医学用运动的、变化的、发展的，而不是静止的、不变的、僵化的观点来分析研究生命、健康和疾病等医学问题。在正常生理状态下，阴阳两者处于一种动态的平衡之中，一旦这种动态平衡受到破坏，即呈现为病理状态。而在治疗疾病、纠正阴阳失衡时并非采取孤立静止的看问题方法，多从动态的角度出发，即强调“恒动观”。（5）认为一切事物都有着共同的物质根源，而且还认为一切事物都不是一成不变的，各个事物不是孤立的，它们之间是相互联系、相互制约的，把生命机体健康和疾病看作是普遍联系和永恒运动变化着的。生命的生、长、壮、老、已，健康和疾病的变化是机体自身所固有的阴阳矛盾发展变化的结果。生命的本质就是机体内部的阴阳矛盾，是自然界物质运动的高度发展，是阴阳二气相互作用的结果。“阳化气”与“阴成形”的对立统一，以及机体同周围环境的矛盾统一，体现了人的生命过程就是人体的阴阳对立双方在不断的矛盾运动中取得统一的过程。中医学用矛盾的、整体的和运动的观点看待生命、健康和疾病的发生、发展、变化的思想，指导人们从整体、全面、运动、联系的观点而不是局部、片面、静止、孤立的观点，去认识健康与疾病。即强调“辩证观”。

总之，正如毛泽东同志所说“矛盾法则，即对立统一的法则为辩证法的核心”。阴阳即是矛盾，阴阳是自然界运动发展的根本规律。人与自然、社会共处于一个统一体中，人的生理病理与自然、社会有着密切联系。人体自身的结构、机能，也是形神合一的有机整体，在生理病理上也是互相联系、互相影响的。因此，强调从联系的观点去认识人与自然、社会的关系，去处理健康与疾病的关系。运动是物质的属性。一切物质，包括整个自然界，整个人体，都是永恒运动着的。其运动形式为升、降、出、入。人体生命过程就是一个动态平衡过程，在动态的、相对的平衡之中，显示出人体生命过程的生、长、壮、老、已的各个阶段。人体是一个有机的整体，人体的脏腑器官之间相互联系，在生理上互相依赖，在病理上互为因果，所以在诊查疾病时以表知里、见微知著，不能以偏概全、盲人摸象。在治疗时要全面考虑，统筹兼顾，务必辨证求因、辨证论治，治病求本。

中医学矛盾的、整体的和运动的辩证法思想的三个主要观点，贯穿在中医学的生理、病理、诊断和治疗各个方面。“整体观”、“恒动观”、“辩证观”是中医哲学基础的基本点。其一般思维方法，主要有辩证、比较、试探、反证、类比、演绎、分析、综合、组合等。中医学告诉人们如何认识世界，解释生命活动规律，同时指导人们如何去适应和改造世界，人和自然协同地发展。

二、油田开发系统与中医诊治系统的相似和差异

中医的基本理论和诊治方法能否用于油田开发，取决于油田开发系统与中医诊治系统的相似和差异（表 8-4-1）。

（1）复杂系统：油田开发系统是天然与人工共筑的，并以“人”为主导的开放的、灰色的复杂巨系统，开发对象油田或油藏是复杂巨系统，油井是复杂系统，而中医诊治系统包含诊治方（主体）和被诊治方（客体）均是开放的复杂巨系统，诊治对象人脑或人体均是开放的复杂巨系统，诊治过程需主客方共为。因此，从复杂程度级别上，中医诊治

系统比油田开发系统更为复杂。

表 8-4-1 油田开发系统与中医诊治系统的异同表

项目	相似		差异	
	油田开发系统	中医诊治系统	油田开发系统	中医诊治系统
复杂系统	天然与人工共筑的开放的复杂巨系统	人脑与人体均为开放的复杂巨系统	以主方为主的开发系统	主客方共为的诊治系统
工作对象	油田、油藏、油层	人脑、人体	他为的生命周期系统	自为的生命周期系统
哲学基础	唯物论和辩证法	唯物论和辨证施治	人与自然的关系	人与人的关系及人与自然的关系
诊治方法	分析、综合、调整、治理、辩证、创新	辨证施治、传统方法与现代方法结合	侧重新理论、新方法、新工艺、新技术的组合应用	“四诊合参”、“审证求因”、“治病求本”、“三因制宜”、“治未病”与“理、法、方、药”诊治四大要素
信息来源	对开发对象各种信息、资料收集、整理等及运行过程中的信息反馈	对诊治对象通过“望闻问切”了解“症”、“证”、“病”的病案资料及检测、化验资料等	对政治、经济、科技、社会等外部信息足够重视 信息资料需多次完成	对人体的内部信息足够重视 信息资料尽可能一次完成
诊治难度	油藏越复杂开发难度越大	病越复杂诊治难度越大	不同油藏类型开发难度不一	疑难杂症难度大
实施过程	整体部署、分批实施，及时调整	以病情变化调整治疗	油田开发生命周期全程管控	以不同病情进行阶段管控
实施结果	不同程度达到开发开采目的	不同程度达到治疗效果	不同油藏类型的各自阶段目标与总目标明显	阶段效果与总效果不明显，依具体病情认同确定

（2）工作对象：油田开发系统工作对象是作为客体的油田、油藏、油层，它们的生命周期虽不尽相同，但均在人工的干预下完成，属他为为主的类型。严格地讲，油井本身不是油田开发工作对象，它仅是开采油气和反映油气藏地下信息的通道，油层、油藏才是油田开发工作的对象。而中医诊治系统的工作对象是人，人的生命周期虽受外部环境的影响，但主要仍是自己完成全程，属自为为主类型。

（3）哲学基础：油田开发系统主体用整体的、全面的、系统的、联系的、发展的、变化的、综合的辩证唯物主义观点去开发开采客体，用辩证思维、创新思维，多学科、多方面、多方法等综合处理油田开发开采的种种问题。中医诊治系统用完全类似的观点、方法处理人的种种疾病问题。两系统哲学基础相似、共通。油田开发系统主要处理人和自然的关系，中医诊治系统主要处理人与人的关系以及人和自然的关系。

（4）诊治方法：油田开发系统的诊治方法或称之为开发开采方法，主要是对油藏开发过程中出现的状态、现象、问题、不确定因素等状况进行分析，查明发生状况的性质、原因，进行综合评价，依照评价结果制定调整措施。尤其是要分析未来变化趋势，预测可能发生的风险，采取规避措施，防患于未然。要充分运用新理论、新方法、新技术、新工艺，不断创新、不断发展，采用多方法综合治理。中医诊治系统采用“望闻问切四诊合参”、“审证求因”、“治病求本”、“三因制宜”、与“理、法、方、药”治疗操作四大要素，因时、因地、因人而异地辨证施治。预防疾病“治未病”是中医诊治的最高境界。

（5）信息资料来源：油田开发系统信息、资料来源于物探、测井、钻井、试油、试采、测试、化验、实验、试验、井史及生产过程中反馈的各种信息等。这些信息资料是逐渐采集不断加深，需多次完成。中医诊治系统信息、资料来源于望、闻、问、切直观的症状和体征反映、病史及各种化验与检查资料。要求初诊时，资料信息尽可能详细、齐全准确，以免贻误病情。

（6）诊治难度：客观上看，中医诊治系统更难些。因为：①诊治对象为人脑、人体，均为开放的复杂巨系统；②诊治方法司外揣内，以表知里，辨证论治，手法丰富多彩；③中医理论博大精深，掌握难度大；④运用奇经八脉和十二正经络基本内容的经络学说需丰富的行医经验。

（7）实施过程：油田开发系统实行“整体部署、分批实施、及时调整”的原则，进行油藏技术管理、油藏经营管理、油藏战略管理。对油藏生命周期全程管控。中医诊治系统把四诊（望诊、闻诊、问诊、切诊）所收集的资料、症状和体征，通过分析、综合，辨清疾病的病因、性质、部位，以及邪正之间的关系，并参照自然界的变化，加以概括、判断为某种性质的病症。根据辨证的结果，确定相应的治疗方法。

（8）实施结果：油田开发系统各阶段实施效果可用相应的油田开发指标表述，尤其是产油量、采收率和经济效益等指标，结果一目了然，具有确定性。中医诊治系统诊治结果取决于施治者“四诊合参”、“审证求因”、“治病求本”、“三因制宜”与“理、法、方、药”诊治四大要素的水平与临床经验，诊治结果因人而异，具有不确定性向确定性转化的特征。

第五节　中医诊治方法对油田开发的借鉴作用

从上一节的简单表述中可以看出：油田开发系统与中医诊治系统在基础理论和诊治方法上虽有差异，但总体是相通的。因此，油田开发完全可以借鉴中医诊治的基本方法和基本手段。

一、借鉴原则

油田开发系统的开发开采对象与中医诊治系统的诊治对象有着本质的区别，一是人为干预变化的物质体，一是变化的最高等的生物体。诊治方法的借鉴必须遵循一定的原则。

（1）具体情况具体分析原则。

油田开发实际情况千变万化，中医的诊治方法亦丰富多彩。因此，一定要结合油田、油藏、油层、油井的具体情况采用相应有效的辨证施治方法。

（2）相似模拟相似管控原则。

由于系统的复杂性，中医诊治方法难以直接应用。在分析两系统相似程度的基础上，模拟采用中医诊治方法，切勿生搬硬套，弄巧成拙。利用两系统信息反馈相似，对油田开发过程进行管控。

（3）整体综合原则。

用整体观念处理问题是两系统共同的特征，油田开发开采需考虑整体的、全面的、系统的影响因素，采用多方法、多手段的综合治理。

（4）可操作性原则。

中医诊治方法、手段多样甚至微妙神奇。用于油田开发的方法一定要具有可操作性、适用性，不搞华而不实的虚拟方法。

二、油田开发开采对中医哲学的借鉴

中医的发展已有三千多年的历史，内容丰富、手法神奇、效果奇佳。中医无不治之症，关键在于是否“理、法、方、药”对症。中医以整体观念为指导思想，以脏腑经络学说为理论核心，以“辨证论治 ”、“四诊合参”、“审证求因”、“治病求本”、“三因制宜”、“治未病”等为诊疗特点。油田开发不可能对中医的理论、思想、手法全部借鉴，毕竟诊治对象有本质的差异，但结合油田开发的特点，主要借鉴中医的哲学思想与诊法辨证的方法。

（一）借鉴中医透过现象看本质思想方法与工作方法

中医以整体观念为指导，通过审视五官、形体、舌脉和外在表现（症状和体征），就能推知体内脏腑的病变，进而确定治法。中医的望，指观气色，是对病人的神、色、形、态、舌象等进行有目的的观察，以测知内脏病变；闻，指听声息，主要是听患者语言气息的高低、强弱、清浊、缓急等变化，以分辨病情的虚实寒热；问，指询问症状，是通过询问患者或其陪诊者，以了解病情有关疾病发生的时间、原因、经过、既往病史、患者的病痛所在，以及生活习惯、饮食爱好等与疾病有关的情况；切，指摸脉象，是医者运用指端之触觉，在病者的一定部位进行触、摸、按、压等操作了解病情的方法。望、闻、问、切合称四诊。通过四诊所收集到的病情资料，了解与疾病有关的情况、反映的现象，是判断病种、辨别症候的主要依据。辨证即分析、辨识疾病的症候，即以脏腑、经络、病因、病机等基础理论为依据，对四诊所收集的症状、体征，以及其他临床资料进行分析、综合，辨清疾病的原因、性质、部位，以及邪正之间的关系，进而概括、判断为何种症候，为论治提供依据。

油藏的“病症与症候”通过油井反映出来。井口油压反映了地层压力经井筒损失后的剩余能量，它的高低一方面反映井筒摩阻大小，另一方面也反映了地层压力的大小；套压基本上反映了地层能量的高低；回压反映了输油管线的阻力；井口油样的颜色可反映综合含水率的高低。这就是油藏开发的“望”。闻井口油气的气味、手感井口的油温。这是油藏开发的“闻”。查井史、看曲线、阅图幅、翻报表，可知该油藏历经状况与现状，了解相关指标的变化趋势。同时，要特别询问直接操作者在操作过程中出现问题的细节，往往通过细枝末节的观察有可能发现油藏或油井的症结。这是油藏开发的“问”。测压力恢复曲线、系统试井、生产测井及其他测试等，了解地层能量、层间或层内出油出水情况、近井地带情况等，这是油藏开发的“切”。油藏的“望、闻、问、切”所获得的信息、资料，是油藏变化的表面现象，再通过分析、综合、判断，找出油藏问题的本质特征，采取有针对性的措施，消除或减少油藏问题的影响，使油藏开发正常运行。

中医的四诊资料，是靠感官直接观察而获得的，人们感觉器官直接观察的局限性决定了望、闻、问、切四诊资料的局限性。而油田开发的资料、信息，不仅来自人们感觉器官直接观察，而且来自现代化仪器仪表和工具的测量，因而更全面、更确切。中医的“司外揣内”与近代控制论的“黑箱”理论有着惊人的相似之处。中医的“见微知著”含有当代“生物全息”的思想，认为人体的某些局部，可以看作是脏腑的“缩影”。

（二）借鉴中医不同人不同体质不同病采取相对应治疗方法

中医的辨证论治，治病求本，实质上包含着从体质上求本治疗之义。由于体质受先天禀赋、年龄、性别、生活条件、情志所伤、周边环境、自然界变化等多种因素的影响，故通常所说的“三因”即“因人制宜”、“因时而异”、“因地而异”，其核心是依区别而治疗。“同病异治”和“异病同治”是辨证论治的具体体现。由于体质的差异，同一疾病，可出现病情发展、病机变化的差异，表现出不同的症候，治疗上应根据不同的情况，采取不同的治法；而不同的病因或疾病，由于患者的体质在某些方面有共同点，症候随体质而变化，可出现大致相同的病机变化和症候，故可采用大致相同的方法进行治疗。

油藏分为各种油藏类型，同一油藏类型又可划分为不同的开发阶段。不同类型不同阶段的开发过程中出现的各种问题即所谓“病症”，应依油藏类型的不同、开发阶段的不同采取不同诊治方法。亦可采用“同病异治”和“异病同治”的辨证论治方法。同一种油藏类型，也会因构造、形状、规模、储层物性、非均质性、储量大小、油水分布等不同而有所差异，例如产油量递减问题，不同油藏的不同开发阶段，递减的表现形式亦有所差异，诊治方法亦不同，属“同病异治”。动力与阻力是油藏开发过程中的一对主要矛盾。油井不出油，可能原因很多，由于时间、地点的不同，或处于不同的发展阶段，所表现的“症候”不同，称为“异病”。但从机理上说是阻力大于动力，阻力成为主要矛盾方面。因而，用解堵的方法有可能解决相应的问题，属“异病同治”。对油田开发过程中出现的复杂问题，用辨证施治的方法可以迎刃而解。

（三）借鉴中医针对病情综合治疗方法

中医学把人体，以及人与自然界看作是一个不可分割的有机整体，主要运用综合分析的方法，从宏观的角度来研究人体动态的各种内在联系和内外环境之间的相互关系，进而阐明人体生命活动的基本规律。“理、法、方、药”是中医学关于诊断与治疗操作规范的四大要素。辨证论治是“理、法、方、药”运用于临床的过程，为中医学术的基本特色。所谓“理”，指根据中医学理论对病变机理作出的准确的解释；所谓“法”，指针对病变机理所确定的相应的治疗治法；所谓“方”，是根据治疗治法选择最恰当的代表方剂或其他治疗措施；所谓“药”，指对方剂中药物君、臣、佐、使的配伍及其剂量的最佳选择。辨证是论治的前提，论治是在辨证基础上拟定出治疗措施，辨证与论治在诊治疾病过程中相互联系，密不可分，是“理、法、方、药”在临床上的具体应用。

针对油田开发中的问题，亦应采取综合治疗的“组合拳”、“综合方”。油藏分为不同类型，即使是同一类型也会有各自开发的特点。如低渗透油藏一般具有低渗、低孔、低天然能量、低采收率及油井启动压力高、稳产难度高、投入成本高的“四低三高”的特点。不同的低渗透油藏开发开采也会因自身的特点和开采条件的限制，开发开采方法也存在着差异。按中医“理法方药”和“君臣佐使”综合诊治的思路，针对油藏的具体情况，采用主要的方法解决主要矛盾，如三优（优化区块、优化开发方式、优化井网密度）、科学选择油井类别（直井、定向井、水平井等）、整体高效压裂等，优化其他开发开采方法组成多方法多措施多工艺组合，形成一两种开发开采方法为主、多种方法配合协同的全程+分阶段的综合开发开采模式。

（四）借鉴中医的“见微知著”、“以常衡变”的分析方法

见微知著，微是指微小、局部的变化；著是指明显的、整体的情况。见微知著是指机体的某些局部，常包含着整体的生理、病理信息，通过微小的变化，可以测知整体的情况。以常衡变，常是指健康的、生理的状态；变是指异常的、病理的状态。以常衡变是指在认识正常的基础上，发现异常变化而深入分析其原因。

在油田开发的管理过程中，需经常进行各层次的动态分析。从地面和井口参数的细微、局部的变化，观察、分析井筒到井底再到近井地带的动态变化；从油井、注水井反映的参数变化，逐步分析注采井组到油层、油藏整体的变化；从日观察、旬分析、月小结分析，到季分析、半年度分析、年度分析、阶段分析，不断发现问题、积极查找原因、正确制定措施，有效调整开发运行态势，以向良好方向发展。因此，“见微知著”、“以常衡变”的分析方法亦是油田开发时空范围内常用的方法之一。

第六节　油藏开发中问题的诊断

油藏由若干个油层组成。油藏开发中的问题除了平面矛盾、层间矛盾、层内矛盾等三大矛盾外，还有地层能量降低、综合含水率上升、油水重新分布等，同时伴随着不同油藏类型本身的特殊问题。这些问题通过分布在油藏构造上的油水井各种参数信息变化表现出来。将油水井问题放在油藏整体上、全局上、系统上考虑和处理，就能反映油藏在开发中存在的问题。

一、油藏开发中问题诊治所需的基础资料

要想了解油藏开发状况和存在的问题，采取有针对性的治理措施，首先要掌握油藏各种信息与资料。地质图幅、曲线、月报、综合记录等是最基本的资料。

（1）反映油藏特征的图表。

此类图幅主要有：构造井位图、油层连通图、小层平面图、开采现状图、注采平衡图、参数（压力、渗透率、孔隙度、油层厚度等）等值图、水线推进图、油气水分布图、油气水物性表、地质储量和可采储量分布图、沉积相分布图、剩余油饱和度分布图、地质综合图等，其中地质综合图包含井位图、构造纵横剖面图、标准电测曲线图、基础数据表等。

（2）反映生产特征曲线与图幅。

此类曲线主要有：油田开发综合曲线、油田产量构成曲线、油田开发生产运行曲线、油田综合含水率曲线、水驱曲线、采油速度曲线、采出程度曲线、注采比变化曲线、压力变化曲线、油田含水率与采出程度关系曲线、存水率与采出程度关系曲线、水驱指数与采出程度关系曲线、储饱关系曲线、关键井和特殊井示功图、油田开发动态基本数据表等。

另外，还可以根据需要收集相关资料与信息绘制某些图表、图幅或曲线。

为了搞好油藏诊断，必须建立油田开发数据库，包括油藏描述等静态资料、开发过程中的各种动态资料等，建立油田开发技术档案，包括油藏开发史、重大措施实施结果、油

藏重大科研成果与应用情况、油藏管理情况及其他重要情况等。

二、油藏开发“病症”的诊断方法与技术

油藏问题的分析、综合、判断、治理，是油田开发管控过程中经常性的、基本性的工作。

（一）油藏动态分析与油藏诊断的异同

油藏动态分析是油田开发管控过程中经常性的、基本性的工作。油藏诊治亦应成为油田开发管控过程中经常性的、基本性的工作。两者既有相似之处，彼此又有一定差异（表8-6-1）。

表8-6-1 油藏动态分析与油藏诊断分析相似相异表

项目	相似		相异	
	油藏动态分析	油藏诊断分析	油藏动态分析	油藏诊断分析
基本目标	保证油藏开发正常运行	保证油藏开发正常运行	为配产配注、进行综合调整、编制开发规划提供依据	促进油藏在最佳状态下运行，不断提高最终经济采收率
基本方式	分为月度、季度、年度、阶段等分析方式	分为月度、季度、年度、阶段等分析方式	—	—
基本内容	月动态、季动态分析主要内容为：产油量、产液量、产水量、综合含水率、递减率、注采比、措施效果等参数的变化趋势、产生原因、制定措施。 年度动态分析主要内容：注采平衡和能量保持情况、注水效果分析评价、储量利用程度和油水分布情况、含水上升率与产液量增长情况、新区投产与调整效果分析、主要增产措施效果分析、油藏突出变化等。 阶段动态分析主要内容：注采系统适应性、储量动用与潜力分析、重大调整与增产措施效果分析、经济效益分析、工艺适应度分析、主要开发指标预测等	月度、季度、年度、阶段的油藏诊断分析主要内容：油藏在时空范围内存在的问题、开发运行的不足、开发指标变化趋势与扬长避短、规避风险措施实施可能性等	油田开发过程中的全面分析	油田开发过程中的问题分析
基本方法	用已发生的生产数据，分析、综合、评估、判断	用已发生的生产数据，分析、综合、评估、判断	重点分析现状，改造现存问题，治“现病”	重点从现状预测未来，治“现病与未病”
运行实施	制定有针对性的措施，实施调整方案	制定有针对性的措施，实施调整方案	实施油藏降本增效措施和调整方案	按照实际情况，随时调整措施，防患于未然
基本管理	基本管理原则相似	基本管理原则相似	传统管理方法	鲁棒管理方法
实施结果	—	—	保证油藏开发正常运行	促进油藏在最佳状态下运行

从表8-6-1看出，油田的动态分析与油藏诊断分析在目标、方式、内容、方法、实施过程等基本方面是大致相同的，其主要区别在于油藏诊治分析是以分析“问题”为主，以预测方法预估未来变化趋势，采取相应的有针对性的措施，防患于未然。

因此，应将油藏动态分析与油藏诊断分析有机结合起来，将全面分析与“问题”分析结合起来，将对油藏现在状况分析与对油藏未来状况分析结合起来。充分掌握油田开发的主动权，使油田开发运程按其客观规律处于最佳运行状态，实现油田开发良好的总体目标。

（二）油藏诊断与治理的基本方法

（1）综合分析方法与治理。

上节提到对中医的四条借鉴，就是一种综合分析方法。采用“望闻问切四诊合参”“审证求因”“治病求本”“三因制宜”“司外揣内”“见微知著”“以常衡变”等，就是通过油田开发过程中发生现象、表征、信息，由表及里地透过现象看本质、具体情况具体分析。油田开发实际上是围绕三个基本问题即产油量、采收率、开发成本展开，或者归纳为“少投入多产油”问题，而最集中的表征指标是产油量。涉及对油藏的地质认识、油气储量规模与品质、开发方案的优选、开采方法的创新与新技术新工艺的应用、开发过程的管理与控制、开采措施实施的力度与有效性、开发投入的多少与国际油价的变化、开发人员的综合素质等众多因素。对涉及因素进行整体地、全面地、系统地、辩证地、综合地分析、判断、决策，采用有针对性的治理方案、措施等，借用中医的“理、法、方、药”治疗操作四大要素，因时、因地、因油藏类型而异地辨证施治，多技术、多工艺、多方法地组合治理。

（2）趋势预测方法。

“治未病”即预防疾病、不使疾病发生是中医诊治的最高境界。对油田开发而言，油田开发主要指标变化趋势、不确定因素出现概率的预测，是油田开发诊治不可或缺的前提，预测方法的科学性、合理性、可信性、可靠性是制定正确的防范、规避措施的基础。

油田开发指标预测方法很多，有各自的优缺点和局限性，因此，采用扬长避短、取长补短多方法组合，可能更为合理、科学，其结果可能更为可信、可靠。

多方法组合，首先，需对单方法进行综合评价，根据评价结果进行方法优选；其次，对优选的方法进行权重组合后再综合评价；最后，通过分析、判断，确定优选组合并投入试用。

既然产油量是油田开发指标综合表征，那么，产油量的预测就是油田开发的核心预测。但影响产油量的因素众多且具有不确定性，为适应各种情况，时至今日，产油量的预测方法有百种之多，归纳起来可分为模型预测法、数理统计法、数值模拟法、产量构成法、动态预测法、指标预测法、相似类比法、组合预测法约八类预测方法（见第四章油田开发系统预测论）。

第七节　待用低效井长停井诊断

关于油水井的诊断已有许多论著，本章不再赘述，但待用低效井长停井诊断并不多见。对低效井、长停井类型的井的诊断，首先需判断该井是否有开采价值，其次再确定开采方式。本节主要是判断该类井是否有开采价值。

一、低效井的范围

20 世纪 90 年代是中国由传统的计划经济向社会主义市场经济转轨的时期。1994 年中国石油天然气总公司曾多次明确提出：油田开发工作一定要纳入提高经济效益的轨道上来。传统的油田开发工作在计划经济年代有其突出的优越性，但讲产出多讲投入少、不计工本、欠虑效益，形成以产量为中心的管控观念，只要完成产量任务就行，使相当多的企业处在亏损之中。在市场经济条件下，企业经过改制、经营观念变化，改以产量为中心变为以效益为中心，以追求最佳利润为目标。当然，作为国营企业最大的目标仍然是满足国家的基础上追求最大利润。在这种前提下，对一些低效井、暂时无效井、无效井、低产边缘井、亏损井等，实行关、停、转、废等措施，使近 1/3 的油水井关井。所谓转，是指将某些低效井、暂无效井、无效井，根据开发方案、调整方案需要转换层系，或转为注水井；所谓废是指工程上、地质上无法开采或已无可采价值的井，进行工程报废或地质报废。中国石油天然气总公司对各油区进行油井效益大普查，其中亏损井就占 12%左右。报废井虽然可降低固定资产，但其他类型井的关停也造成了大量的不良资产无法使用，造成储量损失。

面对“低、暂（无）、无、边、亏、废”等六类井，能否再获效益是个值得深思的问题，1994 年上半年笔者认为，首先解决报废井的“复活”问题，建议成立了冀东油田报废井修复公司。1996 年在原来的基础上，组建了冀东油田北田开发股份有限公司，经营范围扩展到低效井、长停井、边缘井、试采井，其中包括亏损井、暂无效井、无效井等。

为了叙述方便，本节将上述六类型井统称为低效井。低效井与该井所处油气藏的油藏类型、储层物性、开采特点、油藏埋深、生产成本、油价及相关政策有关。各油区依自己的具体情况确定低效井量化标准，一般油田单井日产量在 1～3t 范围内，非常规油田如低渗透或特低渗透油田、复杂断块或极复杂断块油田等其单井日产量还可再低一些。

中国石油工业尽管有了很大的发展并为国民经济作出了巨大贡献，但仍满足不了我国国民经济的快速发展，1994 年我国再次成为原油进口国。因此，如何盘活这部分不良资产，减少储量损失，为国家多作贡献则是各油区面临的任务之一。

二、低效井潜力判别准数与判别参数的确定

当油价、成本变化，低效井也会随之变化。随着地质认识的加深及技术水平的提高，暂无效井、无效井、亏损井都可能转变价值，甚至一些报废井也可能“死里逃生”。但是这类井要重新生产，必须对这类井进行经济评估和技术评估，技术评估自不待言，因而提出单井经济潜力判别准数的概念。

（一）单井经济潜力判别准数

单井经济潜力判别准数是指在单井开采期内总产出与总投入的比值，以 Z_q 表示。该准数由期间累计产油商品量、在变化油价下的累计利润、累计生产成本决定。

当吨油油价（p^*）、吨油变动成本（C_o）、吨油费用（I）变化连续时，则：

$$Z_q = \int_{t_0}^{t_e} T_R^*(t)\,dt \Big/ \left[C_F + \int_{t_0}^{t_e} C(t)\,dt\right] \tag{8-7-1}$$

式中，Z_q 为单井经济潜力判别准数；t_0 为再生产初始生产时间，a；t_e 为再生产终止生产时间，a；T_R^* 为税后收益，万元；C_F 为单井平均固定成本，万元；$C(t)$ 为变动成本，万元。

$$C_X = C_{vx} + I_X = \int_{t_0}^{t_e} C(t)\,dt$$

式中，C_X 为变动新投入，万元；C_{vx}为单井变动成本，万元；I_X 为单井其他费用，万元。

当吨油油价（p^*）、吨油变动成本（C_o）、吨油费用（I）变化为离散值时，则：

$$Z_q = \sum_{t=t_0}^{t_e} T_{Rt}^* \Big/ \left(C_F + \sum_{t=t_0}^{t_e} C_t\right) \tag{8-7-2}$$

式中，T_{Rt}^*为 t 时刻税后总收益，万元；C_t 为 t 时刻吨油投入，万元。

判断标准：$Z_q>1$ 为有效益，可进行开采；当 $Z_q=1$ 时，若油价上升或降低投入，且可获利，亦可开采；当 $Z_q<1$ 时，目前暂不能开采。

（二）判别参数的确定

公式（8-7-1）和公式（8-7-2）计算所需用的参数，均为未发生数，因此，它们的确定具有预测性，属油井预测范围。

1. 预测总收益 T_R^* 的确定

已知：

$$T_{Rt}^* = P_t^* Q_{ot} W_{Rt} \tag{8-7-3}$$

则：

$$T_R^* = \sum_{t=1}^{n} T_{Rt}^* = \sum_{t=1}^{n} P_t^* Q_{ot} W_{Rt} \tag{8-7-4}$$

式中，T_R^* 为重新生产时间内的预测总收益，万元；P_t^* 为 t 时刻油价，元/t；Q_{ot}为 t 时刻原油产量，10^4t；W_{Rt}为 t 时刻原油商品率。

要知道不同时刻的产油量，首先需知道该井剩余可采储量及其可转化为多少累计产油量，即：

$$N_{p\Delta t} = \beta N_r = \beta(N_R - N_{pt_0}) = \sum_{t=t_0}^{t} Q_{ot} \tag{8-7-5}$$

式中，$N_{p\Delta t}$为重新生产时间 Δt 内的累计产油量，10^4t；β 为产储转换系数；N_r 为重新开采时间 t_0 以前的剩余可采储量，10^4t；N_R 为该井可采储量，10^4t；N_{pt_0}为重新开采时间 t_0 以前的累计产油量，10^4t。

当求出 $N_{p\Delta t}$后，根据该井预测的递减规律，确定各年的产油配产量 Q_{ot}。

（1）N_r 与 N_R 的确定。

低效井一般都已进入开发的中、后期，因此可用产生的相关生产资料计算可采储量 N_R，可采用以下方法：

①水驱曲线法。

该法是预测水驱开发油田可采储量特有方法之一，一般在油井含水率≥50%，并已明显出现直线段后应用。

方法 1：

$$\log W_p = a_1 + b_1 N_p \tag{8-7-6}$$

$$N_R = \frac{\log\left(\frac{f_w}{1-f_w}\right) - (a_1 + \log 2.30 b_1)}{b_1} \tag{8-7-7}$$

方法 2：

$$\log L_p = a_2 + b_2 N_p \tag{8-7-8}$$

$$N_R = \frac{\log\left(\frac{1}{1-f_w}\right) - (a_2 + \log 2.30 b_2)}{b_2} \tag{8-7-9}$$

方法 3：

$$\frac{L_p}{N_p} = a_3 + b_3 N_p \tag{8-7-10}$$

$$N_R = \frac{1 - \sqrt{a_3(1-f_w)}}{b_3} \tag{8-7-11}$$

方法 4：

$$\frac{L_p}{N_p} = a_4 + b_4 W_p \tag{8-7-12}$$

$$N_R = \frac{1 - \sqrt{a_4(1-f_w)}}{b_4} \tag{8-7-13}$$

式中，W_p 为累计产水量，10^4m^3；N_p 为累计产油量，10^4m^3；L_p 为累计产液量，10^4m^3；f_w 为极限含水率，一般取f_w=0.95 或f_w=0.98；a_1、a_2、a_3、a_4、b_1、b_2、b_3、b_4 为统计系数。

②产量递减法。

任何储集类型和驱动类型的油气藏、单井，当开发进入产量递减阶段，均可用此类方法预测。

$$N_R = N_{p0} + N_{pm} \tag{8-7-14}$$

$$N_p = a - bQ_o^{n-1} \tag{8-7-15}$$

$$a = \frac{Q_i}{D_i(1-n)} \tag{8-7-16}$$

$$b = \frac{Q_i^n}{D_i(1-n)} \tag{8-7-17}$$

式中，N_{p0} 为预测阶段前累计采油量，10^4m^3；N_{pm} 为递减阶段最大累计采油量，10^4m^3；Q_o 为预测阶段采油量，10^4m^3；Q_i 为预测阶段初始采油量，10^4m^3；D_i 为初始递减率，a^{-1}；n 为递减指数，$0 \leqslant n \leqslant 1$，为统计系数。

③截距法。

$$N_p = A + B\frac{N_p - N_{p0}}{t - t_0} \tag{8-7-18}$$

$$当\ t \to \infty,\ N_R = A \tag{8-7-19}$$

式中，N_p 为递减前的累计采油量，10^4t；N_{p0}为开始递减时的累计采油量，10^4t；A 为截距；B 为斜率；t 为从投产起算的生产时间；t_0 为开始递减时的生产时间。

④应用压力恢复曲线资料确定油井地质储量。

$$N = \frac{0.948 q_o T}{m C_t^*} \tag{8-7-20}$$

$$N_R = E_R N \tag{8-7-21}$$

式中，N 为单井控制的地质储量，t；N_R 为单井可采储量，t；q_o 为关井前稳定产量，t/d；T 为径向流直线段关井时间，h；m 为压力恢复曲线的 MDH 图上径向流直线段斜率，MPa/cycle；C_t^* 为单位含油饱和度综合弹性压缩系数，MPa^{-1}；$C_t^* = C_t / S_{oi}$，C_t 为综合弹性压缩系数，MPa^{-1}；S_{oi}为油层含油饱和度；E_R 为标定最终采收率。

⑤运用容积法确定可采储量。

对于油井由于采用测井解释新方法与地质综合研究，使原解释较低的层升级，如新发现低阻油层、原水层升级为油水同层或油层、原油水同层升级为油层等情况，均需对其储量进行重新计算，可采用：

$$N_{ox} = S_{nf} \sum_{i=1}^{n} A_{oi} h_{oi} \tag{8-7-22}$$

式中，N_{ox}为该井新增地质储量，10^4t；S_{nf}为该井或所处区块的原单储系数，$10^4t/(km^2 \cdot m)$；A_{oi}为第 i 层含油面积，km^2；h_{oi}为第 i 层有效厚度，m。

$$N_{Rx} = E_{Ry} N_{ox} \tag{8-7-23}$$

式中，N_{Rx}为该井新增可采储量，10^4t；E_{Ry}为该井或所处区块原标定采收率。

⑥储饱曲线法（见本章第八节）。

计算可采储量的方法还有很多，如经验公式法、驱替效率法、压降法、物质平衡法、预测公式法、类比法等，可结合具体情况确定。

为了提高计算精度，可采用取长补短、扬优抑劣的多方法组合。

当已知 N_R 和 N_p，就可计算 N_r 了。

（2）β 的确定。

β 定义为重新开采的生产时间内预测的累计采油量与预测的剩余可采储量比值，即：

$$\beta = N_{p\Delta t}^* / N_r^* \tag{8-7-24}$$

式中，β 为预测的产储转换系数；$N_{p\Delta t}^*$ 为重新开采生产时间内的预测累计采油量，10^4t；N_r^* 为预测剩余可采储量，10^4t。

按定义，β 值应为预测值，其实质是剩余可采储量最终采收率，因此，采用类比法可借用类似已开发油气藏或已开采油井的可采储量最终采收率，一般为 0.75~1.0。由于该井重新投产，虽然有新的地质认识和新的科技手段，但毕竟是“残量”，开采难度大，故建议 β 取较低值。

（3）P^* 的确定。

吨油油价的确定是个复杂问题，因为影响油价的因素不确定性大。影响因素主要有：国际政治形势、国际经济形势、油品供需状况、油品库存状况、储采比等，这些因素中的国际政治经济形势变化具有高度不确定性，因而对油价函数 $P^*(t)$ 的估算有较大难度，尤其是未来油价的预测。因此，本节采取类似德尔菲法，即通过各种渠道包含国内外公开发表的技术经济杂志、报告等，收集有关专家、单位对未来油价的预测，运用数理统计方法，确定未来油价走势。一般油价为年平均值。税后油价为：

$$P^* = \overline{P} - T_i \tag{8-7-25}$$

式中，P^* 为税后吨油油价，元/t；$\overline{P}$ 为估算或预测年平均吨油油价，若为了简便也可用上级给定油价，元/t；T_i 为吨油销售税金及附加，元/t。

2. 总投入 C 的确定

对于油气生产企业，它的投入主要为完全成本即矿区取得成本、勘探成本、开发成本、生产成本、税收及其他费用之和。低效井可分两类，一类是新区或老区所钻新井，它的总投入应包括上述完全成本，此类新井不作重点；另一类为老区老井的低效井，它的总投入应包括固定成本、变动成本、管理费用、财务费用、销售费用等，后三项费用作为当期损益，从当期销售收入中扣除。由于老区老井，它的折旧费可能已提完，地面管线、设备费用以及原勘探开发投资等均作为沉没成本予以沉没。因此，该类低效井仅计算重新开采时间内必需的新投入，而且应以具体井而异。

根据《石油工业建设项目经济评价方法与参数》及《中国石油天然气股份有限公司石油天然气成本核算管理办法》中规定，油气开采成本由材料费、燃料费、动力费、工资、职工福利费、注入费、井下作业费、测试费、维护与修理费、稠油热采费、轻烃回收费、油气处理费、运输费、其他直接费、厂矿管理费、未折旧完的折旧费共 16 项组成。其中在人员不增加的情况下生产人员的工资、职工福利费、未折旧完的折旧费、维护与修理费、其他直接费、厂矿管理费等可作固定成本（C_F）考虑，余者作为变动成本（C_v），即：

$$C = C_F + C_v \tag{8-7-26}$$

（1）固定成本（C_F）估算。

固定成本 C_F 估算，可采用同类井或该井历史固定成本数据，尤其近期数据进行估算，并结合未来发展趋势，作适当调整：

$$C_F^* = C_{Ft_0}(1 + \alpha) \tag{8-7-27}$$

式中，C_F^* 为估算的未来固定成本，万元；C_{Ft_0} 为重新开采时间 t_0 前筛选的固定成本，万元；α 为未来固定成本调整率。

（2）变动成本 C_v 的估算。

估算采用变动成本函数，成本函数可为线性函数，亦可为非线性函数，文献《油气技术经济配产方法》给出了常用的成本函数，可根据油井的具体情况选择相关系数最高的成本函数式：

$$C(Q_o) = aQ_o + b \tag{8-7-28}$$

$$C(Q_o) = aQ_o^2 + bQ_o + c \tag{8-7-29}$$

$$C(Q_o) = aQ_o^3 + bQ_o^2 + cQ_o + d \tag{8-7-30}$$

$$C(Q_o) = aQ_o \frac{Q_o + b}{Q_o + c} + d \tag{8-7-31}$$

$$C(Q_o) = aQ_o^2 \frac{Q_o + b}{Q_o + c} + d \tag{8-7-32}$$

$$C(Q_o) = Q_o^a e^{bQ_o} + d \tag{8-7-33}$$

$$C(Q_o) = Q_o^a e^{bQ_o} \tag{8-7-34}$$

$$C(Q_o) = aQ_o^b + c \tag{8-7-35}$$

$$C(Q_o) = ab^{Q_o} \tag{8-7-36}$$

$$C(Q_o) = aQ_o^b \tag{8-7-37}$$

3. 重新开采终止时间 t_e 的确定

重新开采终止时间 t_e，一为技术废弃时间，一为经济废弃时间，本节确定为经济废弃时间。为了求取方便，作如下假设：

（1）油价随时间变化，取期间平均值，即 $\overline{P}^*$ 为常数；

（2）因低效井地层能量低，一般产量递减大，故取指数递减规律；

（3）变动成本选取二次多项式，转化为变动成本与时间的关系亦遵循二次多项式。

已知：

$$N_p = \frac{Q_i}{D_i}(1 - e^{-D_i t_e}) \tag{8-7-38}$$

$$C_v(t) = at^2 + bt + c \tag{8-7-39}$$

总收益：

$$T_R^* = \frac{\overline{P}^* Q_i}{D_i}(1 - e^{-D_i t_e}) \tag{8-7-40}$$

总投入：

$$C^* = \int_0^{t_e} C_F \mathrm{d}t + \int_0^{t_e}(at^2 + bt + c)\mathrm{d}t \tag{8-7-41}$$

若 $t_0=0$，则：

$$C^* = \frac{a}{3}t_e^3 + \frac{b}{2}t_e^2 + (c + C_F)t_e \tag{8-7-42}$$

根据投入产出平衡原理：

$$\frac{\overline{P}^{*}Q_{\mathrm{i}}}{D_{\mathrm{i}}}(1-\mathrm{e}^{-D_{\mathrm{i}}t_{\mathrm{e}}})=\frac{a}{3}t_{\mathrm{e}}^{3}+\frac{b}{2}t_{\mathrm{e}}^{2}+(c+C_{\mathrm{F}})t_{\mathrm{e}} \tag{8-7-43}$$

对式（8-7-43）求导并整理得 t_{e}。

$$at_{\mathrm{e}}^{2}+(b-\overline{P}^{*}Q_{\mathrm{i}})t_{\mathrm{e}}+C_{\mathrm{F}}+c=0 \tag{8-7-44}$$

按式（8-7-44）求出 t_{e}。

注意：(1)在实际操作中，要根据该井具体递减规律和变动成本函数计算 t_{e}；(2)使用该法确定的 t_{e}，可能较实际时间要长，这是因为初期较高产的收益弥补了部分后期低产收益。

三、实际案例

某井为1982年11月完钻的一口预探井，完钻井深4010m。并于1984年11月投产，初期日产油20t左右，生产363d停喷，采取多项措施仍不出，于1985年12月封井。关井5年3个月于1992年2月钻塞、卡封，下泵生产，至1997年10月因高含水生产断断续续，后计划关井，两期共产油 1.14×10^{4}t。现需对该井是否重新开井作出决策。

要做出开井与否的决策，首先需对该井潜力进行经济评估。

（1）计算该井剩余可采储量及预测累计采油量。

①计算原生产层的剩余可采储量 N_{r1}，$N_{\mathrm{r1}}=N_{\mathrm{R1}}-N_{\mathrm{p1}}=1.32\times10^{4}-1.14\times10^{4}=0.18\times10^{4}$t。其中 N_{R1} 的计算见表8-7-1。

表8-7-1　多方法确定 N_{R1}

计算方法	方法1	方法2	方法3	方法4	Arps递减法	平均值
可采储量（10^{4}t）	1.23	1.66	1.19	1.14	1.38	1.32
相关系数	0.9999	0.9908	0.9999	0.9985	0.8949	

②计算新升级油层可采储量 N_{R2}。

该层原解释为油水同层，经试油后确定为含油水层，但经综合地质研究及深入分析试油情况，认为该层为一底水顶油储层，具备一定生产能力。该层储量计算采用类比法。

原油单储系数取 12.0×10^{4}t/(km^{2}·m)，$E_{\mathrm{R}}=0.25$。

含油面积取0.20km^{2}，有效厚度取3.0m。

$$N_{\mathrm{R2}}=E_{\mathrm{R}}A_{\mathrm{o2}}h_{\mathrm{o2}}S_{\mathrm{nf}}=0.25\times0.20\times3.0\times12.0\times10^{4}=1.80\times10^{4}\mathrm{t}$$

$$N_{\mathrm{r}}^{*}=N_{\mathrm{r1}}+N_{\mathrm{R2}}=0.18\times10^{4}+1.80\times10^{4}=1.98\times10^{4}\mathrm{t}$$

③确定产储转换系数 β。

$$\beta=\frac{N_{\mathrm{p1}}}{N_{\mathrm{R1}}}=\frac{1.14}{1.32}=0.86$$

④计算 $N_{\mathrm{p\Delta t}}^{*}$。

$$N_{\mathrm{p\Delta t}}^{*}=\beta N_{\mathrm{r}}^{*}=0.86\times1.98\times10^{4}=1.70\times10^{4}\mathrm{t}$$

（2）确定固定成本。

①固定成本 C_F。

根据统计资料，固定成本由工资、职工福利费、维修费、管理费、租赁费等组成，α 值主要考虑职工工资与福利费调整，取 $\alpha=3.5\%$，$C_{Ft=0}=5.1\times10^4$ 元。

$$C_{Ft=1}^{*}=C_{Ft=0}(1+\alpha)^{t-1}=5.1\times10^4\times(1+0.035)^{1-1}=5.1\times10^4\ \text{元/(年·井)}$$

②求变动成本函数 $C_v(t)$。

$$C_v(t)=0.0339t^2+0.7769t+0.1894$$

$$R^2=0.9999$$

（3）估算税后油价。

根据专家预测及数理统计，$\overline{P}^{*}=1320$ 元/t。

（4）求初始递减时的产量。

根据 $\ln Q_t=\ln Q_i-D_i t$，求出 $Q_i=811.8$t/季，$D_i=0.2101$。

（5）求重新开采终止时间。

根据指数递减规律，求出 $Q_{ia}=1881.2$t/a，将相关数据代入式（8-7-44），得出：$t_e=10.3$a。

（6）计算总收益。

设 $t=10.3$ 时平均油价为1320元/t，取 $W_R=0.95$。

$$T_R^{*}=\sum_{t=1}^{10.3}\overline{P}_t^{*}Q_{ot}W_R=1320\times1.7\times10^4\times0.95=2131.8\times10^4\ \text{元}$$

（7）计算总投入。

$$\begin{aligned}C^{*}&=\frac{a}{3}t_e^3+\frac{b}{2}t_e^2+(c+C_F)t_e+C_{Ft=0}(1+\alpha)^{t-1}\\&=\frac{0.0339}{3}\times10.3^3+\frac{0.7769}{2}10.3^2+(5.1+0.1894)\times10.3+5.1\times1.035^{9.3}\\&=115.063\times10^4\ \text{元}\end{aligned}$$

（8）计算单井经济潜力判别准数。

$$Z_q=T_R^{*}/C^{*}=\frac{2131.8}{115.063}=18.53>1$$

（9）评估结果。

可以重新开井生产，但主要工作放在新升级层上。

第八节 储饱曲线法确定油藏剩余可采储量用于油藏诊断

常用的生产数据主要指产油量、产水量、产液量、累计产油量、累计产水量、累计产液量、水油比、综合含水率等指标。它们是油藏开发各个影响因素影响结果的集中反映，是一种综合表征。因此，广泛地应用于油藏动态分析、指标预测等领域，其中包括预测可采储量。用产出数据预测可采储量常用方法有水驱曲线法、递减曲线法、数值模拟法、注采关系法、经验法、组合法等，但用生产数据确定剩余油饱和度，进而确定可采储量尚不多见。

石油地质储量是油田开发的先天之本，石油可采储量是油田开发的后天之本。可采储量可以通过运用新理论、新技术、新工艺、新方法有所增长或变化。因此，石油储量尤其是可采储量的变化对油藏目前状况的判断至关重要。

一、剩余油饱和度的基本概念

原始含油饱和度是用容积法计算地质储量的主要参数之一。广义含油饱和度包含了原始含油饱和度、可动油含油饱和度、剩余油含油饱和度和残余油含油饱和度。

所谓原始含油饱和度（S_{oi}）是指在原始状态下储层石油体积占孔隙体积的比例，一般以百分数或小数表示。在储层空间，若为油、水两相，则：

$$S_{oi}+S_{w}=1 \tag{8-8-1}$$

若为油、气、水三相，则：

$$S_{oi}+S_{w}+S_{g}=1 \tag{8-8-2}$$

式中，S_{oi}为原始含油饱和度；S_{w}为含水饱和度；S_{g}为含气饱和度。

但储层中的含油饱和度很难测量，通常是利用地层水的电导性，用电法测井资料解释或电法实验测定含水饱和度，再用式（8-8-1）计算含油饱和度。在储量计算中采用的是平均含水饱和度（S_{wi}）。

所谓残余油饱和度（S_{or}）是指储层中依靠自身或外力都不能被采出的石油体积占孔隙体积的比例，亦以百分数或小数表示。可以看出，S_{oi}、S_{or}在储层中尤其是在油藏未开采的情况下，它们基本是不变的，残余油饱和度（S_{or}）可通过室内实验获得。

所谓可动油含油饱和度（S_{oR}）是指在开采状态下储层中可动石油体积占孔隙体积的比例，亦以百分数或小数表示。它可表示为：

$$S_{oR}=S_{oi}-S_{or} \tag{8-8-3}$$

由此可将石油采收率（E_{R}）表示为：

$$E_{R}=\frac{S_{oi}-S_{or}}{S_{oi}} \tag{8-8-4}$$

从理论上讲，式（8-8-4）表示的采收率应是最大的但实际上又很难达到的最终采收率。

所谓剩余油含油饱和度（S_{osr}）是指石油采出后储层中剩余可动石油体积占孔隙体积的比例，亦以百分数或小数表示。

若将已采出石油量换算为地下已采出的含油饱和度（S_{occ}），数值上为：

$$S_{occ}=\frac{N_{p}B_{oi}}{A_{o}h_{o}\rho_{o}\phi} \tag{8-8-5}$$

则

$$S_{oi}=S_{occ}+S_{osr}+S_{or}=S_{oR}+S_{or} \tag{8-8-6}$$

$$S_{osr}=S_{oi}-(S_{occ}+S_{or}) \tag{8-8-7}$$

含油饱和度在油田开发中有广泛的用途。它的确定或估算方法有岩心分析、物质平衡法、油藏工程研究方法、不稳定试井、化学试踪剂方法与测井方法（含生产测井方法，而套管电阻率测井方法又提供了一种新的途径）等，其中核磁测井注—测法和脉冲中子俘获—测法可得到较准确的精度。这些方法各有优缺点，一般常用多种方法对比、互补，以获得可信的剩余油饱和度。但是油藏开发开采是个复杂系统，其中有大量的不确定性，许多参数不仅是空间的函数而且也是时间的函数，大都具有四维特征。再加上人为因素就更为复杂。在实际生产过程中的参数如产油量、产水量、产液量、累计产油量、累计产水量、累计产液量、水油比、综合含水率等，是多因素综合作用的结果。因而用生产参数估算剩余油饱和度有现实意义。

二、公式推导

（一）公式推导一

由公式（8-8-5）和公式（8-8-6）知：

$$S_{occ}=\frac{N_pB_{oi}}{A_oh_o\rho_o\phi}=S_{oi}-(S_{osr}+S_{or})$$

$$S_{osr}=S_{oi}-S_{or}-\frac{N_pB_{oi}}{A_oh_o\rho_o\phi}$$

该式也可表示为：

$$N_{osr}=N_o-N_{or}-N_p$$

令 $A_1=S_{oi}-S_{or}$，$B_1=\dfrac{B_{oi}}{A_oh_o\rho_o\phi}$，则：

$$S_{osr}(t)=A_1-B_1N_p(t) \tag{8-8-8}$$

或令 $A_2=N_o-N_{or}$，$B_2=1$，则：

$$S_{osr}(t)=A_2-B_2N_p(t) \tag{8-8-9}$$

式中的 A_1、B_1 值均可以通过相关资料获得。实际上 A_1 为可动油含油饱和度（S_{oR}），B_1 值为单位有效孔隙体积的累计产油量地面与地下的换算系数，且该值为对应的地质储量数值。式（8-8-8）、式（8-8-9）与式（8-8-7）是等价的，虽表现形式不同，但本质相同。利用公式（8-8-8）可直接计算对应某一时间累计产油量的剩余油含油饱和度，用公式（8-8-9）可直接计算对应某一时间累计产油量的剩余地质储量，同时均可计算同时间的剩余可采储量。

（二）公式推导二

使用容积法计算含油饱和度早在20世纪70年代就由美国人D. C. 邦德等人，在其编著的《残余油饱和度确定方法》一书中提到过，但他提出所谓残余油饱和度实际上包含了剩余油饱和度和残余油饱和度两部分，且是油藏的平均值。现用生产数据求出剩余油含油饱和度（S_{osr}）。

设某油藏孔隙体积为 $V_{\phi}=A_{o}h_{o}\phi$，根据物质平衡原理，得：

$$N_{o}=N_{p}+N_{osr}+N_{or} \tag{8-8-10}$$

其中

$$N_{o}=100A_{o}h_{o}\phi\rho_{o}S_{oi}/B_{oi} \tag{8-8-11}$$

$$N_{osr}=100A_{o}h_{o}\phi\rho_{o}S_{osr}/B_{osr} \tag{8-8-12}$$

$$N_{or}=100A_{o}h_{o}\phi\rho_{o}S_{or}/B_{or} \tag{8-8-13}$$

原油体积系数 B_{o} 为压力函数，在饱和压力 p_{b} 下最大，地层压力大于 p_{b} 随压力增大而减小，地层压力小于 p_{b} 随压力降低而减小。若变化较小，可看成 B_{osr}、B_{or} 均约等于 B_{oi}，则：

$$N_{p}=100A_{o}h_{o}\phi\rho_{o}(S_{oi}-S_{osr}-S_{or})/B_{oi} \tag{8-8-14}$$

令

$$\alpha=\frac{100A_{o}h_{o}\phi\rho_{o}}{B_{oi}}$$

则

$$N_{p}=\alpha(S_{oi}-S_{osr}-S_{or}) \tag{8-8-15}$$

α 称之为视容系数，若按矿场实用单位，$\alpha=N_{o}/S_{oi}$，其单位为 10^{4}t。可以看出：α 与式（8-8-8）的 B_{1} 值互为倒数。

由式（8-8-15）变换，并写成时间 t 的函数，得：

$$S_{osr}(t)=\frac{1}{\alpha}[N_{o}-N_{or}-N_{p}(t)] \tag{8-8-16}$$

或

$$S_{osr(t)}=\left[1-\frac{S_{or}}{S_{oi}}-\frac{N_{p}(t)}{N_{o}}\right]S_{oi} \tag{8-8-17}$$

一般 $\frac{S_{or}}{S_{oi}}$ 为已知，令 $C=1-\frac{S_{or}}{S_{oi}}=\text{const}$，则：

$$S_{osr}(t)=\left[C-\frac{N_{p}(t)}{N_{o}}\right]S_{oi} \tag{8-8-18}$$

若 $f_{w}=0.98$ 或 $WOR=49$ 时，式（8-8-10）为：

$$N_{o}=N_{R}+N_{or}=N_{o}E_{R}+N_{or} \tag{8-8-19}$$

$$E_{R}=\frac{N_{o}-N_{or}}{N_{o}}=\frac{S_{oi}-S_{or}}{S_{oi}} \tag{8-8-20}$$

由实验统计知：

$$\frac{K_{o}}{K_{w}}=a\mathrm{e}^{-bS_{w}}$$

又根据稳定流公式知：

$$\frac{K_{w}}{K_{o}}=\frac{f_{w}}{f_{o}}\cdot\frac{\mu_{w}}{\mu_{o}}=\frac{Q_{w}\mu_{w}}{Q_{o}\mu_{o}}=\frac{WOR}{\mu_{r}}$$

其中

$$WOR=\frac{Q_{\mathrm{w}}}{Q_{\mathrm{o}}},\ \mu_{\mathrm{r}}=\frac{\mu_{\mathrm{o}}}{\mu_{\mathrm{w}}}$$

则

$$WOR=\frac{\mu_{\mathrm{r}}}{a}\mathrm{e}^{-b(1-S_{\mathrm{o}})}$$

令 $a^*=\mu_{\mathrm{r}}/a$，代入上式得

$$WOR=a^*\mathrm{e}^{b(1-S_{\mathrm{o}})} \tag{8-8-21}$$

或

$$S_{\mathrm{o}}(t)=A_3-B_3\ln WOR(t) \tag{8-8-22}$$

其中

$$A_3=\frac{\ln a^*}{b}+1,\qquad B_3=\frac{1}{b}$$

式中，Q_{o} 为年累计采油量，10^4t；Q_{w} 为年累计采水量，10^4t；K_{w} 为水相渗透率，mD；K_{o} 为油相渗透率，mD；μ_{w} 为地层水黏度，mPa·s；μ_{o} 为地层油黏度，mPa·s；f_{w} 为综合含水率,%；f_{o} 为综合含油率,%；a，b，A_1，A_2，A_3，B_1，B_2，B_3，C 为有关系数。

方法一推导的式（8-8-8）与方法二推导的式（8-8-18）是一致的。将式（8-8-18）称为甲型储饱曲线公式，式（8-8-22）称为乙型储饱曲线公式。

在实际操作中，可依生产数据进行 WOR 与 S_{o} 回归统计，其形式不一定按指数式，可按相关系数最大者选取，但选取多项式需慎重。

现在的问题是，在实际操作中水油比 WOR 有三种表现形式，即：（1）年末水油比 $WOR_{\mathrm{m}}=\frac{q_{\mathrm{w12}}}{q_{\mathrm{L12}}}$及相应的年末综合含水率$f_{\mathrm{wm}}=\frac{q_{\mathrm{w12}}}{q_{\mathrm{L12}}}$，在开发数据的年报或月报中均以当月数据计算，年末以第12月数据计算；（2）年度水油比 $WOR_{\mathrm{a}}=\frac{Q_{\mathrm{w}}}{Q_{\mathrm{o}}}$及相应年综合含水率$f_{\mathrm{wa}}=\frac{Q_{\mathrm{w}}}{Q_{\mathrm{L}}}$；（3）累计水油比 $WOR_{\mathrm{p}}=\frac{W_{\mathrm{p}}}{N_{\mathrm{p}}}$及相应的累计综合含水率$f_{\mathrm{wp}}=\frac{W_{\mathrm{p}}}{L_{\mathrm{p}}}$。

w_{m} 为 f_{m} 实际操作标识，当 WOR 或 f_{w} 大于或等于经济极限或技术极限时，往往不继续生产；w_{p} 和 f_{p} 为理论推导与数理统计常用标识。但 w_{m} 为 f_{m} 月度数据，有时波动较大，而 w_{a} 和 f_{a} 与 w_{m} 和 f_{m} 相近，但又与 w_{p} 和 f_{p} 相差较大，如图 8-8-1 所示，因此在使用 WOR 或 f_{w} 时，根据灰色理论，累加生成的数据可减少随机性，增强规律性，但使用累计量的 WOR_{p} 或 f_{wp}，当 WOR_{p} 或 f_{wp} 为49或98%时，计算的 $S_{\mathrm{o}}(t)$ 甚至低于 S_{or}，不仅经济上不合算，而且技术上也难以达到。因此在使用 WOR 或 f_{w} 时，既要考虑推导公式和数理统计的总累计量，又要考虑实际操作中的终止标识，因而使用年度累计量的 WOR_{a} 或 f_{wa} 为宜。但有时 WOR 变化过大，其回归公式可能存在较大误差，此时可对 WOR_{a}、WOR_{p}、WOR_{m} 三种水油比分别赋予权重，采用参数加权或结果加权法获得综合值后，再进行其他计算。

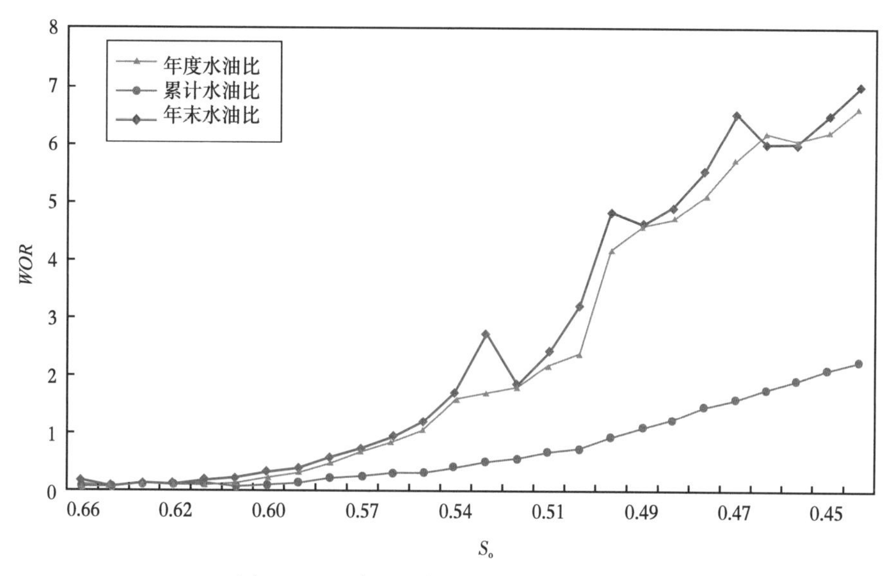

图 8-8-1　水油比与含油饱和度关系曲线

三、讨论

（1）原始地质储量（N_o）的准确程度影响 $S_o(t)$ 的精度。在确定地质储量时，计算参数受多种因素影响，因此各参数的选择尽可能可靠可信。在开发初期，可采用容积法，在中、后期应采用多种方法优化确定。

（2）式（8-8-22）中所计算 $S_o(t)$ 实为对应于 $WOR_p(t)$ 油藏综合剩余油饱和度。在实际操作中，结合其他确定剩余油饱和度方法和油藏的精细描述，确定剩余油的空间位置，这样剩余油分布就会有一个量化概念。计算的 $S_o(t)$ 包含可动油与残余油两部分。岩心实验测定的残余油饱和度往往比实际油藏的残余油饱和度要低得多，对实际生产有意义的仍是可动部分。根据回归的 $S_o(t)=f(WOR_p)$ 曲线，当 $WOR_a=49$ 时，求出 S_{or} 就可计算该油藏的采收率和技术可采储量。运用该法计算结果更符合实际。

（3）因为使用的数据主体是生产数据，它本身存在着系统误差，由此而计算的 $S_o(t)$ 也必然存在误差。由于真值的未确知性，因此误差程度具有灰性和模糊性，或者说计算结果具有灰性与模糊性。生产数据与计算结果均是油藏开发开采客观灰性的白化反映。

四、计算实例

（一）实例 1

某背斜构造砂岩油藏，动用含油面积 49.4km^2，油层平均有效厚度 5.1m，动用原油地质储量 3147.77×10^4t，原始含油饱和度 65%，原始残余油饱和度 15%，有效孔隙度 24%，脱气原油密度 0.885t/m^3，原始地层原油体积系数 1.105，原始地层原油黏度 12.9mPa·s，原始地层水黏度 0.614mPa·s，油水黏度比 21。该油藏已投产 26 年，其生产数据见表 8-8-1，现要运用生产数据回归 S_o-WOR_p，进而计算技术采收率及相应的可采储量。

表 8-8-1　开发综合数据表

t (a)	Q_o (10^4t)	Q_w (10^4t)	N_p (10^4t)	W_p (10^4t)	f_{wa} (%)	WOR_p	WOR_a	WOR_m
1	24. 42	1. 58	24. 42	1. 58	6. 08	0. 0647	0. 0647	0. 2225
2	35. 14	2. 76	59. 56	4. 34	7. 28	0. 0729	0. 0785	0. 1038
3	35. 25	3. 73	94. 81	8. 07	9. 57	0. 0851	0. 1058	0. 1038
4	36. 96	4. 94	131. 77	13. 01	11. 79	0. 0987	0. 1337	0. 1364
5	42. 10	7. 66	173. 87	20. 67	15. 39	0. 1189	0. 1819	0. 2270
6	47. 51	11. 03	221. 38	31. 70	18. 84	0. 1432	0. 2322	0. 2987
7	47. 03	15. 41	268. 41	47. 11	24. 67	0. 1745	0. 3277	0. 4164
8	49. 15	19. 37	317. 56	66. 48	28. 27	0. 2085	0. 3941	0. 5083
9	46. 71	26. 66	364. 27	93. 14	36. 24	0. 2549	0. 5708	0. 6978
10	46. 26	34. 72	410. 53	127. 86	42. 87	0. 3108	0. 7505	0. 7953
11	47. 04	40. 81	457. 57	168. 67	46. 45	0. 3721	0. 8676	0. 9763
12	47. 51	47. 14	505. 08	215. 81	49. 80	0. 4267	0. 9922	1. 1459
13	47. 52	68. 78	552. 60	284. 59	59. 14	0. 515	1. 4474	1. 5126
14	45. 81	70. 68	598. 41	355. 27	60. 67	0. 5932	1. 5429	2. 5461
15	43. 43	79. 42	641. 84	434. 69	64. 65	0. 6768	1. 8287	1. 8249
16	44. 43	95. 60	686. 27	530. 29	68. 27	0. 7723	2. 1517	2. 3670
17	45. 51	113. 28	731. 78	643. 57	71. 34	0. 8791	2. 4891	3. 2553
18	45. 05	182. 50	776. 83	826. 07	80. 20	1. 0630	4. 0511	4. 7143
19	40. 46	181. 23	817. 29	1007. 30	81. 75	1. 2322	4. 4792	4. 3908
20	36. 34	166. 24	853. 63	1173. 54	82. 06	1. 3744	4. 5746	4. 7803
21	32. 72	160. 13	886. 35	1333. 67	83. 03	1. 5051	4. 8939	5. 3371
22	29. 16	159. 22	915. 51	1492. 89	84. 52	1. 6312	5. 4602	6. 3099
23	27. 44	167. 22	942. 95	1660. 11	85. 90	1. 7611	6. 094	5. 8446
24	29. 51	176. 89	972. 46	1837. 00	85. 70	1. 8896	5. 9942	5. 8681
25	33. 23	197. 77	1005. 69	2034. 77	85. 61	2. 0239	5. 9515	6. 3964
26	34. 60	228. 40	1040. 29	2263. 17	86. 84	2. 1762	6. 6012	6. 9302

（1）计算 $S_o(t)$。

计算 C 值：$C=1-0.15/0.65=0.7692$。

按式（8-8-18）：

$$S_{osr}(t)=\left[C-\frac{N_p(t)}{N_o}\right]S_{oi}=\left[0.7692-\frac{N_p(t)}{314.7}\right]\times 0.65 \tag{8-8-23}$$

计算结果列于表 8-8-2。

表 8-8-2　实例计算结果

t（a）	1	2	3	4	5	6	7	8	9	10	11	12	13
N_p（10^4t）	24.42	59.56	94.81	131.77	173.87	221.38	268.41	317.56	364.27	410.53	457.57	505.08	552.60
S_{osr}	0.4949	0.4877	0.4804	0.4728	0.4641	0.4543	0.4446	0.4344	0.4248	0.4152	0.4055	0.3957	0.3859
t（a）	14	15	16	17	18	19	20	21	22	23	24	25	26
N_p（10^4t）	598.41	641.84	686.27	731.78	776.83	817.29	853.63	886.35	915.51	942.95	972.46	1005.69	1040.29
S_{osr}	0.3764	0.3674	0.3583	0.3489	0.3396	0.3312	0.3237	0.3170	0.3109	0.3053	0.2992	0.2923	0.2852

（2）回归 $S_{osr}=f(WOR_a)$。

经数理回归：

$$S_{osr}=0.3891-0.044\ln(WOR_a) \tag{8-8-24}$$

$$R^2=0.9791,\ n=26,\ R=0.9895$$

当显著性水平 $\alpha=0.01$，查表得 $R_{0.01}=0.496$：

$$|R|>R_{0.01}$$

说明式（8-8-24）具有高度显著性，公式可用。

（3）计算 E_R 与 N_R。

当 $WOR_a=49$ 或 $f_{wa}=98\%$时，地下储油层内的剩余油为目前技术条件下尚不能采出的残余油，由式（8-8-24）得：

$$S_{osr}=0.2179$$

由式（8-8-23）得：

$$N_p(t)=(0.7692-1.5385S_{ost})\times 3147.77 \tag{8-8-25}$$

将 $S_{osr}=0.2179$ 代入式（8-8-25）得：

$$N_p=1366.01\times 10^4\text{t}$$

或根据：

$$E_R=\frac{S_{oi}-S_{or}-S_{osr}}{S_{oi}}=1-\frac{S_{or}+S_{osr}}{S_{oi}} \tag{8-8-26}$$

$$E_R=0.434$$

得：
$$N_{oR}=E_rN_o=0.434\times 3147.77=1366.13\times 10^4\text{t}$$

两种方法计算结果是一致的。计算结果实为可采油量，此油田已开采 26 年，累计产油量为 1040.29×10⁴t，还有 325.72×10⁴t 的剩余油可采。但剩余的可采油量，会存在经济不合算的情况，故需计算经济可采油量。

（4）计算经济可采储量（N_{Rff}）。

①计算年经济产量（Q_{off}）。

所谓经济产量是指效益产量。对于开发新区，其油气成本包括矿区取得成本、油气勘探成本、油气开发成本、油气生产成本；对于开发多年的老区，油气成本主要是油气生产成本。

$$Q_o w_o P_i^* \geqslant C_{sci} \tag{8-8-27}$$

式中，Q_o 为核实年产油量，10^4t；w_o 为商品率；P_i^* 为第 i 年税后油价，元/t；$P_i^* = P_o - T_{off}$；C_{sci}为第 i 年油气生产成本，万元；$C_{sci} = C_T + Q_o w_o C_v$，$C_v$ 为吨油可变成本，元/t。则：

$$Q_{ojj} = \frac{C_T}{(P_o - T_{off} - C_v) w_o} \tag{8-8-28}$$

设月固定成本 C_T 为 1209 万元/月；国际油价 P_o 为 55 美元/bbl，若汇率为 6.8，吨桶比为 7.11，则为 2659.14 元/t；吨油税费 T_{off}为 436 元/t；吨油可变成本 C_v 为 383 元/t；油商品率 w_o 为 1.0，按式（8-8-28）得：

$$\begin{aligned} Q_{ojj} &= \frac{C_T}{(P_o - T_{off} - C_v) w_o} \\ &= \frac{12090000}{(2659.14 - 436 - 383) \times 1.0} \\ &= 6870.15\text{t/月} \end{aligned}$$

一般，自喷井年生产时间按 330d 计，机采井年生产时间按 300d 计，本例为老区，故采用年生产时间为 300d，约为 9.863 月。则：

$$Q_{ojj} = 6870.15 \times 9.863 = 6.776 \times 10^4 \text{t/年}$$

②预测年采油量（Q_o）。

根据式（8-8-23）和式（8-8-24）逆运算即运用储饱曲线法，计算 N_p，结合 Weibull 预测方程计算 Q_o：

$$N_p = N_R [1 - e^{-(t^\alpha/\beta)}] \tag{8-8-29}$$

$$Q_o = \frac{N_R \alpha}{\beta} t^{(\alpha-1)} e^{-(t^\alpha/\beta)}] \tag{8-8-30}$$

$$\beta = -[\ln(1 - \frac{N_{p1}}{N_R})]^{-1} \tag{8-8-31}$$

$$\alpha = \ln[-\beta \ln(1 - \frac{N_{p2}}{N_R})] / \ln 2 \tag{8-8-32}$$

其中 N_R 取式（8-8-25）和式（8-8-26）计算的平均值 1366.07×10^4t。按式（8-8-31）和式（8-8-32）计算：

$$\alpha = 1.3053, \quad \beta = 55.44$$

代入式（8-8-29）计算 27~55 年的 N_p 值，进而计算相应的年采油量 Q_o（预测值），结果见表8-8-3 与图 8-8-2。

表 8-8-3　年产油量预测表　　单位：10^4t

t(a)	1	2	3	4	5	6	7	8	9	10	11	12	13	14
Q_o(实)	24.42	35.14	35.25	36.96	42.10	47.51	47.03	49.15	46.71	46.26	47.04	47.51	47.52	45.81
Q_o(计1)	24.56	35.19	35.30	37.02	42.16	47.58	47.10	49.23	46.78	46.33	47.11	47.58	47.59	45.88
Q_o(计2)	31.59	38.01	41.70	43.99	45.37	46.10	46.35	46.22	45.79	45.13	44.27	43.26	42.13	40.91
t(a)	15	16	17	18	19	20	21	22	23	24	25	26	27	28
Q_o(实)	43.43	44.43	45.51	45.05	40.46	36.34	32.72	29.16	27.44	29.51	33.23	34.60		
Q_o(计1)	43.50	44.50	45.58	45.12	40.52	36.40	32.77	29.20	27.48	29.56	33.28	34.65	23.22	22.01
Q_o(计2)	39.61	38.26	36.88	35.47	34.05	32.62	31.21	29.81	28.43	27.08	25.76	24.47	23.22	22.01
t(a)	29	30	31	32	33	34	35	36	37	38	39	40	41	42
Q_o(实)														
Q_o(计1)	20.83	19.70	18.61	17.57	16.57	15.61	14.69	13.81	12.98	12.19	11.43	10.72	10.04	9.40
Q_o(计2)	20.83	19.70	18.61	17.57	16.57	15.61	14.69	13.81	12.98	12.19	11.43	10.72	10.04	9.40
t(a)	43	44	45	46	47	48	49	50	51	52	53	54	55	56
Q_o(实)														
Q_o(计1)	8.79	8.22	7.68	7.17	6.68	6.23	5.81	5.41	5.03	4.68	4.35	4.04	3.75	
Q_o(计2)	8.79	8.22	7.68	7.17	6.68	6.23	5.81	5.41	5.03	4.68	4.35	4.04	3.75	

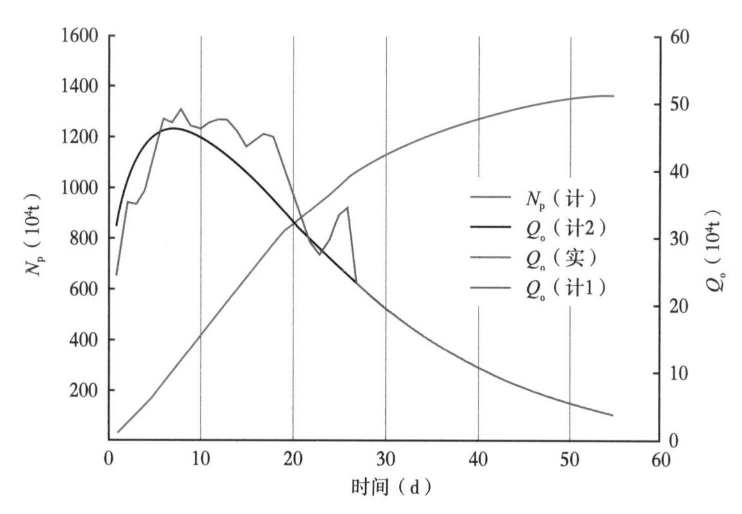

图 8-8-2　年产油量预测曲线图

③建立 N_p—Q_o 预测公式。

根据第 27 点至 55 点，回归公式为：

$$N_p=-0.1317Q_o^2-12.059Q_o+1416.4，n=29，R^2=1 \quad (8-8-33)$$

④计算经济可采储量。

将 $Q_{ojj}=6.776\times10^4$t/年代入式（8-8-33），解之得：

$$N_{pjj}=1328.59\times10^4\text{t}$$

按目前的递减规律，达到 1328. 59×10⁴t，还可再生产 21 年左右。

另外，采用内插法也可计算。从表 8-8-4 中可查出：年采油量为 6. 68×10⁴t 时，经济可采储量为 1329. 9×10⁴t；年采油量为 7. 17×10⁴t 时，经济可采储量为 1323. 22×10⁴t。若用内插法计算，当年采油量为 6. 776×104 时，得：

$$N_{\mathrm{Rff}}=1328.59\times10^4\mathrm{t}$$

其结果与式（8-8-33）计算相同。

表 8-8-4　累计产量与年采油量表　　　　单位：10^4t

t(a)	1	2	3	4	5	6	7	8	9	10	11	12	13	14
Q_o(预)	24. 56	35. 19	35. 30	37. 02	42. 16	47. 58	47. 10	49. 23	46. 78	46. 33	47. 11	47. 58	47. 59	45. 88
N_p(预)	24. 56	59. 75	95. 05	132. 07	174. 23	221. 81	268. 91	318. 14	364. 92	411. 25	458. 36	505. 94	553. 53	599. 41
t(a)	15	16	17	18	19	20	21	22	23	24	25	26	27	28
Q_o(预)	43. 50	44. 50	45. 58	45. 12	40. 52	36. 40	32. 77	29. 20	27. 48	29. 56	33. 28	34. 65	23. 22	22. 01
N_p(预)	642. 91	687. 41	732. 99	778. 11	818. 63	855. 03	887. 80	917. 00	944. 48	974. 04	1007. 32	1041. 97	1065. 19	1087. 20
t(a)	29	30	31	32	33	34	35	36	37	38	39	40	41	42
Q_o(预)	20. 83	19. 70	18. 61	17. 57	16. 57	15. 61	14. 69	13. 81	12. 98	11. 43	10. 72	10. 04	9. 40	
N_p(预)	1108. 03	1127. 73	1146. 34	1163. 91	1180. 48	1196. 09	1210. 78	1224. 59	1237. 57	1249. 76	1261. 19	1271. 91	1281. 95	1291. 35
t(a)	43	44	45	46	47	48	49	50	51	52	53	54	55	
Q_o(预)	8. 79	8. 22	7. 68	7. 17	6. 68	6. 23	5. 81	5. 41	5. 03	4. 68	4. 35	4. 04	3. 75	
N_p(预)	1300. 14	1308. 36	1316. 04	1323. 22	1329. 90	1336. 13	1341. 94	1347. 35	1352. 38	1357. 06	1361. 41	1365. 45	1369. 20	

（二）实例 2

某背斜构造砂岩油藏，动用含油面积 4. 8km²，平均钻遇油层的有效厚度 43. 8m，地质储量 2143. 69×10⁴t，动用原油地质储量 1138. 22×10⁴t，原始含油饱和度 61%，残余油饱和度 27. 2%，有效孔隙度 19. 5%，脱气原油密度 0. 8572t/m³，原始地层原油体积系数 1. 17，原始地层原油黏度 14. 74mPa · s，原始地层水黏度 0. 614mPa · s，油水黏度比 24。该油藏已投产 27 年，其生产数据见表 8-8-5，现要运用生产数据求解 $S_o(t)=f(WOR)_p$，进而计算技术采收率及相应的可采储量，并绘出剩余可采储量图。

1. 计算可采储量与最终采收率

（1）计算剩余油饱和度（S_{osr}）。

①方法 1，已知 $S_{osr}(t)=A_1-B_1N_p(t)$，因此：

$$A_1=S_{oR}=S_{oi}-S_{or}=0.61-0.272=0.338$$

按动用储量 1138. 22×10⁴t 计算，得：

$$B_1=\frac{B_{oi}}{Ah_o\rho_o\phi}=0.0005359$$

$$S_{osr}(t)=A_1-B_1N_p(t)=0.338-0.0005359\times N_p \tag{8-8-34}$$

表 8-8-5　开发综合数据表

t (a)	Q_o (10^4t)	Q_L (10^4t)	N_p (10^4t)	W_p (10^4t)	L_p (10^4t)	f_{wa} (%)	WOR_p	WOR_a	WOR_m
1	4.25	4.68	4.25	0.43	4.68	9.07	0.10	0.10	0.14
2	10.73	12.40	14.99	2.09	17.08	13.45	0.14	0.16	0.31
3	8.82	10.79	23.81	4.05	27.86	18.18	0.17	0.22	0.30
4	8.08	10.43	31.89	6.40	38.29	22.52	0.20	0.29	0.13
5	8.61	11.60	40.50	9.39	49.89	25.71	0.23	0.35	0.27
6	7.78	11.61	48.29	13.21	61.50	32.95	0.27	0.49	0.91
7	7.52	11.95	55.81	17.63	73.44	37.05	0.32	0.59	0.38
8	7.55	13.23	63.36	23.31	86.67	42.91	0.37	0.75	0.67
9	7.76	13.68	71.13	29.22	100.35	43.24	0.41	0.76	0.54
10	8.89	15.30	80.02	35.63	115.65	41.86	0.45	0.72	0.75
11	7.84	16.31	87.86	44.10	131.96	51.92	0.50	1.08	1.29
12	5.69	14.97	93.55	53.37	146.92	61.99	0.57	1.63	1.96
13	9.02	20.84	102.57	65.19	167.76	56.71	0.64	1.31	1.68
14	9.26	31.79	111.83	87.72	199.55	70.88	0.78	2.43	1.72
15	9.22	31.21	121.05	109.71	230.76	70.46	0.91	2.39	2.74
16	10.14	36.93	131.19	136.50	267.69	72.53	1.04	2.64	3.44
17	8.54	37.23	139.72	165.19	304.91	77.07	1.18	3.36	2.90
18	6.41	25.11	146.14	183.89	330.03	74.46	1.26	2.92	2.38
19	9.01	33.51	155.15	208.39	363.54	73.11	1.34	2.72	2.84
20	8.36	33.61	163.51	233.64	397.15	75.12	1.43	3.02	3.27
21	7.35	33.40	170.86	259.69	430.55	78.00	1.52	3.55	2.90
22	5.54	30.09	176.40	284.24	460.64	81.58	1.61	4.43	5.26
23	4.88	29.71	181.28	309.07	490.35	83.58	1.70	5.09	4.60
24	4.57	24.48	185.86	328.97	514.83	81.31	1.77	4.35	5.22
25	4.18	28.11	190.04	352.90	542.94	85.13	1.86	5.72	5.12
26	3.89	33.34	193.92	382.36	576.28	88.34	1.97	7.58	6.85
27	4.22	32.78	198.14	410.92	609.06	87.14	2.07	6.77	7.48

②方法 2，已知：

$$S_{osr}(t)=\left[C-\frac{N_p(t)}{N_o}\right]S_{oi} \tag{8-8-35}$$

按式（8-8-35）计算 C 值：

$$C=1-0.272/0.61=0.5541$$

$$S_{osr}(t)=\left[0.5541-\frac{N_p(t)}{1132.2}\right]\times 0.61$$

$$=0.338-0.0005359N_p(t) \tag{8-8-36}$$

$$t=1,\ 2,\ \cdots,\ 27$$

式（8-8-35）和式（8-8-36）等价，计算结果列于表 8-8-6。

由于 WOR_a、WOR_m 变化大，如图 8-8-3 所示，故本例采用结果加权的办法。

表 8-8-6 实例计算结果

$N_p(10^4t)$	4.25	14.99	23.81	31.89	40.5	48.29	55.81	63.36	71.13	80.02	87.86	93.55	102.57	111.83
S_{osr}	0.3357	0.3300	0.3252	0.3209	0.3163	0.3121	0.3081	0.3040	0.2999	0.2951	0.2909	0.2879	0.2830	0.2781
$N_p(10^4t)$	121.05	131.19	139.72	146.14	155.15	163.51	170.86	176.40	181.28	185.86	190.04	193.92	198.14	
S_{osr}	0.2731	0.2677	0.2631	0.2597	0.2549	0.2504	0.2464	0.2435	0.2408	0.2384	0.2362	0.2341	0.2318	

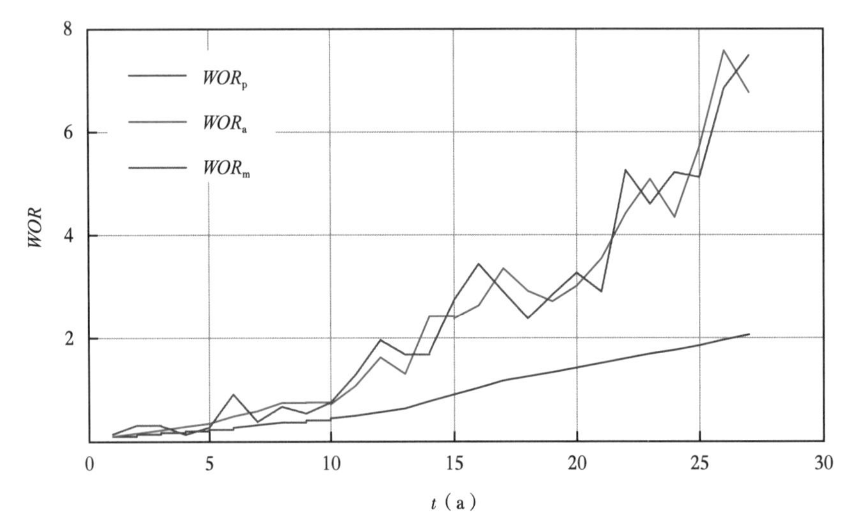

图 8-8-3 水油比变化曲线

经数理回归：

$$S_{osr}=-0.036\ln(WOR_p)+0.2639 \tag{8-8-37}$$

$$R^2=0.9818,\ n=27,\ R=0.9906$$

当 $WOR_p=49$ 时，计算 $S_{osr}=0.1238$，$N_R=400.24\times10^4t$。

$$S_{osr}=0.288-0.027\ln(WOR_a) \tag{8-8-38}$$

$$R^2=0.9357,\ n=27,\ R=0.9673$$

当 $WOR_a=49$ 时，计算 $S_{osr}=0.1868$，$N_R=289.42\times10^4t$。

$$S_{osr}=0.2883-0.026\ln(WOR_m) \tag{8-8-39}$$

$$R^2=0.9135,\ n=27,\ R=0.9558$$

当 $WOR_m=49$ 时，计算 $S_{osr}=0.1871$，$N_R=281.58\times10^4t$。

式（8-8-37）、式（8-8-38）和式（8-8-39），当显著性水平 $\alpha=0.01$，查表得 $R_{0.01}=0.487$：

$$|R|>R_{0.01}$$

说明三式均具有高度显著性，公式可用。

（2）计算 E_R 与 N_R。

运用式（8-8-37）、式（8-8-38）和式（8-8-39）计算的可采储量差别大，故用层次分析法进行加权平均，设 WOR_a、WOR_p、WOR_m 分别为重要、较重要、一般，并赋值为3、2、1，计算结果见表8-8-7。

表8-8-7　层次分析法计算结果表

水油比类别	WOR_a	WOR_m	WOR_p	求和	权重
WOR_a	1/1	3/1	3/2	5.5000	0.50
WOR_m	1/3	1/1	1/2	1.8333	0.17
WOR_p	2/3	2/1	1/1	3.6660	0.33

计算 N_R 与 E_R，得：

$N_R=0.50\times289.42\times10^4+0.33\times400.24\times10^4+0.17\times281.58\times10^4=324.66\times10^4\text{t}$

$E_R=324.66/1138.22=28.53\%$

可采储量达到324.66×10⁴t，而油田已开采26年，累计产油量为198.14×10⁴t，还有126.52×10⁴t的剩余油可采。然而，残余油采出十分困难，因此，亦要从经济角度计算经济采收率和相应的可采储量。

（3）计算经济可采储量。

①计算经济年产量（Q_{ojj}）。

按照式（8-8-40）计算：

$$Q_{ojj}=\frac{C_T}{(P_o-T_{off}-C_v)w_o} \tag{8-8-40}$$

设月固定成本 C_T 为967万元/月；国际油价 P_o 为55美元/bbl，若汇率为6.8，吨桶比为7.34，则为2745.16元/t；吨油税费 T_{off} 为436元/t；吨油可变成本 C_v 为628元/t；油商品率 w_o 为100%，老区生产时间按300d计，约为9.863月，则：

$$\begin{aligned}Q_{ojj}&=\frac{C_T}{(P_o-T_{off}-C_v)\ w_o}\\&=\frac{9670000}{(2745.16-436-628)\ \times100\%}\\&=4646.45\text{t/月}\\&=4.58\times10^4\text{t/年}\end{aligned}$$

②按Weibull预测方程，预测28年以后的年采油量，预测结果见表8-8-8与图8-8-4。

表 8-8-8　年采油量预测表　　单位：10^4t

t(a)	1	2	3	4	5	6	7	8	9	10	11	12	13	14	15	16	17
Q_o(实)	4.25	10.73	8.82	8.08	8.61	7.78	7.52	7.55	7.76	8.89	7.84	5.69	9.02	9.26	9.22	10.14	8.54
Q_o(预)																	
t(a)	18	19	20	21	22	23	24	25	26	27	28	29	30	31	32	33	34
Q_o(实)	6.41	9.01	8.36	7.35	5.54	4.88	4.57	4.18	3.89	4.22							
Q_o(预)											2.78	2.37	2.00	1.69	1.41	1.18	0.98
t(a)	35	36	37	38	39	40	41	42	43	44	45	46	47	48	49	50	
Q_o(实)																	
Q_o(预)	0.81	0.67	0.54	0.44	0.36	0.29	0.23	0.19	0.15	0.12	0.09	0.07	0.06	0.05	0.04	0.03	

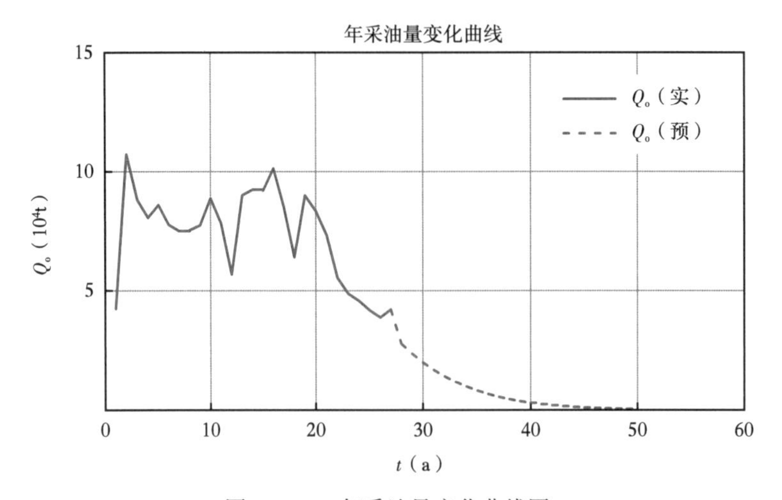

图 8-8-4　年采油量变化曲线图

根据计算，在 2013 年（表 8-8-8 中第 22 年）已低于经济年采油量了，该区块继续开发已无经济效益，但尚有部分井有效益，因而继续生产。2019 年预测年采油量为 2.78×10^4t，还剩近 124×10^4t 留存地下，实为可惜。因此，应采取更为有效的措施将剩余油采出。

2. 绘制区块潜力图

(1) 计算单井剩余可采储量（N_{RrD}）。

根据单井的累计采油量和单井控制储量，按照甲型储饱曲线方程，即：

$$S_{osrD}(t)=\left[C-\frac{N_{pD}(t)}{N_{oD}}\right]S_{oi}$$

式中的下角标“D”为单井的意思，其他符号意义同前。

再根据 $N_{RrD}=S_{osrD}\times N_{oD}$，计算单井剩余可采储量（$N_{RrD}$）。

其中 C 值的计算有两种：①运用该区块的平均原始含油饱和度和残余油饱和度；②根据各单井的测井解释与计算成果，并结合岩电试验等资料，计算单井的原始含油饱和度和残余油饱和度。推荐采用方法②。

（2）绘制区块潜力图。

将区块内各单井计算的剩余可采储量（N_{RrD}）在构造井位图上勾画出潜力区，作为采取措施的依据。图 8-8-5 为 A 区块潜力图，图 8-8-6 为单井储量图。

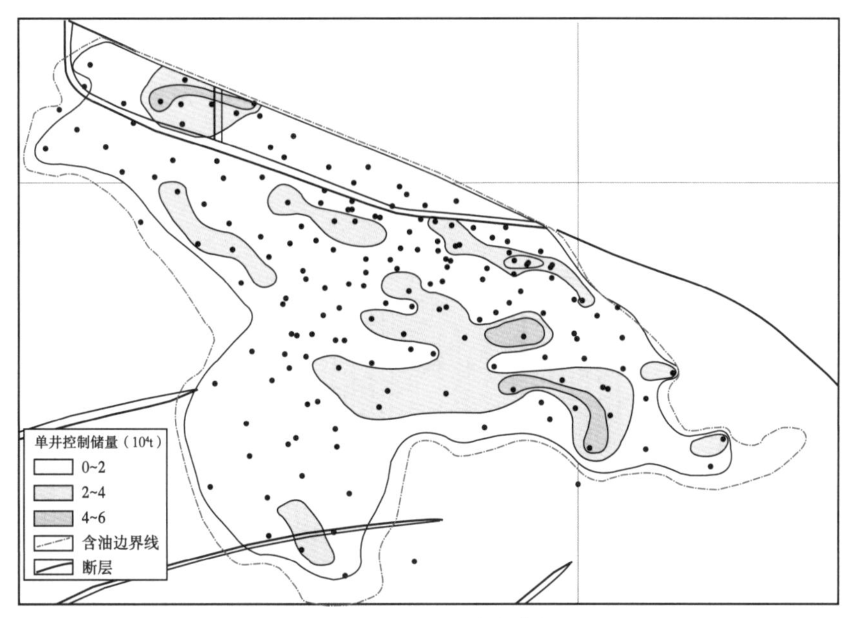

图 8-8-5　A 区块单井潜力图

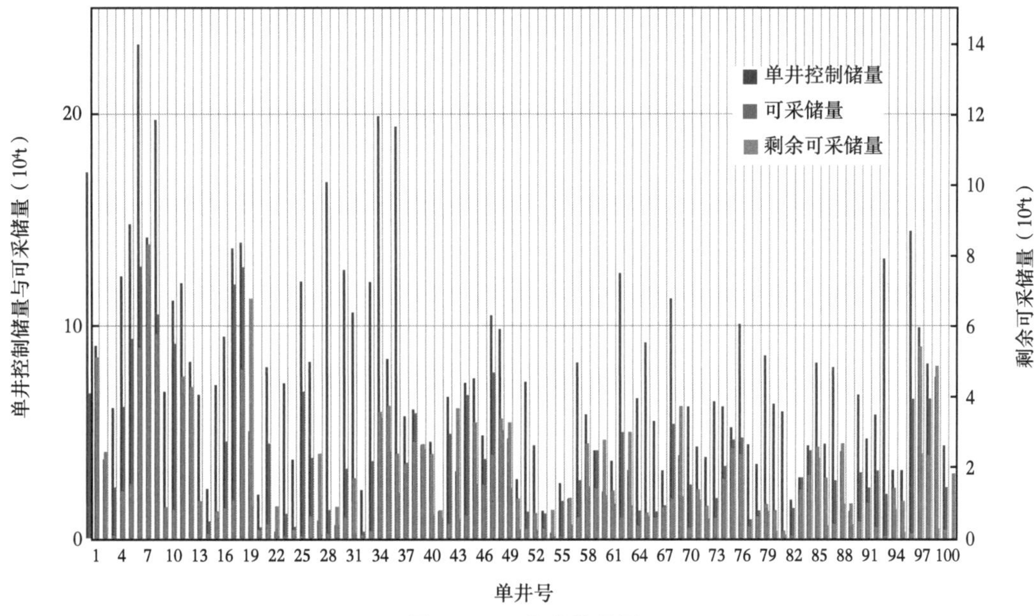

图 8-8-6　单井储量图

（3）简要分析。

从图 8-8-5 中可以看出，该区块尚有可观的潜力可挖，不仅单井有潜力，而且局部区域也有潜力。在动用的地质储量 1138.22×10^4t 中，除去投注与转注为注水井的储量损失外，油井控制的地质储量为 726.67×10^4t，其中可采储量为 317.44×10^4t，采收率为

43.68%，剩余可采储量为173.23×10⁴t，高于该区块平均计算的126.52×10⁴t。在99口油井中采收率大于50%的就有38口，可采储量为197.97×10⁴t，占油井可采储量的62.4%，剩余可采储量157.05×10⁴t，占剩余可采储量的90.66%（图8-8-6）。另外，在38口高潜力井中，综合含水率大于等于98%，剩余可采储量占可采储量50%以上的就有10余口。说明这些井的高含水可能是因单层突进或有高渗透带或单层采油速度过大引起的暴性水淹等原因造成的，采用有针对性措施就可能采出剩余油。也说明不要被单井特高含水的表面现象所迷惑，做细致的工作就还有潜力可挖。若以 $R_{oD}^{*}=1-R_{oD}$，$R_{RD}^{*}=1-R_{RD}$ 分别表示单井地质储量采出程度和可采储量采出程度的潜力，其柱状高度的高低表示潜力大小，高度越大潜力越大，如图8-8-7和图8-8-8所示。

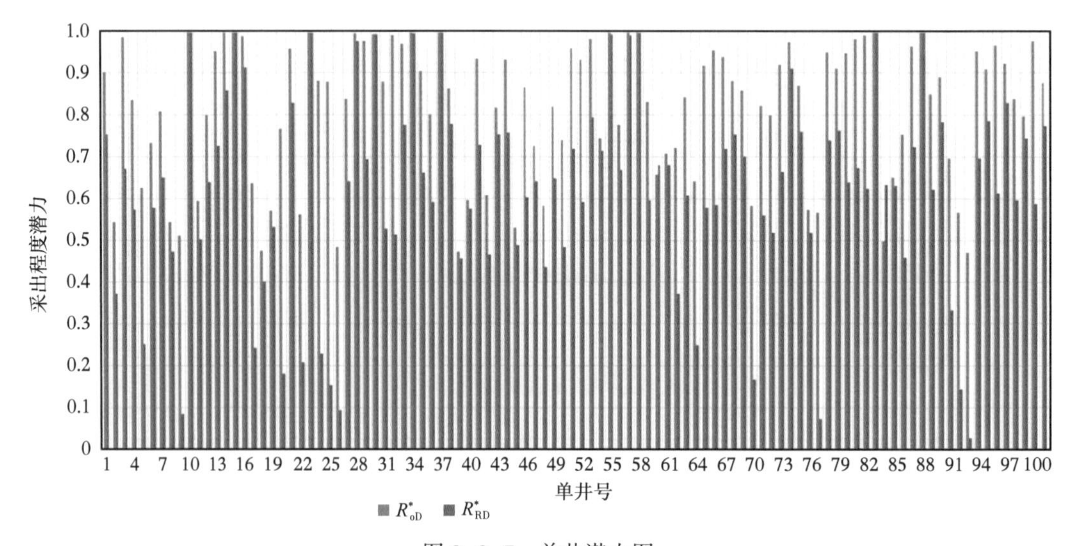

图8-8-7　单井潜力图

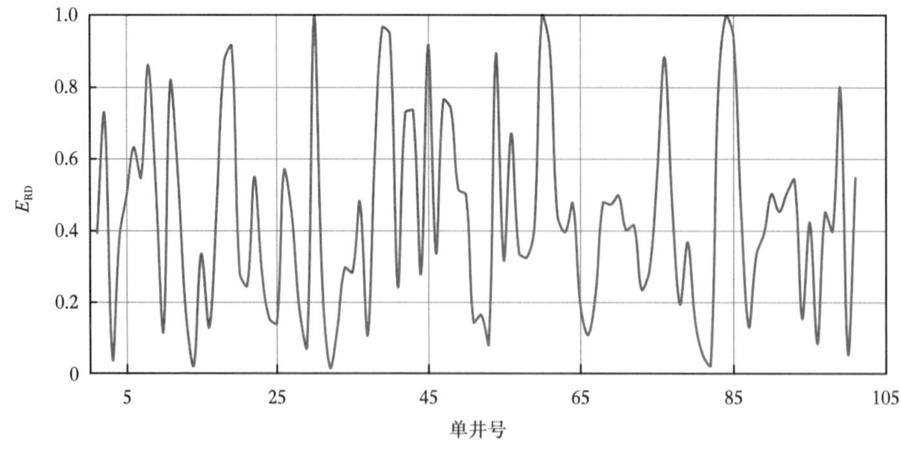

图8-8-8　单井采收率曲线

（三）该区块的诊断与调整治理方向

（1）区块分析。

该区块于1992年投产。由于对地质认识的偏差，以为是小而肥的区块，动用储量少且初期采油速度较高，为 3%～4%，但为了保持相对稳产，陆续增加动用储量，使采油速度保持在 2%左右。当开发 13 年时，动用储量增至 1138.22×10^4t，采油速度始终在 1%以下（图 8-8-9）。在注水开发后，动静矛盾突出，隔断层甚至隔多条断层注水见效，注采关系不清、注采系统也不完善，说明地质认识错误。后经运用新理论、新方法、新技术，尤其是应用层序地层学与传统地质学相结合的方法，重新认识地质构造是一个相对简单的鼻状构造。

但在开发过程中，出现了产量递减、含水上升的状况。当开采 18 年时，进行了二次开发部署。实施后油藏开发状况虽然有所好转但好景不长，仅 1 年多产量继续递减，采油速度由 0.8%左右降为 0.4%左右，年产油量已降至经济产量以下了（图 8-8-9）。

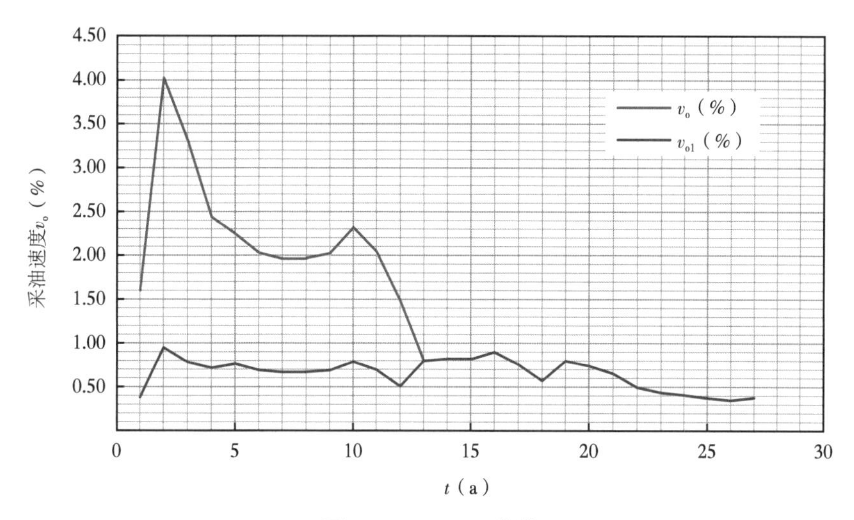

图 8-8-9　v_o—t 曲线

图中 v_o 为动用储量 385×10^4t 计算，v_{o1} 为动用储量 1138.22×10^4t 计算

虽然在 1993 年就开始注水，但注水开发效果不理想。按目前含水上升速度，到综合含水率为 98%时，水驱采收率仅为 20.91%；按排水率（W_p/W_i）≈1 时，水驱采收率为 27.73%，水驱储量为 315.63×10^4t，与前面用储饱曲线计算的 324.66×10^4t 相近。说明整体开发效果一般，而且以后是在低于经济效益产量的状况下生产。

（2）挖掘潜力可采取的措施方向。

要挖掘该区块的潜力，需在二次开发的基础上，贯彻“整体部署、综合评价、单井突破、优中选优”的战略方针，对潜力井尤其是高潜力井，要精心研究、精细分析、精准治理。所谓“整体部署”即运用系统论和中医理论的基本观点、方法，从该区块的全局出发，既考虑目前情况，又考虑开发历史演化和周边的关系，全面地、系统地制定调整措施。所谓“综合评价”是指在总结该区块开发经验与教训的基础上，进行油田地质、油藏工程、钻采工程、地面工程、安全环保、经济评估等多方面的综合评价。所谓“单井突破”就是在潜力区补打经济有效的新井和在有潜力的老井采取有效的多方法、多工艺的组合措施，获得高产或较高产的油气流或获得对该区块油田地质新认识。所谓“优中选优”是指对该区块的潜力区和 38 口潜力井进行综合评价后排序选优，并针对选优对象采取有针对性的工艺措施、方法的优化组合，即建立对象选优和方法选优的双选优实施体系。

另外，针对该区块水驱效果欠佳、水驱采收率偏低的情况，在全面分析和综合评价的前提下，在全区尤其是潜力区进行注采井网调整、改变液流方向或周期注水，或选择适合该区块具体情况的其他注入剂，进而提高扫油面积和驱油效率，最大限度地、经济有效地提高采油量，获得高采收率和经济效益（图 8-8-10）。

同时，要做到人员落实、机制落实、方案落实、经费落实，实施该区块晚期的战略管理。

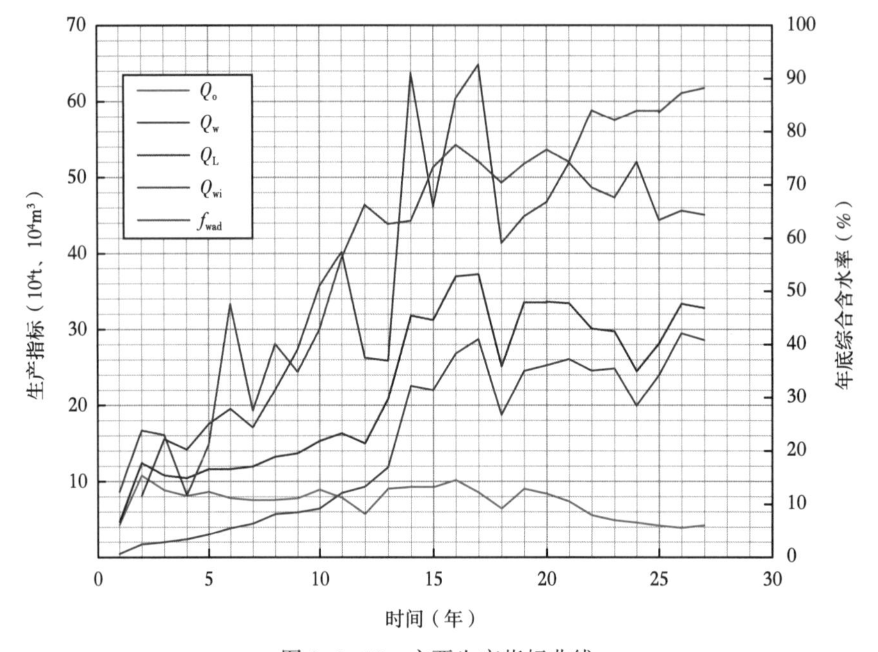

图 8-8-10　主要生产指标曲线

第九节　断块油田稳产

油田稳产和延长稳产期是油田开发工作者追求的目标之一，也是油田开发管理的经常性工作。断块油田同样存在稳产问题。

断块油田的复杂程度，不同的专家、学者有着不同的分类方法与依据，有三类法和五类法。三类法一般分为简单断块油田、复杂断块油田、极复杂断块油田。同整装砂岩油田一样，断块油田同样存在着稳产问题。

一、稳产的理论依据

所谓稳产从理论上讲是采油量随时间的变化率为零；或采油速度随时间的变化率为零；或油产量递减率为零，即：

$$\frac{dQ_t}{dt} = 0,\ \frac{dV_t}{dt} = 0 \text{ 或 } D = 0 \tag{8-9-1}$$

一般矿场递减率定义为：

$$D = \frac{Q_i - Q_t}{Q_i} = 1 - \frac{Q_i}{Q_t} \tag{8-9-2}$$

式中，D 为递减率；Q_i 为稳产期产量或递减初始产量；Q_t 为 t 时刻产量。

将式（8-9-2）右端分子分母同除地质储量 N_o，则：

$$D = \frac{V_i - V_t}{V_i} = 1 - \frac{V_t}{V_i} \tag{8-9-3}$$

式中，V_i、V_t 分别为稳产期与 t 时刻的采油速度。

若 $D=0$，则 $Q_i=Q_t$，$V_i=V_t$，即为通常所说的稳产。

二、稳产的物质基础

显而易见，要稳产就应有足够的可采储量，只要地下有足够的油就能通过一定的方法与手段采出。衡量稳产的基本指标主要有以下几种。

（一）储采比与剩余可采储量采油速度

储采比在 SY/T 5895—93《石油工业常用量和单位 勘探开发部分》内定义为：油气田的剩余可采储量与年产量之比。即：

$$R_{Rp} = \frac{N_R - N_p}{Q_o} = \frac{N_r}{Q_o} \tag{8-9-4}$$

式中，R_{Rp}为储采比；N_R 为可采储量，10^4t；N_p 为累计产量，10^4t；Q_o 为当年产量，10^4t；N_r 为剩余可采储量，10^4t。

又根据中国石油天然气总公司有关规定，将储采比定义为：年初年末剩余可采储量之平均值与年产油量之比值。其表达式为：

$$R_{Rp} = \frac{N_{ri-1} + N_{ri}}{2Q_{oi}} \tag{8-9-5}$$

式中，N_{ri-1}为年初即上一年末的剩余可采储量，10^4t；N_{ri}为年末剩余可采储量，10^4t；Q_{oi}为当年产量，10^4t。

若设式（8-9-4）和式（8-9-5）分别计算储采比为 R_{Rpi-1}、R_{Rpi}，且设油田稳产，即 $Q_{oi-1}=Q_{oi}$。则：

$$\begin{aligned} R_{Rpi} &= \frac{N_{ri-1}-N_{ri}}{2Q_{oi}} = \frac{N_{Ri-1}-N_{pi-1}+N_{Ri}-N_{pi}}{2Q_{oi}} \\ &= \frac{N_{Rpi-1}-N_{pi-1}+N_{Ri-1}+N_{Rxi}-N_{pi-1}-Q_{oi}}{2Q_{oi}} \\ &= \frac{N_{ri-1}}{Q_{oi-1}}+\frac{1}{2}\left(\frac{N_{Rxi}}{Q_{oi}}-1\right) = R_{Rpi-1}+\frac{1}{2}\left(R_{NQi}-1\right) \end{aligned} \tag{8-9-6}$$

式中，R_{Rpi-1}为上一年储采比；R_{NQi}为当年储采平衡系数；N_{Rxi}当年新增可采储量，10^4t。

若按第一种定义计算当年储采比，则：

$$R_{Rpi}=\frac{N_{Ri-1}+N_{Rxi}-N_{pi-1}-Q_{oi}}{Q_{oi}}=\frac{N_{ri-1}}{Q_{oi}}+\frac{N_{Rxi}}{Q_{oi}}-1=R_{Rpi-1}+R_{NQi-1} \tag{8-9-7}$$

比较两种定义式式（8-9-6）和式（8-9-7），两者相差$\frac{1}{2}$（$R_{NQi}-1$）。可以看出：式（8-9-5）计算不考虑当年新增可采储量，式（8-9-6）和式（8-9-7）均考虑了新增可采储量。但笔者认为用式（8-9-6）计算似乎更好一些。

剩余可采储量采油速度定义为年产油量与剩余可采储量之比，即：

$$V_{or}=\frac{Q_o}{N_r} \tag{8-9-8}$$

式中，V_{or}为剩余可采储量采油速度,%。

储采比与剩余可采储量采油速度互为倒数。根据统计规律，一般将储采比稳产临界点定为10~12，若$R_{Rp}<10$，该油田难以稳产。剩余可采储量采油速度稳产临界速度为10%，若$V_{or}>10\%$，则难以稳产。因此，增加可采储量及采用合理的剩余可采储量采油速度可增加稳产的可能性。

（二）储量平衡系数与产能平衡系数

储采平衡系数亦称储采平衡率。所谓储采平衡系数是指当年新增可采储量与当年产油量之比，即：

$$R_{NQ}=\frac{N_{Rx}}{Q_o} \tag{8-9-9}$$

式中，R_{NQ}为储采平衡系数；N_{Rx}为当年新增可采储量，10^4t；Q_o为当年产量，10^4t。

若$N_{Rx}\geqslant Q_o$，则$R_{NQ}\geqslant 1$，则R_{Rp}可增加或保持不变；若$N_{Rx}<Q_o$，则使R_{Rp}减小。因此该系数$R_{NQ}\geqslant 1$，且越大越好。但一般大油田因年产量高很难使其大于1。一般油田在开发中后期，增加可采储量困难，使$R_{NQ}>1$也有难度。当$R_{NQ}<1$，它的余额即（$1-R_{NQ}$）实际反映了剩余可采储量的消耗程度。也就是说$R_{NQ}<1$时，若继续保持年产量不变，则必然要消耗剩余可采储量，使之减少，从而导致储采比R_{Rp}的降低。

所谓产能平衡系数是指当年累计产能与当年产量之比。当年累计产能为上一年剩余累计产能加上当年净增产能（当年新建产能减去当年核减产能）。

$$R_{QQ}=\frac{Q_{pi}}{Q_{oi}}=\frac{Q_{pi-1}+\Delta Q_{pi}}{Q_{oi}}=\frac{Q_{pi-1}+Q_{pxi}-Q_{pji}}{Q_{oi}} \tag{8-9-10}$$

式中，R_{QQ}为产能平衡系数；Q_{pi}为当年累计产能，10^4t；Q_{oi}为当年产量，10^4t；Q_{pxi}为当年新建产能，10^4t；Q_{pji}为当年核减产能，10^4t；ΔQ_{pi}为当年净增产能，10^4t。

$$\Delta Q_{pi}=Q_{pxi}-Q_{pji}$$

从理论上讲，只要$R_{QQ}\geqslant 1$，则可保持在原稳产基础上继续稳产。

（三）产能增长系数与产能消耗系数

所谓产能增长系数是指当年新建产能与当年净增产能之比，即：

$$R_{pZ}=\frac{Q_{px}}{\Delta Q_{px}}=\frac{Q_{px}}{Q_{px}-Q_{pj}} \tag{8-9-11}$$

式中，R_{pZ}为产能增长系数；Q_{px}为当年新建产能，10^4t；Q_{pj}为上一年累计剩余产能的当年核减数，10^4t。

当$R_{pZ}\geqslant 1$，则累计产能是增加的；当$R_{pZ}<1$，则累计产能减少。

所谓产能消耗系数是指当年核减产能与当年新建产能之比。即：

$$R_{px}=\frac{Q_{pj}}{Q_{px}} \tag{8-9-12}$$

式中，R_{px}为产能消耗系数。

当$R_{px}>1$，累计产能减少；当$R_{px}<1$，累计产能增加。

产能增长系数与产能消耗系数的关系是：

$$R_{pZ}=\frac{1}{1-R_{px}} \tag{8-9-13}$$

式中，R_{px}表示已建产能的消耗程度。产能消耗程度另一种表达方式为累计产能消耗系数。定义为：各年累计核减产能之和与各年累计新建产能之和的比值。即：

$$R_{pxp}=\frac{\sum_{i=1}^{n}Q_{pji}}{\sum_{i=1}^{n}Q_{pxi}},\ i=1,2,3,\cdots,n \tag{8-9-14}$$

式中，R_{pxp}为累计产能消耗系数；Q_{pji}为第i年核减产能，10^4t；Q_{pxi}为第i年新建产能，10^4t。

R_{pxp}数值在0~1范围。R_{pxp}越小，说明总核减产能越小，油田开发效果越好，稳产的物质基础越牢靠。但是，对于断块油田尤其是复杂断块或极复杂断块油田，累计产能消耗系数可能会很大。其值越大，说明开发难度大，产量递减快，稳产难度大。要真实地反映油田开发情况，必须认真严肃且严格核减产能。

（四）产量增长系数与产量消耗系数

所谓产量增长系数是指当年新建产能区块的当年产油量与当年综合递减产量之比。即：

$$R_{CZ}=\frac{\alpha Q_{px}}{D_R Q_{oZ}}=\frac{Q_{opx}}{Q_{oR}} \tag{8-9-15}$$

式中，R_{CZ}为产量增长系数；α为产能产量转换系数，$\alpha=Q_{opx}/Q_{px}$；Q_{opx}为当年新建产能区块的当年实际产油量，10^4t；Q_{px}为当年新建产能，10^4t；D_R为当年综合递减率；Q_{oZ}为当年全油田产油量，10^4t；Q_{oR}为当年全油田综合递减产量，10^4t，$Q_{oR}=D_R Q_{oZ}$。

当 $R_{CZ} \geqslant 1$，即 $Q_{opx} \geqslant Q_{oR}$，也就是新增产量弥补了综合递减产量，才有可能稳产，否则稳产困难。

所谓产量消耗系数是指当年综合递减产量与当年全油田新井产量之比。即：

$$R_{cx} = \frac{Q_{oR}}{Q_{ox}} \tag{8-9-16}$$

式中，R_{cx}为产量消耗系数；Q_{ox}为当年全油田新井产量，10^4t。

R_{cx}表示了当年新井产量被老井综合递减产量消耗的程度，或者说新井产量弥补多少老井综合递减产量。一般 $R_{cx} \leqslant 1$，一旦 $R_{cx}>1$ 时，则全油田进入总递减阶段，稳产阶段结束。

上述 R_{Rp}、V_{or}、R_{NQ}、R_{QQ}、R_{pZ}、R_{px}、R_{CZ}、R_{cx}等 8 项指标，组成一个油气产量稳产基础的评价体系，其稳产临界值见表 8-9-1。

表 8-9-1　油气产量稳产基础评价指标

评价指标	R_{Rp}	V_{or}	R_{NQ}	R_{QQ}	R_{pZ}	R_{px}	R_{CZ}	R_{cx}
临界值	≥10	≤10%	≥1	≥1	≥1	≤1	≥1	≤1

上述各参数间有着密切的关系。在这 8 项参数中，笔者认为储采比（R_{Rp}）、产能平衡系数（R_{QQ}）、产量增长系数（R_{CZ}）是最基本、最核心的参数。储采比的大小反映可采储量的多少尤其是可供开发、且有商业开采价值的储量。它决定了能否稳产与持续稳产。产能平衡系数反映了油田实际的生产能力能否完成年产油气任务的把握程度。产量增长系数则反映了当年能否稳产与增产的把握程度。这三项参数是衡量储量、产能、产量状态的主要指标。只要这三项参数指标处于良好状态，稳产可能性就大大地增加了。

三、稳产条件

油井产液（产油）是油层的主要矛盾——动力与阻力相互作用（斗争）的结果。当动力大于阻力，油井就产液。从平面径向流的产量公式 $Q_o=J_o\Delta p$ 看出，Δp 表现为动力，J_o 表现为阻力的倒数，阻力越小，J_o 越大。$\Delta p=p_R-p_{wf}$，其中 p_{wf}具有双重性，即井底流动压力 p_{wf}是地层压力损耗后在井底的剩余压力。对油层它表现为油层回压，是阻力；对井筒它表现为举升液体的压力，是动力。因此，对于自喷井要有一个合理的井底举升压力；对抽油井等，井底流压可低至油层不受破坏时的压力，举升动力不足由人工举升补充。但动力（即压力）与阻力是其外因。唯物辩证法认为“外因是变化的条件，内因是变化的根据，外因通过内因而起作用”。油田稳产的内因在于可采储量的真正可动用性即储量真实动用程度，否则储采比再高，外因条件再好即地层压力高（含人工补充能量），阻力小（含人工降低阻力），仍难以稳产。因此油田稳产一是地下有足够的可动油，或者说剩余可采储量具有足够高的质量。二是有提高动力降低阻力所必须的配套开采工艺。其实这也是油井出油的条件，只是稳产要求该条件更充分些。

四、稳产途径

从上述稳产的理论依据、物质基础，稳产条件就可寻找出稳产途径。

（一）增加高质量的商业可采储量

所谓高质量不仅指有足够的可动性，而且有较好的地质条件与经济环境，具备较高的商业开采价值，同时要保持一个合理、科学的采油速度。

（二）增加足够数量的生产能力

增加足够数量的生产能力一方面是每年新建一定数量的生产能力，另一方面是改善油田开发开采条件，恢复一定数量的生产能力。

（三）减缓产量递减与产能消耗

减缓产量递减与产能消耗最基本的工作有三方面。

（1）油田开发开采调整。调整有多种方式和内容，主要有：①单井采油方式转变，由自喷转换为机械采油；②单井工作制度更换及机采设备更换；③注采井别调整与类别调整（如直井调整为水平井等）；④开发方式转变，由天然能量开发转入人工补充能量开发；⑤层系调整，或由一套层系转入细分层系或变更层系；⑥井网调整，含井网布井方式与井网密度调整；⑦注水结构与产液结构调整；⑧工艺措施调整等。这些调整方式与内容的选择要依据实际情况而确定其中一项及多项。

（2）稳产接替。接替也是调整。接替形式亦是多种多样的：①措施接替；②井间接替；③层间接替；④块间接替。

（3）运用先进的科学技术。先进的科学技术是增产增注、提高油田开发水平、提高采收率、提高经济效益的重要手段。如丛式井与水平井综合开发集成技术、物理采油技术、确定剩余油分布技术、加密井智能优化布井技术、断块油田滚动开发技术、生物采油技术、油田开发调整新技术、增产方法优化结构规划技术、高含水油田可视化识别油水分布技术等。这些技术的应用都有利于断块油田稳产。

五、复杂断块油田稳产特点与对策

适用于整装砂岩油田的稳产措施大多也适用于断块油田，但断块油田又有自己的特点及相应的对策。

（一）断块油田产量无规则变化

断块油田的单井、单块产量易出现忽高忽低的变化，尤其以月度为单位更是如此（图 8-9-1）。封闭断块在新井投产初期、措施见效后、调整完善见效后、新技术应用见效

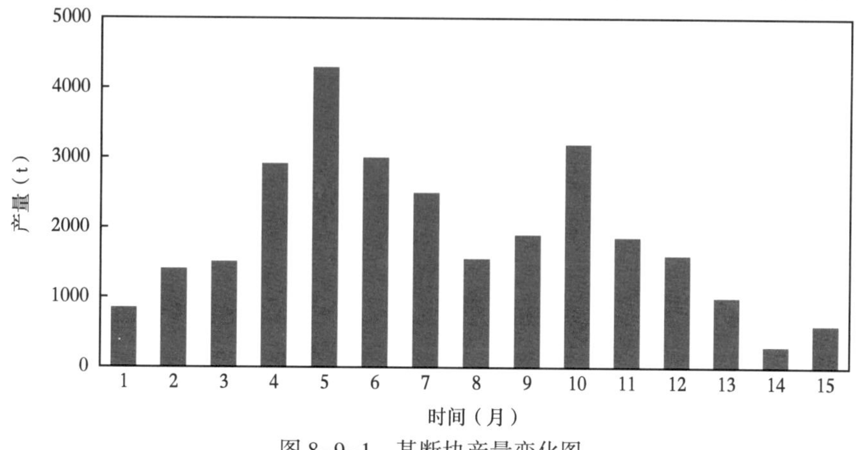

图 8-9-1　某断块产量变化图

后等均可能出现高产，但是又极易递减，大多数是遵循指数递减规律。有时一口井的产量变化就决定着断块产量的变化。

（二）断块油藏类型与驱动类型决定稳产期的长短

天然能量充足或人工注水效果明显的层状或块状断块油田稳产期较长，如 D 油田 L102 区块是由一个封闭的北断块和一个开启的南断块组成的高丰度区块。南断块为主力断块，属充足的天然水驱层状油藏，自 1993 年一直高速稳产开采，且稳中有升。北断块为构造、岩性、天然能量不足的封闭油藏，稳产期短，甚至不能稳产。这类断块主要靠弹性能量开发，表现出压力下降快、产量递减快、弹性产率低、采收率低的两快两低的特点。其弹性产油量为：

$$Q_{ot}=[A_o\phi S_o C_o+A_w\phi S_w+A(1-\phi)C_f]h_o\rho_o\Delta p \tag{8-9-17}$$

式中，Q_{ot}为弹性采油量，10^4t；A_o 为含油面积，km^2；A_w 为含水面积，km^2；A 为构造（断块）面积，km^2；ϕ 为油层孔隙度，%；S_o、S_w 分别为含油饱和度、含水饱和度，%；C_o 为原始原油压缩系数，MPa^{-1}；C_w 为地层水压缩系数，MPa^{-1}；C_f 为岩石压缩系数，MPa^{-1}；h_o 为油层有效厚度，m；ρ_o 为地面原油密度，t/m^3；Δp 为地饱压差，MPa，$\Delta p=p_i-p_b$；p_i 为原始地层压力，MPa；p_b 为饱和压力，MPa。

复杂断块与极复杂断块油田其弹性产量较低，弹性产率由十几到几百吨/兆帕，而弹性采收率一般在 3%~5%，有时可达 10%左右。

（三）断块油田注水开发稳产的关键在于注采系统的完善程度

对于注水开发断块油田，注采系统的完善程度目前尚无准确定量计算公式。一般可从注采层系对应程度即连通率及双向多向受益井（层）的百分率来说明。注采系统的完善程度应从注采层系完善程度与注采井网完善程度综合考虑。完善程度越高，水驱波及体积越大，压力场分布越好，而且人为控制程度越高。地层能量高了，储量动用程度大了，稳产也就有可能了。断块越破碎，越难完善注采系统，稳产难度越大。

（四）断块油田稳产对策

不同的开发开采对象，其相应对策亦不同。

1. 单井稳产对策

单井可采储量采出程度不高时，一般采用措施接替的办法可促使该井年度稳产。这些措施包括换层补孔、封堵重射、增产增注、提高液量、放大压差、分注分采、物理采油、生物采油等。值得注意的是对于多油层井，过于频繁的换层补孔，易造成储量损失及增加措施工作量，降低开采效果。因此以补孔追求稳产要慎重且要从长远考虑。

2. 单块稳产对策

对于单块稳产可采取三种对策。其一是井间接替，即在经济条件许可情况下，打必要的加密井、扩边井、更新井。补打新井不多时，一般不会增加生产能力，仅是弥补递减，起稳产作用。若是注水开发断块或是提高注采系统完善程度，增加稳产基础，或者改变注采井别，改变液流方向提高波及体积。其二是层间接替，一方面是好油层接替好油层，另一方面是差油层接替好油层。先投入开发的好油层，当采出程度与综合含水率均较高时，产量明显下降，则可采取换层措施，用好油层接替。这部分好油层或者是方案预留层，或者是新认识、新发现的低阻油层，即原来解释为水层或油水同层，现在由于采用新技术将其认识出来，升级为油层等。好油层接替好油层稳产期长。当采出程度达到某值后，好油层挖潜效果低，则可动用差油层接替，但稳产难度大且稳产期短。接替方式一般采用细分、分采、上返、回采、换层、改造、调整等形式。其三是措施接替，对单块整体或局部采用开发新技术与开采新工艺，提高整体开发开采效果。

3. 区块稳产对策

若干个断块组成一个断块区，简称区块。区块稳产主要接替方式是块间接替。一方面是以井间接替、层间调整、措施更新等为主要内容的老块接替，另一方面是当出现总递减即老块措施产量与老块新井产量已不能弥补递减产量时，就要投入新的断块来补充下降的产量，以保持区块稳产。需要上产时也要投入新区块。

4. 断块油田稳产对策

若干个区块组成断块油田。它的稳产对策基本上同区块稳产对策。只是油田调整对象多、范围广。“东方不亮西方亮，黑了南方有北方”。D 油田在“九五”期间稳产就是采取了区块接替、层间接替、井间接替、措施接替等综合调整措施（图 8-9-2）。

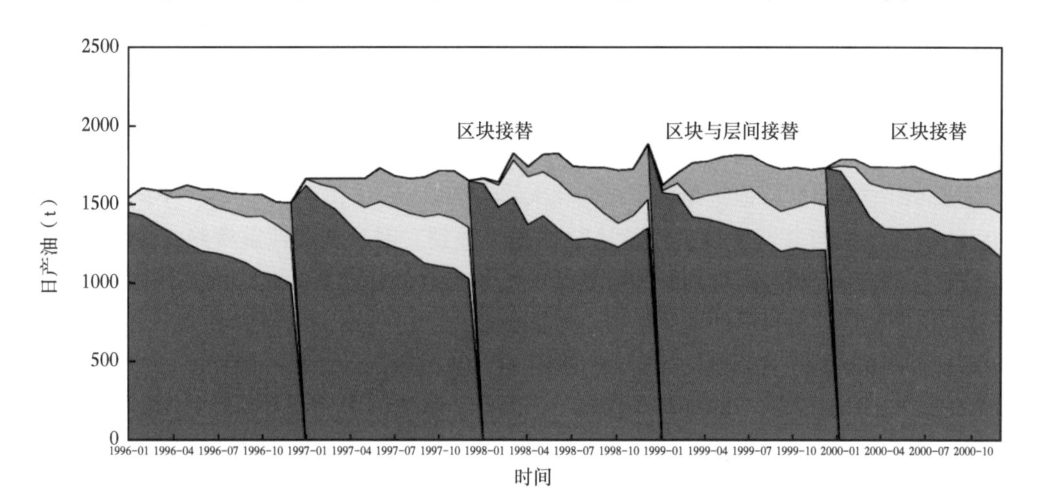

图 8-9-2　D 油田“九五”产量曲线

六、断块油田稳产需要注意的问题

（一）采油速度问题

合理的采油速度是油田开发工作者始终关注的问题之一。所谓合理与否，可用下述三项衡量：

（1）是否有利于导致最终采收率的提高；

（2）是否有利于满足企业的生存与发展；

（3）是否有利于投资回收期的缩短，提高投资回报率。

满足这三个“有利于”即满足油田开发技术与经济的要求，则视为采油速度合理。合理的采油速度视油田地质情况而异，就如人一样，不同的体质的人干不同的活，后天的培养与护理，只是使它更好地发挥其特长。但并不是采油速度越高越好，尤其是初期的采油速度。从公式（8-9-3）看出，初期采油速度越高，其递减率越大，断块油田更是如此。因此，对于断块油田，尤其是复杂断块油田，低速开采，有可能获较长期的稳产。其初始采油速度一般不宜过高，采用低、中速即1.0%～1.5%较好。低速的界限是满足开采油（气）的需要及合理地利用资源。对于地质情况好、能量充足的断块，只要满足上述三个“有利于”亦可采用中高速或高速开采。

（二）补充能量问题

油田开发过程中的主要矛盾是动力与阻力的矛盾。动力即能量，包含地层能量与井筒能量。地层能量不足，靠往地层注入各种注入剂补充；井筒能量不足，靠抽油泵、水力泵、电潜泵、气举及其他举升方式补充。对于断块油田地层能量不足主要是人工补充能量，大多采用人工注水方式。要尽可能地采取早期注水，及时补充地层能量。要尽可能地完善注采系统，有较高的水驱控制储量，使波及体积及地下压力场能够调整。要尽可能地配套注采工艺，注能注得进，采能采得出，提液能提够，堵（水）、调（剖）能实现。只有如此，对于需要补充能量的断块油藏，才有可能获较长期的稳产。

注水补充能量还有一个值得注意的问题，就是注入压力与注水强度。因为断块油田显著的地质特征之一是断块小、断层多。过高的注入压力有可能破坏断层封闭性。另外断层附近是应力集中的地方，高压高强注水有可能引起应力状态的变化，当变化足够大时，就可能诱发不同震级的地震。因此合理的注水或采油有可能成为控制地震或防止意外诱发地震活动的手段及减缓套管损坏的措施。

（三）布井方式与井网密度问题

断块油田另一地质特征是断块面积变化大，含油贫富不均。理论上讲，不同的断块应有其相应的布井方式与井网密度。但是这往往很难做到。因为利用地震资料，少量钻井、测井、试井、试油等资料，很难判断断块复杂程度及对地下有较正确的认识。往往是有了较正确的地质认识，建立了科学的地质模型，井数也接近经济井网了，调整余地小。因而复杂断块油田往往采用面积（含不规则）井网，但也很难达到较高的储量控制程度。而储量控制程度恰恰是断块油田能否稳产的重要参数之一。因此，断块油田在布署基础井网时要尽可能考虑中后期井网与井密的可调性。在经济条件许可的前提下尽可能提高储量控制程度。

（四）可采储量的可动性问题

较高的可采储量，较高的储采比是油田稳产的物质基础。但是这是指高质量的可采储量，即是在目前技术条件下的可动部分。可动性主要是从宏观角度考虑，而不是指微观的剩余油可动性。对于已投入开发的可采储量，由于种种原因会存在部分可采储量损失。如果这部分损失过大，就会造成名义上可采储量大、储采比高，但实际上可采储量并不大，储采比降至稳产临界值以下的情况。这时稳产就很难。对于复杂断块油田，有些小断块本来可采储量就不高，再有部分可采储量损失，就可能失去稳产的物质基础而难以稳产。因此，应完善井网，细分层系，调整三大矛盾，尽量提高动用可采储量的有效性，增加稳产的物质基础。

（五）经济效益问题

各类油藏都有经济效益问题，而复杂断块与极复杂断块油田经济效益问题更为突出。因为复杂，获同等产出投入可能较一般油田要大。一般来说，油田上产阶段，成本较高，进入稳产阶段成本会下降，在稳产中后期和递减期，成本会上升，即所谓成本的浴盆现象。但是由于有些断块油田的特殊性，在建设期成本高、稳产期短且出现稳产中后期成本略降，又立即上升，即“N”字形现象。因此对单个断块，特别是小断块，追求稳产必须考虑经济效益，稳产必须是有利可图。采用各种措施促使断块油田稳产，在一般情况下必须把获得经济效益放在首位。

（六）稳产预测问题

断块油田稳产要重视产量预测问题，要依该断块的地质特征与开采特点，运用多种科学的产量预测方法，对生产数据加工处理，建立相应的产量预测模型。预测出开始递减时间与递减产量，按经济效益原则，提出保持产量稳定的方案与措施，不一定要追求单个断块的稳产，但可追求区块或油田的稳产。在追求稳产时，要遵循经济效益原则，实事求是原则，最优化原则，运用高新技术原则等，使断块油田稳产成为现实。

本节对断块油田稳产的基本问题进行了一些思考。基本内容也适合非断块油田。

第十节　断块油田开发效果评价

断块油田开发效果的评价是油田开发工作者十分关注的问题。评价方法虽然有许多，但大多为单一方法。本节采用的方法是综合评价法，其评价指标分为基本情况类、开发开采类、开发管理类、开发经济类共 4 类 17 项指标。

一、断块油田的综合评价

D 油田目前分为两个作业区，截至 2014 年底已投入开发 9 个油田 31 个区块，动用地质储量××亿吨，可采储量××亿吨，储量动用程度 74. 48%，地质储量采出程度 12. 01%，合计年产油量××万吨，年产气量××亿立方米，综合含水率 85. 7%，含水上升率-2. 0%，自然递减率 23. 23%，综合递减率 10. 95%，平均操作成本××元/吨，吨油利润××元，工业增加值 26. 35 亿元。现对已开发区块进行开发效果综合评价。

对于已投入开发的南堡 1-5 区浅层、南堡 1 号潜山、南堡 3 号潜山、南堡 5-11 区中深层 4 各区块，因资料不全，暂不参加评价。

（一）综合评价指标的确定与处理

1. 确定综合评价指标

根据综合评价目的，确定综合评价指标为 4 类 17 项。

（1）基本情况类：油藏复杂程度、储量动用程度、地质储量采出程度、钻井有效率。

（2）开发开采类：自然递减率、综合递减率、综合含水率、含水上升率、地质储量采油速度、采收率提高幅度。

（3）开发管理类：综合时率、系统效率、措施有效率、安全生产率。

（4）开发经济类：吨油操作成本、吨油利润、吨油工业增加值。

已投入开发区块综合评价指标基本数据见表 8-10-1。

2. 综合评价指标处理

一致化、无量纲化分别采用倒数法和最大值法处理，结果见表 8-10-2。

3. 确定综合评价指标权重

采用层次分析法和熵值法确定综合评价指标权重，结果见表 8-10-3。

权重处理后指标数据见表 8-10-4。

表 8-10-5 为综合评价设定最佳值。

表 8-10-1　已投入开发区块综合评价指标基本数据

单元	基本情况				开发指标						管理指标				经济指标			
	复杂程度	产量完成率（%）	钻井有效率（%）	储量动用程度（%）	地质储量采出程度（%）	自然递减率（%）	综合递减率（%）	综合含水率（%）	含水上升率（%）	地质储量采油速度（%）	采收率提高幅度（%）	综合时率（%）	系统效率（%）	措施有效率（%）	安全生产率（%）	操作成本（元/t）	吨油利润（元/t）	工业增加值（万元）
高浅南	极复杂	74. 0	100	93. 86	20. 24	34. 33	15. 14	97. 8	0. 2	0. 52	-1. 17	66. 68	25. 90	84. 62	100	2320	26. 61	123. 56
高浅北	一般	89. 7	100	97. 83	21. 74	29. 15	-0. 33	96. 0	-1. 4	0. 51	-0. 52	70. 20	26. 40	98. 00	100	1805	103. 92	163. 46
高中深南	复杂	54. 0	100	90. 81	14. 72	52. 16	48. 43	79. 5	9. 3	0. 45	6. 23	39. 73	26. 90	85. 71	100	678	1180. 72	1533. 07
高中深北	复杂	96. 1	100	86. 94	16. 99	27. 88	18. 60	86. 5	5. 5	0. 55	9. 06	51. 97	26. 50	77. 27	100	1086	-487. 85	-436. 85
高深南	复杂	111. 5	100	49. 35	7. 84	19. 09	-10. 00	76. 3	-2. 1	0. 24	0. 44	71. 08	26. 60	78. 67	100	1020	-902. 96	-956. 61
高深北	复杂	100. 5	100	135. 58	11. 62	12. 37	4. 28	67. 7	-4. 0	0. 88	-2. 71	63. 33	27. 30	70. 83	100	520	1303. 88	1568. 76
柳赞南	复杂	51. 9	100	78. 88	25. 28	29. 20	21. 41	99. 2	3. 0	0. 20	-0. 96	65. 19	25. 80	72. 22	100	3926	-2449. 15	-2812. 32
柳赞中	复杂	132. 0	100	92. 34	19. 21	16. 64	6. 12	89. 9	-3. 7	0. 48	-2. 02	58. 99	26. 70	85. 42	100	1482	-1597. 24	-1845. 29
柳赞北	一般	93. 6	100	80. 90	14. 36	11. 27	5. 96	82. 1	5. 2	0. 38	3. 27	57. 15	26. 80	78. 57	100	882	722. 71	882. 16
庙浅层	极复杂	84. 6	100	98. 44	14. 81	24. 40	0. 81	94. 7	-1. 0	0. 28	-5. 44	45. 72	26. 10	84. 85	100	1877	-560. 98	-543. 64
庙中深层	复杂	133. 5	100	120. 12	11. 22	31. 57	22. 83	93. 2	13. 9	0. 43	-0. 63	56. 35	25. 80	68. 18	100	1093	1634. 57	2153. 97
唐 海	复杂	124. 3	100	134. 77	14. 41	20. 55	11. 91	85. 8	5. 9	0. 60	-0. 35	43. 28	26. 20	75. 00	100	959	94. 20	215. 44
南 1-1 浅	复杂	84. 5	100	87. 18	14. 18	18. 45	12. 13	58. 4	51. 5	0. 40	0. 47	37. 87	31. 40	87. 50	100	1375	-3234. 93	-3626. 60
南 1-1 中深	复杂	84. 5	100	66. 41	4. 61	38. 78	26. 17	45. 7	0. 2	0. 75	0	75. 49	36. 82	77. 27	100	1182	892. 88	1503. 54
南 1-3 浅	复杂	93. 6	100	319. 54	15. 40	26. 25	11. 90	78. 0	7. 0	1. 47	0	55. 32	38. 75	81. 82	100	474	1024. 45	1551. 11
南 1-3 中深	复杂	93. 6	100	52. 66	5. 44	26. 18	21. 07	56. 8	36. 2	0. 37	0	44. 44	29. 59	69. 23	100	909	-44. 22	304. 81

续表

单元	基本情况				开发指标						管理指标				经济指标			
	复杂程度	产量完成率（%）	钻井有效率（%）	储量动用程度（%）	地质储量采出程度（%）	自然递减率（%）	综合递减率（%）	综合含水率（%）	含水上升率（%）	地质储量采油速度（%）	采收率提高幅度（%）	综合时率（%）	系统效率（%）	措施有效率（%）	安全生产率（%）	操作成本（元/t）	吨油利润（元/t）	工业增加值（万元）
南 1-5 中深	复杂	90. 3	100	31. 87	4. 69	17. 91	9. 18	25. 1	10. 4	0. 73	0	85. 34	未监测	72. 22	100	273	1833. 87	2752. 24
南 2-1	复杂	71. 5	100	40. 19	6. 79	34. 65	11. 95	78. 9	24. 1	0. 30	2. 03	47. 16	24. 86	80. 00	100	1851	-4404. 47	-5060. 91
南 2-3 浅	复杂	125. 6	100	84. 42	13. 24	40. 73	-7. 20	67. 0	2. 2	1. 50	-2. 24	79. 54	27. 94	88. 57	100	584	337. 97	444. 74
南 2-3 中深	复杂	78. 3	100	47. 71	5. 45	27. 61	9. 36	65. 1	16. 8	0. 58	0. 62	66. 65	28. 93	76. 00	100	839	-923. 69	-981. 39
南 2 潜山	一般	62. 7	100	69. 14	9. 78	46. 77	45. 28	41. 1	21. 7	0. 77	-0. 29	17. 18	未监测	66. 67	100	246	2411. 76	3988. 61
南 3-2 浅	复杂	89. 0	100	38. 08	5. 98	25. 22	4. 37	51. 0	7. 2	2. 09	0	94. 11	22. 58	80. 00	100	352	1450. 05	1743. 54
南 3-2 中深	复杂	97. 4	100	70. 64	14. 49	21. 50	10. 06	84. 1	8. 4	1. 77	0	93. 25	46. 02	88. 89	100	783	-1015. 32	-1174. 93
堡古 2 区块	复杂	131. 5	100	43. 92	8. 76	9. 85	8. 98	9. 0	-2. 7	6. 25	10. 00	73. 41	171. 07	100. 00	100	80	3014. 25	4757. 19
南 4-1 中深	一般	93. 0	100	37. 08	7. 88	6. 90	-2. 19	50. 1	11. 5	1. 90	0	87. 22	20. 31	100. 00	100	556	882. 05	4971. 33
南 4-2 浅	极复杂	90. 7	100	59. 68	7. 82	23. 17	20. 31	85. 8	7. 4	1. 97	0	77. 51	未监测	55. 56	100	732	-739. 31	1242. 28
南 4-3 中深	一般	87. 9	100	21. 37	3. 59	12. 68	4. 08	35. 8	11. 0	1. 26	0	87. 02	26. 14	100. 00	100	634	1282. 09	-851. 55

表 8-10-2　处理后指标值

单元	基本情况				开发指标						管理指标				经济指标			
	复杂程度	产量完成率	钻井有效率	储量动用程度	地质储量采出程度	自然递减率	综合递减率	综合含水率	含水上升率	地质储量采油速度	采收率提高幅度	综合时率	系统效率	措施有效率	安全生产率	操作成本	吨油利润	工业增加值
高浅南	极复杂	0.5541	1.0000	0.9386	0.8005	0.8024	0.7899	0.7008	0.9721	0.2372	(0.0740)	0.7085	0.5628	0.8462	1.0000	0.8009	0.0031	0.0103
高浅北	一般	0.6720	1.0000	0.9783	0.8601	0.8335	0.9072	0.7051	0.9824	0.2358	(0.0327)	0.7459	0.5737	0.9800	1.0000	0.8393	0.0121	0.0136
高中深南	复杂	0.4044	1.0000	0.9081	0.5822	0.7111	0.6180	0.7470	0.9169	0.2267	0.3949	0.4222	0.5845	0.8571	1.0000	0.9378	0.1379	0.1272
高中深北	复杂	0.7200	1.0000	0.8694	0.6721	0.8415	0.7677	0.7287	0.9391	0.2414	0.5741	0.5522	0.5758	0.7727	1.0000	0.8995	0.0145	0.0106
高深南	复杂	0.8356	1.0000	0.4935	0.3102	0.9014	1.0000	0.7555	0.9873	0.1926	0.0279	0.7553	0.5780	0.7867	1.0000	0.9055	0.0566	0.0141
高深北	复杂	0.7531	1.0000	1.0000	0.4598	0.9532	0.8687	0.7798	1.0000	0.2928	(0.1717)	0.6729	0.5932	0.7083	1.0000	0.9535	0.6431	0.1321
柳赞南	复杂	0.3885	1.0000	0.7888	1.0000	0.8333	0.7506	0.6976	0.9545	0.1866	(0.0610)	0.6927	0.5606	0.7222	1.0000	0.7007	(0.2657)	(0.0376)
柳赞中	复杂	0.9891	1.0000	0.9234	0.7599	0.9196	0.8543	0.7200	0.9975	0.2314	(0.1281)	0.6268	0.5802	0.8542	1.0000	0.8653	(0.4918)	(0.0824)
柳赞北	一般	0.7009	1.0000	0.8090	0.5682	0.9622	0.8556	0.7399	0.9411	0.2157	0.2072	0.6072	0.5824	0.7857	1.0000	0.9183	0.7101	0.1351
庙浅层	极复杂	0.6335	1.0000	0.9844	0.5860	0.8643	0.8974	0.7082	0.9797	0.1992	(0.3447)	0.4858	0.5671	0.8485	1.0000	0.8337	(1.3339)	(0.2423)
庙中深层	复杂	1.0000	1.0000	1.0000	0.4437	0.8187	0.7422	0.7120	0.8919	0.2235	(0.0399)	0.5988	0.5606	0.6818	1.0000	0.8989	(0.8699)	(0.1590)
唐 海	复杂	0.9315	1.0000	1.0000	0.5699	0.8908	0.8118	0.7304	0.9369	0.2491	(0.0221)	0.4599	0.5693	0.7500	1.0000	0.9111	0.3936	0.0760
南 1-1 浅	复杂	0.6329	1.0000	0.8718	0.5610	0.9060	0.8103	0.8080	0.7264	0.9875	0.0296	0.4024	0.6823	0.8750	1.0000	0.8743	(0.3055)	(0.0468)
南 1-1 中深	复杂	0.6329	1.0000	0.6641	0.1823	0.7775	0.7232	0.8499	0.9719	0.9410	(0.0002)	0.8021	0.8001	0.7727	1.0000	0.8910	0.8902	0.1855
南 1-3 浅	复杂	0.7014	1.0000	1.0000	0.6093	0.8520	0.8119	0.7510	0.9305	0.8474	(0.0002)	0.5878	0.8420	0.8182	1.0000	0.9581	0.0513	0.0186
南 1-3 中深	复杂	0.7014	1.0000	0.5266	0.2150	0.8525	0.7526	0.8131	0.7859	0.9911	(0)	0.4722	0.6430	0.6923	1.0000	0.9157	(1.7618)	(0.3124)
南 1-5 中深	复杂	0.6763	1.0000	0.3187	0.1857	0.9100	0.8313	0.9280	0.9110	0.9439	(0)	0.9068	0.7347	0.7222	1.0000	0.9790	0.4863	0.1295
南 2-1	复杂	0.5355	1.0000	0.4019	0.2685	0.8006	0.8116	0.7485	0.8398	1.0000	0.1286	0.5011	0.5402	0.8000	1.0000	0.8357	0.5579	0.1336

续表

单元	基本情况				开发指标						管理指标				经济指标			
	复杂程度	产量完成率	钻井有效率	储量动用程度	地质储量采出程度	自然递减率	综合递减率	综合含水率	含水上升率	地质储量采油速度	采收率提高幅度	综合时率	系统效率	措施有效率	安全生产率	操作成本	吨油利润	工业增加值
南 2-3 浅	复杂	0. 9408	1. 0000	0. 8442	0. 5236	0. 7671	0. 9712	0. 7818	0. 9593	0. 8444	(0. 1422)	0. 8452	0. 6071	0. 8857	1. 0000	0. 9471	(0. 0241)	0. 0263
南 2-3 中深	复杂	0. 5867	1. 0000	0. 4771	0. 2155	0. 8433	0. 8300	0. 7876	0. 8761	0. 9633	0. 0395	0. 7082	0. 6286	0. 7600	1. 0000	0. 9223	0. 9988	0. 2371
南 2 潜山	一般	0. 4694	1. 0000	0. 6914	0. 3867	0. 7364	0. 6310	0. 8661	0. 8516	0. 9396	(0. 0181)	0. 1825	0. 6147	0. 6667	1. 0000	0. 9820	(2. 3988)	(0. 4359)
南 3-2 浅	复杂	0. 6666	1. 0000	0. 3808	0. 2364	0. 8588	0. 8681	0. 8321	0. 9295	0. 7678	(0. 0002)	1. 0000	0. 4907	0. 8000	1. 0000	0. 9707	0. 1841	0. 0383
南 3-2 中深	复杂	0. 7301	1. 0000	0. 7064	0. 5731	0. 8841	0. 8249	0. 7348	0. 9224	0. 8090	(0. 0002)	0. 9909	1. 0000	0. 8889	1. 0000	0. 9276	(0. 5031)	(0. 0845)
堡古 2 区块	复杂	0. 9849	1. 0000	0. 4392	0. 3465	0. 9742	0. 8328	1. 0000	0. 9912	0. 2276	0. 6340	0. 7800	0. 7086	1. 0000	1. 0000	1. 0000	1. 3135	0. 3436
南 4-1 中深	一般	0. 6966	1. 0000	0. 3708	0. 3118	1. 0000	0. 9237	0. 8351	0. 9048	0. 7919	0. 0001	0. 9267	0. 4413	1. 0000	1. 0000	0. 9499	0. 7897	0. 1502
南 4-2 浅	极复杂	0. 6797	1. 0000	0. 5968	0. 3095	0. 8725	0. 7572	0. 7303	0. 9281	0. 7831	(0. 0003)	0. 8236	0. 5469	0. 5556	1. 0000	0. 9325	(0. 5530)	(0. 1012)
南 4-3 中深	一般	0. 6588	1. 0000	0. 2137	0. 1421	0. 9507	0. 8704	0. 8859	0. 9077	0. 8760	(0. 0003)	0. 9246	0. 5680	1. 0000	1. 0000	0. 9421	1. 6416	0. 4098

表 8-10-3　综合评价指标权重

指标	产量完成率	钻井有效率	储量动用程度	地质储量采出程度	自然递减率	综合递减率	综合含水率	含水上升率	地质储量采油速度	采收率提高幅度	综合时率	系统效率	措施有效率	安全生产率	操作成本	吨油利润	工业增加值
w_c	0. 0784	0. 0470	0. 0784	0. 0470	0. 0627	0. 0470	0. 0470	0. 0784	0. 0627	0. 0627	0. 0376	0. 0470	0. 0376	0. 0470	0. 0784	0. 0784	0. 0627
w_s	0. 0591	0. 0591	0. 0591	0. 0592	0. 0591	0. 0591	0. 0591	0. 0591	0. 0592	0. 0593	0. 0591	0. 0591	0. 0591	0. 0591	0. 0592	0. 0580	0. 0548
w_z	0. 0724	0. 0500	0. 0617	0. 0506	0. 0617	0. 0507	0. 0507	0. 0724	0. 0623	0. 0724	0. 0432	0. 0507	0. 0432	0. 0500	0. 0724	0. 0724	0. 0632

表 8-10-4　权重处理后指标数据

单元	基本情况				开发指标						管理指标				经济指标			
	复杂程度	产量完成率	钻井有效率	储量动用程度	地质储量采出程度	自然递减率	综合递减率	综合含水率	含水上升率	地质储量采油速度	采收率提高幅度	综合时率	系统效率	措施有效率	安全生产率	操作成本	吨油利润	工业增加值
高浅南	极复杂	0.0401	0.0500	0.0579	0.0405	0.0495	0.0400	0.0355	0.0704	0.0148	(0.0054)	0.0306	0.0285	0.0366	0.0500	0.0500	0.0006	0.0016
高浅北	一般	0.0487	0.0500	0.0604	0.0435	0.0514	0.0460	0.0357	0.0711	0.0147	(0.0024)	0.0322	0.0291	0.0423	0.0500	0.0538	0.0025	0.0021
高中深南	复杂	0.0293	0.0500	0.0560	0.0295	0.0439	0.0313	0.0379	0.0664	0.0141	0.0286	0.0182	0.0296	0.0370	0.0500	0.0647	0.0284	0.0195
高中深北	复杂	0.0521	0.0500	0.0536	0.0340	0.0519	0.0389	0.0369	0.0680	0.0150	0.0416	0.0239	0.0292	0.0334	0.0500	0.0603	(0.0117)	(0.0056)
高深南	复杂	0.0605	0.0500	0.0304	0.0157	0.0556	0.0507	0.0383	0.0715	0.0120	0.0020	0.0326	0.0293	0.0340	0.0500	0.0610	(0.0217)	(0.0122)
高深北	复杂	0.0545	0.0500	0.0617	0.0233	0.0588	0.0440	0.0395	0.0724	0.0182	(0.0124)	0.0291	0.0301	0.0306	0.0500	0.0666	0.0313	0.0199
柳赞南	复杂	0.0281	0.0500	0.0487	0.0506	0.0514	0.0381	0.0354	0.0691	0.0116	(0.0044)	0.0299	0.0284	0.0312	0.0500	0.0409	(0.0588)	(0.0358)
柳赞中	复杂	0.0716	0.0500	0.0570	0.0384	0.0567	0.0433	0.0365	0.0722	0.0144	(0.0093)	0.0271	0.0294	0.0369	0.0500	0.0566	(0.0384)	(0.0235)
柳赞北	一般	0.0507	0.0500	0.0499	0.0288	0.0594	0.0434	0.0375	0.0681	0.0134	0.0150	0.0262	0.0295	0.0339	0.0500	0.0624	0.0174	0.0112
庙浅层	极复杂	0.0459	0.0500	0.0607	0.0296	0.0533	0.0455	0.0359	0.0709	0.0124	(0.0250)	0.0210	0.0288	0.0367	0.0500	0.0533	(0.0135)	(0.0069)
庙中深层	复杂	0.0724	0.0500	0.0617	0.0225	0.0505	0.0376	0.0361	0.0646	0.0139	(0.0029)	0.0259	0.0284	0.0295	0.0500	0.0602	0.0393	0.0274
唐 海	复杂	0.0674	0.0500	0.0617	0.0288	0.0550	0.0412	0.0370	0.0678	0.0155	(0.0016)	0.0199	0.0289	0.0324	0.0500	0.0616	0.0023	0.0027
南 1-1 浅	复杂	0.0458	0.0500	0.0538	0.0284	0.0559	0.0411	0.0410	0.0526	0.0615	0.0021	0.0174	0.0346	0.0378	0.0500	0.0575	(0.0777)	(0.0461)
南 1-1 中深	复杂	0.0458	0.0500	0.0410	0.0092	0.0480	0.0367	0.0431	0.0704	0.0586	(0.0000)	0.0347	0.0406	0.0334	0.0500	0.0593	0.0214	0.0191
南 1-3 浅	复杂	0.0508	0.0500	0.0617	0.0308	0.0526	0.0412	0.0381	0.0674	0.0528	(0.0000)	0.0254	0.0427	0.0353	0.0500	0.0671	0.0246	0.0197
南 1-3 中深	复杂	0.0508	0.0500	0.0325	0.0109	0.0526	0.0382	0.0412	0.0569	0.0617	(0.0000)	0.0204	0.0326	0.0299	0.0500	0.0621	(0.0011)	0.0039
南 1-5 中深	复杂	0.0490	0.0500	0.0197	0.0094	0.0562	0.0421	0.0470	0.0660	0.0588	(0.0000)	0.0392	0.0372	0.0312	0.0500	0.0697	0.0440	0.0350
南 2-1	复杂	0.0388	0.0500	0.0248	0.0136	0.0494	0.0411	0.0379	0.0608	0.0623	0.0093	0.0216	0.0274	0.0346	0.0500	0.0535	(0.1058)	(0.0643)

续表

单元	基本情况				开发指标						管理指标				经济指标			
	复杂程度	产量完成率	钻井有效率	储量动用程度	地质储量采出程度	自然递减率	综合递减率	综合含水率	含水上升率	地质储量采油速度	采收率提高幅度	综合时率	系统效率	措施有效率	安全生产率	操作成本	吨油利润	工业增加值
南 2-3 浅	复杂	0. 0681	0. 0500	0. 0521	0. 0265	0. 0473	0. 0492	0. 0396	0. 0695	0. 0526	(0. 0103)	0. 0365	0. 0308	0. 0383	0. 0500	0. 0658	0. 0081	0. 0057
南 2-3 中深	复杂	0. 0425	0. 0500	0. 0294	0. 0109	0. 0520	0. 0421	0. 0399	0. 0634	0. 0600	0. 0029	0. 0306	0. 0319	0. 0328	0. 0500	0. 0629	(0. 0222)	(0. 0125)
南 2 潜山	一般	0. 0340	0. 0500	0. 0427	0. 0196	0. 0454	0. 0320	0. 0439	0. 0617	0. 0585	(0. 0013)	0. 0079	0. 0312	0. 0288	0. 0500	0. 0701	0. 0579	0. 0507
南 3-2 浅	复杂	0. 0483	0. 0500	0. 0235	0. 0120	0. 0530	0. 0440	0. 0422	0. 0673	0. 0478	(0. 0000)	0. 0432	0. 0249	0. 0346	0. 0500	0. 0687	0. 0348	0. 0222
南 3-2 中深	复杂	0. 0529	0. 0500	0. 0436	0. 0290	0. 0545	0. 0418	0. 0373	0. 0668	0. 0504	(0. 0000)	0. 0428	0. 0507	0. 0384	0. 0500	0. 0635	(0. 0244)	(0. 0149)
堡古 2 区块	复杂	0. 0713	0. 0500	0. 0271	0. 0175	0. 0601	0. 0422	0. 0507	0. 0718	0. 0142	0. 0459	0. 0337	0. 0359	0. 0432	0. 0500	0. 0724	0. 0724	0. 0605
南 4-1 中深	一般	0. 0504	0. 0500	0. 0229	0. 0158	0. 0617	0. 0468	0. 0423	0. 0655	0. 0493	0. 0000	0. 0400	0. 0224	0. 0432	0. 0500	0. 0661	0. 0212	0. 0632
南 4-2 浅	极复杂	0. 0492	0. 0500	0. 0368	0. 0157	0. 0538	0. 0384	0. 0370	0. 0672	0. 0488	(0. 0000)	0. 0356	0. 0277	0. 0240	0. 0500	0. 0641	(0. 0178)	(0. 0108)
南 4-3 中深	一般	0. 0477	0. 0500	0. 0132	0. 0072	0. 0587	0. 0441	0. 0449	0. 0657	0. 0546	(0. 0000)	0. 0399	0. 0288	0. 0432	0. 0500	0. 0652	0. 0308	0. 0158

表 8-10-5　综合评价设定最佳值

指标	基本情况				开发指标						管理指标				经济指标		
	产量完成率	钻井有效率	储量动用程度	地质储量采出程度	自然递减率	综合递减率	综合含水率	含水上升率	地质储量采油速度	采收率提高幅度	综合时率	系统效率	措施有效率	安全生产率	操作成本	吨油利润	工业增加值
最佳值	0. 0724	0. 0500	0. 0617	0. 0506	0. 0617	0. 0507	0. 0507	0. 0724	0. 0623	0. 0459	0. 0432	0. 0507	0. 0432	0. 0500	0. 0724	0. 0724	0. 0632

（二）综合评价

按照综合评价提出的方法，常采用比重法、成功度法、熵值法、TOPSIS 法、ELECTRE 法、灰色综合评判法等多种方法组合。

（1）确定最佳值。

选用各区块最大值为最佳值，见表 8-10-5。

（2）综合评价。

综合评价采用比重法、熵值法、灰关联法和 TOPSIS 法，评价结果见表 8-10-6。

表 8-10-6　各区块综合评价指标排序

单元	基本情况					开发指标						管理指标				经济指标		
	复杂程度	产量完成率	钻井有效率	储量动用程度	地质储量采出程度	自然递减率	综合递减率	综合含水率	含水上升率	地质储量采油速度	采收率提高幅度	综合时率	系统效率	措施有效率	安全生产率	操作成本	吨油利润	工业增加值
高浅南	极复杂	23	1	7	3	22	19	26	7	18	23	12	21	11	1	26	16	17
高浅北	一般	16	1	3	2	19	4	25	5	19	20	11	17	4	1	23	14	16
高中深南	复杂	26	1	9	8	27	27	16	18	22	3	25	12	8	1	10	8	9
高中深北	复杂	9	1	11	5	18	20	21	12	17	2	20	16	17	1	18	18	18
高深南	复杂	6	1	23	19	9	1	13	4	26	8	10	15	15	1	17	21	21
高深北	复杂	7	1	4	14	4	7	12	1	15	26	15	11	23	1	6	6	7
柳赞南	复杂	27	1	14	1	20	23	27	10	27	22	14	22	21	1	27	25	25
柳赞中	复杂	2	1	8	4	6	10	22	2	20	24	16	14	9	1	22	24	24
柳赞北	一般	12	1	13	11	3	9	17	11	24	4	17	13	16	1	14	12	12
庙浅层	极复杂	19	1	2	7	13	5	24	6	25	27	22	20	10	1	25	19	19
庙中深层	复杂	1	1	6	15	21	24	23	22	23	21	18	22	25	1	19	4	4
唐 海	复杂	5	1	5	10	10	16	19	13	16	19	24	18	20	1	16	15	15
南 1-1 浅	复杂	20	1	10	12	8	18	9	27	3	7	26	6	7	1	21	26	26
南 1-1 中深	复杂	20	1	18	26	24	25	5	8	6	12	8	3	17	1	20	10	10
南 1-3 浅	复杂	10	1	1	6	16	15	14	14	9	12	19	2	12	1	5	9	8
南 1-3 中深	复杂	10	1	21	24	15	22	8	26	2	11	23	7	24	1	15	17	14
南 1-5 中深	复杂	15	1	20	25	7	12	2	19	5	10	5	4	21	1	3	3	3
南 2-1	复杂	24	1	26	21	23	17	15	25	1	5	21	25	13	1	24	27	27
南 2-3 浅	复杂	4	1	12	13	25	2	11	9	10	25	6	10	6	1	8	13	13
南 2-3 中深	复杂	22	1	25	23	17	13	10	23	4	6	13	8	19	1	13	22	22
南 2 潜山	一般	25	1	17	16	26	26	4	24	7	18	27	9	26	1	2	2	2
南 3-2 浅	复杂	17	1	24	22	14	8	7	15	14	12	1	26	13	1	4	5	5
南 3-2 中深	复杂	8	1	15	9	11	14	18	17	11	12	2	1	5	1	12	23	23
堡古 2 区块	复杂	3	1	27	17	2	11	1	3	21	1	9	5	1	1	1	1	1
南 4-1 中深	一般	13	1	22	18	1	3	6	21	12	9	3	27	1	1	7	11	11
南 4-2 浅	极复杂	14	1	19	20	12	21	20	16	13	16	7	24	27	1	11	20	20
南 4-3 中深	一般	18	1	16	27	5	6	3	20	8	16	4	19	1	1	9	7	6

采用各评价方法的指标均值排序与各指标众数排序的权重组合与大数原理，确定各区块总排序，见表 8-10-7。

表 8-10-7　各区块开发效果排序

区块名称	高浅南	高浅北	高中深南	高中深北	高深南	高深北	柳赞南	柳赞中	柳赞北	庙浅层	庙中深层	唐海	南 1-1 浅	南 1-1 中深
排序(平均)	21	15	19	18	10	3	27	14	8	22	26	17	16	12
指标(众数)	25	11	18	16	12	3	27	13	8	23	22	15	17	14
权序	22.60	13.40	18.60	17.20	10.80	3.00	27.00	13.60	8.00	22.40	24.40	16.20	16.40	12.80
总序	24	13	19	18	10	3	27	14	8	21	26	16	17	12
区块名称	南 1-3 浅	南 1-3 中深	南 1-5 中深	南 2-1	南 2-3 浅	南 2-3 中深	南 2 潜山	南 3-2 浅	南 3-2 中深	堡古 2 区块	南 4-1 中深	南 4-2 浅	南 4-3 中深	
排序(平均)	4	23	7	20	6	11	25	13	9	1	2	24	5	
指标(众数)	2	21	5	26	6	20	19	9	7	1	4	24	10	
权序	3.20	22.20	6.20	22.40	6.00	14.60	22.60	11.40	8.20	1.00	2.80	24.00	7.00	
总序	4	20	6	22	5	15	23	11	9	1	2	25	7	

油藏的复杂程度差异影响油藏开发效果，故各油藏若乘以油藏复杂程度差异系数：简单 1.00、一般 1.10、复杂 1.15、特复杂 1.20、极复杂 1.25，会使各区块的开发效果排序改变。

（三）各区块开发效果综合评价结果分析与建议

因钻井有效率、安全生产率各区块均 100%完成，故不作具体分析。将 27 个区块按 2∶6∶2比例分为三部分，即优为 5 个区块、良为 17 个区块、差为 5 个区块，其中良又可细分上良 5 个、中良 7 个、下良 5 个。同时对 27 个区块 17 项评价指标亦分为三类，即取 7∶13∶7，之所以取 7 是按完成产油量任务区块数量确定的。现对未考虑油藏复杂程度 27 个开发区块中的优 5、良 3、差 3 共 11 个区块的开发效果排序结果进行简单分析。

1. 优秀区块简单分析

（1）堡古 2 区块：为 2014 年度油藏开发效果排名第一。17 个综合评价指标排序前 10 名的占 12 个，为 70.59%。其中排名第一就占了 8 个，采收率提高幅度、吨油成本、吨油利润、工业增加值为各区块翘首，自然递减率、措施有效率名列前茅，总体开发效果突出。但储量动用程度、地质储量采出程度等是该区块的薄弱环节，综合时率、综合递减率尚有提升空间。需说明的是地质储量采油速度排名第二、为 5%。采油速度不是越高越好，过高可能影响后续整体开发效果和最终采收率。建议地质储量采油速度控制在 2.5%～3.0%的范围内。

（2）南堡 4-1 中深区块：为 2014 年度油藏开发效果排名第二。同样，17 个综合评价指标排序前 10 名的占 9 个，为 52.94%。其中自然递减率、措施有效率名列前茅，综合递减率、综合含水率、综合时率、吨油成本控制较好，吨油利润、工业增加值较高。但地质储量动用程度、采出程度偏低，含水上升率、系统效率也需加强，同时要努力完成产油量任务。

（3）高深北区块：为 2014 年度油藏开发效果排名第三名。同样，17 个综合评价指标排序前10名的占10个，为58.82%。该区块含水上升率、储量动用程度控制得好，自然递减率、综合递减率、产量完成率、操作成本、吨油利润、工业增加值等控制较好。但采收率提高幅度、措施有效率需要加强，地质储量采油速度和综合时率仍有提高空间。

（4）南堡1-3浅区块：为2014年度油藏开发效果排名第四。同样，17个综合评价指标排序前10名的也占10个，为58.82%。其中地质储量动用程度名列前茅，操作成本、地质储量采出程度亦值得称赞，措施有效率、吨油利润、工业增加值较好，其中有较多指标处于中游状态。但产量完成率为93.6%，需努力。

（5）南堡2-3浅区块：为2014年度油藏开发效果排名第五名。17个综合评价指标排序前13名的占了15个，说明整体上是优良。但自然递减率仍需控制，采收率幅度也需提高。换句话说注水要更有效、管理要加强、含水要控制。且吨油操作成本、吨油利润、工业增加值都需要控制与再提高。

2. 良好区块简单分析

（1）南堡1-5中深区块：该块属上良第一名，其中优好指标有8个。综合含水率、吨油操作成本、吨油利润、吨油工业增加值等指标居前，系统效率、综合时率、地质储量采油速度、自然递减率均控制较好。但措施有效率尚待提高，年产油量任务还需努力完成。

（2）南堡3-2浅区块：该块属中良第一名，为2014年度油藏开发效果排名第十一名。综合时率为其亮点，吨油成本、吨油利润、工业增加值尚好，总体上属中游状态。

（3）高中深北区块：该块属下良第一名，为2014年度油藏开发效果排名第十八名。除了采收率提高幅度突出外，大部分指标属良好级别中的下游状态。新的一年需从整体上提高。

在处于“良”的17个区块参与分析的15个指标中，1类指标为22.75%，2类指标为53.33%，3类指标为23.92%，总体上属于中游状态。

3. 差区块简单分析

（1）柳赞南区：为2014年度油藏开发效果排名倒数第一。17个综合评价指标排序20名以后的占10个，为58.82%。油藏含水率高达99.2%，已处于经济废弃的边缘，综合含水率居高不下，使得产量递减幅度较大，操作成本升高，开发效果差。

（2）老爷庙中深层：为2014年度油藏开发效果排名倒数第二。17个综合评价指标排序二十名以后的占8个。油藏地质认识不清，已多年未实施调整；加之注水工作未及时开展，油藏能量逐年下降，主要油田开发指标差，产量递减居高不下，开发效果差。

（3）南堡2号潜山：为2014年度油藏开发效果排名倒数第五。该区块于2010年正式投入开发，采用大斜度井天然能量开发方式，但由于未执行合理的开发技术政策，高强度开采使得底水锥进严重，同时缺乏有效的控水稳油措施，多口水平井暴性水淹后关井。同时生产的水平井产量逐渐下降，产量完成率、自然递减率、综合递减率、含水上升率、综合时率、措施有效率等指标均较差，整体开发效果处于D油田的底层。

各区块优、良、差分类情况见表8-10-8。其中南堡1-3浅区块、南堡2-3浅区块虽分别排名第四第五位，但优级指标并不多，均为4个。这是因为它的良级指标值大多靠近红色优级指标值，故而在总体上综合评价属优。而南堡2-3浅区又有2个差级指标，故排在南堡1-3浅区块之后。此例也说明了综合评价是一种系统的、整体的评价，显示了综合评价的优越性。

表 8-10-8　各区块开发效果分类

等级	单元		基本情况				开发指标						管理指标			经济指标			排名	分类比例
			复杂程度	产量完成率	储量动用程度	地质储量采出程度	自然递减率	综合递减率	综合含水率	含水上升率	地质储量采油速度	采收率提高幅度	综合时率	系统效率	措施有效率	操作成本	吨油利润	工业增加值		
优		堡古 2 区块	复杂	3	27	17	2	11	1	3	21	1	9	5	1	1	1	1	1	
优		南 4-1 中深	一般	13	22	18	1	3	6	21	12	9	3	27	1	7	11	11	2	32/42.67%
优		高深北	复杂	7	4	14	4	7	12	1	15	26	15	11	23	6	6	7	3	34/45.33%
优		南 1-3 浅	复杂	10	1	6	16	15	14	14	9	12	19	2	12	5	9	8	4	9/12.00%
优		南 2-3 浅	复杂	4	12	13	25	2	11	9	10	25	6	10	6	8	13	13	5	
良	上	南 1-5 中深	复杂	15	20	25	7	12	2	19	5	10	5	4	21	3	3	3	6	
良	上	南 4-3 中深	一般	18	16	27	5	6	3	20	8	16	4	19	1	9	7	6	7	
良	上	柳赞北	一般	12	13	11	3	9	17	11	24	4	17	13	16	14	12	12	8	
良	上	南 3-2 中深	复杂	8	15	9	11	14	18	17	11	12	2	1	5	12	23	23	9	
良	上	高深南	复杂	6	23	19	9	1	13	4	26	8	10	15	15	17	21	21	10	
良	中	南 3-2 浅	复杂	17	24	22	14	8	7	15	14	12	1	26	13	4	5	5	11	
良	中	南 1-1 中深	复杂	20	18	26	24	25	5	8	6	12	8	3	17	20	10	10	12	58/22.75%
良	中	高浅北	一般	16	3	2	19	4	25	5	19	20	11	17	4	23	14	16	13	
良	中	柳赞中	复杂	2	8	4	6	10	22	2	20	24	16	14	9	22	24	24	14	136/53.33%
良	中	南 2-3 中深	复杂	22	25	23	17	13	10	23	4	6	13	8	19	13	22	22	15	
良	中	唐海	复杂	5	5	10	10	16	19	13	16	19	24	18	20	16	15	15	16	61/23.92%
良	中	南 1-1 浅	复杂	20	10	12	8	18	9	27	3	7	26	6	7	21	26	26	17	
良	下	高中深北	复杂	9	11	5	18	20	21	12	17	2	20	16	17	18	18	18	18	
良	下	高中深南	复杂	26	9	8	27	27	16	18	22	3	25	12	8	10	8	9	19	
良	下	南 1-3 中深	复杂	10	21	24	15	22	8	26	2	11	23	7	24	15	17	14	20	
良	下	庙浅层	极复杂	19	2	7	13	5	24	6	25	27	22	20	10	25	19	19	21	
良	下	南 2-1	复杂	24	26	21	23	17	15	25	1	5	21	25	13	24	27	27	22	
差		南 2 潜山	一般	25	17	16	26	26	4	24	7	18	27	9	26	2	2	2	23	
差		高浅南	极复杂	23	7	3	22	19	26	7	18	23	12	21	11	26	16	17	24	14/18.67%
差		南 4-2 浅	极复杂	14	19	20	12	21	20	16	13	16	7	24	27	11	20	20	25	28/37.33%
差		庙中深层	复杂	1	6	15	21	24	23	22	23	21	18	22	25	19	4	4	26	33/44.00%
差		柳赞南	复杂	27	14	1	20	23	27	10	27	22	14	22	21	27	25	25	27	

注：评价指标分类色标，1~7　8~20　21~27。

二、断块油田综合评价的几个问题

（一）综合评价指标的设置问题

目前综合评价指标设定为 17 项，但有的指标值得商榷。如地质储量采出程度和综合含水率，这 2 个指标不仅涉及采取措施和管理问题，而且也涉及投入开发时间的长短。一般投产时间短，地质储量采出程度和综合含水率较低，如果参与综合评价，该指标排名就会较后，有欠公允。如南堡 4-3 中深区块就因地质储量采出程度单项排名 27 位影响了整体排名。因此，若进行 2015 年油藏开发效果评价时，需集思广益对综合评价指标做进一步调整，如舍去地质储量采出程度和综合含水率指标，增加某时间段地质储量采出程度与综合含水率匹配程度指标，这样可避免投产时间不同的影响。

（二）综合评价与开发水平分类的关系

（1）开发水平分类标准。

开发水平分类标准结合不同油藏类型的量化、半量化标准体系，它的优点主要表现在适应不同类型的油藏，有着相对量化指标，便于同类横向比较；缺点是指标过多且部分指标不宜量化，以及考虑经济指标少，在操作上也易带主观性。综合评价体系不仅含其优点，还涵盖了技术指标、管理指标和经济指标，其中还有人文指标、安全指标、环保指标、风险指标等，评价指标既全且广。

所谓“水平”是指在某一方面所达到的高度，如“开发水平”主要体现科学技术（含管理）在油田开发中所达到的高度，而“效果”是指由某种方法、措施或因素产生的结果（一般指好的结果）。“效果”不仅体现科学技术（含管理）所达到的高度，而且更主要的是要体现油田开发效果和经济效益。有时“水平”很高，但效果与效益并不一定很高，如表 8-10-9 中的高浅北区块、南堡 3-2 浅区块。

另外，评价方向亦不同，一个是区块套比分类，一个是综合评价区块。显然，两者有密切联系、相互补充，但也存在着明显的差别。

（2）具体化程度的差异。

开发水平分类将参与评价的 27 个区块分为Ⅰ类、Ⅱ类、Ⅲ类，其中Ⅰ类 4 个，Ⅱ类 16 个，Ⅲ类 7 个，每类中分不出前后、优劣。综合评价将参与评价的 27 个区块分为优、良、差三级，其中优级为 1~5 名，良级为 6~22 名，差级为 23~27 名，前后、优劣一目了然（表 8-10-9）。

表 8-10-9　开发水平分类与综合评价结果对比表

区块名称	高浅南	高浅北	高中深南	高中深北	高深南	高深北	柳赞南	柳赞中	柳赞北	庙浅层	庙中深层	唐海	南 1-1 浅	南 1-1 中深
综合评价排序	24	13	19	18	10	3	27	14	8	21	26	16	17	12
开发水平分类	Ⅱ	Ⅰ	Ⅲ	Ⅱ	Ⅲ	Ⅱ	Ⅱ	Ⅱ	Ⅱ	Ⅱ	Ⅲ	Ⅱ	Ⅱ	Ⅱ
区块名称	南 1-3 浅	南 1-3 中深	南 1-5 中深	南 2-1	南 2-3 浅	南 2-3 中深	南 2 潜山	南 3-2 浅	南 3-2 中深	堡古 2 区块	南 4-1 中深	南 4-2 浅	南 4-3 中深	
综合评价排序	4	20	6	22	5	15	23	11	9	1	2	25	7	
开发水平分类	Ⅱ	Ⅱ	Ⅱ	Ⅲ	Ⅱ	Ⅲ	Ⅲ	Ⅰ	Ⅱ	Ⅰ	Ⅰ	Ⅲ	Ⅱ	

（3）综合评价结果对油藏开发指导性更强。

综合评价结果可指明影响油藏开发效果的主导因素、风险分析和采取有针对性的下步措施方向。柳赞南区块按开发水平分为Ⅱ类、按综合评价开发效果为末位，即最差的区块。其中产量完成率完成最差、综合含水率最高、地质储量采油速度最低、吨油操作成本最高，是一个继续开发无效益的区块。如果需要继续开发，就要从柳赞南区块整体性、系统性出发，精心设计，摸清剩余油分布规律，将主攻方向确定在综合治水和进一步提高地质储量动用程度上，并对该块进行风险评估和强化管理，提高系统效率和措施有效率、降低产油量自然递减和综合递减，降低成本，合理有效地增加产量，以便实现扭亏为盈及提高油藏开发效果。

（三）油藏复杂程度对开发效果的影响

油藏复杂程度不同，油藏开发难度亦不同，各项开发指标也会受到较大影响。因此，将一般、复杂、极复杂程度的油藏用同一标准评价，显然是不公平的。如庙浅南、高浅南、南堡4-2浅区块均属极复杂断块，它们排名靠后，可能有油藏复杂程度的影响。如果将它们乘以油藏差异系数，排名就会改观。但油藏差异系数的确定带有一定的主观性，有可能会影响排名的客观性。

（四）建议发布年度开发效果综合评价结果公报

应在当年一季度发布上一年油藏开发效果综合评价权威性公报，这样才不失对各区块开发的指导意义。这就要求相关部门尤其是涉及经济指标的部门及时提供综合评价指标数据。勘探开发研究院的专业人员与作业区有关人员结合，进行综合评价研究、提出指导意见及应采取措施建议，并将其程序化、模块化，使之计算快速、准确、高效。该公报经主管油田开发的领导审批后，由公司油藏处发布。

参考文献

[1] 王平，李纪辅，李幼琼. 复杂断块油田详探与开发［M］. 北京：石油工业出版社，1994.

[2] 余守德. 复杂断块砂岩油藏开发模式［M］. 北京：石油工业出版社，1998.

[3] 李卓吾. 复杂断块油田勘探开发中新技术的应用［M］. 北京：石油工业出版社，1994.

[4] 程世铭，张福仁. 东辛复杂断块油藏［M］. 北京：石油工业出版社，1997.

[5] 李幼琼. 文明寨极复杂断块油藏［M］. 北京：石油工业出版社，1997.

[6] 徐中清，周海民. 复杂断块油田精细勘探开发技术——D油田科技文集［M］. 北京：石油工业出版社，2002.

[7] 何艳青，饶利波，杨金华. 世界石油工业关键技术发展回顾与展望［M］. 北京：石油工业出版社，2017.

[8]《中国油气田开发若干问题的回顾与思考》编写组. 中国油气田开发若干问题的回顾与思考［M］. 北京：石油工业出版社，2003.

[9] 李斌，张国旗. 油气技术经济配产方法［M］. 北京：石油工业出版社，2002.

[10] 陈元千. 油气藏工程实用方法［M］. 北京：石油工业出版社，1999.

[11] 胡建国，张栋杰. 油气藏工程实用预测方法文集［M］. 北京：石油工业出版社，2002.

[12] 李斌，袁俊香. 影响产量递减率的因素与减缓递减的途径［J］. 石油学报，1997（3）：91-99.

[13] 杨通佑. 石油及天然气储量计算方法［M］. 北京：石油工业出版社，1990.

[14] 洪世铎. 油藏物理基础［M］. 北京：石油工业出版社，1985.

[15] 焦霞蓉，江山，杨勇，等. 油藏工程方法定量计算剩余饱和度［J］. 特种油气藏，2009，16（4）：48-50.

[16] D. C邦德. 残余油饱和度确定方法［M］. 北京：石油工业出版社，1982.

[17] 李斌，毕永斌，潘欢，等. 油田开发效果综合评价指标筛选的组合方法［J］. 石油科技论坛，2012，31（3）：38-41，50.

[18] 李斌，张国旗，刘伟，等. 油气技术经济配产［M］. 北京：石油工业出版社，2002.

[19] 李斌，张欣赏. Weng 模型在油气田开发规划中的应用［J］. 石油科技论坛，2005（2）：25-26.
[20] 张锐. 油田注水开发效果评价方法［M］. 北京：石油工业出版社，2010.
[22] 李斌，刘伟，毕永斌，等. 油田开发项目综合评价［M］. 北京：石油工业出版社，2019.
[22] 李斌，刘伟，毕永斌，等. 浅议油田开发战略管理［J］. 石油科技论坛，2019，38（4）：24-27.
[23] 张朝深，王文祥. 确定剩余油分布技术［M］. 北京：中国石油天然气总公司信息研究所，1995.
[24] 林承焰. 剩余油形成与分布［M］. 北京：石油大学出版社，2000.
[25] 林承焰，李江南，董春梅，等. 油藏仿真模型与剩余油预测［M］. 北京：石油工业出版社，2009.
[26] 李斌，张淑芝. 油田开发综合评价中组合方法的确定［J］. 复杂油气田，2013，22（4）：17-19.
[27] 李斌，龙鸿波，袁立新，等. 油田开发综合评价在油田二次开发后评价中的应用［J］. 油气田地质与采收率，2014，21（4）：71-74.

第九章　油田开发系统价值论

何谓价值论？哲学界不同学派说法不一。但对于油田开发系统或油气生产企业，价值论既有共同性，也有其特殊性。油田开发系统价值论主要是研究能体现油田开发价值的效果、效率、效益、效用的表现形态，即采收率、储量动用程度、油田开发成本与利润等指标的基本概念、评价标准、评价方法、影响因素、变化规律和变化趋势。

第一节　油田开发系统中的价值

一、价值的概念、客观性与衡量标准

（一）价值的概念

价值是一个使用较普遍的概念，如人生价值、劳动价值、工作价值、自我价值、知识价值、生活价值、技术价值、关系价值、效用价值、供求价值、社会价值等，不一而足，似乎时时、处处都存在着价值。但何谓价值？价值的概念如何表述？至今也没有一个统一的说法。不同的哲学家有着不同的观点与提法。《现代汉语词典》关于价值词条解释为“体现在商品里的社会必要劳动。价值量的大小决定于生产这一商品所需的社会必要劳动时间的多少。不经过人类劳动加工的东西，如空气，即使对人们有使用价值，也不具有价值”。这是马克思主义关于价值的基本观点之一。同时马克思主义也认为价值是现实的人同能满足其某种需要的客体属性的主客体间的一种关系。凡能满足人的需要的东西就有价值，而人的需要既可是物质的也可是精神的，须通过人的实践活动即工作、劳动、创造来获得，通过与他人、集体、社会的关系来体现。这些关系多种多样，但最根本的关系是利益关系，尤其是经济利益关系，也就是说，人们之所以要建立彼此之间的各种联系，目的在于获取所需要的利益。在一般价值关系中，价值的主体是“人”，即可为个人、集体、集团、民族、国家等各种组织形式乃至整个人类。价值的客体可以是自然物、人劳动创造物、精神产物等。

（二）价值的客观性

由于人们的立场、方法、地位、层次、角度、时间、地点等的不同，对于某些事物或事件，有的会认为有价值，有的会认为无价值，似乎是以人们的主观认识而定，但事物或事件的价值是客观存在的，是其属性的反映，不由人们的认识和需求而定。因此，马克思主义哲学认为，任何价值都有其客观的基础和源泉，具有客观性。认为价值的一般本质在于：它是现实的人同能满足其某种需要的客体的属性之间的一种关系。价值同人的需要有关，但它不是由人的需要决定的，价值有其客观基础，这种客观基础就是各种物质的、精神的现象所固有的属性，但价值不单纯是这种属性的反映，而这种属性能满足人们的某种需要，成为人们的兴趣、目的所追求的对象。人们有各种不同的需要，具有不同的价值。

故就客体的属性满足主体的不同需要而言，价值具有多样性，可分为物质的、经济的、科学的、道德的、美学的、法律的、政治的、军事的、文化的和历史的价值等。

价值是客观的，但又属历史范畴。不同的社会发展阶段，人们的需要、利益、兴趣、愿望等又受到一定社会历史条件的制约。

（三）价值的衡量标准

价值评价有好与坏、优与劣、大与小、高与低、利与害、是与非、善与恶、美与丑等，其评价标准也会随社会发展阶段不同而不同，特别是在阶级社会中，人们的价值标准或价值规范受其阶级地位的规定或影响。不同阶级的需要、利益、兴趣、愿望往往不同，甚至彼此对立。一般来说，一定时代的人们的价值标准，总是植根于当时人们的物质生活条件，必然受当时社会历史条件的制约，总要打上相应时代的历史印记。人们的物质生活条件变化了，发展了，人们的价值标准和所追求的价值及其构成也要发生相应的变化。另外，人们处于不同的社会领域，评价标准亦会不同，政治的、经济的、军事的、文化的、法律的、工程的、技术的、科学的、社会的均会有其相应的评价标准。

价值标准是指主体的客观需要和利益在人的价值关系和价值活动中，具有尺度的性质和功能。价值标准是包括各项价值指标的一个价值系统，包括经济效益、社会效益和学术价值。评价标准反映着价值标准，价值标准决定评价标准。但是评价标准不只反映价值标准，它还反映着对象、客体、现实；价值标准不是评价标准的唯一决定者，价值标准和外部现实的统一才完全决定着评价标准。因此，评价标准实质上是人们在自己的价值标准和外部客观现实之间谋求一种具体的、积极的统一所得出的历史结论。这种结论的得到，是通过人们实践经验的积累，通过对外部世界和人自身世界的不断认识而实现的。

二、油田开发价值论

油气产品是通过人的劳动创造出的能满足国家与人们需要的战略物资，是现代社会目前暂不能完全替代的必需品。油气开采行业又是高技术、高投入、高回报、高危险的行业。它的高价值自然不言而喻。油田开发价值论是研究体现油田开发价值的效果、效率、效益、效用的评价标准、评价方法、影响因素、变化规律和变化趋势的理论。

（一）油田开发效果评价

所谓效果是指由某种力量、做法或因素产生的结果，且一般多指好的结果。油田开发效果是指在“人”对油田地质正确认识的基础上，编制科学的油田开发方案，运用先进的工艺和技术手段，获得经济而有效的开发开采结果。评价油田开发效果的指标主要有油气产量、累计产油量、稳产率、产能到位率、综合递减率、自然递减率、含水上升率、油气采收率等。

（二）油田开发效率评价

所谓效率是指单位时间内完成的工作量或占总量的百分比。油田开发效率是指“人”使用科技手段在单位时间或某一阶段完成的工程工作量，也可以表示为年产油量占动用储量的百分比。主要评价指标有钻井周期、修井周期、施工周期、施工速度、月完成工作量、采油速度、产液速度、采油指数、采液指数、含水上升速度、地质储量采出程度、可采储量采出程度、地质储量动用程度、可采储量动用程度等。

（三）油田开发效益评价

所谓效益是指“人”完成某一项工作所取得的效果与利益，如经济效益、社会效益等。油田开发效益是指油田开发所需投资、成本、工作量后获得的经济效益和社会收益。主要评价指标有利润率、盈亏平衡率、财务内部收益率、投资回报率、完全成本、投资回收期、千人负伤率、环境污染率等。

（四）油田开发效用评价

所谓效用是指效力与作用。某种事物的效用，在不同的社会形态下有不同的表现形式。在中国，油田开发的效用主要表现为满足国家和人民在建设现代化国家和提高人民生活质量的需要、利益、愿望。主要评价指标有产量完成率、利税率、利润率等。

（五）油田开发综合评价

最终采收率是可体现油田开发效果、效率、效益、效用的综合作用的指标，也是体现油田开发水平的指标。因此，最终技术采收率、最终经济采收率、地质储量采出程度、动用储量采出程度、可采储量采出程度、地质储量动用程度、可采储量动用程度等均可作为评价采收率的指标。

综上所述，油田开发价值论的基本内容是研究采收率、储量动用程度、油田开发成本与利润等指标的基本概念、评价标准、评价方法、影响因素、变化规律和变化趋势的理论，可称为油田开发价值体系。

三、油田开发获得优良“四效”的基础和条件

油田开发的对象即油藏深埋地下，具有不可入性或隐蔽性，油藏的面目和特征亦随开发时间的延长而逐渐暴露，物理、化学状态也在不断变化，开发过程充满了不确定性，再加上人的认知的有限性，展示了油田开发的复杂性和认知的艰巨性，因此，要取得优良“四效”结果是十分艰难的。

众所周知，搞好油田开发需要对油藏构造形态、规模、结构、特征有较正确的认识，对地质储量有较可靠的计算，对可采储量有较可信的估算。人们掌握油藏确切的构造和可靠的油气储量，这是实现油田开发“四效”的基础和前提。但是，这是个较长期的逐渐认识的过程。面对油藏的复杂性、油田开发过程中不确定性的涌现和演化的动态变化，只有运用复杂性科学的基本理论、方法、哲学理念，才有可能对其有一个正确的、全面的认识与了解。

同时，还应具备相应的条件：

（1）结合油藏的具体情况，编制合理、科学的油田开发方案；

（2）具有先进适用的油田开发与开采工艺技术；

（3）具有切合实际的管理与控制措施；

（4）决策者、管理者、操作者三者紧密结合，具备油田开发系统论和油田开发工程哲学的辩证思维、创新思维，尤其是要用系统性、整体性的观点，观察、处理油田开发过程中所发生的现象、事件，查明前因后果，查明它们与周围环境联系与作用，明确目标、科学决策、完善措施、切实实施，形成一个具有强力掌控力和执行力的团队。

这些条件与基础构成一个完整体系，它们相互联系、相互影响、相互作用、相互制约，任何环节出现问题，都有可能造成损失、损伤、损害，都不能实现油田开发优良“四

效”的目的。它们相辅相成，缺一不可。它们的优良程度，决定了“四效”结果的优良程度。构造落实、储量可靠、合理方案、先进工艺、切实管控，是以“人”为主导。因此，“人”的政治觉悟、思想方法、专业知识、决断水平、掌控能力、执行态度等综合素质的高低、好坏、优劣是关键中的关键，一分耕耘一分结果、十分耕耘十分结果。

四、企业的利润观

改革开放以来我国进入社会主义市场经济，经济形态有了很大的变化，目前有国有经济、集体所有制经济、私营经济、联营经济、股份制经济、涉外经济（包括外商投资、中外合资及港、澳、台投资经济）等经济类型，相应的企业种类有国有企业、集体所有制企业、私营企业、股份制企业、有限合伙企业、联营企业、外商投资企业、个人独资企业、股份合资企业，港、澳、台企业。不同企业类型有一个共同追求的目标即企业利润最大化。所谓企业利润是指企业在一定时期内生产经营销售产品的总收益与生产商品的总成本之间的差额，包括营业利润、投资收益和营业外收支净额。利润是企业经营绩效的核心指标，也是企业可持续发展的基本保证。因此，一般情况下，企业经营目的是实现利润最大化。但对于国有经济来说不能无条件地追求利润最大化，必须是在一定条件下获得最佳利润。这些条件体现在首先需满足国家和人民的需求；其次需尽到企业的具有实质性的社会责任。但资本对利润的贪婪以及“利润最大化”对社会危害，正如马克思所说“资本来到世间，从头到脚，每个毛孔都滴着血和肮脏的东西”，并在《资本论》的脚注中引用过托·约·登宁的一段话：“资本害怕没有利润或利润太少……，一旦有适当的利润，资本就胆大起来。如果有百分之十的利润，它就保证到处被使用；有百分之二十的利润，它就活跃起来；有百分之五十的利润，它就铤而走险；为了百分之一百的利润，它就敢践踏一切人间法律；有百分之三百利润，它就敢犯任何罪行，甚至冒绞首的危险。如果动乱和纷争能带来利润，它就会鼓励动乱和纷争。”即使是在社会主义市场经济的条件下，私有资本在市场经济的运行中常常会出现一些混乱现象，如制假售假、以次充好、偷工减料、囤积居奇、哄抬物价、垄断经营、不当竞争、索贿行贿、尔虞我诈，乃至制毒贩毒、拐卖人口、威迫卖淫，传销诈骗等无一不是利润最大化所造成的恶果，污染社会主义市场经济的文明和阻碍社会主义市场经济的健康发展。因此，既要重视利润又不能将“利润最大化”作为企业的唯一目标，同时要强化对私有成本的监管，对资本的恶行予以坚决打击。

在中国，油气生产企业基本上属国有企业，因此，必须遵循有条件地追求利润最佳化。利润具有不确定性，尤其是油气生产企业。从主营业务角度看，其收入由国际油价和油气产量的商品量的乘积决定，而支出由矿区取得成本、勘探成本、开发成本、生产成本组成的完全成本决定。油价、产量、成本均各有众多的影响因素，具有很强的不确定性，故此利润必然也具有很强的不确定性。油气生产企业要获得最佳利润，就要增储上产降本，加强科学管理。为此须用高新科学技术、新理论、新方法、新工艺，不断创新、不断发展。之所以说是“最佳利润”是因为它是一个相对概念，不同油气生产企业生产的难易程度不同，投入与产出也会有所差异。能在有限的条件下获得最佳利润应是油气生产企业追求的目标。利润是国有油气生产企业衡量其业绩的主要指标之一。但随着政策允许外资和私企进入油气生产业，这样，油气生产企业类型就可能趋于多元化。虽然油气生产企业是高投入、高技术、高风险的企业，但如果操作正确，也是一个高回报的企业。

第二节　油田开发价值论中的基本问题——提高采收率

在有限的油气资源中，要尽可能多地提高可采量。由于世界石油需求量不断增加，而在发现新的大油田的机遇不断减少和已开发油田不断老化的情况下，对已探明的油气地质储量提高采收率尤其是提高经济采收率，是提高老油田油气资源效用，增加油气产量的一种经济有效的途径。提高采收率是油田开发工作者一个永恒的课题。据世界范围内620个油田和油藏的统计资料，砂岩油田弹性驱动采收率一般小于15%，溶解气驱的采收率一般为15%~31%，水压驱动采收率一般为36%~60%，碳酸盐岩油田溶解气驱采收率为18%，水压驱动采收率可达44%。而全世界已开发油田的采收率平均在33%~35%，即有近三分之二的原油留在地下，这是一笔相当大的财富。如果经人们努力能把采收率提高到70%以上，也就是说使地下三分之二以上的原油采出来，使有限的油气资源更好地发挥效用，将是对人类一个伟大的贡献。

一、影响采收率的因素

长期以来，人们在提高采收率方面花了很大功夫，而且也卓有成效。计算采收率方法主要是选用了水驱特征曲线法、广义水驱特征曲线法、递减曲线法、童宪章图版法、增长曲线法、含油率与累计产量关系曲线法、经验公式法、类比法、室内实验法、数值模拟法等。常采用的方法是静态法（经验公式法）、水驱曲线法、Arps递减法等。这些方法大多是数理统计法与经验法，未上升到理论层面上。但是，人们研究影响采收率的因素主要是定性的，定量研究似乎不够，尚需进一步深化。

影响采收率的因素，对天然的或人工的注入剂开发油田而言，人们的共识是体积波及系数（E_V）及驱油效率（E_D），体积波及系数等于平面波及体积（E_{pa}）与垂向波及体积（E_{za}）的乘积，即采收率为：

$$E_R = E_D E_V = E_D E_{pa} E_{za} \tag{9-2-1}$$

但影响体积波及系数（E_V）及驱油效率（E_D）的因素，既有宏观因素，也有微观因素。实际上影响采收率的因素可分地质因素、油藏工程因素、工程技术因素、日常管理因素与经济因素等。地质因素诸如油气藏地质构造形态、天然驱动能量的大小、储层物性、岩性与孔隙结构特征、储层分布特征和非均质性、地下流体特性与分布、岩石润湿性及水油黏度比等。油藏工程因素如油气藏开发层系的划分、开发方式与注采系统、井网密度、布井方式、采油速度大小、地层压力保持程度等。工程技术因素为油水井类别（直井、定向井、水平井）、完井方法、油层钻开程序与油井投产顺序、采油方式、有利于提高采收率的主体作业措施与措施效果等。日常管理因素如开井数或油井利用率、综合时率、油藏管理方式等。经济因素如含水率、极限含水率的确定、采油生产成本等。这些因素均不同程度地影响着采收率。因此，从系统论、整体论的角度，提高采收率不仅在某段时期需要采取专门措施，而且也贯穿于油气生产的全过程之中。

二、公式推导

对采收率与各因素的数学关系作如下推导。

由采收率的定义知：

$$E_o = \frac{N_p}{N_o} \tag{9-2-2}$$

式中，E_o 为目前采收率；N_p 为某一时间的累计采油量，10^4t；N_o 为某油田或油藏的原始地质储量，10^4t。

又知：

$$Q_o = dN_p/dt \tag{9-2-3}$$

由文献知：

$$Q_o = \frac{af\alpha Kh_o t(p_e - p_{wf})(1 - f_w)(K_{ro} + \mu_R K_{rw})}{\mu_o\left(\ln\frac{r_e}{r_w} + s\right)}N_o \tag{9-2-4}$$

式中，Q_o 为年产油量，t/a；a 为单位换算系数；f 为井网密度，口/km^2；α 为地质综合系数，m^3/t；$\alpha=\frac{B_o}{\phi S_o\rho_o}$；$B_o$ 为平均原油体积系数；ϕ 为平均有效孔隙度；S_o 为平均油层含油饱和度；ρ_o 为平均原油密度，t/m^3；h_o 为平均有效厚度，m；Δp 为平均生产压差，MPa，$\Delta p=p_e-p_{wf}$，p_e 为地层压力，MPa；p_{wf}为井底压力，MPa；f_w 为平均综合含水率；K_{ro}、K_{rw} 为油、水相对渗透率；μ_R 为油水黏度比；μ_o 为平均原油黏度，mPa·s；r_e 为供给半径，m；r_w 为油井半径，m；s 为表皮系数；t 为生产时间，d。

将式（9-2-4）代入式（9-2-3），得：

$$dN_p = \frac{af\alpha Kh_o t(p_e - p_{wf})(1 - f_w)(K_{ro} + \mu_R K_{rw})}{\mu_o\left(\ln\frac{r_e}{r_w} + s\right)}N_o dt \tag{9-2-5}$$

在油田开发的全过程中，有效厚度（h_o）、油相渗透率（K_o）、水相渗透率（K_w）、地质综合系数（α）、生产压差（Δp）、综合含水率（f_w）、井网密度（f）、油水黏度比（μ_R）与地层油黏度（μ_o）、供给半径（r_e）等均可能随时间 t 变化，尤其是综合含水率（f_w）更是如此。为了使问题简化，令：

$$A = \frac{af\alpha Kh_o t(p_e - p_{wf})(1 - f_w)(K_{ro} + \mu_R K_{rw})}{\mu_o\left(\ln\frac{r_e}{r_w} + s\right)}$$

且取各参数在油田开发全过程预测的平均数，则 A 可视为常数：

$$dN_p = AN_o t dt \tag{9-2-6}$$

对式（9-2-6）积分：

$$N_p = AN_o\int_0^t t dt = \frac{1}{2}AN_o t^2 \tag{9-2-7}$$

将式（9-2-7）代入式（9-2-2），得：

$$E_o = \frac{1}{2}At^2 \tag{9-2-8}$$

即：

$$E_o = \frac{af\alpha Kh_o t(p_e - p_{wf})(1 - f_w)(K_{ro} + \mu_R K_{rw})}{2\mu_o\left(\ln\frac{r_e}{r_w} + s\right)}t^2 \tag{9-2-9}$$

或

$$E_o = \frac{1}{2}afJ_L\alpha\Delta p(1 - f_w)t^2 \tag{9-2-10}$$

式中，J_L 为米采液指数，t/(d·m·MPa)。式（9-2-9）和式（9-2-10）中参数的平均值可采用等值图法或加权法求之。

从式（9-2-9）和式（9-2-10）看出，凡是与产量有关的参数，都是与采收率有关，这是顺理成章的特征。这就说明在日常油气生产中的作业措施、日常管理措施与采收率息息相关。问题的关键是怎样制定这些措施，使之有利于提高采收率。

三、参数分析及提高采收率的途径

（一）井网密度

井网密度是单位含油面积的油井数。当井网密度增加时，可提高油井对储量的控制程度，使采收率提高。但是井网密度受砂体、油砂体的平面展布、储量规模、储层物性与非均质性、储层中流体性质与储层的流动特性、油层的多层性及埋深、开发需要及经济上的合理性等因素的制约，并不是井网密度越密越好。当井网密度达某一数值，再增加井网密度则失去现实意义，经济上也是不允许的，如图 9-2-1 所示。

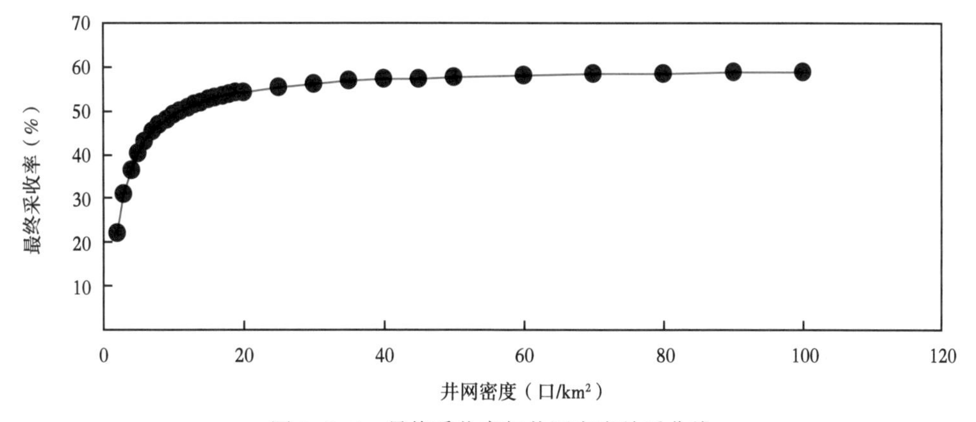

图 9-2-1　最终采收率与井网密度关系曲线

从图 9-2-1 中的曲线可看出，在井网指数为 2.0，驱油效率为 0.6 的条件下，根据谢尔卡乔夫的经验公式：

$$E_R = E_D\exp(-b/f) \tag{9-2-11}$$

当井网密度从 2 口/km² 增加到 10 口/km²，原油采收率从 22.07%提高到 49.12%，增长率为每口 3.38%，当从 10 口/km² 增至 20 口/km² 时，采收率从 49.12%提高到 54.29%，增长率为每口 0.517%；当从 20 口/km² 增到 50 口/km² 时，采收率提高到 57.65%，增长率为每口 0.112%。很显然井网密度大于 20 口/km² 是不可取的，不仅提高采收率的幅度小，而且开发投资与采油成本也会急剧升高，如图 9-2-2 和图 9-2-3 所示。从图 9-2-2 和图 9-2-3 可看出，井距小于 300m 左右，其单位产能投资或采油成本就会大幅度上升。一般来说井网密度在 10~20 口/ km² 或井距在 225~315m 为宜。当然，若油价较高，井网密度也可在 20 口/km² 以上。

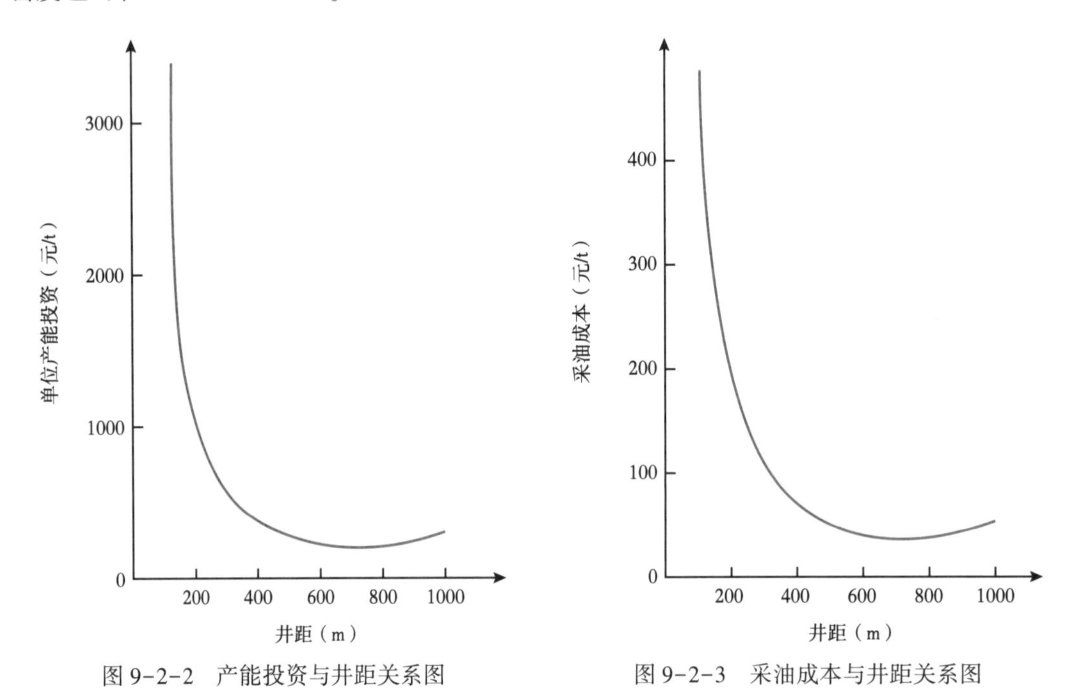

图 9-2-2　产能投资与井距关系图　　　图 9-2-3　采油成本与井距关系图

（二）地质综合系数

地质综合系数反映出地下单位重量储量所占的体积，它与地下有效孔隙的多少及储层中流体性质有关。储层结构与储层内原油性质在短期不会有显著变化，但周期注水，改变液流方向；注采井网调整使某些低产井和高含水井转注；水平井与老井侧钻等都会波及地下排油差的地带即“死油区”。这些地带初期含油饱和度较高，随着增产措施的实施而不断开采，该地带的平均含油饱和度不断下降。

（三）原油流动系数

增大原油流动系数，可提高原油采收率。也就是要提高有效渗透率，增加有效出油厚度和降低地下原油黏度。水力压裂、高能气体压裂、酸化及化学法、物理法解堵都可使有效渗透率提高。补孔、重射、物理法、化学法解堵、细分层减少层间干扰等都可使有效渗透率和有效厚度提高。调剖降低高渗透层渗透率，增加了低渗透层的流量也能达到同样目的。随着含水上升，溶解气的逸出，注冷水使油层温度降低等，均可使地下原油黏度增大，因此，注热水、热驱、化学降黏、微生物分解，可促使地下原油黏度降低等。这些就是通常采取的一些工艺措施。原油流动系数变化是综合措施的结果，是单井措施叠加效果。

（四）生产压差

不同的时间可能会存在不同的地层压力，但压力与时间不一定存在一一对应关系，也就是说压力不一定随时间而变，尤其供给压力 p_R 或 p_e 与驱动类型有关，当活跃的边底水驱动或称之刚性水压驱动时，p_e 一般不会随时间有显著的变化。因此不同的驱动类型（含人工水驱与气驱）决定于相应的供给压力。油井流动压力可能会随开采时间而变化。对于油田或油藏来说，压差应是一个油田或油藏在全部开发生命周期的平均值。对于人工水驱或气驱，可通过改变注入点及注水结构，或实行周期注水，一方面可调整平面压力分布状态，另一方面亦可提高波及体积。对于天然能量开发的油田或油藏亦可通过调整出液（油、水）点及强度达到上述目的。

放大生产压差的措施很多，大到大泵排液、电潜泵、水力泵排液、小泵深抽等，小到放套管气、调整工作制度等。

（五）综合含水率

按照式（9-2-9），当 $f_w=0$ 时，E_o 应为最大，也就是说无水采油期的采收率应是最大，这显然与开发实践有相悖之处。如果综合含水率是从 0 至经济极限综合含水率（f_{wj}）的经济开发周期内的平均值，这也存在着问题，即含水上升越快，经济开发周期越短，采收率越高。这显然也不符合油田开发规律。因此，这里的 f_w 不是瞬时综合含水率的概念，而是累计综合含水率，即 $f_w=W_p/L_p$，则：

$$1-f_w=1-\frac{W_p}{L_p}=\frac{N_p}{L_p} \tag{9-2-12}$$

从式（9-2-12）看出若 L_p 越小，则（$1-f_w$）越大且最大值为 1。实际上当油田或油藏含水后，$L_p>N_p$，也就是说（$1-f_w$）<1。因此，控制油田的综合含水率，可使最终采收率提高。

调整注水结构或产液结构、控水稳油措施等都可控制产水量，使综合含水率降低。

（六）相对流动系数与米采液指数

众所周知：

$$J_L=\frac{a}{\ln\dfrac{r_e}{r_w}+s}\cdot\frac{K_o}{\mu_o}(K_{ro}+\mu_r K_{rw}) \tag{9-2-13}$$

米采液指数主要取决于流度与相对流动系数。

$$\bar{J}=\frac{J_L}{J_o}=K_{ro}+\mu_o K_{rw} \tag{9-2-14}$$

则：

$$J_L=\frac{a}{\ln\dfrac{r_e}{r_w}+s}\cdot\frac{K_o}{\mu_o}\cdot\bar{J}_L \tag{9-2-15}$$

式中，J_L 为相对采液指数，t/(d · MPa)；J_L 为无因次采液指数；μ_r、μ_o 为油藏条件下水和原油的黏度，mPa · s；s 为表皮系数；K_o 为油相渗透率，mD；K_{ro}、K_{rw} 为油相和水相相对渗透率；r_e 为油井泄油半径，m；a 为单位系数。J_L 与含水有密切关系（图 9-2-4）。

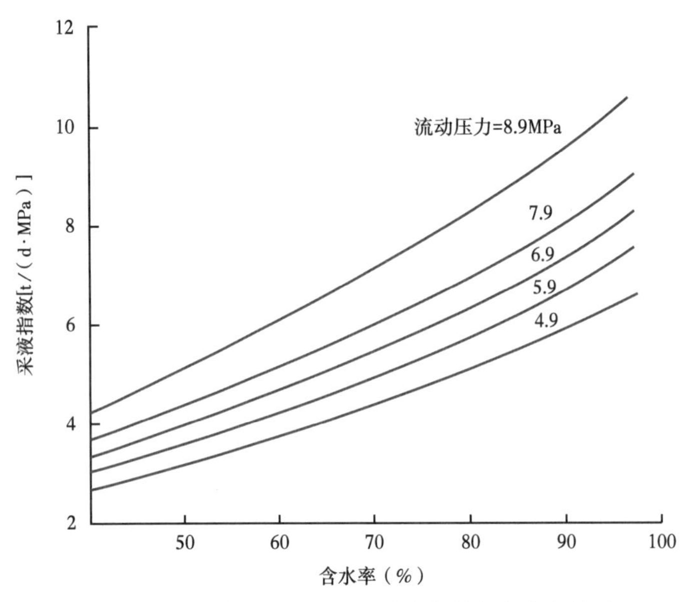

图 9-2-4　大庆油田某开发区采液指数与含水率关系

地层压力=10.94MPa；饱和压力=4.8MPa

在按式（9-2-10）计算采收率时，要确定合理的采液指数，而不能采用油田高含水以后的采液指数。

（七）油田开发时间

油田开发时间指从油田投入开发起至油田废弃（技术废弃或经济废弃）止的整个时间。

$$t=\frac{1}{24}\sum_{i=1}^{m}n_{\mathrm{sk}i}t_{\mathrm{s}i}\eta_{\mathrm{n}i}\eta_{\mathrm{t}} \tag{9-2-16}$$

$$\eta_{\mathrm{n}}=\frac{n_{\mathrm{sk}}}{n_{\mathrm{yk}}}=\frac{n_{\mathrm{sk}}}{n_{\mathrm{Z}}-n_{\mathrm{j}}-n_{\mathrm{f}}} \tag{9-2-17}$$

$$\eta_{\mathrm{t}}=\frac{t_{\mathrm{s}}}{t_{\mathrm{yk}}} \tag{9-2-18}$$

式中，t 为油田开发时间，d；m 为不同开发阶段；$n_{\mathrm{sk}i}$为第 i 开发阶段实开井数，口；t_{si}为第 i 开发阶段单井开井时间，h；$n_{\mathrm{yk}i}$为第 i 开发阶段应开井数，口，应开井数等于油井总井数 n_{Z} 减去计划关井数 n_j 与报费井数 n_{f}；$\eta_{\mathrm{t}i}$为第 i 开发阶段油井利用率；$t_{\mathrm{yk}i}$第 i 开发阶段单井应开时间，h；$\eta_{\mathrm{t}i}$为第 i 开发阶段油井时率。

无论油田处于何种开发阶段，提高开井数和增加生产时间，都有利于提高采收率。因此，加强油水井的日常管理，管理方式由粗放型向集约化精细管理型转变，提高油井利用率和时率不仅增加某一时段的产油量，而且也有利于提高油田的采收率。

通过上述分析，明确了采收率与各参数的关系。目前在编制油田开发方案或调整方案的技术要求中，对采收率的关注不够，仅是利用部分参数对采收率进行预测，这似乎是一种跟着感觉走的行为。认识世界的目的，在于改造世界。因此，应该在整个油田开发生命周期各个开发阶段，对那些影响采收率的诸参数进行精心设计和优化设计，以获得最大最佳的最终采收率。同时，科学技术进步可促使各参数的改善与提高，油田开发新理论、新技术、新工艺都对提高采收率有着积极的重要的作用。

四、讨论

（一）关于公式的使用

式（9-2-9）和式（9-2-10）是在单井平面径向流的前提下推导的。因此，对于油藏、区块、油田要使用该式，除井网密度（f）、累计综合含水率（f_w）外，其他参数（含时间参数）均应使用单井平均值。这样，相当于模拟一口等效井进行计算。

（二）采收率与经验公式法

经验公式法是统计学中的概算法。各位油藏工程专家从不同角度对一些参数，结合油田特征进行统计与数学处理，得出对参数有不同侧重和偏好的经验公式。由于这种经验公式存在着方法的适用性、资料的可靠性以及专家的经验，因此在使用这些经验公式预测采收率时，要进行类比和加以合理的调整。这些公式的特征可对式（9-2-5）全微分后再积分的数学处理后体现出来。

在推导式（9-2-9）时，曾作了一个假设，即取得各参数在油田开发全过程中预测的平均数，视 A 为常数。实际上各参数随时间而变化，是时间 t 的函数，设各参数的时间函数如下表示。井网密度 $f(t)$、地质综合系数 $\alpha(t)$、流动系数 $\lambda(t)=\dfrac{K_o h_o}{\mu_o}$、生产压差 $\Delta p(t)$、综合含水率 $f_w(t)$、相对流动系数 $\mu_R(t)$。因 r_e 变化在对数内，且 s 一般取油田的平均值，则视 $\dfrac{1}{\ln\dfrac{r_e}{r_w}+s}$ 为常数，则式（9-2-5）可表示为：

$$\mathrm{d}N_p = aN_o f(t)\alpha(t)\lambda(t)\Delta p(t)[1-f_w(t)]\mu_r(t)\frac{1}{\ln\dfrac{r_e}{r_w}+s}\mathrm{d}t \tag{9-2-19}$$

将式（9-2-19）以全微分表示，即：

$$\mathrm{d}N_p = aN_o[A_1\partial f(t)+A_2\partial\alpha(t)+A_3\partial\lambda(t)+A_4\partial\Delta p(t)+A_5\partial f_w(t)+A_6\partial\mu_R(t)+A_7\partial t]\mathrm{d}t \tag{9-2-20}$$

对式（9-2-20）积分再被 N_o 相除，得：

$$E_R = a[A_1 f(t)+A_2\alpha(t)+A_3\lambda(t)+A_4\Delta p(t)-A_5 f_w(t)+A_6\mu_R(t)+A_7] \tag{9-2-21}$$

式中，a 为单位换算系数；A_1、A_2、A_3、A_4、A_5、A_6、A_7 为各参数系数。

各油藏工程专家的经验公式可视为式（9-2-21）的特例。换句话说，各经验公式尽管由数理统计而来，但它们是有数学理论依据的，而 $A_1 \sim A_7$ 代表着不同的地质、油藏工程、采油工程、油田管理与经济的意义。

（三）采收率与物理现象

按照辩证唯物论的观点，任何事物都处于不停的运动变化中。油田开发在整个生命周期即投入开发至油田废弃，是处于不断的运动与变化之中，且它应遵循事物运动的客观规律。在采收率与各参数关系公式的推导中，式（9-2-8）表现为：

$$E_{R}=\frac{1}{2}At^{2}$$

这种形式与某一物体直线运动初速度 $\nu_0=0$ 时的匀变速运动类似，即

$$S=\frac{1}{2}at^{2} \tag{9-2-22}$$

$$a=\nu_{t}/t \tag{9-2-23}$$

式（9-2-8）与式（9-2-22）比较，A 相当于加速度 a。

由式（9-2-6）得：

$$\frac{dN_{p}}{N_{o}dt}=At$$

因为：

$$\frac{dN_{p}}{dt}=Q_{o},\ V_{o}=\frac{Q_{o}}{N_{o}}$$

所以：

$$A=V_{o}/t \tag{9-2-24}$$

式中，N_p 为阶段累计产油量，t；N_o 为原油地质储量，t；Q_o 为年产油量，t；V_o 为采油速度，%。

式（9-2-24）与式（9-2-23）类似。但是油田开发在不同的开发阶段均不是直线运动。一般，上升期分为缓慢上升期Ⅰ和急剧上升期Ⅱ，稳产期Ⅲ，递减期分为急剧递减期Ⅳ和缓慢递减期Ⅴ（虚线表示）。各油藏的开发模式虽不尽相同，但递减期都是存在的。为了使问题简化，将稳产期（Ⅲ）用水平段AB表示（若有波动，可用平均值表示），连接OA表示上产期（Ⅰ、Ⅱ），将B点连接递减初期若干点，直线延长交横坐标轴于C点，表示递减期（Ⅳ、Ⅴ），这样就构成梯形OABCO（实线表示）（图9-2-5）。从图9-2-5看出，求各开发期的累计采油量，就是求出相应的面积。若油田生命周期有多个上升、稳

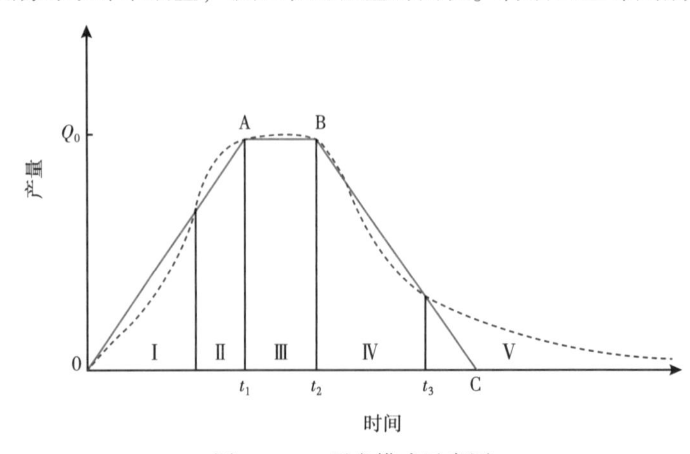

图9-2-5　开发模式示意图

产、递减期，可分阶段分别计算分段采收率，再累加计算总采收率。

上升期（OA 段下面积）。

估算为：

$$N_{p1} = \frac{1}{2}Q_o t_1 \tag{9-2-25}$$

精算为：

$$N_{p1} = \int_0^{t_1} Q_1(1)\,dt \tag{9-2-26}$$

稳产期（AB 段下面积）。

估算为：

$$N_{o2} = Q_o(t_2 - t_1) \tag{9-2-27}$$

精算为：

$$N_{p2} = \int_{t_1}^{t_2} Q_2(t)\,dt \tag{9-2-28}$$

递减期（BC 段下面积）。

估算为：

$$N_{p3} = \frac{1}{2}Q_o(t_3 - t_2) \tag{9-2-29}$$

精算为：

$$N_{p3} = \int_{t_2}^{t_3} Q_3(t)\,dt \tag{9-2-30}$$

全程估算：

$$N_p = N_{p1} + N_{p2} + N_{p3} = \frac{1}{2}Q_o(t_3 + t_2 - t_1) \tag{9-2-31}$$

这样：

$$E_R = \frac{Q_o(t_3 + t_2 - t_1)}{2N_o} \tag{9-2-32}$$

从式（9-2-32）看出，只要知道稳产期平均产量或无稳产期平均最高产量、各开发期时间，就可算出相应的采收率。若需较精确计算就要找出或预测各阶段 $Q_o(t)$ 函数，计算累计采油量后再计算 E_R。这里需注意的是运用估算法在确定 t_1 时应从投产时间算起。运用估算法计算 N_p 与 E_R 可能会偏高，尤其在递减期会有较大的误差。运用精确法，只要 $Q_o(t)$ 有足够精度，结果就会较接近实际。

（四）采收率与采油速度

前些年关于采收率与采油速度的关系，曾有两种观点，一是二者有密切关系，另一是二者无关系或者关系不密切。笔者同意前者。

将式（9-2-24）代入式（9-2-8）得：

$$E_R = \frac{1}{2}V_o t \tag{9-2-33}$$

显然，采收率 E_R 和采油速度 V_o 与开发时间 t 成正比。但 $E_R \leqslant 1$，或者 $V_o t \leqslant 2$。

因此，V_o 的增大必然带来 t 的减少，且在实际操作上，若采油速度过大，或造成综合含水率急剧上升，或造成油层破坏，或造成能量损失过大等，都会促使油田开发时间的缩短。

在油田开发实践中，采油速度是时间的函数 $V_o(t)$，在不同的开发阶段其表现形式亦不同。

$$N_p = \frac{1}{2}V_o(t)tN_o \tag{9-2-34}$$

对式（9-2-34）求导得：

$$\frac{dN_p}{dt} = \frac{1}{2}N_o[tV'_o(t) + V_o(t)] \tag{9-2-35}$$

当初期采油速度过高时，一般很容易造成产量递减，使 $V_o(t)$ 曲线单调递减，$V'_o(t)<0$ 从而使 $Q_o = dN_p/dt \to 0$，最后使 N_p 减少，这样使最终采收率降低。因此，一般在开发初期采油速度不宜太高，而应确定一个合理的采油速度。所谓合理的采油速度即不使含水率急剧上升，不使油层得以破坏，又能使投资回收期最短的采油速度。合理的采油速度在编制油田开发方案时就应精心设计、精心论证。

（五）关于采收率确定

本节提供的是数学解析式，如式（9-2-9）和式（9-2-10）。提出的式（9-2-32）和式（9-2-33）可称为图解法，是一种尝试。这些方法关键的问题是正确且合理地确定各计算参数。这些参数发生在油田开发期不同的开发阶段，有已发生的，亦有未发生的。对未发生的参数就要用科学的方法进行预测。因此，对刚投入开发或正开发油田，最终采收率是预测值。这样各参数的预测精度决定着最终采收率的预测精度。

五、方法应用

（一）实例1

罗马什金油田是苏联著名油田之一，它于1948年发现，在泥盆系和石炭系共发现了14个油层，含油面积3800km^2，地质储量45×10^8t，可采储量24×10^8t。1952年投入开发，投产以来产量一直上升，到1970年达最高峰，为8150×10^4t，8000×10^4t以上产量保持到1975年，稳产了6年。从1976年开始年产递减，到1999年降至年产1140×10^4t（表9-2-1和图9-2-6）。

表9-2-1　罗马什金油田年产量表

序号	1	2	3	4	5	6	7	8	9	10	11	12	13	14	15	16	17	18
年份	1952	1953	1954	1955	1956	1957	1958	1959	1960	1961	1962	1963	1964	1965	1966	1967	1968	1969
年产量（10^4t）	200	300	500	1000	1400	1900	2400	3050	3800	4400	5000	5600	6040	6600	6800	7000	7600	7900
序号	19	20	21	22	23	24	25	26	27	28	29	30	31	32	33	34	39	48
年份	1970	1971	1972	1973	1974	1975	1976	1977	1978	1979	1980	1981	1982	1983	1984	1985	1990	1999
年产量（10^4t）	8150	8000	8000	8000	8000	8000	7775	7500	7230	6800	6755	5404	5134	4864	4729	4593	3900	1140

注：该数据摘自文献《世界油田图集（下）》（李国玉，2000）。

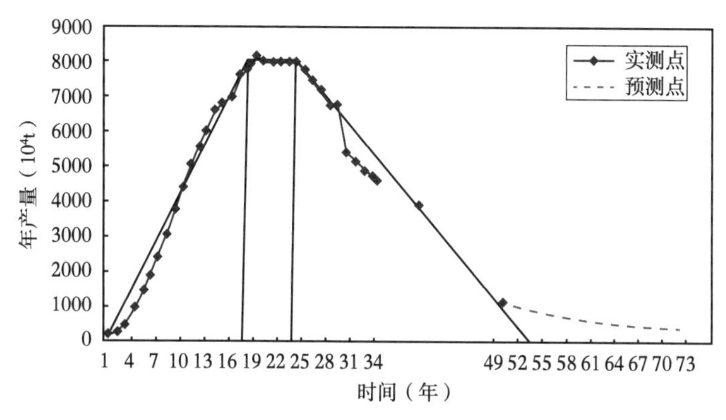

图 9-2-6　罗马什金油田产量曲线

图 9-2-6 中上升期按式（9-2-25）估算，$t_1=18a$，为 7.2×10^8t；稳产期按式（9-2-27），估算 $t_2=24a$，为 4.8×10^8t；递减期按式（9-2-29）估算，$t_3=54a$，为 12.0×10^8t。累计可采储量为 24.0×10^8t。与文献所提供的一致。

（二）实例 2

某油田 M 区块馆陶组油藏为复杂断块油藏开发试验区块，该油藏 1987 年投入开发，1992 年含水率达到 80%，到 2000 年底已开采了 14 年，瞬时含水率为 95%，达到经济极限，已接近废弃，采出程度为 22.2%。该区块井网密度（f）8 口/km^2；平均采液指数（J_L）1.6t/（d·m·MPa）；平均体积系数（B_o）1.34；平均孔隙度（ϕ）0.31；平均含油饱和度（S_o）0.60；平均原油密度（ρ_o）0.8441t/m^3；平均生产压差（Δp）5MPa；瞬时含水率 95%时的综合含水率（f_w）0.66；开发年限（t）14 年。请计算瞬时含水率 95%达到经济极限时的采收率。

（1）计算地质综合系数（α）。

$$\alpha=B_o/\phi S_o\rho_o=1.34/(0.31\times0.60\times0.8441)=8.5349\text{m}^3/\text{t}$$

（2）计算生产时间（t）。

若按式（9-2-16）计算：

$$t=3065\text{d}$$

（3）计算采收率（E_o）。

单位换算系数 $a=0.543\times10^{-10}$，并将相关参数值代入式（9-2-10），计算 M 区块采收率，得：

$$E_o=0.2368$$

计算结果为 0.237。该结果与水驱曲线预测的 0.246 比较，更接近实际生产数据 0.222。

（三）实例 3

东得克萨斯油田是美国的大油田，面积 566km^2，原始含油可采储量 6.9×10^8t。油田于 1930 年发现，1931 年投入开发。1933 年达最高年产量 2760×10^4t，到 1984 年年产量降为 671×10^4t。年产量变化如图 9-2-7 所示。现用图解法计算可采储量。

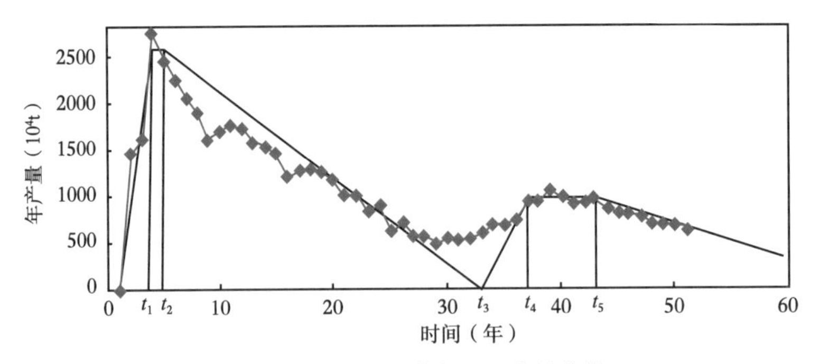

图 9-2-7　东得克萨斯油田产量曲线

资料来自石油工业部科学技术情报研究所

1966 年以前为第一阶段，1966 年以后为第二阶段。

第一阶段：

$$Q_{01}=\frac{2760+2450}{2}=2605\times10^4\text{t}$$

按式（9-2-25）估算，$t_1=4\text{a}$，为 $0.521\times10^8\text{t}$；稳产期按式（9-2-27）估算，$t_2=5\text{a}$，为 $0.2605\times10^8\text{t}$；递减期按式（9-2-29）估算，$t_3=33\text{a}$，为 $3.647\times10^8\text{t}$。合计为 $4.4285\times10^8\text{t}$。

第二阶段：

$$Q_{o2}=\frac{946+940+1058+995+954+933+958}{7}=969\times10^4\text{t}$$

按式（9-2-25）估算，$t_4=37\text{a}$，为 $0.1938\times10^8\text{t}$；稳产期按式（9-2-27）估算，$t_5=43\text{a}$，为 $0.5814\times10^8\text{t}$；递减期按式（9-2-29）估算，$t_6=71\text{a}$，为 $1.3566\times10^8\text{t}$。合计为 $2.1318\times10^8\text{t}$。

两阶段合计 $6.5603\times10^8\text{t}$（图解法计算截至 2003 年）。与原始含油可采储量 $6.9\times10^8\text{t}$ 相近。

需说明的是：本节前 5 部分是在 2000 年完成的，并且陈月明教授当时提出了宝贵意见，特此致谢。后虽经 10 年，关于采收率影响因素的数学模型仍不多见，现偶尔翻出，补充修改后于 2010 年发表，望给读者提供一些思路，现列入本书中。

第三节　打破传统 转变观念 搞好提高原油采收率的整体设计

一、引言

原油采收率是油田开发工作者十分关注的问题。在当前勘探难度加大的情况下，已开发油田提高原油采收率显得尤为重要。提高原油采收率的方法或措施包括利用天然能量采油、人工注水或注气保持地层能量采油、改善二次采油与强化采油，即所谓一次采油、二次采油、三次采油。提高原油采收率的常用方法主要概括为注水（注气）开发、周期注水与改变液流方向；调整注水结构、产液结构、关停高含水井、水淹层停止注水；控水稳油，降低油井产水率，增加原油产量；调整注采井网、合理加密井网；应用水平井技术、老井侧钻技术；低渗透层整体压裂、稠油层热采、高含水层大泵提液；三次采油即化学驱、热采、混相驱与非混相驱、微生物采油以及其他提高采收率技术等。近几年，中国石油天然气集团有限公司提出“提高石油采收率科技发展的思路是以核心业务发展计划为指导，以经济效益为中心，以科技创新为动力，集中力量，明确科技攻关方向与目标，优选关键技术，实现先进适用技术的集成配套，把室内研究开发与现场应用紧密结合起来。同时通过统一规划部署，实现通过采收率业务整合和科研生产一体化，加快提高采收率技术的发展和工业化应用的进程，逐步形成经济有效的提高采收率战略接替技术系列，为中国石油的可持续发展、保持我国原油产量的稳定和增长做出贡献”。按照这个思路，近期科技研究与技术发展方向基本上仍是单项技术研究为主，它仍是具体的战术问题。

在油田开发过程中，一般在油田开发中期以后才真正重视提高原油采收率问题，而且在实施过程中又往往受到种种干扰。如有些管理者由于受到原油产量的压力，不顾油田开发方案或调整方案的要求，或打乱层系生产，或强抽强采，进行破坏性开采；有些管理者只顾眼前不顾长远，急功近利操作，有些将初期采油速度放得很大，造成地层压力严重下降，递减加大；有些过度提高产液量，使含水率急剧上升，造成油层暴性水淹，等等。这些不当操作与管理，加剧了原油最终采收率的降低。

油田开发系统是开放的、灰色的、复杂巨系统。油田开发对人有极大的依赖性，没有人的参加，就谈不上油田开发。因此，要搞好油田开发，提高原油采收率，获得良好的开发效果与经济效益，首要的是“人”要打破传统、转变观念即要按照整体性、系统性的观点统筹兼顾油田开发的全过程。油田一旦投入开发，进行概念设计，从第一口井起，就要精密设计、优化措施、精细管理、精心施工，把提高原油采收率贯穿油田整个生命周期。现在许多油田采用多学科综合方法提高采收率，即加强地质、物探、测井、油藏、钻井、采油等部门的紧密协作，地质、物探、测井、油藏工程、钻井工程、采油工程等学科间的密切配合，计算机技术与专家结合、定性与定量结合、动态与静态结合、室内研究开发与现场应用结合的综合方法。反映了系统方法论的初步应用。但还有某些油田开发工作者口头上将油田开发看作系统工程，实际上并不是按照整体性、系统性的观点，统筹兼顾油田开发的全过程，影响了油田获得良好的开发效果与经济效益。

二、原油采收率的不确定性

（一）影响因素的不确定性

影响原油采收率的因素本书已多次提到且大多是不确定的。影响采收率的因素可分地质因素、油藏工程因素、工程技术因素、管理因素与经济因素等。地质因素诸如油气藏地质构造形态、储层物性、岩性、岩石润湿性与孔隙结构特征、储层分布特征和非均质性等，对某一具体油藏基本是确定的。天然驱动能量的大小、地下流体特性与分布、水油黏度比等将会随开发时间而变化。油藏工程因素如油气藏开发层系的划分、开发方式与注采系统、井网密度、布井方式、采油速度大小、地层压力保持程度等将随开发时间而调整。工程技术因素为油水井类别（直井、定向井、水平井）、完井方法、油层钻开程序与油井投产顺序、采油方式、有利于提高采收率的主体作业措施与措施效果等。管理因素如开井数或油井利用率、综合时率、油藏管理方式等将随油田开发的需要而改变。经济因素如含水率、极限含水率的确定、采油生产成本等将随国际油价、国内外经济形势的变化而变化。它们具有不确定性。这些因素均不同程度地影响着采收率，尤其是由于“人”的认知程度、管理水平的不同而加剧其不确定性。因此，提高采收率不仅在某段时期需要采取专门措施，而且要在油气生产的全过程之中，注重影响原油采收率因素确定性与不确定性的相互转化。

（二）计算方法的不确定性

一般将油田开发阶段划分为开发前期、开发初期、开发中期、开发后期等阶段，也有划分为试采期、上升期、稳产期、递减期阶段，还有按含水率划分为低含水期、中含水期、高含水期、特高含水期阶段等。

开发前期阶段由于对地下认识不深、资料较少、信息不足，计算采收率采用经验公式法、统计法或表格法、类比法等。这类方法本身就具有不确定性，所得的结果仅是趋势性的数值。开发初期阶段多采用实验室法、经验公式法、数值模拟法等，但由于认识油气藏的资料主要来源于地震、岩心、测井、测试与生产过程中各种信息，其中流体性质通过化验分析虽具有确定性特征，但它仅是点或局部流体性质的表征，将它推至整个油气藏，则又具备空间与时间上的不确定性。因此，油藏描述的最终结果——地质模型，包括构造模型、沉积模型、储层模型、流体模型等均具有不确定性。再将这些信息应用于室内实验、数值模拟等同样具有不确定性。尽管如此，该阶段所获得采收率结果仍可不同程度地指导油田开发。当油田开发进入中、后期阶段，资料与信息已相当丰富，对油藏的认识也达到一定深度，基本能反映油藏的客观情况。此时，计算采收率常用水驱曲线法、图版法、递减曲线法、数值模拟法等，此时所用数据基本上是实际产生的数据，计算的采收率值可信度增加了，确定性也增加了。但如果该阶段开发效果较差，或经济效益较小，或采收率较低，那么在“既成事实”的基础上调整难度将会增大。

通过上述简单分析可看出，无论是影响采收率的因素，还是计算采收率的方法，都具有不确定性。提高采收率既是个实际问题，也是个预测问题。对于不确定性结果的预测可根据地质、油藏、工程、经济等方面的资料、信息与统计数据和油田开发理论与规律，运用数理统计、模糊数学、灰色理论、组合预测、数值模拟等方法，建立参数间相互关系预测模型，并利用模型分析相关数据，得出预测结果，进而指导油田开发实践，实施提高采收率相应措施，实现预测采收率。

三、提高原油采收率的新思路

从系统论、整体论出发，提高原油采收率的新思路是：“从容开发、主动操作；整体设计、系统控制；以人为本、促进转化；仿真模拟、综合应用。”

（一）“从容开发、主动操作”，为提高原油采收率创造良好环境

由于绝大多数油田都是在原油产量任务很重的情况下投入开发的，往往体现一个“抢”字上。油井钻一口，抢投一口，经常出现“油井天天钻，产能年年建，产量不增加，基本补递减”的局面。在这种情况下，很难做到精细研究、精心设计、精确施工、精密管理，也很难谈得上“科学开发”。因此，要运用最优化方法，合理地安排油气产量，进行油气产量技术经济最优化配产，各油田或各作业区要寻找产量与某一合理油价下投资回收期的最佳结合点；同一油田的不同油气产品（稀原油、稠油、凝析油、轻烃、天然气等）进行技术经济最优化配置。要做到“四精”，就要有一个宽松环境，从容开发。

在油田不同的开发期要超前思考、主动操作，即某开发期的前一期，就要精细研究、精心设计开发方案，思考在开发期中的实施以及实施中可能出现的问题和制定相应的对策，超前准备，“未病先防、关口前移”。按照油田开发的基本规律，预测中期与后期技术热点、难点，超前进行技术储备与配套。使各开发阶段实现无“级”转变。在实施过程中，要妥善解决资料、信息不足与精细研究、精心设计的矛盾。

（二）“整体设计、系统控制”，全过程提高原油采收率

油田开发全过程是由相互联系的各个开发阶段组成的系统。按照系统科学的系统非加和原理，整体设计各开发阶段的产量或者说提高采收率总目标。在设计过程中，“人”根据油田开发的客观规律及运用各种科学技术手段，对地质的认识正确与否是关键。设计得好并在实施过程中系统控制得好，就会使整体总目标大于各开发阶段的分目标和，获得高的采收率。若不进行系统的整体设计，而是任其发展到不同的开发阶段，上阶段的发展就可能影响和制约下阶段的发展，再被动地采取措施，那么，就会降低各开发阶段的采收率，从而使整体采收率降低。目前大多数油田开发基本上属于后一种情况。

（三）“以人为本、促进转化”，全要素地提高原油采收率

油田开发是以“人”为主体的，是“人”对客体即油田、油藏、油层、油井进行开发。因此，在油田开发过程中，“人”要充分发挥主观能动性，促使影响提高原油采收率不确定因素向良性方向转化。积极主动地在油田地质、油藏工程、钻井工程、采油工程、地面工程、经济管理等方面全要素地采取综合措施。所谓“积极主动、科学合理”就是根据油田开发的客观规律与不同油藏类型的开发经验，对开发对象进行发展趋势预测，估计可能发生的问题，不失时机科学合理地采取相应的应对措施。要求“人”是一个多学科多专业的“团队”。“团队”的技术水平、综合素质以及“团队”所制定的方案，则直接影响开发效果与经济效益。

（四）“仿真模拟、综合应用”，多方法提高原油采收率

开发对象是一个看不见、摸不着的地下客体，对它的认识不可能一次完成且开发过程是不可逆的。但认识不能犯“缘木求鱼”式的方向性错误。否则，若按错误认识部署、操作，则会严重影响开发效果，降低原油采收率。因此，局部与整体、定性与定量、静态与动态、分析与综合、室内与现场等要紧密结合，多方法综合应用，一次次仿真模拟，一次次虚拟操作，不断加深认识，尽可能地做到准确无误辨证施治，具体情况具体分析，有针对性地采取措施。当有一定把握后，应进行经济综合评估后再进行实体操作。

四、原油采收率的整体设计与控制

（一）设计方法

按整体性、系统性的观点，从油气产量、油层压力、综合含水率、生产成本等主体指标入手，多方法预测，找出变化节点，进行数值模拟、仿真模拟，多次虚拟操作，发现虚拟操作中的问题，有针对性地制定相应措施。在此基础上编写提高采收率整体设计方案。

（二）设计流程

油田开发方案（概念设计方案、正式开发方案、调整方案等）与提高采收率设计方案设计的地质基础是共通的（图 9-3-1）。概念设计方案与提高采收率设计方案在设计时间

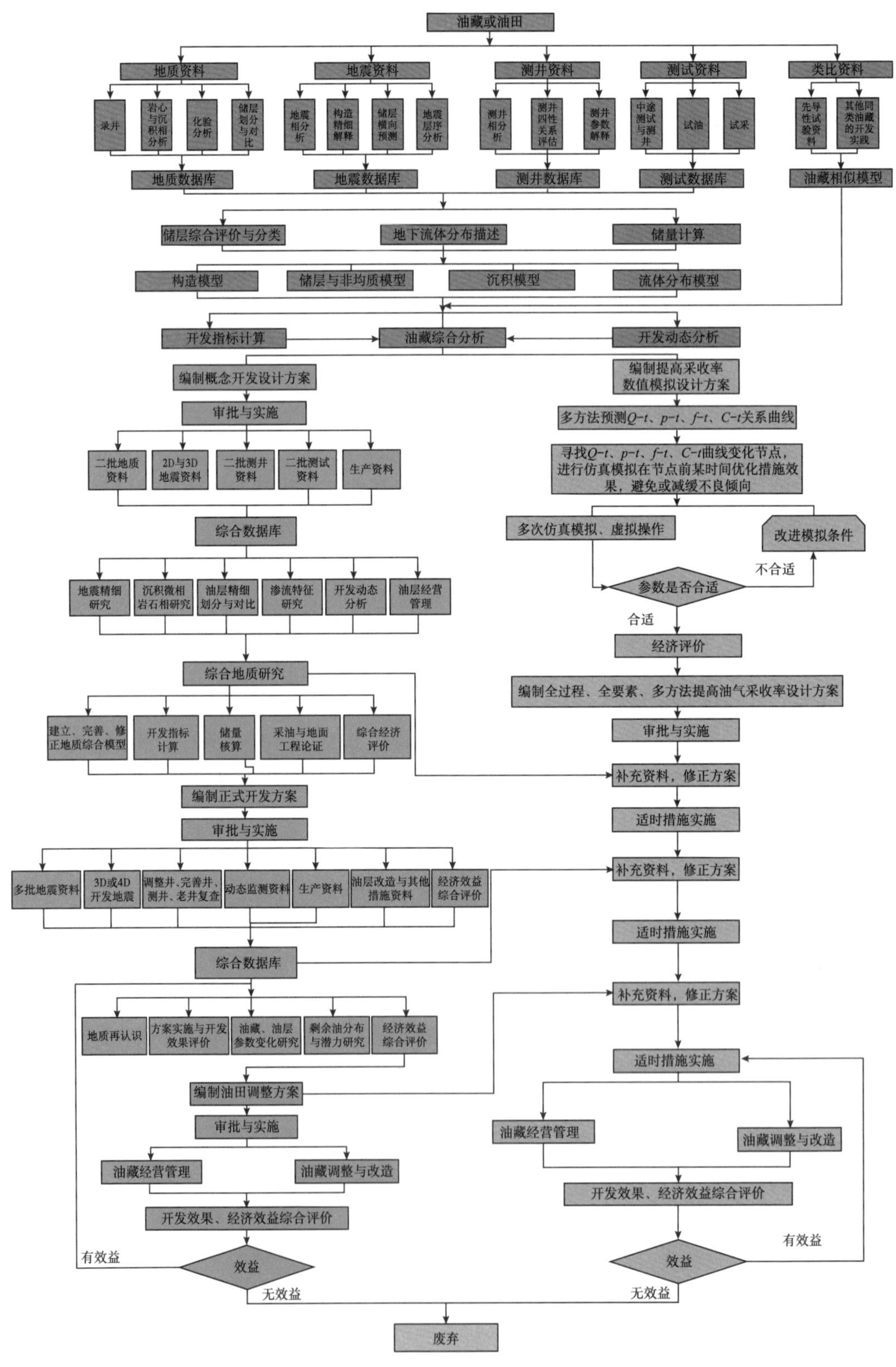

图 9-3-1　油田开发设计方案与提高采收率设计方案流程图

上基本同时。在提高采收率方案设计时，要根据各主体参数（产量 Q、压力 p、含水率 f、成本 C）与时间（t）关系的预测曲线，找出该参数中不同开发期重大变化的提前量，即所谓“关口前移”，制定相应的“未病先防”预防措施，进行数值模拟、仿真模拟、虚拟操作与经济评估，形成多参数未来不良倾向对策储备库，以备不时之需。

（三）提高原油采收率过程的控制

在实施过程中，按照主体指标的预测曲线进行过程控制。当到某开发阶段运行曲线趋势与预测曲线趋势有较大不吻合时，要及时查明原因，并从对策储备库里选择适时措施执行，并按照实际情况作资料的补充和措施的修订，以对运行过程进行有效调整，尽可能使开发效果达到最优化与经济效益达到最佳化。

第四节　关于储量动用程度若干问题的思考

地质储量动用程度是油田开发的重要指标，也是油田开发管理中动态分析的主要内容之一。在《油田开发管理纲要》《中国石油勘探开发百科全书（开发卷）》《石油技术辞典》及《油气田开发常用名词解释》等文献中，对地质储量动用程度都没有一个完整的概念和通用的计算方法，其中仅有人工水驱地质储量动用程度的表述，这是完全不够的，而且主要的计算方法也是以注水井的吸水剖面和采油井的产液剖面为依据的厚度计算法。这种两剖面厚度计算法与测试井的分布位置、油藏井网密度有关，同时还受储层物理性质、非均质性、原油物性等因素的影响，这就大大限制了使用范围。尤其是对于仅能进行注水井吸水剖面测试且储层非均质性严重的油藏，计算结果可能与实际差异大甚至误导。其他方法如生产测井法、密闭取心法、物理测井法等同样也受到井位、井数和测试条件的限制。近几年，有一些学者或技术人员对储量动用程度进行了研究，但都存在一定的局限性。地质储量动用程度或称之为地质储量利用程度，作为常用指标，绝不仅用于人工水驱类型。尽管运用人工注入剂开发油田的比重较大，但其他驱动类型或油藏类型同样存在地质储量动用程度的问题。对于地质储量动用程度，相当多的人仅仅是拿来使用，并不太关注其内涵、外延及影响因素，更不会去深入研究探讨非人工水驱油藏关于地质储量动用程度的计算方法。本节试图对这些问题进行初步探讨与思考。

一、地质储量动用程度的复杂性

地质储量动用程度是动用地质储量与已投入开发地质储量的比值；可采储量动用程度是动用可采储量与已投入开发的可采储量的比值，均以小数或百分数表示。如何获得动用的地质储量或可采储量，时至今日也没有一个计算公式，两剖面的厚度计算法也仅是水驱油藏动用程度计算。动用储量与地质储量、可采储量一样，其复杂性也体现在不确定性和影响因素的多样性上。

（一）地质储量的不确定性

动用储量的不确定性，首先，反映在地质储量的不确定性。在第二章已叙述过，不再重复。

其次，除人工水驱外其他油藏类型的动用地质储量至今尚未见相关文献介绍可能测量或计量的方法，这是因为实际动用地质储量（N_s）是已投入开发储量减去平面上未动用地质储量（N_{pw}）、纵向上未射开的地质储量（N_{zw}）和已射开但未产出的地质储量（N_{ysw}），即 $N_s=N-(N_{pw}+N_{zw}+N_{ys})_N$。实际动用地质储量是真正客观动用的地质储量，但 N_{pw}、N_{zw}、N_{ysw} 等目前尚无较精确的计算公式或测量方法，难以获取。

再次，不同油藏类型、驱动类型、构造形态、构造规模、井网类型、储层均质程度、储层微观特性、油气水分布、开采方式（如自喷、机采、定向井或水平井等）、开发阶段、人为干预（如钻井污染、修井污染、油水井事故）等都会造成动用地质储量的差异，很难用统一的公式计算。

（二）影响动用地质储量的因素

影响动用地质储量的因素与影响采收率的因素相似，可分地质因素、油藏工程因素、工程技术因素、管理因素与经济因素等。地质因素诸如油气藏地质构造形态、天然驱动能量、储层物性、岩性与孔隙结构特征、储层分布特征和非均质性、地下流体特性与分布、岩石润湿性及水油黏度比等；油藏工程因素如油气藏开发层系的划分、开发方式与注采系统、井网密度、布井方式、采油速度、地层压力保持程度等；工程技术因素为油水井类别（直井、定向井、水平井）、完井方法、油层钻开程序与油井投产顺序、采油方式、有利于提高采收率的主体作业措施与措施效果等；管理因素如生产压差、开井数或油井利用率、综合时率、油藏管理方式等；经济因素如含水率、极限含水率的确定、采油生产成本、地理环境、原油价格等。根据文献中推导出主要影响采收率 E_R 因素的表达式，也是储量动用程度的影响因素。

$$E_R=\frac{af\alpha K_o h_o(p_e-p_{wf})(1-f_w)(K_{ro}+\mu_R K_{rw})}{2\mu_o\left(\ln\frac{r_e}{r_w}+s\right)t^2} \tag{9-4-1}$$

式中，E_R 为采收率，t/d；d_w 为单位换算系数；f 为井网密度，口/km^2；α 为地质综合系数，m^3/t；$\alpha=\frac{B_o}{\phi s_o\rho_o}$,；$B_o$ 为平均原油体积系数；ϕ 为平均有效孔隙度；s_o 为平均油层含油饱和度；ρ_o 为平均原油密度，t/m^3；h_o 为平均有效厚度，m；Δp 为平均生产压差，MPa；f_w 为平均综合含水率；K_{ro}、K_{rw}为油、水相对渗透率；μ_R 为油水黏度比；μ_o 为平均原油黏度，mPa · S；r_e 为供给半径，m；r_w 为油井半径，m；S 为表皮系数；t 为生产时间，d。

式（9-4-1）的相关分析，请参考本章第二节，这里不再赘述。

影响地质储量动用程度的因素还有影响驱油效率 E_D 因素，其中有岩石润湿性、流体黏度、孔隙结构及其特性、渗透率分布、含油分布状态、毛细管力、重力等。

从以上不难看出，确定动用地质储量是十分复杂的。为了解决这个问题，笔者针对复杂断块油藏断块小、地层能量低、难以测量两个剖面等特点，曾于 20 世纪 80 年代末在一次油田动态分析会上，提出了用当期油气生产数据来计算可采储量，进而计算当期的地质储量动用程度方法，但与会专家对此认为是否可行，有的认为可行，有的存在疑问。弹指一挥间，时间已过去近 30 年，仍未见到有对不同油藏类型地质储量动用程度通用计算方法，此时再次提出愿与业内同行讨论。

二、地质储量动用程度的定性分析与理论依据

（一）地质储量动用程度的定性分析

不同油藏类型都存在地质储量动用程度的问题，非人工水驱油藏类型如何计算地质储量动用程度长期以来没有相应的计算方法。某时期的油藏油、气、水产出量是油藏多因素影响的最终表征反映，而由某时期的油藏油、气、水产出量生产资料计算的可采储量反映了该时期地下流体被波及体积，或者说可能即将流动的体积，即已被动用但又未被完全产出（含已产出部分）的体积。此处所指的波及体积不同于注入流体所触及的孔隙体积，而是指当油、气、水采出后引起地下压力场、流场、阻力场等的变化所波及的时空范围。那么，地下流体波及体积是否与动用体积等同？答案是相当。因为，地下流体波及体积尤其是油的波及体积是已采出流体的物质基础。油、气、水产出量高低不仅与地下的压头能、膨胀能、弹性能、势能和地层物理性质、流体物理性质有关，而且与地下流体的分布与波及体积的大小有关。因此，用某时期的油藏油、气、水产出量生产资料计算的可采储量的波及体积与已投入开发的地质储量计算该时期的动用程度应是相当的。

（二）地质储量动用程度的理论依据

水驱油田的采收率可由下式表示：

$$E_{R}(t) = E_{v}(t) \cdot E_{D}(t) \tag{9-4-2}$$

油藏工程学者一般认为式（9-4-2）适应于水驱或压头驱动，其他驱动类型是否适用尚未见有类似表述。驱油效率是指被驱出油的体积除以驱替剂接触到油的总体积；波及系数是指驱替剂接触到油的总体积除以地层原有油的总体积。油藏的驱动类型有水压驱动（天然水驱和人工水驱）、气压驱动（气顶驱和注气驱）、溶解气驱、弹性驱、重力驱和混合驱。这些驱动类型以某种能量形态作用于油体，必然会存在被驱出油的体积、“驱替介质”接触到油的总体积和地层原有油的总体积，因此，按定义也存在波及系数及驱油效率。只是各种驱动的作用其复杂程度不同，计算方法也存在差异。故，笔者认为公式（9-4-2）的表示形态同样适应非压头驱动类型。

又知

$$E_{v}(t) = N_{D}(t)/N \tag{9-4-3}$$

$$E_{D}(t) = N_{R}(t)/N_{D}(t) \tag{9-4-4}$$

由式（9-4-4）知

$$N_{D}(t) = N_{R}(t)/E_{D}(t) \tag{9-4-5}$$

将式（9-4-5）代入式（9-4-3），得

时间 t 的体积波及系数 $E_{v}(t)$ 计算公式为

$$E_{v}(t) = \frac{N_{R}(t)}{NE_{D}(t)} \tag{9-4-6}$$

式中，$E_{R}(t)$为时间 t 的采收率；$E_{v}(t)$为时间 t 的体积波及系数；$E_{D}(t)$为时间 t 的驱油效

率；$N_D(t)$为时间t的动用储量，10^4t；$N_R(t)$为用截至时间t的生产数据计算的可采储量，10^4t；N为已投入开发的地质储量，10^4t。

（三）地质储量动用程度的内涵与外延

所谓储量动用程度的内涵是指反映它本质属性的总和。其一，这里的储量是指已投入开发的地质储量，称之为名义动用地质储量（N）。动用储量与储量动用程度是两个相联系又相区别的概念。其二，储量动用程度反映动用储量对于油田或油藏产出液贡献率的大小、高低。其三，储量动用程度从本质上讲，体现了已投入开发储量的可波及量或理论可采出量（注意：不是已采出量而是可采出量，即储层油的可动部分），是时间的函数。其实质就是理论可采出程度。其四，在计算方法上仅以吸水剖面和产液剖面为依据的厚度计算法计算储量动用程度是不完全的，有可能产生较大误差。

储量动用程度并非仅用于人工水驱，其他驱动类型或其他油藏类型都存在储量动用程度大小的问题。换句话说，储量动用程度的适用范围是各种类型油气藏，这就是它的外延。由此可推论：

（1）不同历史时期的生产数据计算的可采储量，反映相应时期的开采水平，也反映当期的储量波及情况或动用情况。

（2）不同历史时期的储量动用程度与不同历史时期的地质特征、开采特点、管理水平有关。

（3）动用储量若指可采储量，则所选储量即平面上未动用储量、纵向上未射开的储量和已射开但未产出的储量均为可采储量，其计算公式不变。

故，名义储量动用程度的基本概念应为某时间生产数据计算的可采储量的波及体积与名义动用储量的比值，即：

$$\eta_M(t)=\frac{N_R(t)}{N_M E_D(t)} \tag{9-4-7}$$

实际储量动用程度应为某时间生产数据计算的可采储量的波及体积与实际动用储量的比值。即

$$\eta_S(t)=\frac{N_R(t)}{N_S E_D(t)} \tag{9-4-8}$$

显然，$\eta_S(t)>\eta_M(t)$

式中，$\eta_M(t)$为时间t的已投入开发地质储量的动用程度；N_M为名义动用地质储量，10^4t；N_S为实际动用地质储量，10^4t；$\eta_S(t)$为时间t的实际地质储量动用程度。

因实际动用储量难以获得，故式（9-4-8）仅具有象征意义。

综上所述，即：

$$\eta(t)=\frac{N_R(t)}{NE_D(t)} \tag{9-4-9}$$

式中，$\eta(t)$为时间t的地质储量动用程度。

式（9-4-9）即为不同油藏类型地质储量动用程度计算公式。

三、储量动用程度的计算方法

储量动用程度的计算应结合具体油田或油藏的开发特征、开发阶段，有针对性地选择相应的方法。

（一）储量动用程度的计算步骤

（1）计算当期可采储量。使用截止时间 t 的生产数据，进行技术可采储量 $N_R(t)$ 的计算。因为计算时采用不同时期的生产数据，故一般采用动态法和数值模拟法。动态法常用的方法为水驱特征曲线法和递减曲线法。动态法主要是根据油藏的开采历史动态资料及其变化规律，预测未来开发动态趋势和计算可采储量。数值模拟法基本适用于任何类型、任何开发方式及任何开发阶段的油藏可采储量计算。

在使用上述方法时，要注意它们的使用条件：所用历史开采动态资料要齐全准确，若有异常点，要分析其原因；各计算期的开采条件相对稳定；运用水驱曲线，综合含水不小于50%；运用递减曲线，要进入递减期；计算期若以月为时间单位，应有12个月左右的数据点等。

数值模拟法也是一种常用预测方法。其步骤为搜集信息、建立模型、历史拟合、进行预测、分析应用等。关键是建立符合实际的地质模型，并切实做好开发动态的历史拟合，同时要注意不同开发期地质特征与开发特点的变化。

（2）选定驱油效率。驱油效率 E_D 一般由实验室测定与计算。若无实验室相关数据，可采用类比法借用，但可能影响计算精度。

（3）计算地质储量动用程度。将计算的当期可采储量 $N_R(t)$ 和选定驱油效率 E_D，代入式（9-4-10）计算地质储量动用程度 $\eta(t)$。

需要说明的是：①上述实验室测定与计算的驱油效率 E_D，是由物理模型实验得出，因此，是以点带面的做法，具有不确定性；②由某时期的油藏油、气、水产出量生产资料计算的动用程度，只反映该时期的储量动用情况，但有时后期由于开发效果变差，计算的可采储量偏低，那么计算的动用程度亦变低了，真实动用程度不一定变低了。因为开发历史上已动用的储量就实际存在了，只是没有完全采出而已，此时应用该油藏某历史时期的油、气、水产出量生产资料计算最高的可采储量计算动用程度，表示后期的储量动用情况。③计算中储量单位最好统一用单位。

（二）水驱特征曲线法

水驱特征曲线法相应关系式见表9-4-1。

表9-4-1　水驱特征曲线法相应关系表

序号	关系	线性关系式	技术可采储量表达式	备注
1	f_w-N_p	$\lg f_w=a+bN_p$	$N_R=(-0.0088-a)/b$	$f_w=0.98$
2	f_o-N_p	$\lg f_o=a-bN_p$	$N_R=(a+1.699)/h$	$f_o=0.02$
3	$WOR-N_p$	$\lg WOR=a+bN$	$N_R=(1.69-a)/b$	$WOR=49$
4	W_p-N_p	$\lg W_p=a+bN_p$	$N_R=\{1.69-[a+\lg(2.303b)]\}/b$	$f_w=0.98$

续表

序号	关系	线性关系式	技术可采储量表达式	备注
5	L_p-N_p	$\lg L_p=a+bN_p$	$N_R=\{1.699-[a+\lg(2.303b)]\}/b$	$f_w=0.98$
6	$\frac{L_p}{N_p}-L_p$	$\frac{L_p}{N_p}=a+bL_p$	$N_R=\frac{1-0.1414a^{0.5}}{b}$	$f_w=0.98$
7	$\frac{L_p}{N_p}-W_p$	$\frac{L_p}{N_p}=a+bW_p$	$N_R=\frac{1-0.1429(a-1)^{0.5}}{b}$	$f_w=0.98$

（三）递减曲线法

递减曲线法相应关系式见表 9-4-2。

表 9-4-2　递减曲线法相应关系表

递减类型	递减指数（n）	递减率（D）	经济可采储量（N_R）	备注
指数递减	$n=0$	$D=D_i$=常数	$N_R=\frac{Q_i-Q_a}{D}$	D 为递减率； D_i 为初始递减率
双曲线递减	$0<n<1$	$D=D_i(1+nD_it)^{-1}$	$N_R=\frac{Q_i^n}{D(1-n)}(Q_i^{1-n}-Q_a^{1-n})$	Q_a 为油藏废弃产量； Q_i 为递减初始产量
调和递减	$n=1$	$D=D_i(1+D_it)^{-1}$	$N_R=\frac{Q_i}{D}\ln\left(\frac{Q_i}{Q_a}\right)$	n 为递减指数； t 为生产时间
直线递减	$n=2$	$D=D_i(1+2D_it)^{-1}$	$N_R=\frac{Q_i}{2D}\left[1-\left(\frac{Q_a}{Q_i}\right)^2\right]$	
衰竭递减	$n=0.5$	$D=D_i(1+0.5D_it)^{-1}$	$N_p=\frac{2}{D}[Q_i-(Q_iQ_a)^{0.5}]$	

注：表 9-4-1 和表 9-4-2 均选自《石油可采储量计算方法 SY/T5367》。

（四）数值模拟法

数值模拟法也是一种常用预测方法。其步骤为一般油藏工程工作者所掌握，这里不再赘述。但不同的使用者其设计方案可能不同，结果也就不同。关键是建立符合实际的地质模型，并切实地搞好开发动态的历史拟合。同时要注意不同开发期地质特征与开发特点的变化。

四、算例

（一）计算 XX3-2 浅层开发调整前后储量动用程度

XX3-2 浅层为边底水层状构造油藏，断块较复杂，河流相中高孔渗储层，埋深 2300m 至 2700m，1 套含油层系，18 个含油小层，天然能量充足，采用天然水驱开发。地质储量为 210.54×10^4t，驱油效率 50.0%。

虽然油藏开发时间较短，但是仍面临一系列问题：油藏含油高度小、底水能量强，初期由于高强度开采，含水上升快，平面、纵向储量动用不均，剩余油分布复杂。因此，为

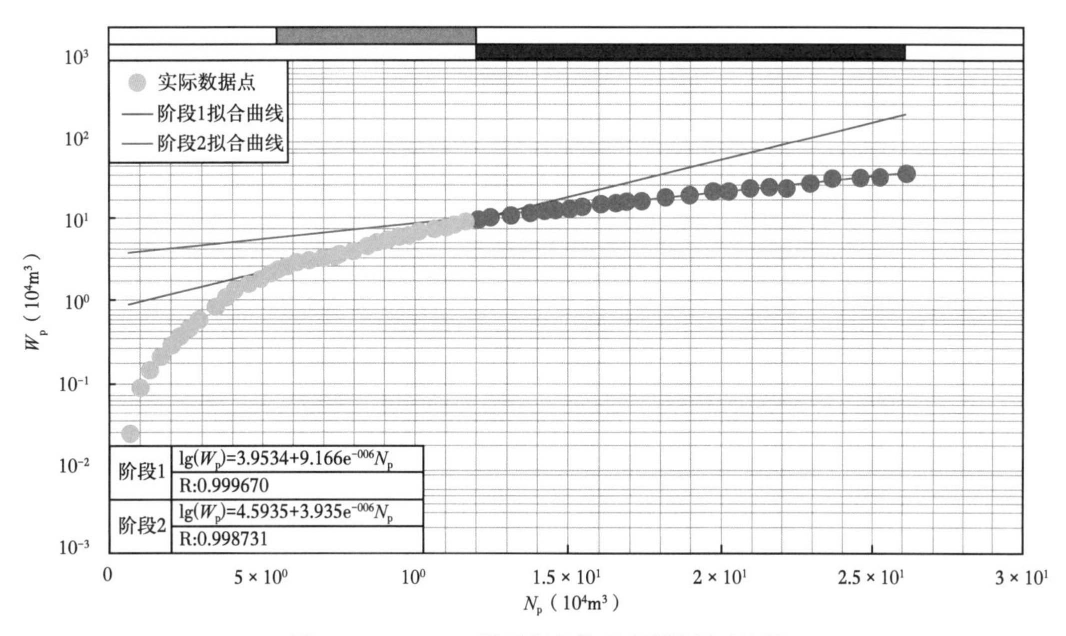

图 9-4-1　XX3-2 浅层调整前后水驱效果对比图

改善 XX3-2 浅层的开发效果，在综合分析开发状况、剩余油分布状况的基础上，系统评价调整潜力，并实施了调整挖潜。现分别用调整前、后的生产数据进行水驱曲线计算可采储量，分别为 26.3×10^4t 和 54.4×10^4t（图 9-4-1），按照算法，调整前的动用程度为 25.0%，调整后的动用程度为 51.7%，提高了 26.7 个百分点。

（二）计算 XX2-1 区浅层调整前后的储量动用程度

XX2-1 区浅层为典型的复杂断块油藏，构造复杂，储层非均质强，属非人工驱动的综合驱动类型。动用地质储量 198.20×10^4t，驱油效率 54.7%。早期开发过程中，由于高强度开采，含水上升快，开发效果较差。为改善油藏开发效果，进一步提高采收率，开发人员积极开展精细油藏描述、油藏动态分析及数值模拟研究工作，分析油藏存在的主要问

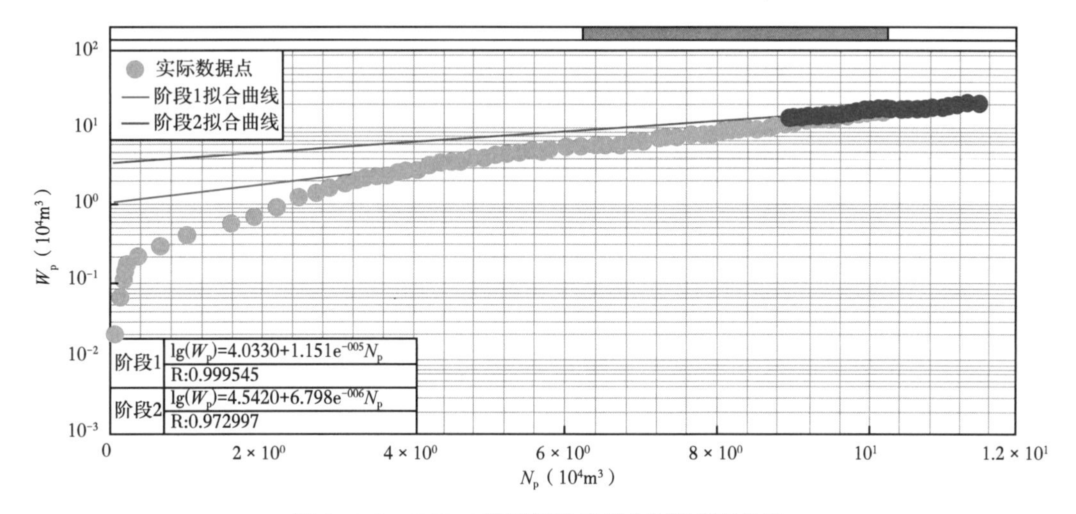

图 9-4-2　XX2-1 浅层调整前后水驱效果对比图

题，落实剩余油分布规律，并针对不同的剩余油富集类型制定差异化的挖潜对策，并进行了开发调整，挖潜剩余油，并取得了一定的效果。现分别用调整前、后的生产数据进行水驱曲线计算可采储量，分别为 29.4×10⁴t 和 38.8×10⁴t，按照算法，调整前的动用程度为 27.1%，调整后的动用程度为 35.8%，提高了 8.7 个百分点（图 9-4-2）。

（三）计算 XX 断块二次开发前后的储量动用程度

XX 断块为人工水驱油藏，断块内部无断层，构造相对整装，主力含油层系为古近系沙三段二、三亚段，属于未饱和层状断块油藏，具有埋藏深、含油井段长、油层层数多、厚度大、油水关系复杂的特点。地质储量为 422.92×10⁴t，驱油效率 50.0%。

经过二十多年的开发，油田面临一系列问题：油藏合注合采、层间矛盾突出；井网不完善、水驱储量控制程度和动用程度较低（分别为 55.4%、33.1%），含水上升快，标定采收率低（24%）。因此，为改善 GSP 油田深层的开发效果，综合分析开发状况，评价开发潜力，进行了整体调整部署，2009 年实施了二次开发。现分别用调整前后的生产数据进行水驱曲线计算可采储量，分别为 101.5×10⁴t 和 126.9×10⁴t，那么，二次开发前的动用程度为 48.0%，二次开发后的动用程度为 60.01%，提高了 12 个百分点。调整前用剖面厚度方法计算的水驱储量动用程度 50.5%（图 9-4-3）。

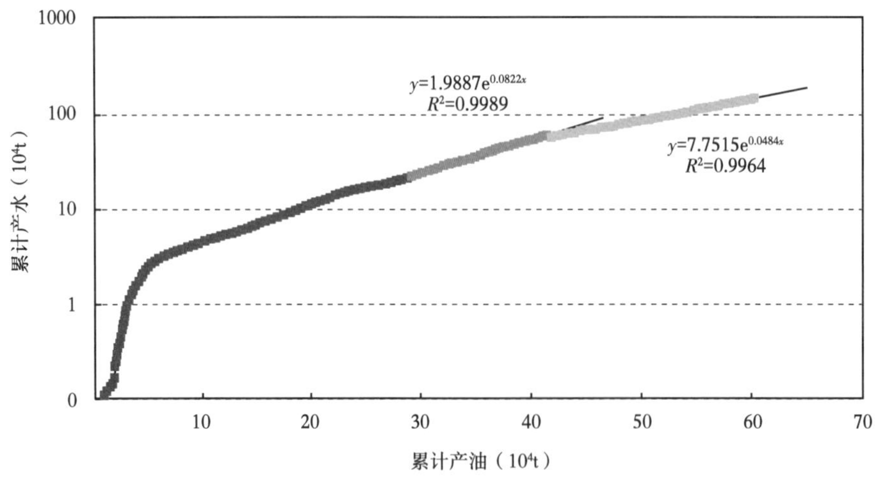

图 9-4-3　XX 断块二次开发前后水驱效果对比图

（四）计算 XX1-29 断块调整前后的储量动用程度

XX1-29 断块 NgⅣ 油藏主要发育南堡断层及其派生的小断层，断层少，断距小，构造相对整装。辫状河沉积，孔隙类型以原生粒间孔隙为主，储集物性好，为高孔中高渗砂岩储层，平面、层内非均质性较强，为人工水驱油藏。动用地质储量 679.70×10⁴t，驱油效率 50.8%。

经过十多年的开发，油田面临一系列问题：一是油藏平面水驱矛盾突出，注水井指进严重，水驱波及系数低，目前波及体积仅为 0.44；二是层内矛盾较突出，注入水突进现象严重，水驱动用程度偏低，突进层吸水量占比 40.3%；三是实施多轮次调剖后，增油效果逐年变差，注水井吸水厚度逐年减小。因此，为改善开发效果，在开发潜力分析基础上，制定了调整方案并实施，取得了一定的效果。调整前可采储量为 156.7×10⁴t，储量动用程度45.38%，调整后可采储量为179.8 $\times10^4$t，储量动用程度52.07%。用剖面厚度方法计算的动用程度调整前水驱储量动用程度56.2%，调整后水驱储量动用程度68.8%（图9-4-4）。

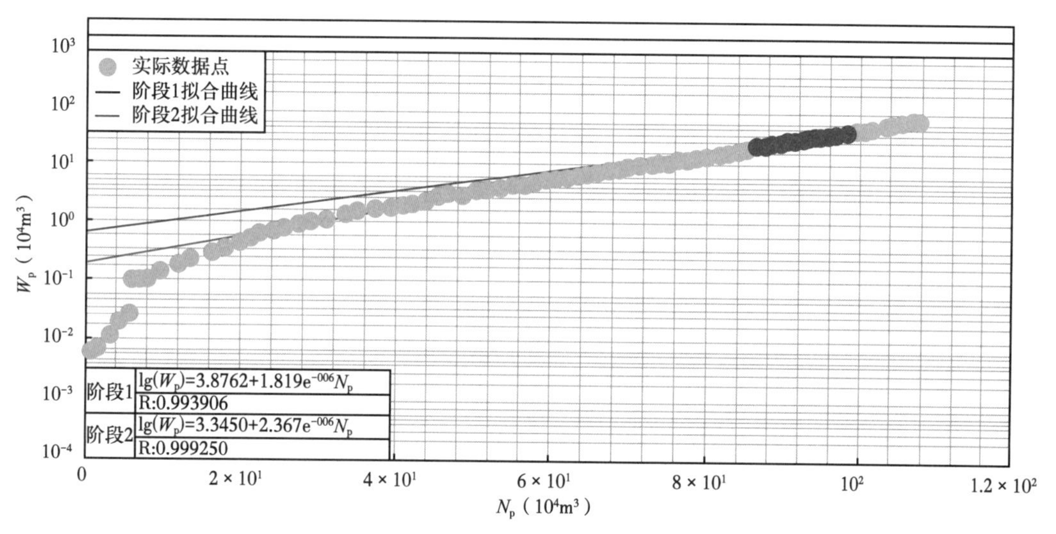

图9-4-4 XX 1-29断块调整前后水驱效果对比图

（五）计算XX1-5断块调整前后的储量动用程度

XX1-5断块属于挥发性层状断块油藏，含油井段长，油层层数多、厚度大，纵向上发育多套含油层系。从油层纵、横向发育状况和主控因素分析，其油藏类型以复杂断块层状构造油藏为主，局部发育构造背景上的岩性油藏。油藏天然能量不足，为人工水驱油藏。驱油效率50.8%。

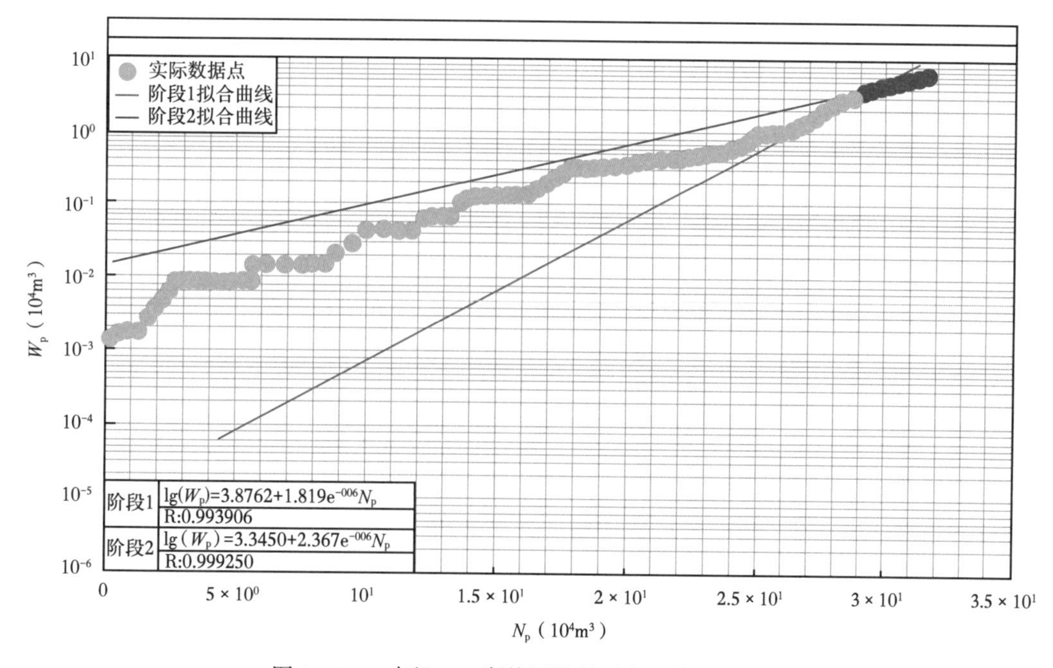

图9-4-5 南堡1-5断块调整前后水驱效果对比图

经过十余年的开发，面临一系列问题：一是注水见效油井比例低，注采对应关系以单向对应为主；二是水驱储量控制、动用程度低；三是油藏高速开发，注水滞后，压力保持水平低。因此，为改善开发效果，在开发潜力分析基础上，制定了调整方案并实施，取得了一定的效果。调整前储量动用程度 30.4%，调整后储量动用程度 42.6%。用剖面厚度方法计算的动用程度调整前水驱储量动用程度 35.6%，调整后水驱储量动用程度 44.7%。

部分不同类型油藏储量动用程度计算结果见表 9-4-3。

表 9-4-3　通用方法计算储量动用程度

序号	油藏名称	油藏类型	驱动类型	计算方法	计算动用程度	备注
1	南堡 3-2 区浅层	中浅层边底水层状断块油藏	天然水驱	水驱曲线、递减法、驱油效率及公式（10）	调整前：25.0% 调整后：51.7%	原无法计算动用程度
2	南堡 2-1 区浅层	中浅层边底水层状断块油藏	天然水驱	水驱曲线、递减法、驱油效率及公式（10）	调整前：27.1% 调整后：35.8%	原无法计算动用程度
3	高 5 断块	深层低渗层状断块油藏	人工水驱	水驱曲线、递减法、驱油效率及公式（10）	调整前：48.0% 调整后：60.01%	原剖面法计算动用程度：调整前 50.5%
4	南堡 1-29 断块油藏	中深层中高渗层状断块油藏	人工水驱	水驱曲线、递减法、驱油效率及公式（10）	调整前：45.38% 调整后：52.07%	原剖面法计算动用程度：调整前 56.2%，调整后 68.8%
5	南堡 1-5 断块	挥发性层状断块油藏	人工水驱	水驱曲线、递减法、驱油效率及公式（10）	调整前：30.4% 调整后：42.6%	原剖面法计算动用程度：调整前 35.6%，调整后 44.7%
6	南堡 2 号潜山	潜山碳酸盐岩油藏	天然水驱	水驱曲线、递减法、驱油效率及公式（10）	59.2%	原无法计算动用程度
7	老爷庙中深层	中深层中高渗层状断块油藏	弹性溶解气驱	水驱曲线、递减法、驱油效率及公式（10）	43.3%	原无法计算动用程度

第五节　勘探开发一体化下的商业可采储量评估

勘探是开发的基础，开发是勘探的目的。两者互相联系、相互依存，有着高度的内在一致性。为了适应这种一致性，近些年来，许多油田已实行或正在实行勘探开发一体化，从机构与机制上进行改革，将勘探与油田地质、油藏工程、钻采工程、经济评价紧密结合，将油气藏作为共同客体，做到统一认识、统一规划、统一部署、统一实施、统一管理。但勘探开发一体化的管理体制，曾经在中国石油界有争论，然而对于不存在储量买卖关系的同一单位，仍是一种有效的管理模式。凡实行勘探开发一体化的油田单位，实践已证明了它的优越性。在这“五个统一”中，没有统一目标。这是因为勘探的目标是具有经济储量成本的探明储量，开发的目标主要是具有经济效益的原油产量。但开发的最终目的是获得最大的累计采油量与最大的净现值。而经济可采储量就是勘探与开发两个生产阶段的结合点。在实行勘探开发一体化的油气生产企业中，可采储量已不具备商品的属性，仅是企业内部不同“生产车间的工件加工”，体现一体化经营战略即勘探、开发、石油天然气销售一体化或者说它的成品是从市场上换回货币的最大累计采油量。这样，经济可采储量评估就应体现为可售出且具有经济效益的最大累计采油量。为了与一般经济可采储量有所区别，将该经济可采储量称之为商业可采储量。

一、公式推导

商业可采储量评估公式推导，主要根据投入产出平衡原理：

总产出或总收益

$$T_{\mathrm{r}} = \sum_{k=1}^{t_{\mathrm{e}}} \left[P_{\mathrm{o}k}(1 - r_{\mathrm{o}k}) Q_{\mathrm{oxs}k} + P_{\mathrm{g}k}(1 - r_{\mathrm{g}k}) G_{\mathrm{xs}k} \right] \tag{9-5-1}$$

若不考虑气收入，则

$$T_{\mathrm{r}} = \sum_{k=1}^{t_{\mathrm{e}}} P_k^* Q_{\mathrm{oxs}k} \tag{9-5-2}$$

式中，T_{r} 为总收益，元；t_{e} 为经济生产时间，a；$P_{\mathrm{o}k}$为第 k 年油价，元/t；$Q_{\mathrm{oxs}k}$为第 k 年原油销售产量，$10^4\mathrm{t}/10^8\mathrm{t}$；$r_{\mathrm{o}k}$为第 k 年原油销售税率；P_k^* 为第 k 年税后油价，元/t；$P_{\mathrm{g}k}$为第 k 年气价，元/m^3；$r_{\mathrm{g}k}$为第 k 年天然气销售税率；$G_{\mathrm{xs}k}$为第 k 年天然气销售量。

说明：本公式仅考虑伴生气销售收入，气藏气、煤成气及非油气收入暂不考虑。

总投入或总成本

$$G_{\mathrm{z}} = C_{\mathrm{cz}} + \sum_{k=1}^{t_{\mathrm{e}}} (C_{\mathrm{kz}k} + C_{\mathrm{sz}k}) \tag{9-5-3}$$

式中，C_{z} 为总成本，元；C_{cz}为可采储量总成本，元（开发后提高采收率所增加的可采储量总成本未考虑）；$C_{\mathrm{kz}k}$为第 k 年开发总成本，元；$C_{\mathrm{sz}k}$为第 k 年原油生产总成本，元；

根据 $T_{\mathrm{r}}=C_{\mathrm{z}}$，则

$$\sum_{k=1}^{t_{\mathrm{e}}} P_k^* Q_{\mathrm{oxsk}}/(1+i)^{t_{\mathrm{e}}} = C_{\mathrm{cz}} + \sum_{k=1}^{t_{\mathrm{e}}} (C_{\mathrm{kz}k} + C_{\mathrm{sz}k})/(1+i)^{t_{\mathrm{e}}} \tag{9-5-4}$$

式中，i 为折现率。

从式（9-5-4）看出 P_k、r_k、$Q_{\mathrm{o}k}$、C_{cz}、C_{kz}、C_{sz}均受众多因素影响，具有高度不确定性。在实际操作中尤其是对参数未来的预测有很大的难度。目前国内外油气生产行业，往往采取给定有关参数的评估办法（方法 1）和给定某些参数的值及其固定变化率的评估方法（方法 2）两大主要类别。但常用的是净现值法（NPV）。该方法理论上较完备，它考虑了预测的油价、产量、成本、税费以及资金的时间价值、通货膨胀等经济因素，其主要缺点是参数的不确定性有时难以预测，使计算结果亦具有很大的不确定性。因此，运用式

(9-5-4)(方法 2),重点要解决四个关键问题:(1)可采储量如何转化为最大累计采油量;(2)油价的动态预测;(3)成本的动态预测;(4)经济开发年限。

若考虑气成气、煤成气及非油气收入可另外计算,然后累加。

二、参数的确定

(一)年度产油量的确定

可采储量经济评估主要指已探明的可采储量。文献建议储量层次为:已发现资源量(原始地质储量)—已探明可采储量—探明已开发可采储量—累计采油量及剩余可采储量(包含正生产与关闭两部分)。这里需用的是已采的累计采油量(含气当量产量)和剩余经济可采储量即正生产及有经济效益的待产累计采油量(含气当量产量)。已探明可采储量转换为累计采油量,由储采转换系数确定,即

$$\alpha = \frac{N_{pxm}}{N_R} = \frac{N_{pm}}{N_R}\frac{N_{pxm}}{N_{pm}} = R_{Rm}W_R \tag{9-5-5}$$

$$N_{Rs} = (1 - \overline{W_S})N_R \tag{9-5-6}$$

$$N_{pxm} = \alpha N_{Rs} \tag{9-5-7}$$

式中,N_{pxm}为推测最大累计原油销售量;N_R 为已探明可采储量;N_{pm}为最大累计采油量 t;α 为储采转换系数;R_{Rm}为最大可采储量采出程度;W_R 为平均商品率;$\overline{W_S}$为平均输差。

储采转换系数 α,一般受油气藏的复杂程度、开发方案、开采工艺、油气藏管理、油价与成本等因素的影响。储采转换系数实质上就是最大技术可采储量的采出程度与商品率的乘积,即综合含水为 98%时的累计销售油量与可采储量的比值。只是这里的累计采油量是未知的。若知储采转变系数和技术可采储量就可计算出在综合含水为 98%时的累计采油量(N_{pm})。

根据国内外 43 个油气藏具体数据知,储采转换系数一般在 0.7~1.00 之间。有时 α 值也可能大于 1.00,此时可能的原因是可采储量计算偏低。而计算可采储量的参数本身就具有不确定性。α 值是参照其主导影响因素,采取经验法或类比法进行合理选用的。

当求出 N_{pxm}后,再根据该油气藏产量变化规律及相应公式计算各年度产量。未正式开发的油气藏采用类比法或采用 WeiBull 方程或 Weng 摸型预测,已投入开发则运用已录取资料确定相应计算公式。

(二)油价的动态预测

油价与油气储量价格有密切关系。目前有采用政府定价和国际油价。为了能与国际市场接轨建议采用国际油价。鉴于影响国际油价的因素不仅多而且不确定性大,油价预测是个国际难题。至今尚未有一个准确的预测油价公式。根据文献国际油价时间序列预测公式类型的变周期阻尼振荡模型,即

$$\hat{P} = A_m e^{-\beta t}\sin\frac{k_i \pi}{T_{0.5j}} + B \tag{9-5-8}$$

式中，$\hat{P}$ 预测油价，美元/b；A_m 为最大振幅；t 为年数；β 为阻尼系数；B 为振荡中心值；k_i 为第 i 年的周期时间；$T_{0.5j}$ 为第 j 半周期时间，上半周期为正，下半周期为负。

该预测模型虽然拟合度较高，但预测 3 年内有较高的精度，大于 3 年仍需依据实际发生情况调整相关的预测参数，可依据影响油价变化的主要因素，调整震荡中心值即调整 B 值。但该油价预测公式使用时仍存在较多的问题，主要是 B 值的不确定性，确定时需进行多方论证。

（三）成本的动态预测

影响成本的因素有地质因素、油品质量、自然地理与经济地理、油气开发阶段、科技进步、管理因素等 6 类。其中有些类的因素是可控的。控制与降低成本是油气生产企业重要的战略措施之一。因而，成本预测相对于油价预测要容易些。

成本的预测可采用成本函数形式，即：

$$C = f(Q_0) \tag{9-5-9}$$

f（Q_0）的函数关系，可以是线性的，也可以是非线性的，这要以具体油气藏的情况而定。若尚未投入开发，可采用类比法或经验法，借用类似油气藏的成本函数并作适当调整，修正为成本预测模型。

（四）经济开发时间的确定

将收益函数 $T_R=f_1$（Q_0）、成本函数 $C=f_2$（Q_0）均转化为时间函数，即

$$T_R = \varphi_1(t) \tag{9-5-10}$$

$$c = \varphi_2(t) \tag{9-5-11}$$

用解析法或图解法求其交点，即为经济开发时间 T_e。求解时注意固定投资部分及非线性时的多解性，同时要进行优劣平衡点分析，择优而取。

三、实例计算

现通过实例，解读的评估方法。

实例：与 L 油田的 A 油藏相邻新发现一个 B 油藏。A 油藏可采储量 219×10^4t，已正式开发 14 年。截至 2003 年底累计产油 104.3×10^4t，综合含水为 66.1%，经综合调整，取得良好的开发效果。B 油藏虽与 A 油藏地质特征相近，但总体上仍略差于 A 油藏。现欲开发 B 油藏，拟动用可采储量 328.96×10^4t，采用与 A 油藏类似的开发方案，2 年内新建产能 20×10^4t，新钻井 63 口。第 1 年新井产油 8×10^4t，第 2 年产油 20×10^4t，试对 B 油藏的可采储量用两种方法进行商业评估。

（一）美国 SEC 认可评估方法

参考 Degolger and MaCnaughton（D&M）公司对中国油田的评估方法。

（1）以 2003 年 12 月 31 日为基准日，油价、成本等不考虑通货膨胀因素。

（2）估算年度产油量（$\hat{Q}_{oi}$），根据类似 A 油田递减规律估算，其结果如图 9-5-1 和图 9-5-2 所示。

（3）油价（P_o）按基准日油价为 2152.0 元/t。

（4）未来销售收入（T_R）：

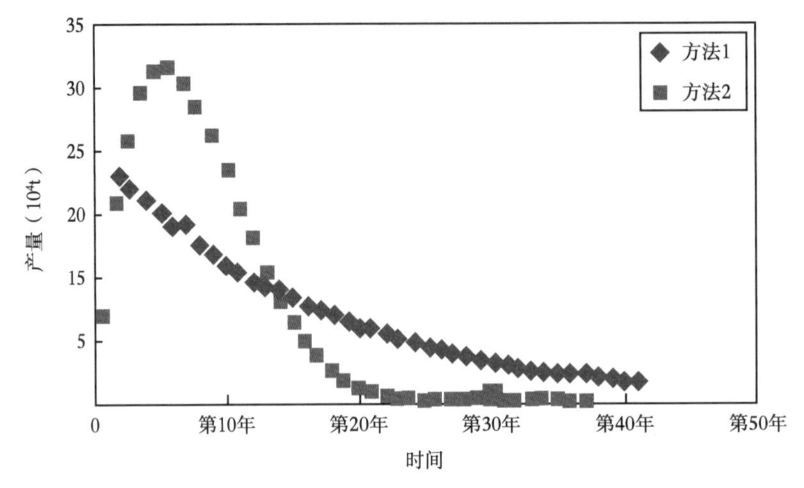

图 9-5-1　历年产量

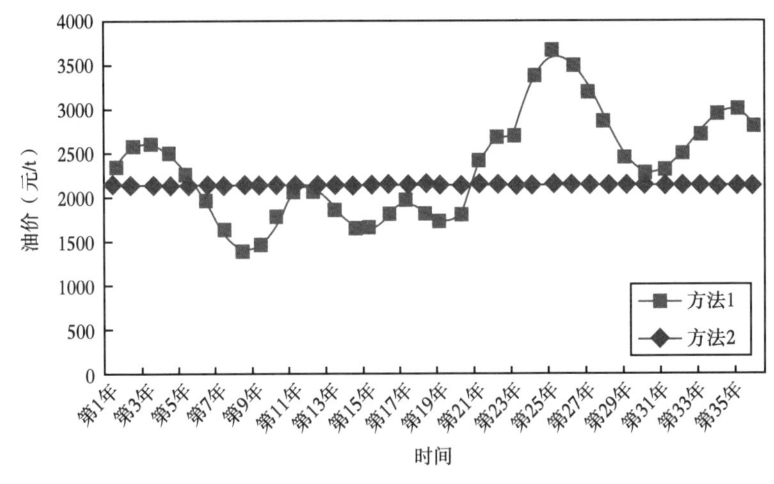

图 9-5-2　油价预测

$$T_R = P_o \cdot \hat{Q}_{oi} \cdot (1 - R_{oc}) \cdot R_{in} \quad (9-5-12)$$

其中石油收缩率 R_{oc} 取 0.05，净权益 R_{in} 取 1.0。按式（9-5-12）计算各年销售收入。式中，$\hat{Q}_{oi}$ 为第 i 年预测年产油量，10^4t。

（5）增值税（T_1）：

$$T_1 = P_o(1 - r_{os}) \cdot \hat{Q}_{oi}(1 - R_{oc}) \cdot \gamma_{os} R_{in} = 0.134 P_o \hat{Q}_{oi} \quad (9-5-13)$$

其中增值税率 r_{os} 按销售收入的 17%计。

（6）操作费（C_{oZ}）：

$$C_{oZ} = C_F + C_{oV} \hat{Q}_{oi} R_{in} \quad (9-5-14)$$

其中按开发方案固定成本 $C_F = 5520 \times 10^4$ 元，吨油活动成本 $C_{oV} = 168.5$ 元/t（图 9-5-3），则操作费为：

$$C_{oZ}=5520+168.5\times\hat{Q}_{oi} \quad (9-5-15)$$

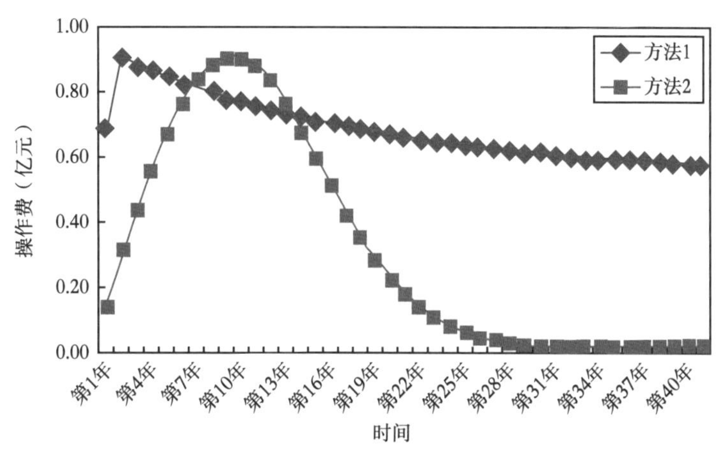

图 9-5-3　操作费曲线

（7）其他税费（T_2）：

$$T_2=T_1\cdot(r_{oc}+r_{oi})+\hat{Q}_{oi}\cdot 8\times R_{in}+(T_R-T_1)\cdot r_{op} \quad (9-5-16)$$

其中城建税率（r_{oc}）与教育附加税率（r_{oj}）分别按增值税的7%与3%计，每吨原油资源税8元，补偿税率（r_{op}）为1%。

（8）资本成本（I）。

第一年为3.001×10^8元，第二年为2.255×10^8元，资本余额为1.87×10^8元。

（9）所得税前收入（T_{QJ}）：

$$T_{QJ}=T_R-T_1-C_{oZ}-T_2-I \quad (9-5-17)$$

（10）所得税（T_3）：

$$T_3=(T_R-T_1-C_{oZ}-T_2-1.87)\times0.33 \quad (9-5-18)$$

（11）未来净收益（T_{RJ}），如图 9-5-4 和图 9-5-5 所示：

$$T_{RJ}=T_R-T_1-C_{oZ}-T_2-I-T_3 \quad (9-5-19)$$

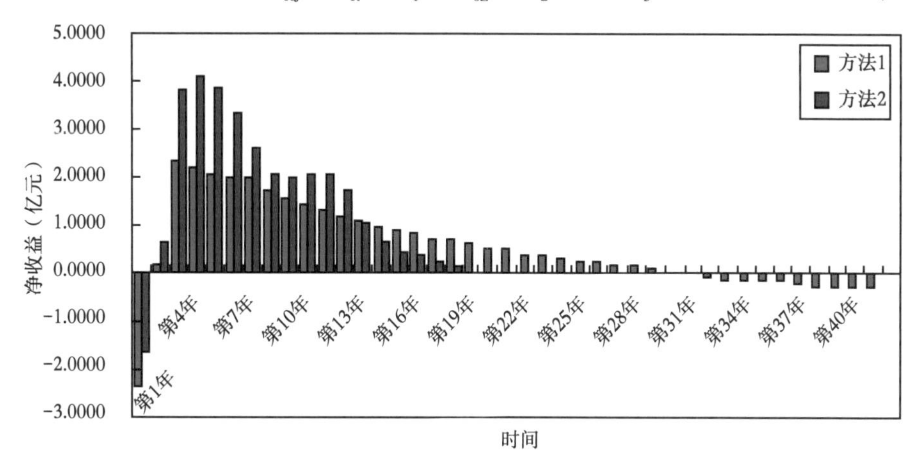

图 9-5-4　未来净收益

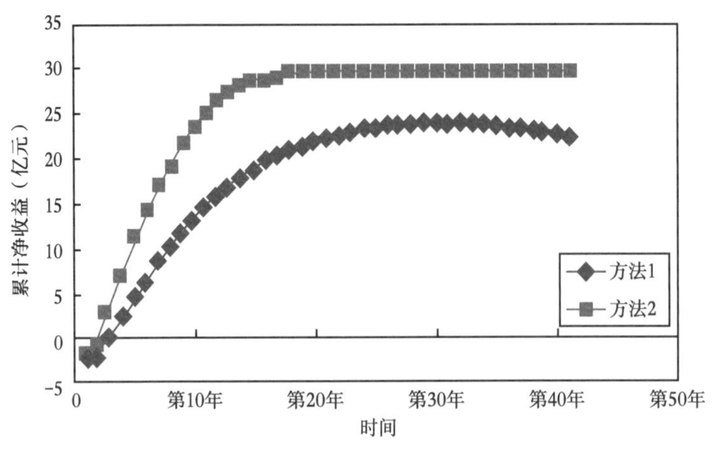

图 9-5-5 累计未来净收益

（12）净现值（NPV）：

$$NPV = \sum_{k=1}^{t_e} T_{RJ} \cdot (1+i)^{-k} \tag{9-5-20}$$

其中贴现率 $i=10\%$，$k=1$，2，3，…，t_e。

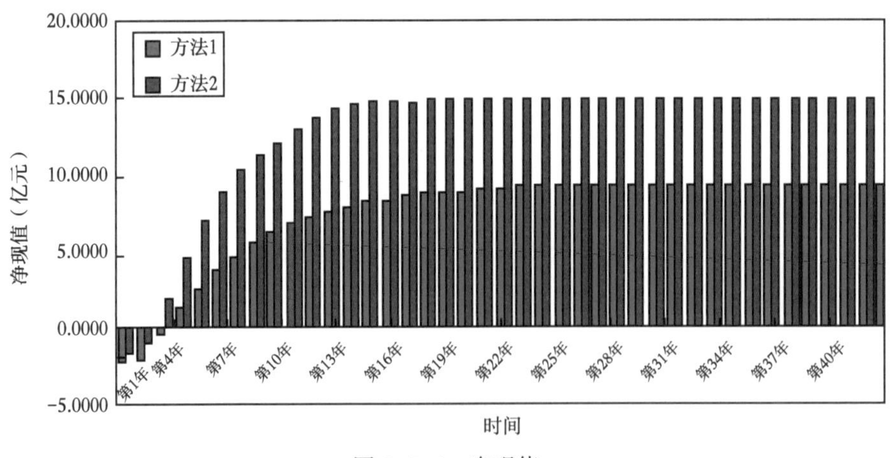

图 9-5-6 净现值

（二）本书提供的方法（方法 2）

（1）已知可采储量为 $328.96t\times10^8$，第一年产油 8×10^8t，第二年产油 20.0×10^8t，用 Weibull 预测方程估算未来历年产油量，计算结果如图 9-5-1 所示。

（2）油价预测：

$$\hat{P}_o = 19.0356e^{-0.119t}\sin\frac{k_i\pi}{T_{0.5}} + 30.0 \tag{9-5-21}$$

其中 B 值取 2003 年 12 月 WTI、布伦特、迪拜国际市场平均油价，按美元与人民币汇率 1:8.27，$1m^3$ 为 6.2897bbl，比重为 0.8536 换算为元/t。其计算结果如图 9-5-2 所示。

（3）操作费（C_{oZ}）。

根据A油田资料统计：

$$C_{oV}=1.2697t^2-2.1335t+71.926 \tag{9-5-22}$$

$$n=10,\ R=0.9987$$

$$C_{oZ}=(C_{oF}+C_{oV})\hat{Q}_{oi} \tag{9-5-23}$$

其余各项T_R、T_1、T_2、T_3、I、T_{OR}、T_{Rj}、NPV等计算式均同方法1的式（9-5-12）、式（9-5-13）、式（9-5-14）、式（9-5-15）、式（9-5-16）、式（9-5-17）和式（9-5-18）。相关计算结果如图9-5-1至图9-5-6所示。可以看出方法1计算商业可采储量为第30年的303.9×10^8t，方法2为第27年328.77×10^8t，且方法2累计未来净收益及净现值均高于方法1。

（三）两种方法比较与分析

两种评估方法见表9-5-1。

表9-5-1　两种评估方法比较

评估法		1	2
原理		投入产出原理	投入产出原理
方法		净现值（NPV）法	净现值（NPV）法
参数选择	产量	类比法 递减率法	威氏或翁氏预测模型 （全程预测）
	油价	给定油价①及变化率	油价预测模型
	成本	类比法、给定数值法①	成本函数预测模型
	贴现率	给定	给定
	税费	按国家相关规定	按国家相关规定
适用范围		已开发油田	已开发油田、待开发油田

注：①以评估日（一般以12月31日）的油价和成本为准计算。

从表9-5-1看出，两种方法的基本原理与基本方法是相同的，但其基本参数选择具有不确定性，尤其是油价与成本具有高度不确定性。因而方法1采用评估日（一般为12月31日）的油价与成本为基准，把不确定因素人为地固定起来。这种评估结果很难能准确或较准确地反映客观实际，而且12月31日的油价或成本的高低则决定经济效益的好坏，它又采用年度评估办法，各年评估日的油价或成本又不尽相同，使其评估的经济极限处于按年变化之中。显然这是不合理、不科学的，这是把复杂问题过于简单化的处理。同时方法1基本上限于已开发油田储量的经济评估，而待开发油田虽然可采用类比法，但却增加了不确定性。方法2在未来历年产油量安排上是采用威布尔或翁氏全程预测模型。它不仅可用于开发油田，亦可用于待开发油田。只要待开发油田有可动用的可采储量与产能建设安排就可以运用模型预测。虽然影响因素的不确定大，尤其是突发事件的影响会使油价产生很大的波动，而且油价预测方法众多，难以取舍，但是该方法毕竟可提供一种预测途径，使在经济评估中有据可依。另外，成本预测方法2采用相似油田的成本函数或成本与时间的变化规律，使之对未来成本的预测具有一定的可信度。

从上述简单分析比较知，方法1是SEC认可的针对上市公司所规定的方法，具有权威性，但与实际的相符程度很难有一个肯定的结论。方法2中产量、油价、成本的预测方法，虽然亦存在很大的不确定性，但未来产油量预测符合率相对较高，而油价与成本的预测是一种随时间变化的动态法，在与实际的吻合上应高于方法1，而且方法2应用范围广泛。因此对于已开发油田特别是待开发油田储量经济评估，方法2是一种可用的方法。

第六节　油气生产企业的利润最大化与成本最小化

油气生产企业的效益主要是指对国民经济的贡献，包括直接效益和间接效益。直接效益是指企业本身的经济效益，间接效益是指对社会的净效益或称社会效益。效益是企业追求的根本目标，即实现最佳的经济效益，又争取最佳的社会效益。而经济效益体现为利润的高低，社会效益体现为企业对社会与环境带来的综合效益。

一、油气生产企业的经济效益利润最大化

油气生产企业为了生存与发展需追求利润最大化（对国有企业是有条件下的利润最大化）。利润的高低、大小决定了对国家、社会的贡献大小，决定了对职工的福利高低，决定了企业的生存、可持续发展与竞争力。利润的大小、高低取决于收益的大小和成本的高低。利润的定义表述为收益与成本之差，即

$$M = \sum_{i=1}^{n} P_i Q_i - \sum_{i=1}^{n} (C_i + I_i) \tag{9-6-1}$$

式中，M为利润，万元；P_i为第i种产品单价，元/t或元/m^3；Q_i为第i种产品产量，10^4t或10^4m^3；C_i为第i种产品成本，万元；I_i第i种产品费用，万元。

为获得利润最大化M_{max}，就要使收益最大化，成本和费用最小化，即

$$M_{max} = \max \sum_{i=1}^{n} P_i Q_i - \min \sum_{i=1}^{n} (C_i + I_i) \tag{9-6-2}$$

当油价或气价一定时，要获得利润最大化，一要提高产量一要降低成本。从经济学或经济系统的角度决定生产产量的因素称之为生产要素，产量与投入生产要素之间的物质技术关系称之为生产函数。它表示在一定时期内技术水平不变的情况下，生产过程中投入各种生产要素的数量与所能生产的最大产量之间的关系。生产要素很多，概括为5种，即（1）劳动力（L），即人的体力和智力。劳动力在劳动过程中发挥作用。（2）资本（K），除土地以外的生产资料。资本的具体形态有实物和货币两种，实物形态资本包括厂房和其他建筑物、机器设备、动力燃料、原材料等；货币形态资本包括现金、银行存款等。（3）资源（N），包括土地及地上地下一切自然资源，如油气资源等。（4）企业家才能（E），指企业家的组织、策划、决策、指挥、管理、经营等综合能力。（5）科技进步与创新能力（S）。该能力可促使生产产量的增加和成本的降低。生产函数的一般表达式为：

$$Q = f(L, K, N, E, S) \tag{9-6-3}$$

若将上述投入要素以货币化表现，则生产函数可以完全成本（C_{ic}）表示：

$$Q = f(C_{ic}) \tag{9-6-4}$$

对式（9-6-3）全导，得

$$\frac{dQ}{dt} = \frac{\partial Q}{\partial L}\frac{dL}{dt} + \frac{\partial Q}{\partial K}\frac{dK}{dt} + \frac{\partial Q}{\partial N}\frac{dN}{dt} + \frac{\partial Q}{\partial E}\frac{dE}{dt} + \frac{\partial Q}{\partial S}\frac{dS}{dt} \tag{9-6-5}$$

也就是说，产量的增长率取决于劳动力、资本、资源、企业家才能、科技进步与创新能力的增长率。对于具体已开发油田或油藏来说，劳动力与企业家才能基本确定或者说短期变化不大，若要增加油气产量，则需增加资本的投入，资本的增加体现了一定成本的增加；资源的增加一方面需要动用新的地质储量，一方面需要提高已动用地质储量的动用程度或提高采收率增加可采储量；提高科技进步和创新能力即需研发和应用新技术、新理论、新工艺。因此，增加产量是投入多种生产要素综合作用的结果。

二、降低成本的途径

油气生产企业是个高投入、高风险企业，降本增效贯彻于始终。降低成本首先从了解影响成本因素入手。在第一章第六节中曾提到影响油气成本的主要因素有地质因素、油品质量、地理因素、油气开发阶段、科技因素和管理因素。降低成本的途径从这些直接因数和间接因素入手外，加强成本管理是个重要环节。

成本管理包括了成本预测、成本预算、成本计划、成本控制、成本核算、成本分析、成本考核等环节，但其核心是控制成本上升和降低成本。若要控制成本和降低成本就要从成本影响因素中挖掘潜力、寻找途径。

（一）寻找中高丰度地质条件好的油藏或区块优先开发是降低成本的基本前提

今天的投资就是明天的成本，要以最少的投资获得尽可能多的可供开发的商业储量，寻找中高丰度地质条件好的油藏或区块优先开发是降低成本的基本前提。为此，要把地质综合研究放在勘探工作的首位，提高勘探决策的科学性，实施勘探开发一体化。油田的地质条件好，如构造规模大、储量丰度高、油藏埋深浅等，地理环境优越、外运条件好等，油田开发成本相对就会低些。此类油田优先开发，油气产量高，吨油成本就会相对低。即使是地质条件差的油藏或区块，若能优化井位，有一个好的开发方案，也能使开发成本有所降低。

（二）加强科技进步、加大科技综合研究、加速创新进程，采用新技术、新工艺、新方法是降低成本的根本途径

科学技术的开发与应用不仅可提高效率，促进生产发展，而且可降低成本。依靠科技进步降低成本可从科研体制、科研管理、科技研发、成果应用与推广、人才培养与使用等诸多环节入手，不断推进科技产业化、商品化、科技与经济一体化的进程，依靠先进的科技管理和现代科学技术，降低成本可取得显著成效。如 Amoco 公司等外国大石油公司由于采用新技术，在低油价环境下，石油发现成本由 1986 年的 5～10 美元/bbl 降至 1995 年的 3～6 美元/bbl，同期相比，石油生产成本下降幅度也在 15%～20%。CNPC 在 1999 年通过技术创新、应用欠平衡钻井技术、地震资料处理新技术、高温成像测井技术等 10 多项新技术，石油探明储量同比增长 103%，天然气探明储量为年计划的 221%，每探明亿吨油气储量的投资同比下降了 5.0%，平均吨油成本较头年下降了 0.4%，每百万吨原油产能建设投资同比下降了7.0%。中国石油辽河油田公司特种油开发公司在开发超稠油时，采用井筒越泵电加热技术、真空隔热管注气工艺技术、综合治砂工艺技术、井下工艺配套技术、保温输送与脱水地面工艺配套技术等，经3年努力，使超稠油生产成本从每吨1260元降至每吨413元。

（三）精细管理油气生产各个环节是降低成本基本方法

管理贯穿于人类发展各个环节，也贯穿于油气生产的各个环节和全过程，涉及油气生产各个部门。强化各环节各部门的精细管理也是降低成本、提高效益的一种基本方法。

1. 实施集约化油藏经营管理

集约化油藏经营管理就是在油气田开发整个生命周期有组织地将与油田开发相关的众多科学、技术和活动组成一个有机的整体，即最大限度地把物探、钻井、地质测井、试油、采油、井下作业、地面建设、动态监测、计算机技术、其他有关学科和技术协调起来，形成集约化的管理体系，实行统筹规划和集约化经营。采用经济有效的先进技术，制定与实施油田开发各阶段的目标、方案编制与优化、方案完善与调整、效果分析与评价等，取得最大累计油气产量与最大利润的整个过程。有效地利用人力、技术、资金等资源，将油田开发技术与管理结合，油田开发理论与油田工程实践结合，实现油田开发工程优化和经济效益最大化。这种系统管理是降低成本的有效手段。

各油田公司已推广应用这种系统管理方法。结合自己的实际情况，深入油气藏地质综合研究，搞好综合调整与治理。重视各种信息反馈与资料数据的收集整理；搞好油气藏动态分析与经营管理且进一步发展为战略管理；大力推广新技术、新工艺、新方法和运用新理论指导油田开发；逐步实施油田数据化、智能化、智慧化，均会使油气生产成本降低、整体开发效益提高。

2. 实施油气生产的精细管理

油气生产管理是一个全方位全过程的勘探开发一体化的系统管理，这种管理是采用粗放管理还是精细管理，其效果有相当大的差异。精细管理具备“精细、量化、创新”的特点。首先是精细，细是精的基础，精是细的升华。把管理单元、对象细化到最小程度，勘探要细化到每一个项目、每一口井、每个工序、每个程序，开发要细化每个油藏、每个油层、每个油井、每个流动单元，成本要细化到每个成本要素，建立以油田、油藏、井组、单井等不同级别的油气技术与经济档案，做到不脱节不空挡。但“细”绝不是繁杂、琐碎，绝不是越多越好越细越好，而是节节相扣、环环把关。在细的基础上，找出主要环节、主要矛盾、要有重点，纲举目张。对主要环节、主要矛盾或重点制定切实可行的规章制度和行动措施，做到科学化、现代化，即所谓精。其次是定量化。做到条文要求与技术经济指标结合，要求与指标尽可能做到量化。可采用直接量化、间接量化和变通量化的方法，并将量化指标层层分解，责任到人。量化指标需注重质量度，指标的质是指标的内在规定性，指标的量是指标质的数量关系，指标的度是指指标规模大小与多少的程度，指标的质与量是统一的。再次是创新。事物是变化的、发展的。管理亦是一种动态管理。一成不变、墨守成规是无出路的。管理要出成效，就要在变化中把握住创新。要在观念上、组织上、制度上、技术上创新。无创新的管理是无生命力的。企业要降低成本，追求最大利润，就要抓好精细管理，细分管理单元，量化考核指标，健全创新体系。若推广油田战略管理的的精准管理，会进一步降低油气生产成本、提高整体开发效益。

3. 实行柔性与刚性相结合

柔性管理是相对于刚性管理而言。刚性管理强调遵守与服从，否则惩罚，具有不可抗拒性的特征。柔性管理是在研究人们心理和行为规律的基础上，采用非强制方式，在人们心目中产生一种潜在说服力，把组织意志变为人们自觉行动。柔性管理与刚性管理是相辅相成，互为补充，将激励机制和约束机制有效结合起来。这样，可促使强化员工责任意识，发挥聪明才智，提高创效益降成本的积极性，使降本增效的措施得到有效地落实。

三、改变传统降本思维为战略降本思维实现全方位降本增效

传统降本思维主要是以“节约节俭”观念，侧重油气产品的成本核算。而战略降本思维是与企业可持续发展的战略目标相联系，运用系统论思维，尤其是整体的、开放的、辩证的思维，全方位全过程的降低成本。从组成系统要素的功能、价值入手，按全局的、长远的、整体的角度分析其组织结构、人员安排、生产方式、技术选用、工艺实施、作业路径、计划编制、方案设计、资源配置、环境关系等方面降本增效的空间，采用有效措施，切实地降本增效。对每一个项目、每一项工程、每一口井要从全局的战略的高度处理，单项、单井可能在局部有效但全局低效或无效，或者是若在局部低效或无效，但在全局可发挥积极作用，就应在权衡利弊的基础上决定取舍，而不能仅以眼前利益的大小决定。

在当前信息化时代，在建设数字化、智能化、智慧化油田的进程中，要充分利用互联网平台，使最新科学技术用于降本增效。运用先进的计算机技术提高油气生产精细管理、优化生产运行轨迹、科学调整经营策略、统筹协调资源（储量、产量、资金、人力）优化配置、确定降本增效方向、凸显降本增效重点，从而实现全程全方位降本增效的目标。

四、创建成本管理体系有效管控成本

成本管理是企业管理的重要组成部分，创建成本管理体系是管控成本必须步骤。成本管理体系与人员、计算机系统构成成本综合管理体系。在这个综合管理平台中，人起着主导作用，而成本预测是其中的关键。

（一）成本预测

成本预测是成本预算的前提，成本预算又是成本管理的基础。

1. 成本预测的理论依据

（1）成本预测的哲学依据。

影响成本因素多而杂，各油田、油藏有所不同。因此，具体情况具体分析、成本变化规律可认识和可掌握是成本预测的哲学依据。对于不同油藏类型油田，如果有较完善的成本数据，可采用回归分析法、灰色理论预测法等方法，给出成本变化规律或趋势，外推预测；如老油田成本数据不全或缺失，或新投产油田，可采用第六章第五节定量类比同类型油藏，借用成本变化规律或变化趋势的数学模型，预测本油田的成本变化趋势。

（2）级差地租原理。

马克思在深入揭示资本主义实质的基础上，系统地提出了一整套地租理论。级差地租是资本主义地租的一种形式。在资本主义制度下，一般说来，租种中等地比租种劣等地交纳的地租多，上等地比中等地交纳的多。这种与土地等级相联系的地租，叫做级差地租。

在社会主义制度下的农业、建筑业和采矿业中，仍然存在级差地租，只是这部分收益或全部归劳动者所有，或国家通过税收将一部分收归国家所有。油气资源受地质因素、地理因素、油品质量、开发阶段等影响，可分为特优、优、良、一般、差 5 个等级，客观地形成油田级差地租。地质储量的优、中、劣决定着开发的难易程度和产量高低，也决定着投入成本的大小。即使是较好的储量在开发过程中也存在变坏的风险。由于投入与成本的差异，使得效益产量的经济指标亦不同。因此，对不同储量类别的油气生产单位应有相应的成本评价标准和成本管理体系。

2. 成本预测方法

目前国内成本预测方法基本分为两类：定性分析法和定量分析法。

（1）定性分析法。

定性预测方法是根据主观判断实施的，依据已经获得的历史成本数据资料对预期的成本变化趋势做出预测的方法。预测主要依靠预测者的主观判断能力、综合分析能力和个人在成本预测方面的经验。定性预测方法主要包括：调查法、函询法、主观概率法、德尔菲法、经验判断法、专家会议法、专家意见汇总法等。该类方法具有主观性，并受个人知识结构和综合能力的影响。

（2）定量分析法。

定量预测法是指运用数学统计方法建立模型，通过成本历史数据资料来测算成本未来发展状况的方法。运用定量预测方法实施预测，预测的精度取决于在于建立的数学模型的程度。定量预测可分为时间序列预测、回归预测、BP 神经网络预测方法、灰色理论法、学习曲线法、概率预测法、因果分析法、价值分析法、成本函数法、组合分析法等。

定性分析法与定量分析法中的各种预测方法有各自的优缺点，为了提高预测的精度和预测的可靠性，常常采用多方法加权组合。

3. 开发成本分类

油田开发成本分为开发完全成本、油气生产成本、操作成本。

完全成本由生产成本、勘探成本（含开发前期勘探、滚动勘探成本）、期间费用（含管理费用、财务费用、营业费用）、税费（含资源税、增值税、城建维护税、教育费附加、特别收益金等）组成；生产成本由操作成本、折旧费组成；操作成本或称油气开采成本由材料费、燃料费、动力费等 15 项组成。

4. 预测步骤

成本预测步骤大致分为：

（1）明确成本预测目的；根据成本分类和成本构成，确定其相应的目的。成本预测目的总体上是管控成本变化趋势，趋利避害，降本增效。依具体油田具体表述。

（2）确定主要自变量集：目的不同，成本预测的自变量亦有所差异。影响成本因素众多，可采用比重法、主成分分析法、灰关联分析法等方法确定主自变量集。

（3）搜集相关资料和信息；依预测目的和所确定的主自变量集，收集齐全、准确的历史信息和资料，为建立成本预测模型提供可靠依据。

（4）选择成本预测模型：根据预测的目的和各种预测模型的适用条件、性能、优缺点，选择适合的一组预测模型。

（5）试运算和评估成本预测模型：在初步确定一组成本预测模型后，用所搜集的资料进行试运算，并用末期数据对试运算结果进行检验。预测模型检验包含两个问题，一是预测模型是否与实际情况相符，即对预测模型进行验证；一是从统计学意义上看，所求解的待定常数是否成立，即为模型参数检验。常用检验方法有方差分析、相关系数检验、均方差检验、t 检验、D-W 检验、F 检验等。

（6）修正预测模型和再评估；在选定显著性水平高或符合检验规定的范围内的预测模型，考虑未来成本参数变化可能性与涨价因素的影响程度，对预测模型进行必要的修正。对修正后的模型再进行二次评估。

（7）正式进行成本预测；经二次评估后所确定的成本预测模型，对未来进行预测，并给出预测区间。

（8）撰写并提交成本预测分析报告：报告中包括成本预测目的、确定自变量方法与选择结果分析、搜集资料情况与存在问题、确定预测模型与检验情况、修正因素分析与修正结果、预测结果分析和风险评估、对未来管控成本的建议与推荐管控措施、对成本预测模型过程中所发生的人工成本和经济成本分析等。

（二）创建成本管理体系与有效管控成本

成本管理体系由成本管理组织、成本测算、成本分解、成本控制、成本核算、成本考核、成本分析和成本信息反馈等部分构成。实行全员、全过程、全方位、全环节的成本管理。

1. 成本管理组织

成本管理组织是指油气生产企业的决策者、管理者、操作者及其他人员等全体人员都应具有全面成本管理理念和主动参与成本管理的积极性、责任心，全员成本管理的核心是将成本管理目标与各个成本责任部门、单位、班组以及个人应负责的责任成本相结合，把成本考核的直接指标与经济利益挂钩，形成经济核算、经济责任和经济利益紧密结合的全员成本目标管理系统。

2. 成本分解与控制

在油田开发整个生命周期实行全过程的成本管理。油田开发可分为油藏评价阶段、开发设计阶段、方案实施阶段、管理调整阶段、二次开发阶段、油田废弃阶段。不同的开发阶段，由于任务和基础工作的不同，其成本表现形式亦不同，见表 9-6-1。

表 9-6-1　各开发阶段任务与成本表现形式

开发阶段	基础工作	主要任务	成本主要表现形式	备注
油藏评价阶段	钻开发评价井；地震详查；试采；取全取准资料；进行地质研究，编制油田开发概念设计方案；组建采油队伍等	布评价井，提高勘探程度；取全取准资料；提交探明储量和概念设计方案；开辟先导试验区；进行油田开发概念设计等	钻井成本；地震资料采集、处理、解释成本；地质科研成本；试采成本；组建队伍成本等	井少；资料信息不足；油气产量低；成本偏高。
方案设计阶段	增补开发井；开展先导试验区；开发方案研发与编制；产能论证；采油工艺配套；编制经济配产配注方案等	编制油田开发方案；建设产能；配套开采工艺；进行地面建设工程；组建采油队、作业队及其他配套队伍等	操作成本；基建投资；组建队伍成本；科研成本；钻井成本等	成本偏高

续表

开发阶段	基础工作	主要任务	成本主要表现形式	备注
方案实施阶段	开发方案实施；钻完善井；深入地质研究，进行跟井对比；完善配套工艺；完善队伍建设；编制开发调整方案；提高采收率，开展三次采油技术研究	按方案实施投产，提高油气产量；稳产；实施经济配产配注方案；研究油田开发规律；进行油田开发管理；提高采收率，进行三采技术研究等	操作成本；钻井成本；科研成本；期间费用；完全成本等	产量稳定；成本降低
管理调整阶段	深入地质研究，分析油水运动规律，提高储量动用程度，研究剩余油分布；进行区块调整、层系调整、井网调整；补打调整井、加密井	实施开发调整方案；开展提高采收率，三次采油；实施减缓递减措施；打调整井、加密井	钻井成本；操作成本；科研成本；期间费用	产量递减，成本升高
二次开发阶段	摸清剩余油分布状态；搞清油水井完好情况；调查地面工程状况和油气集输状况；研发与编制二次开发方案	重构地下认识体系，建设数字化油田；重建井网结构，改变直井井网结构；重组地面工艺流程，实现油田地面设施自动化	钻井成本；生产成本；地面工程改造费用；科研成本	产量可能回升，成本波动大
油田废弃阶段	采取工艺措施使油气产量保持在效益产量范围；进行转型设计	实施相关措施，保持效益产量；实施转型	生产成本；转型费用	产量低，成本高

各个开发阶段都应管控成本，从宏观上说，第一，需全体人员有管控成本意识，只有人人认识管控成本是企业提高利润、提高竞争力的重要手段，自觉地管控成本才能使其落到实处。第二，管控成本要从源头抓起。如物资供应从采购原材料开始、工程项目从设计开始；开发措施从决策开始等。第三，完善企业成本管理机制，实施绩效考核和奖惩制度，强化成本管控。第四，实施全方位各环节管控成本。即从生产、科研、销售、金融、供应、市场、资源（含人力资源、自然资源、资金资源、资产资源、无形资源等）多方面加强成本管理，从成本管理的组织、预测、预算、计划、控制、核算、分析、反馈、考核、激励等各环节强化成本管理，合理地挖掘降本增效的潜力。总之，企业的利润最大化一是油气产量掌控在合理范围内。

五、油气生产成本的关联分析

油气开采成本是指油气田企业在生产经营中所发生的全部消耗，包括油气产品开采成本管理费用、销售费用和财务费用。《中国石油天然气股份有限公司石油天然气成本核算管理办法》规定：油气生产成本是指对井进行作业和维护井及相关设备设施生产运行而发生的成本。生产成本也称操作成本，包括相关设备设施的生产运行提供作业的人员费用，作业、修理和维护费用，物料消耗，财产保险，矿区生产管理部门发生的费用以及生产税金等。油气生产成本受地质因素、地理因素（包括自然地理和经济地理）、油品质量（指油品成份与物化性质）、油气田开发阶段、科技因素、管理因素等不同程度的影响。

虽然油气生产成本项目的数字是具体的，但其影响因素及影响程度是随机的、不确定的。因而生产成本系统本质上是灰色系统。成本分析是油气生产企业经常要作的重要工作之一。油气生产成本中的各成本项目受着各种因素的影响，处于不断变化之中。对油气生产成本进行关联分析的目的就是掌握它们的变化规律，从而为降低油气生产成本提供依据。

（一）关联分析方法

关联分析是邓聚龙教授创立的灰色理论的重要组成部分。与常规的单项静态分析不同，它把成本看作一个灰色系统，分析系统内各因素间的关系。它采用比较母序列与子序列曲线几何形状的分析方法，依据关联度值判断分项成本对总成本的影响程度，找出主导因素；并且分析各因素随时段的变化与发展态势。因此，它是一种动态过程分析方法。它可在数据量较少的情况下依系统的离乱时序寻找反映系统演变的规律，并推断其发展态势，从而更好地抓主要或主导影响因素，集中力量解决所存在的问题。关联分析方法一般包括关联序列分析、关联树分析、动态关联度序列分析等。分析步骤大致可分为三个步骤：初始序列的无量纲化处理；求关联系数与关联度序列；排关联序并结合实际问题进行关联分析。

1. 初始序列的无量纲化

为了更能正确地反映客观实际情形，需对原始数据进行无量纲化处理。常用的处理方法有以下两种：

（1）归一化处理，即把各原始序列均用相应序列的第一个数据去除，则得各序列的无量纲的归一化新序列。

（2）均值化处理，即各原始序列用其相应的平均值去除，则得各序列的无量纲的均值化新序列。

2. 求关联系数与关联度

在计算关联度时，需先确定出一个代表系统演变态势的数据列，称为参考数据列，或称指标数据列，或称母序列，记为 X_o，即：

$$X_o = [X_o(1),\ X_o(2),\ \cdots,\ X_o(N)] \tag{9-6-6}$$

与 X_o 进行比较的数据列，称为比较序列，或称条件数据列，或称子序列，记为 X_i，即：

$$X_i = [X_i(1),\ X_i(2),\ \cdots,\ X_i(N)] \tag{9-6-7}$$

表征子序列与母序列之间关系密切程度大小的量或二者变化态势相似程度的量称为关联度。为了计算关联度，需先计算各子序列曲线与母序列曲线在各点（或各时刻）处的相对差值，记为 $\xi_i\ (k)$。

将 X_o、X_i 相对差值在时刻 k 处的关联系数，经无量纲化处理，则

$$\xi_i(k) = \frac{\min_i \min_k |y_o(k) - y_i(k)| + \rho \max_i \max_k |y_o(k) - y_i(k)|}{|y_o(k) - y_i(k)| + \rho \max_i \max_k |y_o(k) - y_i(k)|} \tag{9-6-8}$$

$$i=1,\ 2,\ \cdots,\ m;\ k=1,\ 2,\ \cdots,\ N$$

式中，ρ 为分辨系数，一般取值为 0.1~0.5，通常取 0.5。

为了便于比较，运用关联系数序列的平均值，记为 r_{oi}，即为子序列 i 与母序列 o 的关联度

$$r_{oi}=\frac{1}{N}\sum_{k=1}^{N}\xi_i(k) \tag{9-6-9}$$

关联度的数值在 0~1 之间。r_{oi} 值受着母序列、子序列、数据变换、数据个数、分辨系数变化的影响。

3. 排关联序与关联分析

若有 m 个子序列，则有相应 m 个关联度，构成了关联度序列

$$r=(r_1,\ r_2,\ \cdots,\ r_m) \tag{9-6-10}$$

按 r_{oi} 值的大小排序，则称为排关联序。r_{oi} 值的大小反映出与母序列的密切程度或相似程度。r_{oi} 值越大，则与母序列越密切或越相似。

关联分析是灰色系统动态过程发展态势的量化分析。其实质是对时间序列数据进行几何关系比较。曲线几何形状越接近，其发展趋势越接近，相应的关联度越大。在系统发展过程中，利用不同长度即不同数据个数，分别计算出相应时段内因素的关联度，就可看出子序列对母序列影响程度的变化趋势，以便认识其规律，采取相应措施有效地控制影响因素。

4. 密切对比度

r_{oi} 值的大小只能用来大概判断子序列与母序列的密切程度。为此笔者建议采用如下量化方法将密切程度划分为五级，即十分密切、密切、较密切、欠密切、不密切（表 9-6-1）。

定义

$$\beta_{oi}=\frac{r_{oi}}{r_{oimax}} \tag{9-6-11}$$

式中，β_{oi} 为子序列与母序列密切对比度；r_{oimax} 为 i 序列 r_{oi} 最大值。很显然 β_{oi} 值亦在 0~1 之间 。因 β_{oi} 为一相对比较值，因此按此办法，无论 r_{oi} 为何值，子序列、母序列为何种类型均是适用的。

表 9-6-2　密切对比度分级表

β_{oi}	程度
$0.91<\beta_{oi}\leqslant 1$	十分密切
$0.80<\beta_{oi}\leqslant 0.91$	密切
$0.65<\beta_{oi}\leqslant 0.80$	较密切
$0.50<\beta_{oi}\leqslant 0.65$	欠密切
$0.00\leqslant\beta_{oi}\leqslant 0.50$	不密切

（二）油气生产成本的关联分析

为了便于分析和更真实地反映实际情况，采用采油生产成本中的变动成本部分，即吨油操作费共计 13 项（表 9-6-2）。1993—1999 年操作费的变化趋势是先上升、稳定、后略降。为分析各成本项目或称分项成本对吨油操作费的影响程度，下面采用上述的关联分

析方法来分析各分项成本与吨油操作费的关系。

设吨油操作费为母序列 X_0，且：

$$X_0 = [X_0(1993), X_0(1994), X_0(1995), X_0(1996), X_0(1997), X_0(1998), X_0(1999)]$$
$$= [X_0(1), X_0(2), X_0(3), X_0(4), X_0(5), X_0(6), X_0(7)]$$

各成本项目为 X_i，且：

$$X_i = [X_i(1), X_i(2), X_i(3), X_i(4), X_i(5), X_i(6), X_i(7)]$$
$$i = 1, 2, 3, \cdots, 12$$

1. 对初始序列进行无量纲化处理

采用归一化处理，即：

$$Y_0 = \left[\frac{X_0(1)}{X_0(1)}, \frac{X_0(2)}{X_0(1)}, \frac{X_0(3)}{X_0(1)}, \cdots, \frac{X_0(7)}{X_0(1)}\right]$$
$$= (1.00, 1.08, 1.27, 1.39, 1.42, 1.42, 1.34)$$

$$Y_i = \left[\frac{X_i(1)}{X_i(1)}, \frac{X_i(2)}{X_i(1)}, \frac{X_i(3)}{X_i(1)}, \cdots, \frac{X_i(7)}{X_i(1)}\right]$$
$$i=1, 2, 3, \cdots, 12$$

具体数据见表 9-6-2。

2. 计算关联系数、排关联序与密切对比度

运用式（9-6-10）和式（9-6-11）计算关联系数与关联度，并按 r_{oi} 值的大小排关联序，结果见表 9-6-4。运用式（9-6-12）计算密切对比度，结果见表 9-6-5。

表 9-6-3　D 油区历年无量纲操作费用数据表

项目＼年	1993	1994	1995	1996	1997	1998	1999
操作费合计 Y_0	1.00	1.08	1.27	1.39	1.42	1.42	1.34
材料费 Y_1	1.00	1.30	1.44	1.23	1.14	1.27	0.89
燃料费 Y_2	1.00	0.14	0.12	0.12	0.08	0.09	0.12
动力费 Y_3	1.00	0.98	1.05	1.05	1.08	1.4	1.47
生产工人工资 Y_4	1.00	1.09	1.35	2.08	2.42	2.39	2.59
职工福利 Y_5	1.00	1.09	1.35	2.09	2.44	2.40	2.61
注水注气费 Y_6	1.00	0.79	0.90	0.81	1.17	1.27	0.99
井下作业费 Y_7	1.00	1.11	1.25	1.20	1.15	1.14	0.80
测井试井费 Y_8	1.00	1.23	1.07	0.71	0.87	1.27	1.28
修理费 Y_9	1.00	0.95	1.35	1.56	1.16	1.06	1.59
运输费 Y_{10}	1.00	0.35	0.48				
轻烃回收费 Y_{11}	1.00	4.84	6.71	6.94	7.37	5.61	4.32
油气处理费 Y_{12}	1.00	1.08	1.45	2.77	1.25	1.41	1.49
其他开采费 Y_{13}	1.00	1.30	1.43	1.72	2.06	2.02	1.87

表 9-6-4 动态关联序表

项目	1993—1999 年	1995—1999 年	1997—1999 年	1999 年	平均值	排序
材料费 r_{01}	0.9364	0.6695	0.7967	0.8657	0.8171	6
燃料费 r_{02}	0.7527	0.7560	0.7522	0.8547	0.7789	11
动力费 r_{03}	0.9483	0.7631	0.6404	0.9050	0.8142	7
生产工人工资 r_{04}	0.8551	0.5253	0.8959	0.8844	0.7902	8
职工福利 r_{05}	0.8538	0.5220	0.8932	0.8584	0.7819	10
注水注气费 r_{06}	0.9148	0.7794	0.8520	0.9375	0.8709	2
井下作业费 r_{07}	0.9425	0.7261	0.8440	0.9507	0.8658	3
测井试井费 r_{08}	0.9255	0.7453	0.6004	0.8736	0.7862	9
修理费 r_{09}	0.9453	0.7741	0.7432	0.9845	0.8618	4
运输费 r_{010}	0.7953	0.5228	0.5807	0.8638	0.6907	13
轻烃回收 r_{011}	0.4846	0.7856	0.6844	0.8705	0.7063	12
油气处理费 r_{012}	0.9314	0.7294	0.7611	0.8890	0.8277	5
其他开采费 r_{013}	0.8975	0.7247	0.9454	1.0000	0.8919	1

表 9-6-5 密切对比度表

项目	1993—1999 年	1995—1999 年	1997—1999 年	平均值	排序
材料费 r_{01}	0.9875	0.8522	0.8427	0.8941	6
燃料费 r_{02}	0.7937	0.9623	0.7957	0.8506	9
动力费 r_{03}	1.0000	0.9713	0.6774	0.8829	7
生产工人工资 r_{04}	0.9017	0.6687	0.9477	0.8394	10
职工福利 r_{05}	0.9004	0.6645	0.9448	0.8366	11
注水注气费 r_{06}	0.9647	0.9921	0.9012	0.9527	2
井下作业费 r_{07}	0.9939	0.9243	0.8928	0.9370	3
测井试井费 r_{08}	0.9759	0.9488	0.6351	0.8533	8
修理费 r_{09}	0.9968	0.9853	0.7862	0.9228	4
运输费 r_{010}	0.8387	0.6655	0.6143	0.7062	13
轻烃回收 r_{011}	0.5111	1.0000	0.7239	0.7450	12
油气处理费 r_{012}	0.9822	0.9285	0.8051	0.9053	5
其他开采费 r_{013}	0.9464	0.9225	1.0000	0.9563	1

3. 关联分析

（1）从较长期（1993—1999 年）时段看动力费、修理费、井下作业费、材料费、油气处理费、注水注气费、测井试井费的关联度较高，说明它们在 7 年内的变化趋势主要影响着操作费 7 年的变化趋势。它们的密切对比度均大于 0.95，说明它们与操作费母序列关系十分密切，而其他开采费密切对比度达到 0.946，亦十分密切。动力费 7 年合计占操作费的6.96%，虽然分项比例不足10%，但它是逐年增加的，其原因一是随着原油开采难度增大，含水上升，液量增加，导致吨油耗电量的增加，其相应的动力费亦增加；二是内部电价调整，由0.46元/kW·h增至0.50元/kW·h，亦使动力费有所增加。修理费在7年间虽然有波动，但总的发展趋势是增加的，这是因为：①随着油水并数的增加，设备亦相应的增加，计提的大修费与划拨的修理费亦增加；②随着设备使用年限的增加，维修费用亦增加；③对污染的处理与污染源的治理，也使相应的维修费用增加。

（2）从中期（1995—1999年）时段看：轻烃回收费、注水注气费、修理费、动力费、燃料费的关联度大，密切对比度大于0.95，也就是说在这5年内，它们的变化趋势与操作费的变化趋势相似程度大，它们与操作费的关系十分密切。测井试井费、油气处理费、井下作业费、其他开采费的密切度大于0.91，说明它们与母序列关系亦十分密切。轻烃回收费五年合计占五年操作费的3.92%，所占比例很小，但它先升后略降的变化趋势与操作费的变化趋势相似程度很大。上升的主要原因是从1995年起加大了设备维修投入，由于在后两年加强了管理，严格控制费用，使其费用有所下降。

（3）从近期（1997—1999年）时段看：其他开采费的关联度已上升为首位，成为操作费上升的主要因素。若以1996年为基数，其他开采费1997、1998、1999年的增长速度分别为19.9%、17.2%、8.8%，平均15.3%。其他开采费主要由原开发生产部机关管理费、各作业区管理人员费用、物业公司的物业费用与原公司有关费用等组成。这部分费用的变化受内外环境与管理等诸多因素的影响，弹性较大，内容较广，因此管理好其他开采费是降低成本的一个重要途径。值得注意的是生产工人工资与职工福利费亦是逐年增加的。密切对比度已接近0.95，说明与操作费变化十分密切（表9-6-6）。

表9-6-6 动态关联序与分项所占比例

项目	1993—1999年		1995—1999年		1997—1999年		1999年	
	关联度	比例	关联度	比例	关联度	比例	关联度	比例
材料费 r_{01}	0.9364	2.75	0.6695	2.59	0.7967	2.34	0.8657	1.96
燃料费 r_{02}	0.7527	0.12	0.7560	0.05	0.7522	0.05	0.8547	0.06
动力费 r_{03}	0.9483	6.96	0.7631	6.85	0.6404	7.37	0.9050	8.40
生产工人工资 r_{04}	0.8551	3.83	0.5253	4.19	0.8959	4.68	0.8844	5.10
职工福利 r_{05}	0.8538	0.54	0.5220	0.59	0.8932	0.66	0.8584	0.72
注水注气费 r_{06}	0.9148	14.06	0.7794	13.58	0.8520	14.85	0.9375	13.31
井下作业费 r_{07}	0.9425	21.81	0.7261	20.59	0.5440	18.79	0.9507	15.20
测井试井费 r_{08}	0.9255	2.89	0.7453	2.24	0.6004	2.18	0.8736	3.31
修理费 r_{09}	0.9453	16.31	0.7741	16.48	0.7432	15.30	0.9845	19.83
运输费 r_{010}	0.7953	0.59	0.5228	1.23	0.5807	2.02	0.8638	1.65
轻烃回收 r_{011}	0.4846	3.58	0.7856	3.92	0.6844	3.58	0.8705	2.79
油气处理费 r_{012}	0.9314	6.18	0.7294	6.45	0.7611	5.23	0.8890	5.86
其它开采费 r_{013}	0.8975	20.02	0.7247	20.84	0.9454	22.30	1.0000	24.84

（4）动态趋势分析。关联度反映了子序列与母序列关系的密切程度，对本例而言，就是反映了分项成本对操作费的影响程度。不同时段某项成本关联度的变化，反映了它对操作费变化影响程度的变化趋势。从表 9-6-3 可以看出，其他开采费、注水注气费、井下作业费、油气处理费、材料费等自 1995 年以后各时段其关联度是增加的，也就是说它们对操作费变化趋势影响程度是增加的。影响程度增加并不意味着分项成本的吨油成本的具体数值增加，如吨油井下作业费反而是逐年减少的，但它的变化趋势确实影响操作费的变化趋势。这就告诉我们吨油分项成本数值的影响不是唯一的，而其变化趋势，或者说分项成本变化趋势与操作费变化趋势的相似程度，才是决定某分项成本是否是主导影响因素。另外如动力费是逐年稳中有升，尤其 1998 年上升幅度较大，但其关联度是下降的。也就是说在 1995—1999 年与 1997—1999 年两个时段内，它对操作费变化趋势影响程度减少。反映出它的变化并不是主要影响操作费的变化的因素。因此应更加看重那些影响程度增加的分项成本。这里值得注意的是 1999 年当年的关联度与分项成本所占当年操作费的比例大小的顺序相一致。因此，从关联度的概念看，当年的关联度反映其相似程度并无太大的意义，仅作为时段连续分析时参考。

（5）平均关联度和平均密切对比度。

从表 9-6-6 看出，分段关联度最大的分项成本不一定就是占操作费比例最大的分项成本，为了便于分析，引人平均关联度与平均密切对比度的概念，即：

$$\overline{r_{0i}} = \frac{1}{D}\sum_{j=1}^{D} r_{0i}(j) \tag{9-6-13}$$

$$\overline{\beta_{0i}} = \frac{1}{D}\sum_{j=1}^{D} \beta_{0i}(j) \tag{9-6-14}$$

式中，$\overline{r_{0i}}$为平均关联度；$\overline{\beta_{0i}}$为平均密切对比度；D 为时段数。

平均关联度与平均密切对比度已列入表 9-6-4、表 9-6-5 中。实际上也反映了分项成本各时段综合影响的结果。从表 9-6-4、表 9-6-5 中可以看出，平均关联度与平均密切对比度与操作费变化关系十分密切的分项成本依次为：其他开采费、注水注气费、井下作业费、修理费，其密切对比度均大于 0.91；分项成本与操作费变化密切的依次为：油气处理费、材料费、动力费、测井试并费、燃料费、工资、职工福利费；较密切的为轻烃回收费与运输费。与生产成本十分密切的 4 项分项成本的费用合计占操作费的 72%以上，也就是说它们的动态变化趋势不仅直接影响着操作费的动态变化趋势，而且费用也占着很大的比重，它们对操作费的变化起着决定作用，是矛盾的主要方面。因此，在实施降低成本战略中，要控制或降低成本首先就要牢牢把握住这 4 个分项成本。另外，动力费、油气处理费也需要给予充分的关注。只要采取强有力的措施控制或降低这 6 项的费用并控制其变化趋势，就能使整个操作费向有利的方向发展。这应是 D 油田今后控制或降低操作费的重点。

为了进一步筛选控制或降低成本的突破口，还可对这 6 项分项成本的构成再进行下一层次的关联分析，从而找出分项成本构成中影响最大的因素，并针对它提出相应的措施。这种层层关联分析的方法就是关联树分析方法，限于篇幅，在此不作分析。显然，成本关联分析可以寻找控制或降低成本的突破口，有利于油气生产企业实施降低成本战略，可取得事半功倍的效果。

第七节　影响国际油价因素的不确定性及其关联分析

在市场经济中，油气生产企业以经济效益为中心，以追求最大利润为目标。而影响利润的最基本因素是油价、成本、产量。三者互相影响、互相促进、互相约束，成为一个循环链，其中要以油价为最敏感因素，它是石油市场经济的核心变量。成本由产量决定、产量由销售决定，说到底油价、成本、产量均由市场决定，即由市场的价值规律决定。当然，在一定条件下，产量还由国家和社会需要决定。国际石油经济市场的千般万变，必然决定着国际油价的跌宕起伏。

一、影响国际油价因素的不确定性

影响国际油价的因素众多，油价的变化是它们综合作用的结果。但不同的时期各因素的影响程度不同，而某些因素将会起主导的决定性的作用。因此，可以说不同时期的影响油价因素也具有不确定性。

（一）影响国际油价的因素及其不确定性

1. 可采储量或剩余可采储量

石油可采储量是原油生产的物质基础。影响它有地质因素，油藏因素，科技水平、管理因素与经济因素等五大类。这些因素既有自然的，也有人为的。各类因素都充满不确定性。即使其计算储量的各个参数都具有不确定性，如：含油面积的确定、有效厚度的取舍，原油物性的分析，含油饱和度与技术采收率、经济采收率均有众多的不确定因素。石油资源的有限性、分布的不均衡性及可采储量的可变性，都使可采储量处于动态变化之中。一般说来，可采储量增加、油价可能会回落，反之则可能上涨，只是这种影响具有一定的滞后性。

2. 原油产量

原油产量是影响油价的最敏感因素之一。石油产量的增减由多种因素决定，其中动用储量的质与量、地质认识程度、开发或调整方案、原油成本、开发开采技术先进程度、管理水平、政策的变化与正确程度，等等。均直接影响原油产量变化，而这些因素存在着模糊性和随机性，有时还可能受政治动荡、军事冲突、自然灾害等突发性因素的影响。一般产油量对油价的影响是反向影响，产量高，油价可能会低，反之则油价可能会上扬。

3. 原油生产能力

可采储量转化为产油量，是通过建设生产能力来实现的。无论是新区新建生产能力还是老区扩建生产能力，它的基础是对地质情况的正确认识，建立符合地下情况的地质模型和石油储量的可靠性、质与量状况。但对地下的认识尤其是新区不是一次可以完成的，是一个渐近过程，有时会出现认识偏差，甚至出现认识方向性错误，这种随机性和不确定性在地质认识中会经常出现。另外建设生产能力还有一个重要因素是投资问题，投不投资，投多少资不仅取决于地质认识与储量的优劣及其规模，而且也取决于决策者的综合素质。决策者的思维方式、决断能力、认识水平，抗风险能力等也会因人而异，具有不确定性因素。现常采用群体决策方式有利于减少不确定性。

如果生产能力尤其是剩余生产能力不足，也将会影响油价波动。

4. 石油消费量

石油消费量是决定油价变化的又一最敏感因素，它决定着供需矛盾的尖锐程度。石油消费量变化取决于经济增长速度，工业化程度、农村城市化进程、人口增长状况、石油库存、炼厂生产能力、市场心理变化、政治稳定程度，非常事件发生可能性、气候变化、环境要求，等等，这些因素本身就具有随机性、模糊性和灰色性。

一般，石油消费量增加，会促使油价走高。

5. 原油综合成本

原油成本由矿区取得成本、勘探成本、开发成本、生产成本组成。这些成本构成又由更多的子成本项目、孙子成本项目构成，影响其变化因素涉及方方面面，概括起来有地质因素、油品质量因素，地理因素（包括自然地理与经济地理）、油气藏开发阶段、科技进步与管理因素 6 类。成本构成项目众多，影响因素众多，相互影响关系复杂，产生了大量的不确定性。它们的影响程度有已知的，也有大量未知的，具有灰色性和模糊性的特征。成本常会反作用于油价，成本的变化亦会造成油价的波动。对石油的投入又受油价的影响，同时也受技术水平的影响，油价低、技术水平差，往往使经营者对那些难采地区或难采储量望而却步。因此石油投资不仅有影响因素的不确定，而且还有时间的不确定性。

6. 世界经济形势

世界经济形势的变化是决定油价的重要参数。但是世界经济形势变化具有高度不确定性。各国与地区的经济状况由它们的国土面积、人口数量、自然条件、生态环境、资源状况、科技水平、历史传统、文化意识、经济结构、社会制度、政治体制、人才构成、发展程度、工业化程度及对外关系等因素综合决定，这些影响因素中有确定性因素，但更多的还是不确定的，具有灰色性、模糊性、随机性的特征。世界经济周期性的变化是各因素综合作用的结果，必然有规律可循，但难以准确预测，必然影响油价的起伏。

度量经济发展是一个极复杂的问题，既要有量的标准，又要体现质的变化。不同国家与地区有着各自的经济发展量指标体系，如中国的 10 项指标，美国的 6 项指标等，而联合国提出 16 项具体指标。为了便于反映与油价的关系，选用国民生产总值（GNP）、人均国民生产总值，人均能源消费（以石油消费替之）三项指标。

7. 石油替代品转化与应用程度

目前石油在能源结构中仍占有相当大的比重，但由于它的资源有限性，对环保影响及价格波动等，仍使人类不断研究它的替代品，如电能、核能、太阳能、风能、地热、氢能及天然气、煤制油、煤层气、煤成气、液化气、生物柴油、醇类燃料、天然气水合物、干热岩、压缩空气、高级生物燃料等，有的处在研究开发阶段，有的处于应用试验阶段。而这些替代品的研究、开发、试验、应用、推广又受到经济实力、科技水平、生产成本、实际需要等不确定性因素的影响。它们替代石油的程度必是难以确定的。

8. 政府或石油联合组织政策

石油是一种特殊商品，有着重要的战略地位。在商品经济中，是商品就要受价值规律地作用。尽管目前石油的价格超过它实际价值，但按照生产石油所花费的社会必要劳动时间来进行交换的客观规律仍要遵守，这是它的必然性。正因为石油是一种特殊商品，其影响因素众多，更有突发性的因素使价格大幅度的上下波动，如 1980 年石油价格突破每桶 43 美元，1998 年又跌至每桶 10 美元以下。这种大幅度的波动时间不可能太长。因为这种情况，产油国和消费国的政府由于政治、经济的需要必然会为其利益进行或明或暗的政策和策略干预，能源政策就必然有所调整。

同时欧佩克成员国的政策、产量增减措施等也影响油价的涨落。非欧佩克产油国也力图影响油价，虽然 2002 年其产量占世界石油总产量的 61.79%，但 60 余个非欧佩克产油国由于资源的劣势，2002 年石油剩余探明储量仅占世界石油总剩余探明储量的 32.47%，而欧佩克 11 个产油国的石油剩余探明储量却占世界石油总探明储量的 67.53%。从长远观点看，欧佩克由于资源优势，它的政策与措施变化仍会对国际油价施以较大的影响。这种政府政策与输出国组织的政策具有随机性，有时甚至会出现突发性。

9. 能源安全

能源安全按照目前世界能源结构看，主要是指石油安全。石油安全的主要途径为多渠道的开拓石油资源；调整能源结构，发展替代能源；建立战略石油储备。

由于世界石油资源的有限性及分布极不均衡性，世界各大石油公司把向外扩张作为重要的发展战略之一。这种向外扩张的实质说到底是争夺对石油资源的控制权、原油的生产权、油价的定价权及利润的分配权。各石油公司无论其企业性质如何，都一定程度的反映母国的利益。争夺与反争夺这对矛盾始终贯彻石油工业发展的始终，不同性质的公司采用的策略不同，有时在矛盾激化时，甚至采用军事手段来改变石油权力再分配，建立新的权力分配格局，改善国外供油渠道，满足石油安全的需要。在这个过程中存在着大量的不确定因素，因此也很难精确预测其发展的态势。由于世界石油资源在不同地域的丰富程度不同，勘探开发投资不同，控制程度不同，供应渠道不同等，均会对油价造成不同的影响。自 20 世纪 50 年代至 90 年代发生了 13 次石油供应中断，引起油价上涨，其中 2 次导致了 1973 及 1979 年的石油危机。

石油战略储备主要是指国家的石油储备。库存量的增减，反映了供需变化，库存低需补充库存时，需求增加，库存高在有利时抛售是供应的增加。这种库存量的变化亦具有不确定性，很难预测它何时发生及其量的变化。这种变化一般也会影响油价的涨落。

10. 科技进步

科学技术进步似乎和油价无直接的关系，但储量的增减、产量的高低、成本的大小、利润的盈亏、石油替代品的研发等无一不和科学技术有着密切联系。石油工业的发展史就是油气科技进步史。勘探上寻找新探明储量，开发上提高采收率，对已开发动用储量的有效利用都离不开科学技术进步及新理论、新工艺的创新。影响油价的基本因素均又受到科技水平的影响。而科技进步的发展，涉及众多不确定性因素。取决于经济发展的需求状况、市场推动程度、国家支持力度，同时科技人才的数量、质量与构成、科研项目的确立、科研机构的设立、科研经费的投入、科技战略方向、科技成果的管理与向生产力转化程度等均影响着科技水平的提高。在石油勘探、开发、炼制、销售等过程中，对提高石油综合实力，科学技术是最活跃、最具影响的因素。

11. 其他影响因素。

其他影响因素包括气候、环保、市场心理、税收政策、期货投机、物价指数、汇率变动、炼厂生产能力与能源结构调整等。甚至还包括某些权威地质家或机构对石油资源、产量的预测结果或观点均有可能影响油价，这些因素具有随机性特征。

（二）各影响因素的复杂性

对油价数十种因素构成了一个以油价为核心的复杂体系，实际上更确切地说是一个多元素相互作用的石油经济复杂巨系统。在这个复杂巨系统中不仅单个因素构成一个有层次结构的系统，而且各因素具有相互影响、相互作用、相互促进又相互约束盘根错节的复杂关系。它们之间的关联方式复杂多变，虽然也有确定性关系，但大都是非线性的，而且是随时间变化的动态关系，同时表现出随机性、模糊性、灰色性、来确知性等不确定性，甚至会出现突发性和突变性。

另外，现在常有人用储采比，供需比等复合参数描述对油价的影响，但这种描述有时会出现复杂情况，现以储采比为例说明。

储采比的定义为当年剩余可采储量与当年产油量之比，其数学表达式为

$$R_{\mathrm{RP}i}=\frac{N_{\mathrm{R}ri-1}+\Delta N_{\mathrm{R}i}-q_{oi}}{q_{oi}} \tag{9-7-1}$$

式中，$R_{\mathrm{RP}i}$为第 i 年储采比，a；$N_{\mathrm{R}ri-1}$为上一年剩余可采储量，10^4t；$\Delta N_{\mathrm{R}i}$为当年新增可采储量，10^4t；q_{oi}为当年产油量，10^4t/a。

储采比反映了按年产油 q_{oi}生产的寿命。

剩余可采储量或可采储量的增减、年产油量的增减，作为单个因素它们反向影响油价，若使用复合参数 R_{RP}对油价的影响如何，则要依情况而定。假设剩余可采储量和产油量的变化均为增加、平稳、减少 3 种状况，共计为 6 种状况，在不计自身组合时，共为 9 种组合，如果再把增加与减少分为强、中、弱三种影响程度，则组合共有 49 种之多。如若剩余可采储量是强增，年产油量亦为强增且两者幅度相当，储采平衡系数近似于零，按公式（9-7-1），R_{RP}是下降的，N_{Rr}与 q_o 强增一般会引起油价下降，而 R_{RP}下降一般认为会引起油价上升，两者反向；若剩余可采储量强增，年产油量平稳，则 R_{RP}上升。N_{Rr}的上升与 R_{RP}的上升均可能引起油价下降，两者同向；若 N_{Rr}强增，q_o 减少，则 R_{RP}强增，N_{Rr}与 R_{RP}的增加可能会引起油价的下降，而 q_o 减少又引起油价上升，由于 N_{Rr}与 R_{RP}对油价影响滞后，因此，总体反映油价可能下降等等。从上述仅列举 3 种情况就已经能说明运用复合参数储采比不能准确地说明油价的变化。供需比也有类似情况，更何况原油库存、科技水平、替代品替代程度、政策变化、气候变化等均双向影响供需，使情况更加复杂。

油价的变化是各种因素综合作用的结果，因素间的促进或约束、相互影响程度等均难以用线性关系表述，更何况有些关系至今人们并不清楚。它们的不确定性是显见地。正因为如此，在石油工业发展的 160 余年的历史中，对油价的变化规律尚没有确切地认识，从而使油价准确预测难以实现。

（三）油价预测模型的不确定性

预测是决策的前提。预测的好坏直接关系决策与部署的正确与否。预测存在着不确定

性，如信息采集处理的不确定性、预测结果的不确定性、预测模型不确定性、人的思维与操作产生的不确定性、预测时段的不确定性等。

油价的影响因素不确定性及预测方法的不确定性，都加大了油价预测的难度。而且时至今日对油价的变化规律尚无确切地认识与掌握，因而运用预测的常规原理即惯性原理、连续性原理等，采用外推法，则很难取得可信的预测结果。了解、认识油价影响因素的不确定性和预测的不确定性，是为了更好地认识油价变化规律和确定合理的科学的预测模型，而决不能限于油价不能预测的荒诞之中。虽然现在尚不完全认识，不完全掌握，但我相信随着现代数学理论的发展、科学技术水平的提高与创新及思维方式的转变等，总有一天人们能认识油价变化规律和给出较准确的油价预测模型，尤其是中期、短期预测模型。

二、影响油价因素的关联分析

油价及其预测是本征性灰系统。该系统内的因素不完全准确，因素关系不完全清楚，系统结构不完全知道，系统因素作用原理不完全明了，总之是信息不完全系统即灰系统。灰色信息是具有综合性的不确定性信息，它涵盖了目前人类已经认识到的所有不确定性信息。关联分析方法是一种不确定的态势分析方法，它的实质是曲线间几何形状的差别，依其差值大小确定其密切程度。

（一）关联分析参数列的选择与数字处理

选择 1990—2000 年国际油价数列为参考数列，即：

P_o =（22.94，19.38，19.05，16.81，15.98，17.23，20.51，19.35，13.22，18.29，28.53）

选择剩余可采储量（N_{Rr}）、石油产量（Q_o）、石油消费量（Q_{ox}）、石油综合成本（C_z）、国内生产总值（GDP），石油库存量（Q_{ok}）、视政治综合因素（Z）等为比较数列。令人遗憾的是石油科学技术对油价的影响关系至今未见类似报导，即使是石油科技对石油经济的贡献率或科技进步对国民经济的贡献率的相关资料，虽经多方努力，但仍未收集到该资料。因而科技进步这个最活跃、最积极的因素暂不参加关联分析，见表 9-7-1。

表 9-7-1　油价参考数列与比较数列表

项目＼年份	1990	1991	1992	1993	1994	1995	1996	1997	1998	1999	2000
国际油价[1]（$/B）	22.94	19.38	19.05	16.81	15.98	17.23	20.51	19.35	13.22	18.29	28.53
世界剩余可采储量[2]（10^8t）	1364.91	1357.55	1365.81	1368.66	1363.67	1374.20	1389.71	1411.29	1411.29	1385.88	1401.99
世界石油产量[3]（10^8t/a）	30.16	29.94	29.88	29.77	30.14	30.80	31.52	32.33	33.15	32.36	33.62
世界石油消费量[4]（10^8t/a）	32.99	33.28	33.37	33.49	34.15	34.94	35.66	36.50	36.82	37.49	37.85

续表

项目＼年份	1990	1991	1992	1993	1994	1995	1996	1997	1998	1999	2000
世界国内生产总值[5]（10^{12} $）	25.31	25.95	26.58	27.63	28.45	29.25	30.21	31.19	31.71	32.49	32.89
世界平均吨油综合成本[6]（$/t）	9.49	10.02	8.72	9.97	10.75	11.02	12.19	14.18	14.15	15.22	15.63
世界剩余可采储量[7]（10^8t）	4.70	4.88	4.89	4.88	4.98	5.08	4.92	4.88	5.03	5.19	4.83
视政经综合系数[8]	0.70	0.05	0.05	-0.50	-0.60	0.40	0.50	-0.30	-0.80	0.50	0.90

注：①由 Dubai、Brent、WTI 三处油平均价，资料来源：Plattds。

②摘自中国石油天然气集团公司石油经济和信息研究中心，国外石油工业统计，2000，187，资料来源：美国《油气杂志》历年年终号。

③摘自中国石油天然气集团公司石油经济和信息研究中心，国外石油工业统计，2000，199，资料来源：美国《油气杂志》历年 3 月。

④摘自中国石油天然气集团公司石油经济和信息研究中心，国外石油工业统计，2000，73，资料来源：美国能源情报署网站。

⑤由中国石油天然气集团公司石油经济和信息研究中心提供，资料来源：美国能源情报署网站，共统计 154 个国家与地区的数据。

⑥摘自中国石油天然气集团公司石油经济和信息研究中心、国外石油工业统计中的投资、石油及天然气产量计算，同时缺生产成本资料。

⑦为 DECD 国家数据，引自中国石化集团公司经济技术研究院译的剑桥能源研究协会《全球石油趋势（2002）》58。

⑧根据于民《石油经济研究报告集》与《国际石油经济》2000—2001 年各刊统计各历史事件，变通量化后计算。

视政经综合参数（Z）主要包含政府干预，政策变化（含企业或石油集团）、军事冲突，自然灾害、期货投机、气候变化、市场心理等因素。这些因素需要进行变通量化，按其影响程度给出强、中、弱 3 个等级，并按其为双向影响给出正负值。其变通量值见表 9-7-2。之所以称之为视政经综合参数，这是因为一则它未包括经济形势类参数但同时它包含了非政经参数。

表 9-7-2　变通量化表

影响程度＼因素		政府干预与军事冲突（Z_1）	政策变化（Z_2）	期货投机（Z_3）	气候变化（Z_4）	市场心理（Z_5）	石油替代品
正向	强	>0.90	>0.80	>0.50	>0.40	>0.30	>0.40
	中	0.40~0.90	0.40~0.80	0.30~0.50	0.20~0.40	0.10~0.30	0.20~0.40
	弱	<0.40	<0.40	<0.30	<0.20	<0.10	<0.20
反向	强	<-0.90	<-0.80	<-0.50	<-0.40	<-0.30	<-0.40
	中	-0.90~-0.40	-0.80~-0.40	-0.50~-0.30	-0.40~-0.20	-0.30~-0.10	-0.40~-0.20
	弱	>-0.40	>-0.40	>-0.30	>-0.20	>-0.10	>-0.20

若某年视政经综合参数内有多项内容，则按表 9-7-2 的变通量化值求取代数和。

另外，物价指数，汇率变化暂不予以考虑。

上述各比较数列列于表 9-7-1 内，并以此作图 9-7-1。从图 9-7-1 直观看出各因素大部分与油价相关性差。

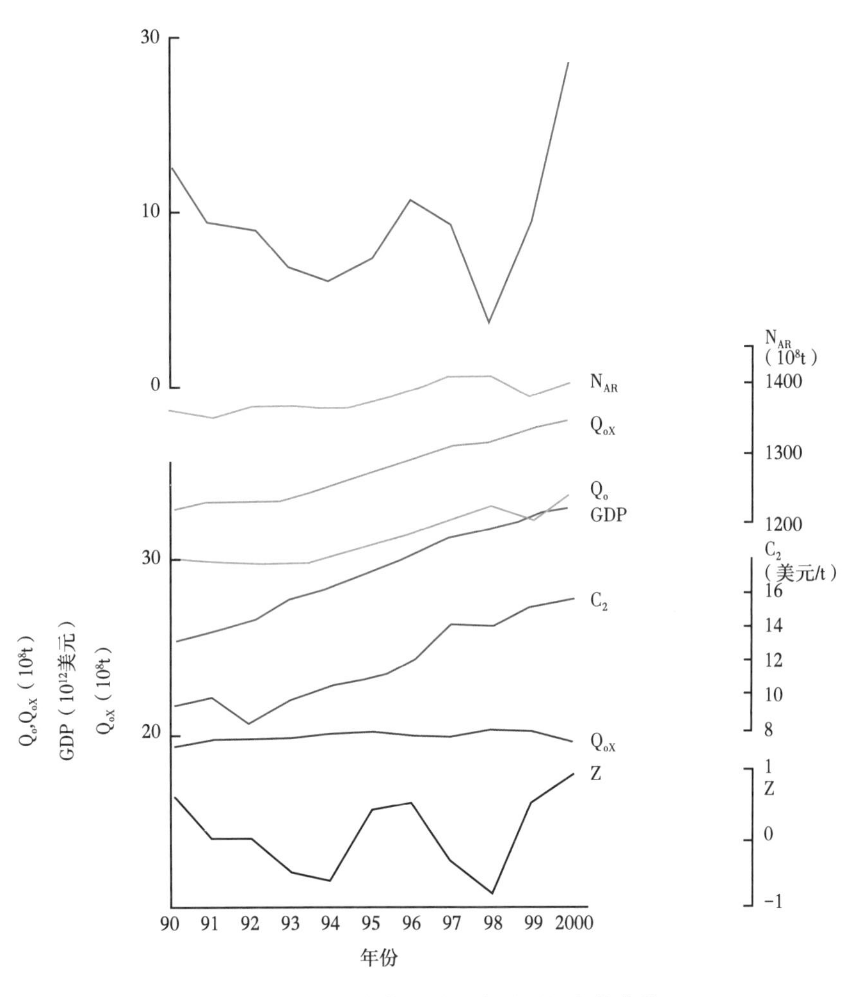

图 9-7-1　油价与各影响因素随时间变化曲线

3. 数学处理

由于各因素数据大小悬殊而且单位各异，同时有正向影响油价的因素如石油消费量 Q_{ox}、国内生产总值（GDP）、原油综合成本 C_Z，反向影响因素有剩余可采储量 N_{Rr}、原油产量或销售量 Q_o，双向影响因素有石油库存量 Q_{ok}，视政经综合系数 Z。这样很难进行比较分析，必须经过数学处理。

（1）初值化处理。

$$y_i = \left[\frac{x_{i(1)}}{x_{i(1)}},\ \frac{x_{i(2)}}{x_{i(2)}},\ \cdots\cdots \frac{x_{i(n)}}{x_{i(l)}}\right] \tag{9-7-2}$$

$$i=0,\ 1,\ 2,\ \cdots,\ m$$

（2）正向化处理。

$$y_i^{o}=\left[\frac{1}{x_{i(1)}},\ \frac{1}{x_{i(2)}},\ \cdots\cdots,\ \frac{1}{x_{i(l)}}\right] \tag{9-7-3}$$

式中，i 为反向影响因素数列号。

（3）坐标变换。

将有正负号的数据，统一变换正数。

本例 Z：$y=Y+1$

经数学处理后，结果见表 9-7-3。图 9-7-2 为各序列归一化的曲线在初如点（K=1）交于一点。

表 9-7-3　参考数列与比较数列数学处理后数值表

项目 \ 年份	1990	1991	1992	1993	1994	1995	1996	1997	1998	1999	2000
国际油价 y_0	1	0.8448	0.8304	0.7728	0.6966	0.7511	0.8941	0.8435	0.5763	0.7973	1.2437
世界剩余可采储量 y_1	1	1.0054	0.9993	0.9973	1.0009	0.9932	0.9821	0.9671	0.9671	0.9848	0.9735
世界石油产量 y_2	1	1.0074	1.0094	1.0131	1.0007	0.9792	0.9568	0.9329	0.9098	0.9321	0.8971
世界石油消费量 y_3	1	1.0088	1.0115	1.0152	1.0352	1.0591	1.0809	1.1064	1.1161	1.1364	1.1473
世界国内生产总值 y_4	1	1.0253	1.0502	1.0917	1.1241	1.1557	1.1936	1.2323	1.2529	1.2837	1.2995
世界平均吨油成本 y_5	1	1.0558	0.9189	1.0505	1.1328	1.1612	1.2845	1.4942	1.4910	1.6038	1.6470
世界石油库存量 y_6	1	1.0383	1.0404	1.0383	1.0596	1.0809	1.0468	1.0383	1.0681	1.1043	1.0277
视政治综合系数 y_7	1	0.6176	0.6176	0.2941	0.2353	0.8235	0.8824	0.4118	0.1176	0.8824	1.1176

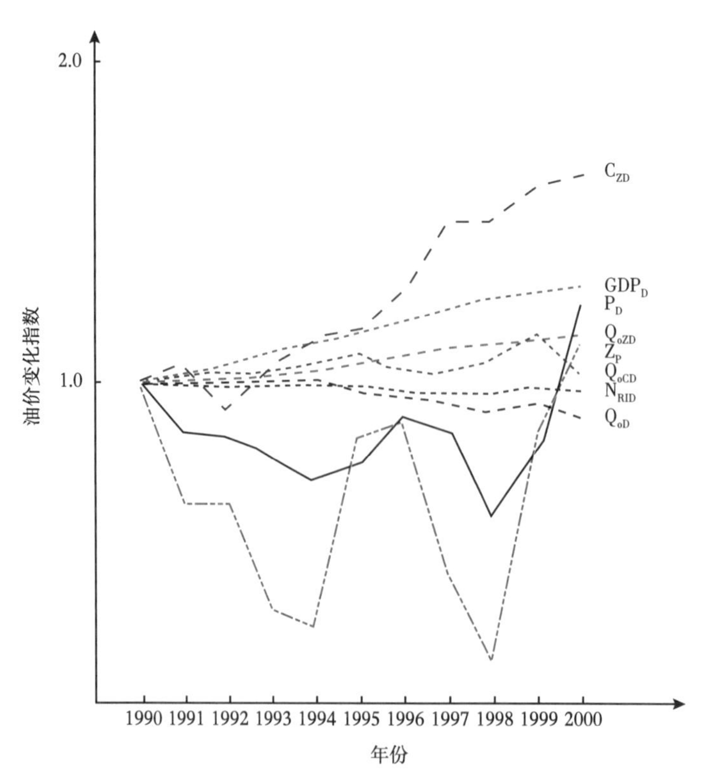

图 9-7-2　数字处理后的油价与各影响因素随时间变化曲线

（二）求关联系数与关联度序列

计算结果与评价结果见表 9-7-4。

表 9-7-4 比较序列与参考序列的关联度、密切对比度及评价

	1990—1994 年				1994—1996 年				1996—1998 年				1998—2000 年				1990—2000 年			
	r_{oi}	B_{or}	排序	密切级	r_{oi}	B_{or}	排序	密切级	r_{oi}	B_{or}	排序	密切级	r_{oi}	B_{or}	排序	密切级	r_{oi}	B_{or}	排序	密切级
N_{Rr}	0.6850	1.0000	1	十分密切	0.9127	0.9605	5	十分密切	0.7645	0.9765	2	十分密切	0.8903	0.9893	4	十分密切	0.7027	0.9643	3	十分密切
Q_o	0.6214	0.9072	2	密切	0.9052	0.9526	6	十分密切	0.7829	1.0000	1	十分密切	0.8896	0.9886	5	十分密切	0.7287	1.0000	1	十分密切
C_Z	0.6157	0.8980	3	密切	0.9052	1.0000	1	十分密切	0.6370	0.8136	6	较密切	0.8999	1.0000	1	十分密切	0.5784	0.7937	7	较密切
Q_{oX}	0.6147	0.8974	4	密切	0.9316	0.9804	3	十分密切	0.7208	0.9207	4	密切	0.8914	0.9906	3	十分密切	0.6802	0.9334	4	密切
Q_{oK}	0.5915	0.8634	5	密切	0.9206	0.9688	4	十分密切	0.7537	0.9627	3	十分密切	0.8891	0.9880	6	十分密切	0.6694	0.9186	5	密切
GDP	0.5758	0.8406	6	较密切	0.9362	0.9853	2	十分密切	0.7109	0.9080	5	密切	0.8923	0.9916	2	十分密切	0.6321	0.8674	6	密切
Z	0.5435	0.7934	7	较密切	0.5569	0.5861	7	欠密切	0.5623	0.7182	7	较密切	0.5695	0.6328	7	欠密切	0.7106	0.9752	2	十分密切

（三）动态关联度分析

将 1990—2000 年 11 年分为 5 个时段。第一时段 1990—1994 年，总的油价趋势是下降的，由每桶 22.94 美元降至 15.98 美元。从关联度看影响油价下降的前三位因素，主要是产量波动，成本上升，当年储采基本上平衡，自 1990 年海湾战争以来，市场供需趋于平衡，但 1993 年欧佩克严重超产，影响油价下滑，这种影响一直延续到 1994 年，同时以投资为主体的生产综合成本上升，上升速度年均 3.44%，但其内在因素是世界剩余可采储量平稳，储采比在 45.5a 波动。另外石油库存量亦平稳增加。

第二时段 1994—1996 年，油价为上升趋势。从关联度看，虽然剩余可采储量，产油量、消费量，库存量，GDP 与油综合成本均与油价上升有十分密切的关系，但前三位的影响因素为成本上升，经济增长与消费量的增加，它们促使油价上涨。

第三时段 1996—1998 年，油价总趋势是下降的。影响油价变化的前三位因素是年产量的增加，剩余可采储量增加与库存量的波动，出现了严重的供大于求，另外亚洲金融危机影响也波及到油价。因此油价 1998 年下降到最低点。

第四时段 1998—1990 年，油价由每桶平均 13.22 美元上升到 2000 年的 28.53 美元。

关联度前三位因素是成本、GDP、消费量。由于欧佩克减产，库存下降，出现了供不应求，经济增长。气温低，促进了消费增长。另外，巴以冲突、投机商活动，均使油价大幅度地上涨。

第五时段1990—2000年，11年间油价变化趋势是两降两升，总体上看，关联度为十分密切级的有年产油量，视政经综合系数，剩余可采储量，密切级为石油消费量，石油库存量与GDP，而成本则降至较密切级。有趣的是视政经综合系数，在其他时段关联度均为较低级别，而整体上它上升到第二位。实际上纵观11年的历程，欧佩克石油政策变化，增减产油措施的频繁，政府干预与军事冲突，气候变化、投机商的期货投机等时时发生，充分地证实了视政经综合系数的影响程度，是一个不可忽视的影响因素。

从上面简单分析看出不同的局部时段其主要影响因素不同，有些因素的作用不突显，但整体上各因素均不同程度影响着油价变化，年产油量，视政经综合系数，剩余可采储量，年石油消费量，世界各国的国内生产总值、年石油库存量的关联密切对比度大都在0.85以上，仅以投资为主体的吨油成本的关联度稍小（0.7937）。说明这七个因素的筛选与分析是符合客观实际的，油价影响因素的关联分析方法是油价定量分析较好的方法。

三、基本看法

影响油价变化的因素众多，并具有不确定性，它们之间的关系大多为非线性的，因而准确地油价预测是困难的，但是，只要正确地认识油价变化影响因素的不确定性，运用现代数学理论、复杂性科学理论，先进的科学技术尤其是计算机技术及改传统的思维方式为创新辩证思维方式，构建具有自我学习自我调整智能智慧型油价预测模型，油价较准确地预测，不是不可能的。

油价变化在不同时期其主要影响因素是变化的。影响油价因素的关联分析，说明年产油量、年剩余可采储量、年石油消费量、视政经综合系数、国内生产总值、年石油库存量、吨油成本等因素是影响油价的最基本参数（实际上还应包括科技进步贡献率）。而关联分析方法是定量分析油价变化较好的方法。但关联分析方法目前仅对已发生的数据进行分析，若对预测数据进行分析则具备不确定性。

如果资料丰富，可以选择更多的时间序列统计指标，进行油价的关联分析，使影响因素更具有代表性和科学性。

第八节　油价变化规律及变周期阻尼振荡模型

油价预测被称为世界难题，其原因：一是影响油价因素众多，其不确定性强，各因素间关系复杂，大都为非线性的处在4D空间的变化之中。二是油价自身变化的不确定性，似乎无规律可循，难以掌握它的发展态势，常规的预测原理即惯性原理，常用的方法即具为时间外延可能性的外推法难以建立相应的预测模型。但是客观事物总是逐渐要被人类认识的。本节试图在油价变化规律上作一探索。

一、半个世纪以来油价变化的简单回顾

自1859年美国宾夕法尼亚州用现代钻井方法打出第一口现代工业油井以来，已经过去近160余年了。第二次世界大战前由少数石油公司决定油价，第二次世界大战以后相当长的

时间内，国际油价基本上由被称之为“石油七姊妹”的美国为主的七家跨国石油公司所掌握。这个期间，油价虽有变化，但波动不大。但 1948 年实行“双重基点价格制”之后，中东原油价格大幅度下降，而美国得克萨斯州原油价格不变。战后原油标价的不断下降，使石油输出国的经济利益受到严重损害，因此，夺回石油主权斗争连绵不断。经第三世界产油国的不懈努力终于在 1973 年夺回了石油主权，尤其是石油标价权，西方七大石油公司的垄断体系瓦解。但争夺石油主权即资源控制权——原油生产权、油价标定权和利润分配权的斗争从未停止，从而进入了“石油战国”时代。这个争夺或明或暗，时而激烈时而温和，再加上影响油价的因素变幻无穷，就使自 1973 以来的油价处于大激荡之中。如图 9-8-1 所示。

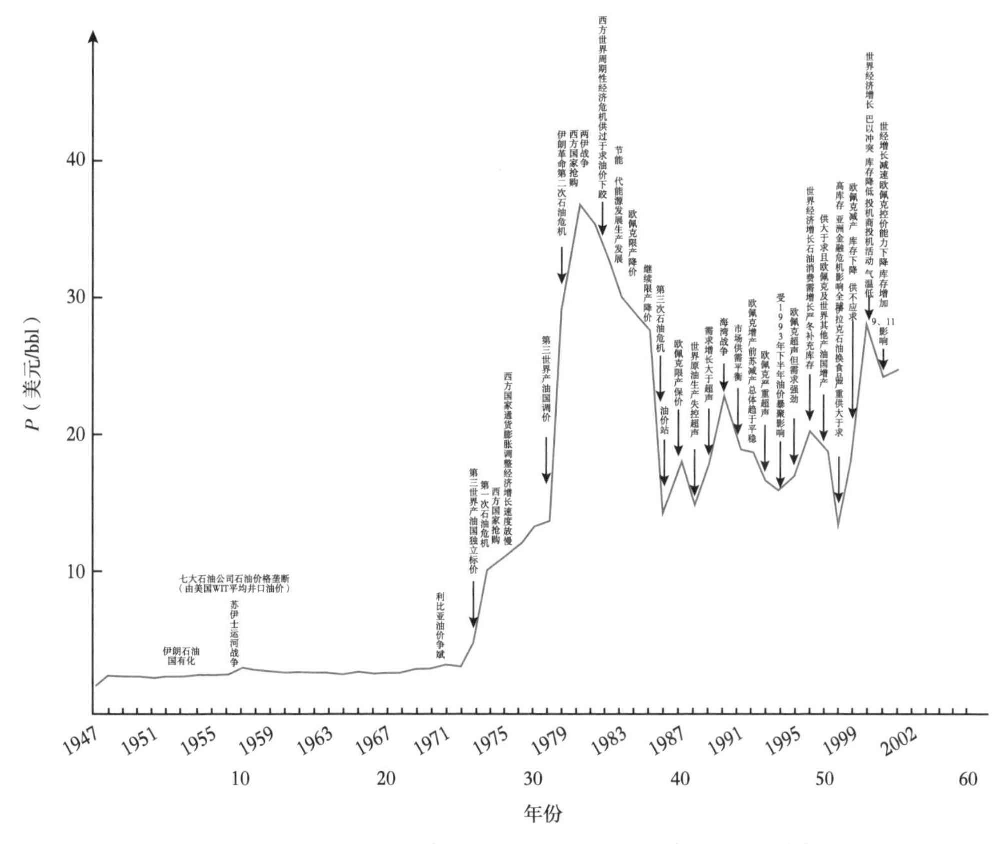

图 9-8-1　1947—2002 年国际油价变化曲线及其主要影响事件

从图 9-8-1 看出，从 1973 年以后，油价呈上升趋势，直到 1980 年平均油价每桶达 36.83 美元，个别月份甚至突破每桶 43 美元，而 1998 年平均油价又跌至每桶 10 美元以下，这样大幅度的变化，必然会给世界经济带来巨大影响。

二、世界对国际油价预测的探索

国际原油价格预测是一个世界级难题和极复杂的问题，长久以来，价格预测一直是经济学、政治学、社会学等诸多学科领域学者、专家十分关注和并积极探索的领域。在 1973 年以前国际油价变化不大，处于较低的水平。虽然争夺石油主权斗争连绵不断，但很少有人去关注石油市场的变化。1973 年和 1978 年爆发两次石油危机，油价处于变化之中，给世界经济发展带来了很大影响，也使得学者、专家重视油价预测问题。关于石油价格预测的研究，我国起步较晚。随着先进技术被不断引进，国内对于石油价格预测的研究，也取得了一定的成果。近些年我国关于国际油价的研究基本上与世界同步。目前，国内外许多机构，包括一些国际组织、政府机构、大石油公司、投资银行、高等院校和研究单位都不断地进行国际油价预测，从不同角度建立各种模型和理论，力求解释油价波动的原因与机理，对油价未来走势进行预测。

最初，油价预测是通过经济学中的供求关系来分析其波动原因，预测油价走向。随着经济学的不断发展，出现了经济计量模型，实质上是统计学在经济学中的应用，是经济学、数学和统计学的结合。如自回归移动平均模型、广义自回归条件异方差模型、非参数自回归模型、误差修正模型、随机游走模型等被一些经济学家用来预测油价的走势，但是效果并不理想。之后，随着复杂性科学的发展，一般系统论、信息论、控制论以及耗散理论、协同理论、模糊理论、灰色理论、突变理论、混沌理论、分形理论、超循环理论、泛系理论、运筹学等等先后问世，非线性油价预测方法也不断丰富。当计算机和数据挖掘技术的迅速发展，人工智能的概念被提出，紧接着一批基于机器学习的人工智能预测方法出现了，如人工神经网络，支持向量化等经典预测方法。从而实现了对非线性数据的建模，并在预测领域取得了突破性进展。实证研究都证明了它们的非线性数据建模能力是优于传统计量模型的。但人工智能模型的参数敏感性和局部最优问题，使其并不能完美解决油价预测这个难题。随着预测技术的不断发展，学者们基于“集成”的思想，考虑将传统计量模型与人工智能模型优劣进行互补，构建混合模型，即集成模型。通过两者之间特点的混合互补，体现出其独特的优势，成为近年来时序预测领域中一个发展新趋势。集成模型主要是指在数据研究过程中集成了两个或两个以上不同方法的分析与预测模型，而相对应的单模型仅依靠一个算法完成数据的分析与预测工作。集成模型的基本思路是，多方法取长补短、扬优抑劣，科学有序组合。

传统计量模型、复杂非线性模型、人工智能模型、集成模型、模拟仿真模型等都不同程度显示预测国际油价的功效。

三、对国际油价变化规律的初探

在商品经济中，各种商品总是按照它们的价值，即按照生产它们所花费的社会必要劳动时间来进行交换，并按照价值相等的原则互相交换。这就是政治经济学中所说的价值规律。它是客观的必然性，不以人们的意志为转移的、在商品经济社会条件下的客观规律。尽管石油在现代经济社会中，是具有战略地位的特殊商品，但它毕竟是商品。是商品就要遵守价值规律或者说遵守供需变化规律。说它特殊是因为它资源的有限性和目前不可替代性。价格是商品价值的货币表现。价格与价值不一致是经常性的。而目前石油的价格远高于它的价值，它的上涨下跌一般是高价位的振荡。恩格斯指出:“只有通过竞争的波动从而通过商品价格的波动，商品生产的价值规律才能得到贯彻，社会必要劳动时间决定商品价值这一点才能成为现实”。石油商品价格围绕价值波动正反映出它遵循价值规律。但是，石油是特殊的商品，影响因素多且复杂，因此，国际油价变化规律不能仅以石油的价值规律来表现，而是多因素综合影响的结果。

（一）油价预测阻尼振荡数学模型

观察 1976—2002 年共 27 年油价的变化图 9-8-2 似乎有某种规律，即 1978—1999 年 21 年是一个波动周期，从 2000 年开始又进入另一个周期。如果解剖 1978—1999 年周期（称之为第Ⅰ大周期或称拟合周期）发现，如果剔除某些明显异常点，如 1980 年、1987 年、1998 年等点，用平滑曲线勾出（图 9-8-2 中拟合油价），则看出是一个振幅由大到小的非等周期阻尼振荡曲线或称振荡衰减曲线。是振荡，就应有振荡中心，从政治经济学角度这个振荡中心应是价值。从实际统计看该振荡中心为 18.40 美元处。一般说这个 18.40 美元应反映当期的社会必要劳动时间所决定的价值，但是否准确，需另行探讨。

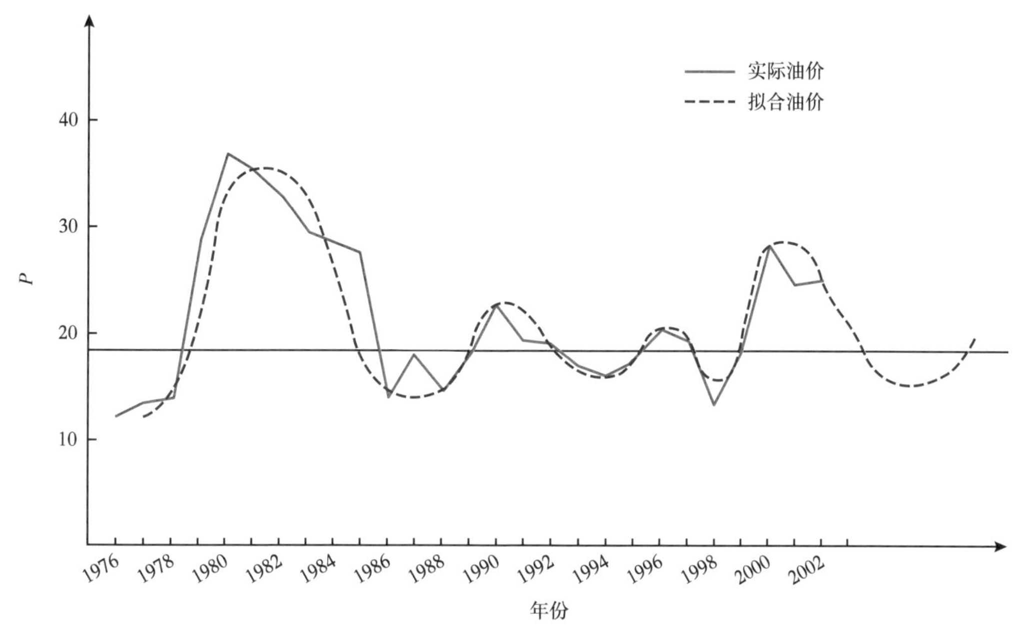

图 9-8-2　油价拟合曲线示意图

从上述分析看出，在第Ⅰ周期，油价变化大体遵循非等周期阻尼振荡规律。

既是阻尼振荡，就要受内、外力的作用。内力主要表现在：已探明可采储量及控制程度，石油生产能力及产量的增减、生产成本及投资的大小、母国的经济发展程度与科技水平高低、母国政府的外交政策与经济政策、石油战略及石油企业的石油战略与政策、母国的石油安全战略及石油库存量、母国的能源结构及石油替代品的研发程度等。外力主要表现在：世界石油和成品油的消费量与需求量、世界石油科技发展水平、世界经济发展态势、气候变化与环保要求、石油投机商的投机活动程度、外来势力的渗透能力与渗透程度、某些权威专家对油资源与产量的预测、市场心理作用、区域政治与经济变化的突发性等。内外力互相影响，互相作用，互相促进，互相约束，而有些因素既可为外力亦可为内力，或时而表现为内力，时而表现为外力。油价的涨落就是内外力综合作用的结果。而且受力越大，油价涨落幅度越大。1973 年以后第三世界产油国与西方资本主义世界各跨国石油公司斗争日益激烈，内外力的综合作用更加强烈，斗争的结果出现了两次世界石油危机，油价大幅度涨落，严重的影响了世界经济的发展态势。由于内外力的激烈碰撞使油价大幅度上升，1980 年平均油价达每桶 36.83 美元。有趣的是油价由每桶 13.87 美元上升至

36.83 美元，用了两年时间，而回落到类似价位即 1986 年每桶 14.14 美元，则用了 6 年时间。这种升快降慢的现象正是内外力此消彼长的结果，而且始终处于动态变化之中。

为了探索国际油价变化规律，笔者在 2004 年初提出《油价阻尼振荡数学模型及其预测模型》，根据数学物理原理，油价阻尼振荡数学模型为：

$$P = Ae^{-\beta t}\sin\left(\frac{2\pi t}{T}+\varphi_{o}\right) \qquad (A>0) \qquad (9-8-1)$$

式中，P 为油价；A 为振幅；β 为阻尼系数；T 为振荡周期；t 为时间；φ_o 为初相角。

依 1978—1999 年的 Dubai、Brent、WTI 三处油价平均油价数据见表 9-8-1 和图 9-8-3。

表 9-8-1　1978—1999 年各年平均油价表

序号	0	1	2	3	4	5	6	7	8	9	10
年份	1978	1979	1980	1981	1982	1983	1984	1985	1986	1987	1988
油价(美元/bbl)	13.87	28.81	36.83	35.44	32.81	29.54	28.70	27.68	14.14	18.17	14.71
序号	11	12	13	14	15	16	17	18	19	20	21
年份	1989	1990	1991	1992	1993	1994	1995	1996	1997	1998	1999
油价(美元/bbl)	17.85	22.94	19.38	19.05	16.81	15.98	17.23	20.51	19.35	13.22	18.29

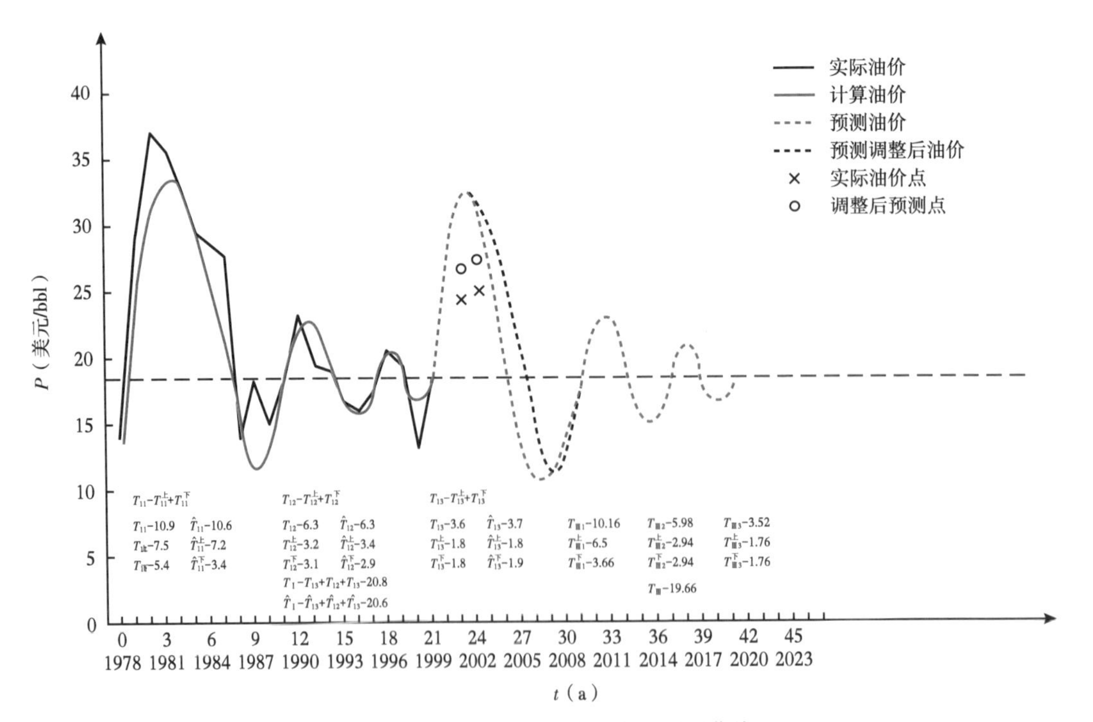

图 9-8-3　油价变化规律拟合及预测曲线

注：按 Dubai、Brent、WTI 三处油价平均

$$\hat{p} = 24.1137l^{-0.1344t}\sin\frac{k_i\pi}{T_{0.5j}} + 18.4 \tag{9-8-2}$$

式中，$\hat{p}$ 为预测油价；t 为年数；k_i 为第 i 年的周期时间；$T_{0.5j}$ 为第 j 半周期时间，上半周期为正，下半周期为负，实际上正负应表示振幅峰谷。

经检验，公式(9-8-2) 的关系是高度显著的，平均残差为 8.78%，精度为 91.22% 。预测区间上限为 $\hat{p}+6.78$，下限为 $\hat{p}-6.78$ 或则 $0.90p \leqslant \hat{p} \leqslant 1.10p$，预测上限为 $\hat{p}/0.90$，预测下限为 $\hat{p}/1.10$。

按式（9-8-2）综合预测，2000—2009 年预测结果见表 9-8-2。

表 9-8-2　预测结果表

t	0	1	2	3	4	5	6	7	8	9	10
y	1999	2000	2001	2002	2003	2004	2005	2006	2007	2008	2009
P(美元/bbl)	18.29	28.53	24.50	24.95							
$\hat{P}$(美元/bbl)	18.40	28.53	25.85	26.58	30.15	25.00	20.47	15.27	12.13	13.64	17.22
ΔP(美元/bbl)	−0.11	0	−1.35	−1.63							
e（t）%	−0.60	0	−5.61	−6.53							

注：预测值为 Dubai、Brent、WTI 三处平均值。

实际预测时间不宜太长，以短期、中长期为宜，即一般预测三五年以内。因为油价变化的不确定性强，预测时间愈长，未来不确定性更难估计，时间愈长，预测误差愈大。若预测相对误差控制在±10%内就是相当精确的结果。

由此看出：

（1）油价是一个多因素影响，具有高度不确定性的参数，把握多因素，认识与承认不确定性，并从中发现其变化规律，有可能对油价进行较高精度的预测，力争使预测误差在允许范围内。

（2）从 1978—1999 年的各年油价数据看出，油价的变化初步可以认为是遵循非等周期阻尼振荡规律，它受内、外力的综合作用，在石油商品价值中心上下振荡。内外力作用愈强，振荡幅度愈大，回落中心位置愈慢。

（3）建立的油价预测模型，在显著性水平 $\alpha=0.01$ 时，其相关关系是高度显著的，说明拟合精度高，基本上符合 1978—1999 年间油价变化规律。不剔除异常点时，其精度为 91.22%，说明各参数（A、T、β）的确定是基本符合实际的。

（4）利用非等周期阻尼振荡预测模型，经异常点调整预测了 2000—2009 年共 10 年的油价，2000—2002 年各油价作为检验数据，证明前三年预测相对误差为 4.05%。预测的时间愈长，其精度愈低，一般以三五年为宜，然后再依据实际发生的油价经分析认定，调整相应参数（A、T、β）对下 5 年预测即所谓滚动预测。另外，亦可调整 18.4。若将预测结果控制在±10%范围内，则预测上限为 0.90，下限为 1.10。

（5）油价预测的难度很大，本书所提出的预测模型尚需实践检验，存在问题与缺欠在所难免，尤其是未来时间的不确定性因素难以估计，它必然影响预测精度。

（二）国际油价预测阻尼振荡数学模型的反思

2004 年 2 月该模型在《国际石油经济》发表后就受到学者的质疑，主要认为模型拟合度较高，只要改变模型参数就可达到所需的拟合度，而且按照统计学的规律建立的模型缺乏适应性。面对质疑，我进行了认真的思考，质疑有合理部分，即拟合度高的模型不见得就能准确或基本准确地预测未来，但也有2个观点并不赞同：（1）“改变模型参数就可达到所需的拟合度”。这是存在的，不仅在统计学存在，也在油田开发常用的方法如数值模拟中也要改变参数以提高历史数据的拟合度。拟合度高说明该项目的拟合符合它的历史的变化规律；（2）“按照统计学的规律建立的模型缺乏适应性”。这不一定。关键在于按照统计学规律建立的模型是否符合实际的客观规律，是否能用惯性原理和连续性原理预测未来的变化规律，不应一概否定。

1. 关于国际油价预测变周期阻尼振荡数学模型

在思考某学者的质疑意见时，确实感到油价预测变周期阻尼振荡数学模型存在问题。

$$P = Ae^{-\beta t}\sin(\omega t + \varphi_o) \qquad (A > 0) \tag{9-8-3}$$

$$因为\ \omega = \frac{2\pi}{T}$$

$$所以\ P = Ae^{-\beta t}\sin\left(\frac{2\pi}{T} + \varphi_o\right) \qquad (A > 0) \tag{9-8-4}$$

式中，P 为油价；A 为振幅；β 为阻尼系数；ω 为角速度；t 为时间；φ_o 为初相角。

油价变周期阻尼振荡预测模型为：

$$\hat{P} = 24.1137e^{-0.1344t}\sin\frac{k_i\pi}{T_{0.5j}} + 18.4 \tag{9-8-5}$$

将式（9-8-5）称之为1.0版（2004年2月）预测模型。

当时文章的结论有5点，其中建立的油价预测模型，在显著性水平 $\alpha=0.01$ 时，其相关关系是高度显著的，说明拟合精度高，基本上符合1978—1999年间油价变化规律。不剔除异常点时，其精度为91.22%，说明各参数（A、T、β）的确定是基本符合实际的。

利用非等周期阻尼振荡预测模型，经异常点调整预测了2000—2009年共10年的油价，2000—2002年各油价作为检验数据，证明前三年预测相对误差为4.05%。

问题是：该结论虽然叙述了参数 A、T、β 可调整，也就是可变的，但实际操作却视为不变，尤其是振荡中心B值未及时改变。即是将油价预测异常复杂问题做了简单化处理，其结果必然不会符合实际。

后经2003—2009年实践检验，确实证明2004年2月原预测模型预测的结果误差大，拟合度高并不等于预测精度高。如图9-8-4所示。

2. 对非等周期阻尼振荡预测模型的修正

在《国际石油经济》编辑部转达了质疑意见后，认为作为探讨性文章，各抒己见并未及时修正。过了数年，又学习领会翁文波院士的《预测论》等著作，2006年12月对1.0国际油价预测模型（2004年2月版）进行了修正。

（1）2.0国际油价预测模型预测假设。

根据1948—2004年57年油价变化实际资料，作如下假设：

①大周期（T）即 A_{min} 至 A_{max} 起止时间约为20年左右，两大周期间存在一过渡期；

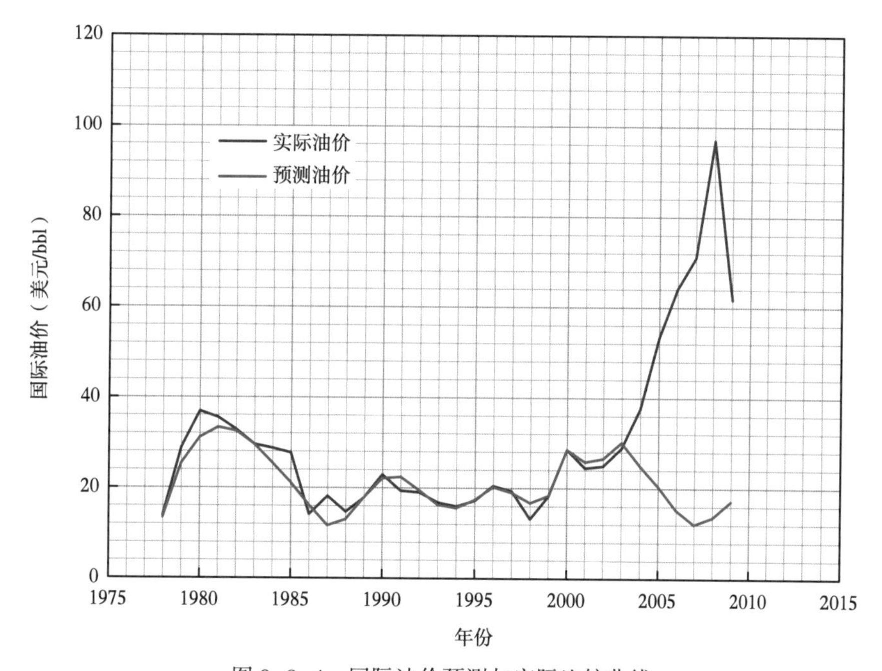

图 9-8-4 国际油价预测与实际比较曲线

注：图中国际油价按 Dubai，Brent，WTI 三处油价平均

②最大振幅 A_{max} 随时间有变小的趋势。

（2）2.0 国际油价预测模型。

当时间大于 10 年的未来预测，称之为远程预测。时间愈远，预测中的不确定性愈多，突发性事件的可能性愈大。因此，远程预测在一定意义上是概念性预测。本文试图预测 2003—2020 年共计 18 年的油价变化。β、k_i 值均借用 1.0 版拟合模型值，并将 2003 年作为预测起点，B 值按式（9-8-6）计算。当 $n=4$ 时，取整并参照 2003 年实际油价，则 $B=30$；$n=5$ 时，$B=40$。

①B 值的拟合。

修正 1：将原模型的 B 值按大周期计算，改为按 1978—1999 年小周期震荡中心值统计回归为：

$$B=2n^2-10n+30 \quad (9-8-6)$$

$$R^2=1$$

②第三大周期预测模型。

修正 2：最大振幅重新计算。根据 2004 年实际油价为 37.53 美元/bbl，当 $t=1$ 时，则 A_m 为：

$$A_m=(37.53-30)/\mathrm{e}^{-0.119}\sin\frac{0.8\pi}{7.5} \quad (9-8-7)$$

解得：

$$A_m=25.79$$

故第三大周期预测模型为

$$\hat{P}_o = 25.79e^{-0.119t}\sin\frac{k_i\pi}{T_{0.5j}} + 30 \tag{9-8-8}$$

③大周期间过渡期油价估算。

设第三、第四周期间的过渡期为 3 年。

a. 确定 B 取前次与本次大周期的平均值；

b. 确定 k_i 按前次大周期末续取两点及本次大周期第一点取值；

c. 确定 T 按前次大周期第 1、2 小周期的上升期取值；

d. 确定 A_m 借用前次大周期预测模型之 A_m；

e. 确定 β 借用 $\beta=0.119$。

将上述各值代入式（9-8-8）求之。

④第四大周期预测模型。

因无实际油价数据，故借用 2004 年的实际油价 37.53 美元/bbl，但此时 $k_i=1$，$t=1$。

$$A_m = (37.53 - 30)/e^{-0.119}\sin\frac{\pi}{7.5} \tag{9-8-9}$$

解得：$$A_m=20.85$$

故第四大周期预测模型为：

$$\hat{P}_o = 20.85e^{-0.119t}\sin\frac{k_i\pi}{T_{0.5j}} + 40 \tag{9-8-10}$$

（3）油价预测异常点可公度性预测。

修正 3：运用可公度法预测油价的异常点。

预测大致分为两大类，即以统计学为基础的统计预测和以信息学为基础的信息预测。翁文波院士创造性地提出了信息理论体系。可公度性方法是主要方法之一。该方法的基本特点是：它是周期性的扩张，与周期性有很大的差别；它是从局部到个别的研究方法；它可使所研究的对象包含的信息失真少；它基本上是唯象方法。从此基本点出发，运用可公度性预测方法，进行油价预测中异常点的研究。

现将 1978—1999 年预测油价与实际油价的相对误差 e(t) ≥±20%视为异常点，共为 5 次，即 1985 年、1987 年、1988 年、1991 年、1998 年。用指标代数的形式，运用五元可公度间隔外推式预测在 2003—2024 年间的油价异常点。

［5，4，3-1，1］=2007，［5，5，2-4，1］=2007，［4，4，5-3，1］=2007，［5，5，2-3，3］=2007

$X=11$，$\lambda_x=5.77$，$(1-\alpha)\geqslant 90\%$，$\bar{X}=2007$

［4，4，5-1，1］=2010，［5，5，3-2，2］=2010，［5，5，2-3，1］=2010

$X=8$，$\lambda_x=2.69$，$(1-\alpha)\geqslant 92\%$，$\bar{X}=2010$

［5，5，3-2，1］=2012，［5，5，4-3，2］=2012，［5，5，5-4，4］=2012

$X=7$，$\lambda_x=1.45$，$(1-\alpha)\geqslant 95\%$，$\bar{X}=2012$

［5，5，3-1，1］=2014，［5，5，4-3，1］=2014

$X=5$，$\lambda_x=0.70$，$(1-\alpha)\geqslant 85\%$，$\bar{X}=2014$

[5, 5, 4-2, 1] =2015, [5, 5, 5-4, 3] =2015

$X=4$, $\lambda_x=0.46$, $(1-\alpha)\geqslant 80\%$, $\overline{X}=2015$

异常点为2007年、2010年、2012年、2014年和2015年。

式（9-8-8）和式（9-8-10）为2003—2015期间2.0预测公式。预测结果见表9-8-3和图9-8-5。

表9-8-3　2003—2022年国际油价预测表

t（a）	2003	2004	2005	2006	2007	2008	2009	2010	2011	2012
$\hat{p}_o$（美元/bbl）	30（29.04）	37.53（37.53）	43.92	46.64	46.02/59.83	42.87	38.25	33.24/43.21	27.28	21.76/28.29
t（a）	2013	2014	2015	2016	2017	2018	2019	2020	2021	2022
$\hat{p}_o$（美元/bbl）	23.33	29.36/38.17	34.78/45.21	35.25	31.41	27.18	26.2	28.65	32.62	30.92

注：（）内为实际油价，"/"下为异常油价。

按2.0国际油价预测模型并结合可公度法预测2005—2020年国际油价变化，预测结果与2006年以后实际发生的国际油价仍有需进一步研究的问题，如图9-8-5所示。

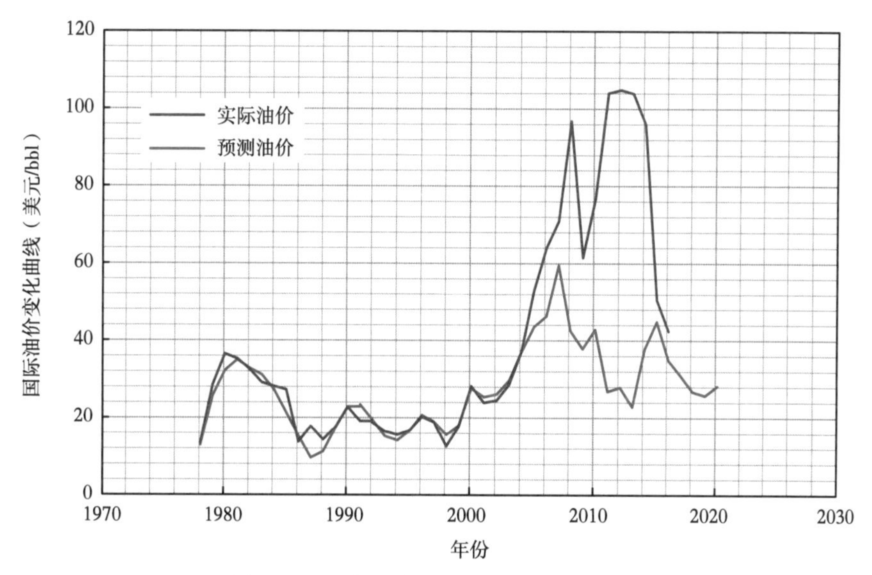

图9-8-5　实际与预测国际油价变化曲线

注：图中国际油价按Dubai，Brent，WTI三处油价平均

从该图中看出的是2004—2010年间预测油价比实际油价变化幅度虽然低很多，但形态变化相似。然而，2010—2015间预测油价与实际油价变化似乎是南辕北辙，变化相反出现异常。这些异常的出现是因为发生了战争使国际油价一路攀升。2003—2011年的伊拉克战争，使2008年国际油价每桶高达97美元；2011年的利比亚战争及持续数年的"阿拉伯之春"，使2011年至2014年间国际油价每桶始终在100美元徘徊。这些特殊情况在2006年用式（9-8-10）进行预测时是完全没有想到的。

（4）3.0 国际油价预测模型。

对于国际油价预测笔者完全是业余型，既无预测国际油价的专业知识，也无暇顾及。只是在 2016 年拟写作《油田开发系统论》整理旧文时，找到 2006 年的文章《国际油价的远程预测》，就想用实际国际油价数据检验预测结果，发现了图 9-8-5 中的情况，于是又激发笔者的兴趣，对 2.0 国际油价预测模型进行再修正。

国际油价的跌宕起伏，影响油气开采行业自不待言，也会影响钢铁行业、化纤行业、装备制造行业、采矿行业、物流行业、基建行业、航运行业等。因此，国际油价的预测将会引起人们的密切关注。对油田开发来说，油价预测大多应用于项目的经济评价中，对预测精度的要求在许可范围（±20%）即可。故，有必要再对油价预测公式进行修正。

①修正预测模型参数。

振荡中心值 B 在 1978—2003 年 26 年间，其小周期中心值统计值，见表 9-8-4。

表 9-8-4　B 值统计表

n	1	2	3	4	5	6	7
B	22	18	18	26	40	58	83
小周期区间（年）	1978—1990	1990—1995	1995—1999	1999—2003	2003—2006	2006—2011	2011—2015

注：2003—2015 年为按（9-8-11）式的预测值。

经处理可得出如下近似关系：

$$B=3n^2-13.8n+33 \tag{9-8-11}$$

$$n=4;\ R^2=0.9818$$

在油价预测异常点可公度性预测，用指标代数的形式，运用五元可公度间隔外推式预测在 2003—2020 年间的油价异常点扩大范围。

第三大周期的异常点为 2007±0.5（2006、2007、2008）、2010±0.5（2009、2010、2011）、2012±0.5（2011、2012、2013）、2014±0.5（2013、2014、2015）、2015±0.5（2014、2015、2016）年，这里仅将其中正值标在图 9-8-6 中。

在 3.0 国际油价预测模型中，预测模型为：

$$\hat{P}_o=20.85e^{-0.119t}\sin\frac{k_i\pi}{T_{0.5}}+B_i \tag{9-8-12}$$

通用模型为：

$$\hat{P}_{oijt}=A_{ij}e^{-\beta it}\sin\frac{k_{ij}\pi}{T_{0.5ij}}+B_{ij}(A_{ij}>0) \tag{9-8-13}$$

式中，$\hat{P}_{oijt}$为第 i 种预测模型第 j 小周期区间 t 时间预测的油价；A_i 为第 i 种预测模型的振幅；β_{it}为第 i 种预测模型 t 时间阻尼系数；k_{ij}为第 i 种预测模型第 j 小周期区间 t 时间周期内年分量值；t 为时间；B_{ij}为第 i 种预测模型第 j 小周期区间 t 时间振荡中心值。

运用式（9-8-5）其中 B_i 采取 2003—2015 年滚动预测值，并与异常点调整联合应用，计算结果为表 9-8-5 和图 9-8-6。

表 9-8-5　3.0 国际油价预测模型预测结果表

年	2003	2004	2005	2006	2007	2008	2009	2010	2011
实际国际油价	28.90	37.73	53.39	64.29	71.12	96.99	61.76	77.01	104.16
预测国际油价	30.00	37.53	43.92	64.64	77.83	60.87	56.25	61.21	70.28
异常点			43.92	77.57	93.40	73.04	67.50	73.45	84.34
年	2012	2013	2014	2015	2016	2017	2018	2019	2020
实际国际油价	104.96	104.04	96.13	50.77	42.75				
预测国际油价	71.29	66.33	86.17	88.21	35.25	31.41	27.18	26.20	28.65
异常点	85.55	79.60	103.40	105.85	42.30	31.41			

注：实际油价为 Dubai，Brent，WTI 三处油价年均值，仅收集至 2016 年。

从图 9-8-6 看出的是 3.0 版的预测公式预测结果与实际结果的变化趋势大体相当，若考虑异常点则更接近实际结果，但预测的 2007 年点与 2008 年的实际点错位，其后各点均有所错位，尤其是预测 2013 年、2014 年、2015 年点与实际的 2011 年、2012 年、2013 年点错位，使预测误差大，误差范围在 18.5%~23.5%之间。

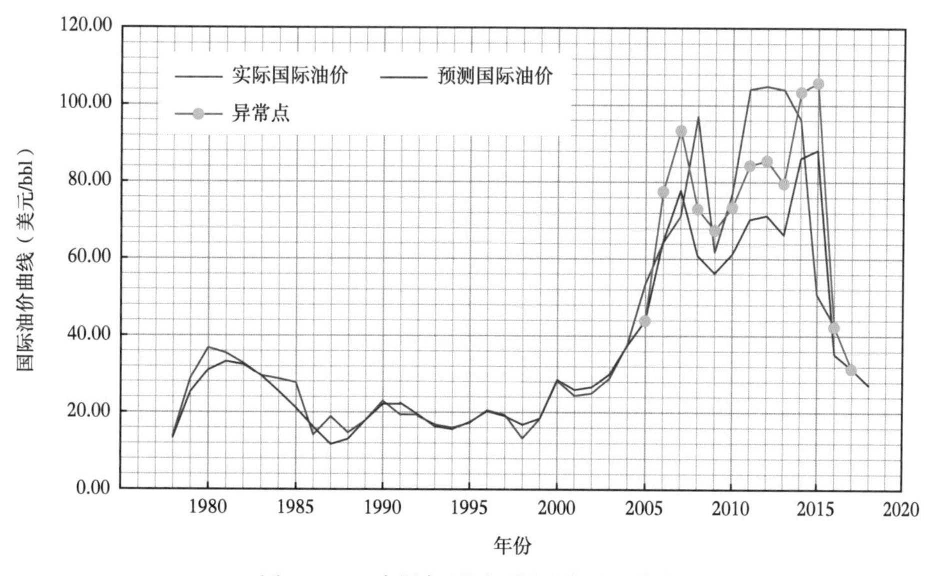

图 9-8-6　实际与预测国际油价对比曲线

3. 评价国际油价变周期阻尼振荡模型

在第四章第一节中提出预测三因子论，即决定事物变化存在三类因子：核心因子、诱导因子、不确定因子。预测精度取决于人们对这三种因子了解与掌握程度。预测时要尽可能把握主导性、本质性的规律，对从属性、表象性的因素进行正确的逻辑推理，时刻观察不确定性因子可能出现的时机，只有如此，才能提高预测精度。简单地说就是本质规律因素、外部影响因素、不确定与突发性因素三类因素决定事物变化趋势。

根据预测三因子理论，公式（9-8-13）基本反映了油价核心因子与诱导因子的变化规律，异常点反映了不确定因子的影响。

虽然3.0国际油价预测模型尚能基本反映实际油价变化，但按照上述理论，我认为阻尼振荡模型的不足主要有三点：

（1）1.0版和2.0版国际油价预测模型对本质规律因素认识尚有不清，把握不准。一是原模型是否符合油价变化规律值得探讨，二是未采用变化的振荡中心。实际上振荡中心反映供需和成本变化趋势，属于核心因子类的本质规律因素。石油供需与成本是随时间变化的，而且是变化幅度大，一成不变显然不符合实际。

（2）变周期阻尼振荡模型首先是“变”，“变”反映不同的预测时间段有不同的影响因素，属诱导因子类因素。A_{ij}、βi_t、k_{ij}、B_{ij}等均随时间t而变。对此类应有相适应的单项预测模型，且不能长期采用外推式的预测方法。一般预测时间为3~5年较为适宜。

（3）对不确定因子类的不确定和突发性因素估计不足，如战争等因素的影响等。原预测模型未反映其变化特征。3.0版的预测模型虽然结合可公度法预测的异常点油价的变化，使预测结果的精度有所提高，但对未来的异常变化仍难以掌握。

上述三点说明3.0版通用式国际油价预测模型仍不能较准确预测油价的变化，更不能达到准确预测了，还有很大改进的空间。而且该预测公式使用范围狭小，仅仅适合于油田开发项目的经济评价。

（三）对国际油价预测的建议

（1）国际油价预测是世界难题之一。国内外众多机构、财团、大石油公司、甚至某些个人都从事研究的这个带有普遍性、敏感性的问题。由于影响因素多，而且有许多因素具有不确定性和突发性，对预测的三类因子很难把握，尽管有许多研究者用各种方法进行预测，但预测结果符合实际情况的不多，究其原因是没有掌握核心因子即带有本质性、规律性的因素，同时对诱导因子、不确定因子也难以分清与掌握。即使被普遍认为是主要影响因素的供应与需求、成本因素来说，对它们的影响因素就有自然因素、人为因素等达数十个之多，而且也具有不确定性和突发性。因此，影响国际油价变化的众多单个因素的次一级影响因素，何止成百。面对如此繁杂而多的影响因素，应对三类预测因子要用更科学更现代方法进行筛选、归类，使之能较清晰地反映油价变化规律。

（2）在正确分类基础上，经优选对核心因子建立基础预测模型，用最新的IT技术对诱导因子、不确定因子进行智能预测，尤其是对不确定因子的突发性进行智能预测。翁文波院士提出的可公度法预测不确定性的突发因素具有一定的可行性和可靠性，可结合其他方法使用。以智能预测建立单项参数辅助模型，与基础模型联合使用，再加上可公度法异常点预测共同组成一个组合预测平台，综合预测国际油价变化就有可能提高预测精度，使之能较符合实际。

（3）国际油价预测是极复杂问题，涉及到复杂性科学、社会科学、人文科学、现代数学、信息科学以及油田开发理论等，预测相对准确极难。但按照马克思主义哲学，事物是可以认识的，即为可知论。尽管石油是特殊商品，它也应受价值规律制约，仅是影响因素众多，使其成为隐形变化规律，不易被人们认识和掌握。但随着科学技术的发展与进步、复杂性科学和现代数学的发展，“互联网+技术”的蓬勃发展，人们思想的解放和思路的开阔，只要有恒心、有毅力总会找出一种综合方法能解决或近似解决国际油价的预测问题。俗话说“天下无难事，只怕有心人”“有志者，事竟成”就是这个道理。

愿具有一定精度的国际油价预测新方法早日问世。

参考文献

[1] 周天勇. 发展经济学 [M]. 北京：中共中央党校出版社，1997.

[2] 石宝珩. 加速建立我国战略石油储备的几个问题 [J]. 石油科技论坛. 2002，(4)：14-26.

[3] 邓聚龙. 灰色理论基础 [M]. 武昌：华中科技大学出版社，2002.

[4] 王清印. 预测与决策的不确定性数学模型. 北京：冶金工业出版社，2001.

[5] 李国玉，周文锦. 中国油田图集 [M]. 北京：石油工业出版社，1990.

[6] 李斌，袁俊香. 影响产量递减率的因素与减缓递减率的途径 [J]. 石油学报，1997. (3)：91-99.

[7] 陈效正. 石油工业经济学 [M]. 东营：石油大学出版社，1992.

[8] 金毓荪. 采油地质工程 [M]. 北京：石油工业出版社，1985.

[9] 李国玉. 世界油田图集：下 [M]. 北京：石油工业出版社，2000.

[10] 沈平平. 提高采收率技术进展 [M]. 北京：石油工业出版社，2006.

[11] 江怀有，沈平平，钟太贤，等. 二氧化碳埋存与提高采收率的关系 [J]. 油气地质与采收率，2008，15 (6)：52-55.

[12] 修建龙，董汉平，俞理，等. 微生物提高采收率数值模拟研究现状 [J]. 油气地质与采收率，2009，16 (4)：86-89.

[13] 李道山，史明义，倪方天，等. 大港油田港西生物酶驱油先导性试验研究 [J]. 油气地质与采收率，2009，16 (4)：64-67.

[14] 姜瑞忠，杨仁锋. 涠洲 11-4 油田泡沫驱提高采收率可行性论证 [J]. 油气地质与采收率，2009，16 (2)：49-51.

[15] 李斌，陈能学. 油田开发系统是开放的灰色的复杂巨系统 [J]. 复杂油气田，2002 (3)，24-29.

[16] 李斌. 再论油田开发系统是开放的灰色的复杂巨系统 [J]. 石油科技论坛，2005，(6)：26-30.

[17] 李虞庚，金毓荪，陈炳泉. 中国油气田开发若干问题的回顾与思考：下卷. 北京：石油工业出版社，2003.

[18] 李斌，郑家朋. 论提高原油采收率通用措施的理论依据 [J]. 石油科技论坛，2010，(3)：29-34.

[19] 苗东升. 系统科学精要 [M]. 北京：中国人民大学出版社，1998.

[20] 袁自学，郦君一. 油气储量资产评估方法和资产化管理探讨 [M]. 北京：石油工业出版社，2000.

[21] 陈元千. 储量评审工作改革之路 [J]. 石油科技论坛，2003 (5)：15—17.

[22] 李斌，张欣赏. 翁氏模型与威氏模型在待开发油田中长期规划中的应用 [M]. 北京：石油工业出版社，2004.

[23] 李斌. 油价的变化规律及变周期阻尼振荡模型 [J]. 国际石油经济，2004 (2)：41—45.

[24] 李斌. 油气技术经济配产方法. 北京：石油工业出版社，2002.

[25] 贾承造. 美国 SEC 油气储量评估方法. 北京：石油工业出版社，2004.

[26] 刘宝和. 中国石油勘探开发百科全书：开发卷 [M]. 北京：石油工业出版社，2008.

[27] 中国石油学会，中国石油大学. 石油技术辞典 [M]. 北京：石油工业出版社，1996.

[28] 袁庆峰，叶庆全. 油气田开发常用名词解释 [M]. 北京：石油工业出版社，1996.

[29] 于民. 石油经济研究报告集 [M]. 北京：石油工业出版社，1999.

[30] 恩格斯. 马克思恩格斯全集 [M]. 北京：人民出版社，2006.

[31] 数学手册编写组. 数学手册 [M]. 北京：人民教育出版社，1979.

[32] 扬景民. 现代石油市场 [M]. 北京：石油工业出版社，2003.

[33] 翁文波. 预测论基础 [M]. 北京：石油工业出版社，1984.
[34] 王明太. 翁文波院士创立信息预测理论和方法的卓越贡献 [J]. 石油科技论坛. 2005. (1)：19-22.
[35] 翁文波. 预测学 [M]. 北京：石油工业出版社，1996.
[36] 翁文波. 初级数据分析 [M]. 北京：石油工业出版社，2004.
[37] 邓聚龙. 灰色系统基本方法 [M]. 武汉：华中理工大学出版社，1987.
[38] 易德生，郭萍. 灰色理论与方法 [M]. 北京：石油工业出版社，1992.
[39] 施宝正. 灰色系统理论人门与应用 [M]. 东营：石油大学出版社，1991.

第十章　油田开发系统发展论

油田开发系统是动态系统，在内部需求和外部影响下会不断地发展变化，由传统地开发向现代化发展，由常规地开发向数字化、智能化、智慧化地开发发展。但何谓现代化？何谓数字化、智能化、智慧化？这是本章所讨论的内容。

第一节　关于油田现代化

建设现代化油田的构想，已有许多油田提出，如彩南、石西、陆梁、安塞、青西、埕北……，现在南堡油田也提出建设现代化油田。但是，何谓现代化油田？是否仅是采用了勘探与开发新技术，信息与自动化新技术，就是现代化了？油田的现代化与国家或地区的现代化是何关系？建成现代化油田用何指标体系表征？都是值得深入研究的问题。中国石油主要领导在南堡油田调研时指出要把南堡油田建成“科技、绿色、和谐”的现代化大油田。“科技、绿色、和谐”是现代化油田最为简捷且科学的概括。那么，如何体现科技、绿色、和谐，它们需要那些内容充实？又如何体现油气生产企业特点与油田特征？本节试图对上述问题进行初步的探讨与思考。

一、何谓现代化

“现代化”一词的是在 20 世纪 50 年代初首先使用，美国社会科学研究会经济增长委员会主办的学术刊物《文化变迁》杂志编辑部举办的学术讨论会上。随后出现了大量的研究者。现代化理论从 20 世纪 50 年代到 20 世纪 90 年代沿着政治学、经济学、社会学、人文学、制度学五个方向进行研究。中国学者也做了重要的理论研究。建国以来，第一代领导人提出了在中国实现“四个现代化”的伟大口号，第二代领导人科学地规划了中国实现现代化的“三步走”战略部署，追求现代化是人类整体进化的原动力。那么，何谓现代化？《现代汉语词典》中的现代化词条表示为现代化是“具有现代先进科学技术水平。”中国科学院可持续发展战略研究小组在国内外学者认识的基础上，经过较长时间的研究后于 2001 年提出广泛的概念：“现代化是在人类发展的长河中不断更新自己的整体进程，永远具有正向的矢量演化，即在‘自然—社会—经济’的复杂系统中，阶梯式地朝向一组复杂的、具有空间边界约束的、纳入时代内容特征的、其相对目标集合不断提升的、非线性的动态轨迹，其演化序列的极限追求即构成全人类现代化的绝对理想终极。”由此出发，又可进一步将人类在某个“不同时段”实施现代化的具体行为定义如下：“一个时段（期）的现代化是指某个特定的空间系统，在人类发展进程中的特定时间间隔，规定一组具体的可操作目标（即预设具体目标）的实现步骤，在此框架内充分识别现代化的三维集合即系统发展动力、系统质量水平和系统公平行为的总体轨迹，并且要求能够定量地、或在定量基础上实现高级定性地表征该运行轨迹接近时段（期）规定目标函数的概率”。从此定义可以看出，现代化是个动态的概念，在一定的时空范围内，有三维集合即系统发展动力、系统质量水平和系统公平行为的表征集合、可操作目标、实现时间表、实现步骤等。按照此定义要求，油田现代化应该有其相应的表征集合、指标体系、实现现代化的进程时间表、具体的可操作的措施和步骤等。

二、国家或地区现代化与油田现代化的关系

国家与地区现代化、油区现代化、油田现代化是整体与局部、系统与子系统的关系。而工业现代化、农业现代化、科技现代化、国防现代化是国家现代化四个最主要的组成部分。经过重组后油区、油田的现代化则更侧重工业现代化、科技现代化。按中国科学院可持续发展战略研究小组的设计思路，其设计理念为应用系统科学、复杂性科学、自然科学与社会科学相交叉的原理和方法，构建现代化研究的总体框架；本质要素为现代化的动力要素、现代化的质量要素、现代化的公平要素；指标体系为工业化水平指数、信息化水平指数、竞争力水平指数、城市化水平指数、集约化水平指数、生态化水平指数、公平化水平指数、全球化水平指数等 8 个指数，以及构成水平指数的 35 个基础指标。油田现代化与它们设想总体上应是基本一致的，即设计理念、本质要素、指标体系应是基本一致或者大同小异的。单个油田现代化可促进油区的现代化，而油区的现代化又促进国家或地区的现代化。

三、油田现代化指标体系的总体设想

油田现代化指标体系既要符合国家现代化指标体系的基本要求，又要反映出油田自己的特点。初步设想如下：油田现代化实现程度由 3 个表征集合、6 个水平指数、29 个基础指标四层结构构成。3 个表征集合为现代化动力表征、现代化质量表征、现代化公平表征。现代化动力表征由工业化水平指数、信息化水平指数、竞争力水平指数组成，现代化质量表征由集约化水平指数、生态化水平指数组成，现代化公平表征由现代化公平指数等 6 个水平指数组成。29 个基础指标如图 10-1-1 所示。该初步设想基本满足了“科技、绿色、和谐”的要求。它们的数值指标设计：（1）应具有统一性与可比性，又具有其特殊性，即不同地质特征的油田，如整装砂岩油田、断块油田、低渗透油田、稠油油田、碳酸岩油田等它们的指标要有所差别，即大同小异。（2）这些指标应是动态的，与时俱进的，随时代进步而发展。（3）这些指标应体现“四高”即高生产效率、高经济效益、高社会效益、高人员素质。

四、关于实现油田现代化的思考

（一）先进的科学技术是实现油田现代化的关键

先进的科学的指标要靠先进的科学技术实现。先进的科学技术不仅是油田生产大发展与经济增长的主要动力，而且也是实现油田现代化的基石。这些先进技术应涵盖油田勘探开发的各方面，诸如勘探工程新技术、地质研究新技术、油藏工程新技术、钻井工程新技术、采油工程新技术、地面工程新技术、提高采收率新技术等，它们应是国际先进的。中国科学院院长路涌祥说过：国内领先没有实质性的意义。因此，我们要“引进、消化、吸收、改进、完善、提高”，为我所用，并进行内外结合的研究方法。这种方针对于技术力

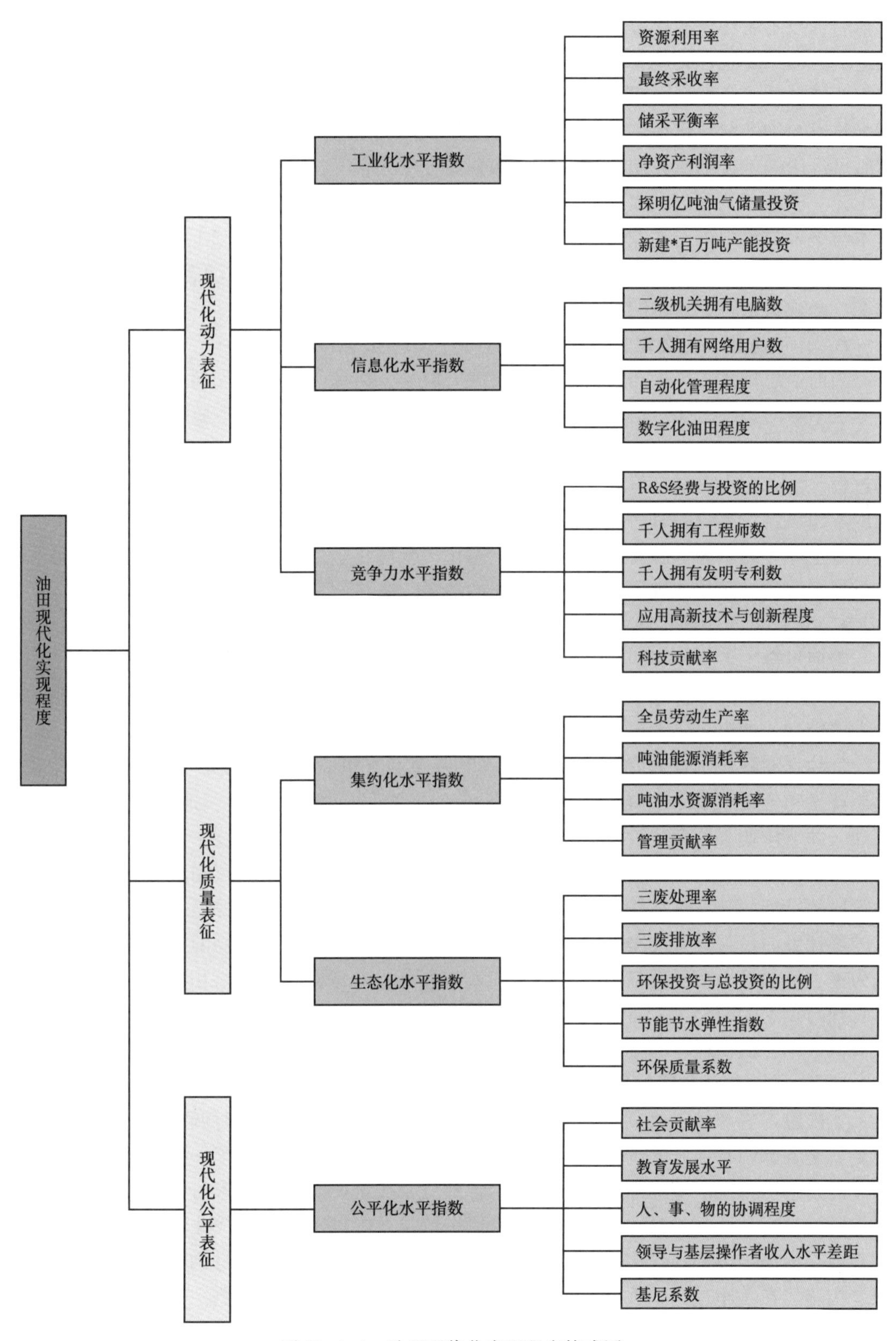

图 10-1-1　油田现代化实现程度构成图

量薄弱，技术装备差的单位无疑是正确的。但是，这种方针的创新能力差，似乎永远只是跟进。而油田要现代化就要使科学技术发展水平和创新能力适度超前，要有具有自己知识产权的超前技术。2002 年我在一篇文章中说，“21 世纪的高新技术之一即纳米科技，包括纳米技术与纳米材料将很快的进入石油工业，尤其油田的开发与开采，成为第四代技术。届时可运用纳米技术研究储集层结构、探查油气水分布等，运用纳米材料去改善或改变采油工艺、注水工艺等，大大提高认识油气藏、改造油气藏的能力与手段。”现在已有纳米技术与纳米材料用于石油业的一些方面，可见我此言不虚。各油田亦应投入一定的人力、财力、物力做些超前技术储备，企业应是创新的主体。现代化既是动态的，与时俱进的，那么，必须具备科学技术的前瞻性，做些相应的研究。

（二）信息化、生态化、全球化是现代科技的主要倾向

当前信息化技术、生态化技术蓬勃发展。但是，信息化技术不等同于信息化，生态化技术也不等同于生态化。信息化是人类社会内部有序化进程，它的本质是生产力进步引发的各门科学技术（含信息技术）普遍发展，使人类生产和社会组织程度越来越高地有序化的过程。生态化是人与自然间关系有序化进程。它的核心是可持续发展，要求人对自然的利用不超出自然本身的有序循环所能承受的限度。而科技革命对生产力的推动，整体上又表现为全球化的态势。因此，信息化、生态化、全球化是油田现代化的重要内容，它不仅仅是技术问题，而是体现了人对社会责任的增强，是科学发展观指导实践的结果。

（三）科学管理是实现油田现代化重要组成部分

管理贯穿于人类发展的各个环节，自然也贯穿于油气勘探开发与生产的全过程，涉及油气生产的各部门。管理主要进行集约化油藏经营管理、油气生产的精细管理、柔性与刚性和谐管理、油田战略管理。

集约化油藏经营管理就是在油田开发生命周期有组织地把与油藏开发相关的众多学科、技术和活动组成一个有机的整体，即最大限度地把物探、钻井、地质、测井、试油、采油、井下作业、地面建设、动态监测、计算机技术及其他学科和技术协调起来，形成集约化的管理体系，实行统筹规划与经营；采用经济有效的先进技术；制定与实施油田开发各阶段的目标、开发方案优化与调整、开发效果分析与评价等，取得最大的经济效益即最大的累计采油量与最大的净现值利润的整个过程。处理好人、事、物的辩证关系，做到以人为本、科学管心，也就是做到人与人、人与社会、人与自然的和谐相处、科学发展。通过管理与技术的结合、人与物的结合，理论与实践的结合，经不懈努力，就能实现低投入、低成本、低消耗、低排放、高效率、高效益。

（四）关于现代化实施过程

实施应本着“统一规划、整体部署、分段实施、与时俱进、及时调整”的方针。统一规划就是各部门各部分的现代化均应统一规划，要形成相互联系的统一整体，构成灰色的开放的复杂巨系统。整体部署就是各部门各部分要按统一规划的要求行动。分段实施就是要按阶段目标及统一的时间表实施。与时俱进就是要跟进国内外现代化的前进步伐。及时调整就是根据国内外现代化指标变化及实施过程中出现的问题，及时调整相应的目标、步骤、措施。在实施过程中关键是对各指标的控制。要控制就要有预测。对产量、含水、采收率、生产运行、成本变化、利润增减、事故突发、天灾何现、人际关系变化等都要有预测，便于防患未然或紧急应对。建成现代化大油田是个革命化过程，具有复杂性、系统性、长期性、阶段性、不可逆性。实现现代化油田的目标是艰巨的、长期的，需要几年、十几年，甚至几十年拼搏与奋斗。

第二节　油田开发系统的大数据化

大数据经数十年的发展历程，已进入大数据时代。2015 年 8 月 31 日我国国务院印发了《促进大数据发展行动纲要》（以下简称“纲要”）的通知，并要求认真贯彻落实。这是一个系统性、权威性、纲领性文件。“纲要”指出：大数据是以容量大、类型多、存取速度快、应用价值高为主要特征的数据集合，正快速发展为对数量巨大、来源分散、格式多样的数据进行采集、存储和关联分析，从中发现新知识、创造新价值、提升新能力的新一代信息技术和服务业态。信息技术与经济社会的交汇融合引发了数据迅猛增长，数据已成为国家基础性战略资源，大数据正日益对全球生产、流通、分配、消费活动以及经济运行机制、社会生活方式和国家治理能力产生重要影响。目前，我国在大数据发展和应用方面已具备一定基础，拥有市场优势和发展潜力，但也存在政府数据开放共享不足、产业基础薄弱、缺乏顶层设计和统筹规划、法律法规建设滞后、创新应用领域不广等问题，亟待解决。

“纲要”阐述了大数据的发展形势和重要意义，提出了指导思想和总体目标，主要任务和政策机制。属于能源类的油气生产企业，自然要全面、细致、认真地贯彻落实“纲要”的要求。油田开发系统是复杂的巨系统，涉及面广、类多、复杂、多变，建立大数据采集、存储和关联分析是一个浩瀚的系统工程，“纲要”对进行油田开发大数据系统工程具有极其重要的意义。油田开发大数据是以“纲要”为指导和以“油田开发系统论”为理论基础的大系统工程。

一、油田开发大数据的采集与存储

油田开发数据系统采集始于 20 世纪 60 年代大庆油田，提出了取全取准“二十项资料，七十二个数据”的原则，发展至今各油田均十分重视取全取准各项原始资料，形成一个较完整地系统地采集数据体系。但由于油田开发具有客观性、不可入性、不可逆性、二重性、不确定性、时变性、阶段性、复杂性、系统性、人主导性、协调性、创新性等特征，使油田开发大数据的建立不仅工作量极大而且难度也极高。

油气生产企业绝大多数是非结构化数据，包括所有格式的办公文档、XML、HTML、各类报表、图片和音频、视频信息等。非结构化数据的采集是信息进一步处理的基础，如何存储、查询、分析、挖掘和利用这些海量信息资源就显得尤为重要。油田开发大数据的采集、存储可分为一级数据和二级数据。

（一）一级数据的采集与存储

一级数据或称为基础原始数据。油田开发系统大数据采集应包含勘探期数据、物探数据、钻井数据、测井数据、试油数据、试采数据、试井数据、岩心及岩心分析数据、室内实验数据、油气水物理和化学性质数据、油田开发先导试验数据、油井单井数据、气井单井数据、注水井单井数据、单井小层数据、单井生产测试数据、单井地质储量数据、单井井史数据、修井数据、管理措施数据、油气水日常生产数据、单井完全成本构成数据、井组综合数据、井组油水井井位数据、井组油水井连通数据等；区块上述同类数据；油藏上述同类数据；油田开发方案数据、油田调整方案数据、二次开发方案数据、一次采油、二次采油、三次采油分类数据、滩涂与近海数据、地面土壤数据、历年气象数据、油田所在地及周边地区经济地理数据等一级数据或称为基础原始数据。

将不同层次的一级数据分别录入、存储，建立单井、井组、区块、油藏、油田等层次的一级数据采集数据库。

（二）二级数据的采集与存储

所谓二级数据是指对一级数据进行技术处理与解释、有效组合、云计算等步骤后形成的关系数据库。二级数据的基本单位应是区块、油藏、油田、油区。它包含了经油田开发指标计算软件计算的油田开发指标数据库、油田开发动态分析软件分析结果数据库、油田开发项目综合评价数据库、油田开发数值模拟与虚拟数据库、油田开发单项指标预测趋势数据库、油田开发过程安全环保与风险分析数据库、油田开发科研成果数据库、采油方式存储和优选数据库、油田开发驱动方式存储与优选数据库、注入工程数据库、油气集输基本参数数据库、油田开发地面工程数据库、分类地质模型数据库、完全成本数据库、吨油油价数据库、经济指标数据库、地质储量数据库、采收率与可采储量数据库或商品储量数据库等。

二级数据其实质就是对一级数据进行专业化处理、加工、提升、增值的结果数据。它必须依托云计算的分布式处理、分布式数据库和云存储、虚拟化技术；必须依托人、机联作且以人为主的集体智慧。

围绕数据采集、整理、分析、发掘、展现、应用等环节，研发大型通用海量数据存储与管理软件、大数据分析发掘软件、数据可视化软件等软件产品和海量数据存储设备、大数据一体机等硬件产品发展，带动芯片、操作系统等信息技术核心基础产品发展，打造健全的系统的大数据产品体系。

二、油田开发大数据的应用设想

油田开发大数据的应用与实践是大数据价值的最终体现，是改变传统生产方式和经济运行机制，可显著提升经济运行水平和效率的创新式油田开发的现代化模式，是建立智慧化油田的基础。由于油田开发大数据系统尚未建成，因此，谈应用为时尚早，但进行油田开发大数据应用设想是可行的。

（一）油田开发大数据的应用范围

第一，需建立油区大数据共享。在油区范围内，各作业区、钻井、物探、测井、试井、试油、油气勘探、井下作业、油气集输、地质研究、工艺研究、地面工程研究、化学化工、安全环保、材料供应、油气产品销售、油田服务等单位，及各级油田开发管理、经营财务管理、人员管理及人才培养等部门，建立企业级大数据资源共享互联网；第二，在大数据安全保障体系的前提下，建立总公司级大数据资源共享互联网，大力研发与重点业内领域业务流程及数据应用需求深度融合的大数据解决方案；第三，在大数据安全保障体系的前提下，建立国内各油气总公司级及油气开发开采服务公司大数据资源共享互联网；第四，在大数据安全保障体系的前提下，建立世界各油气总公司级及油气开发开采国际服务公司大数据资源共享互联网。

（二）油田开发大数据的应用设想

当油田开发大数据共享平台建成后，其应用可设想为：

1. 发现或创新新的油田开发规律与理论

目前，各类油藏油田开发经营共有的三大基本规律，即油气资源不可再生规律、油气产量递减规律、油气生产成本上升规律。已发现不限水驱的派生的规律有含水上升规律、地层压力变化规律、油层性质变化规律、地下流体性质变化规律、油层产能变化规律、多油层开采干扰规律、油藏剩余油分布规律、多因素影响采收率规律、盈亏平衡规律、油层渗流规律等等，以及油藏地质、油藏工程、采油工程等油田开发、开采理论。若在油田开发大数据的基础上，发挥“人”的主导作用，运用“创新思维”和相似论理论，完全有可能发现或创新新的油田开发、开采规律与理论，会促使极大提升油田开发效率、效果和效益。

2. 可有效提高综合评价的公信力

油田开发的综合评价是运用系统论的基本理论，结合油田地质、油藏工程、钻采工程、计算机工程及数学等多学科相关理论与技术，采用定量与定性结合、以定量为主；地下与地面结合，以地下为主；传统方法与现代方法相结合，以现代方法为主的辩证思维方式，从油田地质、油藏工程、钻采工程、开发管理、开发经济等方面，整体地、立体地、全面地筛选优化具有相对独立性和代表性的综合评价指标体系，建立综合评价方法集成与综合评价模型，实现综合评价对象集、评价目标集、评价人员集、评价方法及与其他先进技术于一体，形成“人—机—评价对象—评价方法”一体化评价模式。在油田开发大数据的基础上，数据类型更为多样、数据资源更为广泛，使油田开发综合评价的基本功能即优选排序、揭示问题、事后评估、识别预警等更能发挥，可极大提高油田开发综合评价结果的可信性、可靠性。将更有利于强化油田开发管理、细化对油田开发过程的控制，进一步提高油田开发效果与经济效益。

3. 可大力提高油田开发指标预测的精度

油田开发指标预测是个复杂问题，具有多层次（单井、井组、单块、区块、油田、油区等）、多阶段（上升、稳产、递减、全程等）、多影响因素（开发方式、采油方式、射开程序与厚度、油层物性、原油物性、生产压差、生产井数和时间、综合含水、修井措施、管理方法、井网密度、储量丰度等）、多方法（模拟法、模型法、经验法、统计法、图解法、系统法、组合法等）、多用途（计划、规划、管理、控制、决策、运行等）、多学科（油田地质、油藏工程、钻采工程、地面工程、修井工程、经济财务、科学技术等）预测的特点。指标的变化具有非线性、不确定性、开发规律确定性和人为控制的随机性。因此，预测结果的不确定性大，影响预测精度。在油田开发大数据的基础上，根据预测对象的结构、功能，资料的齐全准确与可靠性，预测时限，影响因素以及对精度的要求等特征，结合预测方法的适应性、优缺点、假设条件，可更精准地选择相适应的预测方法，预测精度也会大大提高。这样就更有利于对油田开发过程和发展趋势进行更有效地掌控，极大改善油田开发经营效果。

4. 可更好地发挥“人”对油田开发的主导作用

油田开发是个多层次构成、多部门协同、多阶段发展、多方法应用的过程。在整个开发过程中，“人”发挥着主导作用。因此，第一油田开发需要各类人才，而各类人才也需了解油气生产企业的优劣。这就构成一对双向选择，大数据正好提供这个平台。第二油田开发也是一个不断创新的过程，需要那些与油田开发相适应的不断创新的科学技术、科技成果、新理论、新技术、新方法等，大数据里蕴育着这些宝藏。第三油田开发还需要各种专业服务队伍和特殊服务队伍如救护队伍等，可从大数据中获取这些专业服务队伍的信息，诸如人员、装备、功能、作用、费用等，以利从优选择提供更有效地服务。第四油气生产企业需对职工进行培训、深造，提高职工的综合素质，大数据中可依企业需求优选培训单位，促进企业综合实力和竞争力的提高。因此，大数据引领人才流、技术流、科技流、物质流，从而强化油田开发健康地可持续地发展。

5. 可更好促使生产的平稳运行

从三个层面看油气生产运行的平稳性。第一层面是《油田开发五年规划》的油气生产安排。《规划》中油气生产安排涉及到油气生产企业可持续发展战略的需求、动用储量的安排、地质研究状况、剩余油分布状况、采油工艺发展状况、油价与成本变化状况、企业整体经营状况及油田本身的开发现状等等。因此，可从油田开发大数据中寻找各油田历来规划里油气生产安排成功的经验和失败的教训作为借鉴，并结合本油区或油田的特点，进行科学有效且留有余地的安排，促使五年规划油气生产运行平稳；第二层面是产能建设安排。按照《规划》要求，五年内各年度均需进行妥善产能建设安排。年度产能建设的实施的关键是新投入储量的质量、钻井合理进度和投产顺序科学，也取决于实施者的判断力、意志力、控制力和执行力。产能需保质、按量、应时、顺序才能使到位率达到要求；第三层面是年度油气生产安排。年度油气产量由老井产量、措施产量、新井产量组成。要使年度油气产量平稳运行，关键在三种油气产量的合理配置和管控程度，而管控程度或者说实现程度又取决于新投储量质与量、产能的到位率、老井的递减率、措施的有效率与工作量的合理安排等因素。这些均可从大数据中获得启示和支撑。大数据推动油气生产要素的网络化共享、集约化整合、协作化开发和高效化利用，改变了传统的生产方式和生产运行机制，可显著提升生产平稳运行水平和效率。

6. 可更好促使资源的优化和良好配置

油气生产总公司需对各油区的资源进行优化配置，而各油区的油田或油藏存在油藏类型、驱动类型的多样性；存在稀油、稠油、高凝油、挥发油、天然气、溶解气等油气产品的差异性；存在油藏储量丰度的高低、油藏埋深的深浅、储层物性的优劣等差异的复杂性。借助油区的大数据对各类资源进行优化配置，借助总公司的大数据对各油区的资源进行优化配置，以利实现油田高效开发和低成本开发，达到经济效益最大化。

7. 可更好地保证安全生产与绿色环保

安全与环保是世人十分注重的问题。油气生产企业是高危的企业，历来对安全与环保极为重视，各企业积极贯彻“安全第一、预防为主”的方针，建立并实施 HSE 全员管理体系和强化健康、安全与环境管理，以利实现可持续发展的战略目标。虽然事故发生率有很大地降低，但不时还有安全与环保的事故发生。这是因为安全与环保问题影响因素众多，充满了不确定性、突发性和复杂性，因此，完全规避安全与环保事故发生，虽非不可能但亦十分困难。利用大数据资源可从中吸取安全与环保的经验教训、认知发生规律、探讨预测方法、寻找规避措施与观察实施效果，并结合本企业的具体情况，制定相应的安全与环保的管理措施，使油田开发过程顺利、安全、健康发展，以利取得提高开发效率、良好的开发效果与最佳的经济效益。

8. 可更有效地运用优秀的科技成果

石油工业的发展因素之一是不断创新。新理论、新工艺、新技术、新发明等体现在各专业的科技成果之中，而一线操作者的小发明、小革新更是丰富多彩、多如瀚海。这些创新成果蕴藏于大数据之中，它可促进数据流引领技术流，提升成果转化质量和市场应用水平，加大科技成果服务于生产、服务于管理、服务于基层，丰富服务内容，拓展服务渠道，扩大服务范围，提高服务质量，提升科技成果辐射能力，推动科技成果服务向基层延伸，使科技成果红利充分发挥。借助大数据激发新的创新模式并参照相似理论，对解决本单位某一问题会有所启示和借鉴，促进新一轮的创新，从而提升企业的核心价值和竞争力。

9. 促使提升油气生产企业综合管理能力的新途径

油气生产企业管理包含计划、生产、质量、设备、科技、物质、销售、统计、安全、环保、资源、成本、财务、劳动人事等管理。企业管理活动是通过人来实现计划、组织、指挥、协调与控制五种职能。油田开发管理是一个由多部门、多工种、多学科、多专业构成的多层次、相互关系多样的复杂系统。常常出现偶然性、随机性、不确定性，甚至突变性。

大数据应用能够揭示传统技术方式难以展现的关联关系，推动油气生产企业数据开放共享，促进系统内数据融合和资源整合，促使各管理部门协调发展，极大提升企业整体数据分析能力，为有效处理油田开发问题提供新的手段。建立“用数据说话、用数据决策、用数据管理、用数据创新”的新型管理机制，以数据流引领技术流、物质流、资金流、人才流，实现基于数据的科学决策，将推动油田开发管理理念和治理模式进步，促进管理模式的变革，逐步实现油田开发管理能力现代化。

10. 培育高端智能与智慧油田的发展

推动大数据与云计算、物联网、移动互联网等新一代信息技术融合发展，探索大数据与油田开发协同发展的新业态、新模式，培育数据勘探、数据开发，促进油田高效开发及新的油气储量与产量增长点，最大限度提高最终采收率。形成一批满足重大应用需求的大数据子系统和解决方案，建立安全可信的大数据技术体系，落实信息安全等级保护、风险评估等网络安全制度，建立健全大数据安全保障体系，使服务达到先进水平。构建形成政、产、学、研、用多方联动、协调发展的大数据产业生态体系。借助大数据、云计算、物联网、油田开发综合信息、移动互联网等新一代信息技术，发展智慧应用，建立一套新型的、可持续的发展油田开发模式，构建以人为本的绿色环保、统筹规划、节约高效、精细管理、资源优化配置、精确感知合理管控变化趋势，人流、物流、信息流、资金流的协调高效运行，人、事、物协同和谐发展的智慧油田。

第三节　油田开发系统智慧化

近来有不少油气生产企业提出了油田智慧化或称智慧油田，有的油区基本完成数字油藏、数字井筒、数字地面为核心的数字场应用建设，全面覆盖了油田开发生产各个业务领域，初步形成了资源共享、优化集成的信息系统平台，打造了一系列核心业务应用系统，实现企业决策分析智能量化、生产运行实时优化、生产管理高效协同、生产经营精细管控的一体化运作模式。有的油区通过光缆、无线和卫星通道，形成覆盖生产一线的计算机网络，所有办公场地、主要生产站库、井场等数据源点均可连接上网，并建立了一套相对完整的数字油田标准体系，对油田原有系统、工艺流程、组织管理模式进行改造的过程，新技术的应用等。

但何谓智慧油田，似乎没有统一定义或确切的概念。智慧油田与其他“智慧XX”一样同样存有三个发展阶段即数字化阶段、智能化阶段、智慧化阶段。

一、数字油田

数字油田简单地说就是将油田放在计算机里。仅单井、井组、区块、油藏、油田等层次的一级数据采集数据或称基础数据，合计就有近200类之多，如果再加上二级数据就更多了。油田、油藏有大有小，小的有数十口单井，大的有成千上万口单井，因此数据量就会达到海量级了。录入、存储等工作量之大是难以想象的。仅以地质研究和动态分析的图幅为例，其中有油层井位图、油层构造图、油层连通图、地质沉积相图、储层非均质图、等渗透率图、等孔隙率图、等黏度图、小层平面图、油砂体图、单项电测曲线图、综合电测曲线图、单井示功图、节点分析图、油层原始等压图、油层等压图、基准面等压图、等流动压力图、等压差图、地饱压差图、流饱压差图、油层等温图、等含水率图、等采用指数图、等流动系数图、油层综合评价图、油井开采剖面图、水线推进图、地质剖面图、井身结构图、井下管柱图、地震剖面图、剩余油分布图、油井历史图、开采现状图、注采平衡图、开采面积图、累积开采图、试油成果图、水驱曲线图、总开采曲线图、采油曲线图、注气曲线图、气流方向指示图、注气反应曲线、注水曲线图、注水反应曲线图、压力恢复曲线图、系统试井曲线图、干扰试井曲线图、示踪剂曲线图、含水与采出强度关系曲线图、总压差与采出强度关系曲线图、注水强度与水线推进速度关系曲线图、产量构成图、产液剖面图、吸水剖面图、递减曲线图、增产曲线图、采收率变化曲线图、完全成本曲线图、采油成本曲线图、盈亏平衡点图、总经济指标曲线图等，还有很多，就不一一列举了。数字油田是以数字的形式再现的油田信息场。它包括油田各种信息即油田开发中的地下、井筒、地面的相关数据、信息、图表及油田内外环境等，而且多为非结构数据。经采集、获取、录入、解释、处理、传输、存储、管理、检索等内容组合后，通过计算机技术、多媒体技术、可视化技术、遥感技术、全球定位技术等，装入联网的计算机内互联互通，形成虚拟仿真的立体化（3D）油田，且最大限度的优化整合油田资源，使“人”简洁方便、快速有效、实时准确地获取油田任何信息，有力、有序、有效地服务和满足于油田开发过程中各种需求，便初步构成数字油田。

二、智能油田

智能油田是在数字油田的基础上，利用互联网、物联网技术、云计算技术和监控技术，加强油田信息管理，且具有自主采集、分析、判断、规划能力和具备协调、重组及扩充特性和自我学习、自行维护能力。通过整体可视技术进行推理预测，利用仿真及多媒体技术，将实境扩增展示设计与开发过程，实现油田开发过程可控性以及合理生产计划排程，实现风险预警和趋利避害的应因性反应。油田开发系统中各组成部分可自行组成最佳系统结构，因此，智能油田应实现人与机器的相互协调合作，减少人工干预，集初步智能手段和智能系统等新兴技术于一体，实现油田的自我感知、自动预测、自主管控、自行决策，构建为高效、节能、绿色、环保、和谐的人性化油田开发系统。

现设想一口油井智能化状况：

（一）自我感知能力

通过在相应部位安装传感器有线或无线传输至计算机和人机互动方法，将该井在油藏中的3D部位、地下井位点坐标、地面井位点坐标、单井控制地质储量、单井控制可采储量、储层物性、地层压力、井底流压、生产压差、动静液面、油气水性质、高压物性、油层温度、纵向地质剖面、横向连通状况、开发层系划分、油层射开状况、油层射孔参数、井身结构、井下管柱结构、油井产液产油产水量、油井综合含水、油井出砂状况、油井结腊状况、自喷时采油参数、非自喷时采油参数、非自喷时示功图状况、分层产液产油产水量、分层综合含水、分层出砂状况、生产测井状况、井口油压、井口套压、井口回压、井口设备状况、井场地面动力状况、该井井史、该井修井状况、该井安全生产状况等数据、信息，输入计算机，建立数字油井。

（二）自动预测能力

对地层压力、井底流压、生产压差、动静液面、油井产液产油产水量、油井综合含水、油井出砂状况、油井结腊状况、自喷时采油参数、非自喷时采油参数、分层产液产油产水量、分层综合含水、分层出砂状况、生产测井状况、油气水性质、油层温度、储层物性、油气水理化性质、井口油压、井口套压、井口回压、示功图等可变部分，结合相应软件预测它们变化趋势。并按其变化趋势进行初步分析、判断可能发生的问题。

（三）自主管控能力

根据预测的变化趋势和初步分析判断可能发生的问题，提供单项变化主因，并提出趋利避害的管控措施建议。

（四）自行决策能力

按照单项变化主因及趋利避害的管控措施建议，结合油藏整体变化趋势、该井在层内矛盾、层间矛盾、平面矛盾中所处状况、周边连通油水井变化状况，以及该井综合变化因素等，利用协议软件进行整体地系统地综合评价后，自行提出决策意见，进而人机互动形成最佳决策，提供给现场操作者实施。

三、智慧油田

（一）智慧油田的概念

何谓智慧油田？

所谓油田智慧化应是在油田开发大数据的基础上，以高速网络技术、高分辨率卫星影像、空间信息技术、大容量数据处理与存贮技术、科学计算以及可视化和虚拟现实技术、云计算、物联网为手段，充分展示三个发展阶段，并在智慧化阶段能实现综合、预测、评价、协同、预警、管控、因应、决策等功能，体现极大优化资源配置、智慧而精细管控油田开发进程、以人为本且充分发挥人的主导作用的科学决策，使之达到开发效果最佳化、经济效益最大化，安全环保科学化。此时该油田可称之为智慧油田。简言之就是“183833”即一个基础、八种主要手段、三个发展阶段、八种基本功能、三个体现、三个目标。同样这些也是与时俱进不断丰富和发展的。

（二）智慧油田的八种基本功能

1. 综合功能

油田开发系统是自然与人工共筑的动态系统，具有多类型、多个体、多属性、多层次、多阶段、多变化的开发特征。智慧油田应善于将各部分进行系统地、全局地、全面地整合，形成统一的整体，充分发挥综合性能，便于体现总体优化功能。

2. 预测功能

油田开发过程或称油田开发整个生命周期充满了不确定性，各种油田开发参数均处于动态变化之中，内外因素均有可能影响各参数的变化趋势，影响油田开发进程。智慧油田应在大数据的基础上，尽可能精准预测各油田开发参数的变化趋势，以利“人”掌控其发展态势，提高开发油田的主动性。

3. 评价功能

针对油田开发过程在中某方面或某项目，按一定标准和原则对其进行分析、推理或演绎，运用科学的方法从不同侧面对评价对象进行整体性评价，即运用一套适合油田开发项目评价者、评价目标、评价对象、评价指标、权重系数、评价模型、评价结果分析、评价结果应用等“人—机—评价对象—评价方法”一体化评价模式的一套综合评价体体系，并按优选排序、揭示问题、事项评估、识别预警等 4 个功能，从多方面综合评价某方面或某项目的价值或效果或可行性，为决策提供依据。

4. 协同功能

油田开发过程是一个多部门、多学科、多工种、多岗位及决策者、管理者、操作者等众多人员协同工作的过程，亦是个系统工程。智慧油田应通过协同软件和人机互动协调各方方面面工作，使之和谐、平稳、科学地发展和运行。

5. 预警功能

油田开发过程是动态发展过程，其中充满了不确定性与各种风险。各部门、各学科、各工种、各岗位都具有风险，且风险具有复杂性、突发性、未来性和可变性。油田开发风险大致可分为 10 类，即（1）油气藏客体风险；（2）油田开发技术风险；（3）油田开发经济风险；（4）油田开发计算储量风险；（5）油田开发预测方法风险；（6）油田开发生产管理风险；（7）油田开发政治风险；（8）油田二次开发风险；（9）油田开发环保风险；（10）油田开发装备风险。

何时何地发生某类风险受内外因素影响，亦会有量变到质变的发展变化趋势。当变化趋势发展到某风险阈值范围就应预警，以免达到或超过阈值构成风险或事故。智慧油田应比智能油田的预警更精准、更可靠。

6. 管控功能

油田的管控尽管体现在方方面面，但最基本或最主要地体现为 3 类，即（1）一级数据或基础数据的采集、传输、处理、组合。一级数据采集是否齐全准确、传输是否及时可靠、处理是否合理科学、组合是否正确妥当，直接关系到后续的各个环节；（2）油气产量（含老井产量、新井产量和措施产量）的平稳运行。是否能按期按质按量完成规划中产量的安排，年、月、日产量运行是否符合预设计态势等，关系到油田开发目标的实现和油田开发效果与经济效益；（3）各类风险预警。油田开发涉及到成百上千个岗位和众多部门，这些岗位和部门不同程度地存在各类安全隐患，管控的好坏直接影响安全、环保、治安，关系到企业的价值和持续性发展、形象和声誉。

7. 应因功能

应因性是指油田开发中预测主体对预测客体或对象有意识应对行为，即趋利避害行为。因应性实质是人对预测结果的能动反应。当发现运行曲线有不良趋势时，油田开发工作者应主动地采取相应的趋利避害措施，避免不良趋势的发生。智慧油田应具备人机共筑的应因功能。当综合、预测、评价、协同、预警、管控等功能出现不协调、不和谐、不平衡等情况或出现偶发性、突发性事件或其他不利因素时，通过相应的软件实施应因功能，自动地有针对性地提供调整措施，使之趋于正常。

8. 决策功能

综合评价是决策的基础，预测是决策的前提。只有综合评价结论可靠，预测趋势明朗，决策才会英明。决策是人机共同行为与思维的结果，尤其是“人”即决策者或决策机构的综合素质高低会直接影响决策结果。智慧油田具有自动决策，决策正确才有可能实施包括协同、预警、管控等功能在内的各种措施，实现目标达到目的。

这八种仅是智慧油田的基本功能，还可能有其他功能智慧油田是用最新的现代化技术支撑起来的当前油田开发的最高境界，但时代在发展，技术在进步，永无止境。因此，智慧油田发展过程也是不断变化、不断丰富的过程，需长期努力拼搏，才能达到新的高度，创造新的辉煌。

第四节　实现油田现代化暨智慧油田艰难之路

现代化是个动态的概念，在一定的时空范围内，有三维集合即系统发展动力、系统质量水平和系统公平行为的表征集合，可操作目标，实现时间表，实现步骤等。按照此定义要求，油田现代化应该有其相应的表征集合、指标体系、实现现代化的进程时间表、具体的可操作的措施和步骤等。

油田现代化指标体系既要符合国家现代化指标体系的基本要求，又要反映出油田自己的特点。第一节中表述为：油田现代化实现程度由 3 个表征集合、6 个水平指数、29 个基础指标四层结构构成。3 个表征集合为现代化动力表征、现代化质量表征、现代化公平表征。现代化动力表征由工业化水平指数、信息化水平指数、竞争力水平指数组成，现代化质量表征由集约化水平指数、生态化水平指数组成，现代化公平表征由现代化公平指数等 6 个水平指数组成。

从油田现代化实现程度图（图 10-1-1）可以看出：各基础指标均以油田大数据为基础，从大数据中获取，由其中产生，图中列出的数字化油田程度即指智慧油田三个发展阶段却包含在现代化基础指标内。换句话说智慧油田是油田现代化与时俱进的具体体现之一，也在实现现代化的进程时间表、具体的可操作的措施和步骤之中。

因此，油田大数据是油田现代化的基础，智慧油田是油田现代化与时俱进的具体体现，这就是油田大数据、智慧油田、油田现代化三者的关系。

一、建成智慧油田的难点

建设智慧油田是个长期的系统工程，建设中必然会遇到众多难点，主要表现为：

（一）海量数据的采集、传输、储存难

油田开发系统是自然和人工共筑的复合系统，也是开放的动态的复杂巨系统。具有多类型、多单体、多属性、多层次、多阶段、多变化、多部门、多学科、多工种、多岗位等特征。采集实时数据量之多、门类之广甚至难以想象，且数据多为非结构数据。需从井下、井筒、井口、井场、地面站等多部位安装自动采集装置（包含传感器、摄像头及其他采集装置、仪表、无人机等），将采集的实时数据传送到远程中心，构成地上地下3D可视的立体采集系统，并与油田的互联网、物联网相连，进行处理、组合、分析、归纳、演绎。这些操作不仅地域广、人员多，而且有众多的采集装置需创新、攻关、研制。

（二）所需的计算机软件多而复杂且需克服互联互通程度低的弊端

要实现智慧油田的八大功能，需建立相应的数据库和研制大量的协同软件，它包含了经油田开发指标计算软件计算的油田开发指标数据库、油田开发动态分析软件分析结果数据库、油田开发项目综合评价数据库、油田开发数值模拟与虚拟数据库、油田开发单项指标预测趋势数据库、油田开发过程安全环保与风险分析数据库、油田开发科研成果与科技信息管理数据库、采油方式存储和优选数据库、油田开发驱动方式存储与优选数据库、注入工程数据库、油气集输基本参数数据库、油田开发地面工程数据库、分类地质模型数据库、财务管理数据库、劳资管理数据库、办公管理数据库、完全成本数据库、吨油油价数据库、经济指标数据库、地质储量数据库、采收率与可采储量数据库或商品储量数据库等。

围绕数据采集、整理、分析、发掘、展现、应用等环节，研发大型通用海量数据存储与管理软件、大数据分析发掘软件、各级监控软件、数据可视化软件等软件产品，对原始数据进行专业化处理、加工、提升、增值。它必须依托云计算的分布式处理、分布式数据库和云存储、虚拟化技术；必须依托人机联作且以人为主的集体智慧。

研制与开发这些软件必须与石油行业云相适应，适应互联网+与物联网，适应运算能力、存储能力的动态变化；适应互联网的要求和满足大量用户的使用，包括数据存储结构、处理能力；具有高度安全性，可以抗攻击，并能保护私有信息；可适应于移动终端、手机、网络计算机等各种工作环境，既能服务又能应用等，并能达到互联互通。

海量软件的发展必然带动硬件产品发展，带动芯片、操作系统等信息技术核心基础产品发展，打造健全的系统的大数据信息化产品体系。

（三）投入费用大，企业难以承担

建设智慧油田需投入大量费用，其中有购置、安装大量采集和传输装置、接收和存储装置、各类计算机、控制平台、虚拟装置、信息交换装置、宽带网络装置等费用；研制、开发大量各类软件和研发相应标准与阈值的费用；引进、培训油田开发专业和IT人才费用；智慧油田基础建设费用等。这些费用不仅量大而且需相对集中投入，这是一般油气生产企业难以承受的，尤其是在低油价时期更是如此。如果需要进行区域性联网，还需租用空间设备甚至需发射专业卫星。

这些费用的投入，必然引起开发成本的急剧上升。即使是建设智慧油田是个长期的系统工程，时间可分散投入比例，但其投入费用仍然是十分巨大的。

（四）人员素质要求高

建设智慧油田需大量的油田开发专业人员，也需专业性很强的IT人员。难点是这两类人才要紧密结合、无缝连接、高度融洽。需要他们不仅专业水平高，而且也需他们综合素质高责任心强、有较高的创新能力、较严格的执行能力、较大的承载能力和独立的操作能力。然而，这种综合性人才不多，可能人员素质还参差不齐。

（五）地域发展不平衡

建设智慧油田应有计划有序进行。各油田由于油藏类型、地质特征、开采特点、开发阶段等的不同，建设智慧油田的难易程度亦不同，虽采用先易后难的建设顺序，但发展的不平衡依然是存在的。若涉及区域性联网，有可能受到各区域政治、经济、地理、治安等方面存在差异的影响，较理想的区域是政企相互促进，不理想区域就可能有不利影响。

在建设智慧油田的过程中，也可能出现新的困难和问题，但建设智慧油田是大势所趋，随着国家的发展、政府的重视、企业的投入、技术人员的努力，这些困难和问题都会逐步解决，智慧油田具有美好的前景。

二、改变传统思维和惯用方法

智慧油田是油田现代化与时俱进的最新表现，实现智慧油田之路艰难而漫长，不会一蹴而就，需改变传统思维和惯用方法，不断努力拼搏。建设智慧油田可分为油藏、油田、油区、油企、油域 5 个层次。油藏是智慧油田最基本的结构单元，油田由若干个油藏组成，若干个油田组成油区、若干个油区组成石油天然气企业即大的石油公司，而大的石油公司大多为跨国公司，以其母国为区域，一个区域内可能有多个大石油公司。显然，5 个层次的智慧化有其共同特征，但也存在一定差异。

（一）改变传统思维为系统论整体论思维

油田开发观念有一个转变过程，20 世纪 90 年代以前基本以油气产量为中心，为了多生产油气，提出“先易后难、先肥后瘦、抢建抢投”的口号。20 世纪 90 年代以后逐渐被以经济效益为中心所取代，降本增效、提高经济效益、利润最大化等成为经常性的手段和目的。这些具有时代特色措施基本上可以理解，而且确实也起了积极作用。当进入智慧油田 3 个发展阶段，无论是老油田开发或二次开发，还是新油田投产，都必须用系统论整体论的思维进行开发。尤其是新油田开发必须对油田整个生命周期进行全面地、整体地、系统地设计，即既考虑国家需求，又考虑企业可持续发展；既考虑各开发阶段的特点，又考虑整体提高采收率要求；既考虑油气产量平稳运行，又考虑安全环保影响等。否则难以适应智慧油田发展需求。

（二）改变惯用方法为辩证思维和创新思维

惯用的油田开发开采方法基本上针对某具体问题采用相应措施，这种方法可能会行之有效、立竿见影。但油田开发过程中任何问题都不是孤立的，都是与周边事与物变化相联系，或相互影响或相互制约或相互促进。唯物辩证法要求处理油田开发过程中某一问题时，尤其进入智慧油田开发就必须多方面考虑，采用多种方法多技术多工艺的综合措施，促使资源最佳配置。智慧油田是油田现代化最新体现，具有创新思维，运用相似理论，不断创新、与时俱进是智慧油田旺盛生命力的表现。

（三）善用新科技、新方法、新工艺

智慧油田开发过程需不断引进、消化、吸收、完善、改进、提高能满足油田需求的新科学、新理论、新技术、新工艺、新方法，同时，亦需结合本油藏地质特征、生产特点、持续发展需要，研发对油藏开发适应性更强的开发理论与开采方法。

三、建设智慧油田分阶段任务与特征

智慧油田各发展阶段有各自特征、任务、目标和要求。

（一）建设数字油田的任务与特征

1. 特征

数字化阶段是基础阶段，亦是建立和完善油田大数据阶段。因此，基础性是该阶段最基本特征，表现为采集、获取、录入、解释、处理、传输、存储、管理、检索设备与仪表的安装和应用；研发各类协同软件；运用新技术，计算机联网互联互通。另一个显著特征是本身无自主性，基本上由人工编程操控。

2. 任务

以油藏为基础单位进行一级数据的采集、录入、存储及二级数据处理、组合、演化；建立油藏宏观地质模型含构造模型、储层沉积与非均质模型、油气水分布模型与微观地质模型；建立油气集输模型、注水或注入剂系统模型、电讯路防模型、其他地面工程模型等；建立该油藏操作者、管理者、研究者、决策者团队系统。

3. 目标

达到油藏信息时空 4D 动态演示；达到油藏信息可视化；初步建立 VR 虚拟环境；实现油藏内部任意点数据、模型、人员系统等即时实境演示。

4. 要求

各类大数据齐全准确；高质量完成数据信息化基础建设；物即设备与仪表、事即事件与项目与“人”基本配套；阶段不能超越，时段无级衔接。

（二）建设智能油田的任务与特征

1. 特征

因应性为基本特征，表现为：遇突发情况能进行反射性对应反应，并采取初步应对措施；可进行风险判断和预警；自动进行油藏范围内油气资源优化配置。具有自主性，人机交互。由协同软件被动应对突发状况，体现被动而短期的“物”之智。

2. 任务

完善、补充基础阶段数据与信息；构建能自我感知、自动预测、自主管控、自行决策的高效、节能、绿色、环保、和谐的人性化油田开发系统；构建风险预警和趋利避害的应因性自动反应系统，构建油藏开发系统中各组成部分可自行组成最佳系统结构；构建人与机器的相互协调合作，减少人工干预，集初步智能手段和智能系统等新兴技术于一体，智能油田是以实现硬件设备智能化为基本内部的创新活动。

3. 目标

在数字化基础上，实现智能化分阶段任务；遇一般状况和突发状况，能进行反射性对应反应，并采取初步应对措施；能进行基本的资源优化配置，保证生产平稳运行。

4. 要求

智能油藏各部分协同、统一；运行操作方便、反应灵活；人机互动、联网互通。

（三）建设智慧油田的任务与特征

1. 特征

半思维性为基本特征，表现为：具备 8 大自主功能。另外，主动性即能主动确定油田开发过程最佳化，自主确定方案、措施最佳化，实施高效化。“人”即时干预性低。

2. 任务

构建综合、预测、评价、协同、预警、管控、因应、决策等智慧油藏功能。智慧而精细管控油田开发进程。油藏生产、集输、初加工等自动管理，基本无人工干预。促使资源极大优化配置，开发效果最佳化、经济效益最大化，智慧油田是以实现软件功能智慧化为基本内容的创新活动。

3. 目标

全面实现油藏数字化、智能化、智慧化。应体现油田现代化的最新表征。应体现油田资源配置最优化、开发效果最佳化、经济效益最大化。实现油田内各油藏智慧化且互联互通。

4. 要求

完善智慧油田的基本功能。智慧油田基础扎实、运用灵活方便、人机互动自如。运用 VR 技术生成逼真的视、听、触觉一体化油藏的虚拟环境，能观察任意点油、气、水地下动态及变化特征。

智慧油田分阶段综合情况，见表 10-1-1。

四、建设智慧油田“人”的主导作用

在油田开发过程中，“人 ”自始至终处于主导地位，“人”在中心控制室内掌控着油田开发进程。尽管智慧油田本身可自动发挥其多种功能，使“人”的工作量极大减少，效率极大提高，但智慧油田的“智慧”仍是不完全智慧。正像机器人是自动执行代替人工作的机器装置。它既可以接受人类指挥，又可以运行预先编排的程序，也可以根据以人工智能技术制定的原则、纲领行动，它的任务是协助或取代人类工作的工作。计算机是 20 世纪最先进的科学技术发明之一，分为超级计算机、工业控制计算机、网络计算机、个人计算机、嵌入式计算机五类，较先进的计算机有生物计算机、光子计算机、量子计算机等，并以强大的生命力飞速发展。计算机是一种用于高速计算的电子计算机器，可以进行数值计算，又可以进行逻辑计算，还具有存储记忆功能。能够按照程序运行，自动、高速处理海量数据的现代化智能电子设备，由硬件系统和软件系统所组成。智慧油田的八大技术手段均离不开计算机及其超强功能的软件群。可以设想，未来制造纳米机器人进入地下深处，探寻油藏内部秘密，结合 VR 技术生成逼真的视、听、触觉一体化油藏的虚拟环境，观察油、气、水地下动态及变化特征，借助必要的设备以自然的方式与虚拟环境中的油藏进行交互作用、相互影响，从而产生亲临等同真实环境的感受和体验。但机器人、计算机以及其他现代化装备、仪表等等，这一切均是人类的创造，是人类智慧的结晶，因此，在油田开发进程中“人”的主导地位不可动摇！

表 10-1-1　智慧油田分阶段综合表

阶段名称	阶段定位	基本原则	分阶段特征	分阶段任务	分阶段目标	分阶段要求
数字化	基础阶段	(1)以大数据为基础； (2)以油田开发系统论含整体论为理论指导； (3)以辩证思维与创新思维为思想路线； (4)以唯物辩证法为方法论； (5)以消化、吸收、完善、提高、创新新科学、新技术、新工艺、新方法为技术路线； (6)以“人”为主导，尽可能发挥人、机智慧	(1)基础性为基本特征，表现为：建设油藏级大数据、设备与仪表的安装和应用；研发各类协同软件；运用新技术，计算机联网互联互通； (2)无自主性，基本由人工控制	(1)以油藏为基础单位进行一级数据的采集、录入、存储及二级数据处理、组合、演化； (2)建立油藏宏观地质模型含构造模型、储层沉积与非均质模型、油气水分布模型与微观地质模型； (3)建立油、气集输模型、注水或注入系统模型、电讯路防模型、其他地面工程模型等； (4)建立该油藏操作者、管理者、研究者、决策者团队系统	(1)达到油藏信息时空4D动态演示； (2)达到油藏信息可视化； (3)初步建立VR虚拟环境； (4)实现油藏内部任意点数据、模型、人员系统等即时实境演示； (5)完成安全保障体系（下同）	(1)各类数据齐全准确； (2)高质量完成数据信息化基础建设； (3)物与“人”基本配套； (4)阶段不能超越，时段无级衔接； (5)具备安全性，抗外部攻击（下同）
智能化	中级阶段		(1)因应性为基本特征，表现为：能进行反射性对应反应，并采取初步应对措施；进行风险预警；进行油藏范围内油气资源优化配置； (2)具有自主性，人机交互； (3)体现被动而短期的“物”之智	(1)完善、补充基础阶段数据与信息； (2)构建能自我感知、自动预测、自主管控、自行决策的高效、节能、绿色、环保、和谐的人性化油田开发系统； (3)构建风险预警和趋利避害的应因性自动反应系统； (4)构建油藏开发系统中各组成部分可自行组成最佳系统结构； (5)构建人与机器的相互协调合作，减少人工干预，集初步智能手段和智能系统等新兴技术于一体	(1)在数字化基础上，实现智能化分阶段任务； (2)遇一般状况和突发状况，能进行反射性对应反应，并采取初步应对措施； (3)能进行基本的资源优化配置，保证生产平稳运行	(1)智能油藏各部分协同、统一； (2)运行操作方便、反应灵活； (3)“人”机互动、联网互通
智慧化	高级阶段		(1)半思维性为基本特征，表现为：具备8大自主功能； (2)主动性即主动确定油田开发过程最佳化； (3)自主确定方案、措施最佳化，实施高效化； (4)“人”即时干预性低	(1)构建综合、预测、评价、协同、预警、管控、因应、决策等智慧油藏功能； (2)智慧而精细管控油田开发进程； (3)油藏生产、集输、初加工等自动管理，基本无人工干预； (4)促使资源极大优化配置，开发效果最佳化、经济效益最大化	(1)全面实现油藏数字化、智能化、智慧化； (2)应体现油田现代化的最新表征； (3)应体现油田资源配置最优化、开发效果最佳化、经济效益最大化； (4)实现油田内各油藏智慧化且互联互通	(1)完善智慧油田的基本功能； (2)智慧油田基础扎实、运用灵活方便、人机互动自如； (3)运用VR技术生成逼真的视、听、触觉一体化油藏的虚拟环境，能观察任意点油、气、水地下动态及变化特征

参考文献

[1] 中国社会科学院语言研究所词典编辑室编. 现代汉语词典：修正版 [M]. 北京：商务出版社，1998.

[2] 李斌，陈能学. 油田开发系统是开放的灰色的复杂巨系统 [J]. 复杂油气藏. 2002，11（3）：24-29.

[3] 刘大椿，何立松. 现代科技导论 [M]. 北京：中国人民大学出版社，1998.

[4] 李斌. 油气技术经济配产方法 [M]. 北京：石油工业出版社. 2002.

[5] 徐庆，杜昱. 基于业务流程驱动的“智慧油田”建设探索与实践 [J]. 信息系统工程，2017.（10）：34-35.

[6] 王利君. 智能油田建设中的关键技术研究与应用 [J]. 中国管理信息化，2017，20（7）：164-167.

[7] 李斌. 油田开发系统大数据化 [R]. 河北唐山：中国石油 D 油田公. 2017.

[8] 李斌，冉国良，高正虹. 运用预测因应性原理指导油田精细开发 [J]. 石油科技论坛，2011，（4）：39-42.

[9] 李斌，毕永斌，潘欢，等. 油田开发效果综合评价指标筛选的组合方法 [J]. 石油科技论坛，2012，31（3）：38-41，50.

[10] 李斌，毕永斌，高广亮，等. 油田开发规划风险评估与分析 [J]. 特种油气藏，2016，23（2）：63-68.

[11] 李斌. 再论油田开发系统是开放的灰色的复杂巨系统 [J]. 石油科技论坛，2005，（6）：26-30.

[12] 李斌. 关于建设现代化油田之我见 [J]. 石油科技论坛，2007，26（4）：24-27.

第十一章　展　　望

第一节　系统科学和复杂性科学与油田开发系统

一、复杂性科学与油田开发复杂系统

（一）复杂性科学与系统科学

对复杂性进行研究称之为复杂性科学或复杂性研究至今虽仍有争论，但称之为复杂性科学已成为大多数研究者的共识。

所谓复杂性科学是指“运用非还原论方法研究复杂系统产生复杂性的机理及其演化规律的科学”。简单地说，复杂性科学就是运用非还原论方法研究复杂系统的科学。或者说它是研究复杂系统行为、性质、演化的整体论科学。其特点表现为时空观相统一、宏微观相统一、主客观相统一的整体观；非线性、不可逆性、动态性、开放性、分形性、不确定性等为基本特性；人的智能与计算机智能相结合即人脑与机脑相结合，多学科交叉与多方法融会贯通的综合集成，隐喻、模型、模拟、虚拟与大数据、云计算等大成智慧方法；实践第一、唯物辩证、联系约束、动态演化、矛盾转化、整体全面、创新发展等是其哲学的基本观念。这一切充分反映了复杂性科学是系统科学新的发展形态，是源于系统科学，又发展与深化系统科学的最前沿研究领域，是一种在系统科学基础上的新科学。

复杂性科学的诞生应为20世纪的七八十年代，因为复杂性科学主要关注复杂性和复杂系统生成、运行的机制，特别是自组织和适应性以及对复杂性和复杂系统进行分析、模拟的新工具：混沌动力学、遗传算法和进化算法、元胞自动机等。它是系统科学发展的一个新阶段，在相当大的程度上涵盖了系统科学发展先前阶段的研究成果，从一个更高的视野上重新分析和重新解释先前阶段的概念和成果。在中国，对复杂性的研究基本上与世界同步，20世纪80年代著名科学家钱学森就十分重视复杂性科学的研究。1990年提出了处理开放的复杂巨系统的方法论，即“从定性到定量的综合集成法”（metasynthesis）。综合集成法就是将专家群体，数据和各种信息与计算机软硬件技术有机地结合起来，把各种学科的理论知识和经验知识结合起来，使之成为一个系统，并发挥出这个系统的整体优势和综合优势。后来钱学森又把综合集成法拓展为“从定性到定量的综合集成研讨厅”体系，主张人机结合，把人的心智的高度灵活性和计算机在计算与处理信息的高性能有机结合起来，以致把当代人的智慧与古代人的智慧集成起来，形成“大成智慧工程（Metasythetic Engineering）”。

系统科学和复杂性科学都是在反还原论的前提下的整体思维、非线性思维、创新思维、相联系与动态演化思维等，是对传统思维的一场革命。因此，复杂性科学被戴汝为院

士等誉为“21 世纪的新科学”，也有人说“21 世纪是复杂性科学的世纪”。那么，“复杂性科学何以能获得如此盛誉？这主要是因为它不仅是关于方法的知识，更是一种跨学科研究的方法论平台；今天来看，它更像是一场思维方式的变革运动”。关注复杂性科学的研究方兴未艾，研究的数量快速增加，涉及物理、生物、地理、医学、经济、管理与哲学社会科学等众多领域。按照成思危教授对复杂性的分类方法，分为物理（自然）复杂性、生物复杂性、经济社会复杂性。

（二）复杂性科学与油田开发复杂系统

油田开发的复杂性是兼顾自然复杂性与经济社会复杂性两个领域的复杂性。油田开发系统是自然和人工共筑的复合系统，既有自然属性又有社会属性。它的不可入性、不可逆性、不确定性、非线性、二重性、动态性、整体性、系统性、层次性、综合性、人主导性等均体现了复杂系统的特征。因此，复杂性科学的基本原理、基本方法、哲学理念均适用于油田开发复杂系统，是复杂性科学在油田开发系统的具体应用。

中国油田开发工作者对油田开发系统中复杂性研究始于 20 世纪 80 年代。主要从油气藏识别方法、油气田开发方案、油气田开发规划、生产过程最优控制、“黑箱”或“灰箱”建模理论及其在动态预报中的应用等方面进行研究，取得了积极成果。1993 年 10 月成立了以中科院院士戴汝为和中国石油大学教授葛家理为首的中国石油大学（北京）复杂性科学研究中心。它以应用实践为中心，对复杂性科学与自然科学、工程技术科学、经济管理科学进行综合集成研究，取得了一系列重要研究成果。其中有在对复杂性科学与自然科学中的流体力学进行综合集成研究中，形成了“复杂渗流系统非线性流体力学”理论；将复杂性科学与工程技术学结合，形成了“复杂油田系统非线性开发”理论；将复杂性科学与经济管理科学综合集成，使以物为本的经营管理科学提高到以智为本的智能经济管理理论等，大大促进了油气开发领域复杂性科学的研究。进入 21 世纪大数据、互联网+、云计算等新时代，系统科学与复杂性科学的研究更是如虎添翼，数字油田、智能油田、智慧油田也迅猛发展，可以预料将会出现一个崭新地提高油田开发水平、提高油田开发工作效率、提高油气产量和采收率、提高油田开发经济效益和社会效益大好局面。

但是，在这一片大好形势前，油田开发系统方面研究与应用仍存在着许多不足：

1. 以还原论为基础的研究方法还大量存在

还原论基本理念是事物是由“宇宙之砖”组成的层次结构即由部分或低层次组成整体或高层次，可以将整体或高层次分解为部分或低层次进行研究，这样就能从部分或低层次的概念、特性、规律、方法、理论推知整体或高层次。虽然还原论方法在解决、处理复杂性问题时已捉襟见肘、力不从心，但它仍能起到一定作用。因此，现在通常的做法是整体论方法与还原论方法结合。然而，在油田开发系统是整体论方法不足还原论方法有余。正如第二章第三节所述：利用岩心做的各种实验、野外油藏露头分析、地层的岩性、物性、物理化学特征、古生物与古地理研究、地层压力、温度、应力的获取、地下流体分布及运动等等，绝大多数都是通过单井资料（钻井、录井、测井、测试、岩心等）采集、处理、解释、分析，室内实验等手段，将自然界地层和储层的各种现象还原成点、线、面进行研究，提取信息和资料，建立地质模型、开展物理模拟或数值模拟、进行储量计算、编制开发方案、评估经济效果……，并以此研究结果推知油气藏的整体结构、特征、壮态、行为、过程、变化、效果等。实际上这些远不能代表处于复杂状况的油田或油藏，尤其是陆相沉积相非均质严重的油田和其他特种油气藏。但由于对油藏真实的复杂程度难以掌控，因此，从宏观上大家约定俗成认可这种方法的实用性，这也是无奈之举。

2. 以线性方法研究非线性问题还大量存在

油田开发过程是个不断演化的过程。在演化过程中有众多的影响因素，其中存在大量的不确定性因素。影响因素的多样性和不确定性是复杂系统的典型特征之一。例如在油气生产企业最关心的问题是增储上产、降本增效。换句话说在油田开发复杂系统中体现增储上产、降本增效最核心的指标是储量、产量、成本、利润等。影响它们的直接因素或称一级影响因素，影响直接因素的因素称之为二级影响因素，甚至还有三级影响因素，等等。这些不同级别的影响因素其总量有几十、甚至成百上千。这些影响因素随着时空的变化而变化，且有许多不确定影响因素。这些影响因素与储量、产量、成本、利润的关系大都是非线性关系。尤其是利润中的国际油价因素，本身就复杂多变，不确定性、突发性时有发生，致使国际油价的预测高准确率难上加难，影响油价的因素与油价关系是突出的非线性关系。但在处理这些非线性关系是往往采取简单性做法。如各级产油量的下达，习惯上由上级按照一般规律逐级分配或最下级按照一般规律（递减规律或其他规律）预测，再逐层叠加汇总作适当调整后进行分配。很少用非线性地复杂地预测模型进行较准确的预测，实事求是按照客观能够产出量进行安排。有时就会出现个别单位年底为完成产油量疲于奔命甚至千方百计拼凑产量的局面。成本亦是如此给一个最低限量由企业去管控成本。国际油价或给定一个油价或按照某年 12 月 31 日国际油价计算等等。严格讲，这些都是用线性方法处理非线性问题。

3. 以简单方法研究复杂问题还大量存在

在油田开发过程中会遇到许多复杂性问题。复杂性问题应该用复杂方法解决，但有时为了便于从理论上或方法上说明或解读某一问题时亦可用简单方法处理。所谓简单方法处理就是对复杂问题进行某些前提假设，使在推导过程或演化过程更清晰，结果更可信。这种对某一复杂问题运用简单方法处理是有条件的即是不改变原型的状态、特性、结构、功能等，也就是说在不改变它的基本属性复杂性的前提下进行假设。例如油田开发中根据物质守恒原理建立的油藏物质平衡方程式，对于一个统一水动力学系统的油藏，应遵循下列的基本假定：

（1）油藏的储层物性和流体物性是均质的，各向同性的；

（2）相同时间内油藏各点的地层压力都处于平衡状态，并是相等的和一致的；

（3）在整个开发过程中，油藏保持热动力学平衡，即地层温度保持为常数；

（4）不考虑油藏内毛管力和重力的影响；

（5）油藏各部位的采出量保持均衡，且不考虑可能发生的储层压实作用。

这 5 点假定将油藏的结构、功能、演化等等复杂性特征简单化、理想化了，改变了油藏原有复杂性特征，完全不符合油藏是实际情况。这种假设条件下推导的物质平衡方程式是由美国人 R. J. Schiltbuis 在 1936 年提出的，当时正是还原论主导时期，作者受历史的局限和认知能力的局限性，是可以理解的。尽管如此，由于物质平衡方程式的主要功能在于：确定油藏的原始地质储量；判断油藏的驱动机理；测算油藏天然水侵量的大小；在给定产量条件下预测油藏未来的压力动态等，在一定范围内尚为实用，因此时至今日，油藏物质平衡方程式仍在广泛地应用。

4. 复杂性研究方法还未得到广泛应用

进入 21 世纪近 20 年内，关于复杂性科学方面的研究已发表的论文约有近千篇，涉及众多领域，其中石油行业方面亦有数十篇论文。在学术专著方面有葛家理教授团队研究的《现代油藏渗流力学原理》、蒲春生教授团队研究的《复杂油藏物理法、物理—化学复合法、强化开采理论与技术丛书》等基础理论和科学技术新进展研究，对油气田开发开采起到积极地推动作用。

面临老油田储量减少、产量下降、成本上升、开发难度增大；新油田资源品质劣质化、自然环境恶劣化、安全环保严格化、综合成本增大化等严峻挑战，都需要不断创新，出现新理论、新方法、新技术、新工艺改善油田开发进程，促使能够增储上产、降本增效、安全环保、持续发展。但复杂性科学和复杂性研究在油田开发领域尚未广泛应用。而且目前用复杂性研究方法大都在高等院校和科研单位，未普及油气生产企业一线科技人员。在油气生产企业基层单位不仅对油田开发复杂性的认识不深不透，而且对复杂性研究方法也掌握不多。因此，需要将复杂性科学的基本理论、基本研究方法在基层推广普及，以利更好地进行数字油田、智能油田、智慧油田的建设。

二、复杂性科学在油田开发中应用展望

油田开发系统是开放的、灰色的复杂巨系统。首先要认识它的结构、与环境的关系、以及它的功能，其次在认识的基础上去对它进行管理、控制、干预、改造。这就需要有正确的方法论指导和科学的方法运用。钱学森院士提出的系统论，特别是综合集成思想和综合集成方法就是解决这些问题的正确理论和科学方法。系统论方法亦包含其发展的最新形态即复杂性科学方法。

在研究油田开发系统中的复杂问题时，可采用的方法很多，现仅介绍三种最基本的方法：

（一）系统论方法

系统论方法是将还原论方法与整体论方法结合起来，取长补短，既发挥各自的长处，又弥补各自的短处，还原论方法采取了从上往下、由整体到部分的研究途径，整体论方法是从整体到整体的研究途径。而系统论方法既从整体到部分由上而下，又自下而上由部分到整体的研究途径。用系统论方法，可取得 1+1> 2 的结果。

油田开发目前遇到是（1）开发对象的复杂性：老油田处于高含水或特高含水阶段，产量低、成本高、难度大等情况；新油田处于储量品质低高凝高黏、储层物性差、低渗透特低渗透、油藏类型复杂如油页岩开发、天然气水合物等开发，或处于高寒、极地、沙漠、海洋、丘陵等外部环境恶化地区。（2）开发过程复杂性：老油田剩余油分布不清、井况变差套管变形、地面集输能力减弱等，使二次开发难度增大、投入增加，影响二次开发效果与经济效益。（3）多学科交叉多方法协同的复杂性：面对开发对象和开发过程的复杂性，须用多学科理论与多方法、多工艺协同组合，实现优化配置、无极连接，提高油田开发的整体效能。（4）油田开发管理的复杂性：油田开发管理是多部门、多层次、多阶段管理模式，不仅存在部门间、层次间、阶段间的协同配合，而且存在各部门、各层次、各阶段的运行控制在总运行控制之下。不仅增大运行趋势的预测难度，也增大运行控制难度等。

对上述各类不同的复杂性，只有应用系统论方法，将各单井资料、信息的处理与解释，室内试验和矿场试验分析与成果，经整体到部分、部分到整体的研究、分析、综合，得出对开发对象的状况、开发过程的演化、运行趋势的变化和油田开发结果的整体概念，使之有一个好的掌控，实现油田开发总体目标。

（二）综合集成方法

综合集成方法是人机结合、人网结合以人为主的信息、知识和智慧的综合集成技术。其实质是把专家体系、信息与知识体系以及计算机体系有机结合起来，构成一个高度智能化的人机结合体系，这个体系具有综合优势、整体优势和智能优势。它能把人的思维、思维的成果、人的经验、知识、智慧以及各种情报、资料和信息统统集成起来，从多方面的定性认识上升到定量认识。

在油田开发整个生命周期里，存在许多不确定因素，会反映在全程各种类型的信息资料中。对这些资料信息需经“去伪存真”、“由表及里”处理，得出符合实际的开发规律和发现新的规律，同时对开发风险进行科学评估，采取应因性措施。因此，需要将起主导作用的高综合素质专家系统与高速信息网络、现代化通信设备及计算机的软硬件构成的计算机技术系统结合即人的“心智”与计算机系统的“机智”结合，最大限度地提高人的掌控力、执行力、创造力，充分发挥综合优势、整体优势和智能优势，解决油田开发过程中各种问题及保障油田开发的正常运行。

（三）WSR 系统方法

物理—事理—人理（WSR）系统方法论，就是将物理、事理和人理三者如何巧妙配置有效利用以解决问题的一种系统方法论，也是一种解决复杂问题的有效工具。物理、事理、人理的内容见表 11-1-1。

表 11-1-1　物理事理人理的内容

	物理	事理	人理
对象与内容	客观物资世界；法则、规则	组织、系统管理和做事的道理	人、群体、关系为人处世的道理
焦点	是什么？ 功能分析	怎样做？ 逻辑分析	最好怎么做？ 可能是人文分析
原则	诚实；追求真理	协调；追求效率	讲人性、和谐；追求成效
所需知识	自然科学	管理科学、系统科学	人文知识、行为科学、心理学

油田开发系统是自然与人工共筑系统，油田开发是系统实践活动，需做到物理、事理、人理的统一。在开发过程中，要认识并掌握油藏的形态、规模、特征，以及开发规律、演化机理、变化趋势等物理；从事物探、测井、试油、试采、生产等方面资料信息的收集整理，编制各类方案、规划、增储上产、降本增效、提高采收率等措施，规避风险、安全环保等事理；这些“物”和“事”都需要人去做，并判断它们实施是否得当和结果的优劣等人理。所以，油田开发系统实践必须充分考虑人的因素。发挥人理的作用，激励人的创造力、唤起人的热情、开发人的智慧。同时在油田开发实践中也要充分考虑“物理”、“事理”和“人理”的综合协同作用，仅重视“物理”和“事理”而忽视“人理”，做事难免机械，缺乏责任心和工作激情，也难以有良好地管理和战略性地创新，有可能达

不到油田开发的整体目标；但过分地强调“人理”而违背“物理”和“事理”，如果事先不做好充分的调查研究和进行综合评价，仅凭某些领导或少数专家主观愿望确定并盲目决策、实施的产量高指标、面子工程等，必然导致结果失败，这也体现出“人理”对物理与事理的重大的不良影响。因此，在油田开发的不同阶段，根据油田开发的实际情况，科学地配置“人理”、“物理”、“事理”的比重，致使它们更好发挥积极有效作用。

第二节 油田开发系统论应用的展望

一、油田开发系统论应用展望

自1851年开始石油生产工业化以来，石油工业的发展都伴随着石油科学技术的发展而发展，都是与基础科学和科学技术的新成果、特别是新思想、新方法、新工艺引进、消化、吸收、结合的结果。20世纪20至30年代，由于重力、地震折射波和地震反射波等早期地球物理勘探方法的出现和使用，同时微古生物学、沉积学、地层学和古地理学等均被引入石油地质，加上背斜理论的指导，使世界石油工业发展产生了一个飞跃，世界原油发现率出现了两个高峰；20世纪40至50年代首次应用电测方法定量评价油气层、发明了石油乳化物钻井泥浆、使用磁带记录地震信息和非炸药震源、蒸汽法开采稠油、海上深水钻井技术、完井技术和注水开发技术等八项代表性技术的发展应用，使勘探成果不断扩大、原油发现率不断增加、原油采收率提高了15%～20%，大幅度增加了世界原油可采储量；20世纪60至70年代石油技术进入迅速发展时期，板块构造理论得到了广泛应用、地震勘探出现了叠加技术和数字记录仪，并应用计算机技术、钻井方面（喷射技术、定向钻井、优选钻井技术、PDC钻头、泡沫水泥固井技术等）的技术积极发展、油田开发方面的大型水力压裂技术和蒸汽吞吐开采技术等极大提高了开发效果；海洋石油开采技术亦促进了世界石油工业的发展；20世纪80至90年代世界石油科技又上了新台阶，板块理论的发展和层序地层学新理论、计算机和网络技术、地震资料采集处理解释技术、数值模拟技术、水平井和分枝井技术、三次采油技术、混相输技术、降本增效技术等高新技术得到广泛推广应用。进入21世纪世界石油工业的发展面临严峻挑战，勘探开发环境的恶劣、勘探开发目标的复杂，能源供求形势的紧张、国际油价的变化无常，各大石油公司博弈激烈等，都需要创新技术的支撑。油田开发形势也不容乐观，开采难度愈来愈大。因此，科技创新就成为未来发展的关键，高新技术就是石油工业跨入新时代的前提。随着信息技术、纳米技术、生物技术、新材料技术等现代技术的发展，石油工业将从I_1向I_4（Instrument×Information×Intervention×Innovation）时代跨越。

从油藏管理角度20世纪70年代以前基本上是油藏工程单科技术管理；20世纪70至80年代为油藏工程与地质工程结合的双科技术管理；20世纪90年代到20世纪末为油藏工程、地质工程、地球物理工程、钻井工程、采油工程、地面工程等多学科结合的技术管理；从21世纪初进入资产与技术结合的油藏经营管理。油藏战略管理应是油藏管理发展的新阶段。

可以看出，无论油田开发技术的发展历程，还是油藏管理的发展历程，现在都进入新理论、新技术、新工艺、新方法突飞猛进的大数据、工业互联网、油田物联网的新时代，进入数字油田、智能油田、智慧油田开发建设的新时代。

这种油田开发环境为油田开发系统论应用提供了充分的条件，而油田开发系统论也是满足油田开发进入新时代的需要。多孔介质纳米CT成像技术、油藏纳米机器人技术，可促使油藏描述更细更准，虚拟、VR技术使油藏模拟更快更好；智能井、仿生井、MRC井等建井技术；水平井分段压裂、微震实时监测技术；新一代的EOR技术；稠油开采技术；非常规油气开采技术等都会促使油田开发“四效”的提高。这些技术以及数字油田、智能油田、智慧油田的新型管理技术等均需要用油田开发系统论全局的、整体的、系统地、联系的、动态的观点指导，应用辩证唯物与创新思维的方法处理油田开发过程中出现的不确定因素和进行风险预测、评估，并采取相应的规避措施。油田开发系统论在油田开发过程中无疑将会发挥积极的作用。

二、油田开发系统论应用的可能性

（一）应用油田开发系统论需改变传统思维

推行油田开发系统论可能会受到质疑，主要是传统势力的质疑。一种是打着“国家需要原油”的幌子，抢投产急上产，打一口投一口急切“上马”，似乎是若按油田开发系统论的观点进行油藏开发太慢，无需顾及油藏开发长远的整体的效果。但抢投急上除了国家处于特殊时期比如战争时期或其他特需石油时期需要对油藏进行早开发快开采，特殊时期特殊处理；一种打着“尽快收回投资”的幌子，其实是为了面子，“放卫星”式的大油嘴放喷甚至两翼放喷，“杀鸡取卵”，造成油层破坏、含水急剧上升的恶果；一种为了实现不切实际的高指标，盲目攀高，造成储采比例失调，开发效果变差等。这些人缺乏辩证思维，不会自觉地、主动地按油田开发系统论的观点、方式、方法行事。他们不管主观愿望如何，但客观上会造成了油田开发的被动，整体效益的损失。

（二）应用油田开发系统论需得到相关人员的支持

油田开发系统论若可能获得应用，必须需得到决策者、管理者、技术人员和操作人员的认可。李斌教授在退休后曾在给某领导的一份技术建议中，提出一个观点“一种技术思想、思路、方法，若不与权力结合，将一事无成。”换句话说，就是一种技术思想、思路、方法须得到有支配权人士认同、支持，才能便于实施应用。此观点他至今不悔，并认为领导或决策者采纳与否，有关人士认同与否，关键在于某种技术思想、思路、方法是否符合实际，是否具有科学道理和符合客观规律，是否具有科学性、可行性、先进性，否则即使说得天花乱坠也无济于事。

（三）应用油田开发系统论需与科技进步结合

油田开发系统论若可能广泛应用，必须基于油田开发巨系统理论，把油藏的“实质”、人的“心智”以及机器的“智能”三者有机结合起来，使油藏开发进入“人机结合的大成智慧”的新时代。我国石油生产已进入了复杂油气田开发阶段，从过去处理相对比较简单的系统变为要处理复杂系统，并进而到开放复杂巨系统、复杂自适应系统、系统的系统（体系）。只有通过将开发巨系统理论应用在石油工业勘探开发以及经营管理、油藏战略管理模式中，才能在低油价下实现效益开发。以油藏提高采收率为例，不仅在油藏开发初期需对其进行整体地、全程地设计，而且需在油藏开发中后期，针对地下储层物理性质、流体性质、剩余油分布等出现的变化；井筒完整性、规则性等地面管网安全等呈现出更加的复杂性和不确定性等，如何针对如此复杂的客观存在，结合虚拟现实、大数据、云计算、人工智能等新技术新方法，发挥油田开发工作者的主观决策能动性和科学性，则需要更加深入地考虑油田开发这一复杂巨系统的各个环节。

油田开发系统论若可能获得成功，必须解决油田全生命周期协同开发决策问题。油田全生命周期开发系统包括自然因素和人为因素两部分，由于各组成要素的复杂性和认识的反复性，必然产生静止与流动、同步与突进、有效与无效三大协同矛盾，油田开发工作者在制定开发决策时往往只针对目前矛盾，忽略了全生命周期各阶段要求，使得开发效果不理想，开发过程迂回曲折。因此，开发决策的制订与实施应以油田开发系统中这两大因素为基础，分析与认识全生命周期中两大因素之间的内在关系，并辩证对待其整体与部分、部分与部分的相互作用和相互联系，以求对问题作出最佳的处理，以便在油藏开发过程中循序渐进，各项开发决策有的放矢，确保实现油田提高采收率这一永恒主题，实现油田开发高效果、高效率、高效能、高效益的总目标。

参考文献

[1] 宋学锋. 复杂性、复杂系统与复杂性科学［J］. 中国科学基金，2003. 17（5）：262-269.

[2] 钱学森，于景元，戴汝为. 一个科学新领域——开放复杂巨系统及其方论［J］. 自然杂志，1990，13（1）：3-10.

[3] 王寿云，于景元，戴汝为，等. 开放的复杂巨系统［M］. 杭州：浙江科学技术出版社，1996.

[4] 武杰，刘煊，孙雅琪. 复杂性科学的主要方法及其基本特征［J］. 系统科学学报. 2016，24（4）：28.

[5] 齐与峰，赵永胜，等. 油田开发系统工程方法专辑：第二版［M］. 北京：石油工业出版社，1991.

[6] 陈元千. 油气藏物质平衡方程式及其应用［M］. 北京；石油工业出版社，1979 年 4 月.

[7] 于景元，周晓纪. 从综合集成思想到综合集成实践方法、理论、技术、工程［J］. 管理学报，2005. 01：30-31.

[8] 傅成德、刘振武. 世界石油科技发展趋势与展望［M］北京：石油工业出版社，1997.

[9] 何艳青，饶利波，杨金华. 世界石油工业关键技术发展回顾与展望［M］. 北京：石油工业出版社，2017.

结　语

《油田开发系统论》的内容，既继承了基本的传统的油田开发理论和方法，也与时俱进地提出了一些新的认识与方法，有可能对油田开发工作者有所启迪。

《油田开发系统论》虽然编著完成，但仍有不完善之处。在当前大数据、互联网、物联网迅猛发展的时代，新理论、新技术、新工艺、新方法层出不穷，《油田开发系统论》中的本体论、认识论、方法论、实践论、预测论、相似论、管理论、综合论、诊治论、价值论、发展论等都会随之演绎出新的内容，创造出新的篇章。因此，需在实践中不断丰富、不断完善、不断发展。

愿《油田开发系统论》能经得住实践检验，能获得读者尤其是从事油田开发的读者关注、眷顾、应用，若能如此也算为油田开发提高“四效”尽微薄之力了。

《油田开发系统论》毕竟是著者的“管窥之见”，难免有不妥、欠缺之处，希读者批评、指正、补充、完善、发展。

后　记

《油田开发系统论》积近30年之辛劳终于付梓。退休前忙于工作，退休后4~5年间又参与了冀东油田几本书的编写，始终无暇顾及家事。20余年来，有劳老伴为家为女儿操劳，为此老伴不惜舍弃自己心爱的医务工作提前退休。正是因有她尽揽家中杂事，我才有可能利用晚上和休息日时间看书、学习、写作。对此，未尽到对家庭的责任，我深感歉意。谢谢了，老伴和女儿！2005年以后，老伴病情加重，失语并半身不遂，我的大部分时间与主要精力需照顾老伴，只能挤时间看书、学习，并整理、完善、修改书稿，可谓劳心劳力。

在《油田开发系统论》编著过程中，我的年轻合作者刘伟、毕永斌、张梅等几位高级工程师在兼顾日常工作的同时，收集、整理、完善、修改我已发表和未发表的旧文，并参与文稿的编撰，细致入微、不辞辛苦。因此，《油田开发系统论》是我们共同劳动的结晶。

《创建系统学》是钱学森及其合作者的心愿。他们的复杂巨系统理论、综合集成方法、系统科学三个层次理论、复杂系统科学、系统哲学等给其他研究者指明了方向。苗东升、魏宏森、邹珊刚、杨士尧、王兴成等学者的论著继承、发展、丰富了系统学的内容。《油田开发系统论》是系统学和复杂性科学在油田开发专业方面的应用与发展，结合油田开发具体情况，做了一些理论探讨、方法研究、实践总结，希望《油田开发系统论》能对油田开发工作者有所裨益。

《油田开发系统论》自2019年8月基本完稿后，原计划在完成进一步的修改完善后，在2020年春节后交付石油工业出版社付印，但没想到新冠病毒，很快席卷全国，宅在家里的时间，一方面抗疫，另一方面，对《油田开发系统论》再作完善修改，也算苦中有乐，没有虚度年华吧。最后以一首小诗，略表此时心情：

呕心沥血数十春，专心致志细耕耘。
著书立说为当世，红火党业加寸薪。

李斌
2021年5月